AutoCAD 2022 中文版 入门与提高 标准教程

CAD/CAM/CAE技术联盟◎编著

清華大学出版社
北京

内 容 简 介

本书以 AutoCAD 2022 为软件平台，讲述各种 CAD 绘制方法，包括 AutoCAD 2020 入门、二维绘制命令、基本绘图工具、编辑命令、文字与表格、尺寸标注、辅助绘图工具、三维造型基础知识、实体造型、机械设计工程实例、建筑设计工程实例等内容。

本书实例丰富、内容翔实、操作方法简单易学，不仅适合对计算机制图和设计感兴趣的初、中级读者学习使用，也可供从事工程设计及相关工作的专业人士参考。

图书在版编目(CIP)数据

AutoCAD 2022 中文版入门与提高：标准教程/CAD/CAM/CAE 技术联盟编著. —北京：清华大学出版社，2022.7
(CAD/CAM/CAE 入门与提高系列丛书)
ISBN 978-7-302-60705-2

Ⅰ. ①A…　Ⅱ. ①C…　Ⅲ. ①AutoCAD 软件—教材　Ⅳ. ①TP391.72

中国版本图书馆 CIP 数据核字(2022)第 069295 号

责任编辑：秦　娜　王　华
封面设计：李召霞
责任校对：欧　洋
责任印制：杨　艳

出版发行：清华大学出版社
网　　址：http://www.tup.com.cn，http://www.wqbook.com
地　　址：北京清华大学学研大厦 A 座　　**邮　　编**：100084
社 总 机：010-83470000　　**邮　　购**：010-62786544
投稿与读者服务：010-62776969，c-service@tup.tsinghua.edu.cn
质量反馈：010-62772015，zhiliang@tup.tsinghua.edu.cn
印 刷 者：北京富博印刷有限公司
装 订 者：北京市密云县京文制本装订厂
经　　销：全国新华书店
开　　本：185mm×260mm　　**印　　张**：23.5　　**字　　数**：541 千字
版　　次：2022 年 9 月第 1 版　　**印　　次**：2022 年 9 月第1 次印刷
定　　价：89.80 元

产品编号：097122-01

前　言

Preface

随着微电子技术，特别是计算机硬件和软件技术的迅猛发展，CAD 技术正在日新月异、突飞猛进地发展。目前，CAD 设计已经成为人们日常工作和生活中的重要内容，特别是 AutoCAD 已经成为 CAD 的世界标准。近年来，网络技术的发展一日千里，结合其他设计制造业的发展，使 CAD 技术如虎添翼，CAD 技术正在乘坐网络技术的特别快车飞速向前，从而使 AutoCAD 更加羽翼丰满。同时，AutoCAD 技术一直致力于把工业技术与计算机技术融为一体，形成开放的大型 CAD 平台，特别是在机械、建筑、电子等领域更是先人一步，技术发展势头异常迅猛。为了满足不同用户、不同行业技术发展的要求，需要把网络技术与 CAD 技术有机地融为一体。

一、本书特点

☑ 作者权威

本书由 Autodesk 中国认证考试管理中心首席专家胡仁喜博士领衔的 CAD/CAM/CAE 技术联盟编写，所有编者都是高校从事计算机辅助设计教学研究多年的一线人员，具有丰富的教学实践经验与教材编写经验，前期出版的一些相关书籍经过市场检验很受读者欢迎。多年的教学工作使他们能够准确地把握学生的心理与实际需求，本书是作者总结多年的设计经验以及教学的心得体会，历时多年的精心准备，力求全面、细致地展现 AutoCAD 软件在工程设计应用领域的各种功能和使用方法。

☑ 实例丰富

本书的实例不管是数量还是种类，都非常丰富。从数量上说，本书结合大量的工程设计实例，详细讲解了 AutoCAD 知识要点，让读者在学习案例的过程中潜移默化地掌握 AutoCAD 软件操作技巧。

☑ 突出提升技能

本书从全面提升 AutoCAD 实际应用能力的角度出发，结合大量的案例来讲解如何利用 AutoCAD 软件进行工程设计，使读者了解 AutoCAD 并能够独立地完成各种工程设计与制图。

本书中的很多实例本身就是工程设计项目案例，经过作者精心提炼和改编，不仅保证了读者能够学好知识点，更重要的是能够帮助读者掌握实际的操作技能，同时培养工程设计实践能力。

二、本书的基本内容

全书分为 11 章，全面、详细地介绍了 AutoCAD 2022 的特点、功能、使用方法和技巧。具体内容包括：AutoCAD 2022 入门、二维绘制命令、基本绘图工具、编辑命令、文字与表格、尺寸标注、辅助绘图工具、三维基本知识、实体造型、机械设计工程实例、建筑设计工程实例等。

Note

三、本书的配套资源

本书通过扫描二维码下载的方式提供了极为丰富的学习配套资源，期望读者朋友在最短的时间内学会并精通这门技术。

1. 配套教学视频

本书提供53个经典中小型案例，5个大型综合工程应用案例，针对本书实例专门制作了58节教材实例同步微视频。读者可以先看视频，像看电影一样轻松愉悦地学习本书内容，然后对照课本加以实践和练习，可以大大提高学习效率。

2. AutoCAD应用技巧、疑难问题解答等资源

0-1

(1) AutoCAD应用技巧大全：汇集了AutoCAD绘图的各类技巧，对提高作图效率很有帮助。

(2) AutoCAD疑难问题解答汇总：汇总了疑难问题的解答，对入门者来讲非常有用，可以扫除学习障碍，在学习中少走弯路。

(3) AutoCAD经典练习题：额外精选了不同类型的练习题，读者朋友只要认真去练，到一定程度就可以实现从量变到质变的飞跃。

(4) AutoCAD常用图库：作者在多年工作中积累了内容丰富的图库，可以拿来就用，或者改改就可以用，对于提高作图效率极为重要。

(5) AutoCAD快捷命令速查手册：汇集了AutoCAD常用快捷命令，熟记可以提高作图效率。

(6) AutoCAD快捷键速查手册：汇集了AutoCAD常用快捷键，绘图高手通常会直接用快捷键。

(7) AutoCAD常用工具按钮速查手册：熟练掌握AutoCAD工具按钮的使用方法也是提高作图效率的途径之一。

(8) 软件安装过程详细说明文本和教学视频：利用此说明文本或教学视频，读者可以解决让人烦恼的软件安装问题。

(9) AutoCAD官方认证考试大纲和模拟考试试题：本书完全参照官方认证考试大纲编写，模拟试题利用作者独家掌握的考试题库编写而成。

3. 10套大型图纸设计方案及长达12小时同步教学视频

为了帮助读者拓展视野，特意赠送10套设计图纸集、图纸源文件、视频教学录像（动画演示，总长12小时）。

4. 全书实例的源文件和素材

本书附带了很多实例，包含实例和练习实例的源文件和素材，读者可以安装AutoCAD 2022软件，打开并使用它们。

四、关于本书的服务

1. 关于本书的技术问题或有关本书信息的发布

读者朋友遇到有关本书的技术问题，可以将问题发到邮箱714491436@qq.com，我

们将及时回复。

2. 安装软件的获取

按照本书上的实例进行操作练习，以及使用 AutoCAD 进行工程设计与制图时，需要事先在计算机上安装相应的软件。读者可从网络下载相应软件，或者从软件经销商处购买。QQ 交流群也会提供下载地址和安装方法教学视频，需要的读者可以关注。

本书由 CAD/CAM/CAE 技术联盟编写。CAD/CAM/CAE 技术联盟是一个集 CAD/CAM/CAE 技术研讨、工程开发、培训咨询和图书创作于一体的工程技术人员协作联盟，包含 40 多位专职和众多兼职 CAD/CAM/CAE 工程技术专家。

CAD/CAM/CAE 技术联盟负责人由 Autodesk 中国认证考试中心首席专家担任，全面负责 Autodesk 中国官方认证考试大纲制定、题库建设、技术咨询和师资力量培训工作，成员精通 Autodesk 系列软件。其创作的很多教材成为国内具有领导性的旗帜作品，在国内相关专业方向图书创作领域具有举足轻重的地位。

书中主要内容来自作者几年来使用 AutoCAD 的经验总结，也有部分内容取自国内外有关文献资料。虽然作者几易其稿，但由于时间仓促，加之水平有限，书中纰漏与失误在所难免，恳请广大读者批评指正。

作　者

2022 年 1 月

目 录

Contents

Note

Note

Note

Note

Note

Note

Note

第1章

AutoCAD 2022入门

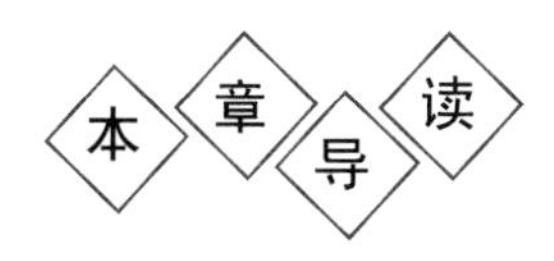

本章学习 AutoCAD 2022 绘图的基本知识。了解如何设置图形的系统参数、样板图，熟悉创建新的图形文件、打开已有文件的方法等，为进入系统学习准备必要的前提知识。

学习要点

- 操作界面
- 文件管理
- 基本输入操作
- 缩放与平移

1.1 操作界面

Note

AutoCAD操作界面是AutoCAD显示、编辑图形的区域，AutoCAD操作界面如图1-1所示，包括标题栏、菜单栏、功能区、绘图区、十字光标、坐标系图标、命令行窗口、状态栏、布局标签、导航栏和快速访问工具栏等。

注意：需要将AutoCAD的工作空间切换到“草图与注释”模式下（单击操作界面右下角中的“切换工作空间”按钮，在打开的菜单中单击“草图与注释”命令），才能显示如图1-1所示的操作界面。本书中的所有操作均在“草图与注释”模式下进行。

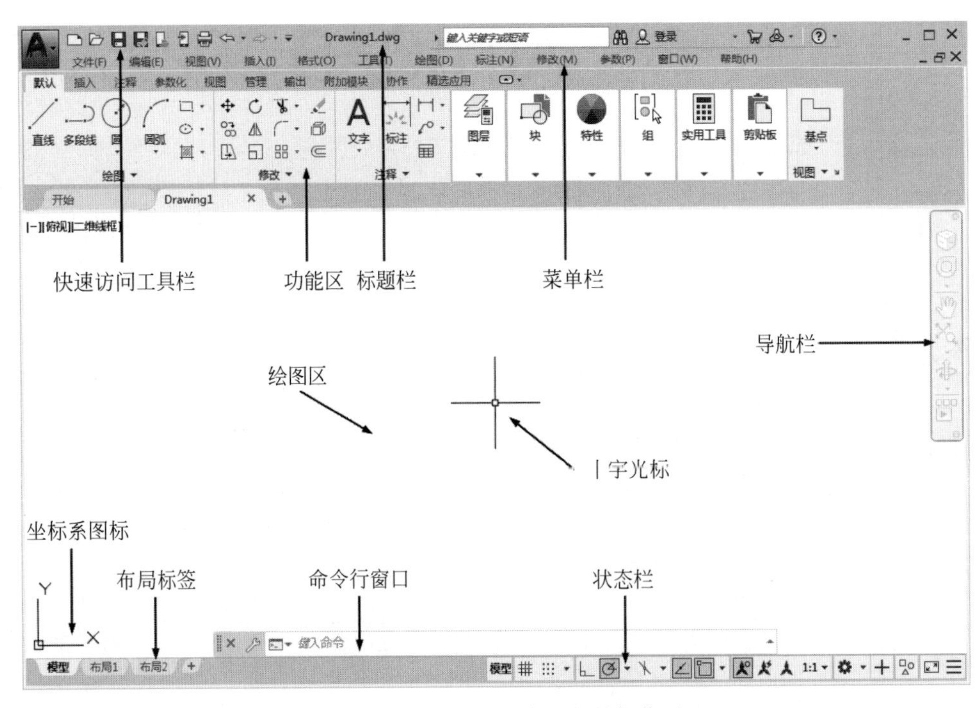

图1-1 AutoCAD 2022中文版的操作界面

注意：安装AutoCAD 2022后，在绘图区中右击，打开快捷菜单，如图1-2所示，❶选择“选项”命令，打开“选项”对话框，❷选择“显示”选项卡，❸将窗口元素对应的“颜色主题”中设置为“明”，如图1-3所示，❹单击“确定”按钮，退出对话框，其操作界面如图1-1所示。

图1-2 快捷菜单

1. 标题栏

在AutoCAD 2022中文版操作界面的最上端是标题栏。在标题栏中，显示了系统当前正在运行的应用程序(AutoCAD 2022)和用户正在使用的图形文件。第一次启动AutoCAD 2022时，在标题栏中，将显示AutoCAD 2022在启动时创建

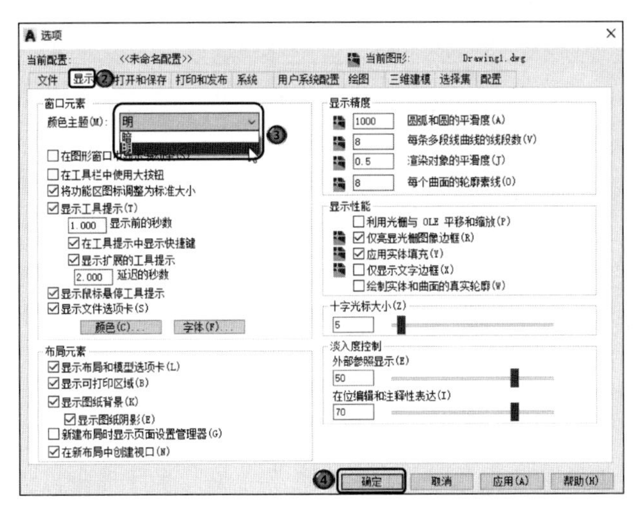

图 1-3 “选项”对话框

并打开的图形文件的名称“Drawing1.dwg”，如图 1-1 所示。

2. 菜单栏

单击快速访问工具栏右侧的 ，在下拉菜单中选取“显示菜单栏”选项，如图 1-4 所示，调出后的菜单栏如图 1-5 所示，在 AutoCAD 标题栏的下方是菜单栏，同其他

图 1-4 调出菜单栏

Note

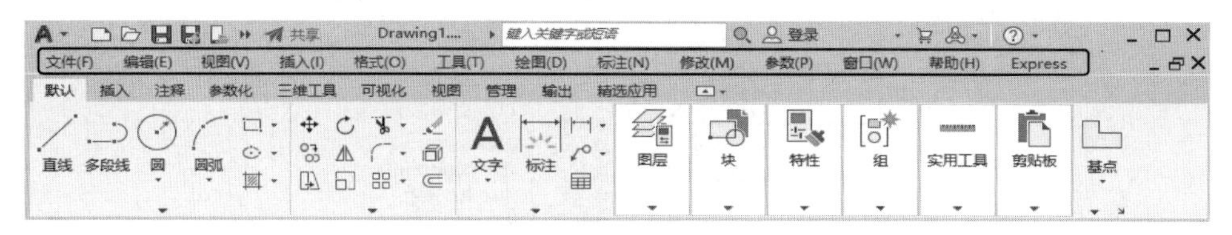

图 1-5　菜单栏显示界面

Windows 程序一样，AutoCAD 的菜单也是下拉形式的，并在菜单中包含子菜单。AutoCAD 的菜单栏中包含 13 个菜单："文件""编辑""视图""插入""格式""工具""绘图""标注""修改""参数""窗口""帮助""Express"，这些菜单几乎包含了 AutoCAD 的所有绘图命令，后面的章节将对这些菜单功能作详细的讲解。一般来讲，AutoCAD 下拉菜单中的命令有以下 3 种。

（1）带有子菜单的菜单命令。这种类型的菜单命令后面带有小三角形。例如，选择菜单栏中的"绘图"命令，指向其下拉菜单中的"圆"命令，系统就会进一步显示出"圆"子菜单中所包含的命令，如图 1-6 所示。

（2）打开对话框的菜单命令。这种类型的命令后面带有省略号。例如，选择菜单栏中的"格式"→"文字样式"命令，如图 1-7 所示，系统就会打开"文字样式"对话框，如图 1-8 所示。

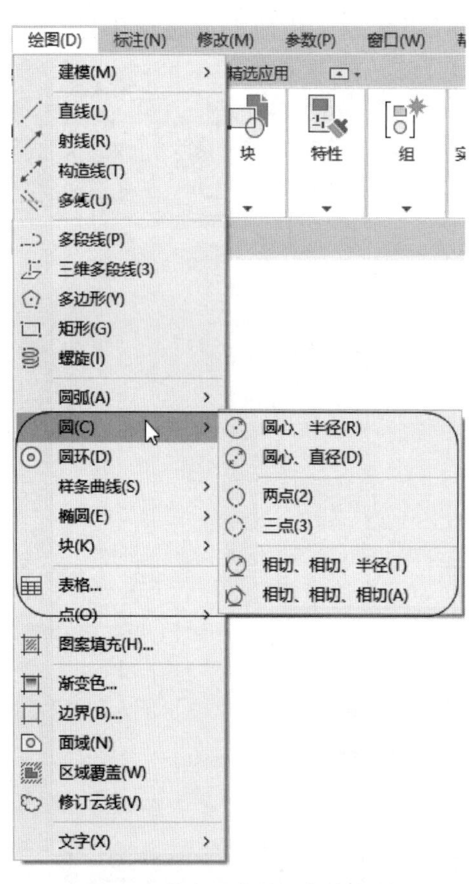

图 1-6　带有子菜单的菜单命令

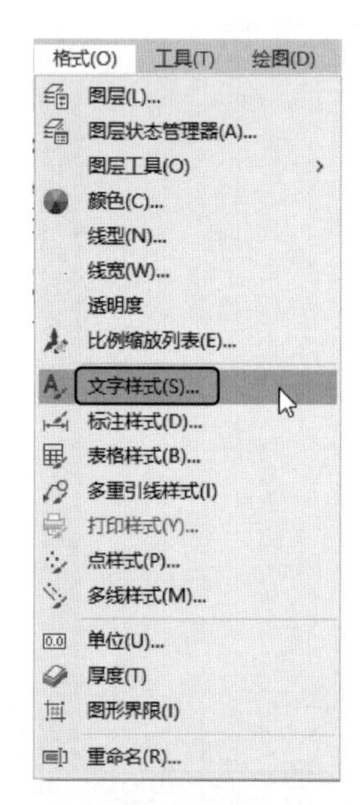

图 1-7　打开对话框的菜单命令

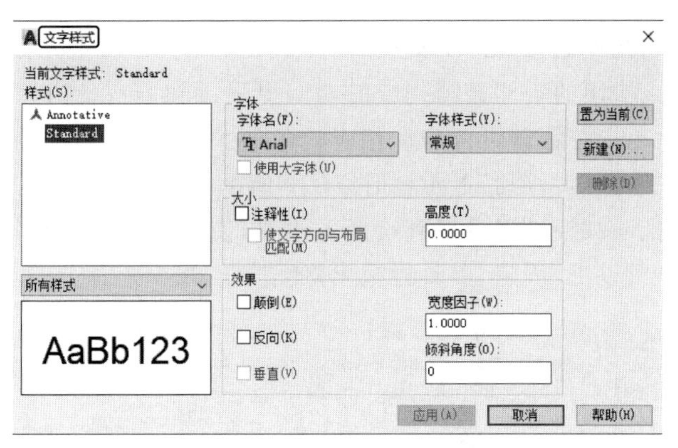

图 1-8　“文字样式”对话框

(3) 直接执行操作的菜单命令。这种类型的命令后面既不带小三角形，也不带省略号，选择该命令将直接进行相应的操作。例如，选择菜单栏中的“视图”→“重画”命令，系统将刷新显示所有视口。

3. 工具栏

工具栏是一组按钮工具的集合，选择菜单栏中的❶“工具”→❷“工具栏”→❸“AutoCAD”命令，调出所需要的工具栏，如图 1-9 所示。单击某一个未在界面显示的

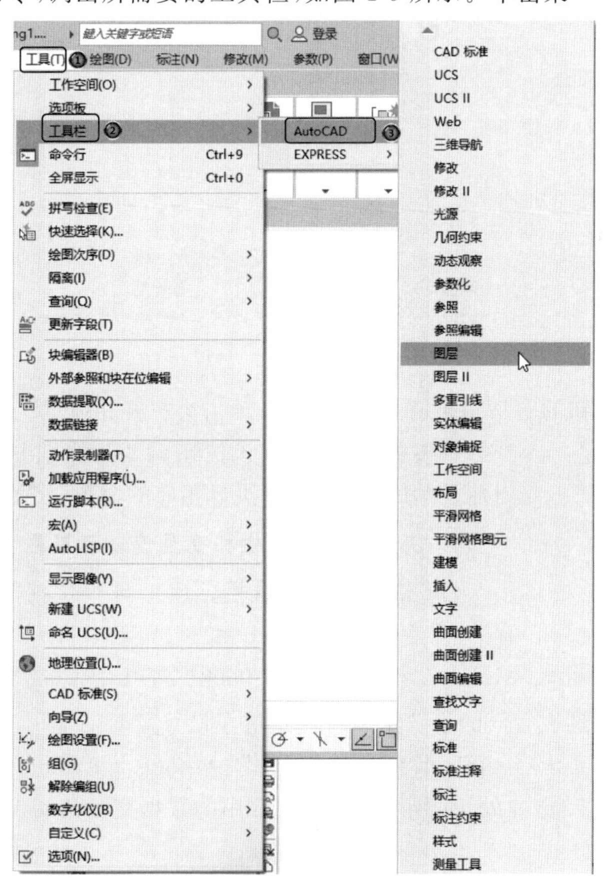

图 1-9　调出工具栏

Note

工具栏名，系统自动在界面打开该工具栏。反之，关闭工具栏。把光标移动到某个按钮上，稍停片刻即在该按钮的一侧显示相应的功能提示，同时在状态栏中，显示对应的说明和命令名，此时，单击按钮就可以启动相应的命令了。

工具栏可以在绘图区“浮动”显示，如图 1-10 所示，此时显示该工具栏标题，并可关闭该工具栏，可以拖动“浮动”工具栏到绘图区边界，使它变为“固定”工具栏，此时该工具栏标题隐藏。也可以把“固定”工具栏拖出，使它成为“浮动”工具栏。

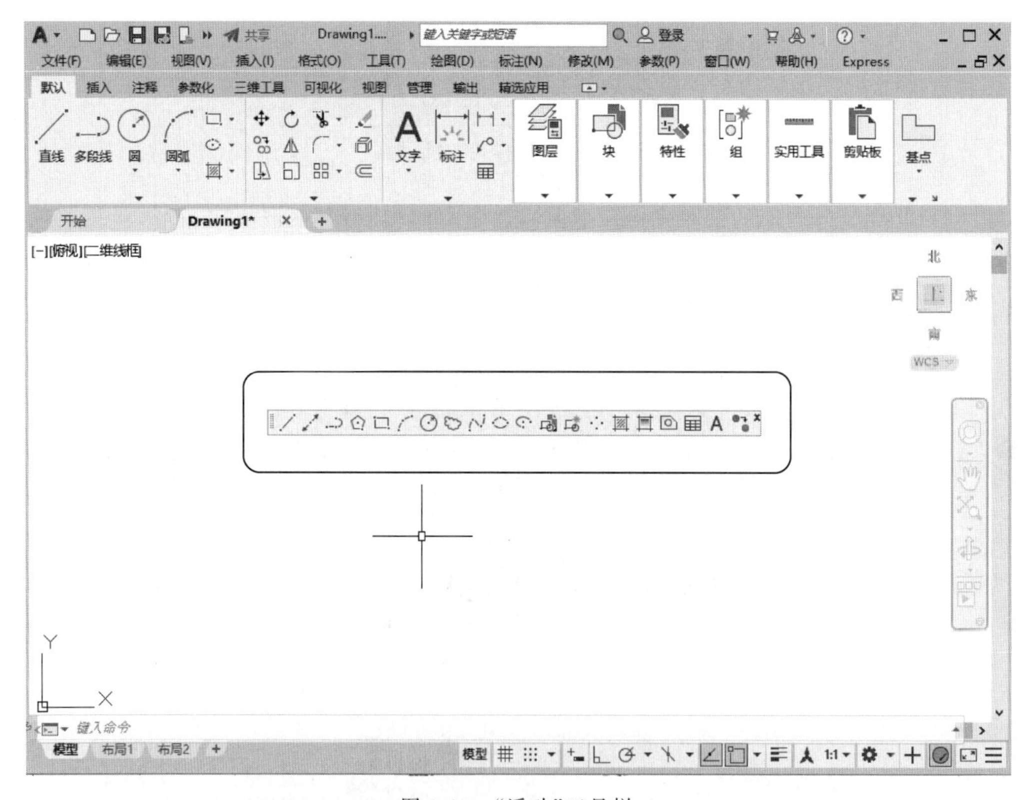

图 1-10 “浮动”工具栏

有些工具栏按钮的右下角带有一个小三角，单击会打开相应的工具栏，将光标移动到某一按钮上并单击，该按钮就变为当前显示的按钮。单击当前显示的按钮，即可执行相应的命令，如图 1-11 所示。

图 1-11 打开工具栏

4. 快速访问工具栏和交互信息工具栏

(1) 快速访问工具栏。该工具栏包括“新建”“打开”“保存”“另存为”“从 Web 和 Mobile 中打开”“保存到 Web 和 Mobile”“打印”“放弃”“重做”等几个最常用的工具按钮。用户也可以单击此工具栏后面的小三角下拉按钮选择设置需要的常用工具。

(2) 交互信息工具栏。该工具栏包括“搜索”“Autodesk Account”“Autodesk App Store”“保持连接”“单击此处访问帮助”等几个常用的数据交互访问工具按钮。

5. 功能区

在默认情况下，功能区包括“默认”“插入”“注释”“参数化”“视图”“管理”“输出”“附

加模块”“协作”“精选应用”多个选项卡，在功能区中集成了相关的操作工具，方便了用户的使用。用户可以单击功能区选项板后面的 按钮，控制功能的展开与收缩。打开或关闭功能区的操作方法如下。

命令行：RIBBON(或 RIBBONCLOSE)。

菜单栏：选择菜单栏中的“工具”→“选项板”→“功能区”命令。

6. 绘图区

绘图区是指标题栏下方的大片空白区域，绘图区是用户使用 AutoCAD 绘制图形的区域，用户要完成一幅设计图形，其主要工作都是在绘图区中完成。

在绘图区中，有一个作用类似光标的十字线，其交点坐标反映了光标在当前坐标系中的位置。在 AutoCAD 中，将该十字线称为光标，如图 1-1 中所示，AutoCAD 通过光标坐标值显示当前点的位置。十字线的方向与当前用户坐标系的 X、Y 轴方向平行，十字线的长度系统预设为绘图区大小的 5%。

(1) 修改绘图区十字光标的大小。对于光标的长度，用户可以根据绘图的实际需要修改其大小，修改光标大小的方法如下。

选择菜单栏中的“工具”→“选项”命令，打开“选项”对话框。单击“显示”选项卡，在“十字光标大小”文本框中直接输入数值，或拖动文本框后面的滑块，即可以对十字光标的大小进行调整，如图 1-12 所示。

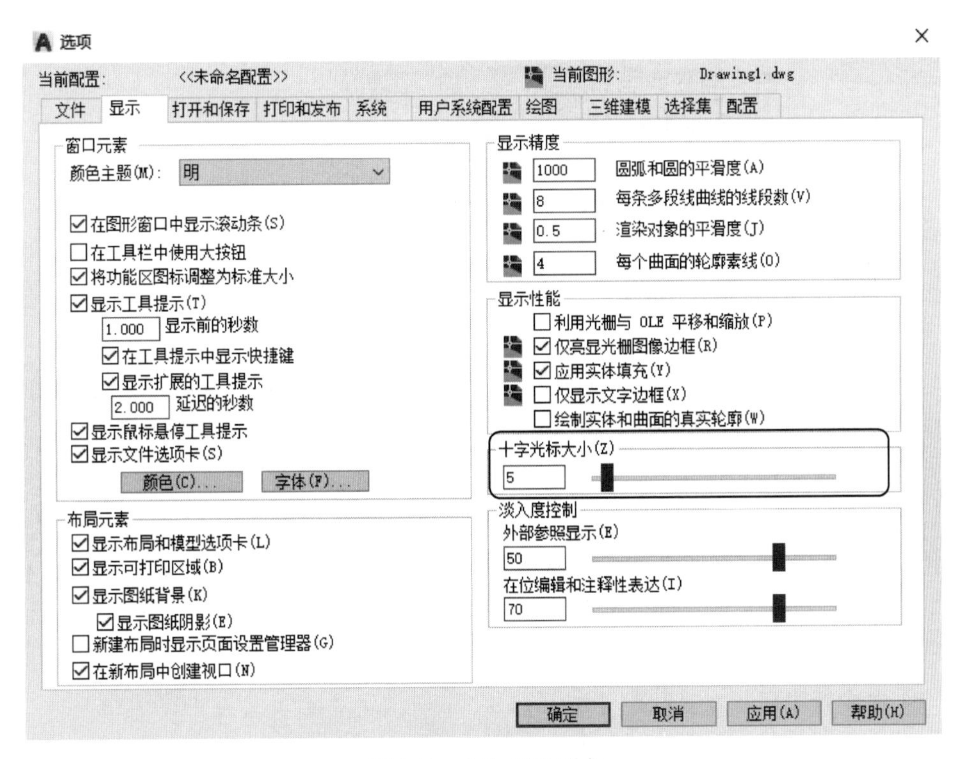

图 1-12 “显示”选项卡

此外，还可以通过设置系统变量 CURSORSIZE 的值，修改其大小，其方法是在命令行中输入如下命令。

```
命令: CURSORSIZE↙
输入 CURSORSIZE 的新值<5>:
```

Note

在提示下输入新值即可修改光标大小，默认值为5%。

(2) 修改绘图区的颜色。在默认情况下，AutoCAD的绘图区是黑色背景、白色线条，这不符合大多数用户的习惯，因此修改绘图区颜色，是大多数用户都要进行的操作。修改绘图区颜色的方法如下。

① 选择菜单栏中的"工具"→"选项"命令，打开"选项"对话框，单击如图1-12所示的"显示"选项卡，再单击"窗口元素"选项组中的"颜色"按钮，打开如图1-13所示的"图形窗口颜色"对话框。

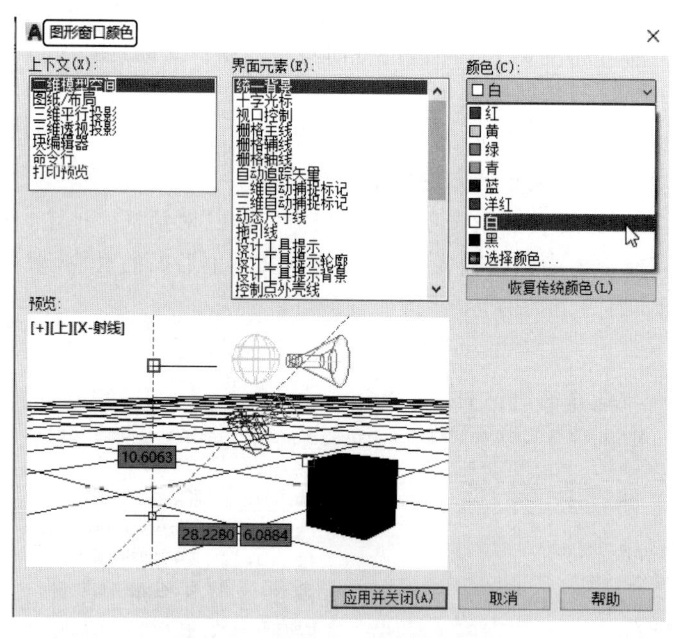

图1-13 "图形窗口颜色"对话框

② 在"颜色"下拉列表框中，选择需要的窗口颜色，然后单击"应用并关闭"按钮，此时AutoCAD的绘图区就变换了背景色，通常按视觉习惯选择白色为窗口颜色。

7. 坐标系图标

在绘图区的左下角，有一个箭头指向的图标，称为坐标系图标，表示用户绘图时正使用的坐标系样式。坐标系图标的作用是为点的坐标确定一个参照系。根据工作需要，用户可以选择将其关闭，其方法是选择菜单栏中的❶"视图"→❷"显示"→❸"UCS图标"→❹"开"命令，如图1-14所示。

8. 命令行窗口

命令行窗口是输入命令名和显示命令提示的区域，默认命令行窗口布置在绘图区下方，由若干文本行构成。对于命令行窗口，有以下几点需要说明。

(1) 移动拆分条，可以扩大和缩小命令行窗口。

(2) 可以拖动命令行窗口，布置在绘图区的其他位置。默认情况下在图形区的下方。

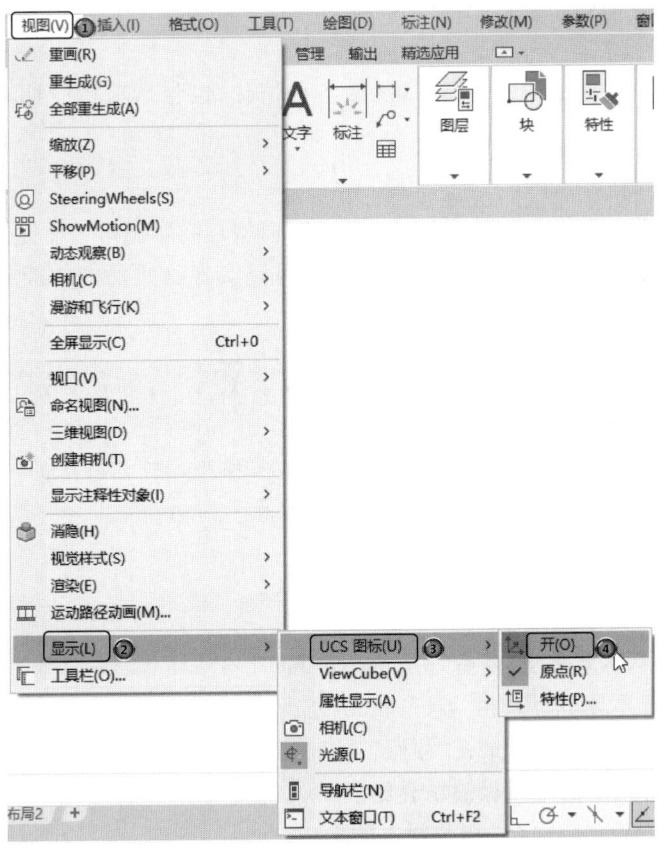

图 1-14 “视图”菜单

(3) 对当前命令行窗口中输入的内容，可以按 F2 键用文本编辑的方法进行编辑，如图 1-15 所示。AutoCAD 文本窗口和命令行窗口相似，可以显示当前 AutoCAD 进

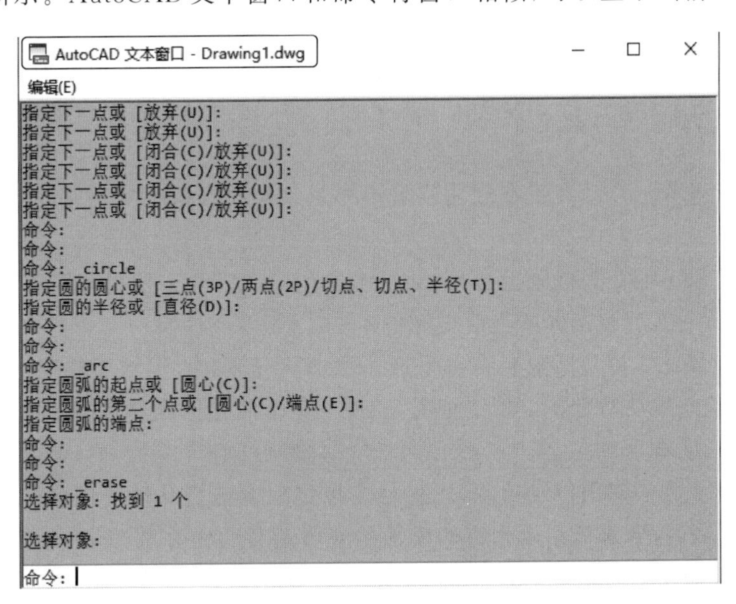

图 1-15 文本窗口

程中命令的输入和执行过程。在执行 AutoCAD 某些命令时，会自动切换到文本窗口，列出有关信息。

Note

(4) AutoCAD 通过命令行窗口，反馈各种信息，也包括出错信息，因此，用户要时刻关注在命令行窗口中出现的信息。

9. 状态栏

状态栏在操作界面的底部，依次有“坐标”“模型空间”“栅格”“捕捉模式”等 30 个功能按钮，如图 1-16 所示。单击这些开关按钮，可以实现这些功能的开和关。通过部分按钮也可以控制图形或绘图区的状态。

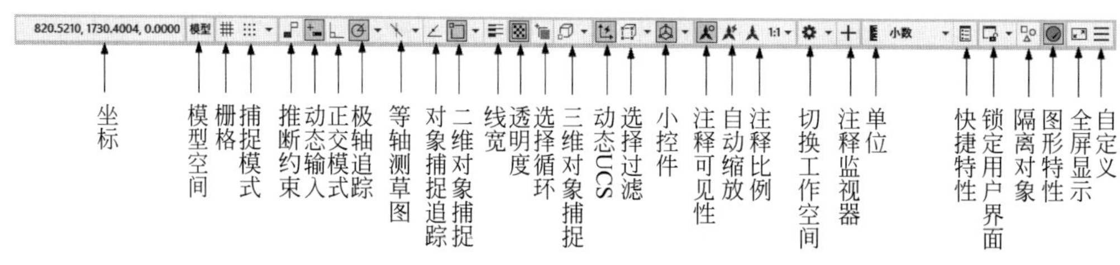

图 1-16　状态栏

注意：默认情况下，不会显示所有工具，可以通过状态栏上最右侧的按钮，选择要从“自定义”菜单显示的工具。状态栏上显示的工具可能会发生变化，具体取决于当前的工作空间以及当前显示的是“模型”选项卡还是“布局”选项卡。

下面对状态栏上的按钮做简单介绍。

(1) 坐标：显示工作区鼠标放置点的坐标。

(2) 模型空间：在模型空间与布局空间之间进行转换。

(3) 栅格：栅格是覆盖整个用户坐标系(UCS) XY 平面的直线或点组成的矩形图案。使用栅格类似于在图形下放置一张坐标纸。利用栅格可以对齐对象并直观显示对象之间的距离。

(4) 捕捉模式：对象捕捉对于在对象上指定精确位置非常重要。不论何时提示输入点，都可以指定对象捕捉。在默认情况下，当光标移到对象捕捉位置时，将显示标记和工具提示。

(5) 推断约束：自动在正在创建或编辑的对象与对象捕捉的关联对象或点之间应用约束。

(6) 动态输入：在光标附近显示出一个提示框(称为“工具提示”)，工具提示中显示出对应的命令提示和光标的当前坐标值。

(7) 正交模式：将光标限制在水平或垂直方向上移动，以便于精确地创建和修改对象。当创建或移动对象时，可以使用“正交”模式将光标限制在相对于用户坐标系(UCS)的水平或垂直方向上。

(8) 极轴追踪：使用极轴追踪，光标将按指定角度进行移动。创建或修改对象时，可以使用“极轴追踪”来显示由指定的极轴角度所定义的临时对齐路径。

(9) 等轴测草图：通过设定“等轴测捕捉/栅格”，可以很容易地沿 3 个等轴测平面之一对齐对象。尽管等轴测图形看似三维图形，但它实际上是由二维图形表示，因此不

Note

能期望提取三维距离和面积、从不同视点显示对象或自动消除隐藏线。

(10) 对象捕捉追踪：使用对象捕捉追踪，可以沿着基于对象捕捉点的对齐路径进行追踪。已获取的点将显示一个小加号(+)，一次最多可以获取7个追踪点。获取点之后，在绘图路径上移动光标，将显示相对于获取点的水平、垂直或极轴对齐路径。例如，可以基于对象端点、中点或者对象的交点，沿着某个路径选择一点。

(11) 二维对象捕捉：使用执行对象捕捉设置(也称对象捕捉)，可以在对象上的精确位置指定捕捉点。选择多个选项后，将应用选定的捕捉模式，以返回距离靶框中心最近的点。按Tab键以在这些选项之间循环。

(12) 线宽：分别显示对象所在图层中设置的不同宽度，而不是统一线宽。

(13) 透明度：使用该命令，调整绘图对象显示的明暗程度。

(14) 选择循环：当一个对象与其他对象彼此接近或重叠时，准确地选择某一个对象是很困难的，使用“选择循环”的命令，单击鼠标左键，弹出“选择集”列表框，里面列出了鼠标单击周围的图形，然后在列表中选择所需的对象。

(15) 三维对象捕捉：三维中的对象捕捉与在二维中工作的方式类似，不同之处在于在三维中可以投影对象捕捉。

(16) 动态UCS：在创建对象时使UCS的XY平面自动与实体模型上的平面临时对齐。

(17) 选择过滤：根据对象特性或对象类型对选择集进行过滤。当按下图标后，只选择满足指定条件的对象，其他对象将被排除在选择集之外。

(18) 小控件：帮助用户沿三维轴或平面移动、旋转或缩放一组对象。

(19) 注释可见性：当图标亮显时表示显示所有比例的注释性对象；当图标变暗时表示仅显示当前比例的注释性对象。

(20) 自动缩放：注释比例更改时，自动将比例添加到注释对象。

(21) 注释比例：单击注释比例右下角小三角符号弹出注释比例列表，如图1-17所示，可以根据需要选择适当的注释比例。

(22) 切换工作空间：进行工作空间转换。

(23) 注释监视器：打开仅用于所有事件或模型文档事件的注释监视器。

(24) 单位：指定线性和角度单位的格式和小数位数。

(25) 快捷特性：控制快捷特性面板的使用与禁用。

(26) 锁定用户界面：按下该按钮，锁定工具栏、面板和可固定窗口的位置和大小。

(27) 隔离对象：当选择隔离对象时，在当前视图中显示选定对象，所有其他对象都暂时隐藏；当选择隐藏对象时，在当前视图中暂时隐藏选定对象，所有其他对象都可见。

(28) 图形特性：设定图形卡的驱动程序以及设置硬件加速的选项。

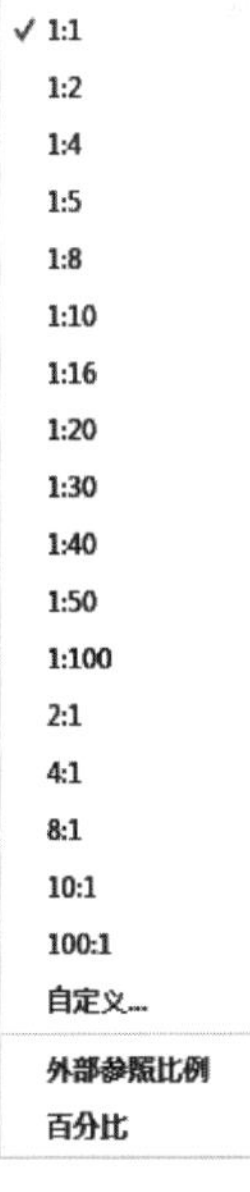

图1-17　注释比例列表

(29) 全屏显示：该选项可以清除Windows窗口中的标题栏、功能区和选项板等界面元素，使AutoCAD的绘图窗口全屏显示，

Note

如图 1-18 所示。

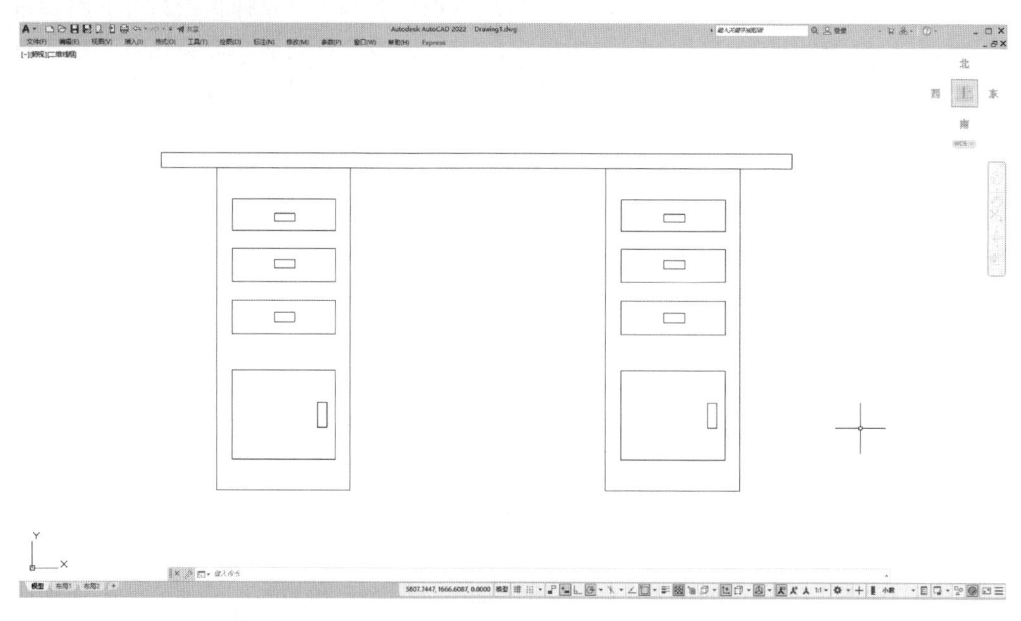

图 1-18　全屏显示

（30）自定义：状态栏可以提供重要信息，而无须中断工作流。使用 MODEMACRO 系统变量可将应用程序所能识别的大多数数据显示在状态栏中。使用该系统变量的计算、判断和编辑功能可以完全按照用户的要求构造状态栏。

10. 布局标签

AutoCAD 系统默认设定一个"模型"空间和"布局 1""布局 2"两个图样空间布局标签。在这里有两个概念需要解释一下。

（1）布局。布局是系统为绘图设置的一种环境，包括图样大小、尺寸单位、角度设定、数值精确度等，在系统预设的 3 个标签中，这些环境变量都按默认设置。用户根据实际需要改变这些变量的值，在此暂且从略。用户也可以根据需要设置符合自己要求的新标签。

（2）模型。AutoCAD 的空间分模型空间和图样空间两种。模型空间是通常绘图的环境，而在图样空间中，用户可以创建叫作"浮动视口"的区域，以不同视图显示所绘图形。用户可以在图样空间中调整浮动视口并决定所包含视图的缩放比例。如果用户选择图样空间，可打印多个视图，也可以打印任意布局的视图。AutoCAD 系统默认打开模型空间，用户可以通过单击操作界面下方的布局标签，选择需要的布局。

11. 滚动条

打开"选项"对话框，选择"显示"选项卡，在窗口元素对应的"颜色主题"中选中"在图形窗口中显示滚动条"的复选框，在 AutoCAD 的绘图区下方和右侧均提供了用来浏览图形的水平和竖直方向的滚动条。拖动滚动条中的滚动块，可以在绘图区按水平或竖直两个方向浏览图形。

1.2 文件管理

Note

本节介绍有关文件管理的一些基本操作方法，包括新建文件、打开文件、保存文件等，这些都是进行 AutoCAD 2022 操作最基础的知识。

1. 新建文件

执行方式如下。

命令行：NEW。

菜单栏：选择菜单栏中的“文件”→“新建”命令。

工具栏：单击“标准”工具栏中的“新建”按钮。

执行上述命令后，系统打开如图 1-19 所示的“选择样板”对话框。

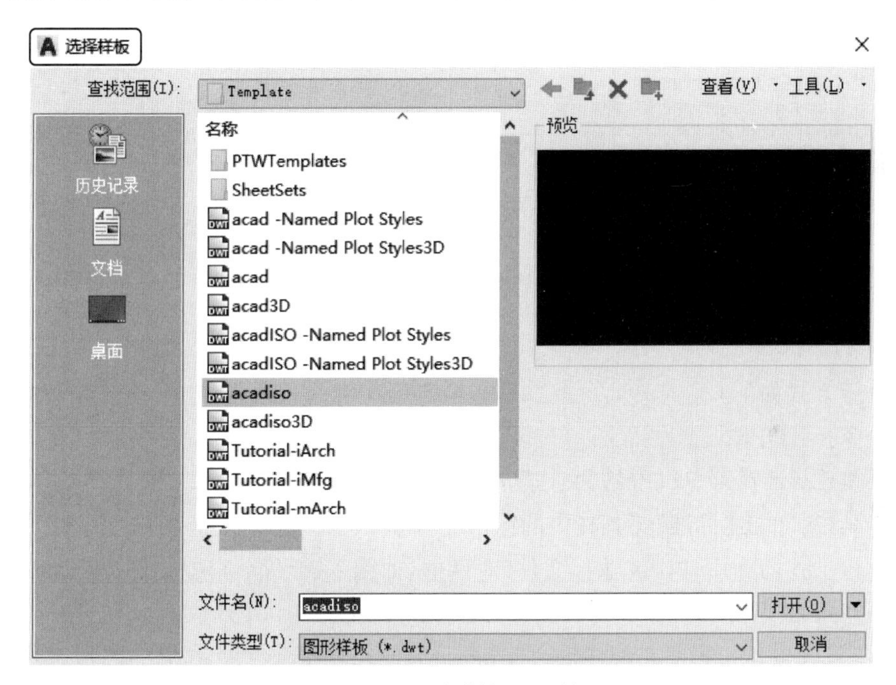

图 1-19 “选择样板”对话框

另外还有一种快速创建图形的功能，该功能是开始创建新图形的最快捷方法。

命令行：QNEW↙

执行上述命令后，系统立即从所选的图形样板中创建新图形，而不显示任何对话框或提示。

在实现快速创建图形功能之前必须进行如下设置。

(1) 在命令行输入“FILEDIA”，按 Enter 键，设置系统变量为 1；在命令行输入“STARTUP”，设置系统变量为 0。

(2) 选择菜单栏中的“工具”→“选项”命令，在“选项”对话框中选择默认图形样板

Note

文件。具体方法如下：❶在“文件”选项卡中，❷单击“样板设置”前面的“+”，❸在展开的选项列表中选择“快速新建的默认样板文件名”选项，如图 1-20 所示。❹单击“浏览”按钮，打开“选择文件”对话框，然后选择需要的样板文件即可。

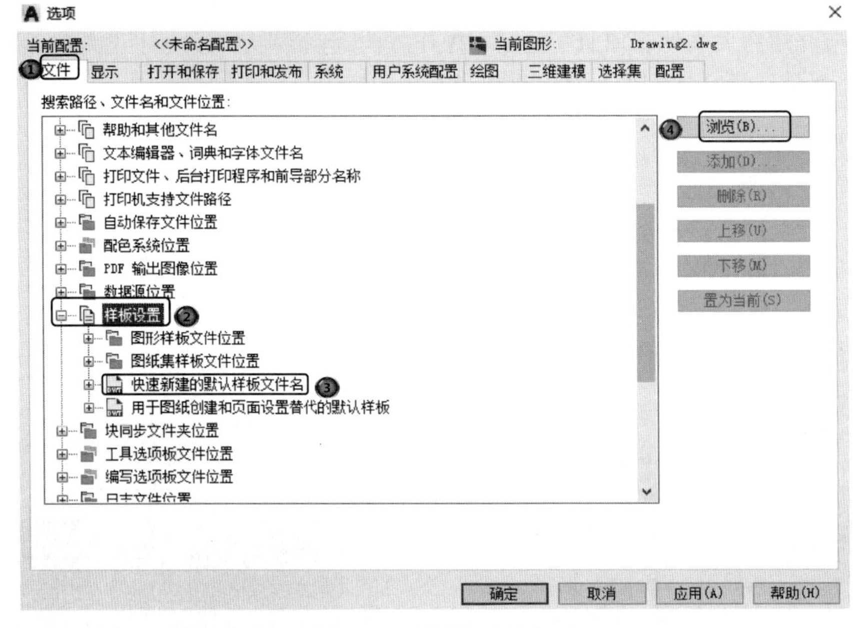

图 1-20 “文件”选项卡

2. 打开文件

执行方式如下。

命令行：OPEN。

菜单栏：选择菜单栏中的“文件”→“打开”命令。

工具栏：单击“标准”工具栏中的“打开”按钮。

执行上述命令后，打开“选择文件”对话框，如图 1-21 所示，在“文件类型”下拉列表框中用户可选 dwg 文件、dwt 文件、dxf 文件和 dws 文件。dws 文件是包含标准图层、标注样式、线型和文字样式的样板文件；dxf 文件是用文本形式存储的图形文件，能够被其他程序读取，许多第三方应用软件都支持 dxf 格式。

注意：有时在打开 dwg 文件时，系统会打开一个信息提示对话框，提示用户图形文件不能打开，在这种情况下先退出打开操作，然后选择菜单栏中的“文件”→“图形实用工具”→“修复”命令，或在命令行中输入“recover”，接着在“选择文件”对话框中输入要恢复的文件，确认后系统开始执行恢复文件操作。

3. 保存文件

执行方式如下。

命令行：QSAVE(或 SAVE)。

菜单栏：选择菜单栏中的“文件”→“保存”命令。

工具栏：单击“标准”工具栏中的“保存”按钮。

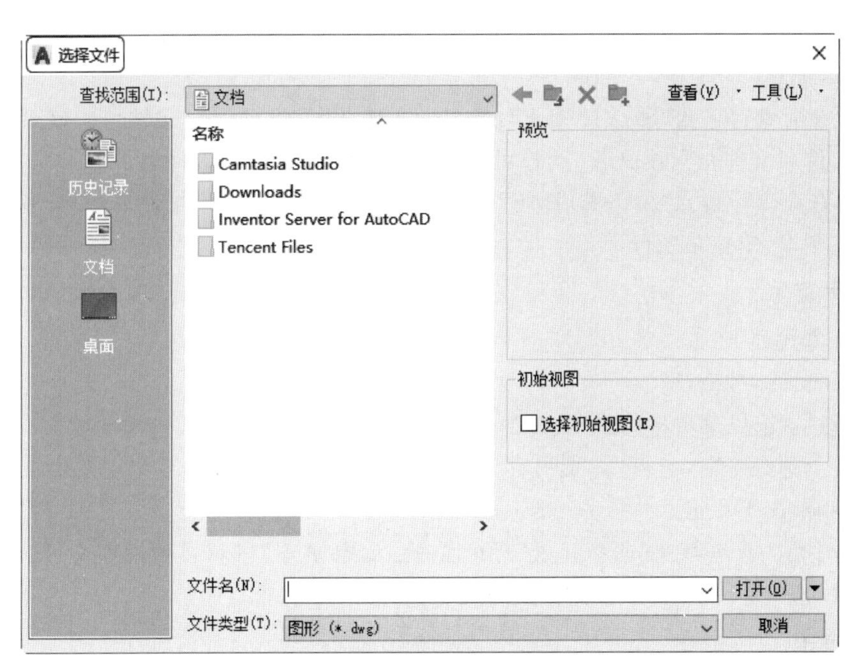

图 1-21 “选择文件”对话框

执行上述命令后，若文件已命名，则系统自动保存文件，若文件未命名(即为默认名drawing1.dwg)，❶系统打开“图形另存为”对话框，如图1-22所示，❷用户可以重新命名保存。❸在“保存于”下拉列表框中指定保存文件的路径，❹在“文件类型”下拉列表框中指定保存文件的类型。

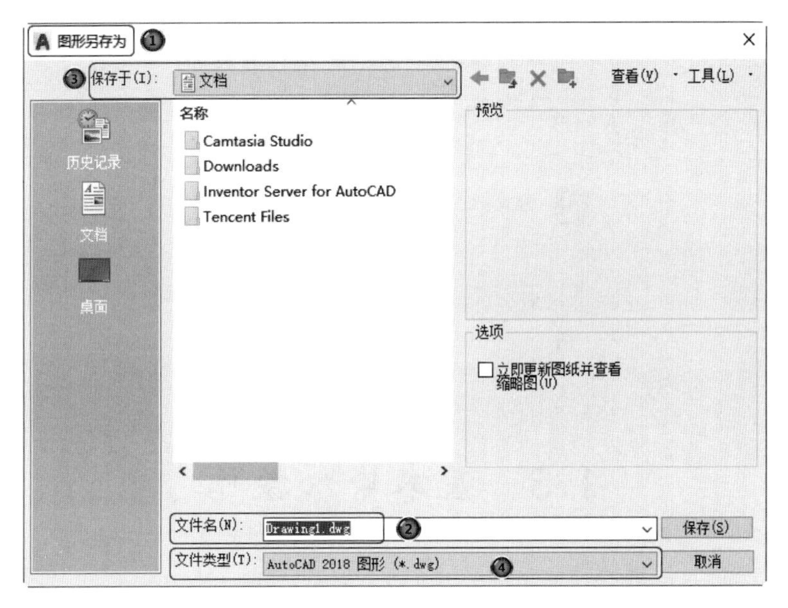

图 1-22 “图形另存为”对话框

为了防止因意外操作或计算机系统故障导致正在绘制的图形文件丢失，可以对当前图形文件设置自动保存，其操作方法如下。

Note

（1）在命令行输入“SAVEFILEPATH”，按 Enter 键，设置所有自动保存文件的位置，如“D:\HU\”。

（2）在命令行输入“SAVEFILE”，按 Enter 键，设置自动保存文件名。该系统变量储存的文件名文件是只读文件，用户可以从中查询自动保存的文件名。

（3）在命令行输入“SAVETIME”，按 Enter 键，指定在使用自动保存时，多长时间保存一次图形，单位是“分”。

4. 另存为

执行方式如下。

命令行：SAVEAS。

菜单栏：选择菜单栏中的“文件”→“另存为”命令。

执行上述命令后，打开“图形另存为”对话框，如图 1-22 所示，系统用新的文件名保存，并为当前图形更名。

注意：系统打开“选择样板”对话框，在“文件类型”下拉列表框中有 4 种格式的图形样板，后缀分别是 dwt、dwg、dws 和 dxf。

5. 退出

执行方式如下。

命令行：QUIT 或 EXIT。

菜单栏：选择菜单栏中的“文件”→“退出”命令。

按钮：单击 AutoCAD 操作界面右上角的“关闭”按钮 ×。

执行上述命令后，若用户对图形所做的修改尚未保存，则会打开如图 1-23 所示的系统警告提示框。单击“是”按钮，系统将保存文件，然后退出；单击“否”按钮，系统将不保存文件。若用户对图形所做的修改已经保存，则直接退出。

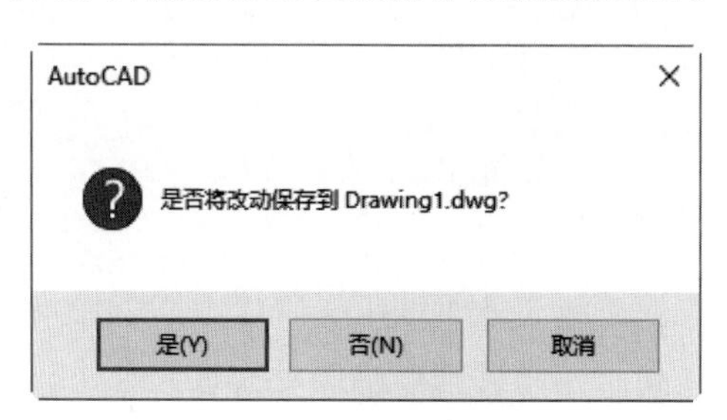

图 1-23　系统警告提示框

1.3　基本输入操作

1.3.1　命令输入方式

AutoCAD 交互绘图必须输入必要的指令和参数。有多种 AutoCAD 命令输入方式，下面以画直线为例，介绍命令输入方式。

（1）在命令行输入命令名。命令字符可不区分大小写，例如，命令“LINE”。执行命令时，在命令行提示中经常会出现命令选项。在命令行输入绘制直线命令“LINE”后，命令行中的提示如下。

```
命令：LINE↙
指定第一个点:(在绘图区指定一点或输入一个点的坐标)
指定下一点或[放弃(U)]:
```

命令行中不带括号的提示为默认选项（如上面的“指定下一点或”），因此可以直接输入直线段的起点坐标或在绘图区指定一点，如果要选择其他选项，则应该首先输入该选项的标识字符，如“放弃”选项的标识字符“U”，然后按系统提示输入数据即可。在命令选项的后面有时还带有尖括号，尖括号内的数值为默认数值。

（2）在命令行输入命令缩写字。如 L(Line)、C(Circle)、A(Arc)、Z(Zoom)、R(Redraw)、M(Move)、CO(Copy)、PL(Pline)、E(Erase)等。

（3）选择“绘图”菜单栏中对应的命令，在命令行窗口中可以看到对应的命令说明及命令名。

（4）单击“绘图”工具栏中对应的按钮，命令行窗口中也可以看到对应的命令说明及命令名。

（5）在绘图区打开快捷菜单。如果在前面刚使用过要输入的命令，可以在绘图区右击，打开快捷菜单，在“最近的输入”子菜单中选择需要的命令，如图 1-24 所示。“最近的输入”子菜单中储存最近使用的十几个命令，如果经常重复使用某几个命令以内的命令，这种方法就比较快速简洁。

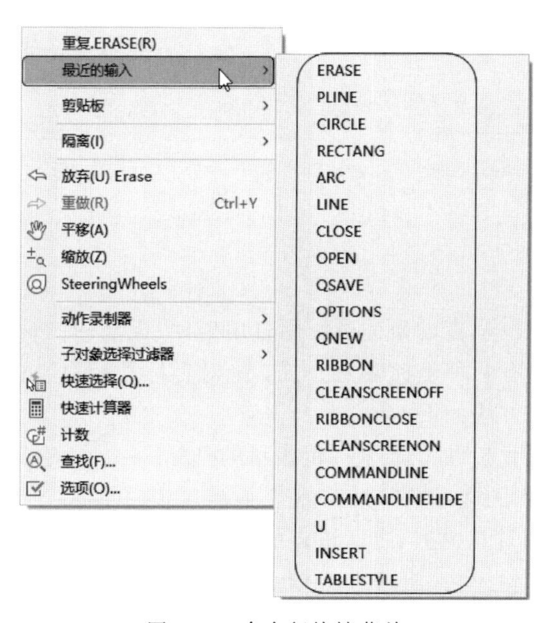

图 1-24　命令行快捷菜单

（6）在命令行直接按 Enter 键。如果用户要重复使用上次使用的命令，可以在命令行直接按 Enter 键，系统立即重复执行上次使用的命令，这种方法适用于重复执行某

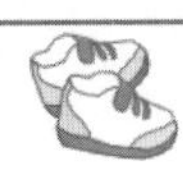

个命令。

Note

注意：在命令行中输入坐标时，请检查此时的输入法是不是英文输入。如果是中文输入法，例如输入“150,20”，则由于逗号“,”的原因，系统会认定该坐标输入无效。这时，只需将输入法改为英文即可。

1.3.2 坐标系统与数据输入法

1. 新建坐标系

AutoCAD采用两种坐标系：世界坐标系（WCS）与用户坐标系（UCS）。用户刚进入AutoCAD时的坐标系统就是世界坐标系，是固定的坐标系统。世界坐标系是坐标系统中的基准，绘制图形时大多都是在这个坐标系统下进行的。

执行方式如下。

命令行：UCS。

菜单栏：选择菜单栏的“工具”→“新建UCS”子菜单中相应的命令。

工具栏：单击“UCS”工具栏中的相应按钮。

AutoCAD有两种视图显示方式：模型空间和图纸空间。模型空间使用单一视图显示，我们通常使用的都是这种显示方式；图纸空间能够在绘图区创建图形的多视图，用户可以对其中每一个视图进行单独操作。在默认情况下，当前UCS与WCS重合。如图1-25所示，图1-25(a)为模型空间下的UCS坐标系图标，通常在绘图区左下角处；也可以指定其放在当前UCS的实际坐标原点位置，如图1-25(b)所示。图1-25(c)为图纸空间下的坐标系图标。

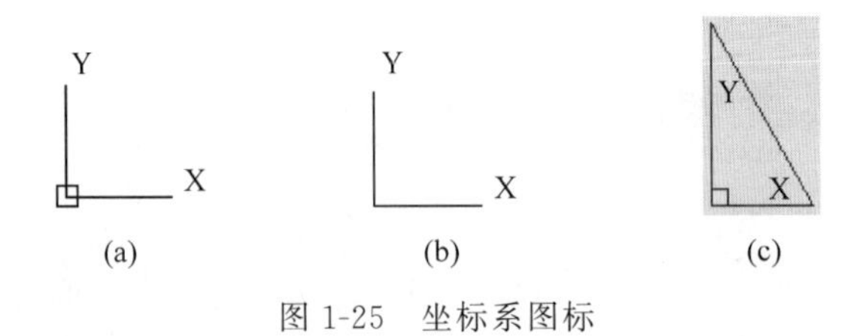

图1-25　坐标系图标

2. 数据输入法

在AutoCAD 2022中，点的坐标可以用直角坐标、极坐标、球面坐标和柱面坐标表示，每一种坐标又分别有两种坐标输入方式：绝对坐标和相对坐标。直角坐标和极坐标最为常用，具体输入方法如下。

1）直角坐标法。用点的X、Y坐标值表示的坐标。

在命令行中输入点的坐标“15,18”，则表示输入了一个X、Y的坐标值分别为15、18的点，此为绝对坐标输入方式，表示该点的坐标是相对于当前坐标原点的坐标值，如图1-26(a)所示。如果输入“@10,20”，则为相对坐标输入方式，表示该点的坐标是相对于前一点的坐标值，如图1-26(b)所示。

2）极坐标法。用长度和角度表示的坐标，只能用来表示二维点的坐标。

在绝对坐标输入方式下，表示为：“长度<角度”，如“25<50”，其中长度表示该点到坐标原点的距离，角度表示该点到原点的连线与X轴正向的夹角，如图1-26(c)所示。

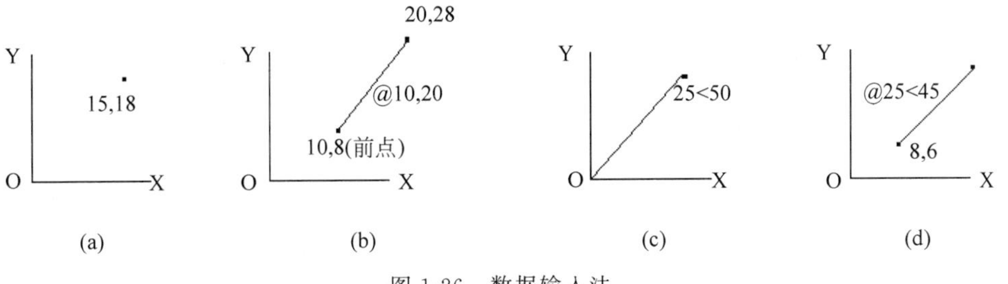

图 1-26 数据输入法

在相对坐标输入方式下，表示为："@长度<角度"，如"@25<45"，其中长度为该点到前一点的距离，角度为该点至前一点的连线与X轴正向的夹角，如图1-26(d)所示。

3）动态数据输入。按下状态栏中的"动态输入"按钮，系统打开动态输入功能，可以在绘图区动态地输入某些参数数据。例如，绘制直线时，在光标附近会动态地显示"指定第一个点："，以及后面的坐标框。当前坐标框中显示的是目前光标所在位置，可以输入数据，两个数据之间以逗号隔开，如图1-27所示。指定第一点后，系统动态显示直线的角度，同时要求输入线段长度值，如图1-28所示，其输入效果与"@长度<角度"方式相同。

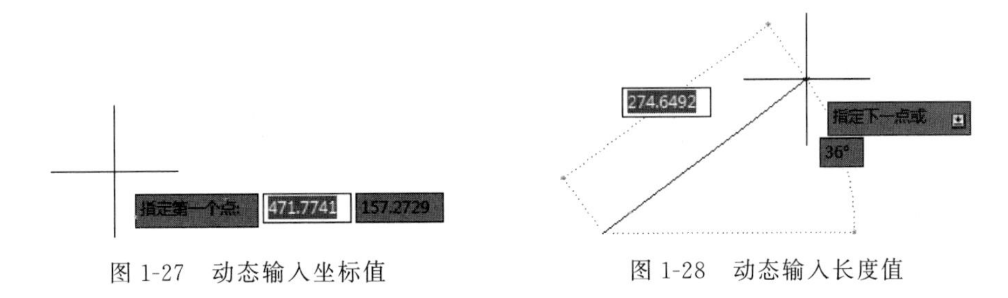

图 1-27 动态输入坐标值　　图 1-28 动态输入长度值

下面分别介绍点与距离值的输入方法。

(1) 点的输入。在绘图过程中，常需要输入点的位置，AutoCAD提供了如下几种输入点的方式。

① 用键盘直接在命令行输入点的坐标。直角坐标有两种输入方式：X,Y(点的绝对坐标值，如"100,50")和@X,Y(相对于上一点的相对坐标值，如"@50,－30")。

极坐标的输入方式为"长度<角度"(其中，长度为点到坐标原点的距离，角度为原点至该点连线与X轴的正向夹角，如"20<45")或"@长度<角度"(相对于上一点的相对极坐标，如"@50<－30")。

② 用鼠标等定标设备移动光标，在绘图区单击直接取点。

③ 用目标捕捉方式捕捉绘图区已有图形的特殊点(如端点、中点、中心点、插入点、交点、切点、垂足点等)。

④ 直接输入距离。先拖拉出直线以确定方向，然后用键盘输入距离。这样有利于准确控制对象的长度，如要绘制一条10mm长的线段，命令行提示与操作方法如下。

Note

```
命令: _LINE↙
指定第一个点:(在绘图区指定一点)
指定下一点或[放弃(U)]:
```

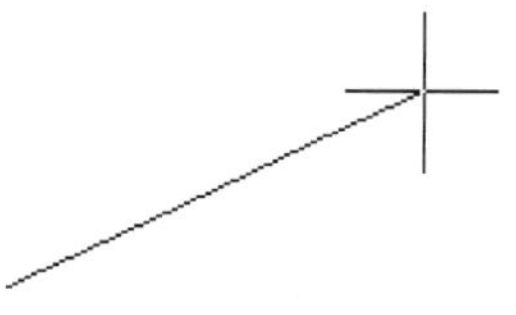
图 1-29 绘制直线

这时在绘图区移动光标指明线段的方向,但不要单击鼠标,然后在命令行输入“10”,这样就在指定方向上准确地绘制了长度为10mm的线段,如图1-29所示。

(2) 距离值的输入。在AutoCAD命令中,有时需要提供高度、宽度、半径、长度等表示距离的值。AutoCAD系统提供了两种输入距离值的方式:一种是用键盘在命令行中直接输入数值;另一种是在绘图区选择两点,以两点的距离值确定出所需数值。

1.4 缩放与平移

改变视图最一般的方法就是利用缩放和平移命令。用它们可以在绘图区放大或缩小图像显示,或改变图形位置。

1.4.1 缩放

1. 实时缩放

AutoCAD 2022为交互式的缩放和平移提供了可能。利用实时缩放,用户就可以通过垂直向上或向下移动鼠标的方式来放大或缩小图形。利用实时平移,能通过单击或移动鼠标重新放置图形。

1) 执行方式

命令行:Zoom。

菜单栏:选择菜单栏中的“视图”→“缩放”→“实时”命令。

工具栏:单击“标准”工具栏中的“实时缩放”按钮 ±Q。

功能区:单击“视图”选项卡“导航”面板中的“范围”下拉菜单中的“实时”按钮 ±Q。

2) 操作步骤

命令行提示与操作如下:

```
命令: ZOOM
指定窗口的角点,输入比例因子(nX 或 nXP),或者[全部(A)/中心(C)/动态(D)/范围(E)/上一个(P)/比例(S)/窗口(W)/对象(O)] <实时>:
```

2. 动态缩放

如果打开“快速缩放”功能,就可以用动态缩放功能改变图形显示而不产生重新生成的效果。动态缩放会在当前视区中显示图形的全部。

1) 执行方式

命令行:ZOOM。

Note

菜单栏：选择菜单栏中的“视图”→“缩放”→“动态”命令。

工具栏：单击“标准”工具栏中的“动态缩放”按钮。

2）操作步骤

命令行提示与操作如下。

```
命令：ZOOM↙
指定窗口角点,输入比例因子(nX 或 nXP),或[全部(A)/中心点(C)/动态(D)/范围(E)/上一个(P)/比例(S)/窗口(W)] <实时>: D↙
```

执行上述命令后，系统打开一个图框。选择动态缩放前图形区呈绿色的点线框，如果要动态缩放的图形显示范围与选择的动态缩放前的范围相同，则此绿色点线框与白线框重合而不可见。重新生成区域的四周有一个蓝色虚线框，用以标记虚拟图纸，此时，如果线框中有一个“×”出现，就可以拖动线框，把它平移到另外一个区域。如果要放大图形到不同的放大倍数，单击一下，“×”就会变成一个箭头，这时左右拖动边界线就可以重新确定视区的大小。

另外，缩放命令还有窗口缩放、比例缩放、放大、缩小、中心缩放、全部缩放、对象缩放、缩放上一个和最大图形范围缩放，其操作方法与动态缩放类似，此处不再赘述。

1.4.2　平移

1. 实时平移

执行方式如下。

命令行：PAN。

菜单栏：选择菜单栏中的“视图”→“平移”→“实时”命令。

工具栏：单击“标准”工具栏中的“实时平移”按钮。

执行上述命令后，光标变为形状，按住鼠标左键移动手形光标就可以平移图形了。当移动到图形的边沿时，光标就变为显示。

另外，在 AutoCAD 2022 中，为显示控制命令设置了一个快捷菜单，如图 1-30 所示。在该菜单中，用户可以在显示命令执行的过程中，透明地进行切换。

2. 定点平移

除了最常用的“实时平移”命令，也常用到“定点平移”命令。

1）执行方式

命令行：-PAN。

菜单栏：选择菜单栏中的“视图”→“平移”→“点”命令。

2）操作步骤

命令行提示与操作如下。

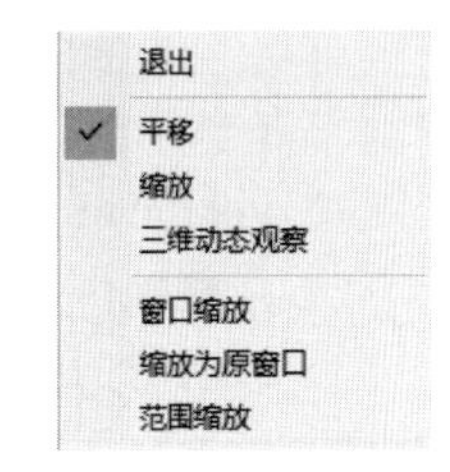

图 1-30　快捷菜单

```
命令: - PAN
指定基点或位移:(指定基点位置或输入位移值)
指定第二点:(指定第二点确定位移和方向)
```

执行上述命令后，当前图形按指定的位移和方向进行平移。另外，在“平移”子菜单

Note

中，还有"左""右""上""下"4个平移命令，如图1-31所示，选择这些命令时，图形按指定的方向平移一定的距离。

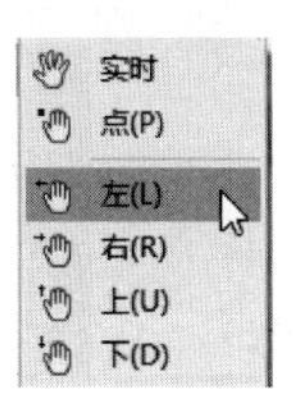

图1-31 "平移"子菜单

1.5 答疑解惑

1. 如何进行AutoCAD的版本转换？

答：AutoCAD高版本可以打开所有低版本的图纸，直接单击"另存为"按钮，将文件类型改成任意的低版本即可；AutoCAD低版本不可以打开高版本，如果要打开高版本的文件需要版本转换器。

2. 如何减少文件大小？

答：在图形完稿后，执行清理(PUREG)命令，清理掉多余的数据，如无用的图块，没有实体的图层，未用的线性、字体、尺寸样式等，可以有效减少文件大小。一般彻底清理需要PUREG 2～3次。

3. 如何关闭AutoCAD中的*.BAK文件？

答：方法一：在"选项"对话框"打开和保存"选项卡中，取消"每次保存均创建备份"复选框的选中。

方法二：使用ISAVEBAK命令，将其系统变量修改为0，当系统变量为1时，每次保存都会创建*.BAK文件。

1.6 学习效果自测

1. 熟悉AutoCAD 2022的操作界面。

(1) 运行AutoCAD 2022，进入AutoCAD 2022的操作界面。

(2) 调整操作界面的大小。

(3) 移动、打开、关闭工具栏。

(4) 设置绘图窗口的颜色和十字光标的大小。

(5) 利用下拉菜单和工具栏按钮随意绘制图形。

2. 管理图形文件。

(1) 选择菜单栏中的"文件"→"打开"命令，打开"选择文件"对话框。

(2) 搜索选择一个图形文件。

(3) 添加简单图形。

(4) 选择菜单栏中的"文件"→"另存为"命令，将图形赋名存盘。

第2章 二维绘制命令

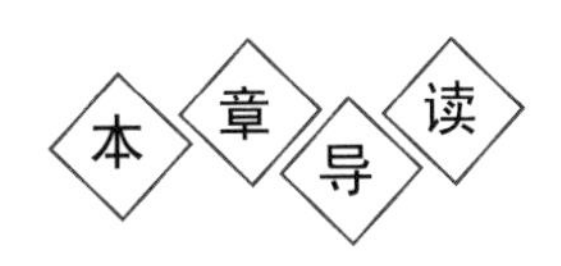

二维图形是指在二维平面空间绘制的图形，AutoCAD提供了大量的绘图工具，可以帮助用户完成二维图形的绘制。用户利用AutoCAD提供的二维绘图命令，可以快速方便地完成某些图形的绘制。本章主要介绍直线、圆和圆弧、椭圆与椭圆弧、平面图形和点的绘制。

学习要点

- ♦ 直线
- ♦ 曲线、点
- ♦ 平面图形
- ♦ 复合线

Note

2.1 直 线

直线类命令包括直线段、射线和构造线。这几个命令是 AutoCAD 中最简单的绘图命令。

2.1.1 直线段

1. 执行方式

命令行：LINE(快捷命令：L)。

菜单栏：选择菜单栏中的“绘图”→“直线”命令。

工具栏：单击“绘图”工具栏中的“直线”按钮 ⁄ 。

功能区：单击 ❶“默认”选项卡 ❷“绘图”面板中的 ❸“直线”按钮 ⁄ ，如图 2-1 所示。

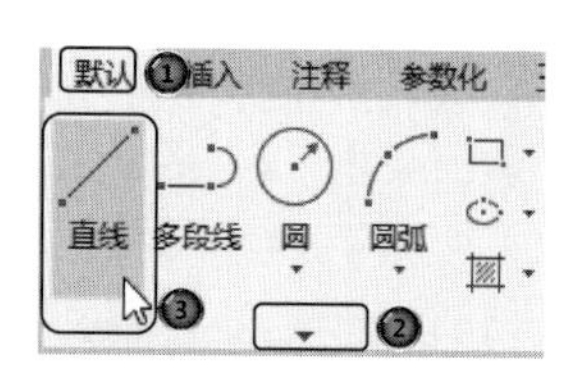

图 2-1 绘图面板 1

2. 操作步骤

命令行提示与操作如下。

```
命令: LINE↙
指定第一个点:(输入直线段的起点坐标或在绘图区单击指定点)
指定下一点或[放弃(U)]:(输入直线段的端点坐标,或利用光标指定一定角度后,直接输入直线的长度)
指定下一点或[退出(E)/放弃(U)]:(输入下一直线段的端点,或输入选项"U"表示放弃前面的输入; 右击或按 Enter 键,结束命令)
指定下一点或[关闭(C)/退出(X)/放弃(U)]:(输入下一直线段的端点,或输入选项"C"使图形闭合,结束命令)
```

3. 选项说明

“直线”命令各选项含义如表 2-1 所示。

表 2-1 “直线”命令各选项含义

选 项	含 义
“指定第一个点”提示	若采用按 Enter 键响应“指定第一个点”提示，系统会把上次绘制图线的终点作为本次图线的起始点。若上次操作为绘制圆弧，按 Enter 键后绘出通过圆弧终点并与该圆弧相切的直线段，该线段的长度为光标在绘图区指定的一点与切点之间线段的距离
“指定下一点”提示	在“指定下一点”提示下，用户可以指定多个端点，从而绘出多条直线段。但是，每一段直线是一个独立的对象，可以进行单独的编辑操作
若采用输入选项“C”响应“指定下一点”提示	绘制两条以上直线段后，若采用输入选项“C”响应“指定下一点”提示，系统会自动连接起始点和最后一个端点，从而绘出封闭的图形
若采用输入选项“U”响应提示	若采用输入选项“U”响应提示，则删除最近一次绘制的直线段

Note

☎ **注意**：若设置正交方式(按下状态栏中的“正交模式”按钮 ∟)，只能绘制水平线段或垂直线段。若设置动态数据输入方式(按下状态栏中的“动态输入”按钮 +)，则可以动态输入坐标或长度值，效果与非动态数据输入方式类似。除了特别需要，以后不再强调，而只按非动态数据输入方式输入相关数据。

2.1.2　上机练习——探测器

2-1

练习目标

利用直线命令绘制如图 2-2 所示探测器符号。

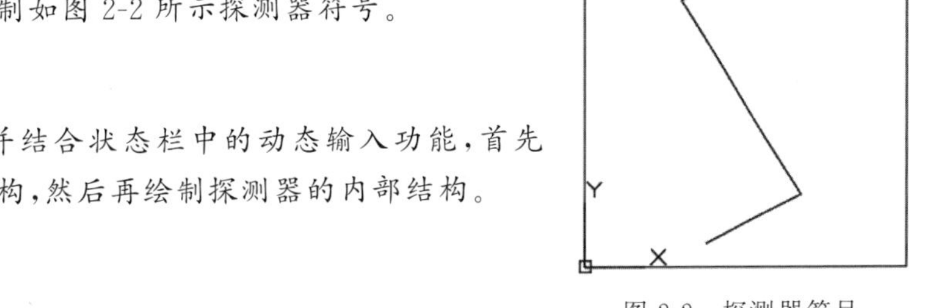

图 2-2　探测器符号

设计思路

利用直线命令，并结合状态栏中的动态输入功能，首先绘制探测器的外部结构，然后再绘制探测器的内部结构。

操作步骤

1. 绘制探测器外框

系统默认打开动态输入，如果动态输入没有打开，单击状态栏中的“动态输入”按钮 + ，打开动态输入，单击“默认”选项卡“绘图”面板中的“直线”按钮 ╱ ，在动态输入框中输入第一点坐标为(0,0)，如图 2-3 所示。按 Enter 键确认第一点。

在动态输入框中输入长度为 360，按 Tab 键切换到角度输入框，输入角度为 0，如图 2-4 所示。按 Enter 键确认第二点。

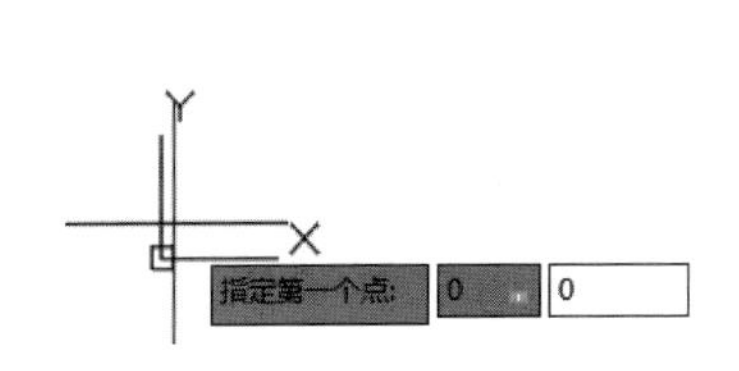

图 2-3　输入第一点坐标

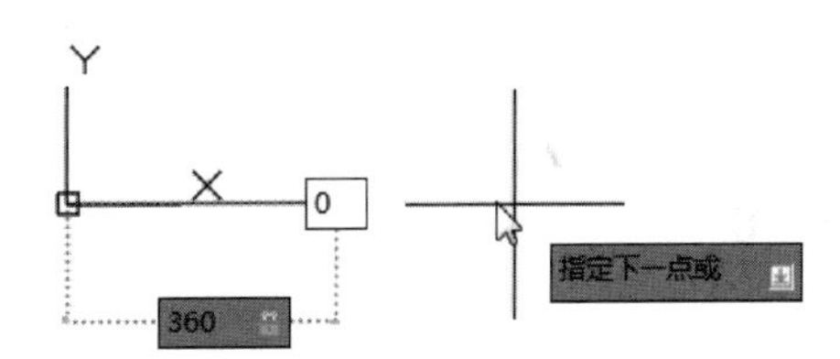

图 2-4　输入第二点坐标

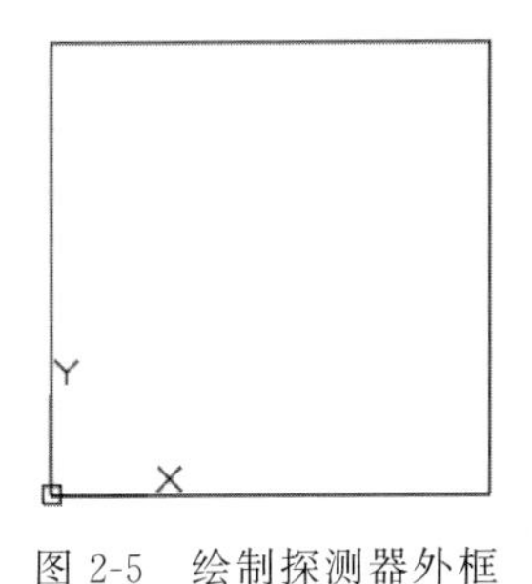

图 2-5　绘制探测器外框

重复上述步骤输入第三点长度为 360，角度为 90；输入第四点长度为 360，角度为 180，最后输入闭合选项，完成探测器外框的绘制，如图 2-5 所示。

2. 绘制内部结构

单击状态栏中的“动态输入”按钮 + ，关闭动态输入，单击“默认”选项卡“绘图”面板中的“直线”按钮 ╱ ，绘制内部结构，命令行提示与操作如下：

```
命令：_LINE↙
指定第一个点：135,25↙
指定下一点或[放弃(U)]：241,77↙
指定下一点或[退出(E)/放弃(U)]：108,284↙
```

```
指定下一点或[关闭(C)/退出(X)/放弃(U)]: 187,339↙
指定下一点或[关闭(C)/退出(X)/放弃(U)]:↙
```

Note

结果如图 2-2 所示。

注意：(1) 输入坐标时，逗号必须是在英文状态下，否则会出现错误。

(2) 一般每个命令有 4 种执行方式，这里只给出了功能区和命令行执行方式，其他两种执行方式的操作方法与命令行执行方式相同。

提示：动态输入与命令行输入的区别：

动态输入框中坐标输入与命令行有所不同，如果是之前没有定位任何一个点，输入的坐标是绝对坐标，当定位下一个点时默认输入的就是相对坐标，无须在坐标值前加@的符号。

如果想在动态输入的输入框中输入绝对坐标的话，反而需要先输入一个＃号，例如输入＃20，30，就相当于在命令行直接输入 20，30，输入＃20＜45 就相当于在命令行输入 20＜45。

需要注意的是，由于 AutoCAD 现在可以通过鼠标确定方向，直接输入距离后按 Enter 键就可以确定下一点坐标，如果在输入了＃20 后按 Enter 键，这和输入 20 就直接按 Enter 键没有任何区别，只是将点定位到沿光标方向距离上一点 20 的位置。

2.2 曲　　线

圆类命令主要包括“圆”“圆弧”“椭圆”“椭圆弧”“圆环”，这几个命令是 AutoCAD 中最简单的曲线命令。

2.2.1 圆

1. 执行方式

命令行：CIRCLE(快捷命令：C)。

菜单栏：选择菜单栏中的“绘图”→“圆”命令。

工具栏：单击“绘图”工具栏中的“圆”按钮 。

功能区：单击❶“默认”选项卡“绘图”面板中的❷“圆”下拉菜单，如图 2-6 所示。

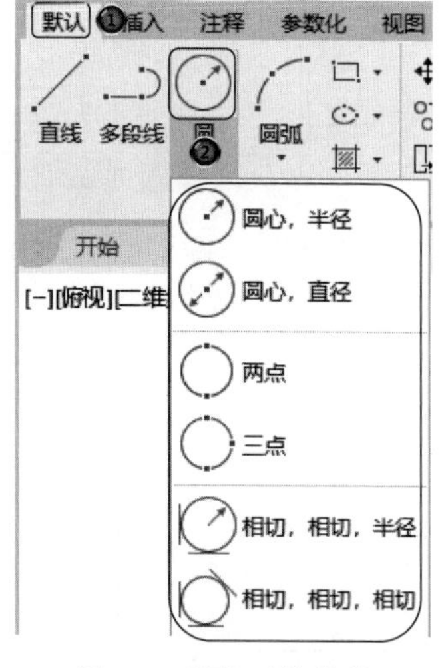

图 2-6 “圆”下拉菜单

2. 操作步骤

命令行提示与操作如下。

```
命令：CIRCLE↙
指定圆的圆心或[三点(3P)/两点(2P)/切点、切点、半径(T)]：(指定圆心)
指定圆的半径或[直径(D)]:(直接输入半径值或在绘图区单击指定半径长度)
指定圆的直径<默认值>:(输入直径值或在绘图区单击指定直径长度)
```

3. 选项说明

“圆”命令各选项含义如表 2-2 所示。

表 2-2　“圆”命令各选项含义

选　　项	含　　义
三点(3P)	通过指定圆周上三点绘制圆
两点(2P)	通过指定直径的两端点绘制圆
切点、切点、半径(T)	通过先指定两个相切对象，再给出半径的方法绘制圆。图 2-7(a)～(d)给出了以“切点、切点、半径”方式绘制圆的各种情形(加粗的圆为最后绘制的圆)

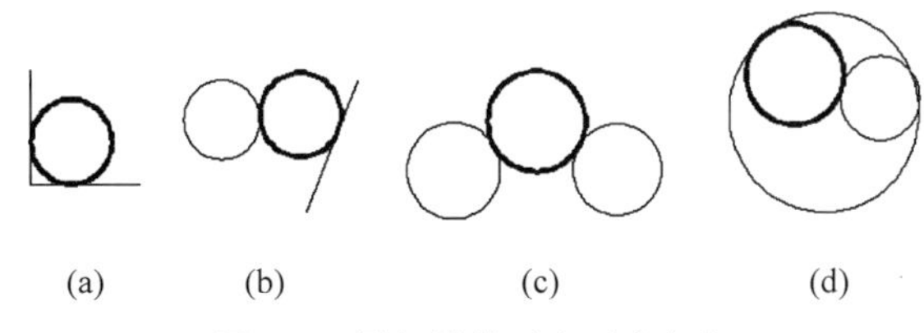

图 2-7　圆与另外两个对象相切

注意：选择功能区中的“相切、相切、相切”的绘制方法如图 2-8 所示，命令行提示与操作如下：

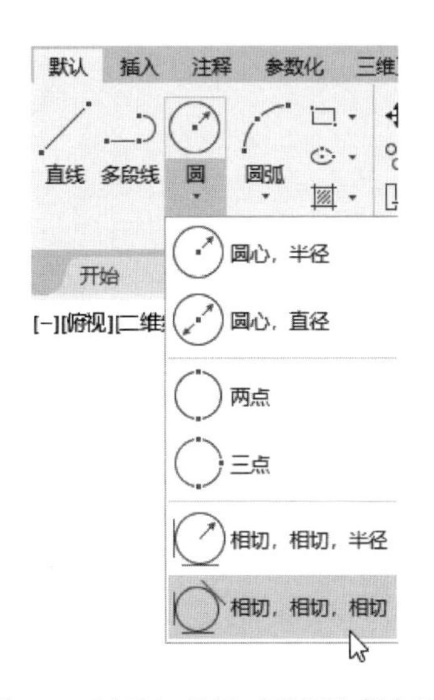

图 2-8　“相切、相切、相切”绘制方法

指定圆上的第一个点：_TAN 到：(选择相切的第一个圆弧)
指定圆上的第二个点：_TAN 到：(选择相切的第二个圆弧)
指定圆上的第三个点：_TAN 到：(选择相切的第三个圆弧)

注意：对于圆心点的选择，除了直接输入圆心点外，还可以利用圆心点与中心线的对应关系，用对象捕捉的方法选择。按下状态栏中的“对象捕捉”按钮，命令行中会提示“命令：<对象捕捉 开>”。

2.2.2 上机练习——射灯

练习目标

本实例绘制的射灯如图 2-9 所示。

Note

设计思路

本实例绘制的射灯，首先利用圆命令，绘制了半径为 60 的圆，然后利用直线命令，绘制了长度为 80 的 4 条直线。

2-2

操作步骤

（1）单击“默认”选项卡“绘图”面板中的“圆”按钮，在图中适当位置绘制半径为 60 的圆，命令行提示与操作如下，结果如图 2-10 所示。

```
命令: _CIRCLE↙
指定圆的圆心或[三点(3P)/两点(2P)/切点、切点、半径(T)]:
指定圆的半径或[直径(D)]: 60
```

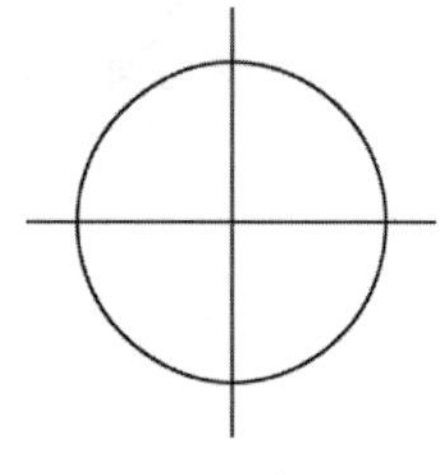

图 2-9 射灯

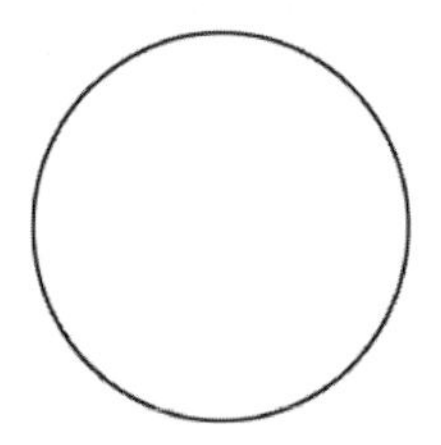

图 2-10 绘制圆

（2）单击“默认”选项卡“绘图”面板中的“直线”按钮，以圆心为起点，分别绘制长度为 80 的 4 条直线，结果如图 2-9 所示。

2.2.3 圆弧

1. 执行方式

命令行：ARC(快捷命令：A)。

菜单栏：选择菜单栏中的“绘图”→“圆弧”命令。

工具栏：单击“绘图”工具栏中的“圆弧”按钮。

功能区：单击❶“默认”选项卡❷“绘图”面板中的❸“圆弧”下拉菜单(图 2-11)。

2. 操作步骤

命令行提示与操作如下。

```
命令: ARC↙
指定圆弧的起点或[圆心(C)]:(指定起点)
指定圆弧的第二个点或[圆心(C)/端点(E)]:(指定第二点)
指定圆弧的端点:(指定末端点)
```

Note

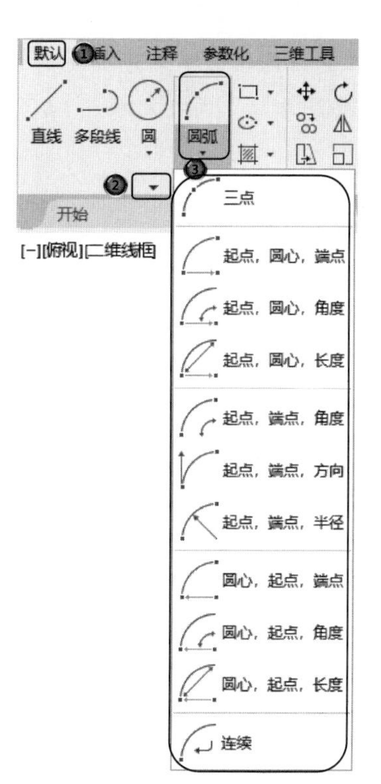

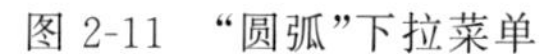

图 2-11　“圆弧”下拉菜单

3. 选项说明

“圆弧”命令各选项含义如表 2-3 所示。

表 2-3　“圆弧”命令各选项含义

选　　项	含　　义
命令行方式绘制圆弧	用命令行方式绘制圆弧时，可以根据系统提示选择不同的选项，具体功能和利用菜单栏中的“绘图”→“圆弧”中子菜单提供的 11 种方式相似。这 11 种方式绘制的圆弧如图 2-12 所示
连续	需要强调的是“连续”方式，绘制的圆弧与上一线段圆弧相切。连续绘制圆弧段，只提供端点即可

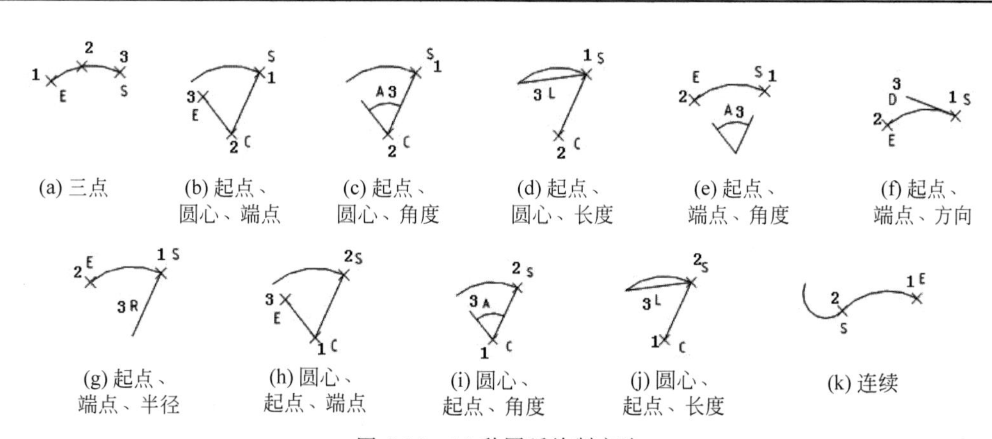

(a) 三点　(b) 起点、圆心、端点　(c) 起点、圆心、角度　(d) 起点、圆心、长度　(e) 起点、端点、角度　(f) 起点、端点、方向

(g) 起点、端点、半径　(h) 圆心、起点、端点　(i) 圆心、起点、角度　(j) 圆心、起点、长度　(k) 连续

图 2-12　11 种圆弧绘制方法

注意：绘制圆弧时，注意圆弧的曲率是遵循逆时针方向的，所以在选择指定圆弧两个端点和半径模式时，需要注意端点的指定顺序，否则有可能导致圆弧的凹凸形状与预期的相反。

Note

2-3

2.2.4 上机练习——五瓣梅的绘制

练习目标

绘制如图2-13所示的五瓣梅。

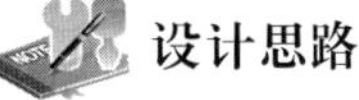

设计思路

本实例绘制的五瓣梅，利用了圆弧命令来进行绘制，按照逆时针的方向并采用了多种方法绘制圆弧，最终绘制出五瓣梅。

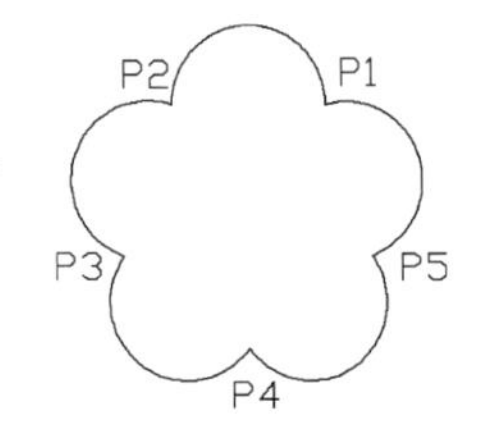

图2-13 五瓣梅

操作步骤

(1) 单击"快速访问"工具栏中的"新建"按钮，系统创建一个新图形。

(2) 单击"默认"选项卡"绘图"面板中的"圆弧"按钮，绘制第一段圆弧，命令行提示与操作如下。

```
命令：_ARC↙
指定圆弧的起点或[圆心(C)]：140,110↙
指定圆弧的第二个点或[圆心(C)/端点(E)]：E↙
指定圆弧的端点：@40<180↙
指定圆弧的中心点(按住Ctrl键以切换方向)或[角度(A)/方向(D)/半径(R)]：R↙
指定圆弧的半径(按住Ctrl键以切换方向)：20↙
```

(3) 单击"默认"选项卡"绘图"面板中的"圆弧"按钮，绘制第二段圆弧，命令行提示与操作如下。

```
命令：_ARC↙
指定圆弧的起点或[圆心(C)]：(选择刚才绘制的圆弧端点P2)
指定圆弧的第二个点或[圆心(C)/端点(E)]：E↙
指定圆弧的端点：@40<252↙
指定圆弧的中心点(按住Ctrl键以切换方向)或[角度(A)/方向(D)/半径(R)]：A↙
指定夹角(按住Ctrl键以切换方向)：180↙
```

(4) 单击"默认"选项卡"绘图"面板中的"圆弧"按钮，绘制第三段圆弧，命令行提示与操作如下。

```
命令：_ARC↙
指定圆弧的起点或[圆心(C)]：(选择步骤(3)中绘制的圆弧端点P3)
指定圆弧的第二个点或[圆心(C)/端点(E)]：C↙
指定圆弧的圆心：@20<324↙
指定圆弧的端点(按住Ctrl键以切换方向)或[角度(A)/弦长(L)]：A↙
指定夹角(按住Ctrl键以切换方向)：180↙
```

Note

(5) 单击“默认”选项卡“绘图”面板中的“圆弧”按钮 ，绘制第四段圆弧，命令行提示与操作如下。

```
命令: _ARC↙
指定圆弧的起点或[圆心(C)]:(选择步骤(4)中绘制的圆弧端点 P4)
指定圆弧的第二个点或[圆心(C)/端点(E)]: C↙
指定圆弧的圆心: @20<36↙
指定圆弧的端点(按住 Ctrl 键以切换方向)或[角度(A)/弦长(L)]: L↙
指定弦长(按住 Ctrl 键以切换方向): 40↙
```

(6) 单击“默认”选项卡“绘图”面板中的“圆弧”按钮 ，绘制第五段圆弧，命令行提示与操作如下。

```
命令: _ARC↙
指定圆弧的起点或[圆心(C)]:(选择步骤(5)中绘制的圆弧端点 P5)
指定圆弧的第二个点或[圆心(C)/端点(E)]: E↙
指定圆弧的端点:(选择圆弧起点 P1)
指定圆弧的中心点(按住 Ctrl 键以切换方向)或[角度(A)/方向(D)/半径(R)]: D↙
指定圆弧的相切方向(按住 Ctrl 键以切换方向): @20,20↙
```

完成五瓣梅的绘制，最终绘制结果如图 2-13 所示。

(7) 在命令行输入“QSAVE”，或选择菜单栏中的“文件”→“保存”命令，或单击“快速访问”工具栏中的“保存”按钮 ，在打开的“图形另存为”对话框中输入文件名保存即可。

2.2.5 椭圆与椭圆弧

1. 执行方式

命令行：ELLIPSE(快捷命令：EL)。

菜单栏：选择菜单栏中的“绘图”→“椭圆”→“圆弧”命令。

工具栏：单击“绘图”工具栏中的“椭圆”按钮 或“椭圆弧”按钮 。

功能区：❶单击“默认”选项卡❷“绘图”面板中的❸“椭圆”下拉菜单(图 2-14)。

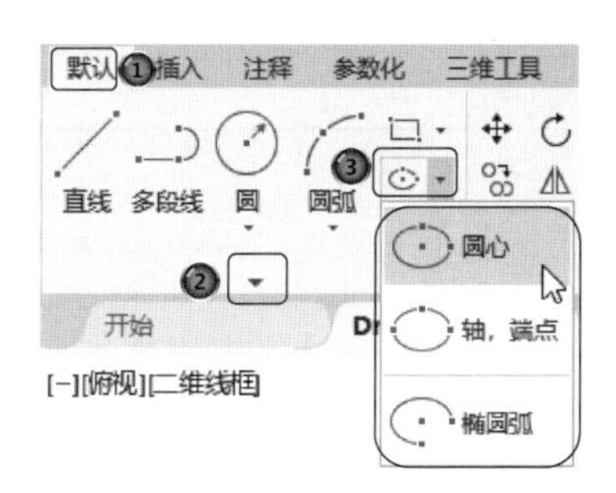

图 2-14　“椭圆”下拉菜单

2. 操作步骤

命令行提示与操作如下。

```
命令：ELLIPSE↙
指定椭圆的轴端点或[圆弧(A)/中心点(C)]:(指定轴端点 1,如图 2-15(a)所示)
指定轴的另一个端点:(指定轴端点 2,如图 2-15(a)所示)
指定另一条半轴长度或[旋转(R)]:
```

Note

3. 选项说明

“椭圆与椭圆弧”命令各选项含义如表 2-4 所示。

表 2-4 “椭圆与椭圆弧”命令各选项含义

<table>
<tr><th>选　项</th><th colspan="2">含　义</th></tr>
<tr><td>指定椭圆的轴端点</td><td colspan="2">根据两个端点定义椭圆的第一条轴，第一条轴的角度确定了整个椭圆的角度。第一条轴既可定义椭圆的长轴，也可定义其短轴</td></tr>
<tr><td rowspan="4">圆弧(A)</td><td colspan="2">用于创建一段椭圆弧，与“单击‘绘图’工具栏中的‘椭圆弧’按钮”功能相同。其中第一条轴的角度确定了椭圆弧的角度。第一条轴既可定义椭圆弧长轴，也可定义其短轴。选择该项，系统命令行中继续提示如下。

命令：_ELLIPSE
指定椭圆的轴端点或 [圆弧(A)/中心点(C)]：_A
指定椭圆弧的轴端点或[中心点(C)]:(指定端点或输入"C"↙)
指定轴的另一个端点:(指定另一端点)
指定另一条半轴长度或[旋转(R)]:(指定另一条半轴长度或输入"R"↙)
指定起点角度或[参数(P)]:(指定起始角度或输入"P"↙)
指定端点角度或[参数(P)/夹角(I)]:(指定适当点↙)

其中各选项含义如下</td></tr>
<tr><td>起点角度</td><td>指定椭圆弧端点的两种方式之一，光标与椭圆中心点连线的夹角为椭圆端点位置的角度，如图 2-15(b)所示</td></tr>
<tr><td>参数(P)</td><td>指定椭圆弧端点的另一种方式，该方式同样是指定椭圆弧端点的角度，但通过以下矢量参数方程式创建椭圆弧。
$p(u)=c+a\times\cos u+b\times\sin u$
式中，c 是椭圆的中心点，a 和 b 分别是椭圆的长轴和短轴，u 为光标与椭圆中心点连线的夹角</td></tr>
<tr><td>夹角(I)</td><td>定义从起始角度开始包含的角度</td></tr>
<tr><td>中心点(C)</td><td colspan="2">通过指定的中心点创建椭圆</td></tr>
<tr><td>旋转(R)</td><td colspan="2">通过绕第一条轴旋转圆来创建椭圆。相当于将一个圆绕椭圆轴翻转一个角度后的投影视图</td></tr>
</table>

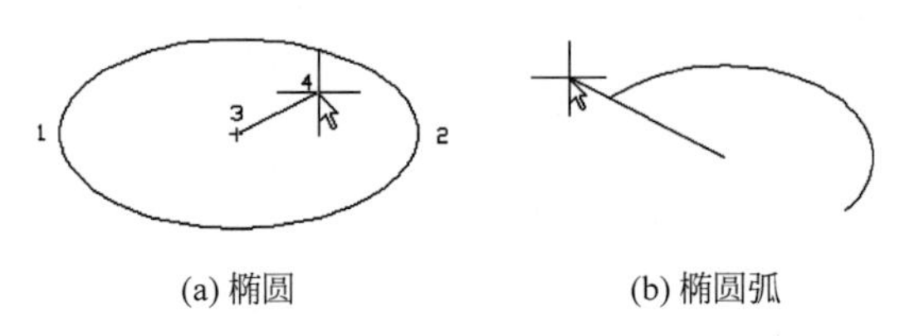

(a) 椭圆　　(b) 椭圆弧

图 2-15　椭圆和椭圆弧

注意： 圆命令生成的椭圆是以多段线还是以椭圆为实体，是由系统变量 PELLIPSE 决定的，当其为 1 时，生成的椭圆就是以多段线形式存在。

2.2.6　圆环

1. 执行方式

命令行：DONUT(快捷命令：DO)。

菜单栏：选择菜单栏中的“绘图”→“圆环”命令。

功能区：单击“默认”选项卡“绘图”面板中的“圆环”按钮◎。

2. 操作步骤

命令行提示与操作如下。

```
命令: DONUT↙
指定圆环的内径<默认值>:(指定圆环内径)
指定圆环的外径<默认值>:(指定圆环外径)
指定圆环的中心点或<退出>:(指定圆环的中心点)
指定圆环的中心点或<退出>:(继续指定圆环的中心点,则继续绘制相同内外径的圆环)
```

按 Enter 键、Space 键或鼠标右击，结束命令，结果如图 2-16(a)所示。

3. 选项说明

“圆环”命令各选项含义如表 2-5 所示。

表 2-5　“圆环”命令各选项含义

选　项	含　义
圆环的内径	若指定内径为零，则画出实心填充圆，如图 2-16(b)所示
圆环的填充	用命令 FILL 可以控制圆环是否填充，具体方法如下。 命令: FILL↙ 输入模式[开(ON)/关(OFF)] <开>:(选择"开(ON)"表示填充,选择"关(OFF)"表示不填充,如图 2-16(c)所示)

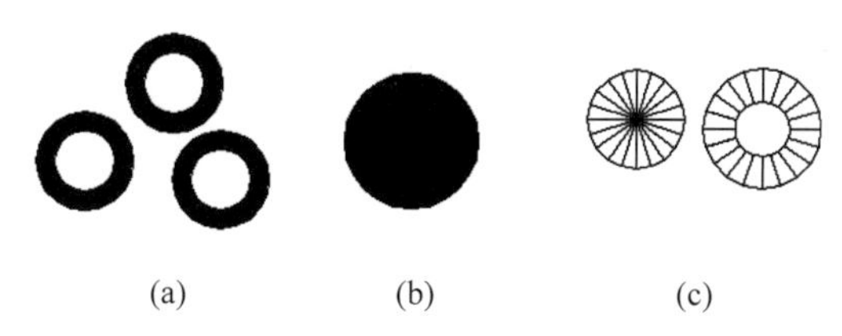

图 2-16　绘制圆环

2.2.7　上机练习——洗脸盆的绘制

练习目标

绘制如图 2-17 所示的洗脸盆。

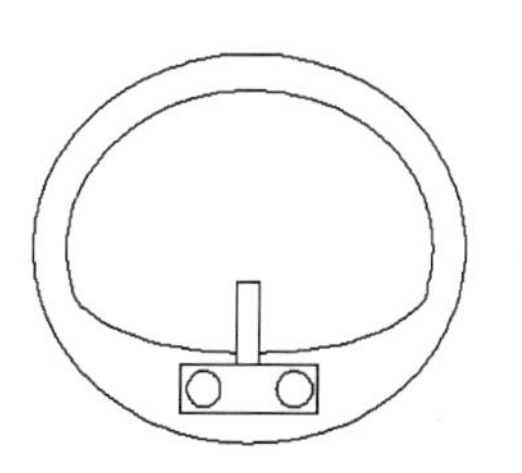

图 2-17　洗脸盆

设计思路

本实例绘制的洗脸盆图形，首先利用了直线和圆命令，绘

制水龙头和水龙头的按钮，然后利用椭圆和椭圆弧命令，绘制脸盆外沿和部分内沿，最后利用圆弧命令，绘制剩余脸盆内沿部分，最终绘制出洗脸盆图形。

Note

2-4

操作步骤

(1) 单击"默认"选项卡"绘图"面板中的"直线"按钮 ╱，绘制水龙头图形，绘制结果如图 2-18 所示。

(2) 单击"默认"选项卡"绘图"面板中的"圆心，半径"按钮 ⊙，绘制两个水龙头旋钮，绘制结果如图 2-19 所示。

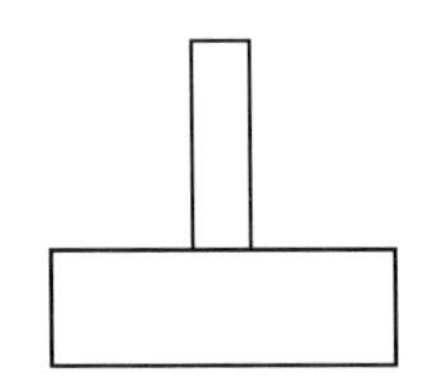

图 2-18　绘制水龙头

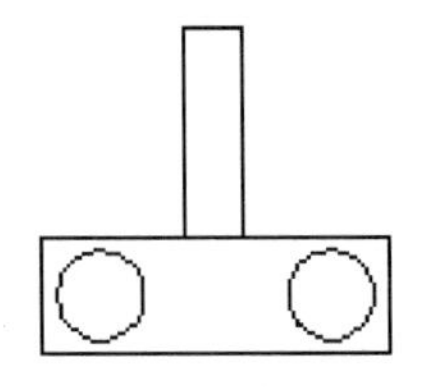

图 2-19　绘制旋钮

(3) 单击"默认"选项卡"绘图"面板中的"轴，端点"按钮 ◯，绘制脸盆外沿，命令行提示与操作如下。绘制结果如图 2-20 所示。

```
命令: _ELLIPSE↙
指定椭圆的轴端点或[圆弧(A)/中心点(C)]:(指定椭圆轴端点)
指定轴的另一个端点:(指定另一端点)
指定另一条半轴长度或[旋转(R)]:(在绘图区拉出另一半轴长度)
```

(4) 单击"默认"选项卡"绘图"面板中的"椭圆弧"按钮 ◌，绘制脸盆部分内沿，命令行提示与操作如下。绘制结果如图 2-21 所示。

```
命令: _ELLIPSE↙
指定椭圆的轴端点或[圆弧(A)/中心点(C)]: A
指定椭圆弧的轴端点或[中心点(C)]: C↙
指定椭圆弧的中心点:(按下状态栏中的"对象捕捉"按钮 □，捕捉绘制的椭圆中心点)
指定轴的端点:(适当指定一点)
指定另一条半轴长度或[旋转(R)]: R↙
指定绕长轴旋转的角度:(在绘图区指定椭圆轴端点)
指定起点角度或[参数(P)]:(在绘图区拉出起始角度)
指定终点角度或[参数(P)/夹角(I)]:(在绘图区拉出终止角度)
```

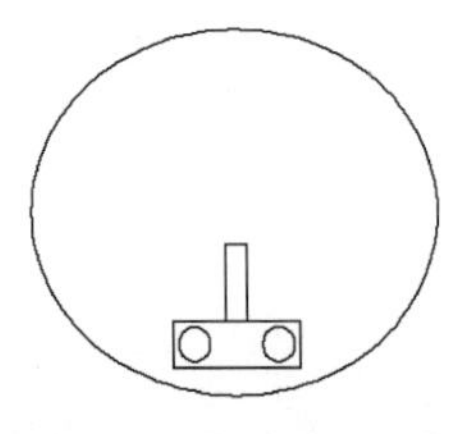

图 2-20　绘制脸盆外沿

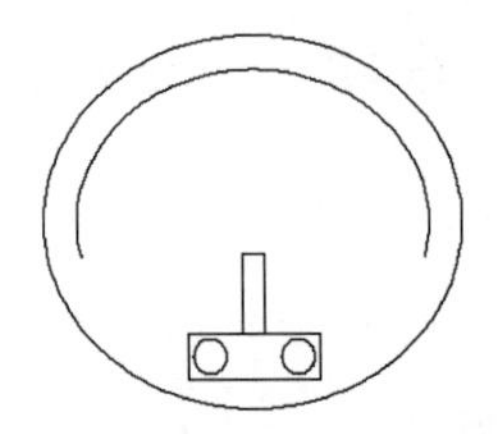

图 2-21　绘制脸盆部分内沿

（5）单击“默认”选项卡“绘图”面板中的“圆弧”按钮 ，绘制脸盆内沿其他部分，最终绘制结果如图 2-17 所示。

2.3　点绘制相关命令

在 AutoCAD 中，点有多种不同的表示方式，用户既可以根据需要进行设置，也可以设置等分点和测量点。

2.3.1　点

1. 执行方式

命令行：POINT（快捷命令：PO）。

菜单栏：选择菜单栏中的“绘图”→“点”命令。

工具栏：单击“绘图”工具栏中的“多点”按钮 ∴ 。

功能区：单击“默认”选项卡“绘图”面板中的“多点”按钮 ∴ 。

2. 操作步骤

命令行提示与操作如下。

```
命令：POINT↙
当前点模式：  PDMODE = 0   PDSIZE = 0.0000
指定点：(指定点所在的位置)
```

3. 选项说明

“点”命令各选项含义如表 2-6 所示。

表 2-6　“点”命令各选项含义

选　　项	含　　义
当前点模式	可以按下状态栏中的“对象捕捉”按钮 ，设置点捕捉模式，帮助用户选择点
指定点所在的位置	点在图形中的表示样式共有 20 种。可通过“DDPTYPE”命令或选择菜单栏中的“格式”→“点样式”命令，通过打开的“点样式”对话框来设置，如图 2-22 所示

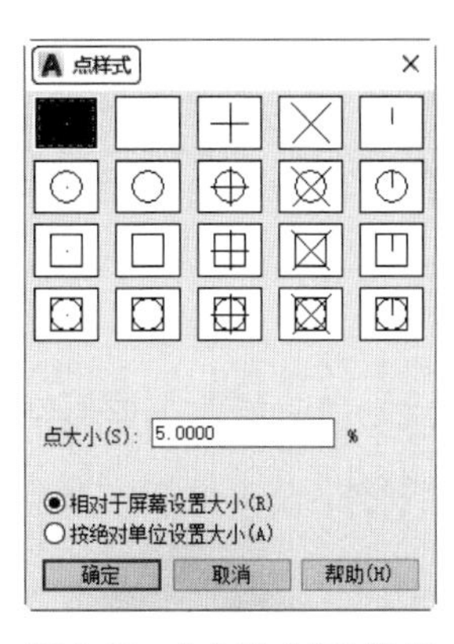

图 2-22　“点样式”对话框

Note

2.3.2 等分点

1. 执行方式

命令行：DIVIDE(快捷命令：DIV)。

菜单栏：选择菜单栏中的“绘图”→“点”→“定数等分”命令。

功能区：单击“默认”选项卡“绘图”面板中的“定数等分”按钮 。

2. 操作步骤

命令行提示与操作如下。图 2-23(a)所示为绘制等分点的图形。

```
命令:DIVIDE↙
选择要定数等分的对象:
输入线段数目或[块(B)]:(指定实体的等分数)
```

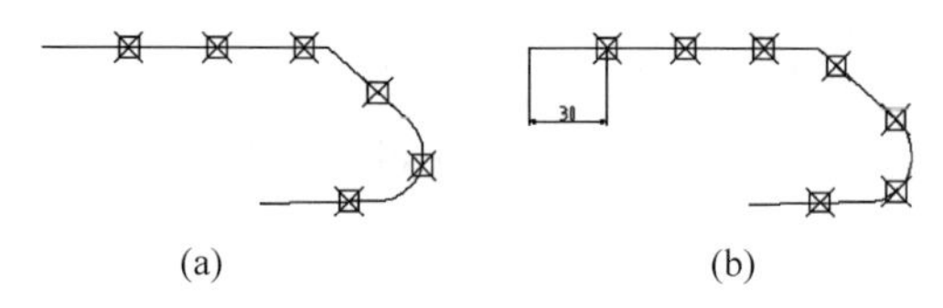

(a)　　(b)

图 2-23　绘制等分点和测量点

3. 选项说明

“等分点”命令各选项含义如表 2-7 所示。

表 2-7　“等分点”命令各选项含义

选　　项	含　　义
线段数目	等分数目范围为 2～32767
定数等分	在等分点处，按当前点样式设置画出等分点
块(B)	在第二提示行选择“块(B)”选项时，表示在等分点处插入指定的块

2.3.3 测量点

1. 执行方式

命令行：MEASURE(快捷命令：ME)。

菜单栏：选择菜单栏中的“绘图”→“点”→“定距等分”命令。

功能区：单击“默认”选项卡的“绘图”面板中的“定距等分”按钮 。

2. 操作步骤

命令行提示与操作如下。图 2-23(b)所示为绘制测量点的图形。

```
命令: MEASURE↙
选择要定距等分的对象:(选择要设置测量点的实体)
指定线段长度或[块(B)]:(指定分段长度)
```

2-5

3. 选项说明

“测量点”命令各选项含义如表 2-8 所示。

表 2-8　“测量点”命令各选项含义

选　　项	含　　义
定距等分的对象	设置的起点一般是指定线的绘制起点
块(B)	在第二提示行选择“块(B)”选项时，表示在测量点处插入指定的块
测量点	在等分点处，按当前点样式设置绘制测量点
最后一个测量段的长度	最后一个测量段的长度不一定等于指定分段长度

2.3.4　上机练习——棘轮的绘制

练习目标

绘制如图 2-24 所示的棘轮。

设计思路

首先利用圆命令，绘制了 3 个同心圆，然后利用定数等分命令将圆进行等分，最后利用直线命令，将等分点进行连接并删除了多余的圆和圆弧，绘制结果如图 2-24 所示。

操作步骤

(1) 单击“默认”选项卡“绘图”面板上的“圆”下拉菜单中的“圆心，半径”按钮，绘制 3 个半径分别为 90、60、40 的同心圆，如图 2-25 所示。

图 2-24　棘轮

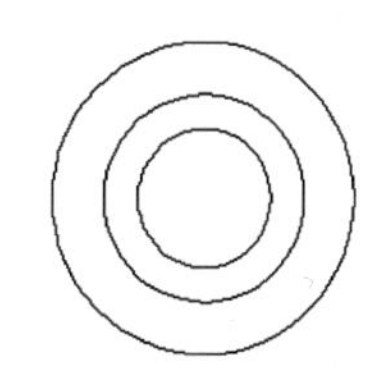

图 2-25　绘制同心圆

(2) 设置点样式。单击“默认”选项卡“实用工具”面板中的“点样式”按钮，在打开的“点样式”对话框中选择☒样式。

(3) 等分圆。单击“默认”选项卡“绘图”面板中的“定数等分”按钮，对半径为 90 的圆进行等分。命令行提示与操作如下。

```
命令: _DIVIDE↙
选择要定数等分的对象:(选择 R90 圆)
输入线段数目或[块(B)]: 12↙
```

采用同样的方法，等分半径为 60 的圆，等分结果如图 2-26 所示。

(4) 单击“默认”选项卡“绘图”面板中的“直线”按钮，连接 3 个等分点，绘制棘

轮轮齿如图 2-27 所示。

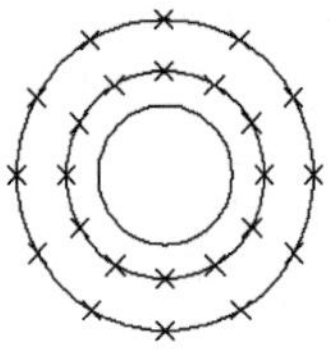

Note

图 2-26　等分圆

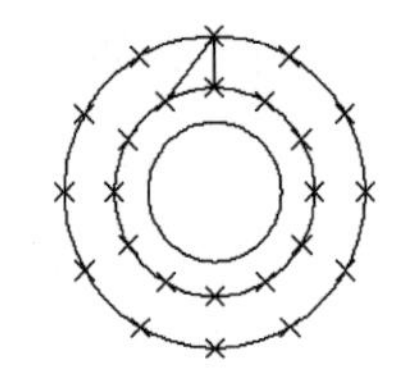

图 2-27　绘制棘轮轮齿

(5) 采用相同的方法连接其他点，选择绘制的点和多余的圆及圆弧，按 Delete 键删除，最终绘制结果如图 2-24 所示。

2.4　平面图形

这里说的平面图形是指最简单的平面图形，包括矩形和多边形。

2.4.1　矩形

1. 执行方式

命令行：RECTANG(快捷命令：REC)。

菜单栏：选择菜单栏中的“绘图”→“矩形”命令。

工具栏：单击“绘图”工具栏中的“矩形”按钮 ▭。

功能区：单击“默认”选项卡“绘图”面板中的“矩形”按钮 ▭。

2. 操作步骤

命令行提示与操作如下。

```
命令: RECTANG↙
指定第一个角点或[倒角(C)/标高(E)/圆角(F)/厚度(T)/宽度(W)]:(指定角点)
指定另一个角点或[面积(A)/尺寸(D)/旋转(R)]:
```

3. 选项说明

“矩形”命令各选项含义如表 2-9 所示。

表 2-9　“矩形”命令各选项含义

选　　项	含　　义
第一个角点	通过指定两个角点确定矩形，如图 2-28(a)所示
倒角(C)	指定倒角距离，绘制带倒角的矩形，如图 2-28(b)所示。每一个角点的逆时针和顺时针方向的倒角可以相同，也可以不同，其中第一个倒角距离是指角点逆时针方向的倒角距离，第二个倒角距离是指角点顺时针方向的倒角距离
标高(E)	指定矩形标高(Z 坐标)，即把矩形放置在标高为 Z 并与 XOY 坐标面平行的平面上，并作为后续矩形的标高值

续表

<table>
<tr><th>选　项</th><th>含　义</th></tr>
<tr><td>圆角(F)</td><td>指定圆角半径，绘制带圆角的矩形，如图 2-28(c)所示</td></tr>
<tr><td>厚度(T)</td><td>指定矩形的厚度，如图 2-28(d)所示</td></tr>
<tr><td>宽度(W)</td><td>指定线宽，如图 2-28(e)所示</td></tr>
<tr><td>面积(A)</td><td>指定面积和长或宽创建矩形。选择该项，命令行提示与操作如下。
输入以当前单位计算的矩形面积<20.0000>:(输入面积值)
计算矩形标注时依据[长度(L)/宽度(W)] <长度>:(按 Enter 键或输入"W")
输入矩形长度<4.0000>:(指定长度或宽度)
指定长度或宽度后，系统自动计算另一个维度，绘制出矩形。如果矩形被倒角或圆角，则长度或面积计算中也会考虑此设置，如图 2-29 所示</td></tr>
<tr><td>尺寸(D)</td><td>使用长和宽创建矩形，第二个指定点将矩形定位在与第一角点相关的 4 个位置之一内</td></tr>
<tr><td>旋转(R)</td><td>使所绘制的矩形旋转一定角度。选择该项，命令行提示与操作如下。
指定旋转角度或[拾取点(P)] <135>:(指定角度)
指定另一个角点或[面积(A)/尺寸(D)/旋转(R)]:(指定另一个角点或选择其他选项)
指定旋转角度后，系统按指定角度创建矩形，如图 2-30 所示</td></tr>
</table>

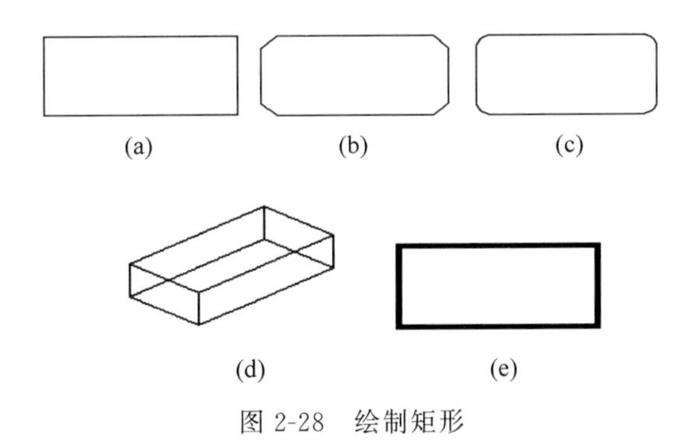

图 2-28　绘制矩形

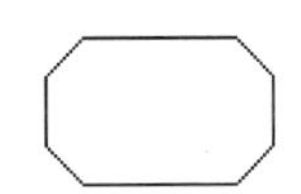

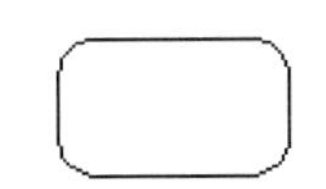

图 2-29　按面积绘制矩形

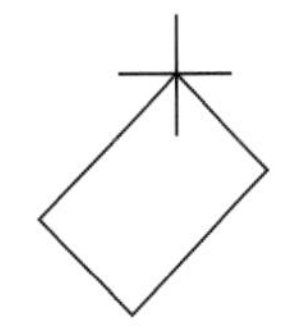

图 2-30　按指定旋转角度绘制矩形

2.4.2　上机练习——平顶灯

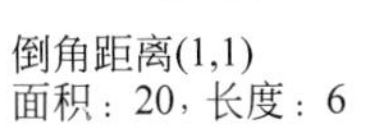

练习目标

利用矩形命令绘制如图 2-31 所示的平顶灯。

Note

设计思路

首先利用矩形命令绘制两个大小不同的矩形，然后利用直线命令绘制直线，最终完成对平顶灯的绘制。

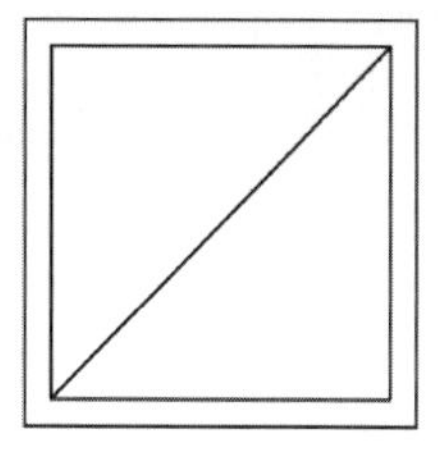

图 2-31　平顶灯

操作步骤

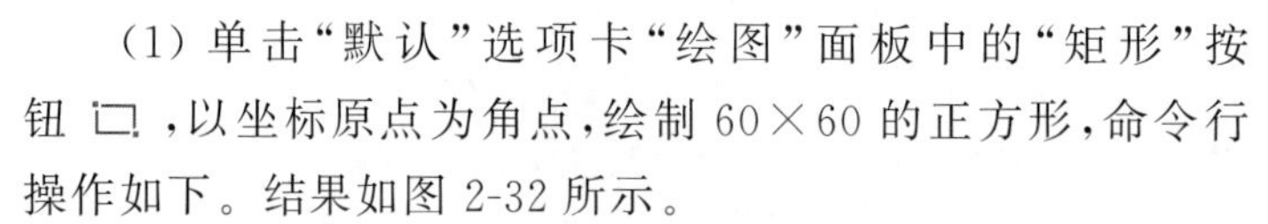

(1) 单击“默认”选项卡“绘图”面板中的“矩形”按钮 ，以坐标原点为角点，绘制 60×60 的正方形，命令行操作如下。结果如图 2-32 所示。

2-6

```
命令: _RECTANG↙
指定第一个角点或[倒角(C)/标高(E)/圆角(F)/厚度(T)/宽度(W)]: 0,0↙
指定另一个角点或[面积(A)/尺寸(D)/旋转(R)]: 60,60↙
```

(2) 单击“默认”选项卡“绘图”面板中的“矩形”按钮 ，绘制 52×52 的正方形，命令行操作如下。结果如图 2-33 所示。

```
命令: _RECTANG↙
指定第一个角点或[倒角(C)/标高(E)/圆角(F)/厚度(T)/宽度(W)]: 4,4↙
指定另一个角点或[面积(A)/尺寸(D)/旋转(R)]: @52,52↙
```

图 2-32　绘制正方形(一)

图 2-33　绘制正方形(二)

提示：这里的正方形可以用多边形命令来绘制，第二个正方形也可以在第一个正方形的基础上利用偏移命令来绘制。

(3) 单击“默认”选项卡“绘图”面板中的“直线”按钮 ，绘制内部矩形的对角线。结果如图 2-31 所示。

2.4.3　多边形

1. 执行方式

命令行：POLYGON(快捷命令：POL)。

菜单栏：选择菜单栏中的“绘图”→“多边形”命令。

工具栏：单击“绘图”工具栏中的“多边形”按钮 。

功能区：单击“默认”选项卡“绘图”面板中的“多边形”按钮 。

2. 操作步骤

命令行提示与操作如下。

```
命令: POLYGON↙
输入侧面数<4>:(指定多边形的边数,默认值为 4)
指定正多边形的中心点或[边(E)]:(指定中心点)
输入选项[内接于圆(I)/外切于圆(C)]<I>:(指定是内接于圆或外切于圆)
指定圆的半径:(指定外接圆或内切圆的半径)
```

3. 选项说明

“多边形”命令各选项含义如表 2-10 所示。

表 2-10　“多边形”命令各选项含义

选　　项	含　　义
边(E)	选择该选项,则只要指定多边形的一条边,系统就会按逆时针方向创建该正多边形,如图 2-34(a)所示
内接于圆(I)	选择该选项,绘制的多边形内接于圆,如图 2-34(b)所示
外切于圆(C)	选择该选项,绘制的多边形外切于圆,如图 2-34(c)所示

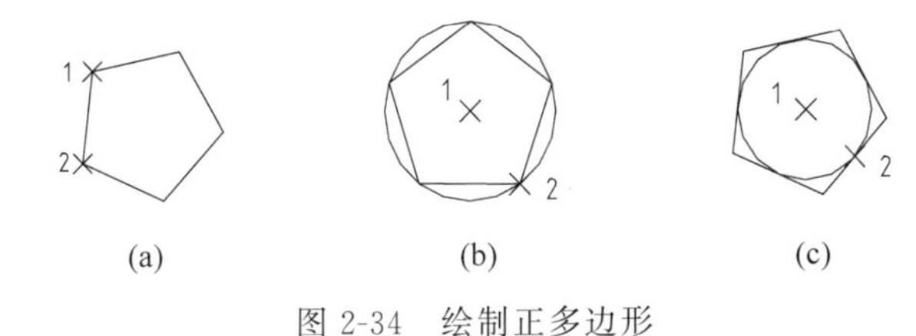

(a)　(b)　(c)

图 2-34　绘制正多边形

2.4.4　上机练习——卡通造型的绘制

练习目标

绘制如图 2-35 所示的卡通造型。

设计思路

首先利用圆和圆环命令绘制了左边头部的小圆及圆环,然后利用了圆、椭圆和多边形等命令绘制右边身体的大圆、小椭圆及正六边形,最后利用直线和圆弧命令绘制左边嘴部折线、颈部圆弧和右边折线,最终完成对卡通造型的绘制。

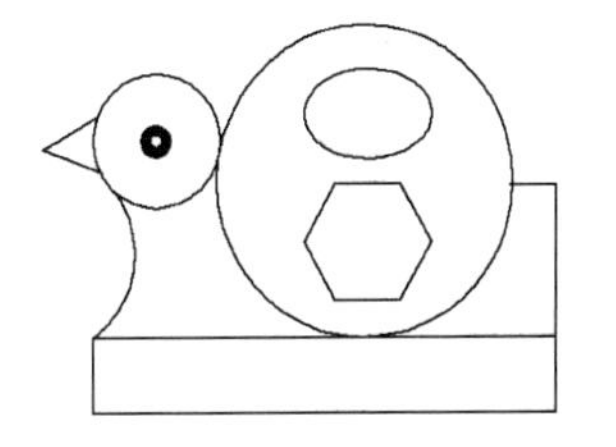

图 2-35　卡通造型

2-7

操作步骤

(1) 单击“默认”选项卡“绘图”面板中的“圆”按钮 和“圆环”按钮 ,绘制左边头部的小圆及圆环,命令行提示与操作如下。

```
命令: _CIRCLE↙
指定圆的圆心或[三点(3P)/两点(2P)/切点、切点、半径(T)]: 230,210↙
指定圆的半径或[直径(D)]: 30↙
命令: _DONUT↙
```

Note

```
指定圆环的内径<10.0000>: 5↙
指定圆环的外径<20.0000>: 15↙
指定圆环的中心点<退出>: 230,210↙
指定圆环的中心点<退出>: ↙
```

(2) 单击“默认”选项卡“绘图”面板中的“矩形”按钮 ，绘制一个矩形，命令行提示与操作如下。

```
命令: _RECTANG↙
指定第一个角点或[倒角(C)/标高(E)/圆角(F)/厚度(T)/宽度(W)]: 200,122↙(指定矩形左上角点坐标值)
指定另一个角点或[面积(A)/尺寸(D)/旋转(R)]: 420,88↙(指定矩形右上角点的坐标值)
```

(3) 单击“默认”选项卡“绘图”面板中的“圆”按钮 、“椭圆”按钮 和“正多边形”按钮 ，绘制右边身体的大圆(图 2-36)、小椭圆及正六边形，命令行提示与操作如下。

```
命令: _CIRCLE↙
指定圆的圆心或[三点(3P)/两点(2P)/切点、切点、半径(T)]: T↙
指定对象与圆的第一个切点:(如图 2-36 所示，在点 1 附近选择小圆)
指定对象与圆的第二个切点:(如图 2-36 所示，在点 2 附近选择矩形)
指定圆的半径:<30.0000>: 70↙
命令: _ELLIPSE↙
指定椭圆的轴端点或[圆弧(A)/中心点(C)]: C↙(用指定椭圆圆心的方式绘制椭圆)
指定椭圆的中心点: 330,222↙(椭圆中心点的坐标值)
指定轴的端点: 360,222↙(椭圆长轴右端点的坐标值)
指定另一条半轴长度或[旋转(R)]: 20↙(椭圆短轴的长度)
命令: _POLYGON↙
输入边的数目<4>: 6↙(正多边形的边数)
指定多边形的中心点或[边(E)]: 330,165↙(正六边形中心点的坐标值)
输入选项[内接于圆(I)/外切于圆(C)] <I>:↙(用内接于圆的方式绘制正六边形)
指定圆的半径: 30↙(内接圆正六边形的半径)
```

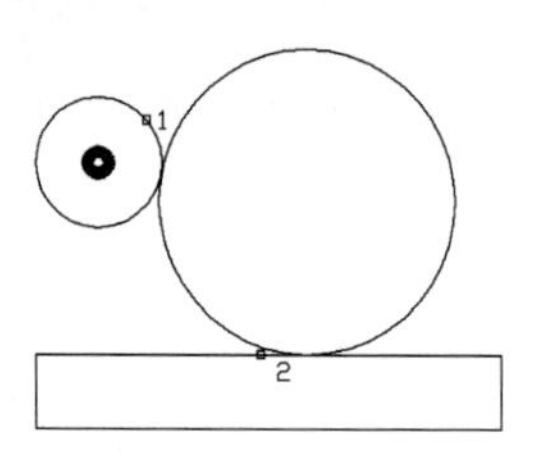

图 2-36　绘制大圆

(4) 单击“默认”选项卡“绘图”面板中的“直线”按钮 和“圆弧”按钮 ，绘制左边嘴部折线和颈部圆弧，命令行提示与操作如下。

```
命令: _LINE 指定第一点: 202,221↙
指定下一点或[放弃(U)]: @30<-150↙(用相对极坐标值给定下一点的坐标值)
指定下一点或[退出(E)/放弃(U)]: @30<-20↙(用相对极坐标值给定下一点的坐标值)
指定下一点或[关闭(C)/退出(X)/放弃(U)]: ↙
```

```
命令：_ARC
指定圆弧的起点或[圆心(CE)]：200,122↙
指定圆弧的第二个点或[圆心(C)/端点(E)]：E↙(用给出圆弧端点的方式画圆弧)
指定圆弧的端点：210,188↙(给出圆弧端点的坐标值)
指定圆弧的中心点(按住 Ctrl 键以切换方向)或[角度(A)/方向(D)/半径(R)]：R↙(用给出圆弧半径的方式画圆弧)
指定圆弧半径：(按住 Ctrl 键以切换方向)45↙(圆弧半径值)
```

(5) 单击“默认”选项卡“绘图”面板中的“直线”按钮，绘制右边折线，命令行提示与操作如下。最终绘制结果如图 2-35 所示。

```
命令：_LINE 指定第一个点：420,122↙
指定下一点或[放弃(U)]：@68<90↙
指定下一点或[退出(E)/放弃(U)]：@23<180↙
指定下一点或[关闭(C)/退出(X)/放弃(U)]：↙
```

2.5 复 合 线

复合线是指由多条单独直线或直线与曲线结合而形成的线。这类命令主要包括“多段线”“样条曲线”“多线”命令。

2.5.1 多段线

多段线是一种由线段和圆弧组合而成的，可以有不同线宽的多线。由于多段线组合形式多样，线宽可以变化，弥补了直线或圆弧功能的不足，适合绘制各种复杂的图形轮廓，因而得到了广泛的应用。

1. 执行方式

命令行：PLINE(快捷命令：PL)。

菜单栏：选择菜单栏中的“绘图”→“多段线”命令。

工具栏：单击“绘图”工具栏中的“多段线”按钮。

功能区：单击“默认”选项卡“绘图”面板中的“多段线”按钮。

2. 操作步骤

命令行提示与操作如下。

```
命令：PLINE↙
指定起点：(指定多段线的起点)
当前线宽为 0.0000
指定下一个点或[圆弧(A)/半宽(H)/长度(L)/放弃(U)/宽度(W)]：(指定多段线的下一个点)
```

3. 选项说明

“绘制多段线”命令各选项含义如表 2-11 所示。

Note

表 2-11 “绘制多段线”命令各选项含义

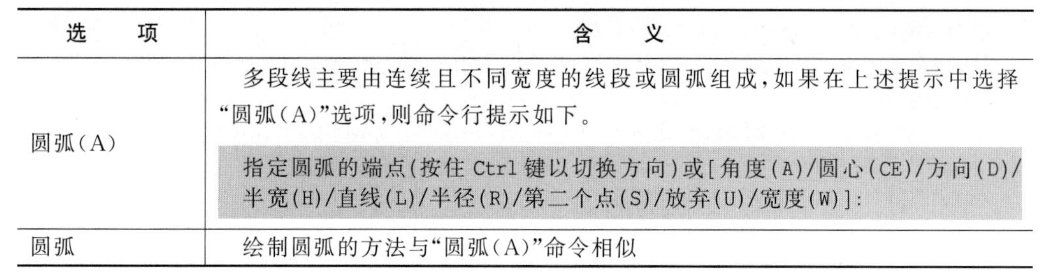

选 项	含 义
圆弧(A)	多段线主要由连续且不同宽度的线段或圆弧组成，如果在上述提示中选择“圆弧(A)”选项，则命令行提示如下。 指定圆弧的端点(按住 Ctrl 键以切换方向)或[角度(A)/圆心(CE)/方向(D)/半宽(H)/直线(L)/半径(R)/第二个点(S)/放弃(U)/宽度(W)]:
圆弧	绘制圆弧的方法与“圆弧(A)”命令相似

2-8

2.5.2 上机练习——交通标志

练习目标

本实例绘制的交通标志如图 2-37 所示。

设计思路

本实例绘制的交通标志，主要用到圆环、多段线命令。在绘制过程中，必须注意不同线条绘制的先后顺序。

操作步骤

(1) 单击“默认”选项卡“绘图”面板中的“圆环”按钮 ◎，绘制外圆环，命令行提示与操作如下。结果如图 2-38 所示。

```
命令: DONUT↙
指定圆环的内径<0.5000>: 110
指定圆环的外径<1.0000>: 140
指定圆环的中心点或<退出> 100,100
指定圆环的中心点或<退出>:
```

图 2-37 交通标志

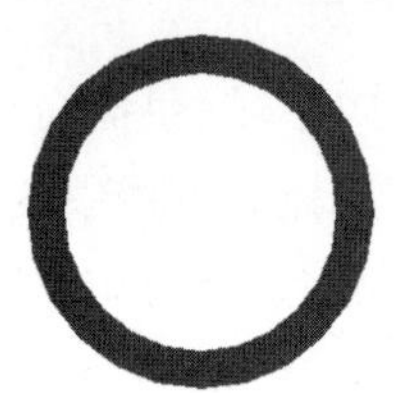

图 2-38 绘制圆环

(2) 单击“默认”选项卡“绘图”面板中的“多段线”按钮 ⊃，绘制斜直线，命令行提示与操作如下。结果如图 2-39 所示。

```
命令: _PLINE↙
指定起点:(在圆环左上方适当捕捉一点)
当前线宽为 0.0000
指定下一个点或[圆弧(A)/半宽(H)/长度(L)/放弃(U)/宽度(W)]: W↙
指定起点宽度<0.0000>: 10↙
指定端点宽度<10.0000>:↙
```

```
指定下一个点或[圆弧(A)/半宽(H)/长度(L)/放弃(U)/宽度(W)]:(斜向向下在圆环上捕捉一点)
指定下一点或[圆弧(A)/闭合(C)/半宽(H)/长度(L)/放弃(U)/宽度(W)]: ↙
```

(3) 单击“颜色控制”下拉按钮，设置当前图层颜色为黑色。单击“默认”选项卡“绘图”面板中的“圆环”按钮◎，绘制圆心坐标为(128,83)和(83,83)，圆环内径为9，外径为14的两个圆环，结果如图2-40所示。

(4) 单击“默认”选项卡“绘图”面板中的“多段线”按钮，绘制车身。命令行提示与操作如下。结果如图2-41所示。

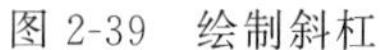

图2-39　绘制斜杠

图2-40　绘制车轱辘

图2-41　绘制车身

```
命令: _PLINE↙
指定起点: 140,83
当前线宽为 0.0000
指定下一个点或[圆弧(A)/半宽(H)/长度(L)/放弃(U)/宽度(W)]: 136.775,83
指定下一点或[圆弧(A)/闭合(C)/半宽(H)/长度(L)/放弃(U)/宽度(W)]: A
指定圆弧的端点(按住 Ctrl 键以切换方向)或[角度(A)/圆心(CE)/闭合(CL)/方向(D)/半宽(H)/
直线(L)/半径(R)/第二个点(S)/放弃(U)/宽度(W)]: CE
指定圆弧的圆心: 128,83,
指定圆弧的端点(按住 Ctrl 键以切换方向)或[角度(A)/长度(L)]:指定一点(在极限追踪的条
件下拖动鼠标向左在屏幕上单击)
指定圆弧的端点(按住 Ctrl 键以切换方向)或[角度(A)/圆心(CE)/闭合(CL)/方向(D)/半宽(H)/
直线(L)/半径(R)/第二个点(S)/放弃(U)/宽度(W)]: L
指定下一点或[圆弧(A)/闭合(C)/半宽(H)/长度(L)/放弃(U)/宽度(W)]: @-27.22,0
指定下一点或[圆弧(A)/闭合(C)/半宽(H)/长度(L)/放弃(U)/宽度(W)]: A
指定圆弧的端点(按住 Ctrl 键以切换方向)或[角度(A)/圆心(CE)/闭合(CL)/方向(D)/半宽(H)/
直线(L)/半径(R)/第二个点(S)/放弃(U)/宽度(W)]: CE
指定圆弧的圆心: 83,83
指定圆弧的端点(按住 Ctrl 键以切换方向)或[角度(A)/长度(L)]: A
指定夹角(按住 Ctrl 键以切换方向): 180
指定圆弧的端点(按住 Ctrl 键以切换方向)或[角度(A)/圆心(CE)/闭合(CL)/方向(D)/半宽(H)/
直线(L)/半径(R)/第二个点(S)/放弃(U)/宽度(W)]: L
指定下一点或[圆弧(A)/闭合(C)/半宽(H)/长度(L)/放弃(U)/宽度(W)]: 58,83
指定下一点或[圆弧(A)/闭合(C)/半宽(H)/长度(L)/放弃(U)/宽度(W)]: 58,104.5
指定下一点或[圆弧(A)/闭合(C)/半宽(H)/长度(L)/放弃(U)/宽度(W)]: 71,127
指定下一点或[圆弧(A)/闭合(C)/半宽(H)/长度(L)/放弃(U)/宽度(W)]: 82,127
```

```
指定下一点或[圆弧(A)/闭合(C)/半宽(H)/长度(L)/放弃(U)/宽度(W)]: 82,106
指定下一点或[圆弧(A)/闭合(C)/半宽(H)/长度(L)/放弃(U)/宽度(W)]: 140,106
指定下一点或[圆弧(A)/闭合(C)/半宽(H)/长度(L)/放弃(U)/宽度(W)]: C
```

Note

(5) 绘制货箱。单击“默认”选项卡“绘图”面板中的“矩形”按钮 ▭ ,在车身后部合适的位置绘制两个矩形,结果如图 2-37 所示。

2.5.3 多线

多线是一种复合线,由连续的直线段复合组成。多线的突出优点就是能够大大提高绘图效率,保证图线之间的统一性。

1. 绘制多线

1) 执行方式

命令行：MLINE(快捷命令：ML)。

菜单栏：选择菜单栏中的“绘图”→“多线”命令。

2) 操作步骤

命令行提示与操作如下。

```
命令:MLINE↙
当前设置: 对正 = 上,比例 = 20.00,样式 = STANDARD
指定起点或[对正(J)/比例(S)/样式(ST)]: (指定起点)
指定下一点: (指定下一点)
指定下一点或[放弃(U)]: (继续指定下一点绘制线段; 输入"U",则放弃前一段多线的绘制; 右击或按 Enter 键,结束命令)
指定下一点或[闭合(C)/放弃(U)]: (继续给定下一点绘制线段; 输入"C",则闭合线段,结束命令)
```

3) 选项说明

“多线”命令各选项含义如表 2-12 所示。

表 2-12 “多线”命令各选项含义

选　　项	含　　义
对正(J)	该项用于指定绘制多线的基准,共有 3 种对正类型“上”“无”“下”。其中,“上”表示以多线上侧的线为基准,其他两项以此类推
比例(S)	选择该项,要求用户设置平行线的间距。输入值为零时,平行线重合; 输入值为负时,多线的排列倒置
样式(ST)	用于设置当前使用的多线样式

2. 定义多线样式

1) 执行方式

命令行：MLSTYLE。

菜单栏：选择菜单栏中的“格式”→“多线样式”命令。

2）操作步骤

执行上述命令后，❶系统打开如图2-42所示的“多线样式”对话框。在该对话框中，用户可以对多线样式进行定义、保存和加载等操作。下面通过定义一个新的多线样式来介绍该对话框的使用方法。欲定义的多线样式由3条平行线组成，中心轴线和两条平行的实线相对于中心轴线上、下各偏移0.5，其操作步骤如下。

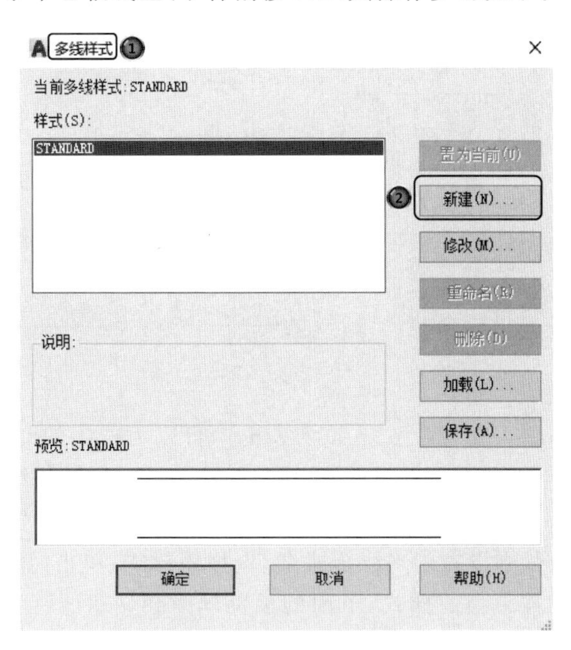

图2-42　“多线样式”对话框

（1）在“多线样式”对话框中单击❷“新建”按钮，❸系统打开“创建新的多线样式”对话框，如图2-43所示。

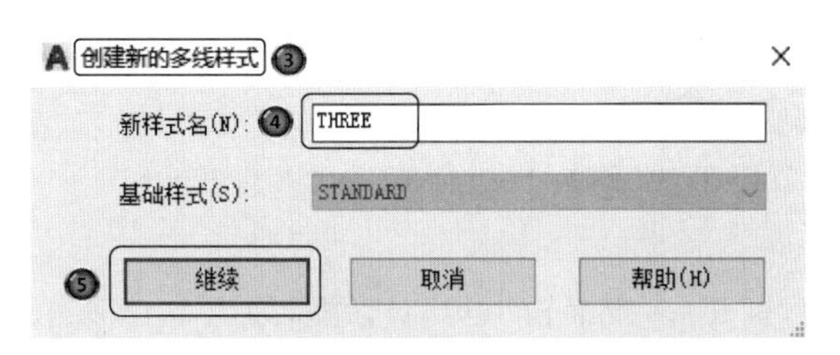

图2-43　“创建新的多线样式”对话框

（2）在“创建新的多线样式”对话框的❹“新样式名”文本框中输入“THREE”，❺单击“继续”按钮。

（3）❻系统打开“新建多线样式”对话框，如图2-44所示。

（4）在“封口”选项组中可以设置多线起点和端点的特性，包括直线、外弧还是内弧封口以及封口线段或圆弧的角度。

（5）在“填充颜色”下拉列表框中可以选择多线填充的颜色。

（6）在“图元”选项组中可以设置组成多线元素的特性。单击“添加”按钮，可以为多线添加元素；反之，单击“删除”按钮，为多线删除元素。在“偏移”文本框中可以设置

Note

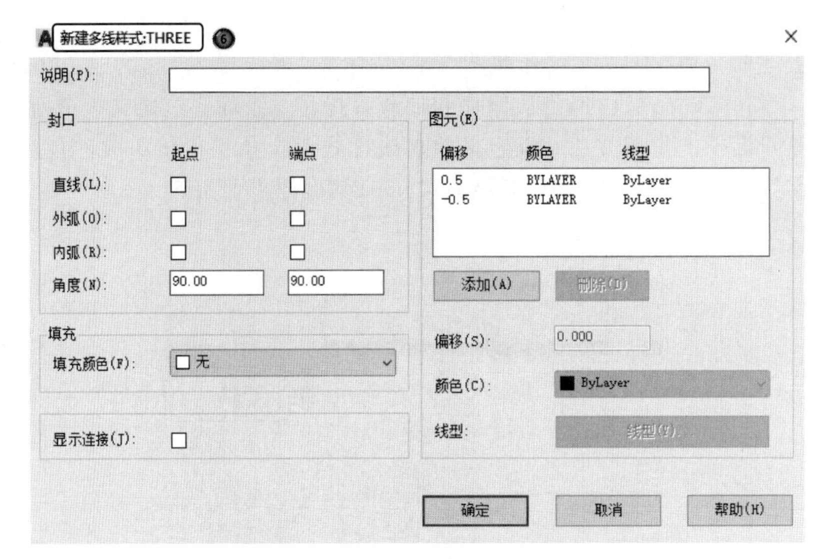

图 2-44 “新建多线样式”对话框

选中元素的位置偏移值。在“颜色”下拉列表框中可以为选中的元素选择颜色。单击“线型”按钮，系统打开“选择线型”对话框，可以为选中的元素设置线型。

(7) 设置完毕后，单击“确定”按钮，返回到如图 2-42 所示的“多线样式”对话框。在“样式”列表中会显示刚设置的多线样式名，选择该样式，单击“置为当前”按钮，则将刚设置的多线样式设置为当前样式，下面的预览框中会显示所选的多线样式。

(8) 单击“确定”按钮，完成多线样式设置。如图 2-45 所示为按设置后的多线样式绘制的多线。

图 2-45 绘制的多线

3. 编辑多线

1) 执行方式

命令行：MLEDIT。

菜单栏：选择菜单栏中的“修改”→“对象”→“多线”命令。

2) 操作步骤

执行上述命令后，打开“多线编辑工具”对话框，如图 2-46 所示。

利用该对话框，可以创建或修改多线的模式。对话框中分 4 列显示示例图形。其中，第一列管理十字交叉形多线，第二列管理 T 形多线，第三列管理拐角接合点和节点，第四列管理多线被剪切或连接的形式。单击选择某个示例图形，就可以调用该项编辑功能。

下面以“十字打开”为例，介绍多线编辑的方法，把选择的两条多线进行打开交叉。命令行提示与操作如下。

```
选择第一条多线:(选择第一条多线)
选择第二条多线:(选择第二条多线)
```

选择完毕后，第二条多线被第一条多线横断交叉，命令行提示如下。

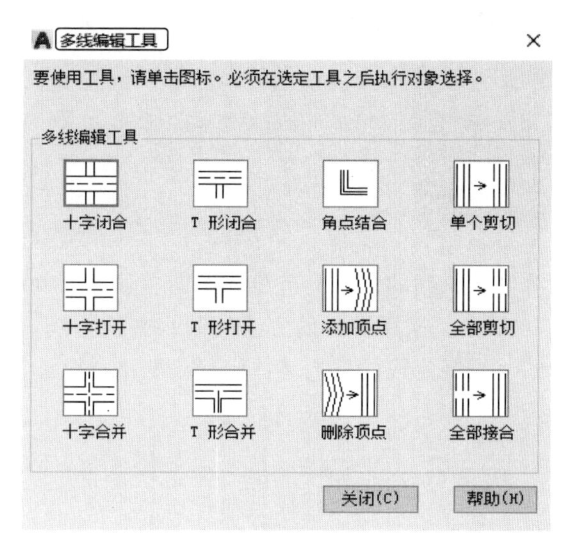

图 2-46　“多线编辑工具”对话框

选择第一条多线:

可以继续选择多线进行操作。选择“放弃”选项会撤销前次操作。执行结果如图 2-47 所示。

图 2-47　十字打开

2.5.4　上机练习——住宅墙体

2-9

练习目标

绘制如图 2-48 所示的住宅墙体。

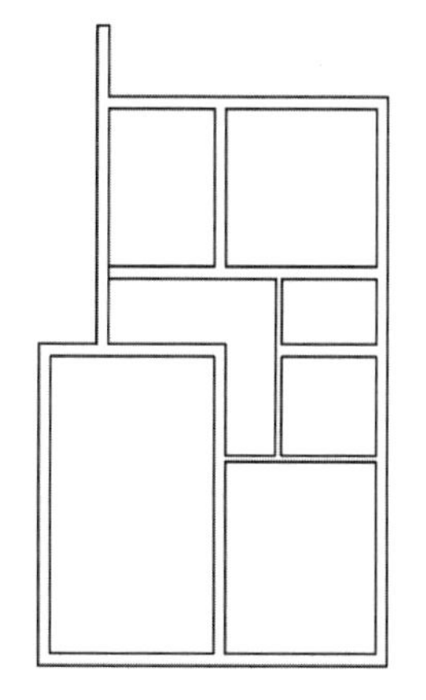

图 2-48　住宅墙体

设计思路

首先利用构造线命令绘制了辅助线，然后设置了多线样式，并利用多线命令绘制了墙体，最后将所绘制的墙体进行编辑操作，结果如图 2-48 所示。

操作步骤

(1) 单击“默认”选项卡“绘图”面板中的“构造线”按钮 ⤢ ，绘制一条水平构造线和一条竖直构造线，组成“十”字辅

Note

助线，如图 2-49 所示。继续绘制辅助线，命令行提示与操作如下。

```
命令: _XLINE↙
指定点或[水平(H)/垂直(V)/角度(A)/二等分(B)/偏移(O)]: O↙
指定偏移距离或[通过(T)]<通过>: 1200↙
选择直线对象:(选择竖直构造线)
指定向哪侧偏移:(指定右侧一点)
```

采用相同的方法将偏移得到的竖直构造线依次向右偏移 2400、1200 和 2100，绘制的竖直构造线如图 2-50 所示。采用同样的方法绘制水平构造线，依次向下偏移 1500、3300、1500、2100 和 3900，绘制完成的住宅墙体辅助线网格如图 2-51 所示。

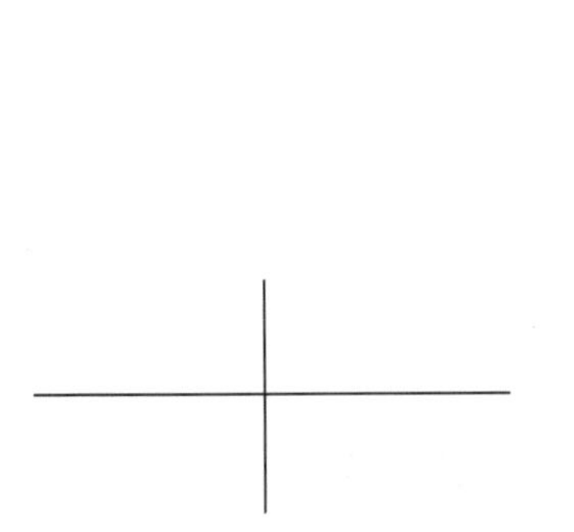

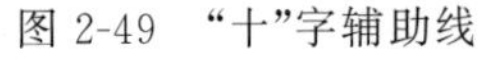

图 2-49 “十”字辅助线

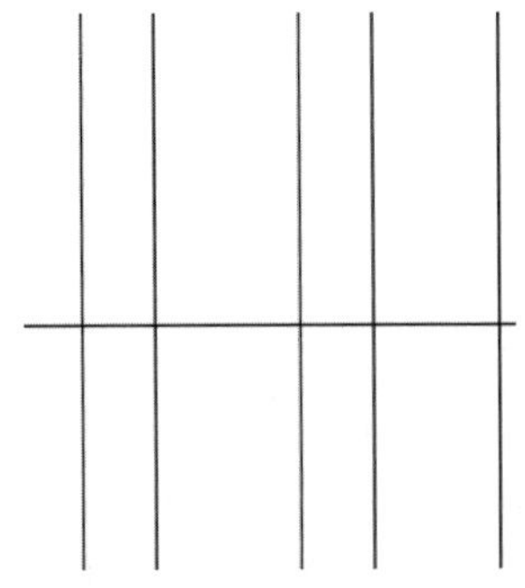

图 2-50 绘制竖直构造线

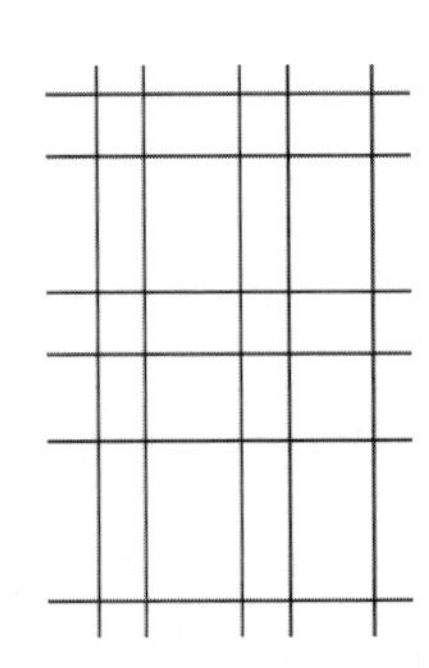

图 2-51 住宅墙体辅助线网格

(2) 定义 240 多线样式。选择菜单栏中的“格式”→“多线样式”命令，系统打开如图 2-42 所示的“多线样式”对话框。单击“新建”按钮，系统打开如图 2-43 所示的“创建新的多线样式”对话框，在该对话框的“新样式名”文本框中输入“240 墙”，单击“继续”按钮。

系统打开“新建多线样式”对话框，进行如图 2-52 所示的多线样式设置。单击“确

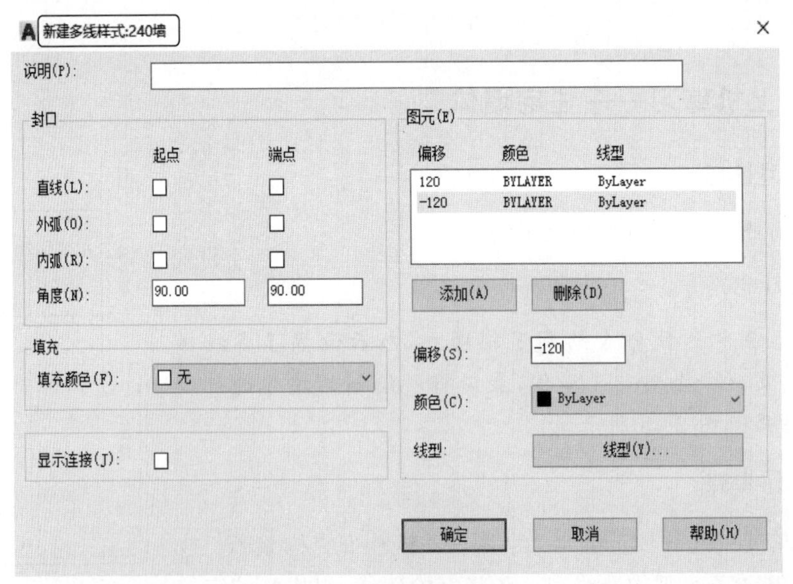

图 2-52 设置多线样式

定”按钮，返回到“多线样式”对话框，单击“置为当前”按钮，将240墙样式置为当前，单击“确定”按钮，完成240墙的设置。

(3) 选择菜单栏中的“绘图”→“多线”命令，绘制240墙体，命令行提示与操作如下。

```
命令: _MLINE
当前设置:对正 = 无,比例 = 1.00,样式 = 240 墙
指定起点或[对正(J)/比例(S)/样式(ST)]:  S
输入多线比例<1.00>:
当前设置:对正 = 无,比例 = 1.00,样式 = 240 墙
指定起点或[对正(J)/比例(S)/样式(ST)]:  J
输入对正类型[上(T)/无(Z)/下(B)]<无>:  Z
当前设置:对正 = 无,比例 = 1.00,样式 = 240 墙
指定起点或[对正(J)/比例(S)/样式(ST)]:(在绘制的辅助线交点上指定一点)
指定下一点:(在绘制的辅助线交点上指定下一点)
```

结果如图2-53所示，采用相同的方法根据辅助线网格绘制其余的240墙线，绘制结果如图2-54所示。

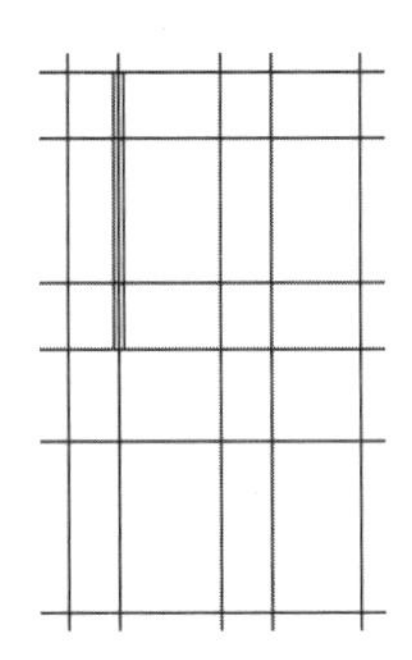

图2-53　绘制240墙线

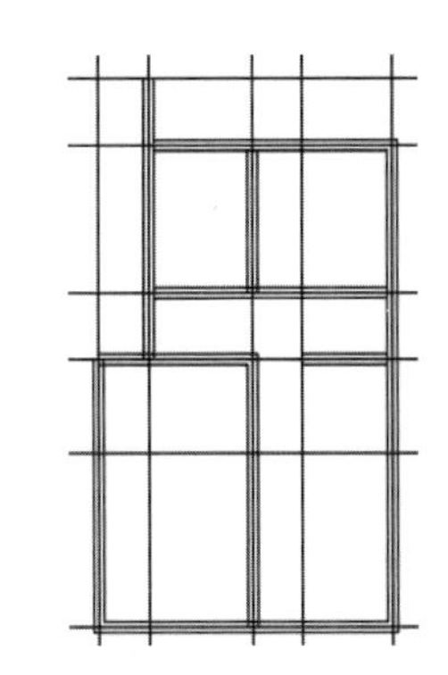

图2-54　绘制所有的240墙线

(4) 定义120多线样式。选择菜单栏中的“格式”→“多线样式”命令，系统打开“多线样式”对话框。单击“新建”按钮，系统打开“创建新的多线样式”对话框，在该对话框的“新样式名”文本框中输入“120墙”，单击“继续”按钮。系统打开“新建多线样式”对话框，进行如图2-55所示的多线样式设置。单击“确定”按钮，返回到“多线样式”对话框，单击“置为当前”按钮，将120墙样式置为当前，单击“确定”按钮，完成120墙的设置。

(5) 选择菜单栏中的“绘图”→“多线”命令，根据辅助线网格绘制120的墙体，结果如图2-56所示。

(6) 编辑多线。选择菜单栏中的“修改”→“对象”→“多线”命令，系统打开“多线编辑工具”对话框，如图2-46所示。选择“T形打开”选项，命令行提示与操作如下。

```
命令: _MLEDIT
选择第一条多线:(选择多线)
选择第二条多线:(选择多线)
选择第一条多线或[放弃(U)]:(选择多线)
```

Note

采用同样的方法继续进行多线编辑，如图 2-57 所示。

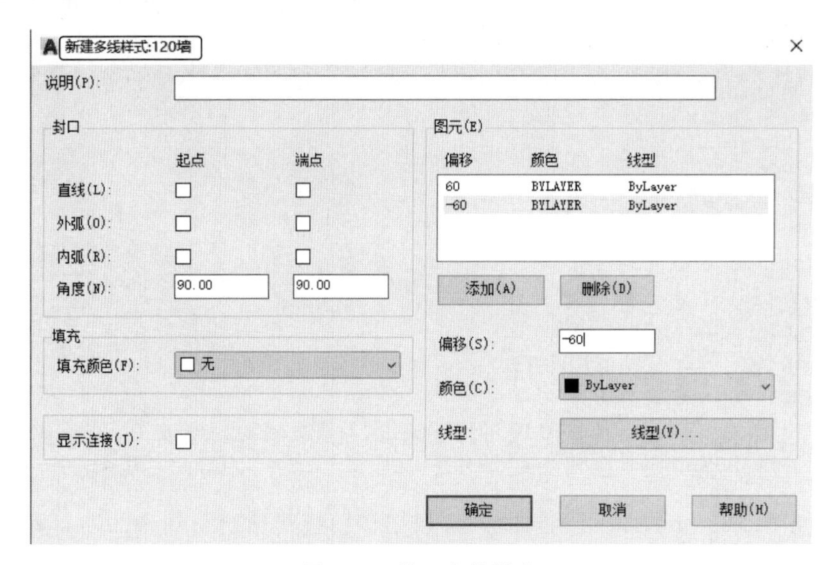

图 2-55　设置多线样式

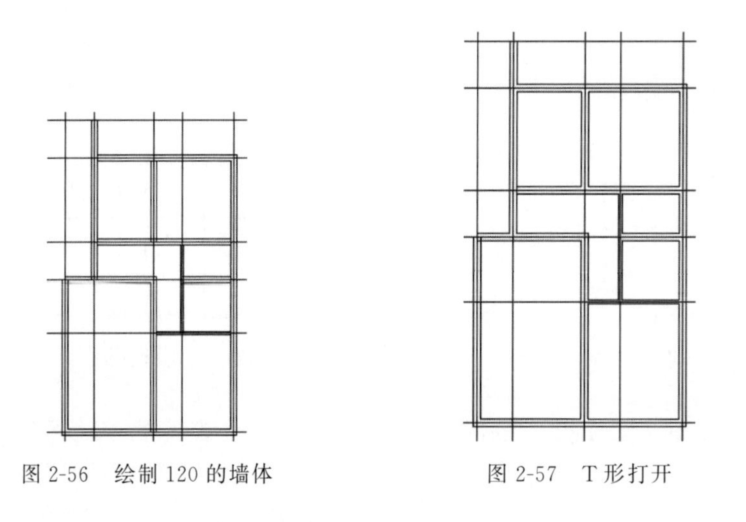

图 2-56　绘制 120 的墙体　　图 2-57　T 形打开

然后在“多线编辑工具”对话框选择“角点结合”选项，对墙线进行编辑，并删除辅助线，最后结果如图 2-48 所示。

2.5.5　样条曲线

在 AutoCAD 中使用的样条曲线为非一致有理 B 样条（NURBS）曲线，使用 NURBS 曲线能够在控制点之间产生一条光滑的曲线，如图 2-58 所示。样条曲线可用

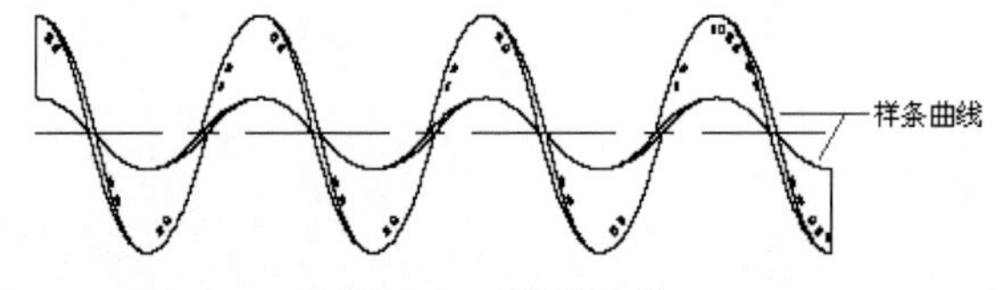

图 2-58　样条曲线

于绘制形状不规则的图形，如为地理信息系统(GIS)或汽车设计绘制轮廓线。

1. 执行方式

命令行：SPLINE(快捷命令：SPL)。

菜单栏：选择菜单栏中的“绘图”→“样条曲线”命令。

工具栏：单击“绘图”工具栏中的“样条曲线”按钮 。

功能区：单击“默认”选项卡“绘图”面板中的“样条曲线拟合”按钮 或“样条曲线控制点”按钮 (图 2-59)。

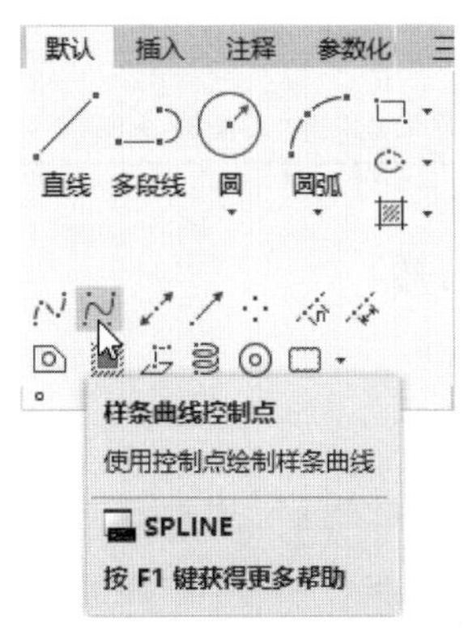

图 2-59　“绘图”面板

2. 操作步骤

命令行提示与操作如下。

```
命令:SPLINE↙
当前设置:方式 = 拟合　节点 = 弦
指定第一个点或[方式(M)/节点(K)/对象(O)]:(指定一点或选择"对象(O)"选项)
输入下一个点或[起点切向(T)/公差(L)]:
输入下一个点或[端点相切(T)/公差(L)/放弃(U)]:
输入下一个点或[端点相切(T)/公差(L)/放弃(U)/闭合(C)]:
```

3. 选项说明

“样条曲线”命令各选项含义如表 2-13 所示。

表 2-13　“样条曲线”命令各选项含义

选　　项	含　　义
方式(M)	控制是使用拟合点还是使用控制点来创建样条曲线。选项会因选择的是使用拟合点创建样条曲线的选项还是使用控制点创建样条曲线的选项而异
节点(K)	指定节点参数化，它会影响曲线在通过拟合点时的形状
对象(O)	将二维或三维的二次或三次样条曲线拟合多段线转换为等价的样条曲线，然后(根据 DELOBJ 系统变量的设置)删除该多段线
起点切向(T)	定义样条曲线的第一点和最后一点的切向。如果在样条曲线的两端都指定切向，可以输入一个点或使用“切点”和“垂足”对象捕捉模式使样条曲线与已有的对象相切或垂直。如果按 Enter 键，系统将计算默认切向

Note

续表

选　　项	含　　义
端点相切(T)	停止基于切向创建曲线。可通过指定拟合点继续创建样条曲线
公差(L)	指定与样条曲线必须经过的指定拟合点的距离。公差应用于除起点和端点外的所有拟合点
闭合(C)	将最后一点定义与第一点一致,并使其在连接处相切,以闭合样条曲线。选择该项,命令行提示如下。 指定切向:(指定点或按 Enter 键) 用户可以指定一点来定义切向矢量,或按下状态栏中的"对象捕捉"按钮 ,使用"切点"和"垂足"对象捕捉模式使样条曲线与现有对象相切或垂直

2-10

2.5.6 上机练习——装饰瓶

练习目标

本实例绘制的装饰瓶如图 2-60 所示。

设计思路

首先利用矩形命令绘制瓶子的外轮廓,然后利用直线命令绘制瓶子上的装饰线,最后利用样条曲线拟合命令绘制瓶中的植物,结果如图 2-60 所示。

操作步骤

(1) 单击"默认"选项卡"绘图"面板中的"矩形"按钮 ▭,绘制 139×514 的矩形作为装饰瓶的瓶子外轮廓。

(2) 单击"默认"选项卡"绘图"面板中的"直线"按钮 ╱,绘制瓶子上的装饰线,如图 2-61 所示。

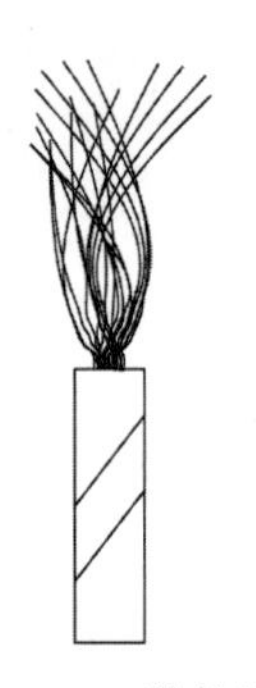

图 2-60　装饰瓶

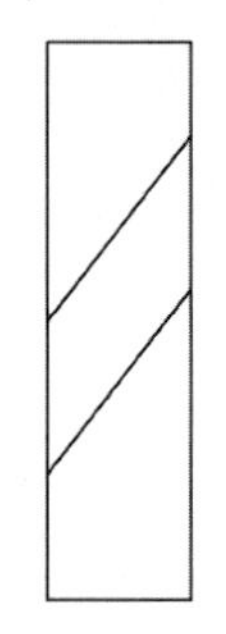

图 2-61　绘制瓶子

(3) 单击"默认"选项卡"绘图"面板中的"样条曲线拟合"按钮 ∿,绘制装饰瓶中的植物。命令行提示与操作如下。

```
命令: _SPLINE↙
当前设置:方式 = 拟合　节点 = 弦
指定第一个点或[方式(M)/节点(K)/对象(O)]: _M
```

```
输入样条曲线创建方式[拟合(F)/控制点(CV)] <拟合>: _FIT
当前设置:方式 = 拟合　节点 = 弦
指定第一个点或[方式(M)/节点(K)/对象(O)]:(在瓶口适当位置指定第一点)
输入下一个点或[起点切向(T)/公差(L)]:(指定第二点)
输入下一个点或[端点相切(T)/公差(L)/放弃(U)]:(指定第三点)
输入下一个点或[端点相切(T)/公差(L)/放弃(U)/闭合(C)]:(指定第四点)
输入下一个点或[端点相切(T)/公差(L)/放弃(U)/闭合(C)]:(依次指定其他点)
```

采用相同的方法，绘制装饰瓶中的所有植物，如图 2-60 所示。

2.6　答疑解惑

1. 圆形图不圆了怎么办？

答：方法一：直接输入“RE”命令即可。

方法二：在“选项”对话框“显示”选项卡中将“圆弧和圆的平滑度”值设置大一些。

2. 椭圆命令生成的椭圆是多段线还是实体？

答：是由系统变量 PELLIPSE 决定，当系统变量 PELLIPSE 为 1 时，生成的椭圆是多段线。

3. 绘制圆弧时，应注意什么？

绘制圆弧时，注意指定合适的端点或圆心，指定端点的时针方向即为绘制圆弧的方向。比如，要绘制下半圆弧，则起始端点应在左侧，终端点应在右侧，此时端点的时针方向为逆时针，即得到相应的逆时针圆弧。

2.7　学习效果自测

1. 绘制如图 2-62 所示的螺栓。
2. 绘制如图 2-63 所示的圆头平键。
3. 绘制如图 2-64 所示的三视图“哈哈猪”。

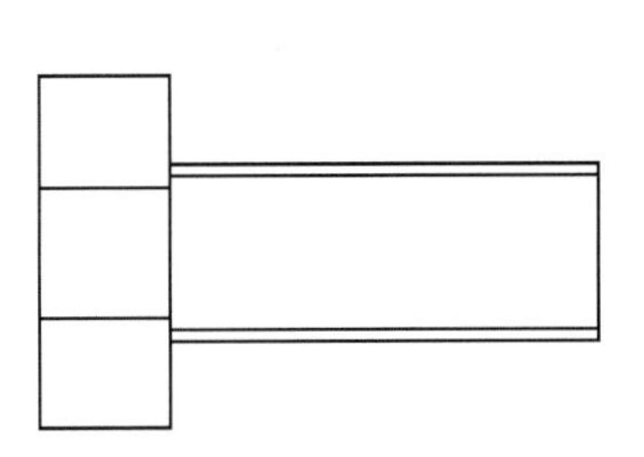

图 2-62　螺栓

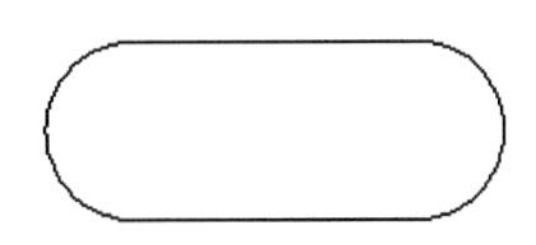

图 2-63　圆头平键

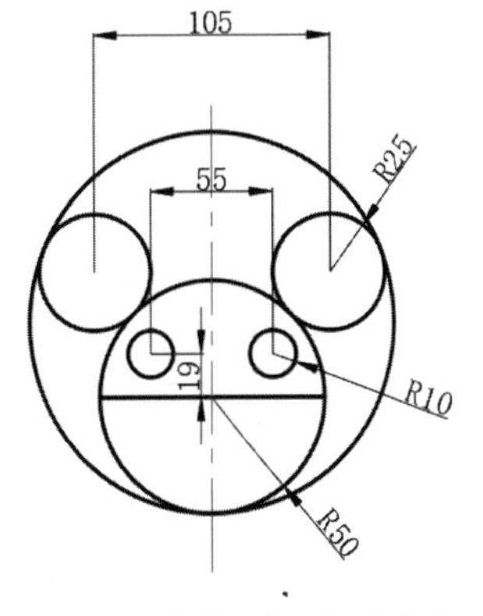

图 2-64　绘制三视图“哈哈猪”

第3章

基本绘图工具

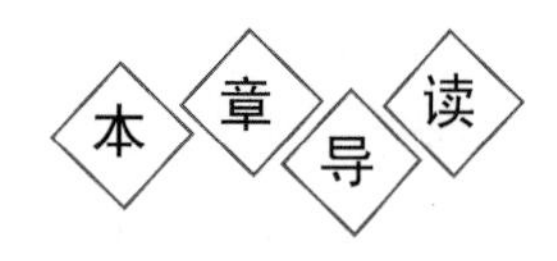

本章学习 AutoCAD 2022 绘图的基本知识，了解如何设置图形的系统参数、样板图，熟悉创建新的图形文件、打开已有文件的方法等，为进入系统学习准备必要的前提知识。

学 习 要 点

- 设置图层
- 图层的线型
- 图案填充
- 参数化设计

3.1 设置图层

图层的概念类似投影片，将不同属性的对象分别放置在不同的投影片（图层）上。例如将图形的主要线段、中心线、尺寸标注等分别绘制在不同的图层上，每个图层可设定不同的线型、线条颜色，然后把不同的图层堆栈在一起成为一张完整的视图，这样可使视图层次分明，方便图形对象的编辑与管理。一个完整的图形就是由它所包含的所有图层上的对象叠加在一起构成的，如图 3-1 所示。

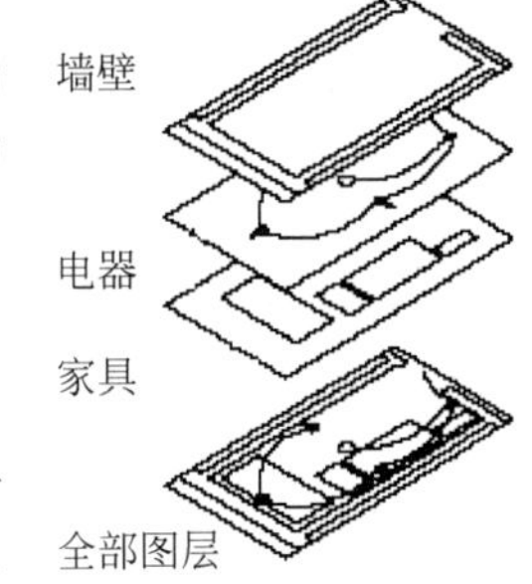

图 3-1 图层效果

3.1.1 利用对话框设置图层

AutoCAD 2022 提供了详细直观的“图层特性管理器”对话框，用户可以方便地通过对该对话框中的各选项及其二级对话框进行设置，从而实现创建新图层、设置图层颜色及线型的各种操作。

1. 执行方式

命令行：LAYER。

菜单栏：选择菜单栏中的“格式”→“图层”命令。

工具栏：单击“图层”工具栏中的“图层特性管理器”按钮。

功能区：单击“默认”选项卡“图层”面板中的“图层特性”按钮，或单击“视图”选项卡“选项板”面板中的“图层特性”按钮。

执行上述命令后，系统打开如图 3-2 所示的“图层特性管理器”对话框。

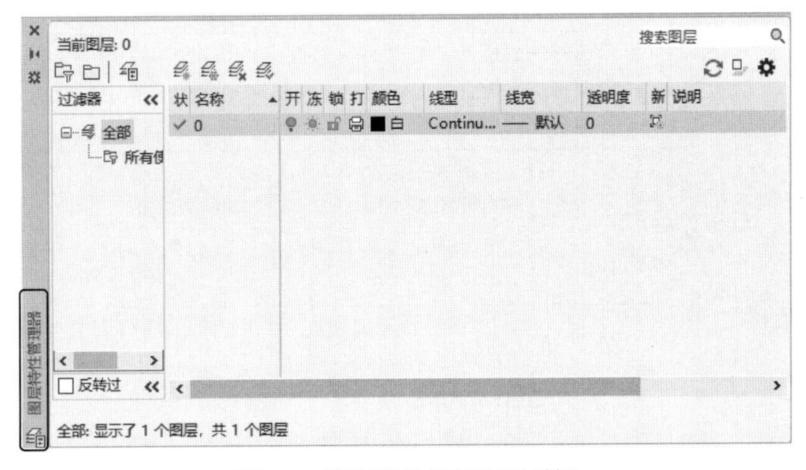

图 3-2 “图层特性管理器”对话框

2. 选项说明

“图层特性管理器”对话框各选项含义如表 3-1 所示。

Note

表 3-1　“图层特性管理器”对话框各选项含义

<table>
<tr><th>选　　项</th><th colspan="2">含　　义</th></tr>
<tr><td>“新建特性过滤器”按钮</td><td colspan="2">单击该按钮，可以打开“图层过滤器特性”对话框，如图 3-3 所示。从中可以基于一个或多个图层特性创建图层过滤器</td></tr>
<tr><td>“新建组过滤器”按钮</td><td colspan="2">单击该按钮可以创建一个图层过滤器，其中包含用户选定并添加到该过滤器的图层</td></tr>
<tr><td>“图层状态管理器”按钮</td><td colspan="2">单击该按钮，可以打开“图层状态管理器”对话框，如图 3-4 所示。从中可以将图层的当前特性设置保存到命名图层状态中，以后可以再恢复这些设置</td></tr>
<tr><td>“新建图层”按钮</td><td colspan="2">单击该按钮，图层列表中出现一个新的图层名称“图层 1”，用户可使用此名称，也可改名。要想同时创建多个图层，可选中一个图层名后，输入多个名称，各名称之间以逗号分隔。图层的名称可以包含字母、数字、空格和特殊符号，AutoCAD 2022 支持长达 255 个字符的图层名称。新的图层继承了创建新图层时所选中的已有图层的所有特性（颜色、线型、开/关状态等），如果新建图层时没有图层被选中，则新图层具有默认的设置</td></tr>
<tr><td>“在所有视口中都被冻结的新图层视口”按钮</td><td colspan="2">单击该按钮，将创建新图层，然后在所有现有布局视口中将其冻结。可以在“模型”空间或“布局”空间上访问此按钮</td></tr>
<tr><td>“删除图层”按钮</td><td colspan="2">在图层列表中选中某一图层，然后单击该按钮，则把该图层删除</td></tr>
<tr><td>“置为当前”按钮</td><td colspan="2">在图层列表中选中某一图层，然后单击该按钮，则把该图层设置为当前图层，并在“当前图层”列中显示其名称。当前层的名称存储在系统变量 CLAYER 中。另外，双击图层名也可把其设置为当前图层</td></tr>
<tr><td>“搜索图层”文本框</td><td colspan="2">输入字符时，按名称快速过滤图层列表。关闭图层特性管理器时并不保存此过滤器</td></tr>
<tr><td>“状态行”</td><td colspan="2">显示当前过滤器的名称、列表视图中显示的图层数和图形中的图层数</td></tr>
<tr><td>“反转过滤器”复选框</td><td colspan="2">选中该复选框，显示所有不满足选定图层特性过滤器中条件的图层</td></tr>
<tr><td rowspan="5">图层列表区</td><td colspan="2">显示已有的图层及其特性。要修改某一图层的某一特性，单击它所对应的图标即可。右击空白区域或利用快捷菜单可快速选中所有图层。列表区中各列的含义如下</td></tr>
<tr><td>状态</td><td>指示项目的类型，有图层过滤器、正在使用的图层、空图层或当前图层 4 种</td></tr>
<tr><td>名称</td><td>显示满足条件的图层名称。如果要对某图层修改，首先要选中该图层的名称</td></tr>
<tr><td>状态转换图标</td><td>在“图层特性管理器”对话框的图层列表中有一列图标，单击这些图标，可以打开或关闭该图标所代表的功能，各图标功能说明如下</td></tr>
<tr><td>开/关
/</td><td>将图层设定为打开或关闭状态，当呈现关闭状态时，该图层上的所有对象将隐藏不显示，只有处于打开状态的图层会在绘图区上显示或由打印机打印出来。因此，绘制复杂的视图时，先将不编辑的图层暂时关闭，可降低图形的复杂性。图 3-5 表示尺寸标注图层打开(a)和关闭(b)的情形</td></tr>
</table>

Note

续表

选　　项		含　　义
图层列表区	解冻/冻结 /	将图层设定为解冻或冻结状态。当图层呈现冻结状态时，该图层上的对象均不会显示在绘图区上，也不能由打印机打出，而且不会执行重生（REGEN）、缩放（EOOM）、平移（PAN）等命令的操作，因此若将视图中不编辑的图层暂时冻结，可加快执行绘图编辑的速度。而 / （开/关）功能只是单纯将对象隐藏，因此并不会加快执行速度。注意：当前图层不能被冻结
	解锁/锁定 /	将图层设定为解锁或锁定状态。被锁定的图层，仍然显示在绘图区，但不能编辑修改被锁定的对象，只能绘制新的图形，这样可防止重要的图形被修改
	打印/不打印 /	设定该图层是否可以打印图形
	颜色	显示和改变图层的颜色。如果要改变某一图层的颜色，单击其对应的颜色图标，AutoCAD 系统打开如图 3-6 所示的“选择颜色”对话框，用户可从中选择需要的颜色
	线型	显示和修改图层的线型。如果要修改某一图层的线型，单击该图层的“线型”项，系统打开“选择线型”对话框，如图 3-7 所示，其中列出了当前可用的线型，用户可从中选择
	线宽	显示和修改图层的线宽。如果要修改某一图层的线宽，单击该图层的“线宽”列，打开“线宽”对话框，如图 3-8 所示，其中列出了 AutoCAD 设定的线宽，用户可从中进行选择。“线宽”列表框中显示可以选用的线宽值，用户可从中选择需要的线宽。“旧的”显示行显示前面赋予图层的线宽，当创建一个新图层时，采用默认线宽（其值为 0.01in，即 0.25mm），默认线宽的值由系统变量 LWDEFAULT 设置；“新的”显示行显示赋予图层的新线宽
	透明度	设置图层的可见性，数值越大，越透明，图层越不可见
	打印样式	打印图形时各项属性的设置

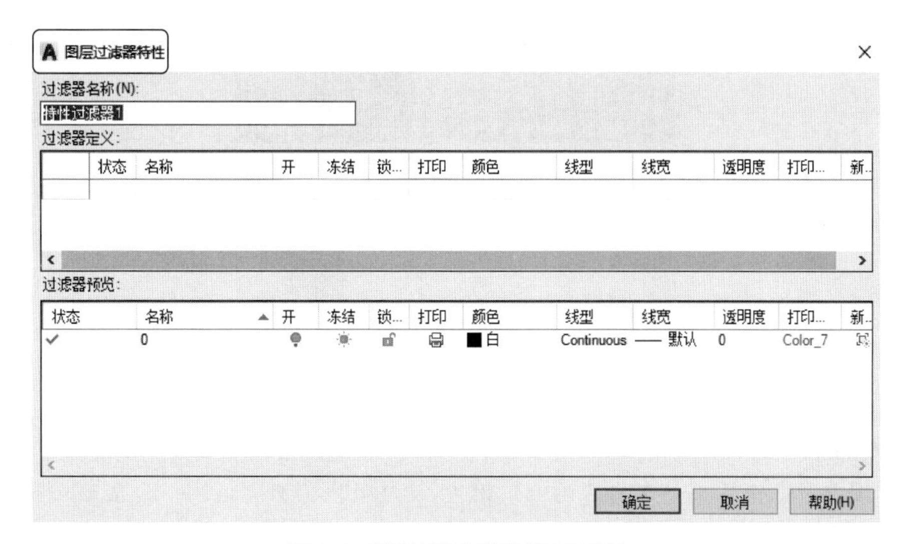

图 3-3　“图层过滤器特性”对话框

Note

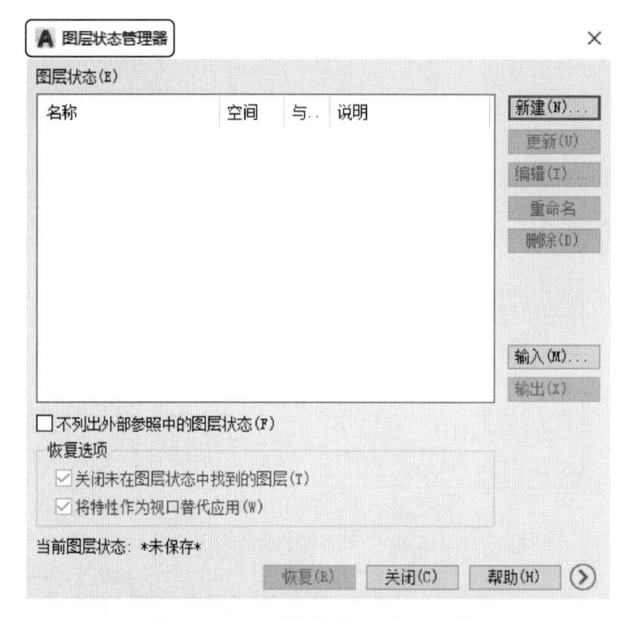

图 3-4 “图层状态管理器”对话框

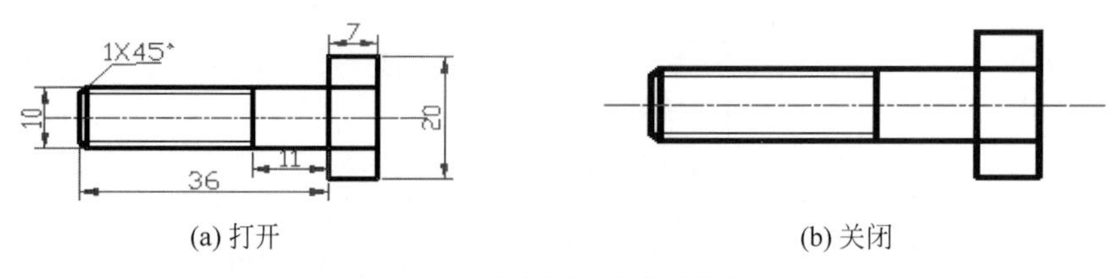

(a) 打开　　(b) 关闭

图 3-5 打开或关闭尺寸标注图层

图 3-6 “选择颜色”对话框

注意：合理利用图层，可以事半功倍。我们在开始绘制图形时，就预先设置一些基本图层。每个图层锁定自己的专门用途，这样做我们只需绘制一份图形文件，就可以组合出许多需要的图纸，需要修改时也可针对各个图层进行。

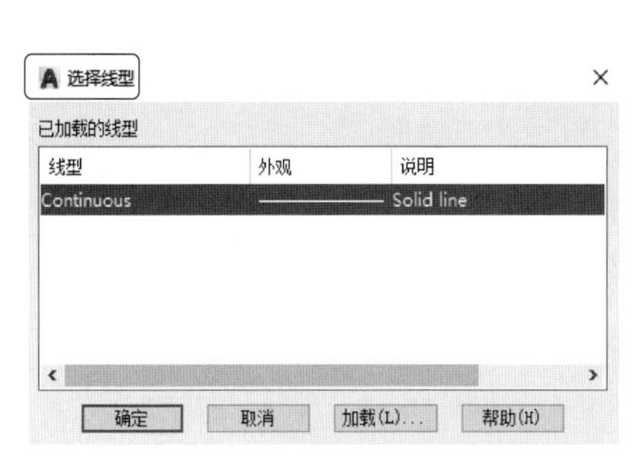

图 3-7　“选择线型”对话框

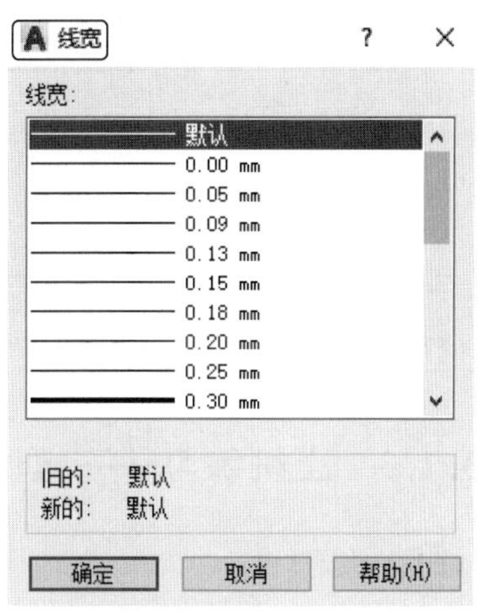

图 3-8　“线宽”对话框

3.1.2　利用面板设置图层

AutoCAD 2022 提供了一个“特性”面板，如图 3-9 所示。用户可以利用面板上的图标快速地查看和改变所选对象的图层、颜色、线型和线宽特性。“特性”面板上的图层颜色、线型、线宽和打印样式的控制增强了察看和编辑对象属性的命令。在绘图区选择任何对象，都将在面板上自动显示它所在图层、颜色、线型等属性。“特性”面板各部分的功能介绍如表 3-2 所示。

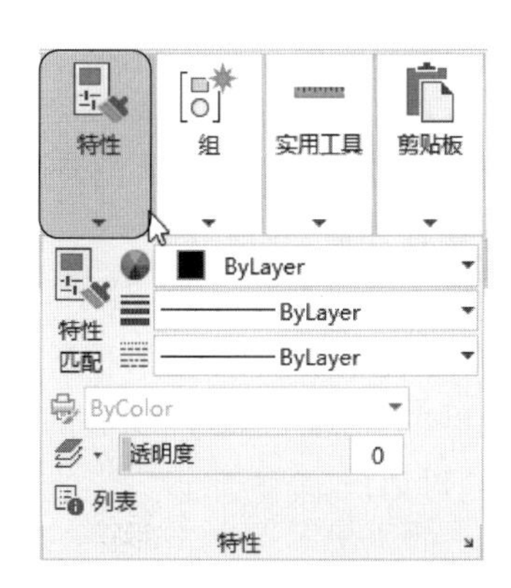

图 3-9　“特性”面板

表 3-2　“特性”面板各选项功能

选　　项	含　　义
“对象颜色”下拉列表框	单击右侧的向下箭头，用户可从打开的选项列表中选择一种颜色，使之成为当前颜色，如果选择“选择颜色”选项，系统打开“选择颜色”对话框以选择其他颜色。修改当前颜色后，不论在哪个图层上绘图都采用这种颜色，但对各个图层的颜色没有影响
“线型”下拉列表框	单击右侧的向下箭头，用户可从打开的选项列表中选择一种线型，使之成为当前线型。修改当前线型后，不论在哪个图层上绘图都采用这种线型，但对各个图层的线型设置没有影响

续表

选　　项	含　　义
“线宽”下拉列表框	单击右侧的向下箭头，用户可从打开的选项列表中选择一种线宽，使之成为当前线宽。修改当前线宽后，不论在哪个图层上绘图都采用这种线宽，但对各个图层的线宽设置没有影响
“打印样式”下拉列表框	单击右侧的向下箭头，用户可从打开的选项列表中选择一种打印样式，使之成为当前打印样式

3.1.3　上机练习——螺母

3-1

练习目标

本例绘制螺母，如图 3-10 所示。

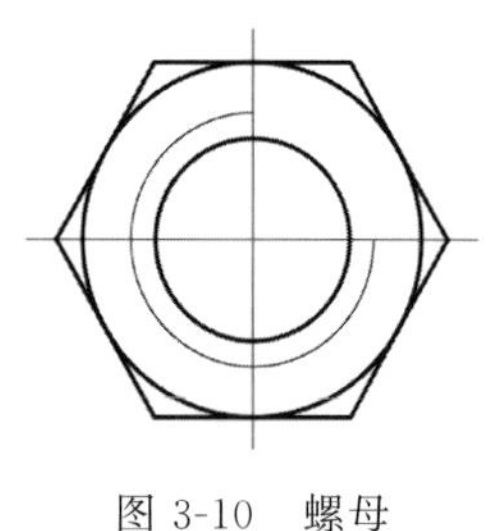

图 3-10　螺母

设计思路

新建图层，并在新建的图层上，利用之前所学过的命令，绘制螺母图形。

操作步骤

1. 创建新图层

(1) 单击“默认”选项卡“图层”面板中的“图层特性”按钮，打开“图层特性管理器”对话框，如图 3-2 所示。

(2) 单击“新建图层”按钮，新建图层 1，修改图层名称为“中心线”，然后单击中心线图层对应的“颜色”图块，打开“选择颜色”对话框，选择“红色”，如图 3-6 所示。单击“确定”按钮，返回到“图层特性管理器”对话框。

(3) 单击中心线图层对应的“线型”项，打开如图 3-7 所示的“选择线型”对话框，单击“加载”按钮，打开“加载或重载线型”对话框，选择“CENTER”线型，如图 3-11 所示。单击“确定”按钮，返回“选择线型”对话框，选取刚加载的“CENTER”线型，单击“确定”按钮，返回到“图层特性管理器”对话框。

图 3-11　“加载或重载线型”对话框

(4) 新建"细实线"图层，颜色为白色，线型为 Continuous，线宽为默认。

(5) 新建"粗实线"图层，单击"线宽"选项，打开"线宽"对话框，选择 0.30mm 线宽，如图 3-8 所示，单击"确定"按钮，返回到"图层特性管理器"对话框，此图层的颜色为白色，线型为 Continuous，设置好的图层如图 3-12 所示。

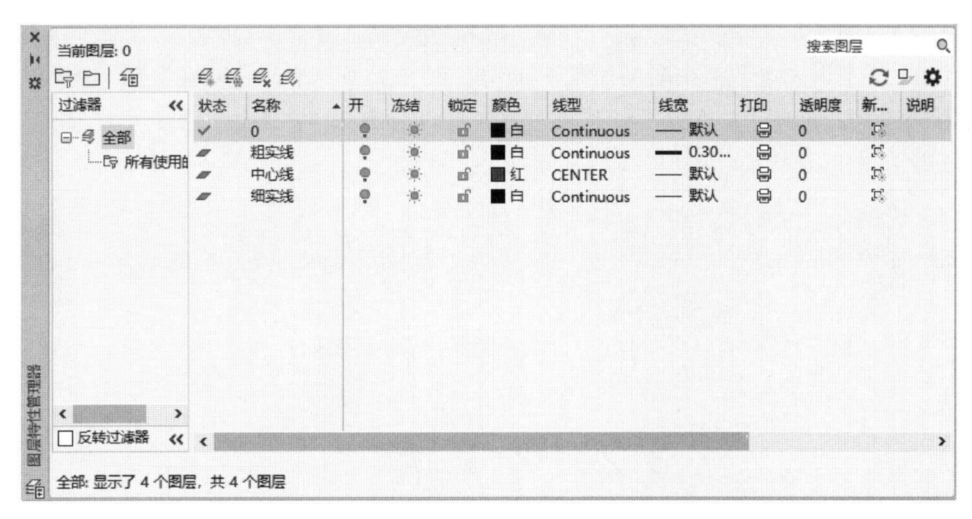

图 3-12　设置好的图层

(6) 在"图层特性管理器"对话框中选择"中心线"图层，然后单击"置为当前"按钮，将"中心线"图层设置为当前图层；也可以双击"中心线"图层设置为当前图层。

2. 绘制中心线

单击"默认"选项卡"绘图"面板中的"直线"按钮，绘制一条长 28 的水平中心线；重复"直线"命令，绘制长度为 25 的竖直中心线，如图 3-13 所示。

3. 绘制圆

将"粗实线"层设置为当前图层。单击"默认"选项卡"绘图"面板中的"圆"按钮，以中心线交点为圆心，分别绘制直径为 12 和 21 的同心圆。单击状态栏上的"显示线宽"按钮，显示线宽结果如图 3-14 所示。

4. 绘制圆弧

(1) 将"细实线"层设置为当前图层。单击"默认"选项卡"绘图"面板中的"圆弧"按钮，以中心线的交点为圆心绘制夹角为 270°的圆弧。命令行提示与操作如下。结果如图 3-15 所示。

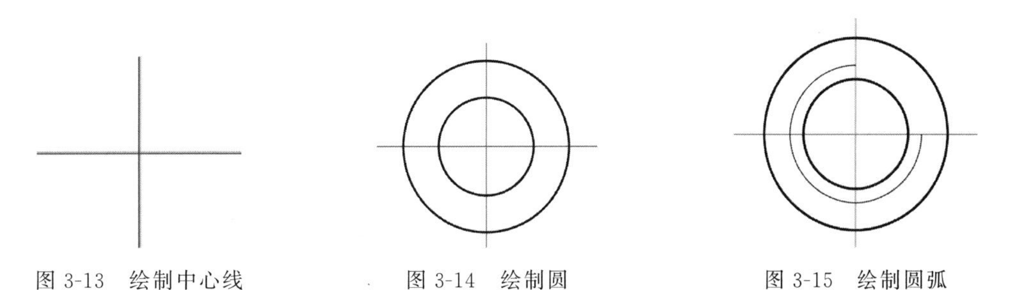

图 3-13　绘制中心线　　图 3-14　绘制圆　　图 3-15　绘制圆弧

Note

```
命令: _ARC↙
指定圆弧的起点或[圆心(C)]: C
指定圆弧的圆心:
指定圆弧的起点:
指定圆弧的端点(按住 Ctrl 键以切换方向)或[角度(A)/弦长(L)]: A
指定夹角(按住 Ctrl 键以切换方向): 270
```

(2) 绘制正多边形。在图层面板中的“图层”下拉列表中选择“粗实线”,将“粗实线”层设置为当前图层。单击“默认”选项卡“绘图”面板中的“多边形”按钮⌂,绘制直径为 20 的圆的外切正六边形。命令行提示与操作如下。结果如图 3-10 所示。

```
命令: _POLYGON↙
输入侧面数<4>: 6 ↙
指定正多边形的中心点或[边(E)]:(拾取中心线的交点)
输入选项[内接于圆(I)/外切于圆(C)] <I>: C ↙
指定圆的半径:10.5 ↙
```

3.2 设置颜色

AutoCAD 绘制的图形对象都具有一定的颜色,为使绘制的图形清晰表达,可把同一类的图形对象用相同的颜色绘制,而使不同类的对象具有不同的颜色,以示区分,这样就需要适当地对颜色进行设置。AutoCAD 允许用户设置图层颜色,为新建的图形对象设置当前颜色,还可以改变已有图形对象的颜色。

1. 执行方式

命令行:COLOR(快捷命令:COL)。

菜单栏:选择菜单栏中的“格式”→“颜色”命令。

功能区:单击“默认”选项卡的“特性”面板中的“对象颜色”下拉菜单中的“更多颜色”按钮●。

执行上述命令后,系统打开图 3-6 所示的“选择颜色”对话框。

2. 选项说明

“选择颜色”对话框各选项含义如表 3-3 所示。

表 3-3 “选择颜色”对话框各选项含义

<table>
<tr><th>选　项</th><th colspan="2">含　义</th></tr>
<tr><td rowspan="4">“索引颜色”选项卡</td><td colspan="2">单击此选项卡,可以在系统所提供的 255 种颜色索引表中选择所需要的颜色,如图 3-6 所示</td></tr>
<tr><td>“颜色索引”列表框</td><td>依次列出了 255 种索引色,在此列表框中选择所需要的颜色</td></tr>
<tr><td>“颜色”文本框</td><td>所选择的颜色代号值显示在“颜色”文本框中,也可以直接在该文本框中输入自己设定的代号值来选择颜色</td></tr>
<tr><td>“ByLayer”和“ByBlock”按钮</td><td>单击这两个按钮,颜色分别按图层和图块设置。这两个按钮只有在设定了图层颜色和图块颜色后才可以使用</td></tr>
</table>

Note

续表

选　　项	含　　义
“真彩色”选项卡	单击此选项卡，可以选择需要的任意颜色，如图 3-16 所示。可以拖动调色板中的颜色指示光标和亮度滑块选择颜色及其亮度，也可以通过“色调”“饱和度”“亮度”的调节钮来选择需要的颜色。所选颜色的红、绿、蓝值显示在下面的“RGB 颜色”文本框中，也可以直接在该文本框中输入自己设定的红、绿、蓝值来选择颜色。 在此选项卡中还有一个“颜色模式”下拉列表框，默认的颜色模式为“HSL”模式，RGB 模式也是常用的一种颜色模式，如图 3-17 所示
“配色系统”选项卡	单击此选项卡，可以从标准配色系统（如 Pantone）中选择预定义的颜色，如图 3-18 所示。在“配色系统”下拉列表框中选择需要的系统，然后拖动右边的滑块来选择具体的颜色，所选颜色编号显示在下面的“颜色”文本框中，也可以直接在该文本框中输入编号值来选择颜色

图 3-16　“真彩色”选项卡

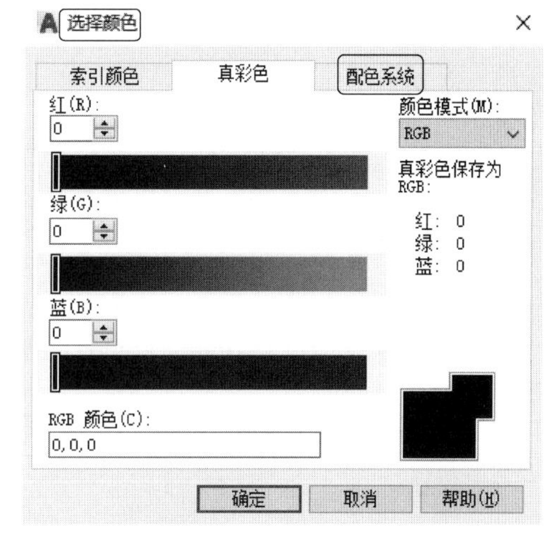

图 3-17　RGB 模式

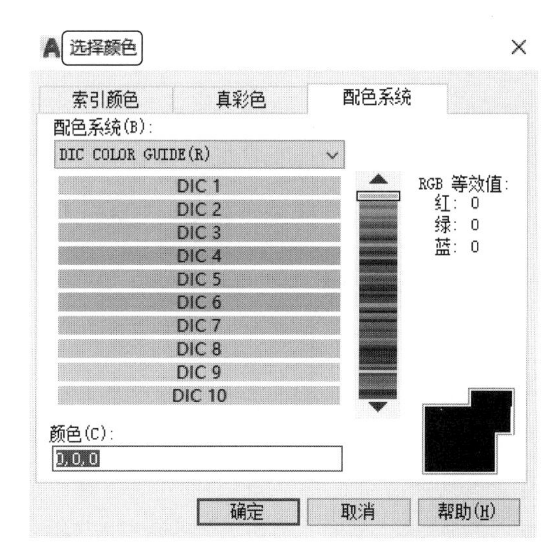

图 3-18　“配色系统”选项卡

Note

3.3 图层的线型

在国家标准《机械制图　图样画法　图线》(GB/T 4457.4—2002)中,对机械图样中使用的各种图线名称、线型、线宽以及在图样中的应用做了规定,如表3-4所示。其中常用的图线有4种,即粗实线、细实线、虚线、细点划线。图线分为粗、细两种,粗线的宽度 b 应按图样的大小和图形的复杂程度,在0.5～2.0mm之间选择,细线的宽度约为 $b/2$。

表3-4　图线的型式及应用

图线名称	线　　型	线宽	主 要 用 途
粗实线	————	b	可见轮廓线,可见过渡线
细实线	————	约 $b/2$	尺寸线、尺寸界线、剖面线、引出线、弯折线、牙底线、齿根线、辅助线等
细点划线	——— - ———	约 $b/2$	轴线、对称中心线、齿轮节线等
虚线	— — — —	约 $b/2$	不可见轮廓线、不可见过渡线
波浪线	～～～	约 $b/2$	断裂处的边界线、剖视与视图的分界线
双折线	—\/\—\/\—	约 $b/2$	断裂处的边界线
粗点划线	——— - ———	b	有特殊要求的线或面的表示线
双点划线	——— - - ———	约 $b/2$	相邻辅助零件的轮廓线、极限位置的轮廓线、假想投影的轮廓线

3.3.1 在"图层特性管理器"对话框中设置线型

单击"默认"选项卡"图层"面板中的"图层特性"按钮,打开"图层特性管理器"对话框,如图3-2所示。在图层列表的线型列下单击线型名,系统打开"选择线型"对话框,如图3-7所示,对话框中选项的含义如表3-5所示。

表3-5　"选择线型"对话框各选项含义

选　　项	含　　义
"已加载的线型"列表框	显示在当前绘图中加载的线型,可供用户选用,其右侧显示线型的形式
"加载"按钮	单击该按钮,打开"加载或重载线型"对话框,如图3-11所示,用户可通过此对话框加载线型并把它添加到线型列中。但要注意,加载的线型必须在线型库(LIN)文件中定义过。标准线型都保存在acad.lin文件中

3.3.2 直接设置线型

执行方式如下。

命令行:LINETYPE。

功能区:单击"默认"选项卡的"特性"面板中的"线型"下拉菜单中的"其他"按钮,如图3-19所示。

执行上述命令后，系统打开“线型管理器”对话框，如图 3-20 所示，用户可在该对话框中设置线型。该对话框中的选项含义与前面介绍的选项含义相同，此处不再赘述。

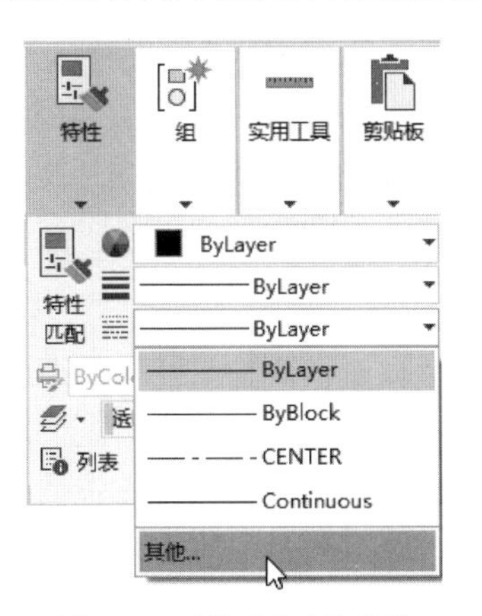

图 3-19　“线型”下拉菜单

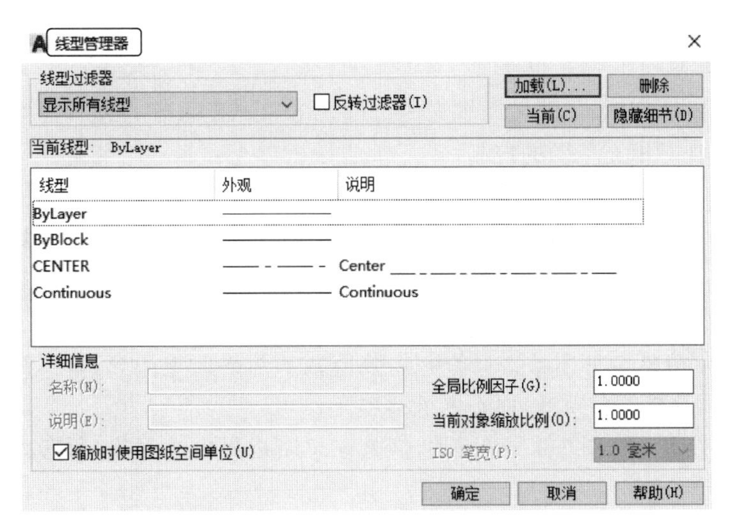

图 3-20　“线型管理器”对话框

3.4　图 案 填 充

当用户需要用一个重复的图案（pattern）填充一个区域时，可以使用“BHATCH”命令，创建一个相关联的填充阴影对象，即所谓的图案填充。

3.4.1　基本概念

1. 图案边界

当进行图案填充时，首先要确定填充图案的边界。定义边界的对象只能是直线、双向射线、单向射线、多段线、样条曲线、圆弧、圆、椭圆、椭圆弧、面域等对象或用这些对象定义的块，而且作为边界的对象在当前图层上必须全部可见。

Note

2. 孤岛

在进行图案填充时，我们把位于总填充区域内的封闭区称为孤岛，如图 3-21 所示。在使用“BHATCH”命令填充时，AutoCAD 系统允许用户以拾取点的方式确定填充边界，即在希望填充的区域内任意拾取一点，系统会自动确定出填充边界，同时也确定该边界内的岛。如果用户以选择对象的方式确定填充边界，则必须确切地选取这些岛，有关知识将在下一节中介绍。

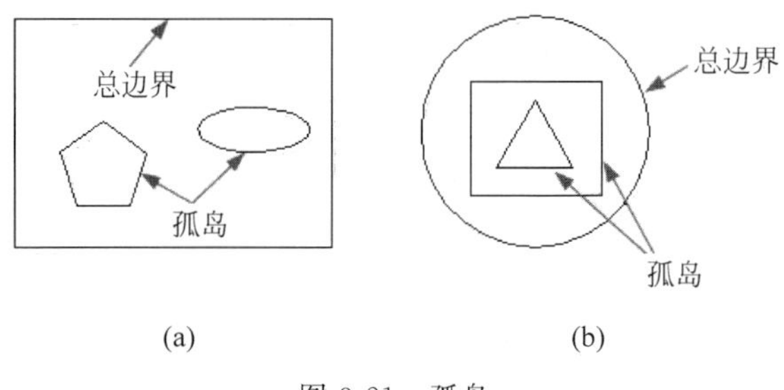

图 3-21　孤岛

3. 填充方式

在进行图案填充时，需要控制填充的范围，AutoCAD 系统为用户设置了以下 3 种填充方式来实现对填充范围的控制。

(1) 普通方式。如图 3-22(a)所示，该方式从边界开始，从每条填充线或每个填充符号的两端向里填充，遇到内部对象与之相交时，填充线或符号断开，直到遇到下一次相交时再继续填充。采用这种填充方式时，要避免剖面线或符号与内部对象的相交次数为奇数，该方式为系统内部的默认方式。

(2) 最外层方式。如图 3-22(b)所示，该方式从边界向里填充，只要在边界内部与对象相交，剖面符号就会断开，而不再继续填充。

(3) 忽略方式。如图 3-22(c)所示，该方式忽略边界内的对象，所有内部结构都被剖面符号覆盖。

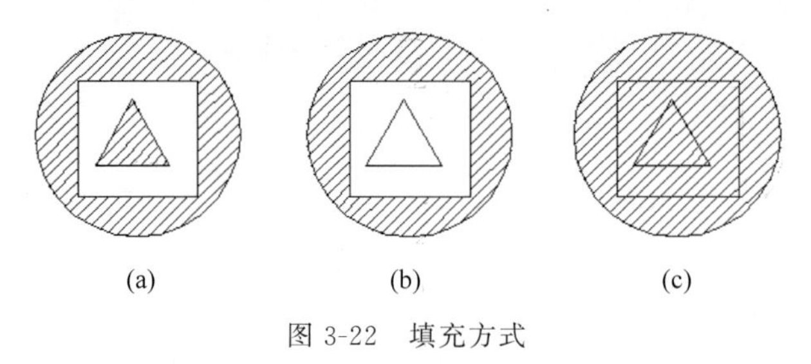

图 3-22　填充方式

3.4.2　图案填充的操作

1. 执行方式

命令行：BHATCH(快捷命令：H)。

菜单栏：选择菜单栏中的“绘图”→“图案填充”或“渐变色”命令。

工具栏：单击“绘图”工具栏中的“图案填充”按钮 或“渐变色”按钮 。

Note

功能区：单击“默认”选项卡“绘图”面板中的“图案填充”按钮▨。

2. 操作步骤

执行上述命令后，系统打开如图 3-23 所示的“图案填充创建”选项卡。

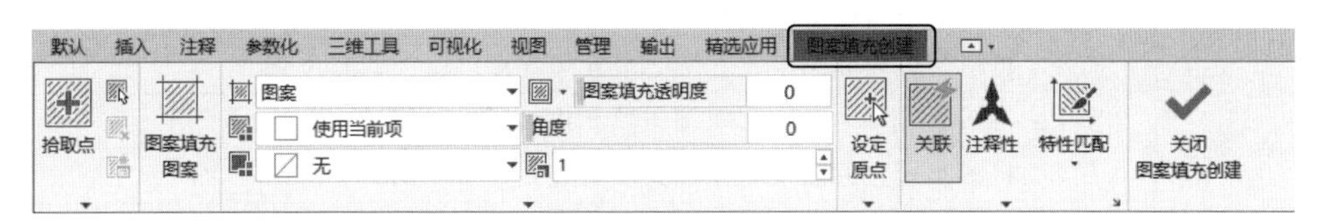

图 3-23　“图案填充创建”选项卡

3. 选项说明

“图案填充创建”选项卡各选项含义如表 3-6 所示。

表 3-6　“图案填充创建”选项卡各选项含义

选　　项	含　　义
“边界”面板	拾取点：通过选择由一个或多个对象形成的封闭区域内的点，确定图案填充边界(图 3-24)。指定内部点时，可以随时在绘图区域中右击以显示包含多个选项的快捷菜单
	选择边界对象：指定基于选定对象的图案填充边界。使用该选项时，不会自动检测内部对象，必须选择选定边界内的对象，以按照当前孤岛检测样式填充这些对象(图 3-25)
	删除边界对象：从边界定义中删除之前添加的任何对象，如图 3-26 所示
	重新创建边界：围绕选定的图案填充或填充对象创建多段线或面域，并使其与图案填充对象相关联(可选)
	显示边界对象：选择构成选定关联图案填充对象的边界的对象，使用显示的夹点可修改图案填充边界
	保留边界对象： 指定如何处理图案填充边界对象。选项包括 ✍ 不保留边界：不创建独立的图案填充边界对象。 ✍ 保留边界——多段线：创建封闭图案填充对象的多段线。 ✍ 保留边界——面域：创建封闭图案填充对象的面域对象。 ✍ 选择新边界集：指定对象的有限集(称为边界集)，以便通过创建图案填充时的拾取点进行计算
“图案”面板	显示所有预定义和自定义图案的预览图像
“特性”面板	图案填充类型：指定是使用纯色、渐变色、图案还是用户定义的填充
	图案填充颜色：替代实体填充和填充图案的当前颜色
	背景色：指定填充图案背景的颜色
	图案填充透明度：设定新图案填充或填充的透明度，替代当前对象的透明度
	图案填充角度：指定图案填充或填充的角度
	填充图案比例：放大或缩小预定义或自定义填充图案
	相对图纸空间：(仅在布局中可用)相对于图纸空间单位缩放填充图案。使用此选项，可很容易地做到以适合于布局的比例显示填充图案
	交叉线：(仅当“图案填充类型”设定为“用户定义”时可用)将绘制第二组直线，与原始直线成 90°，从而构成交叉线
	ISO 笔宽：(仅对于预定义的 ISO 图案可用)基于选定的笔宽缩放 ISO 图案

Note

续表

选　　项	含　　义
“原点”面板	设定原点：直接指定新的图案填充原点
	左下：将图案填充原点设定在图案填充边界矩形范围的左下角
	右下：将图案填充原点设定在图案填充边界矩形范围的右下角
	左上：将图案填充原点设定在图案填充边界矩形范围的左上角
	右上：将图案填充原点设定在图案填充边界矩形范围的右上角
	中心：将图案填充原点设定在图案填充边界矩形范围的中心
	使用当前原点：将图案填充原点设定在 HPORIGIN 系统变量中存储的默认位置
	存储为默认原点：将新图案填充原点的值存储在 HPORIGIN 系统变量中
“选项”面板	关联：指定图案填充或填充为关联图案填充。关联的图案填充在用户修改其边界对象时将会更新
	注释性：指定图案填充为注释性。此特性会自动完成缩放注释过程，从而使注释能够以正确的大小在图纸上打印或显示
	使用当前原点：使用选定图案填充对象（除图案填充原点外）设定图案填充的特性。 使用源图案填充的原点：使用选定图案填充对象（包括图案填充原点）设定图案填充的特性
	允许的间隙：设定将对象用作图案填充边界时可以忽略的最大间隙。默认值为 0，此值指定对象必须封闭区域而没有间隙
	创建独立的图案填充：控制当指定了几个单独的闭合边界时，是创建单个图案填充对象，还是创建多个图案填充对象
	普通孤岛检测：从外部边界向内填充。如果遇到内部孤岛，填充将关闭，直到遇到孤岛中的另一个孤岛 外部孤岛检测：从外部边界向内填充。此选项仅填充指定的区域，不会影响内部孤岛 忽略孤岛检测：忽略所有内部的对象，填充图案时将通过这些对象 无孤岛检测：关闭以使用传统孤岛检测方法
“关闭”面板	绘图次序：为图案填充或填充指定绘图次序。选项包括不更改、后置、前置、置于边界之后和置于边界之前
	关闭“图案填充创建”：退出 HATCH 并关闭上下文选项卡。也可以按 Enter 键或 Esc 键退出 HATCH

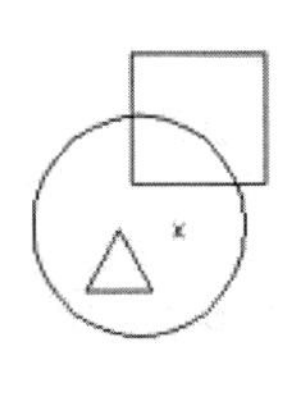

选择一点

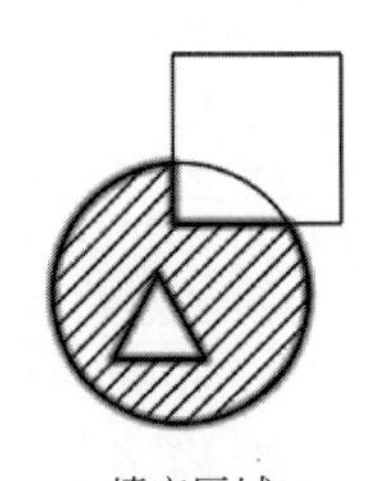

填充区域

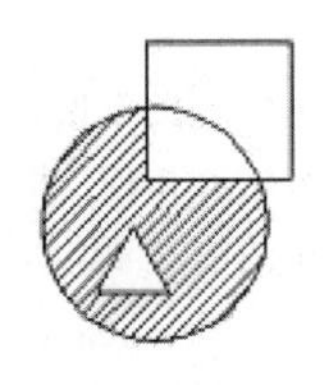

填充结果

图 3-24　边界确定

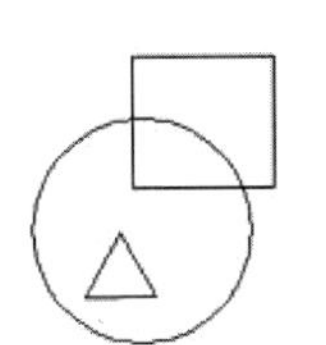

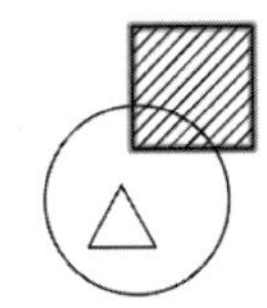

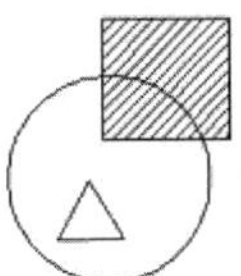

图 3-25　选择边界对象

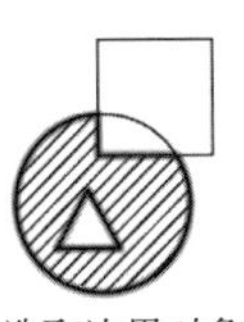

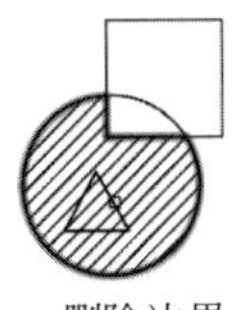

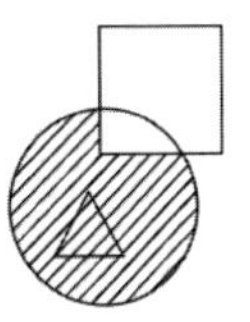

图 3-26　删除“岛”后的边界

3.4.3　编辑填充的图案

利用 HATCHEDIT 命令可以编辑已经填充的图案。

执行方式如下。

命令行：HATCHEDIT（快捷命令：HE）。

菜单栏：选择菜单栏中的“修改”→“对象”→“图案填充”命令。

工具栏：单击“修改Ⅱ”工具栏中的“编辑图案填充”按钮。

功能区：单击“默认”选项卡“修改”面板中的“编辑图案填充”按钮。

快捷菜单：选中填充的图案右击，在打开的快捷菜单中选择“图案填充编辑”命令。

快捷方法：直接选择填充的图案，打开“图案填充编辑器”选项卡，如图 3-27 所示。

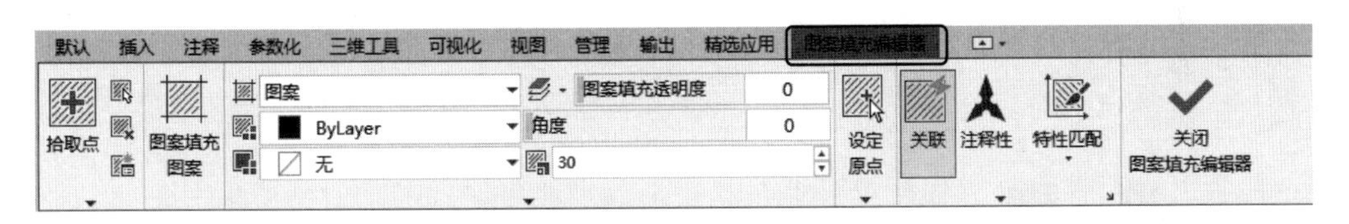

图 3-27　“图案填充编辑器”选项卡

在图 3-27 中，只有正常显示的选项才可以对其进行操作。该选项卡中各项的含义与图 3-23 所示的“图案填充创建”选项卡中各项的含义相同，利用该选项卡，可以对已填充的图案进行一系列的编辑修改。

3.4.4　上机练习——镜子

3-2

练习目标

本例绘制镜子如图 3-28 所示。

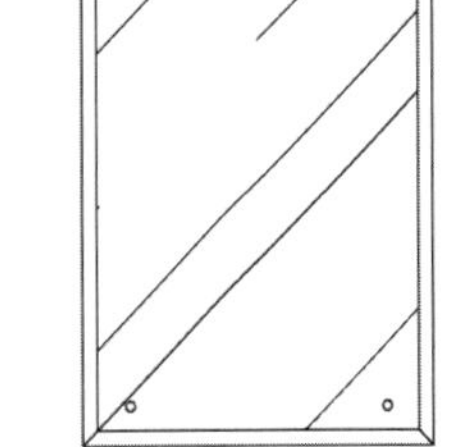

图 3-28　镜子

设计思路

本例首先利用矩形命令绘制镜子外轮廓，然后利用图案填充

命令对图形进行图案填充。

操作步骤

Note

（1）单击“默认”选项卡“绘图”面板中的“矩形”按钮 ，以坐标原点为角点，绘制600×1000的矩形。重复“矩形”命令，以(25,25)为角点，绘制550×950的矩形，如图3-29所示。

（2）单击“默认”选项卡“绘图”面板中的“直线”按钮 ，连接两个矩形角点，结果如图3-30所示。

（3）单击“默认”选项卡“绘图”面板中的“圆”按钮 ，在四个角上绘制半径为8的圆，结果如图3-31所示。

图3-29　绘制外形

图3-30　绘制连接线

图3-31　绘制圆

（4）单击“默认”选项卡“绘图”面板中的“图案填充”按钮 ，打开“图案填充创建”选项卡，选择“AR-RROOF”图案，设置角度为45°，比例为20，如图3-32所示，选择如图3-33所示的内部矩形为填充边界，单击“关闭图案填充创建”按钮 ，关闭选项卡。

图3-32　“图案填充创建”选项卡

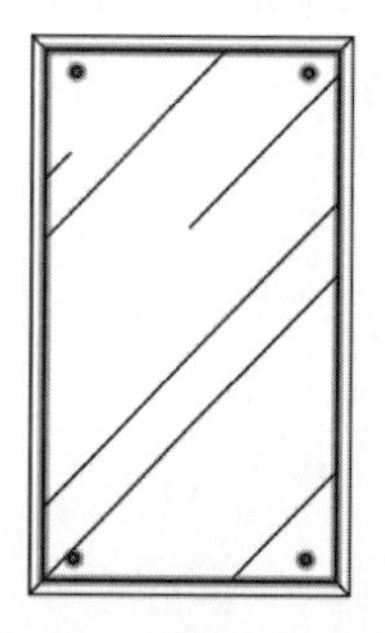

图3-33　选择填充区域

3.5 精确定位工具

精确定位工具是指能够快速准确地定位某些特殊点(如端点、中点、圆心等)和特殊位置(如水平位置、垂直位置)的工具,包括“坐标”“模型空间”“栅格”“捕捉模式”“推断约束”“动态输入”“正交模式”“极轴追踪”等功能按钮,如图 3-34 所示。

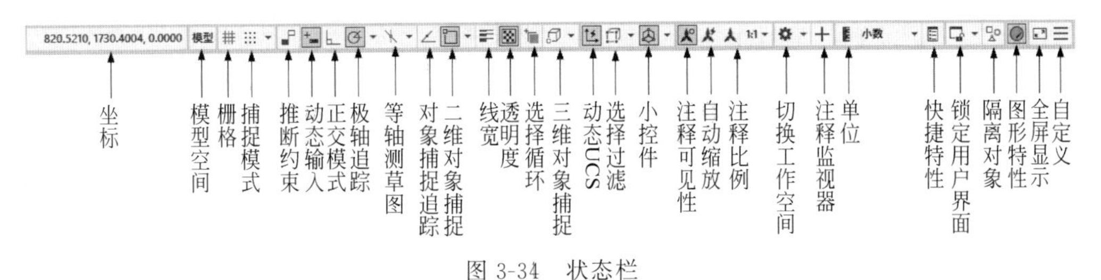

图 3-34 状态栏

3.5.1 正交模式

在 AutoCAD 绘图过程中,经常需要绘制水平直线和垂直直线,但是用光标控制选择线段的端点时很难保证两个点严格沿水平或垂直方向,为此,AutoCAD 提供了正交功能。当启用正交模式时,画线或移动对象时只能沿水平方向或垂直方向移动光标,也只能绘制平行于坐标轴的正交线段。

1. 执行方式

命令行:ORTHO。

状态栏:按下状态栏中的“正交模式”按钮∟。

快捷键:按 F8 键。

2. 操作步骤

命令行提示与操作如下。

```
命令: ORTHO↙
输入模式[开(ON)/关(OFF)] <开>:(设置开或关)
```

3.5.2 栅格显示和捕捉方式

1. 栅格显示

用户可以应用栅格显示工具使绘图区显示网格,它是一个形象的画图工具,就像传统的坐标纸一样。本节介绍控制栅格显示及设置栅格参数的方法。

1) 执行方式

菜单栏:选择菜单栏中的“工具”→“绘图设置”命令。

状态栏:按下状态栏中的“栅格显示”按钮#(仅限于打开与关闭)。

快捷键:按 F7 键(仅限于打开与关闭)。

Note

2）操作步骤

选择菜单栏中的“工具”→“绘图设置”命令，系统打开“草图设置”对话框，单击“捕捉和栅格”选项卡，如图 3-35 所示。

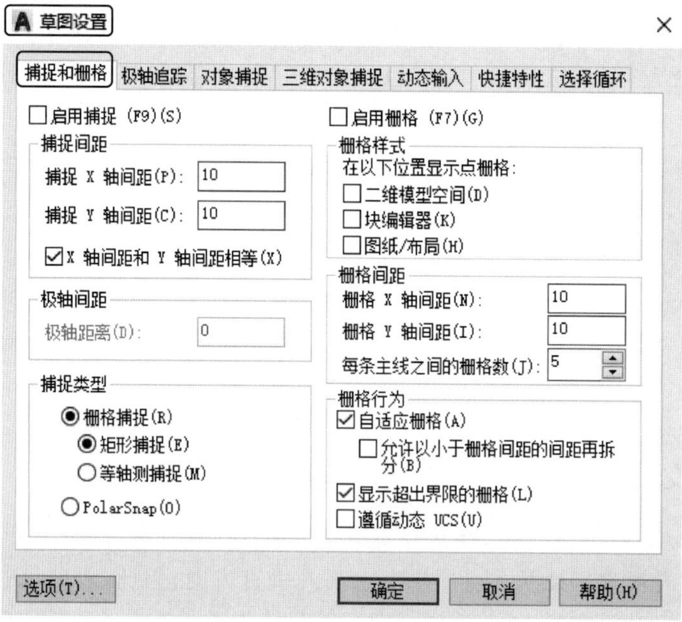

图 3-35　“捕捉和栅格”选项卡

注意：在“栅格 X 轴间距”和“栅格 Y 轴间距”文本框中输入数值时，若在“栅格 X 轴间距”文本框中输入一个数值后按 Enter 键，系统将自动传送这个值给“栅格 Y 轴间距”，这样可减少工作量。

2. 捕捉方式

为了准确地在绘图区捕捉点，AutoCAD 提供了捕捉工具，可以在绘图区生成一个隐含的栅格（捕捉栅格），这个栅格能够捕捉光标，约束它只能落在栅格的某一个节点上，使用户能够高精确度地捕捉和选择这个栅格上的点。本节主要介绍捕捉栅格的参数设置方法。

1）执行方式

菜单栏：选择菜单栏中的“工具”→“绘图设置”命令。

状态栏：按下状态栏中的“捕捉模式”按钮 ⁝⁝⁝（仅限于打开与关闭）。

快捷键：按 F9 键（仅限于打开与关闭）。

2）操作步骤

选择菜单栏中的“工具”→“绘图设置”命令，打开“草图设置”对话框，单击“捕捉和栅格”选项卡，如图 3-36 所示。

3）选项说明

“捕捉和栅格”选项卡各选项含义如表 3-7 所示。

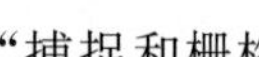

Note

表 3-7 “捕捉和栅格”选项卡各选项含义

选　　项	含　　义
“启用栅格”复选框	用于控制是否显示栅格
栅格间距复选框——“栅格 X 轴间距”和“栅格 Y 轴间距”文本框	用于设置栅格在水平与垂直方向的间距。如果“栅格 X 轴间距”和“栅格 Y 轴间距”设置为 0,则 AutoCAD 系统会自动将捕捉栅格间距应用于栅格,且其原点和角度总是与捕捉栅格的原点和角度相同
“启用捕捉”复选框	控制捕捉功能的开关,与按 F9 快捷键或按下状态栏上的“捕捉模式”按钮 功能相同
“捕捉间距”选项组	设置捕捉参数,其中“捕捉 X 轴间距”与“捕捉 Y 轴间距”文本框用于确定捕捉栅格点在水平和垂直两个方向上的间距
“捕捉类型”选项组	确定捕捉类型和样式。AutoCAD 提供了两种捕捉栅格的方式:“栅格捕捉”和“极轴捕捉”(polarsnap)。“栅格捕捉”是指按正交位置捕捉位置点,“极轴捕捉”则可以根据设置的任意极轴角捕捉位置点。 “栅格捕捉”又分为“矩形捕捉”和“等轴测捕捉”两种方式。在“矩形捕捉”方式下捕捉栅格是标准的矩形,在“等轴测捕捉”方式下捕捉栅格和光标十字线不再互相垂直,而是成绘制等轴测图时的特定角度,这种方式对于绘制等轴测图十分方便
“极轴间距”选项组	该选项组只有在选择“polarsnap”捕捉类型时才可用。可在“极轴距离”文本框中输入距离值,也可以在命令行输入“SNAP”,设置捕捉的有关参数

3.6 对象捕捉

在利用 AutoCAD 画图时经常要用到一些特殊点,例如圆心、切点、线段或圆弧的端点、中点等,如果只利用光标在图形上选择,要准确地找到这些点是十分困难的。因此,AutoCAD 提供了一些识别这些点的工具,通过这些工具即可容易地构造新几何体,精确地绘制图形,其结果比传统手工绘图更精确且更容易维护。在 AutoCAD 中,这种功能称为对象捕捉功能。

3.6.1 特殊位置点捕捉

在绘制 AutoCAD 图形时,有时需要指定一些特殊位置的点,例如圆心、端点、中点、平行线上的点等,这些点如表 3-8 所示,可以通过对象捕捉功能来捕捉这些点。

表 3-8 特殊位置点捕捉

捕 捉 模 式	快捷命令	功　　能
临时追踪点	TT	建立临时追踪点
两点之间的中点	M2P	捕捉两个独立点之间的中点
捕捉自	FRO	与其他捕捉方式配合使用建立一个临时参考点,作为指出后继点的基点
端点	ENDP	用来捕捉对象(如线段或圆弧等)的端点
中点	MID	用来捕捉对象(如线段或圆弧等)的中点

Note

续表

捕 捉 模 式	快捷命令	功　　能
圆心	CEN	用来捕捉圆或圆弧的圆心
节点	NOD	捕捉用 POINT 或 DIVIDE 等命令生成的点
象限点	QUA	用来捕捉距光标最近的圆或圆弧上可见部分的象限点，即圆周上0°、90°、180°、270°位置上的点
交点	INT	用来捕捉对象(如线、圆弧或圆等)的交点
延长线	EXT	用来捕捉对象延长路径上的点
插入点	INS	用于捕捉块、形、文字、属性或属性定义等对象的插入点
垂足	PER	在线段、圆、圆弧或它们的延长线上捕捉一个点，使之与最后生成的点的连线与该线段、圆或圆弧正交
切点	TAN	最后生成的一个点到选中的圆或圆弧上引切线的切点位置
最近点	NEA	用于捕捉离拾取点最近的线段、圆、圆弧等对象上的点
外观交点	APP	用来捕捉两个对象在视图平面上的交点。若两个对象没有直接相交，则系统自动计算其延长后的交点；若两对象在空间上为异面直线，则系统计算其投影方向上的交点
平行线	PAR	用于捕捉与指定对象平行方向的点
无	NON	关闭对象捕捉模式
对象捕捉设置	OSNAP	设置对象捕捉

AutoCAD 提供了命令行、工具栏和右键快捷菜单三种执行特殊点对象捕捉的方法。在使用特殊位置点捕捉的快捷命令前，必须先选择绘制对象的命令或工具，再在命令行中输入其快捷命令。

3-3

3.6.2　上机练习——绘制电阻

练习目标

本实例绘制如图 3-36 所示的电阻。

图 3-36　电阻

设计思路

本例首先利用矩形命令绘制矩形，然后捕捉矩形左边中心点绘制左边导线，最后利用直线命令绘制右边导线，如图 3-36 所示。

操作步骤

(1) 单击“默认”选项卡“绘图”面板中的“矩形”按钮 ，在图中适当位置，采用相对输入法绘制一个长 150，宽 50 的矩形。

(2) 单击“默认”选项卡“绘图”面板中的“直线”按钮 ，按住 Shift 键，右击，弹出如图 3-37 所示的快捷菜单。选中“中点”，捕捉到左边的中点，如图 3-38 所示，单击，作为左端线的第一个端点，在状态栏中单击“正交”按钮 ，打开正交方式，向左移动鼠

标，单击，确定左端线的另外一个端点，完成左端线绘制。

（3）重复上述操作，绘制右端线段，结果如图 3-36 所示。

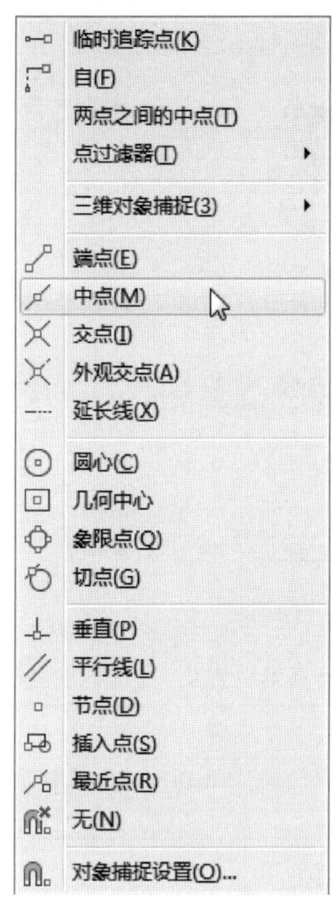

图 3-37　快捷菜单

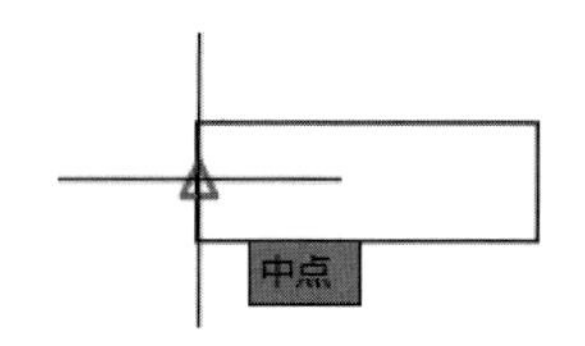

图 3-38　捕捉到中点

3.6.3　对象捕捉设置

在 AutoCAD 中绘图之前，可以根据需要事先设置开启一些对象捕捉模式，绘图时系统就能自动捕捉这些特殊点，从而加快绘图速度，提高绘图质量。

1. 执行方式

命令行：DDOSNAP。

菜单栏：选择菜单栏中的“工具”→“绘图设置”命令。

工具栏：单击“对象捕捉”工具栏中的“对象捕捉设置”按钮。

状态栏：按下状态栏中的“对象捕捉”按钮（仅限于打开与关闭）。

快捷键：按 F3 键（仅限于打开与关闭）。

快捷菜单：选择快捷菜单中的“捕捉替代”→“对象捕捉设置”命令。

执行上述命令后，系统打开“草图设置”对话框，单击“对象捕捉”选项卡，如图 3-39 所示，利用此选项卡可对对象捕捉方式进行设置。

2. 选项说明

“对象捕捉”选项卡各选项含义如表 3-9 所示。

Note

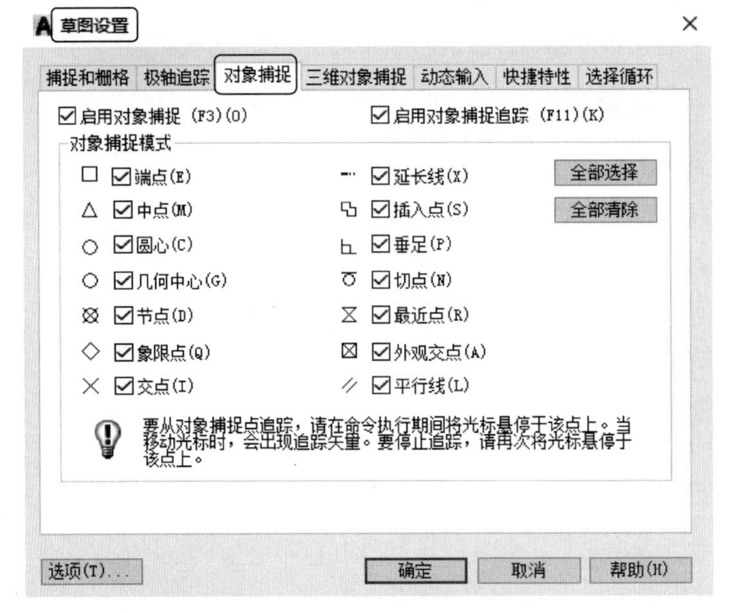

图 3-39 “对象捕捉”选项卡

表 3-9 “对象捕捉”选项卡各选项含义

选　　项	含　　义
“启用对象捕捉”复选框	选中该复选框，在“对象捕捉模式”选项组中选中的捕捉模式处于激活状态
“启用对象捕捉追踪”复选框	用于打开或关闭自动追踪功能
“对象捕捉模式”选项组	此选项组中列出各种捕捉模式的复选框，被选中的复选框处于激活状态。单击“全部清除”按钮，则所有模式均被清除。单击“全部选择”按钮，则所有模式均被选中
“选项”按钮	单击该按钮可以打开“选项”对话框的“草图”选项卡，利用该对话框可决定捕捉模式的各项设置

3.6.4 上机练习——绘制轴

3-4

练习目标

本实例绘制的轴如图 3-40 所示。

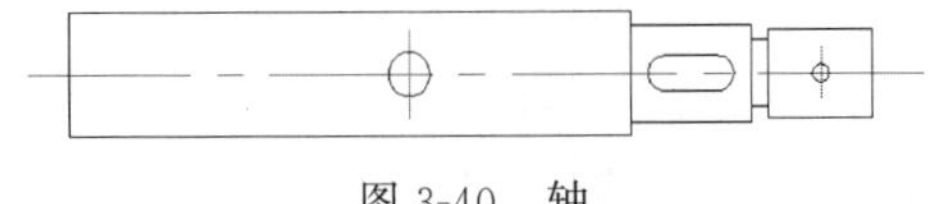

图 3-40 轴

设计思路

本实例新建了图层，并在图层上绘制了中心线和轮廓线，利用了对象捕捉追踪功能，最终完成对轴图形的绘制。

Note

操作步骤

（1）单击“默认”选项卡“图层”面板中的“图层特性”按钮，打开“图层特性管理器”对话框，新建两个图层。

“轮廓线”层：线宽属性为 0.30mm，其余属性默认。

“中心线”层：颜色设为红色，线型加载为 CENTER2，其余属性默认，如图 3-41 所示。

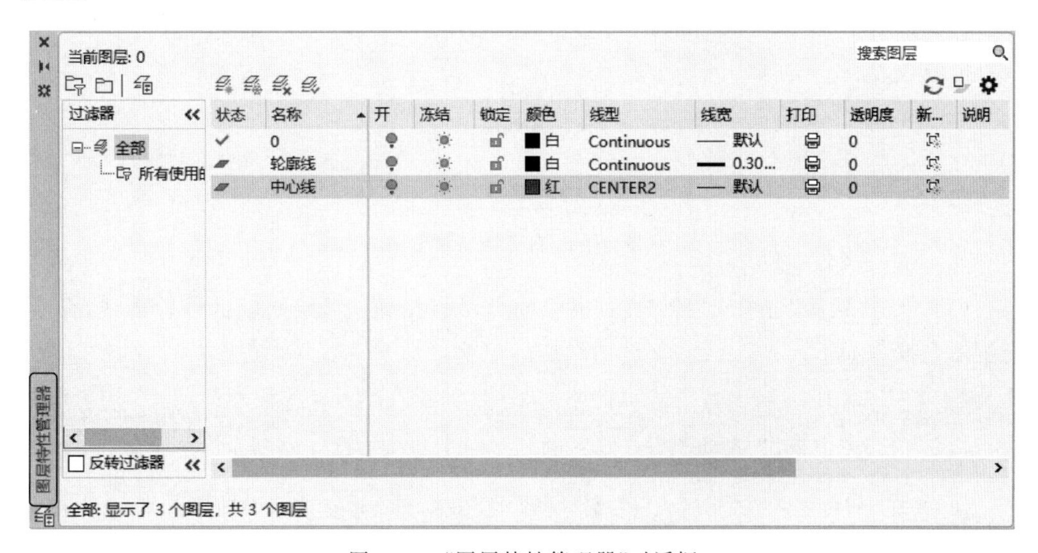

图 3-41　“图层特性管理器”对话框

（2）将“中心线”图层设置为当前图层。单击“默认”选项卡“绘图”面板中的“直线”按钮，坐标分别为{(65,130)(170,130)}、{(110,135)(110,125)}、{(158,133)(158,127)}，结果如图 3-42 所示。

图 3-42　绘制中心线

（3）将“轮廓线”层设置为当前图层。单击“默认”选项卡“绘图”面板中的“矩形”按钮，绘制左端直径为 14 的轴段，角点坐标为(70,123)(@66,14)，单击状态栏中的“显示线宽”按钮，显示线宽，结果如图 3-43 所示。

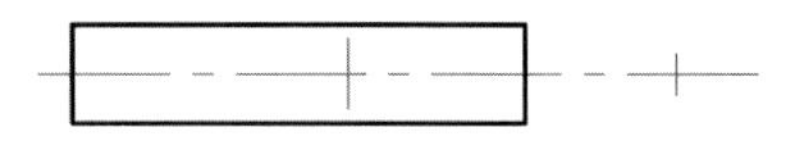

图 3-43　绘制直径为 14 的轴段

（4）在状态栏上的“对象捕捉”按钮处右击，弹出快捷菜单，如图 3-44 所示，单击其中的“对象捕捉设置”选项，打开如图 3-39 所示的“草图设置”对话框，单击其中的“全部选择”按钮，这样所有的对象捕捉模式都被选择，单击“确定”按钮。单击状态栏上的“对象捕捉”按钮，该按钮亮显，表示启用对象捕捉模式，这样就可以在绘图过程中灵活捕捉各种可能的特殊位置点。

Note

图 3-44　右键快捷菜单

(5) 单击“默认”选项卡“绘图”面板中的“直线”按钮 ╱，绘制轴的外轮廓线，命令行提示与操作如下。

```
命令: _LINE↙
指定第一个点:(按住 Shift 键并在视图中右击,在打开的如图 3-37 所示的快捷菜单中选择"自",打开"捕捉自"功能)
_FROM 基点:(将鼠标移向 φ14 轴段右端与水平中心线的交点附近,系统自动捕捉到该交点作为基点)
<偏移>: @0,5.5↙
指定下一个点或[放弃(U)]: @14,0↙
指定下一个点或[退出(E)/放弃(U)]: @0,-11↙
指定下一个点或[关闭(C)/退出(X)/放弃(U)]: @  14,0↙
指定下一个点或[关闭(C)/退出(X)/放弃(U)]:↙
命令:↙(直接按 Enter 键,表示重复执行上一个命令)
LINE 指定第一个点:(输入 FROM↙)
基点: (捕捉 φ11 轴段右端与水平中心线的交点)
<偏移>: @0,3.75↙
指定下一个点或[放弃(U)]: @2,0↙
指定下一个点或[退出(E)/放弃(U)]:↙
命令:↙↙(直接按 Enter 键,表示重复执行上一个命令)
LINE↙
指定第一个点: (同时按下 Shift 键和鼠标右键,系统打开"对象捕捉"快捷菜单,如图 3-37 所示,从中选择"自"选项)
_FROM 基点:(捕捉 φ11 轴段右端与水平中心线的交点)
<偏移>: @0,-3.75↙
指定下一个点或[放弃(U)]: @2,0↙
指定下一个点或[退出(E)/放弃(U)]:↙
```

(6) 单击“默认”选项卡“绘图”面板中的“矩形”按钮 ▭，绘制右端 φ10 轴段，角点坐标为(152,125)(@12,10)，结果如图 3-45 所示。

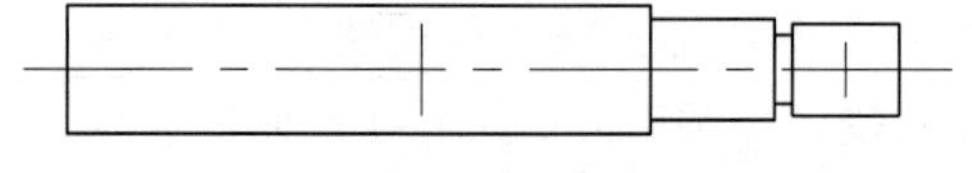

图 3-45　轴的外轮廓线

(7) 单击"默认"选项卡"绘图"面板中的"圆"按钮 ,绘制轴上的孔,命令行提示与操作如下。

```
命令: _CIRCLE↙
指定圆的圆心或[三点(3P)/两点(2P)/切点、切点、半径(T)]:(将鼠标移向左端中心线的交点,系统自动捕捉该点为圆心)
指定圆的半径或[直径(D)]: 2.5↙
```

重复"圆"命令,捕捉右端中心线的交点为圆心,绘制直径为 2 的圆,如图 3-46 所示。

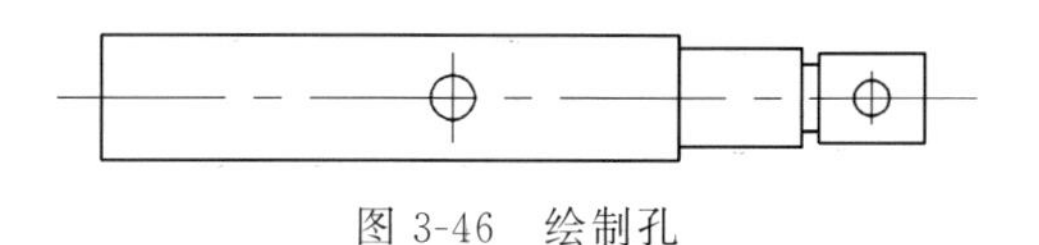

图 3-46 绘制孔

(8) 单击"默认"选项卡"绘图"面板中的"多段线"按钮 ,绘制轴的键槽,命令行提示与操作如下。结果如图 3-40 所示。

```
命令: PLINE↙
指定起点: 140,132↙
当前线宽为 0.0000
指定下一个点或[圆弧(A)/半宽(H)/长度(L)/放弃(U)/宽度(W)]: @6,0↙
指定下一个点或[圆弧(A)/闭合(C)/半宽(H)/长度(L)/放弃(U)/宽度(W)]: A↙(绘制圆弧)
指定圆弧的端点(按住 Ctrl 键以切换方向)或[角度(A)/圆心(CE)/闭合(CL)/方向(D)/半宽(H)/直线(L)/半径(R)/第二个点(S)/放弃(U)/宽度(W)]: @0,-4↙(输入圆弧端点的相对坐标)
指定圆弧的端点(按住 Ctrl 键以切换方向)或[角度(A)/圆心(CE)/闭合(CL)/方向(D)/半宽(H)/直线(L)/半径(R)/第二个点(S)/放弃(U)/宽度(W)]: L↙(绘制直线)
指定下一个点或[圆弧(A)/闭合(C)/半宽(H)/长度(L)/放弃(U)/宽度(W)]: @-6,0↙
指定下一个点或[圆弧(A)/闭合(C)/半宽(H)/长度(L)/放弃(U)/宽度(W)]: A↙
指定圆弧的端点(按住 Ctrl 键以切换方向)或[角度(A)/圆心(CE)/闭合(CL)/方向(D)/半宽(H)/直线(L)/半径(R)/第二个点(S)/放弃(U)/宽度(W)]: CL(或者捕捉上部直线段的左端点,绘制左端的圆弧)
```

3.7 对象追踪

对象追踪是指按指定角度或与其他对象建立指定关系绘制对象。可以结合对象捕捉功能进行自动追踪,也可以指定临时点进行临时追踪。

3.7.1 自动追踪

利用自动追踪功能,可以对齐路径,有助于以精确的位置和角度创建对象。自动追踪包括"极轴追踪"和"对象捕捉追踪"两种追踪选项。"极轴追踪"是指按指定的极轴角或极轴角的倍数对齐要指定点的路径;"对象捕捉追踪"是指以捕捉到的特殊位置点为基点,按指定的极轴角或极轴角的倍数对齐要指定点的路径。

"极轴追踪"必须配合"对象捕捉"功能一起使用,即同时按下状态栏中的"极轴追踪"按钮 和"对象捕捉"按钮 ;"对象捕捉追踪"必须配合"对象捕捉"功能一起使

用，即同时按下状态栏中的“对象捕捉”按钮 和“对象捕捉追踪”按钮 。

1. 执行方式

命令行：DDOSNAP。

菜单栏：选择菜单栏中的“工具”→“绘图设置”命令。

工具栏：单击“对象捕捉”工具栏中的“对象捕捉设置”按钮 。

状态栏：按下状态栏中的“对象捕捉”按钮 和“对象捕捉追踪”按钮 。

快捷键：按 F11 键。

快捷菜单：选择快捷菜单中的“对象捕捉设置”命令。

2. 操作步骤

执行上述命令后，或在“对象捕捉”按钮 与“对象捕捉追踪”按钮 上右击，选择快捷菜单中的“设置”命令，系统打开“草图设置”对话框的“对象捕捉”选项卡，选中“启用对象捕捉追踪”复选框，即可完成对象捕捉追踪的设置。

3.7.2 极轴追踪设置

1. 执行方式

命令行：DDOSNAP。

菜单栏：选择菜单栏中的“工具”→“绘图设置”命令。

工具栏：单击“对象捕捉”工具栏中的“对象捕捉设置”按钮 。

状态栏：按下状态栏中的“对象捕捉”按钮 和“极轴追踪”按钮 。

快捷键：按 F10 键。

快捷菜单：选择快捷菜单中的“对象捕捉设置”命令。

执行上述命令或在“极轴追踪”按钮 上右击，选择快捷菜单中的“正在追踪设置”命令，系统打开如图 3-47 所示“草图设置”对话框的“极轴追踪”选项卡。

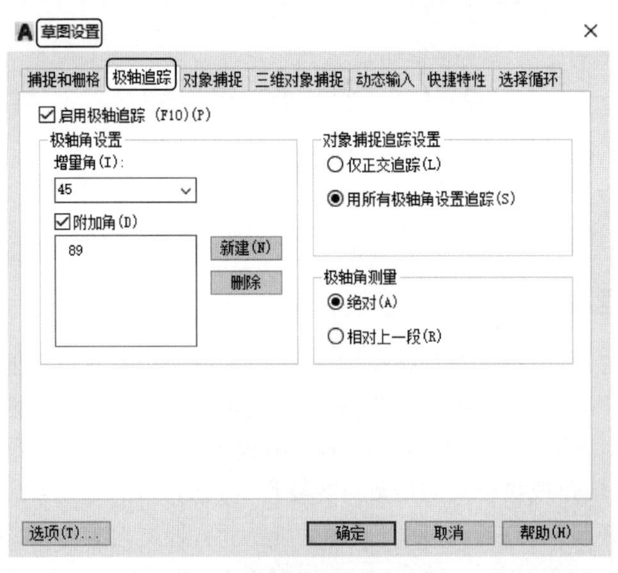

图 3-47 “极轴追踪”选项卡

Note

2. 选项说明

“极轴追踪”选项卡中各选项功能如表 3-10 所示。

表 3-10　“极轴追踪”选项卡各选项含义

选　　项	含　　义
“启用极轴追踪”复选框	选中该复选框，即启用极轴追踪功能
“极轴角设置”选项组	设置极轴角的值，可以在“增量角”下拉列表框中选择一种角度值，也可选中“附加角”复选框。单击“新建”按钮设置任意附加角，系统在进行极轴追踪时，同时追踪增量角和附加角，可以设置多个附加角
“对象捕捉追踪设置”和“极轴角测量”选项组	按界面提示设置相应单选选项。利用自动追踪可以完成三视图绘制

3.7.3　上机练习——手动操作开关

3-5

练习目标

本实例绘制的手动操作开关如图 3-48 所示。

设计思路

利用直线命令和极轴追踪功能绘制手动操作开关。

操作步骤

（1）单击状态栏中的“极轴追踪”按钮 和“对象捕捉追踪”按钮 ，打开极轴追踪和对象捕捉追踪。

（2）在状态栏中的“极轴追踪”按钮 处右击，打开如图 3-49 所示的快捷菜单，选择“正在追踪设置”选项，打开“草图设置”对话框的“极轴追踪”选项卡，设置增量角为 30，选择“用所有极轴角设置追踪”选项，如图 3-50 所示，单击“确定”按钮，完成极轴追踪的设置。

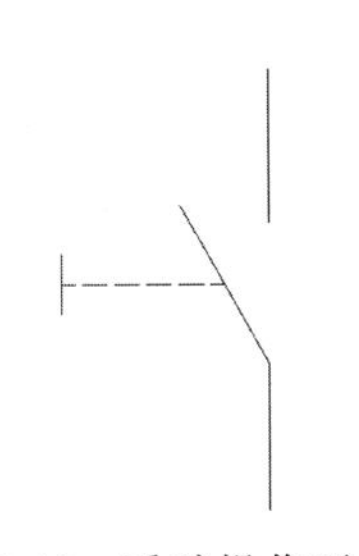

图 3-48　手动操作开关

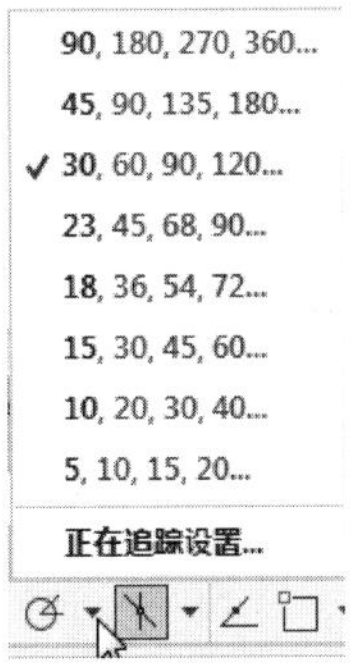

90, 180, 270, 360...
45, 90, 135, 180...
✓ 30, 60, 90, 120...
23, 45, 68, 90...
18, 36, 54, 72...
15, 30, 45, 60...
10, 20, 30, 40...
5, 10, 15, 20...
正在追踪设置...

图 3-49　快捷菜单

（3）单击“默认”选项卡“绘图”面板中的“直线”按钮 ，在图中适当位置指定直线的起点，拖动鼠标向上移动，显示极轴角度为 90°，如图 3-51 所示，单击鼠标左键绘制一

Note

图 3-50 "草图设置"对话框

条竖直线段,继续移动鼠标到左上方,显示极轴角度为 120°,如图 3-52 所示,单击鼠标左键绘制一条与竖直线成 30°夹角的斜直线。

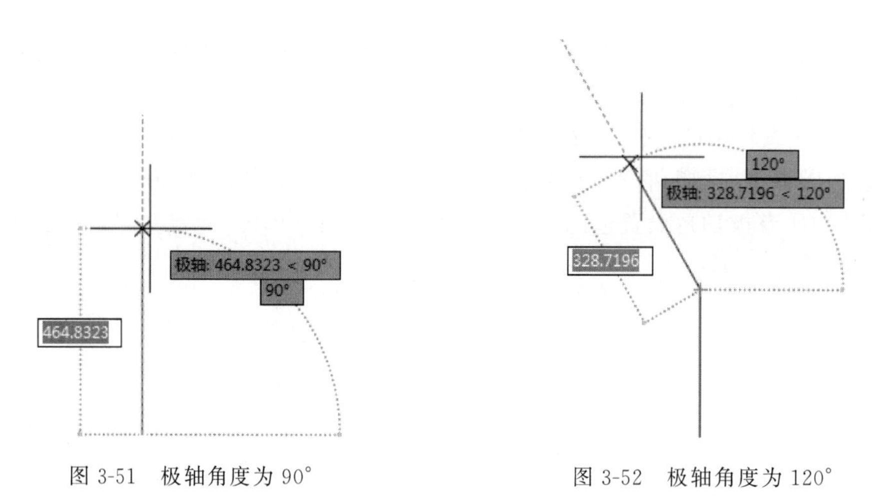

图 3-51 极轴角度为 90°

图 3-52 极轴角度为 120°

(4) 单击状态栏中的"对象捕捉"按钮,打开对象捕捉。单击"默认"选项卡"绘图"面板中的"直线"按钮,捕捉竖直线的上端点如图 3-53 所示,向上移动鼠标,显示极轴角度为 90°如图 3-54 所示,单击鼠标确定直线的起点(保证该起点在第一条竖直的延长线上),绘制长度适当的竖直线,如图 3-55 所示。

(5) 单击"默认"选项卡"绘图"面板中的"直线"按钮,捕捉斜直线的中点(图 3-56)为起点绘制一条水平直线,如图 3-57 所示。

（6）单击“默认”选项卡“绘图”面板中的“直线”按钮╱，捕捉水平直线的左端点，向上移动鼠标，在适当位置单击鼠标左键确定直线的起点，绘制一条竖直线，如图 3-58 所示。

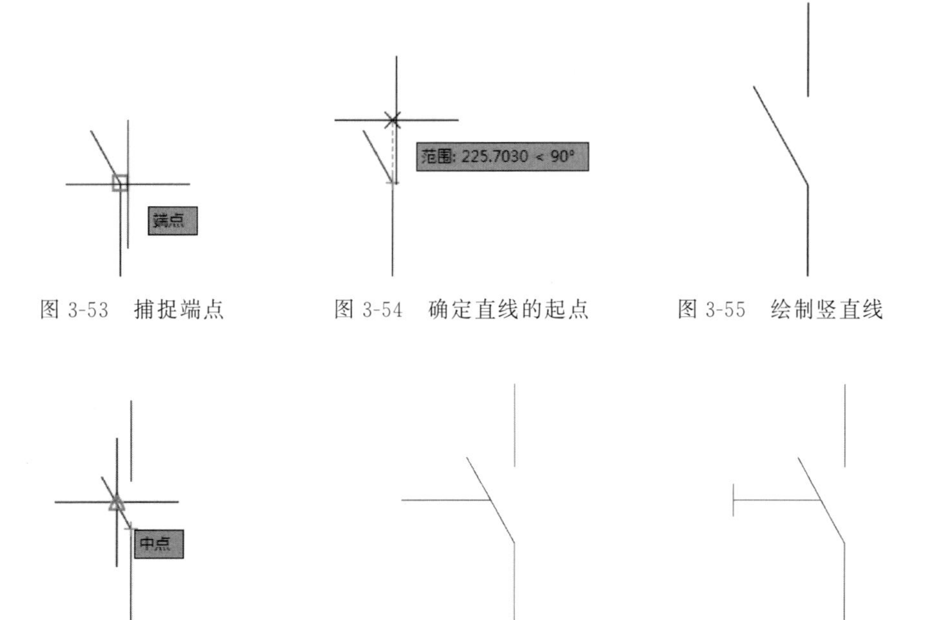

图 3-53　捕捉端点　　图 3-54　确定直线的起点　　图 3-55　绘制竖直线

图 3-56　捕捉中点　　图 3-57　绘制水平直线　　图 3-58　绘制竖直线

（7）选取水平直线，在特性面板中的线型下拉列表中单击“其他”选项，如图 3-59 所示，打开如图 3-60 所示“线型管理器”对话框，单击“加载”按钮，打开“加载或重载线型”对话框，选择“ACAD_ISO02W100”线型，如图 3-61 所示，单击“确定”按钮，返回到“线型管理器”对话框，选择刚加载的线型，单击“确定”按钮，然后将水平直线的线型更改为“ACAD_ISO02W100”线型，结果如图 3-48 所示。

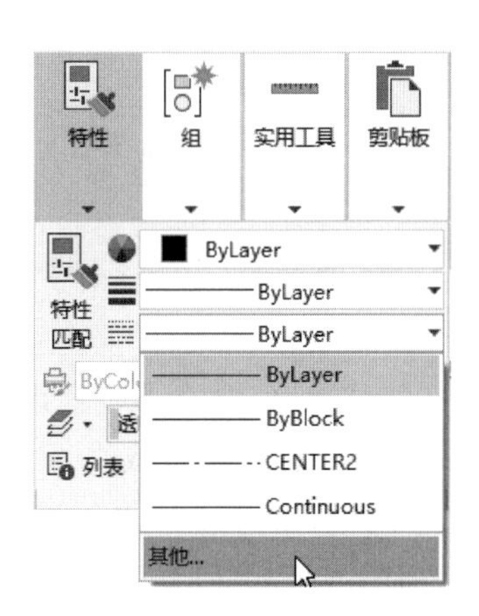

图 3-59　线型下拉列表

Note

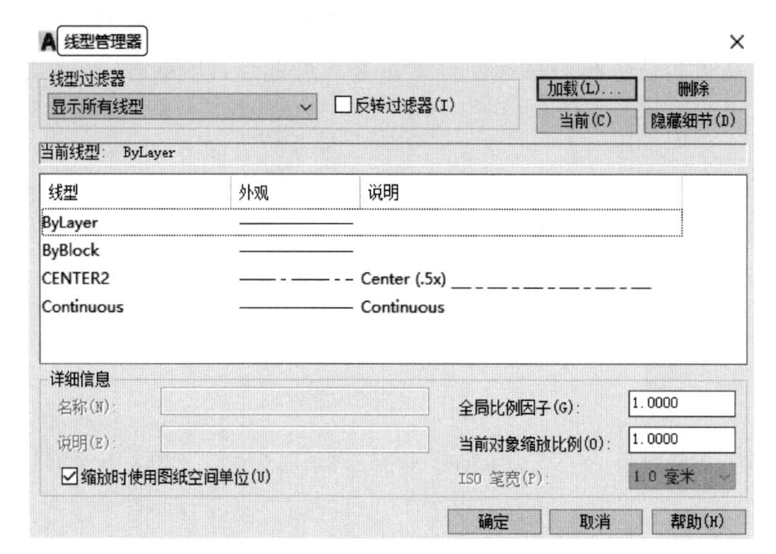

图 3-60 “线型管理器”对话框

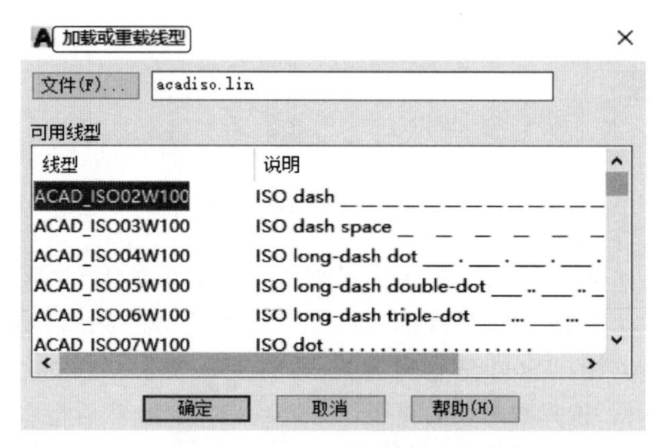

图 3-61 “加载或重载线型”对话框

3.8 参数化设计

约束能够精确地控制草图中的对象。草图约束有两种类型：几何约束和尺寸约束。

几何约束建立草图对象的几何特性（如要求某一直线具有固定长度），或是两个或更多草图对象的关系类型（如要求两条直线垂直或平行，或是几个圆弧具有相同的半径）。在绘图区用户可以使用“参数化”选项卡内的“全部显示”“全部隐藏”或“显示”来显示有关信息，并显示代表这些约束的直观标记，如图 3-62 所示的水平标记和共线标记。

尺寸约束建立草图对象的大小（如直线的长度、圆弧的半径等），或是两个对象之间的关系（如两点之间的距离）。如图 3-63 所示为带有尺寸约束的图形。

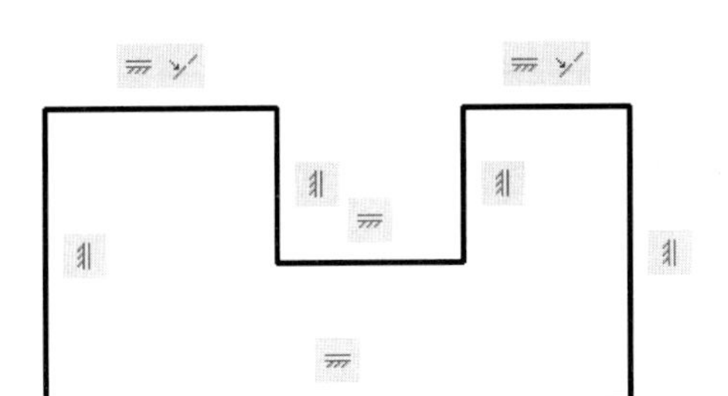

图 3-62 “几何约束”示意图

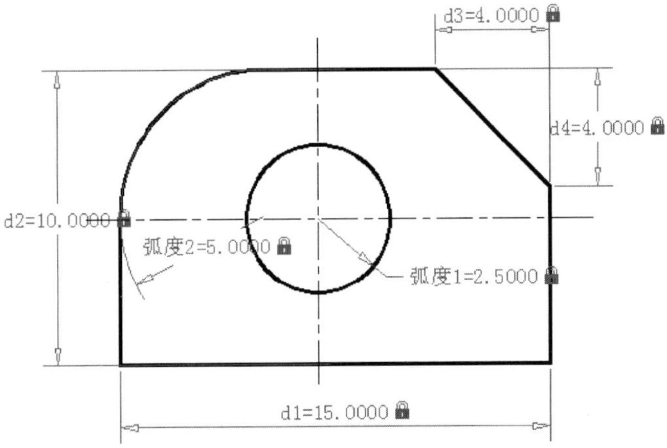

图 3-63 “尺寸约束”示意图

3.8.1 建立几何约束

利用几何约束工具，可以指定草图对象必须遵守的条件，或是草图对象之间必须维持的关系。“几何约束”面板及工具栏如图 3-64 所示，其主要几何约束选项功能如表 3-11 所示。

图 3-64 “几何约束”面板及工具栏

表 3-11 几何约束选项功能

约束模式	功　　能
重合	约束两个点使其重合，或约束一个点使其位于曲线(或曲线的延长线)上。可以使对象上的约束点与某个对象重合，也可以使其与另一对象上的约束点重合
共线	使两条或多条直线段沿同一直线方向，使它们共线
同心	将两个圆弧、圆或椭圆约束到同一个中心点，结果与将重合约束应用于曲线的中心点所产生的效果相同

Note

续表

约束模式	功　　能
固定	将几何约束应用于一对对象时，选择对象的顺序以及选择每个对象的点可能会影响对象彼此间的放置方式
平行	使选定的直线位于彼此平行的位置，平行约束在两个对象之间应用
垂直	使选定的直线位于彼此垂直的位置，垂直约束在两个对象之间应用
水平	使直线或点位于与当前坐标系 X 轴平行的位置，默认选择类型为对象
竖直	使直线或点位于与当前坐标系 Y 轴平行的位置
相切	将两条曲线约束为保持彼此相切或其延长线保持彼此相切，相切约束在两个对象之间应用
平滑	将样条曲线约束为连续，并与其他样条曲线、直线、圆弧或多段线保持连续性
对称	使选定对象受对称约束，相对于选定直线对称
相等	将选定圆弧和圆的尺寸重新调整为半径相同，或将选定直线的尺寸重新调整为长度相同

在绘图过程中可指定二维对象或对象上点之间的几何约束。在编辑受约束的几何图形时，将保留约束，因此，通过使用几何约束，可以在图形中包括设计要求。

3.8.2　建立尺寸约束

建立尺寸约束可以限制图形几何对象的大小，也就是与在草图上标注尺寸相似，同样设置尺寸标注线，与此同时也会建立相应的表达式，不同的是可以在后续的编辑工作中实现尺寸的参数化驱动。“标注约束”面板如图 3-65 所示。

在生成尺寸约束时，用户可以选择草图曲线、边、基准平面或基准轴上的点，以生成水平、竖直、平行、垂直和角度尺寸。

图 3-65　“标注约束”面板

生成尺寸约束时，系统会生成一个表达式，其名称和值显示在一个文本框中，如图 3-66 所示，用户可以在其中编辑该表达式的名和值。

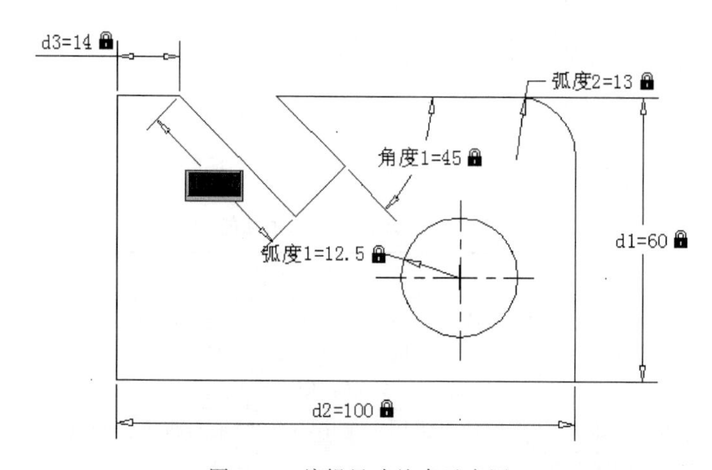

图 3-66　编辑尺寸约束示意图

生成尺寸约束时，只要选中了几何体，其尺寸及其延伸线和箭头就会全部显示出来。将尺寸拖动到位，然后单击，就完成了尺寸约束的添加。完成尺寸约束后，用户还可以随时更改尺寸约束，只需在绘图区选中该值双击，就可以使用生成过程中所采用的方式，编辑其名称、值或位置。

3.8.3　约束设置

1. 执行方式

命令行：CONSTRAINTSETTINGS(CSETTINGS)。

菜单栏：选择菜单栏中的“参数”→“约束设置”命令。

功能区：单击“参数化”选项卡“几何”面板中的“约束设置，几何”按钮 。

工具栏：单击“参数化”工具栏中的“约束设置”按钮 。

执行上述命令后，系统打开“约束设置”对话框，如图 3-67 所示。利用此对话框可控制约束栏上显示或隐藏的几何约束类型；可以控制显示标注约束时的系统配置，标注约束控制设计的大小和比例；还可以控制约束栏上约束类型的显示。

图 3-67　“约束设置”对话框

2. 选项说明

“约束设置”对话框“几何”选项卡中各选项含义如表 3-12 所示。

表 3-12　“约束设置”对话框“几何”选项卡中各选项含义

<table>
<tr><th>选　　项</th><th colspan="2">含　　义</th></tr>
<tr><td rowspan="4">“约束栏显示设置”选项组</td><td colspan="2">此选项组控制图形编辑器中是否为对象显示约束栏或约束点标记。例如，可以为水平约束和竖直约束隐藏约束栏的显示</td></tr>
<tr><td>“全部选择”按钮</td><td>选择全部几何约束类型</td></tr>
<tr><td>“全部清除”按钮</td><td>清除所有选定的几何约束类型</td></tr>
<tr><td>“仅为处于当前平面中的对象显示约束栏”复选框</td><td>仅为当前平面上受几何约束的对象显示约束栏</td></tr>
</table>

Note

续表

选　　项	含　　义
“约束栏透明度”选项组	设置图形中约束栏的透明度
“将约束应用于选定对象后显示约束栏”复选框	手动应用约束或使用“AUTOCONSTRAIN”命令时，显示相关约束栏
“选定对象时显示约束栏”复选框	临时显示选定对象的约束栏

“标注”选项卡中各选项含义如表 3-13 所示。

表 3-13　“约束设置”对话框“标注”选项卡中各选项含义

<table>
<tr><th>选　　项</th><th colspan="2">含　　义</th></tr>
<tr><td rowspan="3">“标注约束格式”选项组</td><td colspan="2">该选项组内可以设置标注名称格式和锁定图标的显示</td></tr>
<tr><td>“标注名称格式”下拉列表框</td><td>为应用标注约束时显示的文字指定格式。将名称格式设置为显示名称、值或名称和表达式。例如：宽度＝长度/2</td></tr>
<tr><td>“为注释性约束显示锁定图标”复选框</td><td>针对已应用注释性约束的对象显示锁定图标</td></tr>
<tr><td>“为选定对象显示隐藏的动态约束”复选框</td><td colspan="2">显示选定时已设置为隐藏的动态约束</td></tr>
</table>

“自动约束”选项卡中各选项含义如表 3-14 所示。

表 3-14　“约束设置”对话框“自动约束”选项卡中各选项含义

选　　项	含　　义
“约束类型”列表框	显示自动约束的类型以及优先级。可以通过单击“上移”和“下移”按钮调整优先级的先后顺序。单击✔图标符号选择或去掉某约束类型作为自动约束类型
“相切对象必须共用同一交点”复选框	指定两条曲线必须共用一个点(在距离公差内指定)应用相切约束
“垂直对象必须共用同一交点”复选框	指定直线必须相交或一条直线的端点必须与另一条直线或直线的端点重合(在距离公差内指定)
“公差”选项组	设置可接受的“距离”和“角度”公差值，以确定是否可以应用约束

3-6

3.8.4　上机练习——绘制平键 A6×6×32

练习目标

本例绘制的平键 A6×6×32 如图 3-68 所示。

设计思路

首先利用绘图命令绘制圆头平键的大体轮廓，然后利用几何约束和尺寸约束绘制平键图形。

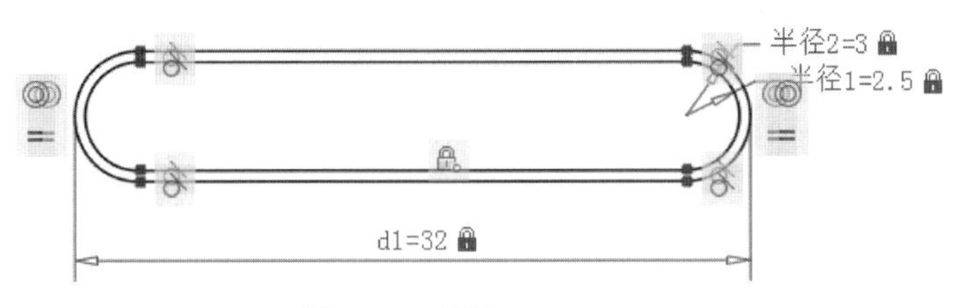

图 3-68　平键 A6×6×32

操作步骤

(1) 利用绘图命令绘制圆头平键的大体轮廓,如图 3-69 所示。

图 3-69　圆头平键

(2) 单击"参数化"选项卡"几何"面板中的"固定"按钮,选择最下端的水平直线添加固定约束,命令行提示如下。

```
命令: _GCFIX↙
选择点或[对象(O)] <对象>:(选取下端水平直线)
```

(3) 单击"参数化"选项卡"几何"面板中的"重合"按钮,选取下端水平直线左端点和左端圆弧下端点,命令行提示如下。

```
命令: _GCCOINCIDENT↙
选择第一个点或[对象(O)/自动约束(A)] <对象>:(选取下端水平直线左端点)
选择第二个点或[对象(O)] <对象>:(选取左端圆弧下端点)
```

采用相同的方法,将所有的结合点添加重合约束,如图 3-70 所示。

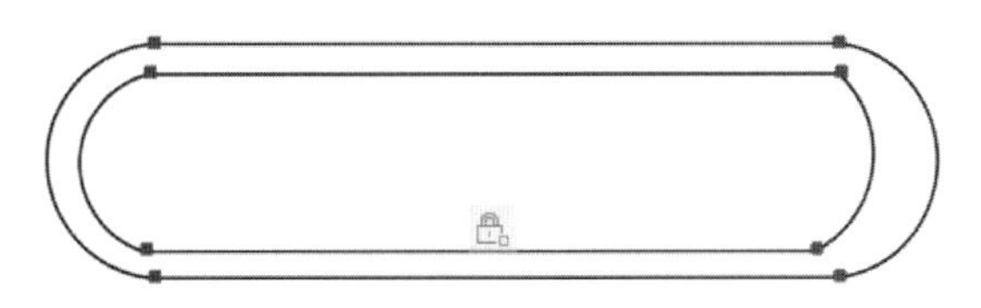

图 3-70　添加重合约束

(4) 单击"参数化"选项卡"几何"面板中的"相切"按钮,选取圆弧和水平直线添加相切约束关系,命令行提示如下。

```
命令: _GCTANGENT
选择第一个对象: 选取下端水平直线
选择第二个对象: 选取左端圆弧
```

采用相同的方法,添加圆弧与直线之间相切约束关系,如图 3-71 所示。

Note

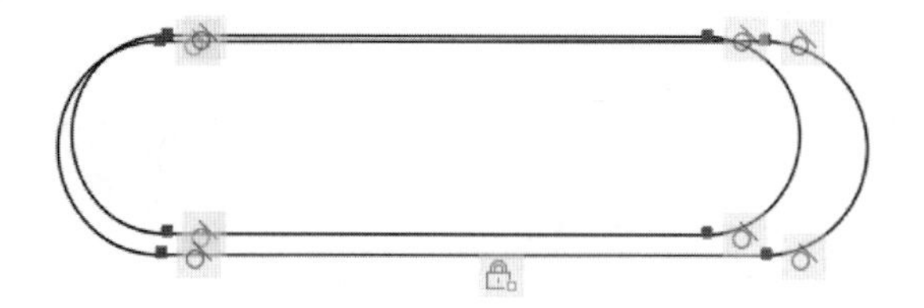

图 3-71　添加相切约束

(5) 单击“参数化”选项卡“几何”面板中的“同心”按钮 ◎，选取左侧的两个圆弧添加相切约束关系，命令行提示如下。

```
命令: _GCTANGENT↙
选择第一个对象:(选取左端大圆弧)
选择第二个对象:(选取右端小圆弧)
```

采用相同的方法，添加右端两个圆弧的同心约束关系，如图 3-72 所示。

图 3-72　添加同心关系

(6) 单击“参数化”选项卡“几何”面板中的“相等”按钮 =，选取左右两侧的大圆弧添加相等关系，命令行提示如下。

```
命令: _GCEQUAL↙
选择第一个对象或[多个(M)]:(选取右端大圆弧)
选择第二个对象:(选取左端大圆弧)
```

采用相同的方法，添加左右两端小圆弧的相等约束关系，如图 3-73 所示。

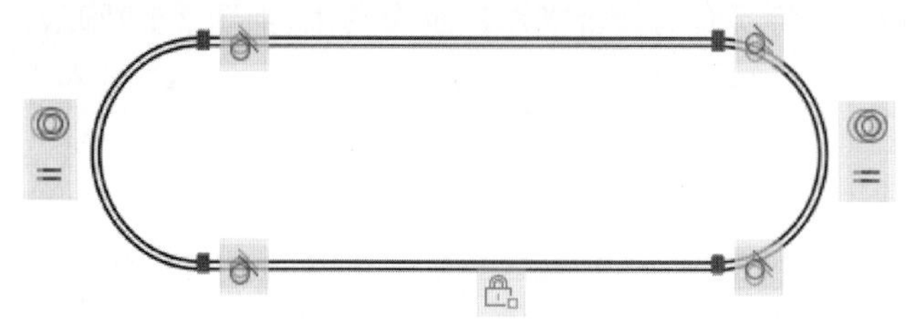

图 3-73　添加相等约束关系

(7) 单击“参数化”选项卡“标注”面板中的“半径”按钮，选取小圆弧标注尺寸，并更改尺寸为 2.5，如图 3-74 所示，按 Enter 键确认，命令行提示如下。

```
命令: _DCRADIUS↙
选择圆弧或圆:(选取小圆弧)
标注文字 = 170.39
指定尺寸线位置:(将尺寸拖动到适当的位置,并修改尺寸为 2.5)
```

采用相同的方法，添加大圆弧的半径尺寸为 3，如图 3-74 所示。

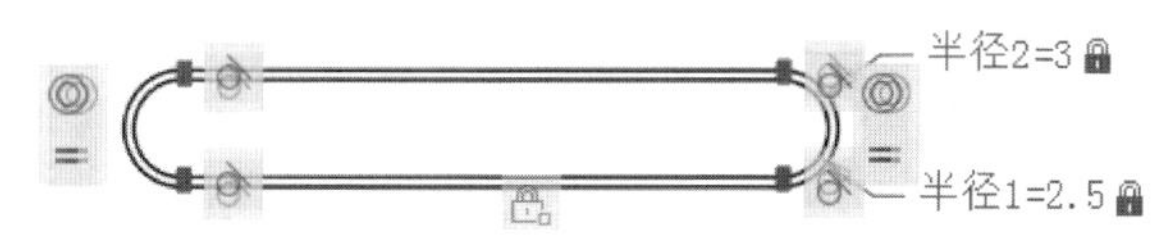

图 3-74 添加半径尺寸

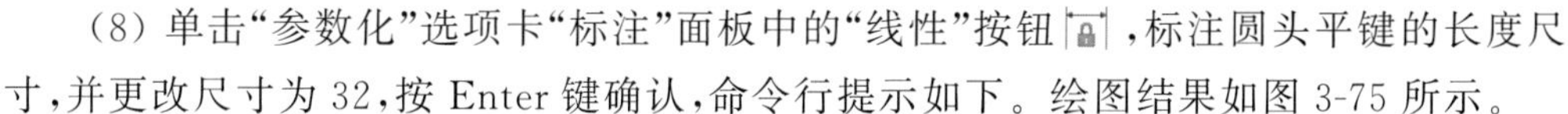

（8）单击“参数化”选项卡“标注”面板中的“线性”按钮，标注圆头平键的长度尺寸，并更改尺寸为 32，按 Enter 键确认，命令行提示如下。绘图结果如图 3-75 所示。

```
命令：_DCLINEAR↙
指定第一个约束点或[对象(O)] <对象>:(选取左端圆弧左象限点)
指定第二个约束点:(选取右端圆弧左象限点)
指定尺寸线位置:(将尺寸拖动到适当的位置)
标注文字 = 936.33 (更改尺寸为 32)
```

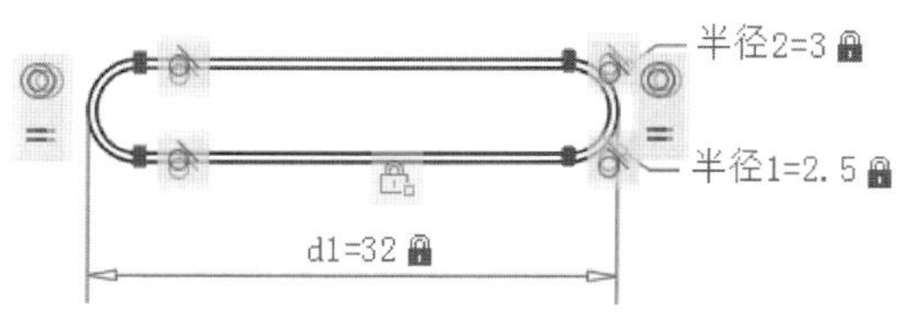

图 3-75 添加长度尺寸

3.9 答疑解惑

1. 如何删除顽固图层？

答：删除顽固图层的有效方法是采用图层影射，即命令 LAYTRANS，可将虚删除的图层影射到 0 层。这个方法可以删除具有实体对象或被其他块嵌套定义的图层。

2. 图层设置的几个原则是什么？

（1）图层设置的第一原则是在够用的基础上越少越好。图层太多的话，会给绘制过程造成不便。

（2）一般不在 0 层上绘制图线。

（3）不同的图层一般采用不同的颜色，这样可利用颜色对图层进行区分。

3. 图案填充时应注意什么？

（1）当处理较小区域的图案时，可以减小图案的比例因子值，相反地，当处理较大区域的图案填充时，则可以增加图案的比例因子值。

（2）比例因子应恰当选择，比例因子的恰当选择要视具体的图形界限的大小而定。

（3）当处理较大的填充区域时，要特别小心，如果选用的图案比例因子太小，则所产生的图案就像是使用 Solid 命令所得到的填充结果一样，这是因为在单位距离中有太多的线，不仅看起来不恰当，而且也增加了文件的长度。

（4）比例因子的取值应遵循“宁大不小”。

Note

4. 图案填充时找不到范围怎么解决?

在使用图案填充时常常碰到找不到线段封闭范围的情况,尤其是 dwg 文件本身比较大的时候,此时可以采用“Layiso”(图层隔离)命令让欲填充的范围线所在的层“孤立”或“冻结”,再用“Hatch”图案填充就可以快速找到所需填充范围。

另外,填充图案的边界确定有一个边界集设置的问题(在高级栏下)。在默认情况下,Hatch 通过分析图形中所有闭合的对象来定义边界。对屏幕中的所有完全可见或局部可见的对象进行分析以定义边界,在复杂的图形中可能耗费大量时间。要填充复杂图形的小区域,可以在图形中定义一个对象集,称作边界集。Hatch 不会分析边界集中未包含的对象。

3.10 学习效果自测

1. 利用图层命令绘制如图 3-76 所示的螺栓。

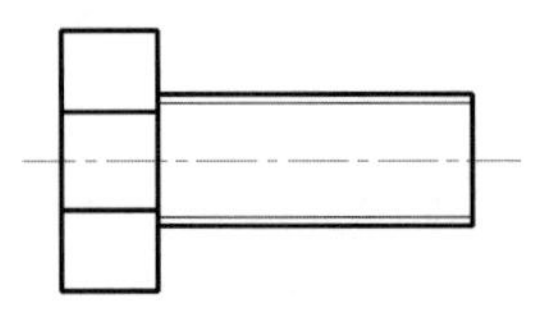

图 3-76 绘制螺栓

2. 利用极轴追踪的方法绘制如图 3-77 所示的方头平键。

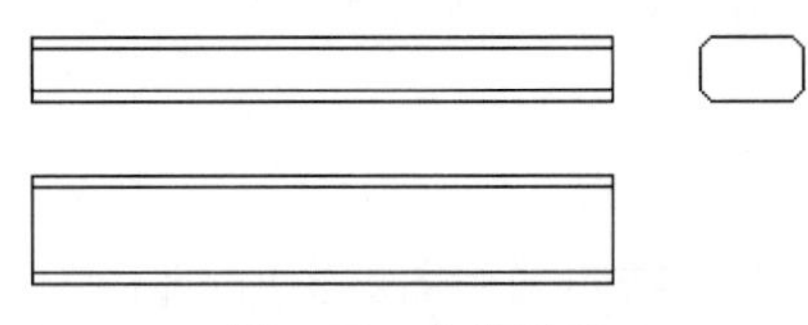

图 3-77 方头平键

第4章 编辑命令

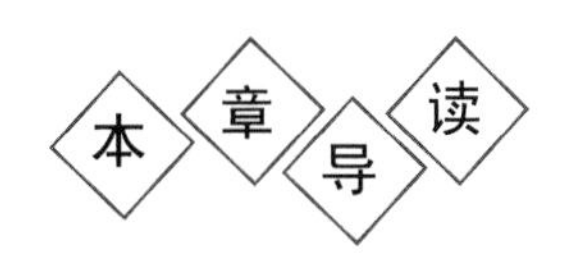

二维图形编辑操作配合绘图命令的使用可以进一步完成复杂图形的绘制工作，并可使用户合理安排和组织图形，保证作图准确，减少重复。对编辑命令的熟练掌握和使用有助于提高设计和绘图的效率。本章主要介绍复制类命令、改变位置类命令、删除及恢复类命令、改变几何特性类命令和对象编辑命令。

学习要点

- 选择对象
- 删除及恢复类命令
- 利用一个对象生成多个对象
- 改变图形特征
- 圆角及倒角

4.1 选择对象

Note

AutoCAD 2022 提供以下几种方法选择对象。

(1) 先选择一个编辑命令,然后选择对象,按 Enter 键结束操作。

(2) 使用 SELECT 命令。在命令行输入"SELECT",按 Enter 键,按照提示选择对象,按 Enter 键结束。

(3) 利用定点设备选择对象,然后调用编辑命令。

(4) 定义对象组。无论使用哪种方法,AutoCAD 2022 都将提示用户选择对象,并且光标的形状由十字光标变为拾取框。下面结合 SELECT 命令说明选择对象的方法。

SELECT 命令可以单独使用,也可以在执行其他编辑命令时被自动调用。在命令行输入"SELECT",按 Enter 键,命令行提示如下。

```
选择对象:
```

等待用户以某种方式选择对象作为回答。AutoCAD 2022 提供多种选择方式,可以输入"?",查看这些选择方式。选择选项后,出现如下提示:

```
需要点或窗口(W)/上一个(L)/窗交(C)/框(BOX)/全部(ALL)/栏选(F)/圈围(WP)/圈交(CP)/编组(G)/添加(A)/删除(R)/多个(M)/前一个(P)/放弃(U)/自动(AU)/单个(SI)/子对象(SU)/对象(O)
选择对象:
```

其中,部分选项含义如下。

① 点:表示直接通过点取的方式选择对象。利用鼠标或键盘移动拾取框,使其框住要选择的对象,然后单击,被选中的对象就会高亮显示。

② 窗口(W):用由两个对角顶点确定的矩形窗口选择位于其范围内部的所有图形,与边界相交的对象不会被选中。指定对角顶点时应该按照从左向右的顺序,执行结果如图 4-1 所示。

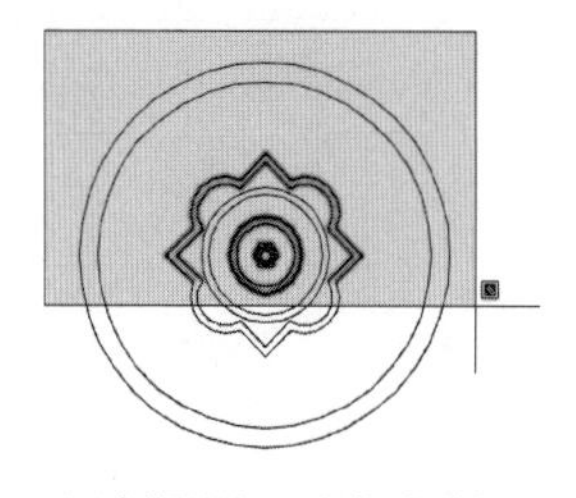

(a) 图中阴影部分所指为选择框

(b) 选择后的图形

图 4-1 "窗口"对象选择方式

③ 上一个(L):在"选择对象"提示下输入"L",按 Enter 键,系统自动选择最后绘出的一个对象。

④ 窗交(C):该方式与"窗口"方式类似,其区别在于它不但选中矩形窗口内部的对象,也选中与矩形窗口边界相交的对象,执行结果如图 4-2 所示。

Note

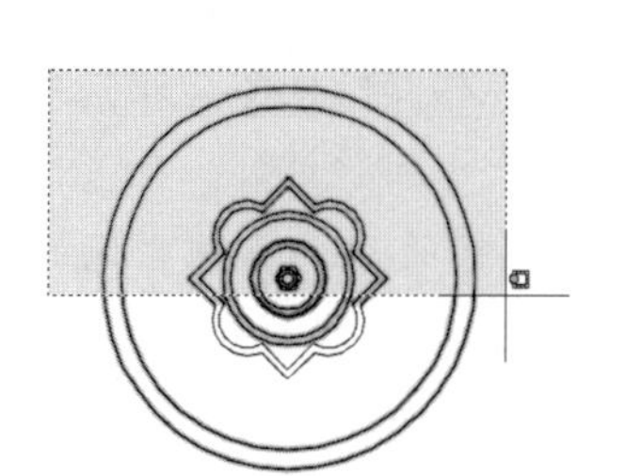

(a) 图中阴影部分所指为选择框　　(b) 选择后的图形

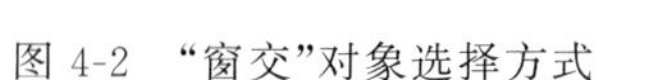

图 4-2　“窗交”对象选择方式

⑤ 框(BOX)：使用框时，系统根据用户在绘图区指定的两个对角点的位置而自动引用“窗口”或“窗交”选择方式。若从左向右指定对角点，为“窗口”方式；反之，为“窗交”方式。

⑥ 全部(ALL)：选择绘图区所有对象。

⑦ 栏选(F)：用户临时绘制一些直线，这些直线不必构成封闭图形，凡是与这些直线相交的对象均被选中，执行结果如图 4-3 所示。

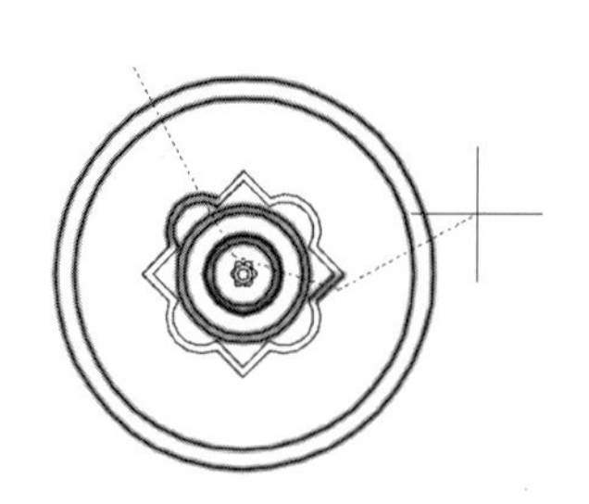

(a) 图中虚线为选择栏　　(b) 选择后的图形

图 4-3　“栏选”对象选择方式

⑧ 圈围(WP)：使用一个不规则的多边形来选择对象。根据提示，用户依次输入构成多边形所有顶点的坐标，直到最后按 Enter 键结束操作，系统将自动连接第一个顶点与最后一个顶点，形成封闭的多边形。凡是被多边形围住的对象均被选中(不包括边界)，执行结果如图 4-4 所示。

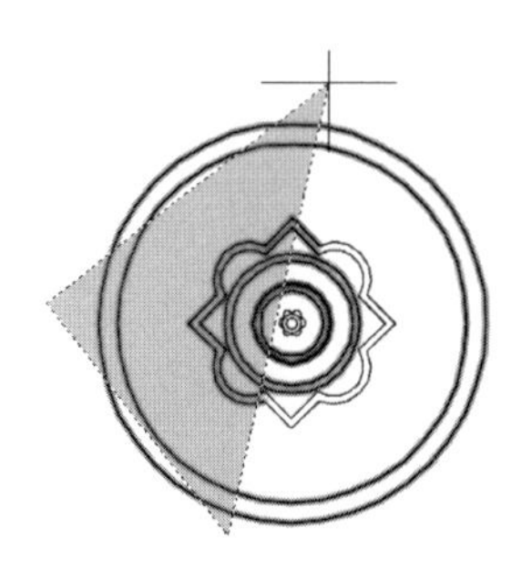

(a) 箭头所指十字线拉出的多边形为选择框　　(b) 选择后的图形

图 4-4　“圈围”对象选择方式

⑨ 圈交(CP)：类似于“圈围”方式，在提示后输入“CP”，按 Enter 键，后续操作与圈围方式相同。区别在于，执行此命令后与多边形边界相交的对象也被选中。

其他几个选项的含义与上面选项含义类似，这里不再赘述。

Note

注意：若矩形框从左向右定义，即第一个选择的对角点为左侧的对角点，矩形框内部的对象被选中，框外部及与矩形框边界相交的对象不会被选中；若矩形框从右向左定义，矩形框内部及与矩形框边界相交的对象都会被选中。

4.2 删除及恢复类命令

删除及恢复类命令主要用于删除图形某部分或对已被删除的部分进行恢复，包括删除、恢复、重做、清除等命令。

4.2.1 删除命令

如果所绘制的图形不符合要求或不小心错绘了图形，可以使用删除命令“ERASE”将其删除。

执行方式如下。

命令行：ERASE(快捷命令：E)。

菜单栏：选择菜单栏中的“修改”→“删除”命令。

工具栏：单击“修改”工具栏中的“删除”按钮。

快捷菜单：选择要删除的对象，在绘图区右击，选择快捷菜单中的“删除”命令。

功能区：单击“默认”选项卡“修改”面板中的“删除”按钮。

可以先选择对象后再调用删除命令，也可以先调用删除命令后再选择对象。选择对象时可以使用前面介绍的对象选择的各种方法。

当选择多个对象时，多个对象都被删除；若选择的对象属于某个对象组，则该对象组中的所有对象都被删除。

注意：在绘图过程中，如果出现了绘制错误或绘制了不满意的图形，需要删除时，可以单击“标准”工具栏中的“放弃”按钮，也可以按 Delete 键，命令行提示“_.erase”。删除命令可以一次删除一个或多个图形，如果删除错误，可以利用“放弃”按钮来补救。

4.2.2 恢复命令

若不小心误删了图形，可以使用恢复命令“OOPS”，恢复误删的对象。

执行方式如下。

命令行：OOPS 或 U。

工具栏：单击“标准”工具栏中的“放弃”按钮。

快捷键：按 Ctrl+Z 键。

Note

4.3　利用一个对象生成多个对象

本节详细介绍 AutoCAD 2022 的复制类命令，利用这些编辑功能，可以方便地编辑绘制的图形。

4.3.1　偏移命令

偏移命令是指保持选择对象的形状、在不同的位置以不同尺寸大小新建一个对象。

1. 执行方式

命令行：OFFSET（快捷命令：O）。

菜单栏：选择菜单栏中的“修改”→“偏移”命令。

工具栏：单击“修改”工具栏中的“偏移”按钮。

功能区：单击“默认”选项卡“修改”面板中的“偏移”按钮。

2. 操作步骤

命令行提示与操作如下。

```
命令: OFFSET↙
当前设置:删除源 = 否　图层 = 源　OFFSETGAPTYPE = 0
指定偏移距离或[通过(T)/删除(E)/图层(L)] <通过>:(指定偏移距离值)
选择要偏移的对象,或[退出(E)/放弃(U)] <退出>:(选择要偏移的对象,按 Enter 键结束操作)
指定要偏移的那一侧上的点,或[退出(E)/多个(M)/放弃(U)] <退出>:(指定偏移方向)
选择要偏移的对象,或[退出(E)/放弃(U)] <退出>:
```

3. 选项说明

各选项的含义如表 4-1 所示。

表 4-1　“偏移”命令各选项含义

选　项	含　　义
指定偏移距离	输入一个距离值，或按 Enter 键使用当前的距离值，系统把该距离值作为偏移的距离，如图 4-5(a)所示
通过(T)	指定偏移的通过点，选择该选项后，命令行提示如下。 选择要偏移的对象，或[退出(E)/放弃(U)]<退出>:(选择要偏移的对象，按 Enter 键结束操作) 指定通过点或[退出(E)/多个(M)/放弃(U)]<退出>:(指定偏移对象的一个通过点) 执行上述命令后，系统会根据指定的通过点绘制出偏移对象，如图 4-5(b)所示
删除(E)	偏移源对象后将其删除，如图 4-6(a)所示，选择该项后命令行提示如下。 要在偏移后删除源对象吗? [是(Y)/否(N)] <否>:

Note

续表

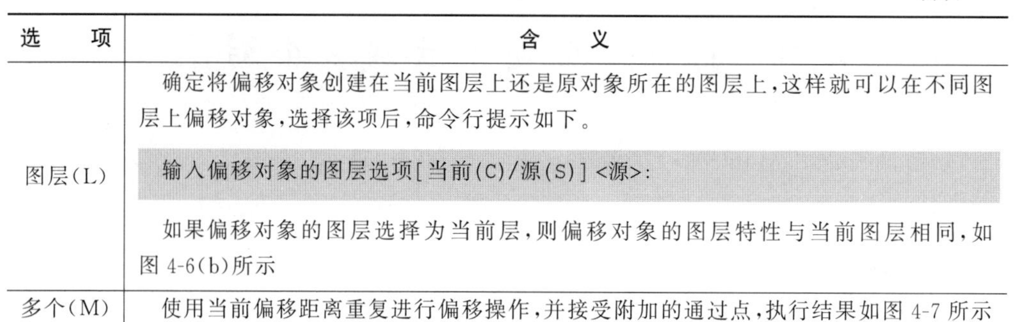

选　　项	含　　义
图层(L)	确定将偏移对象创建在当前图层上还是原对象所在的图层上,这样就可以在不同图层上偏移对象,选择该项后,命令行提示如下。 输入偏移对象的图层选项[当前(C)/源(S)] <源>: 如果偏移对象的图层选择为当前层,则偏移对象的图层特性与当前图层相同,如图 4-6(b)所示
多个(M)	使用当前偏移距离重复进行偏移操作,并接受附加的通过点,执行结果如图 4-7 所示

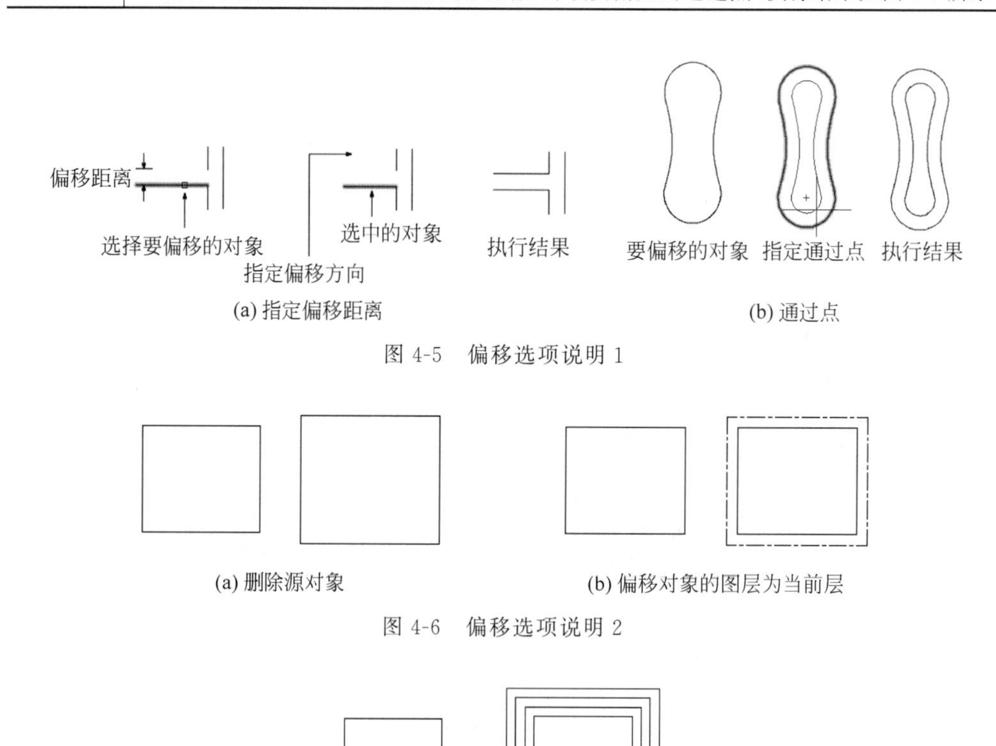

(a) 指定偏移距离　　(b) 通过点

图 4-5　偏移选项说明 1

(a) 删除源对象　　(b) 偏移对象的图层为当前层

图 4-6　偏移选项说明 2

图 4-7　偏移选项说明 3

注意:在 AutoCAD 2022 中,可以使用“偏移”命令,对指定的直线、圆弧、圆等对象作定距离偏移复制操作。在实际应用中,常利用“偏移”命令的特性创建平行线或等距离分布图形,效果与“阵列”相同。默认情况下,需要先指定偏移距离,再选择要偏移复制的对象,然后指定偏移方向,以复制出需要的对象。

4.3.2　上机练习——挡圈的绘制

4-1

练习目标

绘制如图 4-8 所示的挡圈。

设计思路

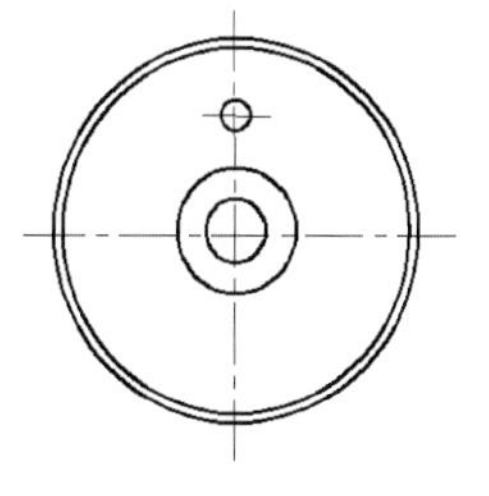

图 4-8　挡圈

Note

新建了两个图层，并在新建的图层上绘制了挡圈内孔、内孔圆和小孔。

操作步骤

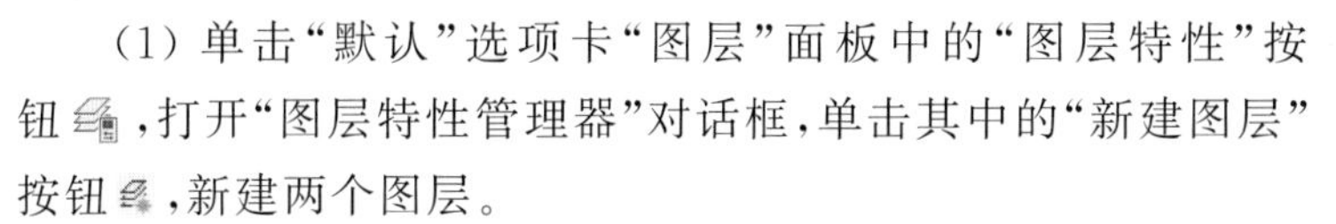

(1) 单击“默认”选项卡“图层”面板中的“图层特性”按钮，打开“图层特性管理器”对话框，单击其中的“新建图层”按钮，新建两个图层。

① 粗实线图层：线宽为 0.30mm，其余属性默认。

② 中心线图层：线型为 CENTER，其余属性默认。

(2) 设置中心线图层为当前层，单击“默认”选项卡“绘图”面板中的“直线”按钮，绘制中心线。

(3) 设置粗实线图层为当前层，单击“默认”选项卡“绘图”面板中的“圆”按钮，绘制挡圈内孔，半径为 8，如图 4-9 所示。

(4) 单击“默认”选项卡“修改”面板中的“偏移”按钮，偏移绘制的内孔圆，命令行提示与操作如下。

```
命令: _OFFSET↙
当前设置:删除源 = 否  图层 = 源  OFFSETGAPTYPE = 0
指定偏移距离或[通过(T)/删除(E)/图层(L)] <通过>: 6↙
选择要偏移的对象,或[退出(E)/放弃(U)] <退出>:(选择内孔圆)
指定要偏移的那一侧上的点,或[退出(E)/多个(M)/放弃(U)] <退出>:(在圆外侧单击)
选择要偏移的对象,或[退出(E)/放弃(U)] <退出>:↙
```

结果如图 4-9 所示。

采用相同的方法分别指定偏移距离为 38 和 40，以初始绘制的内孔圆为对象，向外偏移复制该圆，绘制结果如图 4-10 所示。

图 4-9　绘制内孔　　　　图 4-10　绘制轮廓线

(5) 单击“默认”选项卡“绘图”面板中的“圆”按钮，绘制小孔，半径为 4，最终结果如图 4-8 所示。

4.3.3　复制命令

1. 执行方式

命令行：COPY(快捷命令：CO)。

Note

菜单栏：选择菜单栏中的“修改”→“复制”命令。

工具栏：单击“修改”工具栏中的“复制”按钮。

快捷菜单：选中要复制的对象右击，选择快捷菜单中的“复制选择”命令。

功能区：单击①“默认”选项卡②“修改”面板中的③“复制”按钮，如图4-11所示。

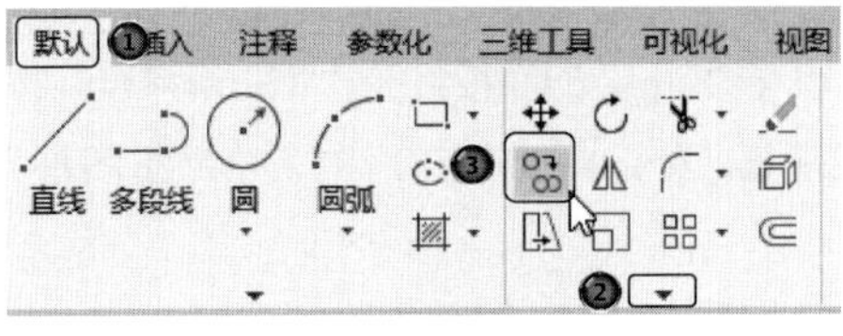

图4-11 “修改”面板1

2. 操作步骤

命令行提示与操作如下。

```
命令：COPY↙
选择对象：(选择要复制的对象)
```

用前面介绍的对象选择方法选择一个或多个对象，按Enter键结束选择操作。系统继续提示如下。

```
当前设置： 复制模式 = 多个
指定基点或[位移(D)/模式(O)] <位移>:
指定第二个点或[阵列(A)]  <使用第一个点作为位移>:(指定基点或位移)
指定第二个点或[阵列(A)/退出(E)/放弃(U)] <退出>:
```

3. 选项说明

“复制”命令各选项的含义如表4-2所示。

表4-2 “复制”命令各选项含义

选　　项	含　　义
指定基点	指定一个坐标点后，AutoCAD系统把该点作为复制对象的基点，命令行提示“指定第二个点或[阵列(A)]<用第一点作位移>:”。在指定第二个点后，系统将根据这两点确定的位移矢量把选择的对象复制到第二点处。如果此时直接按Enter键，即选择默认的“使用第一个点作位移”，则第一个点被当作相对于X、Y、Z的位移。如果指定基点为(2,3)，并在下一个提示下按Enter键，则该对象从它当前的位置开始在X方向上移动2个单位，在Y方向上移动3个单位。复制完成后，命令行提示如下： "指定第二个点或 [阵列(A)/退出(E)/放弃(U)] <退出>:" 这时，可以不断指定新的第二个点，从而实现多重复制
位移(D)	直接输入位移值，表示以选择对象时的拾取点为基准，以拾取点坐标为移动方向，按纵横比移动指定位移后确定的点为基点。例如，选择对象时拾取点坐标为(2,3)，输入位移为5，则表示以点(2,3)为基准，沿纵横比为3∶2的方向移动5个单位所确定的点为基点
模式(O)	控制是否自动重复该命令，该设置由COPYMODE系统变量控制

4.3.4　上机练习——办公桌的绘制

4-2

练习目标

绘制如图 4-12 所示的办公桌。

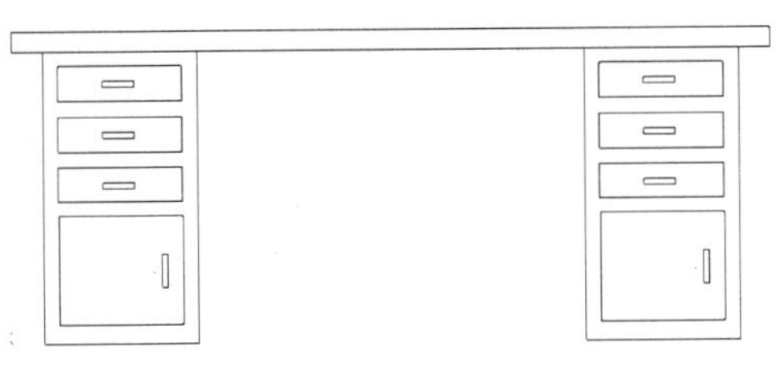

图 4-12　办公桌

设计思路

首先利用矩形命令绘制大小不同的矩形，然后利用复制命令复制已经绘制的部分矩形，最终完成对办公桌的绘制。

操作步骤

（1）单击“默认”选项卡“绘图”面板中的“矩形”按钮 ，绘制矩形，如图 4-13 所示。

（2）单击“默认”选项卡“绘图”面板中的“矩形”按钮 ，在合适的位置绘制一系列的矩形，绘制结果如图 4-14 所示。

（3）单击“默认”选项卡“绘图”面板中的“矩形”按钮 ，在合适的位置绘制一系列的矩形，绘制结果如图 4-15 所示。

图 4-13　绘制矩形(1)

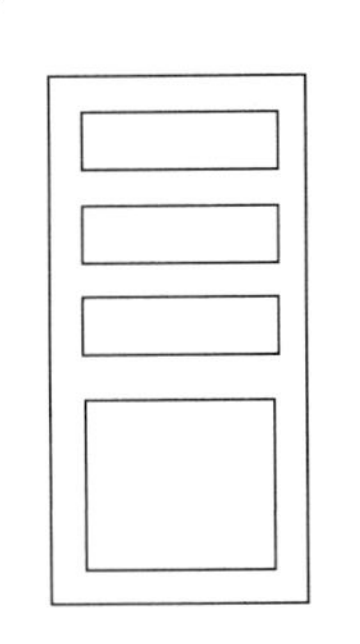

图 4-14　绘制矩形(2)

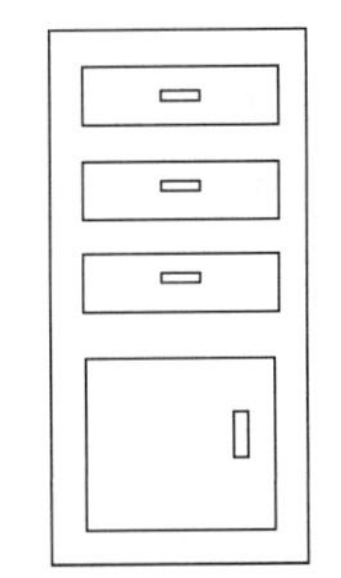

图 4-15　绘制矩形(3)

（4）单击“默认”选项卡“绘图”面板中的“矩形”按钮 ，在合适的位置绘制一矩形，绘制结果如图 4-16 所示。

图 4-16　绘制矩形(4)

Note

（5）单击“默认”选项卡“修改”面板中的“复制”按钮，将办公桌左边的一系列矩形复制到右边，完成办公桌的绘制，命令行提示与操作如下。

```
命令: _COPY↙
选择对象:(选择左边的一系列矩形)
选择对象: ↙
指定基点或[位移(D)/模式(O)] <位移>:(选择最外面的矩形与桌面的交点)
指定第二个点或[阵列(A)]<使用第一个点作为位移>:(选择放置矩形的位置)
指定第二个点或[阵列(A)/退出(E)/放弃(U)] <退出>: ↙
```

最终绘制结果如图 4-12 所示。

4.3.5 镜像命令

镜像命令是指把选择的对象以一条镜像线为轴作对称复制。镜像操作完成后，可以保留原对象，也可以将其删除。

1. 执行方式

命令行：MIRROR（快捷命令：MI）。

菜单栏：选择菜单栏中的“修改”→“镜像”命令。

工具栏：单击“修改”工具栏中的“镜像”按钮。

功能区：单击“默认”选项卡“修改”面板中的“镜像”按钮。

2. 操作步骤

命令行提示与操作如下。

```
命令:MIRROR↙
选择对象:(选择要镜像的对象)
指定镜像线的第一点:(指定镜像线的第一个点)
指定镜像线的第二点:(指定镜像线的第二个点)
要删除源对象吗?[是(Y)/否(N)] <否>:(确定是否删除源对象)
```

选择的两点确定一条镜像线，被选择的对象以该直线为对称轴进行镜像。包含该线的镜像平面与用户坐标系统的 XY 平面垂直，即镜像操作在与用户坐标系统的 XY 平面平行的平面上。

4.3.6 上机练习——整流桥电路

4-3

练习目标

绘制如图 4-17 所示的整流桥电路。

设计思路

本例利用直线命令绘制二极管及一侧导线，再利用上面所学的镜像功能，绘制整流桥电路。

操作步骤

1. 绘制导线

单击“默认”选项卡“绘图”面板中的“直线”按钮 ╱，绘制一条 45°斜线，如图 4-18 所示。

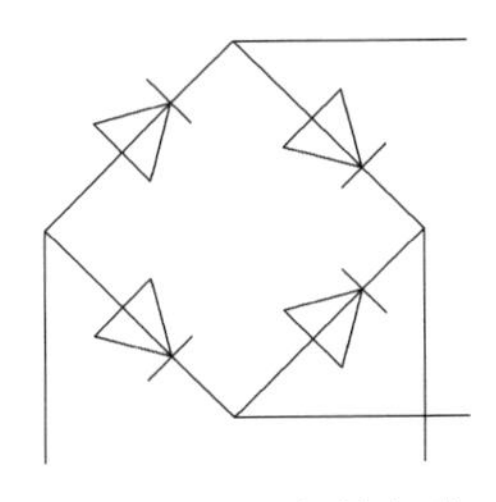

图 4-17　整流桥电路

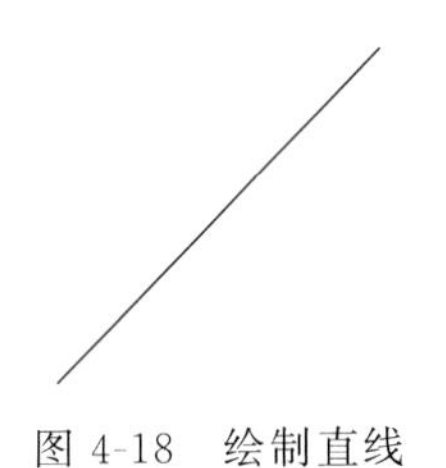

图 4-18　绘制直线

2. 绘制二极管

(1) 单击“默认”选项卡“绘图”面板中的“多边形”按钮 ⬠，绘制一个三角形，捕捉三角形中心为斜直线中点，并指定三角形一个顶点在斜线上，如图 4-19 所示。

(2) 单击“默认”选项卡“绘图”面板中的“直线”按钮 ╱，打开状态栏上的“对象捕捉追踪”按钮 ∠，捕捉三角形在斜线上的顶点为端点，绘制一条与斜线垂直的短直线，完成二极管符号的绘制，如图 4-20 所示。

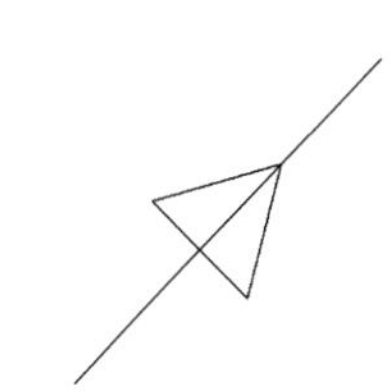

图 4-19　绘制三角形

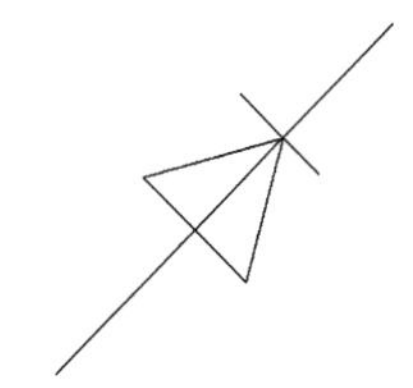

图 4-20　二极管符号

3. 镜像二极管

(1) 单击“默认”选项卡“修改”面板中的“镜像”按钮 ⚠，命令行提示与操作如下：

```
命令: _MIRROR↙
选择对象: (选择上步绘制的对象)
选择对象: ↙
指定镜像线的第一点:(捕捉斜线下端点)
指定镜像线的第二点:(指定水平方向任意一点)
要删除源对象吗?[是(Y)/否(N)] <否>:↙
```

结果如图 4-21 所示。

(2) 单击“默认”选项卡“修改”面板中的“镜像”按钮 ⚠，以过右上斜线中点并与本斜线垂直的直线为镜像轴，删除源对象，将左上角二极管符号进行镜像。同样方法，将左下角二极管符号进行镜像，结果如图 4-22 所示。

Note

图 4-21　镜像二极管

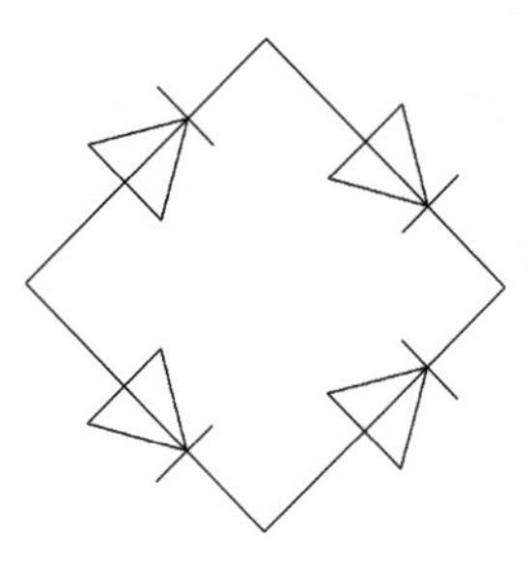

图 4-22　再次镜像二极管

4. 绘制 4 条导线

单击"默认"选项卡"绘图"面板中的"直线"按钮，绘制 4 条导线，最终结果如图 4-17 所示。

4.3.7　阵列命令

阵列是指多重复制选择对象并把这些副本按矩形、路径或环形排列。把副本按矩形排列称为建立矩形阵列，把副本按路径排列称为建立路径阵列，把副本按环形排列称为建立极阵列。

阵列命令可以创建矩形阵列、环形阵列和旋转的矩形阵列。

1. 执行方式

命令行：ARRAY(快捷命令：AR)。

菜单栏：选择菜单栏中的"修改"→"阵列"命令。

工具栏：单击"修改"工具栏中的"矩形阵列"按钮、"路径阵列"按钮和"环形阵列"按钮。

功能区：单击"默认"选项卡"修改"面板中的"矩形阵列"按钮、"路径阵列"按钮、"环形阵列"按钮，如图 4-23 所示。

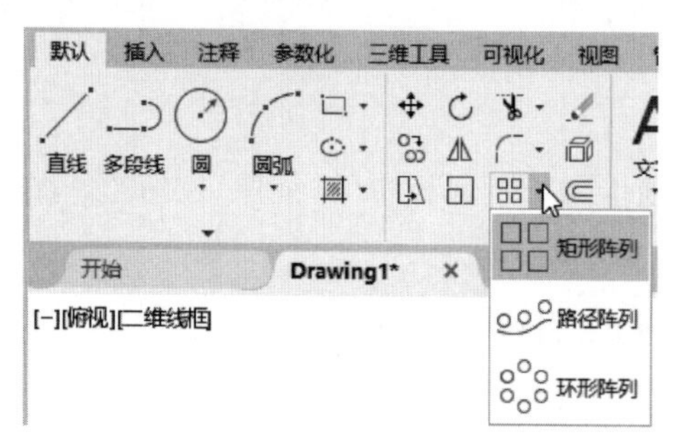

图 4-23　"修改"面板

2. 操作步骤

```
命令:ARRAY↙
选择对象:(使用对象选择方法)
输入阵列类型[矩形(R)/路径(PA)/极轴(PO)]<矩形>:
```

Note

3. 选项说明

"阵列"命令各选项含义如表 4-3 所示。

表 4-3 "阵列"命令各选项含义

选 项	含 义
矩形(R)	将选定对象的副本分布到行数、列数和层数的任意组合。选择该选项后出现如下提示。 选择夹点以编辑阵列或[关联(AS)/基点(B)/计数(COU)/间距(S)/列数(COL)/行数(R)/层数(L)/退出(X)] <退出>: (通过夹点,调整阵列间距、列数、行数和层数; 也可以分别选择各选项输入数值)
路径(PA)	沿路径或部分路径均匀分布选定对象的副本。选择该选项后出现如下提示。 选择路径曲线:(选择一条曲线作为阵列路径) 选择夹点以编辑阵列或[关联(AS)/方法(M)/基点(B)/切向(T)/项目(I)/行(R)/层(L)/对齐项目(A)/Z 方向(Z)/退出(X)] <退出>:(通过夹点,调整阵行数和层数; 也可以分别选择各选项输入数值)
极轴(PO)	在绕中心点或旋转轴的环形阵列中均匀分布对象副本。选择该选项后出现如下提示。 指定阵列的中心点或[基点(B)/旋转轴(A)]:(选择中心点、基点或旋转轴) 选择夹点以编辑阵列或[关联(AS)/基点(B)/项目(I)/项目间角度(A)/填充角度(F)/行(ROW)/层(L)/旋转项目(ROT)/退出(X)] <退出>:(通过夹点,调整角度,填充角度; 也可以分别选择各选项输入数值)

注意:阵列在平面作图时有三种方式,可以在矩形、路径或环形(圆形)阵列中创建对象的副本。对于矩形阵列,可以控制行和列的数目以及它们之间的距离;对于路径阵列,可以沿整个路径或部分路径平均分布对象副本;对于环形阵列,可以控制对象副本的数目并决定是否旋转副本。

4.3.8 上机练习——影碟机

4-4

练习目标

本例绘制的影碟机如图 4-24 所示。

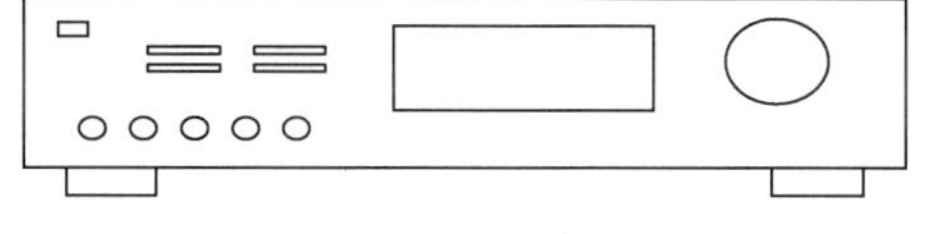

图 4-24 影碟机

设计思路

首先利用矩形命令绘制外部轮廓,然后利用矩形、矩形阵列和圆命令,绘制内部图形,最终结果如图 4-24 所示。

Note

操作步骤

(1) 单击“默认”选项卡“绘图”面板中的“矩形”按钮，指定角点坐标为{(0,15),(396,107)}、{(19.1,0),(59.3,15)}、{(336.8,0),(377,15)}绘制3个矩形，如图4-25所示。

(2) 单击“默认”选项卡“绘图”面板中的“矩形”按钮，指定角点坐标为{(15.3,86),(28.7,93.7)}、{(166.5,45.9),(283.2,91.8)}、{(55.5,66.9),(88,70.7)}绘制3个矩形，如图4-26所示。

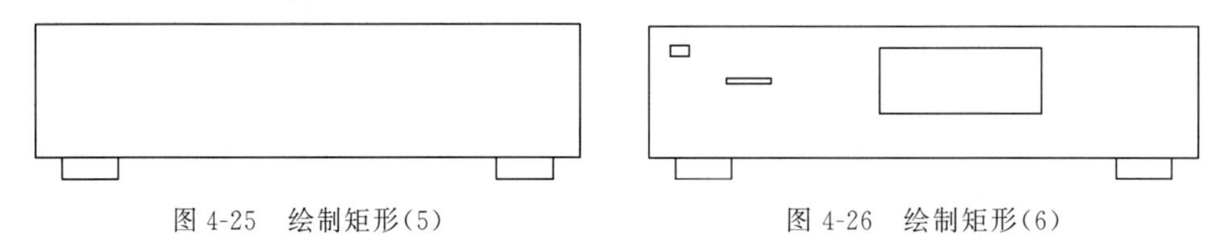

图4-25 绘制矩形(5)　　图4-26 绘制矩形(6)

(3) 单击“默认”选项卡“修改”面板中的“矩形阵列”按钮，阵列对象为上步绘制的第二个矩形，“行数”为2，“列数”为2，“行间距”为9.6，“列间距”为47.8，效果如图4-27所示。

(4) 单击“默认”选项卡“绘图”面板中的“圆”按钮，指定圆心(30.6,36.3)，半径6，绘制一个圆。

(5) 单击“默认”选项卡“绘图”面板中的“圆”按钮，指定圆心(338.7,72.6)，半径23，绘制一个圆，如图4-28所示。

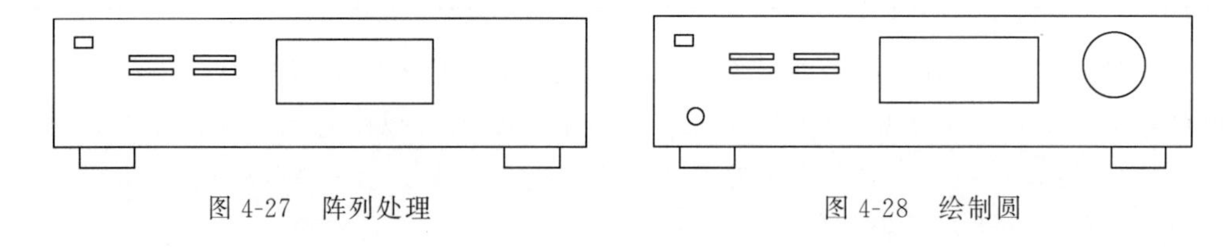

图4-27 阵列处理　　图4-28 绘制圆

(6) 单击“默认”选项卡“修改”面板中的“矩形阵列”按钮，阵列对象为第(4)步中绘制的第一个圆，“行数”为1，“列数”为5，“列间距”为23，结果如图4-24所示。

4.4 调整对象位置

改变位置类编辑命令是指按照指定要求改变当前图形或图形中某部分的位置，主要包括移动、旋转和缩放命令。

4.4.1 移动命令

1. 执行方式

命令行：MOVE(快捷命令：M)。

菜单栏：选择菜单栏中的“修改”→“移动”命令。

工具栏：单击“修改”工具栏中的“移动”按钮 ✥ 。

快捷菜单：选择要复制的对象，在绘图区右击，选择快捷菜单中的“移动”命令。

功能区：单击“默认”选项卡“修改”面板中的“移动”按钮 ✥ 。

Note

2. 操作步骤

命令行提示与操作如下。

```
命令: MOVE↙
选择对象:(用前面介绍的对象选择方法选择要移动的对象,按 Enter 键结束选择)
指定基点或 [位移(D)] <位移>:(指定基点或位移)
指定第二个点或 <使用第一个点作为位移>:
```

移动命令选项功能与“复制”命令类似。

4.4.2 旋转命令

1. 执行方式

命令行：ROTATE(快捷命令：RO)。

菜单栏：选择菜单栏中的“修改”→“旋转”命令。

工具栏：单击“修改”工具栏中的“旋转”按钮 。

快捷菜单：选择要旋转的对象，在绘图区右击，选择快捷菜单中的“旋转”命令。

功能区：单击“默认”选项卡“修改”面板中的“旋转”按钮 。

2. 操作步骤

命令行提示与操作如下。

```
命令:ROTATE↙
UCS 当前的正角方向:  ANGDIR = 逆时针   ANGBASE = 0
选择对象:(选择要旋转的对象)
选择对象:↙
指定基点:(指定旋转基点,在对象内部指定一个坐标点)
指定旋转角度,或[复制(C)/参照(R)] < 0 >:(指定旋转角度或其他选项)
```

3. 选项说明

“旋转”命令各选项的含义如表 4-4 所示。

表 4-4 “旋转”命令各选项含义

选 项	含 义
复制(C)	选择该选项，则在旋转对象的同时，保留原对象，如图 4-29 所示
参照(R)	采用参照方式旋转对象时，命令行提示与操作如下。 指定参照角< 0 >:(指定要参照的角度,默认值为 0) 指定新角度或[点(O)]:(输入旋转后的角度值) 操作完毕后，对象被旋转至指定的角度位置

Note

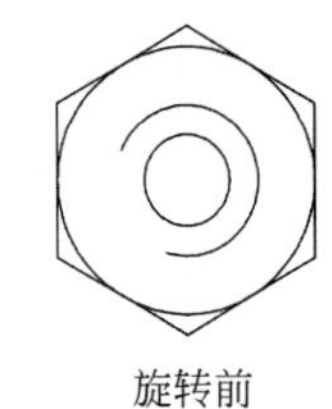
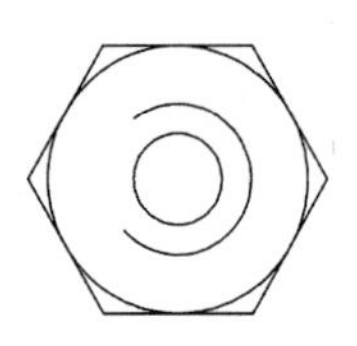

旋转前　　　　旋转后

图 4-29　复制旋转

注意：可以用拖动鼠标的方法旋转对象。选择对象并指定基点后，从基点到当前光标位置会出现一条连线，拖动鼠标，选择的对象会动态地随着该连线与水平方向夹角的变化而旋转，按 Enter 键确认旋转操作，如图 4-30 所示。

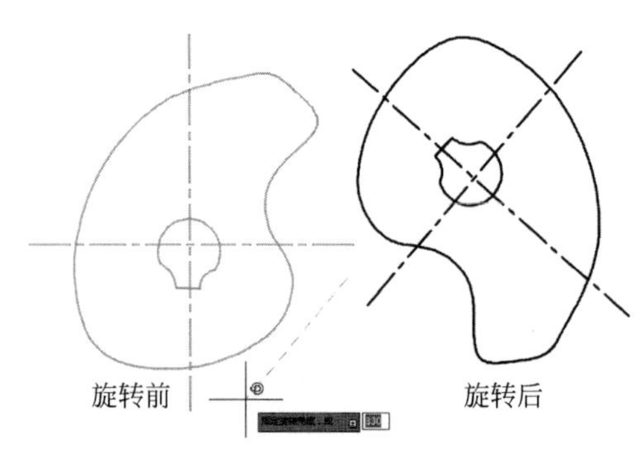

图 4-30　拖动鼠标旋转对象

4-5

4.4.3　上机练习——餐厅桌椅的绘制

练习目标

绘制如图 4-31 所示的餐厅桌椅。

设计思路

首先利用多段线命令绘制餐厅的桌子，然后利用圆弧、直线和矩形等命令绘制餐厅的椅子，并结合移动和镜像等命令绘制剩余图形，最终完成对餐厅桌椅的绘制。

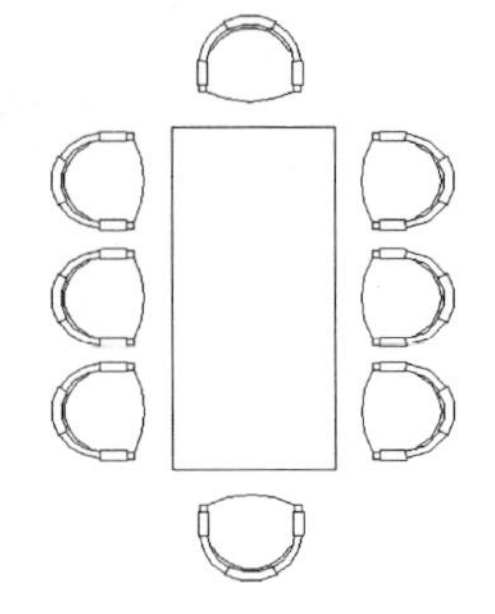

图 4-31　餐厅桌椅

操作步骤

（1）单击“默认”选项卡“绘图”面板中的“多段线”按钮，绘制长方形桌面，如图 4-32 所示。

（2）单击“默认”选项卡“绘图”面板中的“圆弧”按钮，绘制椅子造型前端弧线的一半，如图 4-33 所示。

（3）单击“默认”选项卡“绘图”面板中的“矩形”按钮和“直线”按钮，绘制椅子扶手部分造型，即弧线上的矩形，如图 4-34 所示。

（4）单击“默认”选项卡“绘图”面板中的“多段线”按钮，根据扶手的大体位置绘制稍大的近似矩形，如图 4-35 所示。

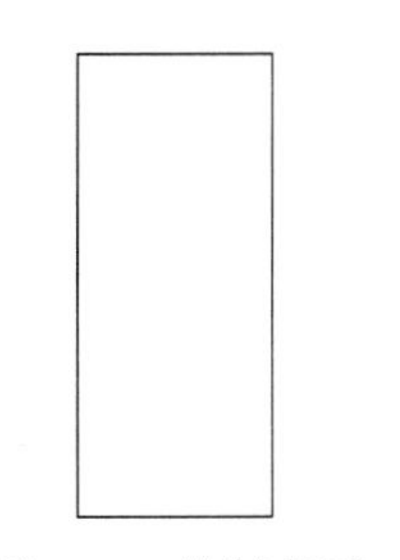

图 4-32 绘制桌面

图 4-33 绘制前端弧线

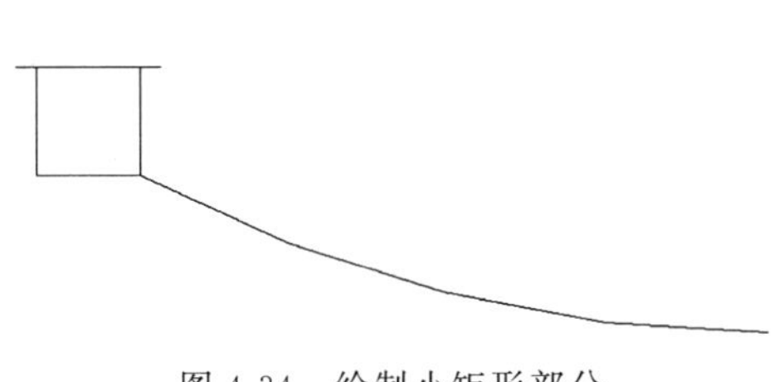

图 4-34 绘制小矩形部分

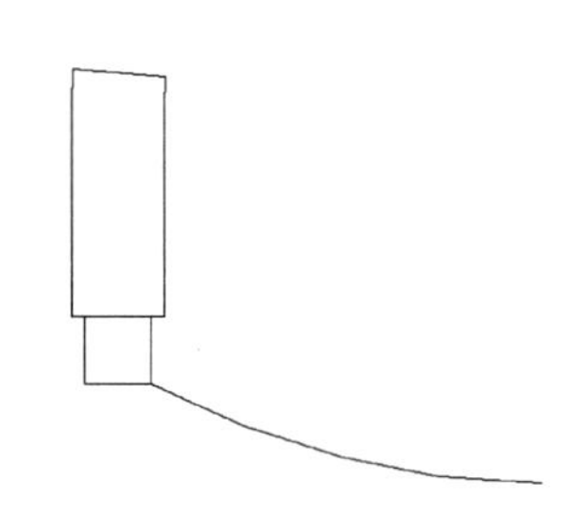

图 4-35 绘制矩形

(5) 单击“默认”选项卡“绘图”面板中的“圆弧”按钮 和“修改”面板中的“偏移”按钮 ，绘制椅子弧线靠背造型，如图 4-36 所示。

(6) 单击“默认”选项卡“绘图”面板中的“直线”按钮 和“修改”面板中的“偏移”按钮 ，绘制椅子背部造型，如图 4-37 所示。

(7) 为绘制更准确，单击“默认”选项卡“绘图”面板中的“圆弧”按钮 ，在靠背造型内侧绘制弧线造型，如图 4-38 所示。

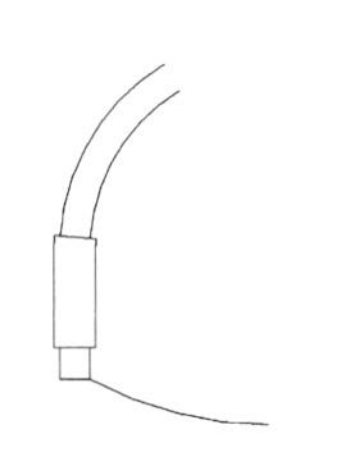

图 4-36 绘制弧线靠背

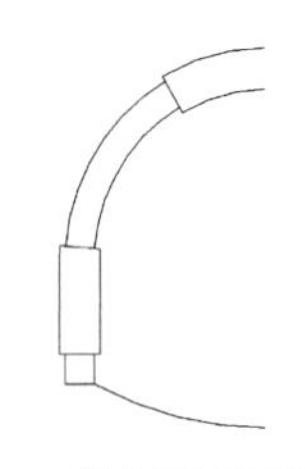

图 4-37 绘制椅子背部造型

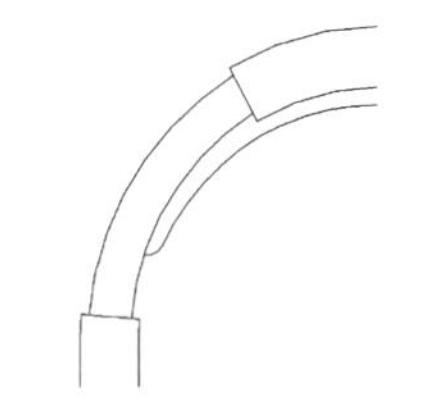

图 4-38 绘制内侧弧线

(8) 按椅子环形扶手及其靠背造型绘制另外一段图形，构成椅子背部造型。单击“默认”选项卡“修改”面板中的“镜像”按钮 ，通过镜像得到整个椅子造型，如图 4-39 所示。

(9) 单击“默认”选项卡“修改”面板中的“移动”按钮 ，调整椅子与餐桌位置，如图 4-40 所示。

(10) 单击“默认”选项卡“修改”面板中的“镜像”按钮 ，可以得到餐桌另外一端对称的椅子，如图 4-41 所示。

Note

图 4-39 得到椅子造型

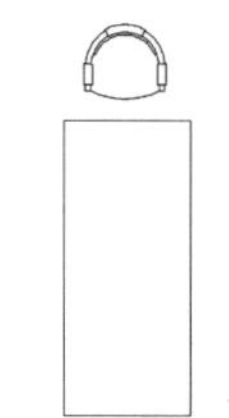

图 4-40 调整椅子位置

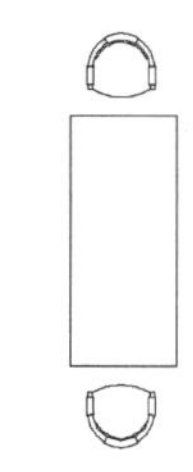

图 4-41 得到对称椅子

(11) 单击“默认”选项卡“修改”面板中的“复制”按钮 ，复制一个椅子造型，如图 4-42 所示。

(12) 单击“默认”选项卡“修改”面板中的“旋转”按钮 ，将该复制的椅子以椅子的中心点为基点旋转 90°，如图 4-43 所示。

(13) 单击“默认”选项卡“修改”面板中的“复制”按钮 ，通过复制得到餐桌一侧的椅子造型，如图 4-44 所示。

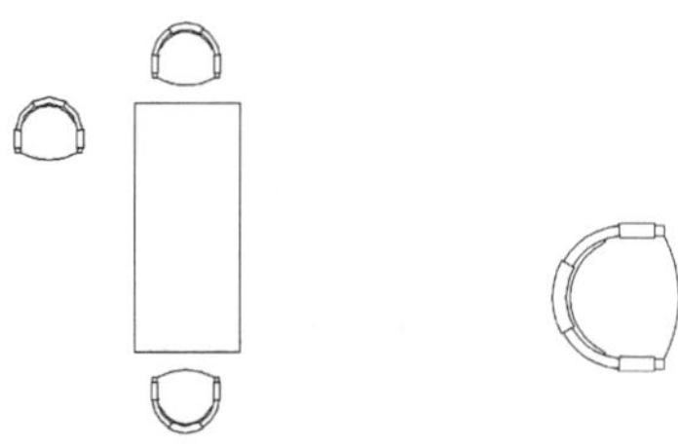

图 4-42 复制椅子

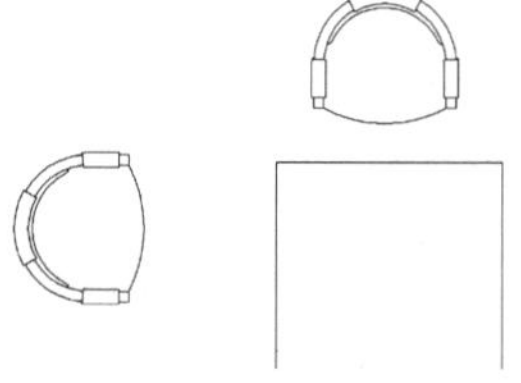

图 4-43 旋转椅子

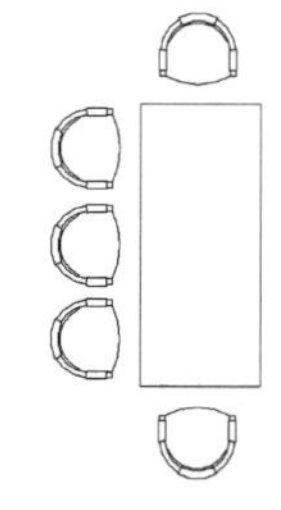

图 4-44 复制得到侧面椅子

(14) 单击“默认”选项卡“修改”面板中的“镜像”按钮 ，餐桌另外一侧的椅子造型通过镜像轻松得到，整个餐桌与椅子造型绘制完成。如图 4-31 所示。

4.4.4 上机练习——曲柄

4-6

练习目标

绘制如图 4-45 所示的曲柄。

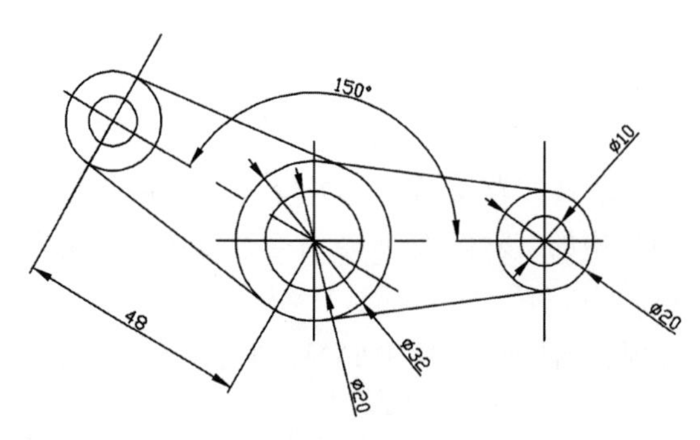

图 4-45 曲柄

Note

设计思路

首先新建了图层，分别在新建的图层上绘制中心线和曲柄图形，在绘制的过程中运用了直线、圆和旋转灯命令，最终完成对曲柄图形的绘制。

操作步骤

（1）单击“默认”选项卡“图层”面板中的“图层特性”按钮，新建“中心线”图层：线型为CENTER，其余属性默认；“粗实线”图层：线宽为0.30mm，其余属性默认。

（2）将“中心线”图层设置为当前层，单击“默认”选项卡“绘图”面板中的“直线”按钮，绘制中心线。坐标分别为{(100,100),(180,100)}和{(120,120),(120,80)}，结果如图4-46所示。

（3）单击“默认”选项卡“修改”面板中的“偏移”按钮，绘制另一条中心线，偏移距离为48，结果如图4-47所示。

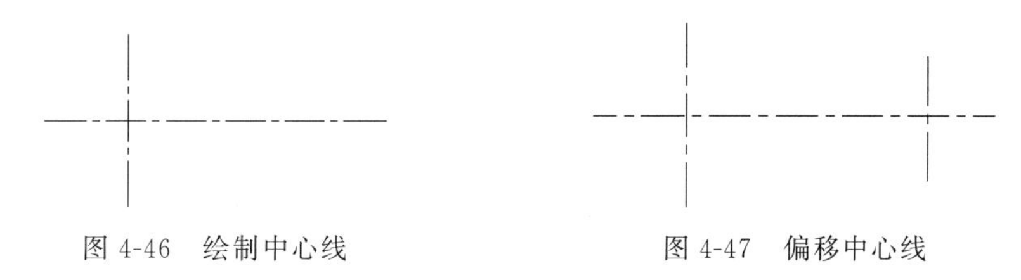

图4-46　绘制中心线　　　图4-47　偏移中心线

（4）转换到“粗实线”图层，单击“默认”选项卡“绘图”面板中的“圆”按钮，绘制图形轴孔部分，其中绘制圆时，以水平中心线与左边竖直中心线交点为圆心，以32和20为直径绘制同心圆，以水平中心线与右边竖直中心线交点为圆心，以20和10为直径绘制同心圆，结果如图4-48所示。

（5）单击“默认”选项卡“绘图”面板中的“直线”按钮，绘制连接板。分别捕捉左右外圆的切点为端点，绘制上下两条连接线，结果如图4-49所示。

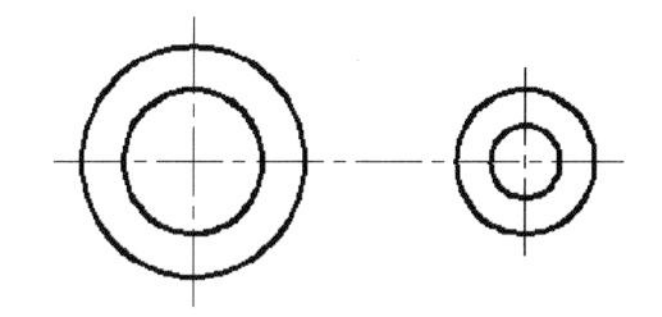

图4-48　绘制同心圆

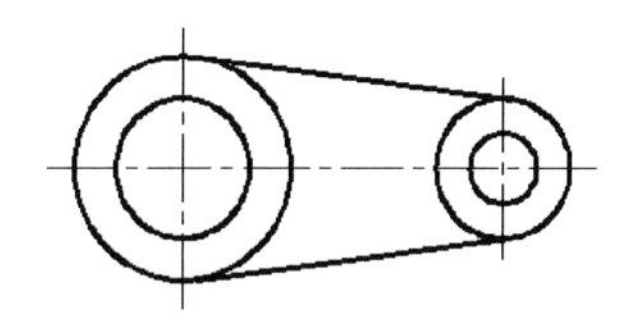

图4-49　绘制切线

（6）单击“默认”选项卡“修改”面板中的“旋转”按钮，将所绘制的图形进行复制旋转，命令行提示与操作如下。

```
命令:ROTATE↙
UCS 当前的正角方向:  ANGDIR = 逆时针   ANGBASE = 0
选择对象:(如图 4-50 所示,选择图形中要旋转的部分)
选择对象:↙
指定基点: _INT 于(捕捉左边中心线的交点)
指定旋转角度,或[复制(C)/参照(R)] <0>:C↙
旋转一组选定对象。
指定旋转角度,或[复制(C)/参照(R)] <0>: 150↙
```

Note

图 4-50　选择复制对象

最终结果如图 4-45 所示。

4.4.5　缩放命令

1. 执行方式

命令行：SCALE(快捷命令：SC)。

菜单栏：选择菜单栏中的“修改”→“缩放”命令。

工具栏：单击“修改”工具栏中的“缩放”按钮 。

快捷菜单：选择要缩放的对象，在绘图区右击，选择快捷菜单中的“缩放”命令。

功能区：单击“默认”选项卡“修改”面板中的“缩放”按钮 。

2. 操作步骤

命令行提示与操作如下。

```
命令:SCALE↙
选择对象:(选择要缩放的对象)
选择对象:↙
指定基点:(指定缩放基点)
指定比例因子或[复制(C)/参照(R)]:
```

3. 选项说明

“缩放”命令各选项的含义如表 4-5 所示。

表 4-5　“缩放”命令各选项含义

选项	含　义
比例因子	可以用拖动鼠标的方法缩放对象。选择对象并指定基点后，从基点到当前光标位置会出现一条连线，线段的长度即为比例大小。拖动鼠标，选择的对象会动态地随着该连线长度的变化而缩放，按 Enter 键确认缩放操作
复制(C)	选择“复制(C)”选项时，可以复制缩放对象，即缩放对象时，保留原对象，如图 4-51 所示
参照(R)	采用参照方向缩放对象时，命令行提示如下。 指定参照长度<1>:(指定参照长度值) 指定新的长度或[点(P)]<1.0000>:(指定新长度值) 若新长度值大于参照长度值，则放大对象；否则，缩小对象。操作完毕后，系统以指定的基点按指定的比例因子缩放对象。如果选择“点(P)”选项，则选择两点来定义新的长度

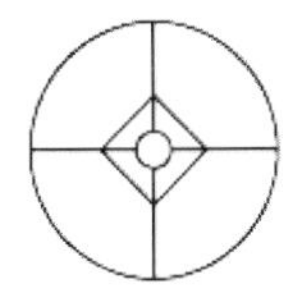

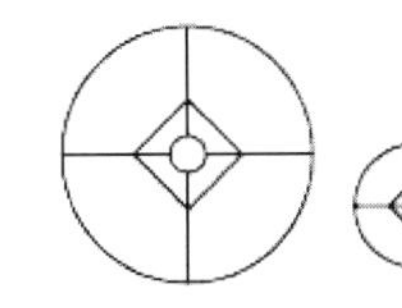

图 4-51　复制缩放

Note

4.4.6　上机练习——紫荆花

4-7

练习目标

本实例绘制的紫荆花如图 4-52 所示。

图 4-52　紫荆花

设计思路

使用二维绘图和编辑命令绘制出紫荆花瓣，然后利用环形阵列命令进行环形阵列，最终完成对紫荆花的绘制。

操作步骤

(1) 单击“默认”选项卡“绘图”面板中的“多段线”按钮，绘制花瓣外框。

```
命令：PLINE↙
指定起点:(指定一点)
当前线宽为 0.0000
指定下一个点或[圆弧(A)/半宽(H)/长度(L)/放弃(U)/宽度(W)]：A↙
指定圆弧的端点(按住 Ctrl 键以切换方向)或[角度(A)/圆心(CE)/方向(D)/半宽(H)/直线(L)/半径(R)/第二个点(S)/放弃(U)/宽度(W)]：S↙
指定圆弧上的第二个点：(指定第二点)
指定圆弧的端点：(指定端点)
指定圆弧的端点(按住 Ctrl 键以切换方向)或[角度(A)/圆心(CE)/闭合(CL)/方向(D)/半宽(H)/直线(L)/半径(R)/第二个点(S)/放弃(U)/宽度(W)]：S↙
指定圆弧上的第二个点：(指定第二点)
指定圆弧的端点：(指定端点)
指定圆弧的端点(按住 Ctrl 键以切换方向)或[角度(A)/圆心(CE)/闭合(CL)/方向(D)/半宽(H)/直线(L)/半径(R)/第二个点(S)/放弃(U)/宽度(W)]：D↙
指定圆弧的起点切向:(指定起点切向)
指定圆弧的端点(按住 Ctrl 键以切换方向)：(指定端点)
指定圆弧的端点(按住 Ctrl 键以切换方向)或[角度(A)/圆心(CE)/闭合(CL)/方向(D)/半宽(H)/直线(L)/半径(R)/第二个点(S)/放弃(U)/宽度(W)]：(指定端点)
指定圆弧的端点(按住 Ctrl 键以切换方向)或[角度(A)/圆心(CE)/闭合(CL)/方向(D)/半宽(H)/直线(L)/半径(R)/第二个点(S)/放弃(U)/宽度(W)]：↙
```

(2) 单击“默认”选项卡“绘图”面板中的“圆弧”按钮，绘制一段圆弧。

```
命令：ARC↙
指定圆弧的起点或[圆心(C)]：(指定刚绘制的多段线下端点)
指定圆弧的第二个点或[圆心(C)/端点(E)]：(指定第二点)
指定圆弧的端点：(指定端点)
```

绘制结果如图 4-53 所示。

(3) 单击“默认”选项卡“绘图”面板中的“多边形”按钮，在花瓣外框内绘制一个五边形。

Note

```
命令: POLYGON↙
输入侧面数<4>: 5↙
指定正多边形的中心点或[边(E)]:(指定中心点)
输入选项[内接于圆(I)/外切于圆(C)]<I>:↙
指定圆的半径:(指定半径)
```

(4) 单击“默认”选项卡“绘图”面板中的“直线”按钮，连接五边形内的端点，形成一个五角星。

```
命令: LINE↙
指定第一个点:(指定第一点)
指定下一点或[退出(E)/放弃(U)]:(指定下一点)
指定下一点或[关闭(C)退出(E)/放弃(U)]:(指定下一点)
指定下一点或[关闭(C)/退出(X)/放弃(U)]:(指定下一点)
指定下一点或[关闭(C)/退出(X)/放弃(U)]:(指定下一点)
指定下一点或[关闭(C)/退出(X)/放弃(U)]:(指定下一点)
指定下一点或[关闭(C)/退出(X)/放弃(U)]:(指定下一点)
```

绘制结果如图 4-54 所示。

(5) 单击“默认”选项卡“修改”面板中的“删除”按钮，删除正五边形。

```
命令: ERASE↙
选择对象:(选择正五边形)
选择对象:↙
```

结果如图 4-55 所示。

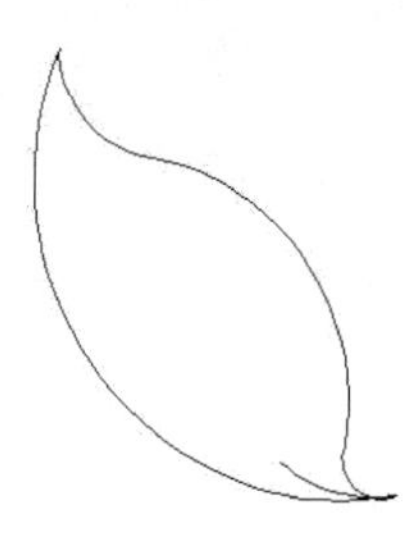

图 4-53　花瓣外框

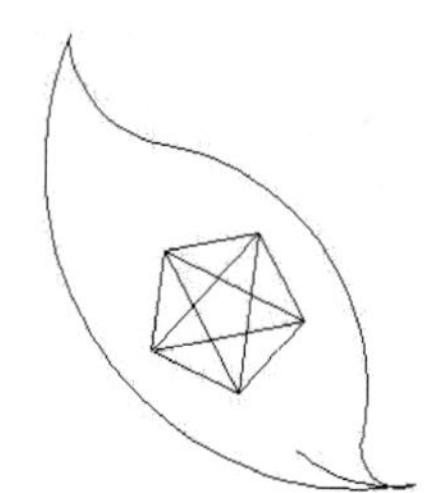

图 4-54　绘制五角星

图 4-55　删除正五边形

(6) 单击“默认”选项卡“修改”面板中的“修剪”按钮，修剪掉多余的直线，最终完成紫荆花瓣的绘制，结果如图 4-56 所示。

```
命令: SCALE↙
选择对象: (框选修剪的五角星)
选择对象:↙
指定基点:(指定五角星斜下方凹点)
指定比例因子或[复制(C)/参照(R)]: 0.5↙
```

(7) 单击“默认”选项卡“修改”面板中的“缩放”按钮 ，将五角星缩放到适当大小，结果如图 4-57 所示。

图 4-56　修剪五角星

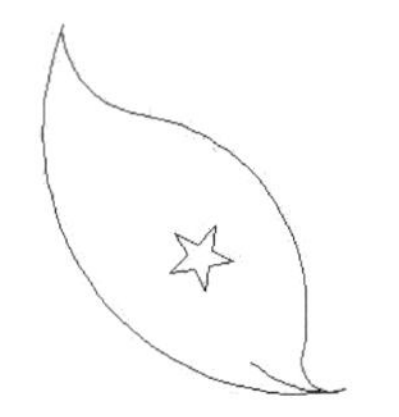

图 4-57　缩放五角星

(8) 单击“默认”选项卡“修改”面板中的“环形阵列”按钮 ，阵列花瓣。命令行提示与操作如下。

```
命令: _ARRAYPOLAR↙
选择对象:(选择绘制的花瓣)
类型 = 极轴　关联 = 是
指定阵列的中心点或[基点(B)/旋转轴(A)]:(选择花瓣下端点外一点)
选择夹点以编辑阵列或 [关联(AS)/基点(B)/项目(I)/项目间角度(A)/填充角度(F)/行(ROW)/层(L)/旋转项目(ROT)/退出(X)] <退出>: I
输入阵列中的项目数或 [表达式(E)] <6>: 5
选择夹点以编辑阵列或[关联(AS)/基点(B)/项目(I)/项目间角度(A)/填充角度(F)/行(ROW)/层(L)/旋转项目(ROT)/退出(X)] <退出>:  <捕捉 关> F
指定填充角度( += 逆时针、-= 顺时针)或[表达式(EX)] <360>:360
按 Enter 键接受或[关联(AS)/基点(B)/项目(I)/项目间角度(A)/填充角度(F)/行(ROW)/层(L)/旋转项目(ROT)/退出(X)]:
```

绘制出的紫荆花图案如图 4-52 所示。

4.5　改变图形特性

改变几何特性类编辑命令在对指定对象进行编辑后，使编辑对象的几何特性发生改变，包括修剪、延伸、拉伸、拉长、打断等命令。

4.5.1　修剪命令

1. 执行方式

命令行：TRIM(快捷命令：TR)。

菜单栏：选择菜单栏中的“修改”→“修剪”命令。

工具栏：单击“修改”工具栏中的“修剪”按钮 。

功能区：单击“默认”选项卡“修改”面板中的“修剪”按钮 。

2. 操作步骤

命令行提示与操作如下。

Note

```
命令:TRIM↙
当前设置:投影 = UCS,边 = 无
选择剪切边...
选择对象或<全部选择>:(选择用作修剪边界的对象,按 Enter 键结束对象选择)
选择要修剪的对象,或按住 Shift 键选择要延伸的对象,或者[栏选(F)/窗交(C)/投影(P)/边(E)/删除(R)/放弃(U)]:
```

3. 选项说明

“修剪”命令各选项含义如表 4-6 所示。

表 4-6 “修剪”命令各选项含义

<table>
<tr><th>选　项</th><th colspan="2">含　义</th></tr>
<tr><td>延伸</td><td colspan="2">在选择对象时,如果按住 Shift 键,系统就会自动将“修剪”命令转换成“延伸”命令</td></tr>
<tr><td>栏选(F)</td><td colspan="2">选择此选项时,系统以栏选的方式选择被修剪的对象,如图 4-58 所示</td></tr>
<tr><td>窗交(C)</td><td colspan="2">选择此选项时,系统以窗交的方式选择被修剪的对象,如图 4-59 所示</td></tr>
<tr><td rowspan="3">边(E)</td><td colspan="2">选择此选项时,可以选择对象的修剪方式</td></tr>
<tr><td>延伸(E)</td><td>延伸边界进行修剪。在此方式下,如果剪切边没有与要修剪的对象相交,系统会延伸剪切边直至与对象相交,然后再修剪,如图 4-60 所示</td></tr>
<tr><td>不延伸(N)</td><td>不延伸边界修剪对象,只修剪与剪切边相交的对象</td></tr>
<tr><td>边界和被修剪对象</td><td colspan="2">被选择的对象可以互为边界和被修剪对象,此时系统会在选择的对象中自动判断边界</td></tr>
</table>

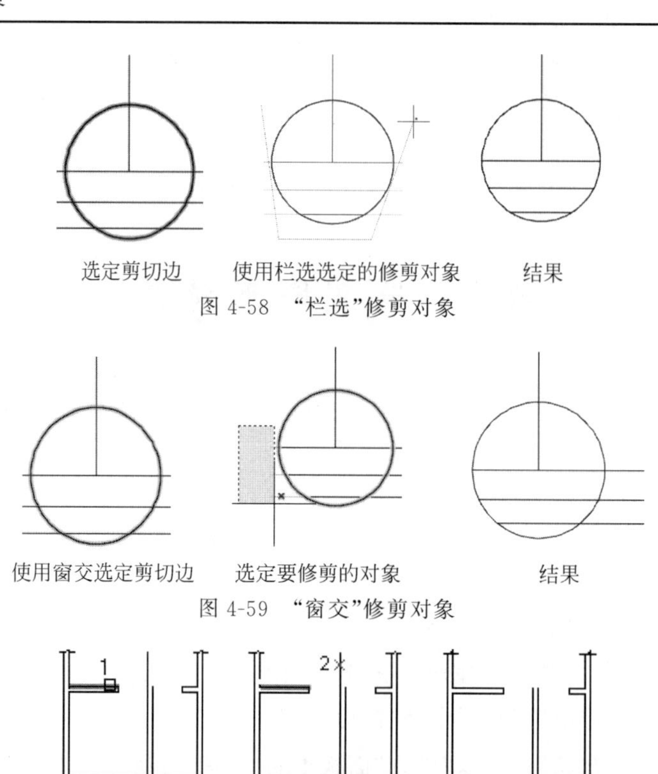

图 4-58 “栏选”修剪对象

图 4-59 “窗交”修剪对象

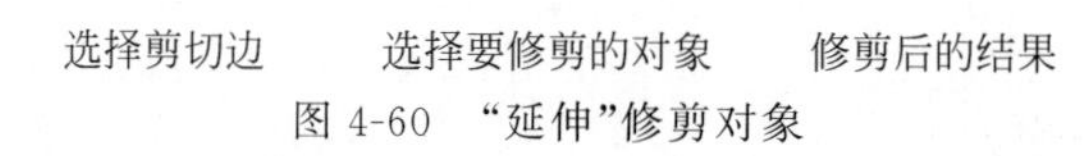

图 4-60 “延伸”修剪对象

☎ **注意**：在使用修剪命令选择修剪对象时，我们通常是逐个单击选择的，有时显得效率低，要比较快地实现修剪过程，可以先输入修剪命令“TR”或“TRIM”，然后按 Space 键或 Enter 键，命令行中就会提示选择修剪的对象，这时可以不选择对象，继续按 Space 键或 Enter 键，系统默认选择全部，这样做就可以很快地完成修剪过程。

4.5.2 上机练习——卫星轨道的绘制

练习目标

本实例绘制的卫星轨道如图 4-61 所示。

设计思路

首先利用椭圆和偏移命令绘制一条卫星轨道，然后使用环形阵列命令，阵列绘制的卫星轨道，最后再进行修剪操作，绘制的结果如图 4-61 所示。

图 4-61 卫星轨道

操作步骤

(1) 单击“默认”选项卡“绘图”面板中的“椭圆”按钮 ◯，绘制椭圆。命令行提示与操作如下。

```
命令: ELLIPSE↙
指定椭圆的轴端点或[圆弧(A)/中心点(C)]:(指定端点)
指定轴的另一个端点:(指定另一端点)
指定另一条半轴长度或[旋转(R)]:(用鼠标拉出另一条半轴的长度)
```

单击“默认”选项卡“修改”面板中的“偏移”按钮 ⋐，选择绘制的椭圆进行偏移操作。命令行提示与操作如下。

```
命令: OFFSET↙
当前设置:删除源 = 否  图层 = 源  OFFSETGAPTYPE = 0
指定偏移距离或[通过(T)/删除(E)/图层(L)] <3.0000>: 3↙
选择要偏移的对象,或[退出(E)/放弃(U)] <退出>:(选择绘制的椭圆)
指定要偏移的那一侧上的点,或[退出(E)/多个(M)/放弃(U)] <退出>:(指定一点)
选择要偏移的对象,或[退出(E)/放弃(U)] <退出>: ↙
```

绘制结果如图 4-62 所示。

(2) 单击“默认”选项卡“修改”面板中的“环形阵列”按钮 ⁘，以椭圆的圆心为中心点，将所绘制的两个椭圆进行环形阵列。命令行提示与操作如下。

```
命令: _ARRAYPOLAR↙
选择对象:(框选绘制的两个椭圆)
选择对象: ↙
类型 = 极轴  关联 = 是
指定阵列的中心点或[基点(B)/旋转轴(A)]: (选择椭圆圆心为中心点)
选择夹点以编辑阵列或 [关联(AS)/基点(B)/项目(I)/项目间角度(A)/填充角度(F)/行(ROW)/
层(L)/旋转项目(ROT)/退出(X)] <退出>: I
输入阵列中的项目数或 [表达式(E)] <6>: 3
```

```
选择夹点以编辑阵列或 [关联(AS)/基点(B)/项目(I)/项目间角度(A)/填充角度(F)/行(ROW)/层(L)/旋转项目(ROT)/退出(X)] <退出>: F
指定填充角度(+=逆时针、-=顺时针)或[表达式(EX)]<360>:360
按 Enter 键接受或[关联(AS)/基点(B)/项目(I)/项目间角度(A)/填充角度(F)/行(ROW)/层(L)/旋转项目(ROT)/退出(X)]↙
```

Note

绘制的图形如图 4-63 所示。

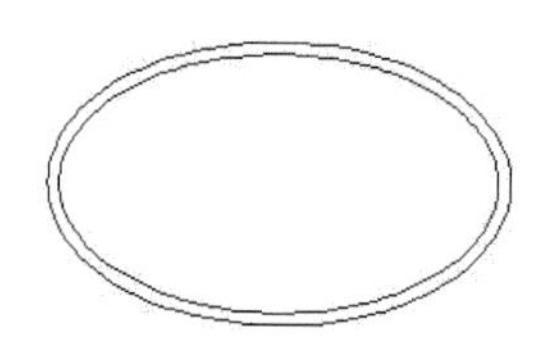
图 4-62　绘制椭圆并偏移

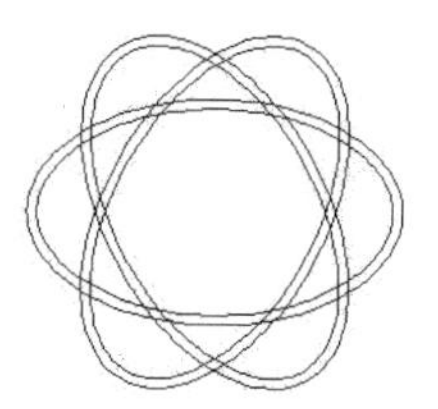
图 4-63　阵列对象

(3) 单击“默认”选项卡“修改”面板中的“修剪”按钮 ，选择需要修剪掉的交叉部分，进行修剪。

```
命令: TRIM↙
当前设置:投影 = UCS,边 = 无
选择剪切边...
选择对象或<全部选择>:↙
选择要修剪的对象,或按住 Shift 键选择要延伸的对象,或[栏选(F)/窗交(C)/投影(P)/边(E)/删除(R)/放弃(U)]:(选择两椭圆环的交叉部分)
选择要修剪的对象,或按住 Shift 键选择要延伸的对象,或[栏选(F)/窗交(C)/投影(P)/边(E)/删除(R)/放弃(U)]: (选择两椭圆环的交叉部分)
选择要修剪的对象,或按住 Shift 键选择要延伸的对象,或[栏选(F)/窗交(C)/投影(P)/边(E)/删除(R)/放弃(U)]: ↙
```

如此重复修剪，最终图形如图 4-61 所示。

4.5.3　延伸命令

延伸命令是指延伸对象直到另一个对象的边界线，如图 4-64 所示。

选择边界

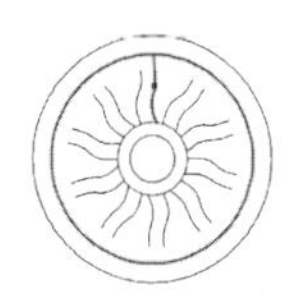
选择要延伸的对象

执行结果

图 4-64　延伸对象 1

1. 执行方式

命令行：EXTEND(快捷命令：EX)。

菜单栏：选择菜单栏中的“修改”→“延伸”命令。

工具栏：单击“修改”工具栏中的“延伸”按钮 。

功能区：单击“默认”选项卡“修改”面板中的“延伸”按钮 。

2. 操作步骤

命令行提示与操作如下。

```
命令:EXTEND↙
当前设置:投影 = UCS,边 = 无
选择边界的边...
选择对象或<全部选择>:(选择边界对象)
```

此时可以选择对象来定义边界，若直接按 Enter 键，则选择所有对象作为可能的边界对象。

系统规定可以用作边界对象的有：直线段、射线、双向无限长线、圆弧、圆、椭圆、二维/三维多段线、样条曲线、文本、浮动的视口、区域。如果选择二维多段线作为边界对象，系统会忽略其宽度而把对象延伸至多段线的中心线。

选择边界对象后，命令行提示如下。

```
选择要延伸的对象,或按住 Shift 键选择要修剪的对象,或[栏选(F)/窗交(C)/投影(P)/边(E)/放弃(U)]:
```

3. 选项说明

“延伸”命令各选项含义如表 4-7 所示。

表 4-7 “延伸”命令各选项含义

选　　项	含　　义
延伸的对象	如果要延伸的对象是适配样条多段线，则延伸后会在多段线的控制框上增加新节点；如果要延伸的对象是锥形的多段线，系统会修正延伸端的宽度，使多段线从起始端平滑地延伸至新终止端；如果延伸操作导致终止端宽度可能为负值，则取宽度值为 0，操作提示如图 4-65 所示
修剪的对象	选择对象时，如果按住 Shift 键，系统就会自动将“延伸”命令转换成“修剪”命令

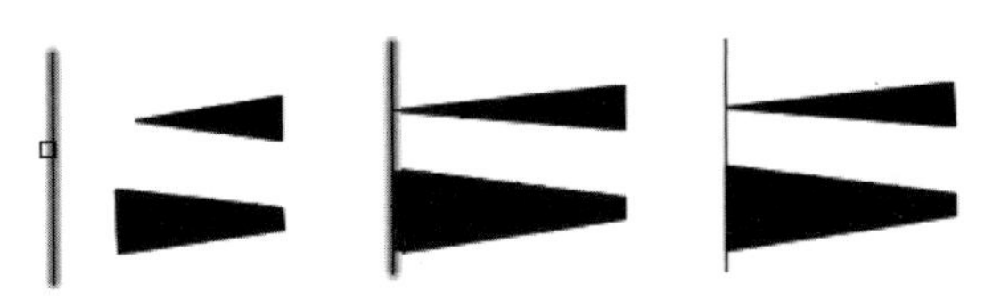

图 4-65 延伸对象 2

4.5.4 上机练习——空间连杆的绘制

练习目标

本例绘制空间连杆，如图 4-66 所示。

设计思路

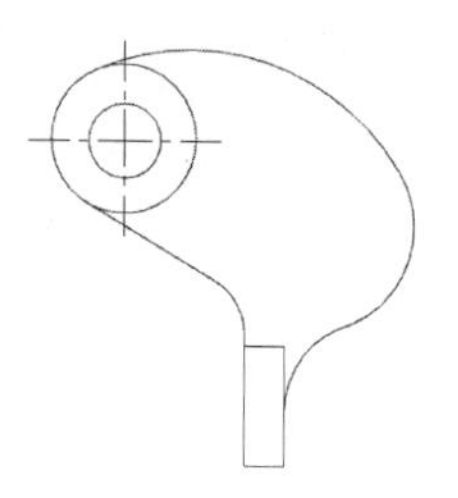
图 4-66　空间连杆

首先新建两个图层，绘制空间连杆的中心线和轮廓线。在绘制过程中利用了直线、圆和圆弧等二维绘图命令以及延伸等二维编辑命令，最终完成对空间连杆的绘制。

Note

4-9

操作步骤

（1）设置图层，单击“快速访问”工具栏中“新建”图标，新建一个名称为“垫片.dwg”的文件。单击“默认”选项卡“图层”面板中的“图层特性”按钮，新建两个图层：

第一图层命名为“轮廓线”，线宽属性为 0.30mm，其余属性默认。

第二图层命名为“中心线”，颜色设为红色，线型加载为 CENTER，其余属性默认。

（2）绘制中心线，将“中心线”层设置为当前层。单击“默认”选项卡“绘图”面板中的“直线”按钮，绘制互相垂直的两中心线，结果如图 4-67 所示。

（3）将“轮廓线”层设置为当前层。单击“默认”选项卡“绘图”面板中的“圆”按钮，以两条中心线的交点为圆心，绘制半径为 12.5 的圆。命令行提示与操作如下。

```
命令: CIRCLE↙
指定圆的圆心或[三点(3P)/两点(2P)/相切、相切、半径(T)]:(选取两条中心线的交点)
指定圆的半径或[直径(D)]:12.5↙
```

重复上述命令绘制半径为 25 的同心圆，结果如图 4-68 所示。

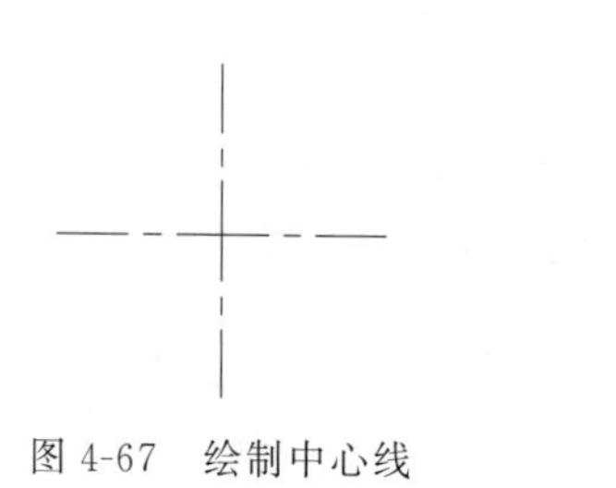
图 4-67　绘制中心线

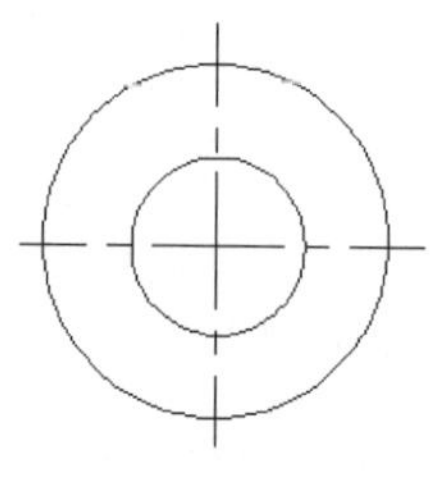
图 4-68　绘制圆

（4）单击“默认”选项卡“修改”面板中的“偏移”按钮，将水平中心线向下侧偏移 28。命令行提示与操作如下。

```
命令: OFFSET↙
当前设置:删除源 = 否　图层 = 源　OFFSETGAPTYPE = 0
指定偏移距离或[通过(T)/删除(E)/图层(L)] <通过>: 28↙
选择要偏移的对象,或[退出(E)/放弃(U)] <退出>:(选择水平中心线)
指定要偏移的那一侧上的点,或[退出(E)/多个(M)/放弃(U)] <退出>:(选择水平中心线的下侧)
选择要偏移的对象,或[退出(E)/放弃(U)] <退出>:↙
```

重复上述命令将水平中心线分别向下偏移 68 和 108，再将竖直中心线分别向右偏移 42、56 和 66，结果如图 4-69 所示。

（5）单击“默认”选项卡“修改”面板中的“延伸”按钮，进行延伸操作。命令行提

示与操作如下。

```
命令: EXTEND↙
当前设置:投影 = UCS,边 = 无
选择边界的边...
选择对象:<全部选择>↙
选择对象:↙
选择要延伸的对象,或按住 Shift 键选择要修剪的对象,或[栏选(F)/窗交(C)/投影(P)/边(E)/
放弃(U)]:E↙
输入隐含边延伸模式[延伸(E)/不延伸(N)] <不延伸>: E↙
选择要延伸的对象,或按住 Shift 键选择要修剪的对象,或[栏选(F)/窗交(C)/投影(P)/边(E)/
放弃(U)]:(选择要延伸的线)
```

结果如图 4-70 所示。

(6) 单击"默认"选项卡"绘图"面板中的"直线"按钮 ，绘制直线，绘制线段 12、线段 23、线段 34、线段 41，结果如图 4-71 所示。

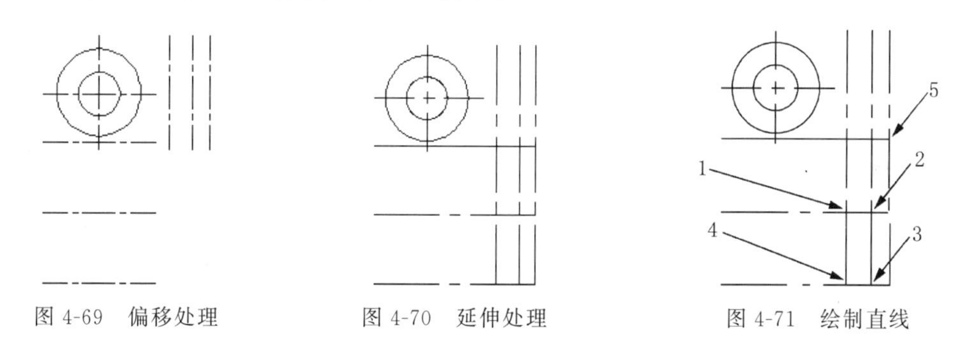

图 4-69　偏移处理　　图 4-70　延伸处理　　图 4-71　绘制直线

(7) 单击"默认"选项卡"绘图"面板中的"圆"按钮 ，绘制圆，绘制以点 5 为圆心半径为 35 的圆，绘制半径为 30 且与半径为 35 的圆和线段 23 相切的圆，绘制半径为 85 且与半径为 35 的圆和半径为 25 的圆相切的圆，结果如图 4-72 所示。

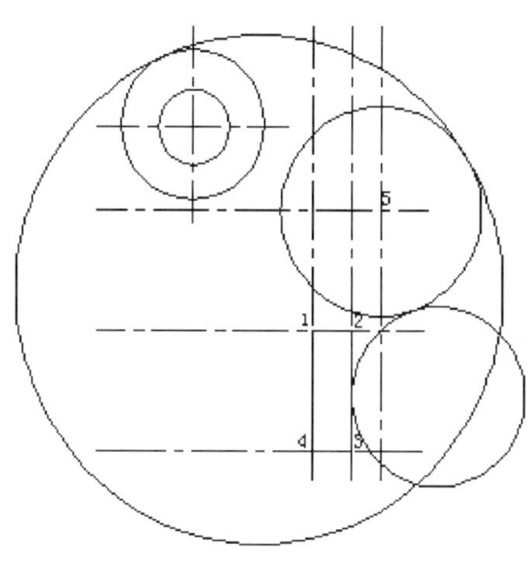

图 4-72　绘制圆

(8) 单击"默认"选项卡"修改"面板中的"删除"按钮 ，删除线段，将多余线段进行删除，结果如图 4-73 所示。

Note

(9) 单击“默认”选项卡“修改”面板中的“修剪”按钮，修剪处理，修剪相关图线，结果如图 4-74 所示。

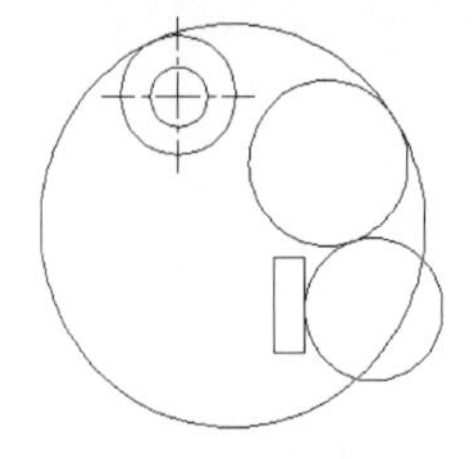

图 4-73　删除结果

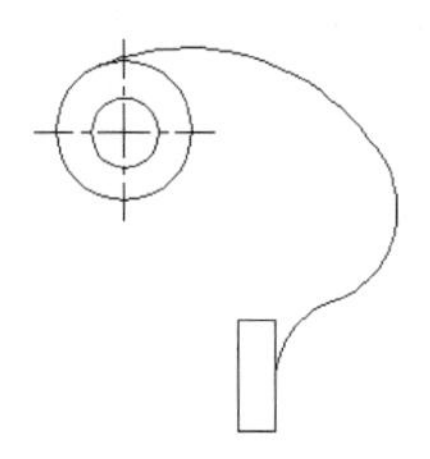

图 4-74　修剪处理

(10) 单击“默认”选项卡“绘图”面板中的“直线”按钮，绘制直线，绘制与半径为 25 的圆相切且与水平方向成－30°的直线，结果如图 4-75 所示。

(11) 单击“默认”选项卡“绘图”面板中的“圆”按钮，绘制圆，绘制与第(9)步得到的直线和线段 14 相切的圆，半径为 20，结果如图 4-76 所示。

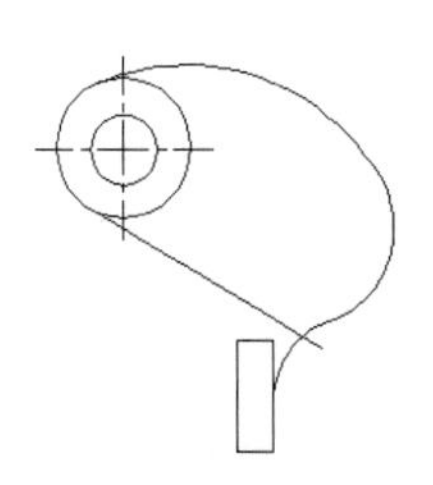

图 4-75　绘制直线

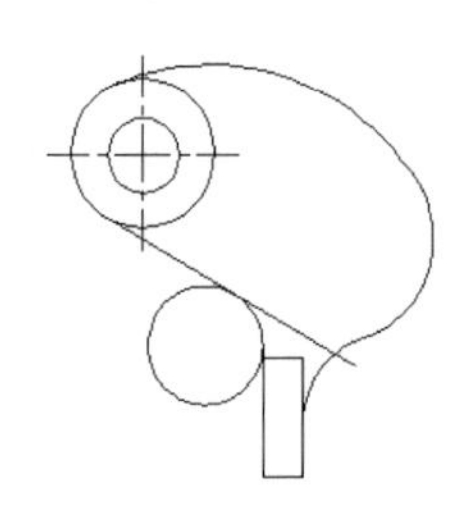

图 4-76　绘制圆

(12) 单击“默认”选项卡“修改”面板中的“修剪”按钮，修剪处理，修剪相关图线，结果如图 4-66 所示。

4.5.5　拉伸命令

拉伸命令是指拖拉选择的对象，且使对象的形状发生改变。拉伸对象时应指定拉伸的基点和移置点。利用一些辅助工具如捕捉、钳夹功能及相对坐标等，可以提高拉伸的精度。拉伸图例如图 4-77 所示。

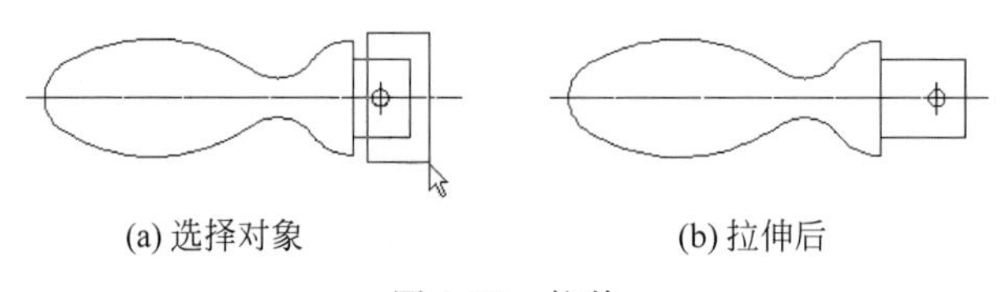

(a) 选择对象　　(b) 拉伸后

图 4-77　拉伸

1. 执行方式

命令行：STRETCH(快捷命令：S)。

菜单栏：选择菜单栏中的“修改”→“拉伸”命令。

工具栏：单击“修改”工具栏中的“拉伸”按钮。

功能区：单击“默认”选项卡“修改”面板中的“拉伸”按钮。

2. 操作步骤

命令行提示与操作如下。

```
命令:STRETCH↙
以交叉窗口或交叉多边形选择要拉伸的对象...
选择对象: C↙
指定第一个角点:
指定对角点:(采用交叉窗口的方式选择要拉伸的对象)
指定基点或[位移(D)] <位移>:(指定拉伸的基点)
指定第二个点或<使用第一个点作为位移>:(指定拉伸的移至点)
```

此时,若指定第二个点,系统将根据这两点决定矢量拉伸的对象;若直接按 Enter 键,系统会把第一个点作为 X 轴和 Y 轴的分量值。

拉伸命令将使完全包含在交叉窗口内的对象不被拉伸,部分包含在交叉选择窗口内的对象被拉伸,如图 4-77 所示。

4.5.6　拉长命令

1. 执行方式

命令行：LENGTHEN(快捷命令：LEN)。

菜单栏：选择菜单栏中的“修改”→“拉长”命令。

功能区：单击“默认”选项卡“修改”面板中的“拉长”按钮 ⁄ 。

2. 操作步骤

命令行提示与操作如下。

```
命令:LENGTHEN↙
选择要测量的对象或[增量(DE)/百分比(P)/总计(T)/动态(DY)] <总计(T)>:(选择要拉长的对象)
当前长度: 30.5001(给出选定对象的长度,如果选择圆弧,还将给出圆弧的包含角)
选择要测量的对象或[增量(DE)/百分比(P)/总计(T)/动态(DY)] <总计(T): DE↙(选择拉长或缩短的方式为增量方式)
输入长度增量或[角度(A)]<0.0000>: 10↙(在此输入长度增量数值.如果选择圆弧段,则可输入选项"A",给定角度增量)
选择要修改的对象或[放弃(U)]:(选定要修改的对象,进行拉长操作)
选择要修改的对象或[放弃(U)]:(继续选择,或按 Enter 键结束命令)
```

3. 选项说明

“拉长”命令各选项含义如表 4-8 所示。

表 4-8　“拉长”命令各选项含义

选　　项	含　　义
增量(DE)	用指定增加量的方法改变对象的长度或角度
百分比(P)	用指定占总长度百分比的方法改变圆弧或直线段的长度
总计(T)	用指定新总长度或总角度值的方法改变对象的长度或角度
动态(DY)	在此模式下,可以使用拖拉鼠标的方法来动态地改变对象的长度或角度

Note

4-10

4.5.7 上机练习——手柄

练习目标

绘制如图 4-78 所示的手柄。

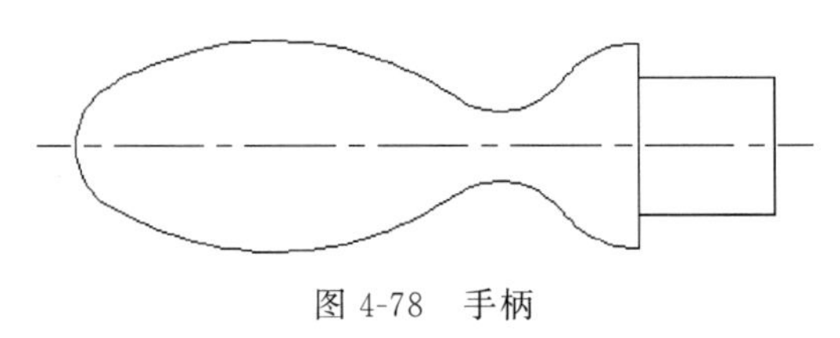

图 4-78 手柄

设计思路

首先新建两个图层，绘制手柄的中心线和轮廓线。在绘制过程中利用了直线、圆和圆弧等二维绘图命令以及修剪、镜像、拉长等二维编辑命令，最终完成对手柄的绘制。

操作步骤

（1）单击"默认"选项卡"图层"面板中的"图层特性"按钮，打开"图层特性管理器"对话框，新建两个图层："轮廓线"层，线宽属性为 0.30mm，其余属性默认；"中心线"层，颜色设为红色，线型加载为 CENTER，其余属性默认。

（2）将"中心线"层设置为当前层。单击"默认"选项卡"绘图"面板中的"直线"按钮，绘制直线，直线的两个端点坐标是(150,150)和(@100,0)，结果如图 4-79 所示。

（3）将"轮廓线"层设置为当前层。单击"默认"选项卡"绘图"面板中的"圆"按钮，以(160,150)为圆心，半径为 10 绘制圆；以(235,150)为圆心，半径为 15 绘制圆。再绘制半径为 50 的圆与前两个圆相切。结果如图 4-80 所示。

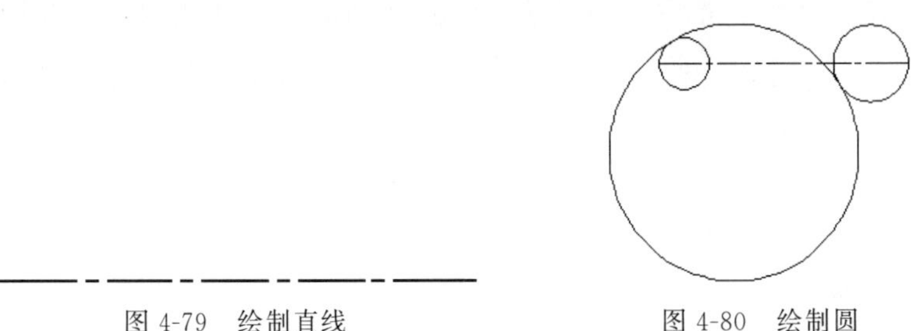

图 4-79 绘制直线　　图 4-80 绘制圆

（4）单击"默认"选项卡"绘图"面板中的"直线"按钮，以端点坐标为{(250,150)(@10,<90)(@15<180)}绘制直线，单击空格(Space)键重复"直线"命令绘制从点(235,165)到点(235,150)的直线，结果如图 4-81 所示。

（5）单击"默认"选项卡"修改"面板中的"修剪"按钮，将图 4-81 修剪成如图 4-82 所示。

（6）单击"默认"选项卡"绘图"面板中的"圆"按钮，绘制与圆弧 1 和圆弧 2 相切的圆，半径为 12，结果如图 4-83 所示。

Note

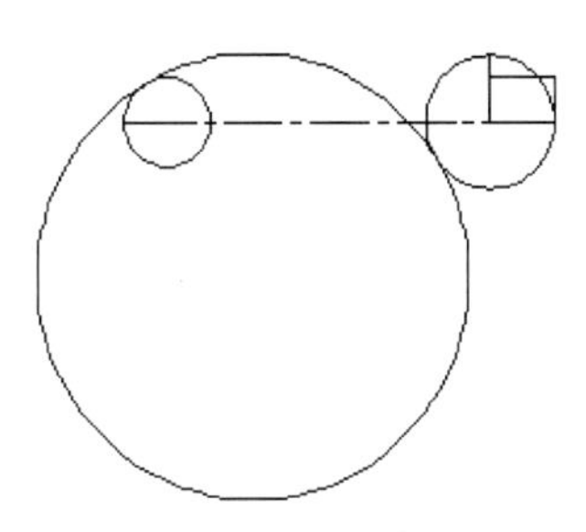

图 4-81　绘制直线

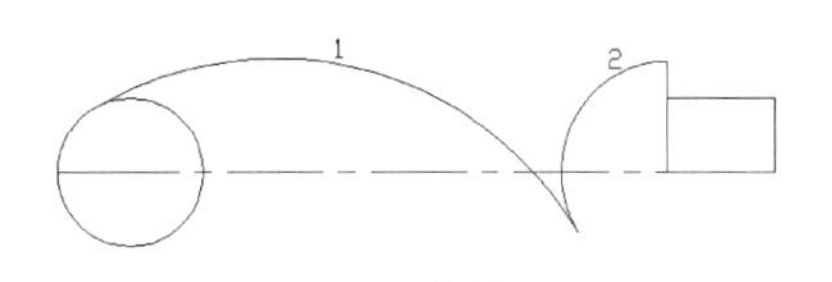

图 4-82　修剪处理

（7）单击“默认”选项卡“修改”面板中的“修剪”按钮 ，将多余的圆弧进行修剪，结果如图 4-84 所示。

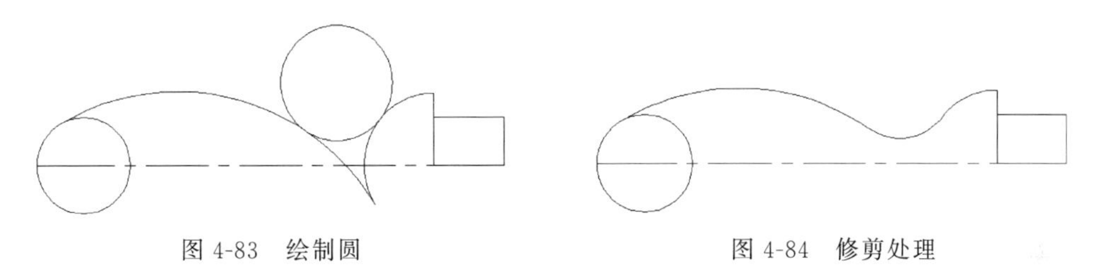

图 4-83　绘制圆　　　　图 4-84　修剪处理

（8）单击“默认”选项卡“修改”面板中的“镜像”按钮 ，以中心线为对称轴，不删除原对象，将绘制的中心线以上对象镜像，结果如图 4-85 所示。

（9）单击“默认”选项卡“修改”面板中的“修剪”按钮 ，进行修剪处理，结果如图 4-86 所示。

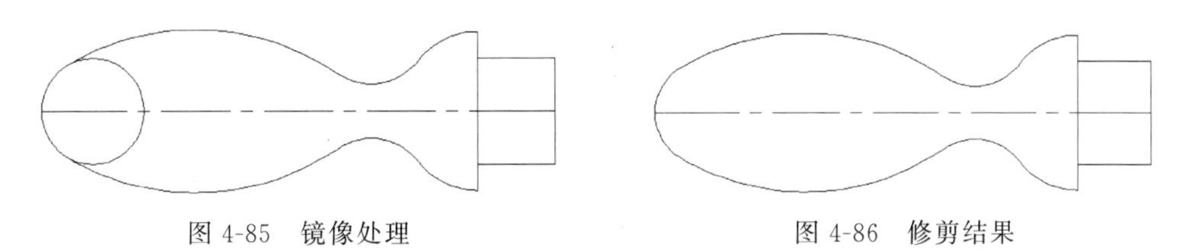

图 4-85　镜像处理　　　　图 4-86　修剪结果

（10）单击“默认”选项卡“修改”面板中的“拉伸”按钮 ，拉长接头部分。命令行提示与操作如下。

```
命令：STRETCH↙
以交叉窗口或交叉多边形选择要拉伸的对象...
选择对象：C↙
指定第一个角点：(框选手柄接头部分，如图 4-87 所示)
指定对角点：
选择对象：↙
指定基点或[位移(D)] <位移>:100,100↙
指定位移的第二个点或<用第一个点作位移>:105,100↙
```

结果如图 4-88 所示。

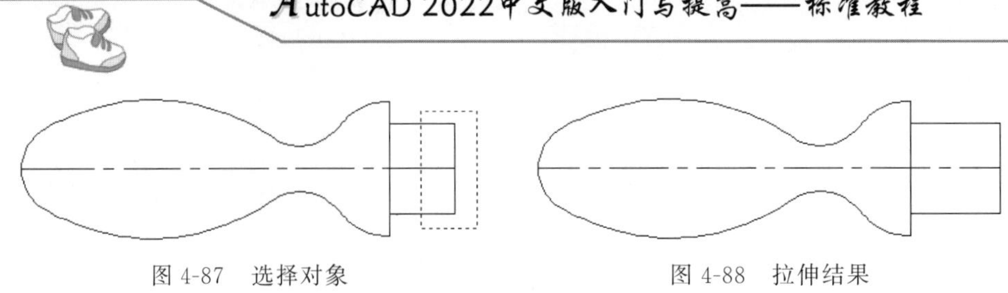

图 4-87　选择对象　　　　图 4-88　拉伸结果

Note

（11）单击“默认”选项卡“修改”面板中的“拉长”按钮 ⁄，拉长中心线。命令行提示与操作如下。

```
命令：_LENGTHEN
选择要测量的对象或[增量(DE)/百分比(P)/总计(T)/动态(DY)]：DE↙
输入长度增量或[角度(A)]<0.0000>:4↙
选择要修改的对象或[放弃(U)]:(选择中心线右端)
选择要修改的对象或[放弃(U)]：(选择中心线左端)
选择要修改的对象或[放弃(U)]：↙
```

最终结果如图 4-78 所示。

4.5.8　打断命令

1. 执行方式

命令行：BREAK（快捷命令：BR）。

菜单栏：选择菜单栏中的“修改”→“打断”命令。

工具栏：单击“修改”工具栏中的“打断”按钮 ⌷。

功能区：单击“默认”选项卡“修改”面板中的“打断”按钮 ⌷。

2. 操作步骤

命令行提示与操作如下。

```
命令:BREAK↙
选择对象:(选择要打断的对象)
指定第二个打断点或[第一点(F)]:(指定第二个断开点或输入"F")
```

3. 选项说明

“打断”命令各选项含义如表 4-9 所示。

表 4-9　“打断”命令各选项含义

选　　项	含　　义
打断点	如果选择“第一点(F)”选项，系统将丢弃前面选择的第一个选择点，重新提示用户指定两个断开点

4.5.9　上机练习——删除过长中心线

练习目标

绘制出如图 4-89 所示的图形。

4-11

设计思路

首先利用之前学过的知识绘制出如图 4-90(a)所示的图形,并利用打断命令,将中心线的长度进行调整,最终完成如图 4-89 所示的图形的绘制。

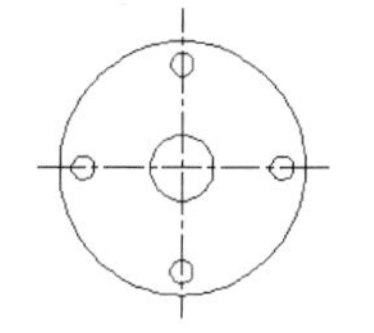

图 4-89　删除过长中心线

操作步骤

单击“默认”选项卡“修改”面板中的“打断”按钮 ，按命令行提示选择过长的中心线需要打断的位置,如图 4-90(a)所示。

这时被选中的中心线变为虚线,如图 4-90(b)所示。在中心线的延长线上选择第二点,多余的中心线被删除,结果如图 4-90(c)所示。

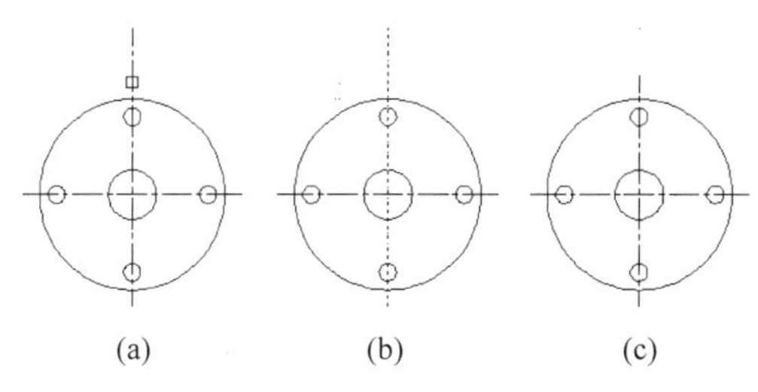

图 4-90　打断对象

4.5.10　打断于点命令

打断于点命令是指在对象上指定一点,从而把对象在此点拆分成两部分,此命令与打断命令类似。

1. 执行方式

命令行：BREAK(快捷命令：BR)。

工具栏：单击“修改”工具栏中的“打断于点”按钮 。

功能区：单击“默认”选项卡“修改”面板中的“打断于点”按钮 。

2. 操作步骤

命令行提示与操作如下。

```
命令:_BREAK
选择对象:(选择要打断的对象)
指定第二个打断点或[第一点(F)]: _F(系统自动执行"第一点"选项)
指定第一个打断点:选择打断点
指定第二个打断点: @: 系统自动忽略此提示
```

4.5.11　分解命令

1. 执行方式

命令行：EXPLODE(快捷命令：X)。

菜单栏：选择菜单栏中的“修改”→“分解”命令。

工具栏：单击“修改”工具栏中的“分解”按钮 。

功能区：单击“默认”选项卡“修改”面板中的“分解”按钮 。

2. 操作步骤

```
命令:EXPLODE↙
选择对象:(选择要分解的对象)
```

选择一个对象后，该对象会被分解，系统继续提示该行信息，允许分解多个对象。

注意：分解命令是将一个合成图形分解为其部件的工具。例如，一个矩形被分解后就会变成4条直线，且一个有宽度的直线分解后就会失去其宽度属性。

4.6 圆角及倒角

4.6.1 圆角命令

圆角命令是指用一条指定半径的圆弧平滑连接两个对象。可以平滑连接一对直线段、非圆弧的多段线段、样条曲线、双向无限长线、射线、圆、圆弧和椭圆，并且可以在任何时候平滑连接多段线的每个节点。

1. 执行方式

命令行：FILLET(快捷命令：F)。

菜单栏：选择菜单栏中的“修改”→“圆角”命令。

工具栏：单击“修改”工具栏中的“圆角”按钮 。

功能区：单击“默认”选项卡“修改”面板中的“圆角”按钮 。

2. 操作步骤

命令行提示与操作如下。

```
命令:FILLET↙
当前设置:模式 = 修剪,半径 = 0.0000
选择第一个对象或[放弃(U)/多段线(P)/半径(R)/修剪(T)/多个(M)]:(选择第一个对象或别的选项)
选择第二个对象,或按住 Shift 键选择对象以应用角点或[半径(R)]:(选择第二个对象)
```

3. 选项说明

“圆角”命令各选项含义如表4-10所示。

表4-10 “圆角”命令各选项含义

选　　项	含　　义
多段线(P)	在一条二维多段线两段直线段的节点处插入圆弧。选择多段线后系统会根据指定的圆弧半径把多段线各顶点用圆弧平滑连接起来
修剪(T)	决定在平滑连接两条边时，是否修剪这两条边，如图4-91所示

Note

续表

选　　项	含　　义
多个(M)	同时对多个对象进行圆角编辑,而不必重新起用命令
按住 Shift 键并选择两条直线	按住 Shift 键并选择两条直线,可以快速创建零距离倒角或零半径圆角

(a) 修剪方式　　(b) 不修剪方式

图 4-91　圆角连接

4.6.2　上机练习——轴承座

4-12

练习目标

绘制如图 4-92 所示的轴承座。

设计思路

首先新建三个图层,绘制轴承座的中心线、虚线和轮廓线。在绘制过程中利用了直线和圆等二维绘图命令以及圆角、镜像等二维编辑命令,最终完成对轴承座的绘制。

操作步骤

(1) 单击“默认”选项卡“图层”面板中的“图层特性”按钮,设置 3 个图层。

- “粗实线”层:线宽 0.30mm,其余属性为默认值。
- “虚线”层:线型为 DASHED,其余属性为默认值。
- “中心线”层:颜色红色,线型为 CENTER,其余属性为默认值。

(2) 将“中心线”层设置为当前层,单击“默认”选项卡“绘图”面板中的“直线”按钮,绘制 3 条中心线,坐标分别为{(100,−5),(@0,155)},{(20,−5),(@0,40)},{(60,110),(@80,0)},结果如图 4-93 所示。

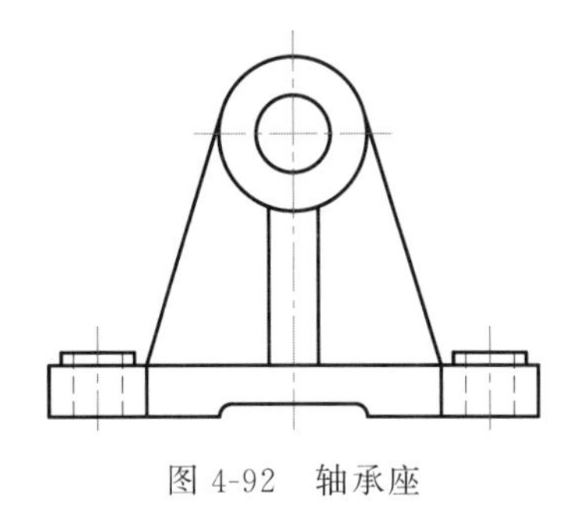

图 4-92　轴承座

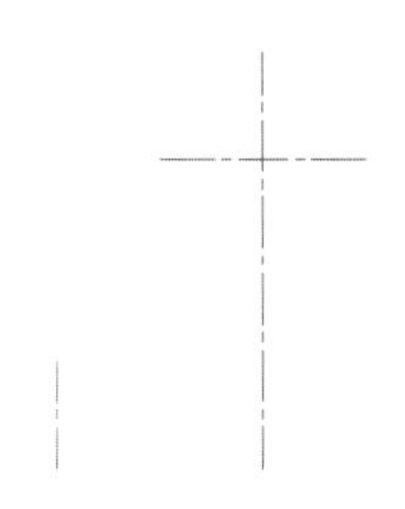

图 4-93　绘制中心线

(3) 将“粗实线”层设置为当前层,单击“默认”选项卡“绘图”面板中的“直线”按钮,绘制部分轮廓线。坐标分别为{(0,0),(@0,20),(@100,0)},{(0,0),(@70,

Note

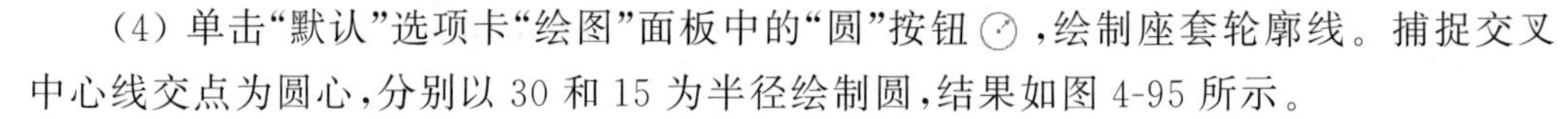
0),(@0,5),(@30,0)},{(5,20),(@0,5),(@15,0)},{(40,0),(@0,20)},{(90,20),(@0,20)},结果如图 4-94 所示。

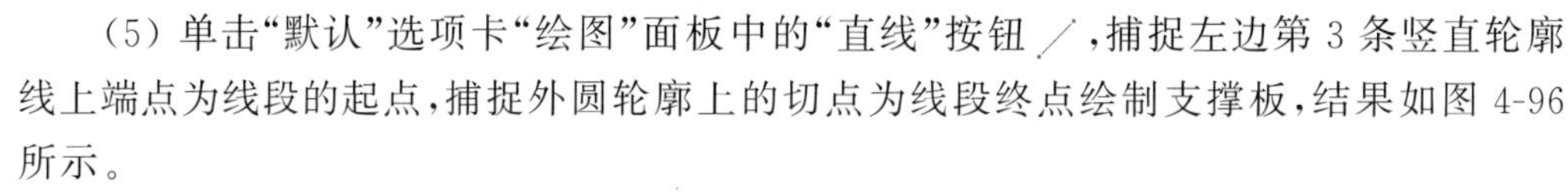
(4) 单击“默认”选项卡“绘图”面板中的“圆”按钮，绘制座套轮廓线。捕捉交叉中心线交点为圆心,分别以 30 和 15 为半径绘制圆,结果如图 4-95 所示。

(5) 单击“默认”选项卡“绘图”面板中的“直线”按钮，捕捉左边第 3 条竖直轮廓线上端点为线段的起点,捕捉外圆轮廓上的切点为线段终点绘制支撑板,结果如图 4-96 所示。

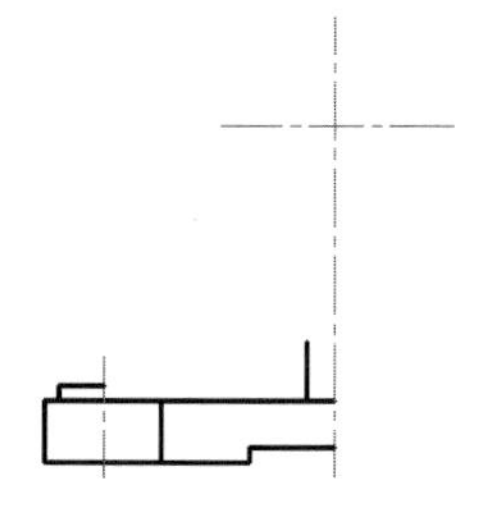
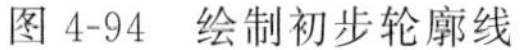
图 4-94 绘制初步轮廓线

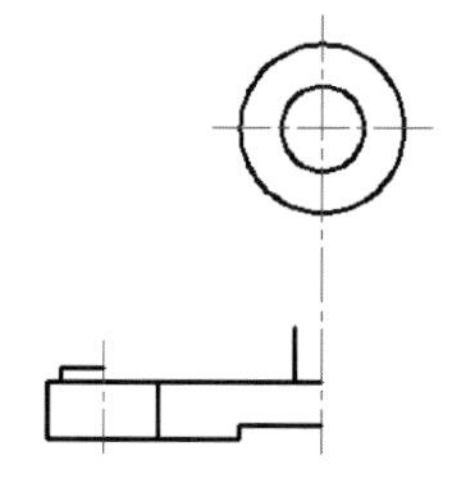
图 4-95 绘制座套轮廓线

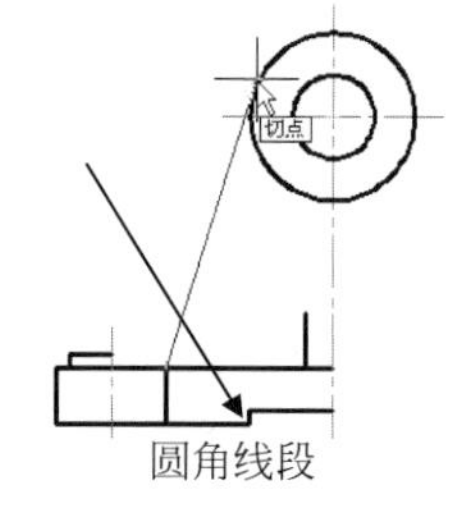

图 4-96 绘制切线

(6) 单击“默认”选项卡“修改”面板中的“圆角”按钮，设置圆角半径为 5,进行圆角处理,命令行提示与操作如下。绘制结果如图 4-97 所示。

```
命令: FILLET↙
当前设置:模式 = 修剪,半径 = 0.0000↙
选择第一个对象或[放弃(U)/多段线(P)/半径(R)/修剪(T)/多个(M)]: R↙
指定圆角半径<0.0000>: 5↙
选择第一个对象或[放弃(U)/多段线(P)/半径(R)/修剪(T)/多个(M)]: ↙(选择如图 4-96 所示的圆角线段的两个边中的一条)
选择第二个对象,或按住 Shift 键选择对象以应用角点或[半径(R)]: ↙(选择圆角线段的另外一边)
```

(7) 单击“默认”选项卡“修改”面板中的“延伸”按钮，延伸肋板,命令行提示与操作如下。结果如图 4-98 所示。

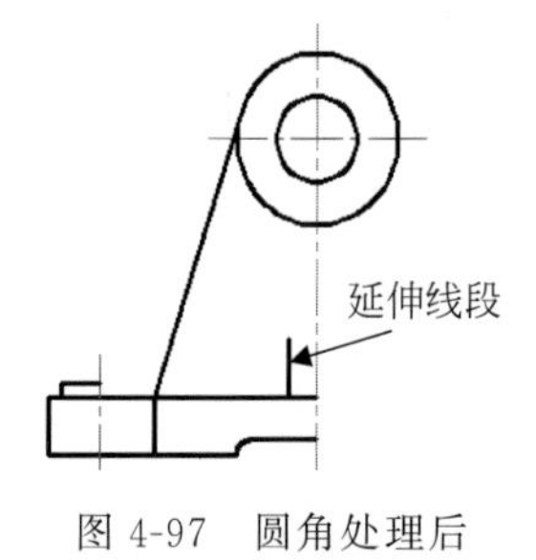

图 4-97 圆角处理后

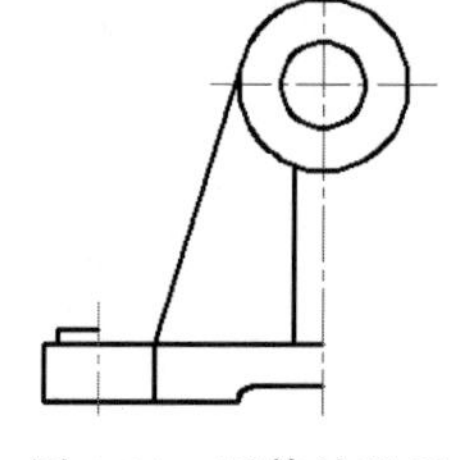
图 4-98 延伸处理后

```
命令: _EXTEND↙
当前设置:投影 = UCS,边 = 无↙
选择边界的边...
选择对象或<全部选择>:↙(选择外圆为边界对象)
选择对象:↙
```

Note

```
选择要延伸的对象,或按住 Shift 键选择要修剪的对象,或[栏选(F)/窗交(C)/投影(P)/边(E)/放弃(U)]: ↙(选择图 4-97 所示的延伸线段)
选择要延伸的对象,或按住 Shift 键选择要修剪的对象,或[栏选(F)/窗交(C)/投影(P)/边(E)/放弃(U)]: ↙
```

(8) 将“虚线”层设置为当前层,单击“默认”选项卡“绘图”面板中的“直线”按钮 ╱,绘制螺孔线,端点坐标为{(10,0),(@0,25)},结果如图 4-99 所示。

(9) 单击“默认”选项卡“修改”面板中的“镜像”按钮 ⚠,对左端局部结构进行镜像,命令行提示与操作如下。结果如图 4-100 所示。

```
命令: MIRROR↙
选择对象: ↙(选择图 4-99 所指的 3 条线段)
指定镜像线的第一个点:(捕捉左端竖直对称中心线的上端点)
指定镜像线的第二个点:(捕捉左端竖直对称中心线的下端点)
要删除源对象吗?[是(Y)/否(N)] <否>:↙
```

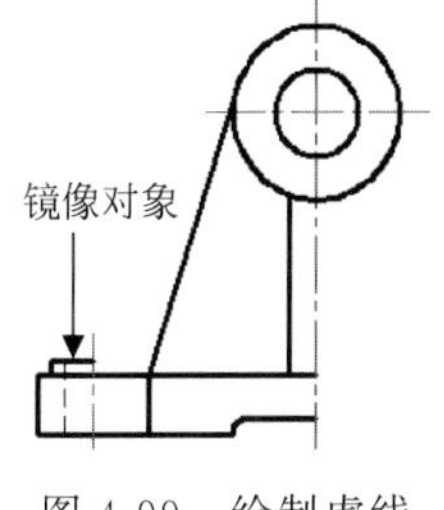

图 4-99　绘制虚线

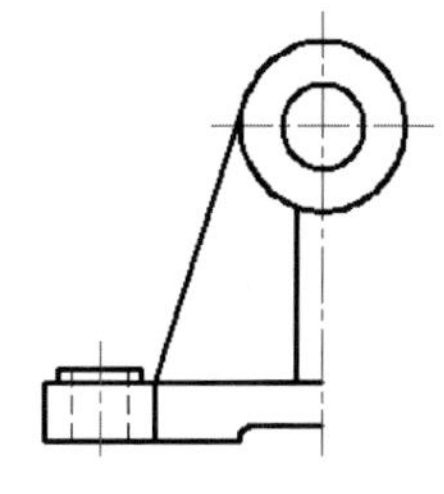

图 4-100　镜像螺孔

(10) 将已绘制部分除两个同心圆外按右端竖直中心线进行镜像编辑,最终结果如图 4-92 所示。

4.6.3　倒角命令

倒角命令即斜角命令,是用斜线连接两个不平行的线型对象。可以用斜线连接直线段、双向无限长线、射线和多段线。

系统采用两种方法确定连接两个对象的斜线：指定两个斜线距离,指定斜线角度和一个斜线距离。下面分别介绍这两种方法的使用。

1. 指定两个斜线距离

斜线距离是指从被连接对象与斜线的交点到被连接的两对象交点之间的距离,如图 4-101 所示。

2. 指定斜线角度和一个斜线距离连接选择的对象

采用这种方法连接对象时,需要输入两个参数：斜线与一个对象的斜线距离和斜线与该对象的夹角,如图 4-102 所示。

(1) 执行方式

命令行：CHAMFER(快捷命令：CHA)。

菜单：选择菜单栏中的“修改”→“倒角”命令。

Note

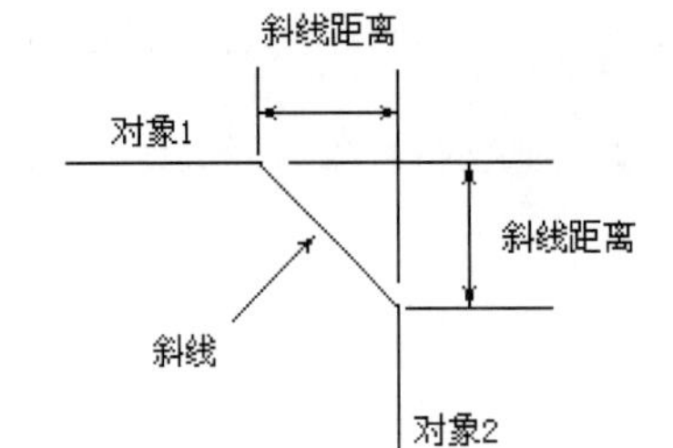

图 4-101 斜线距离

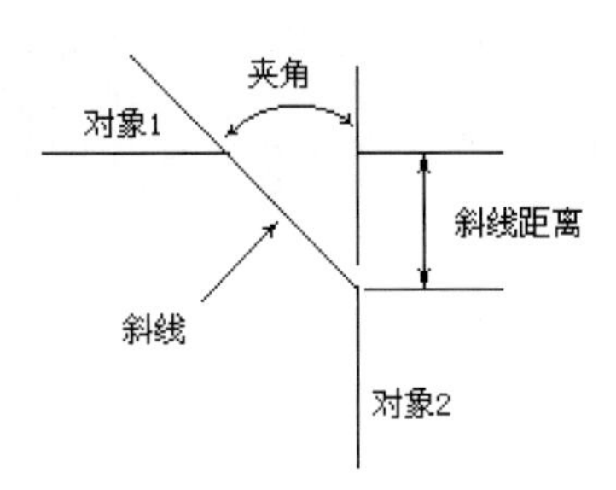

图 4-102 斜线距离与夹角

工具栏：单击“修改”工具栏中的“倒角”按钮。

功能区：单击“默认”选项卡“修改”面板中的“倒角”按钮。

(2) 操作步骤

命令行提示与操作如下。

```
命令:CHAMFER↙
("不修剪"模式)当前倒角距离 1 = 0.0000,距离 2 = 0.0000
选择第一条直线或[放弃(U)/多段线(P)/距离(D)/角度(A)/修剪(T)/方式(E)/多个(M)]:(选择第一条直线或别的选项)
选择第二条直线,或按住 Shift 键选择直线以应用角点或[距离(D)/角度(A)/方法(M)]:(选择第二条直线)
```

(3) 选项说明

“倒角”命令各选项含义如表 4-11 所示。

表 4-11 “倒角”命令各选项含义

选　　项	含　　义
多段线(P)	对多段线的各个交叉点倒斜角。为了得到最好的连接效果，一般设置斜线是相等的值，系统根据指定的斜线距离把多段线的每个交叉点都作斜线连接，连接的斜线成为多段线新的构成部分，如图 4-103 所示
距离(D)	选择倒角的两个斜线距离。这两个斜线距离可以相同也可以不相同，若二者均为0，则系统不绘制连接的斜线，而是把两个对象延伸至相交并修剪超出的部分
角度(A)	选择第一条直线的斜线距离和第一条直线的倒角角度
修剪(T)	与圆角连接命令“FILLET”相同，该选项决定连接对象后是否剪切源对象
方式(E)	决定采用“距离”方式还是“角度”方式来倒斜角
多个(M)	同时对多个对象进行倒斜角编辑

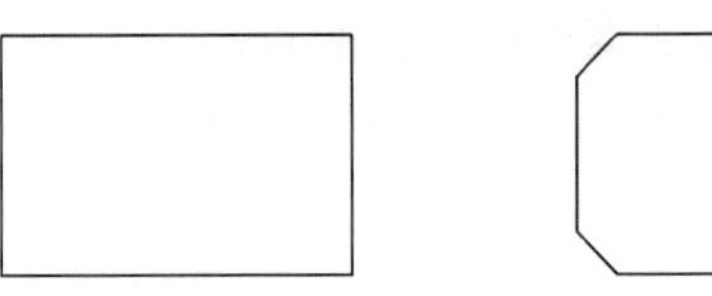

(a) 选择多段线　　(b) 倒角结果

图 4-103 斜线连接多段线

4.6.4 上机练习——轴的绘制

绘制如图 4-104 所示的轴。

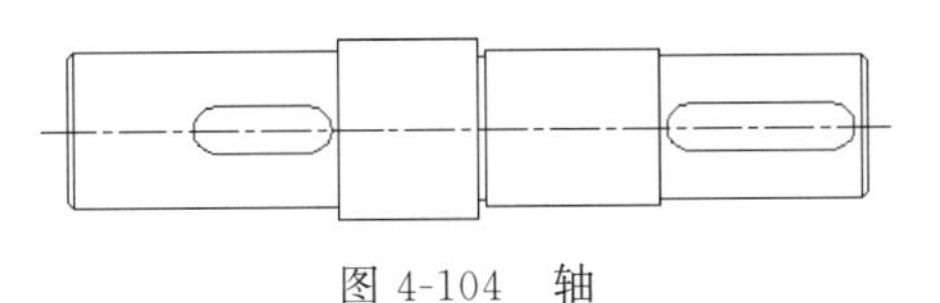

图 4-104 轴

4-13

首先新建两个图层，绘制轴的中心线和轮廓线。在绘制过程中利用了直线和圆等二维绘图命令以及倒角、修剪等二维编辑命令，最终完成对轴的绘制。

(1) 单击“默认”选项卡“图层”面板中的“图层特性”按钮，打开“图层特性管理器”对话框，单击其中的“新建图层”按钮，新建两个图层：“轮廓线”图层，线宽属性为 0.30mm，其余属性默认；“中心线”图层，颜色设为红色，线型加载为 CENTER，其余属性默认。

(2) 将“中心线”图层设置为当前图层，单击“默认”选项卡“绘图”面板中的“直线”按钮，绘制水平中心线。将“轮廓线”图层设置为当前图层，单击“默认”选项卡“绘图”面板中的“直线”按钮，绘制竖直线，绘制结果如图 4-105 所示。

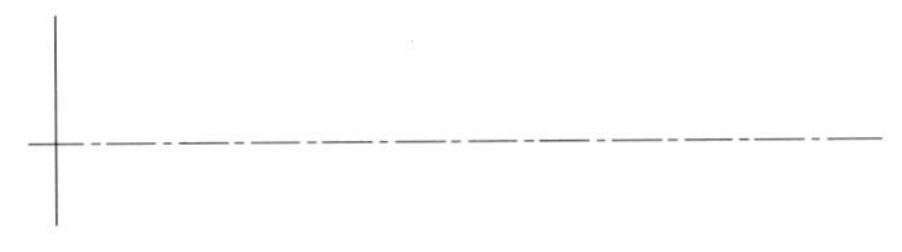

图 4-105 绘制定位直线

(3) 单击“默认”选项卡“修改”面板中的“偏移”按钮，将水平中心线分别向上偏移 35、30、26.5、25，将竖直线分别向右偏移 2.5、108、163、166、235、315.5、318。然后选择偏移形成的 4 条水平点划线，将其所在图层修改为“轮廓线”图层，将其线型转换成实线，结果如图 4-106 所示。

(4) 单击“默认”选项卡“修改”面板中的“修剪”按钮，修剪多余的线段，结果如图 4-107 所示。

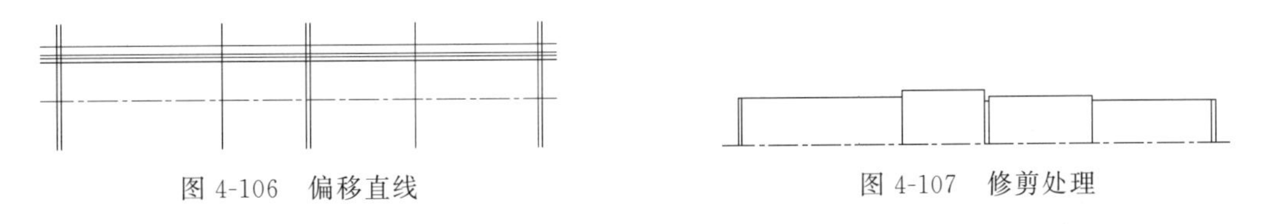

图 4-106 偏移直线

图 4-107 修剪处理

(5) 单击“默认”选项卡“修改”面板中的“倒角”按钮，将轴的左端倒角，命令行

Note

提示与操作如下。

```
命令: _CHAMFER
("修剪"模式)当前倒角距离 1 = 0.0000,距离 2 = 0.0000
选择第一条直线或[多段线(P)/距离(D)/角度(A)/修剪(T)/方式(M)/多个(U)]: D↙
指定第一个倒角距离<0.0000>: 2.5↙
指定第二个倒角距离<2.5000>: ↙
选择第一条直线或[放弃(U)/多段线(P)/距离(D)/角度(A)/修剪(T)/方式(E)/多个(M)]:(选择最左端的竖直线)
选择第二条直线或按住 Shift 键选择直线以应用角点或[距离(D)/角度(A)/方法(M)]:(选择与之相交的水平线)
```

重复上述命令,将右端进行倒角处理,结果如图 4-108 所示。

(6) 单击"默认"选项卡"修改"面板中的"镜像"按钮 ,将轴的上半部分以中心线为对称轴进行镜像,结果如图 4-109 所示。

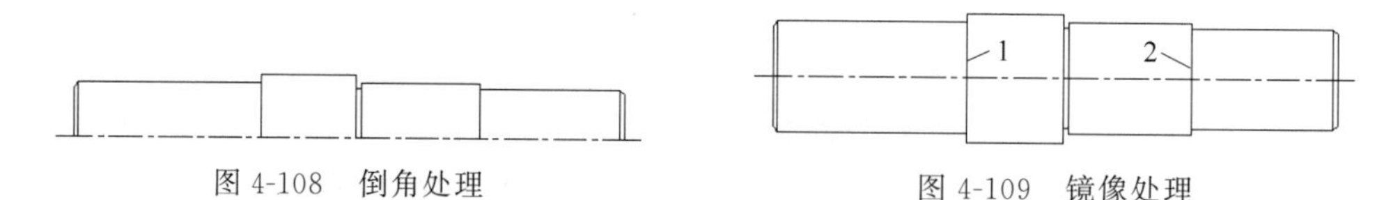

图 4-108 倒角处理

图 4-109 镜像处理

(7) 单击"默认"选项卡"修改"面板中的"偏移"按钮 ,将线段 1 分别向左偏移 12 和 49,将线段 2 分别向右偏移 12 和 69。单击"默认"选项卡"修改"面板中的"修剪"按钮 ,把刚偏移绘制的直线在中心线之下的部分修剪掉,结果如图 4-110 所示。

(8) 单击"默认"选项卡"绘图"面板中的"圆"按钮 ,选择偏移后的线段与水平中心线的交点为圆心,绘制半径为 9 的 4 个圆,绘制结果如图 4-111 所示。

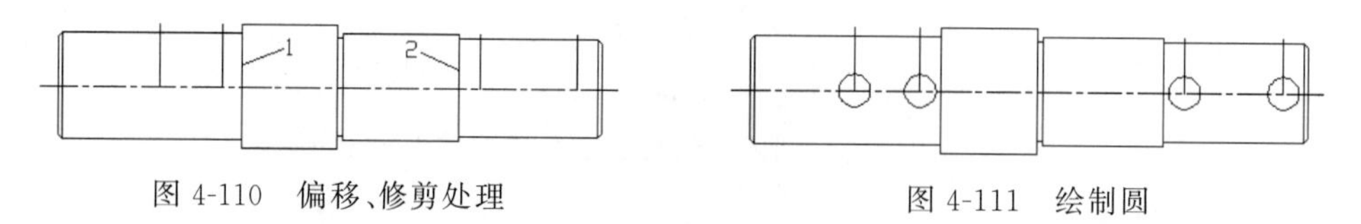

图 4-110 偏移、修剪处理

图 4-111 绘制圆

(9) 单击"默认"选项卡"绘图"面板中的"直线"按钮 ,绘制与圆相切的 4 条直线,绘制结果如图 4-112 所示。

(10) 单击"默认"选项卡"修改"面板中的"删除"按钮 ,将步骤(7)中偏移得到的线段删除,结果如图 4-113 所示。

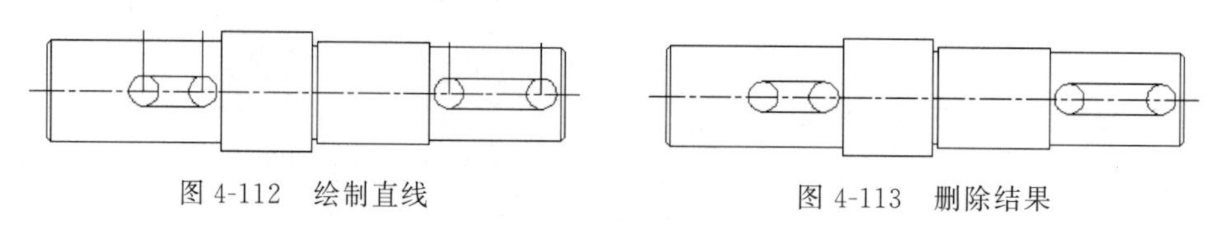

图 4-112 绘制直线

图 4-113 删除结果

(11) 单击"默认"选项卡"修改"面板中的"修剪"按钮 ,将多余的线进行修剪,最终结果如图 4-104 所示。

4.7 实例精讲——阀盖零件图的绘制

Note

练习目标

本例绘制图 4-114 所示的阀盖。

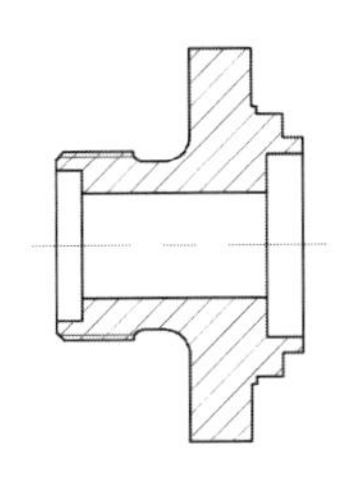

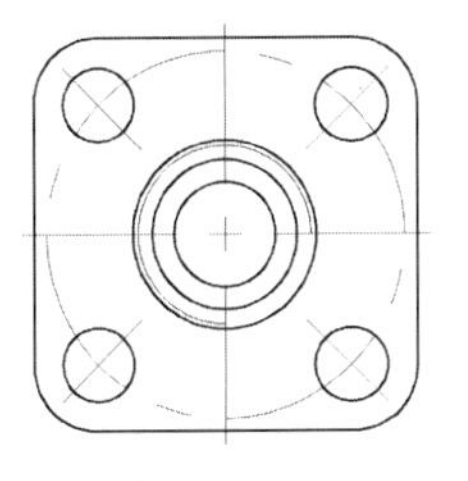

4-14

图 4-114 阀盖

设计思路

首先新建三个图层，绘制阀盖的左视图和阀盖的主视图。在绘制过程中利用了直线和多边形等二维绘图命令以及修剪、偏移等二维编辑命令，最终完成对阀盖的绘制。

操作步骤

1. 绘制阀盖左视图

（1）新建图层。单击“默认”选项卡“图层”面板中的“图层特性”按钮，新建 3 个图层：“轮廓线”层，线宽为 0.30mm，其余属性默认；“中心线”层，颜色设为红色，线型加载为 CENTER，其余属性默认；“细实线”层，颜色设为蓝色，其余属性默认。

（2）设置绘图环境。在命令行输入“limits”，设置图幅大小为 297×210。

（3）绘制阀盖左视图中心线。将“中心线”层设置为当前图层，单击状态栏中的“显示线宽”按钮，显示线宽；单击状态栏中的“对象捕捉”按钮，打开对象捕捉功能。单击“默认”选项卡“绘图”面板中的“直线”按钮，绘制中心线，命令行的提示与操作如下。

```
命令：LINE↙
指定第一个点：(在绘图区任意指定一点)
指定下一点或[放弃(u)]：@80,0↙
指定下一点或[退出(E)/放弃(u)]：↙
命令：↙
LINE
指定第一个点：FROM↙
基点：(捕捉中心线的中点)
<偏移>：@0,40↙
指定下一点或[放弃(u)]：@0,-80↙
指定下一点或[退出(E)/放弃(u)]：↙
```

（4）绘制圆。单击“默认”选项卡“绘图”面板中的“圆”按钮，捕捉中心线的交

Note

点，绘制 ϕ70 圆；单击“默认”选项卡“绘图”面板中的“直线”按钮，从中心线的交点到坐标点(@45<45)，绘制直线，结果如图 4-115 所示。

(5) 绘制阀盖左视图外轮廓线。将“轮廓线”层设置为当前图层，单击“默认”选项卡“绘图”面板中的“多边形”按钮，命令行的提示与操作如下。

```
命令: _POLYGON↙
输入边的数目<4>: ↙
指定正多边形的中心点或[边(e)]: (捕捉中心线的交点)
输入选项[内接于圆(i)/外切于圆(c)] <i>: C↙
指定圆的半径: 37.5↙
```

(6) 单击“默认”选项卡“修改”面板中的“圆角”按钮，对正方形进行倒圆角操作，圆角半径为 12.5。单击“默认”选项卡“绘图”面板中的“圆”按钮，捕捉中心线的交点，分别绘制 ϕ36、ϕ33、ϕ29 及 ϕ20 圆；捕捉中心线圆与倾斜中心线的交点，绘制 ϕ14 圆。单击“默认”选项卡“修改”面板中的“环形阵列”按钮，选择刚刚绘制的 ϕ14 圆及倾斜中心线，将其进行环形阵列，阵列角度为 360，数目为 4，捕捉 ϕ36 圆的圆心为阵列中心。单击“默认”选项卡“修改”面板中的“拉长”按钮，对中心线的长度进行适当调整，结果如图 4-116 所示。

(7) 绘制螺纹小径圆。将“细实线”层设置为当前图层，单击“默认”选项卡“绘图”面板中的“圆”按钮，捕捉 ϕ36 圆的圆心，绘制 ϕ34 圆。单击“默认”选项卡“修改”面板中的“修剪”按钮，对细实线的螺纹小径圆进行修剪，结果如图 4-117 所示。

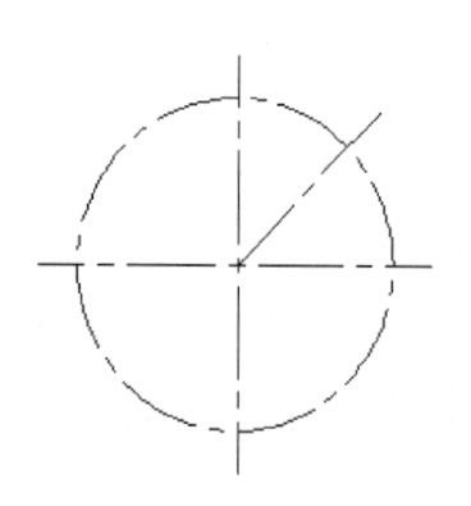

图 4-115　绘制中心线及圆

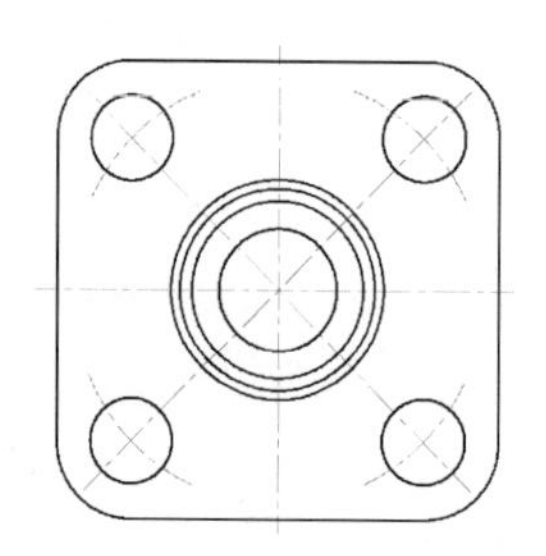

图 4-116　绘制外轮廓线

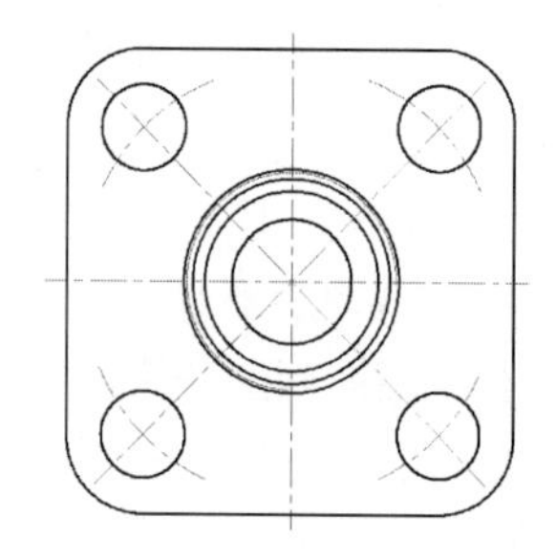

图 4-117　绘制螺纹小径圆

2. 绘制阀盖主视图

(1) 将“轮廓线”层设置为当前图层，单击状态栏中的“正交模式”按钮和“对象捕捉追踪”按钮，打开正交功能和对象捕捉追踪功能。单击“默认”选项卡“绘图”面板中的“直线”按钮，捕捉左视图水平中心线的端点，如图 4-118 所示，向左拖动鼠标，此时出现一条虚线，在适当位置处单击，确定起点。

(2) 从该起点→@0,18→@15,0→@0,−2→@11,0→0,21.5→@12,0→@0,−11→@1,0→@0,−1.5→@5,0→@0,−4.5→@4,0→将光标移动到中心线端点，此时出现一条虚线，如图 4-119 所示。

(3) 向左移动光标到两条虚线的交点处单击，结果如图 4-120 所示。

Note

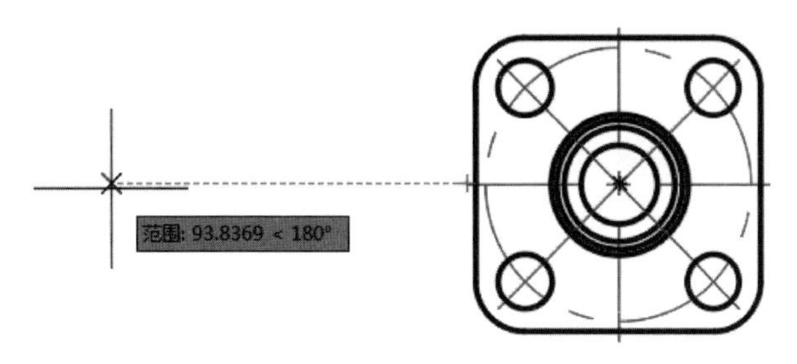

图 4-118　确定起点

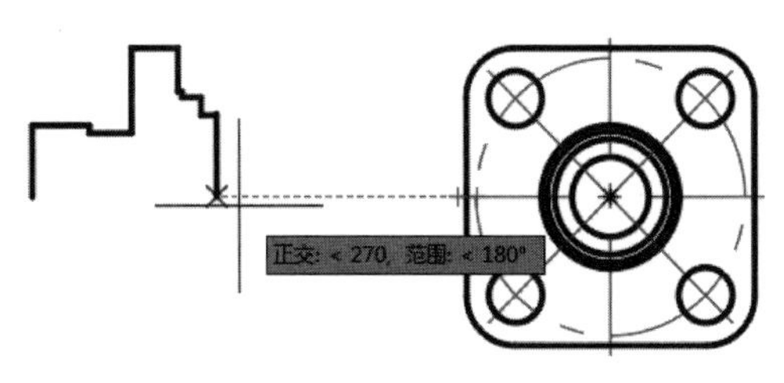

图 4-119　确定终点

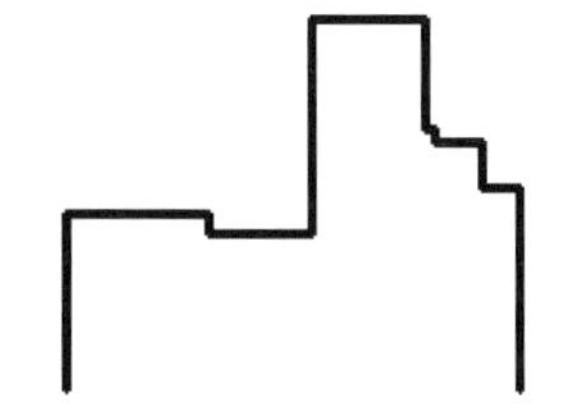

图 4-120　主视图外轮廓线

(4) 绘制阀盖主视图中心线。将“中心线”层设置为当前图层，单击“默认”选项卡“绘图”面板中的“直线”按钮╱，命令行的提示与操作如下。

```
命令: _LINE↙
指定第一个点: _FROM↙
基点:(捕捉阀盖主视图左端点)
<偏移>: @5,0↙
指定下一点或[放弃(u)]: _FROM↙
基点:(捕捉阀盖主视图右端点)
<偏移>: @5,0↙
```

(5) 绘制阀盖主视图内轮廓线。将“轮廓线”层设置为当前图层，单击“默认”选项卡“绘图”面板中的“直线”按钮╱，命令行的提示与操作如下。

```
命令: _LINE↙
指定第一个点:(捕捉左视图 ϕ29 圆的上象限点,如图 4-121 所示,向左移动光标,此时出现一条
虚线,捕捉主视图左边线上的最近点,单击鼠标左键)
```

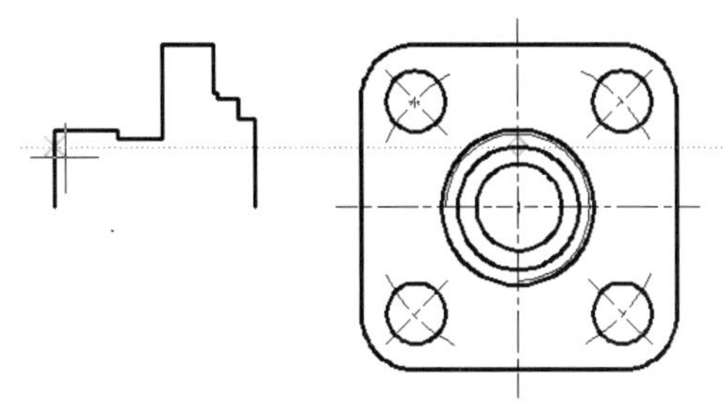

图 4-121　对象追踪确定起始点

从该点→@5,0→捕捉与中心线的交点，绘制直线。

采用同样的方法，捕捉左视图 ϕ20 圆的上象限点，向左移动光标，此时出现一条虚

Note

线，捕捉刚刚绘制的直线上的最近点，单击鼠标左键，从该点→@36,0，绘制直线。单击“默认”选项卡“绘图”面板中的“直线”按钮 ，捕捉直线端点→@0,7.5→捕捉与阀盖右边线的交点，绘制直线，结果如图 4-122 所示。

（6）绘制主视图 m36 螺纹小径。单击“默认”选项卡“修改”面板中的“偏移”按钮 ，选择阀盖主视图左端 m36 轴段上边线，将其向下偏移 1。选择偏移后的直线，将其所在图层修改为“细实线”层。

（7）对主视图进行倒圆及倒角操作。单击“默认”选项卡“修改”面板中的“倒角”按钮 ，对主视图 m36 轴段左端进行倒角操作，倒角距离为 1.5。单击“默认”选项卡“修改”面板中的“圆角”按钮 ，对主视图进行倒圆操作，圆角半径分别为 2 和 5。单击“默认”选项卡“修改”面板中的“修剪”按钮 ，对 m36 螺纹小径的细实线进行修剪，结果如图 4-123 所示。

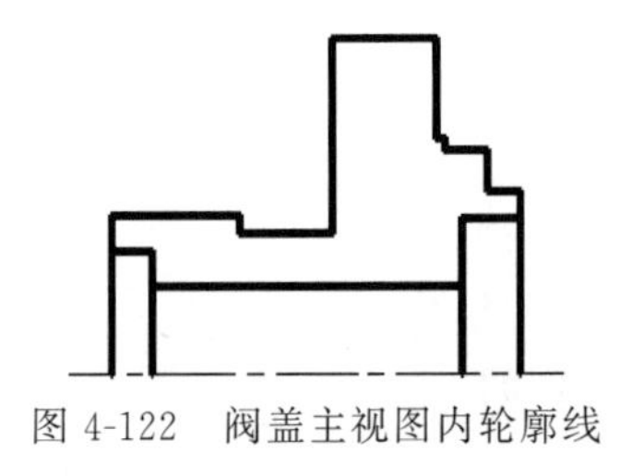

图 4-122　阀盖主视图内轮廓线

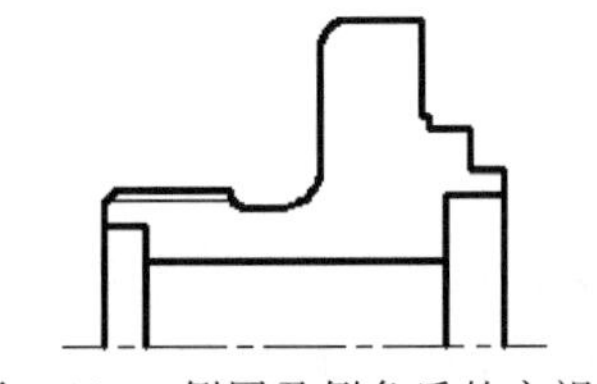

图 4-123　倒圆及倒角后的主视图

（8）完成阀盖主视图。单击“默认”选项卡“修改”面板中的“镜像”按钮 ，用窗口选择方式，选择主视图的轮廓线，以主视图的中心线为对称轴，进行镜像操作。将“细实线”层设置为当前图层。单击“默认”选项卡“绘图”面板中的“图案填充”按钮 ，打开“图案填充创建”选项卡，如图 4-124 所示，选择“ANSI31”图案，单击“拾取点”按钮 ，选择需要填充的区域进行填充，绘制剖面线，如图 4-125 所示。阀盖视图的最终结果如图 4-114 所示。

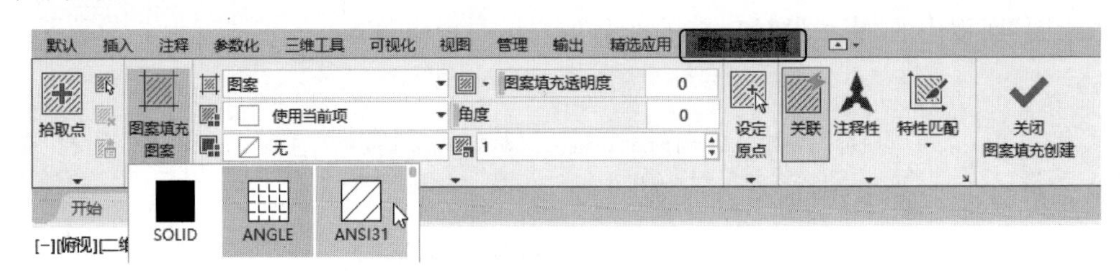

图 4-124　“图案填充创建”选项卡

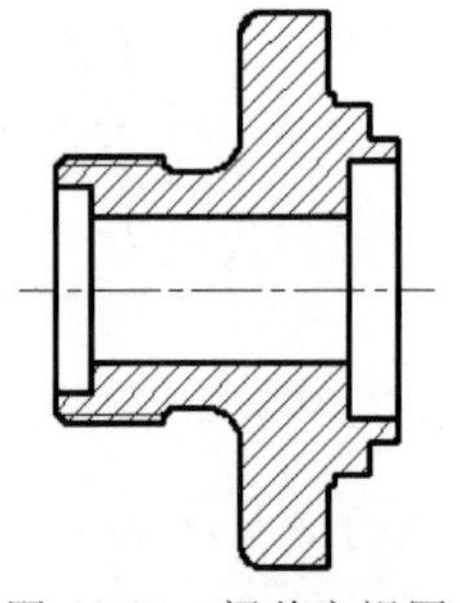

图 4-125　阀盖主视图

Note

4.8 答疑解惑

1. 旋转命令的操作技巧是什么?

可以用拖动鼠标的方法旋转对象。选择对象并指定基点后,从基点到当前光标位置会出现一条连线,移动鼠标,选择的对象会动态地随着该连线与水平方向的夹角的变化而旋转,按 Enter 键会确认旋转操作。

2. 执行或不执行圆角和斜角命令时为什么都没有变化?

那是因为系统默认圆角半径和斜角距离均为 0,如果不事先设定圆角半径或斜角距离,系统就以默认值执行命令,所以看起来好像没有执行命令。

3. 缩放命令应注意什么?

缩放命令可以将所选对象的真实尺寸按照指定的尺寸比例放大或缩小,执行后输入“r”参数即可进入参照模式,然后指定参照长度和新长度即可。参照模式适用于不直接输入比例因子或比例因子不明确的情况。

4. 修剪命令的操作技巧是什么?

在使用修剪这个命令的时候,通常在选择修剪对象的时候是逐个单击选择的,有时显得效率不高。要比较快地实现修剪的过程,可以这样操作:执行修剪命令“Tr”或“Trim”,命令行提示“选择修剪对象”时,不选择对象,继续按 Enter 键或空格键,系统默认选择全部对象,这样做可以很快地完成修剪的过程,没用过的读者不妨一试。

4.9 学习效果自测

1. 绘制如图 4-126 所示的切刀。

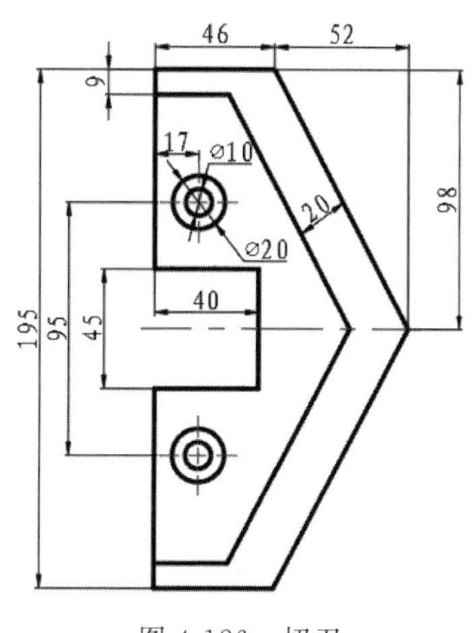

图 4-126　切刀

Note

2. 绘制如图 4-127 所示的锁紧箍。

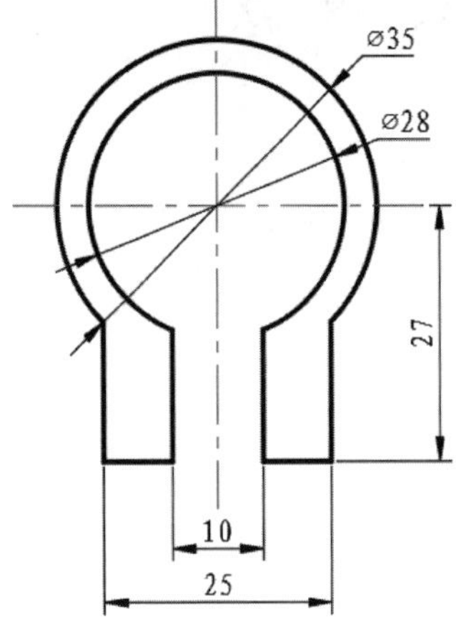

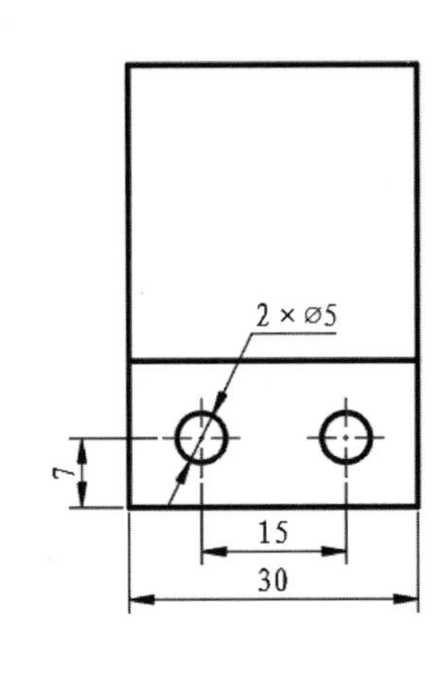

图 4-127 锁紧箍

3. 绘制如图 4-128 所示的斜齿轮。

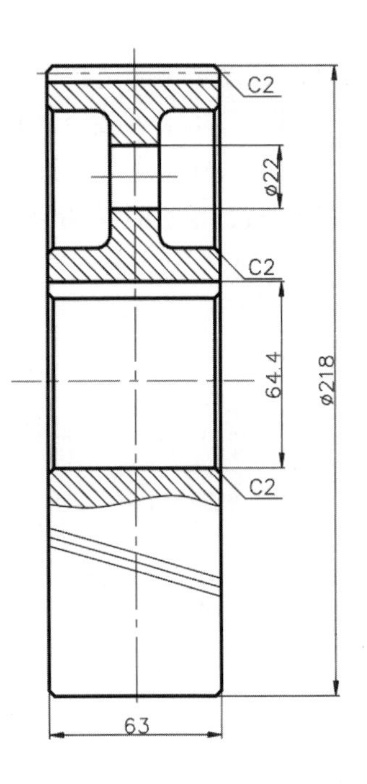

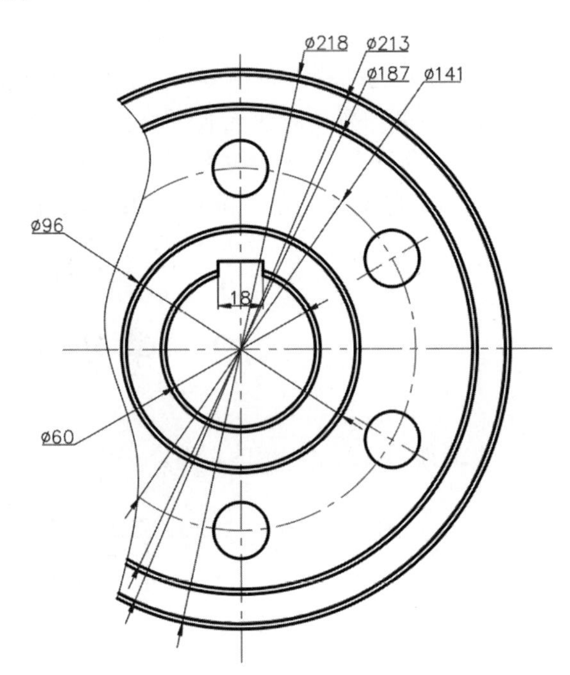

图 4-128 斜齿轮

第5章

文字与表格

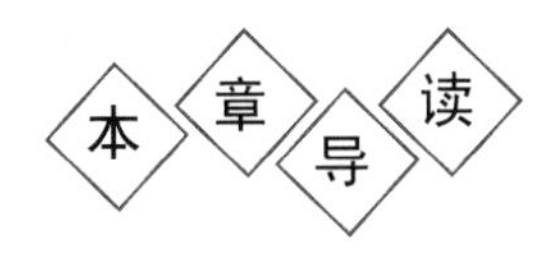

文字注释是绘制图形过程中很重要的内容，进行各种设计时，不仅要绘制出图形，还要在图形中标注一些注释性的文字，如技术要求、注释说明等，对图形对象加以解释。AutoCAD提供了多种在图形中输入文字的方法，本章将详细介绍文本的注释和编辑功能。表在AutoCAD图形中也有大量的应用，如明细表、参数表和标题栏等。本章主要介绍文字和表的使用方法。

- 文本标注
- 表格

Note

5.1 文本标注

在绘制图形的过程中，文字传递了很多设计信息，它可能是一个很复杂的说明，也可能是一个简短的文字信息。当需要文字标注的文本不太长时，可以利用 TEXT 命令创建单行文本；当需要标注很长、很复杂的文字信息时，可以利用 MTEXT 命令创建多行文本。

5.1.1 文本样式

所有 AutoCAD 图形中的文字都有与其相对应的文本样式。当输入文字对象时，AutoCAD 使用当前设置的文本样式。文本样式是用来控制文字基本形状的一组设置。AutoCAD 2022 提供了“文字样式”对话框，通过这个对话框可以方便直观地设置需要的文本样式，或是对已有样式进行修改。

1. 执行方式

命令行：STYLE(快捷命令：ST)或 DDSTYLE。

菜单栏：选择菜单栏中的“格式”→“文字样式”命令。

工具栏：单击“文字”工具栏中的“文字样式”按钮 。

功能区：单击“默认”选项卡“注释”面板中的“文字样式”按钮 ，如图 5-1 所示，或单击❶“注释”选项卡“文字”面板上的❷“文字样式”下拉菜单中的❸“管理文字样式”按钮，如图 5-2 所示，或单击“注释”选项卡“文字”面板中“对话框启动器”按钮 。执行上述命令后，系统打开“文字样式”对话框，如图 5-3 所示。

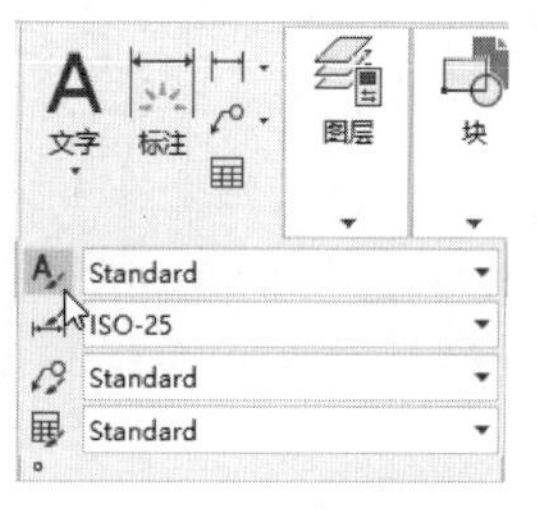

图 5-1 “注释”面板

图 5-2 “文字”面板

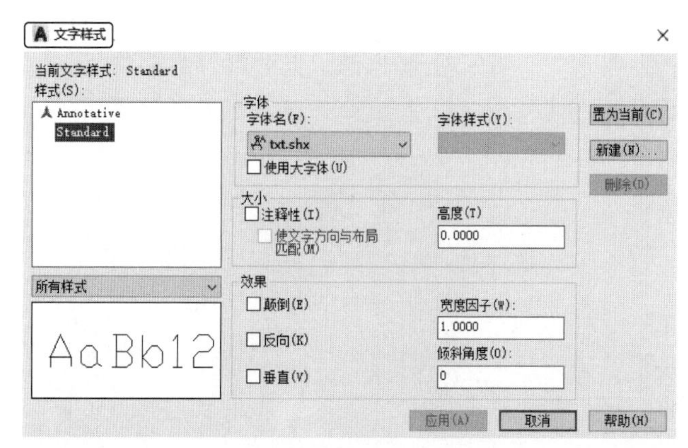

图 5-3 “文字样式”对话框

2. 选项说明

“文字样式”对话框各选项含义如表 5-1 所示。

表 5-1 “文字样式”对话框各选项含义

选项		含　义
“样式”列表框		列出所有已设定的文字样式名或对已有样式名进行相关操作
“新建”按钮		系统打开如图 5-4 所示的“新建文字样式”对话框。在该对话框中可以为新建的文字样式输入名称
“字体”选项组		用于确定字体样式。文字的字体确定字符的形状，在 AutoCAD 中，除了它固有的 SHX 形状字体文件外，还可以使用 TrueType 字体（如宋体、楷体等）。一种字体可以设置不同的效果，从而被多种文本样式使用
“大小”选项组		用于确定文本样式使用的字体文件、字体风格及字高。“高度”文本框用来设置创建文字时的固定字高，在用 TEXT 命令输入文字时，AutoCAD 不再提示输入字高参数。如果在此文本框中设置字高为 0，系统会在每一次创建文字时提示输入字高，所以，如果不想固定字高，就可以把“高度”文本框中的数值设置为 0
“效果”选项组	“颠倒”复选框	选中该复选框，表示将文本文字倒置标注，如图 5-5 所示
	“反向”复选框	确定是否将文本文字反向标注，如图 5-6 所示的标注效果
	“垂直”复选框	确定文本是水平标注还是垂直标注。选中该复选框时为垂直标注，否则为水平标注，垂直标注如图 5-7 所示
	“宽度因子”文本框	设置宽度系数，确定文本字符的宽高比。当比例系数为 1 时，表示将按字体文件中定义的宽高比标注文字。当此系数小于 1 时，字会变窄，反之变宽
	“倾斜角度”文本框	用于确定文字的倾斜角度。角度为 0 时不倾斜，为正数时向右倾斜，为负数时向左倾斜
“应用”按钮		确认对文字样式的设置。当创建新的文字样式或对现有文字样式的某些特征进行修改后，都需要单击此按钮，系统才会确认所做的改动

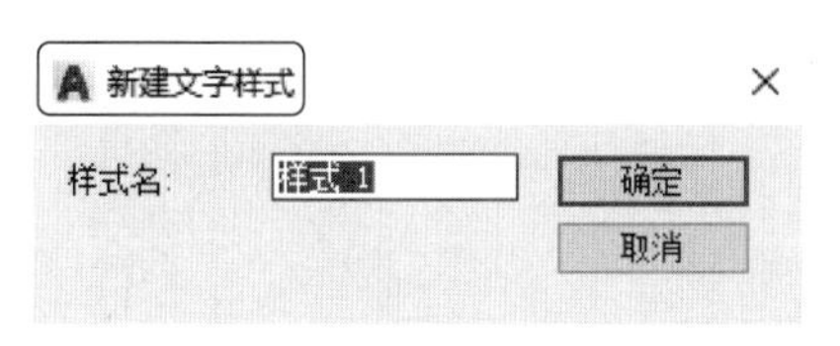

图 5-4 “新建文字样式”对话框

ABCDEFGHIJKLMN

图 5-5 文字倒置标注

ABCDEFGHIJKLMN

图 5-6 文字反向标注

abcd

a
b
c
d

图 5-7 垂直标注

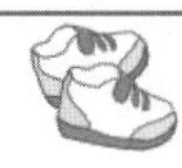

5.1.2 单行文本标注

Note

1. 执行方式

命令行：TEXT。

菜单：选择菜单栏中的“绘图”→“文字”→“单行文字”命令。

工具栏：单击“文字”工具栏中的“单行文字”按钮 A 。

功能区：单击“默认”选项卡“注释”面板中的“单行文字”按钮 A ，或单击“注释”选项卡“文字”面板中的“单行文字”按钮 A 。

2. 操作步骤

命令行提示与操作如下。

```
命令: TEXT↙
当前文字样式: Standard 当前文字高度: 0.2000 注释性: 否 对正: 左
指定文字的起点或[对正(J)/样式(S)]:
```

3. 选项说明

“单行文本标注”各选项含义如表 5-2 所示。

表 5-2 “单行文本标注”各选项含义

选项	含　义
指定文字的起点	在此提示下直接在绘图区选择一点作为输入文本的起始点，命令行提示如下。 指定高度<0.2000>: 确定文字高度 指定文字的旋转角度<0>: 确定文本行的倾斜角度 执行上述命令后，即可在指定位置输入文本文字，输入后按 Enter 键，文本文字另起一行，可继续输入文字，待全部输入完后按两次 Enter 键，退出 TEXT 命令。可见，TEXT 命令也可创建多行文本，只是这种多行文本每一行是一个对象，不能对多行文本同时进行操作
对正(J)	在“指定文字的起点或[对正(J)/样式(S)]”提示下输入“J”，用来确定文本的对齐方式，对齐方式决定文本的哪部分与所选插入点对齐。执行此选项，命令行提示如下。 输入选项 [左(L)/居中(C)/右(R)/对齐(A)/中间(M)/布满(F)/左上(TL)/中上(TC)/右上(TR)/左中(ML)/正中(MC)/右中(MR)/左下(BL)/中下(BC)/右下(BR)]: 在此提示下选择一个选项作为文本的对齐方式。当文本文字水平排列时，AutoCAD 为标注文本的文字定义了如图 5-8 所示的顶线、中线、基线和底线，各种对齐方式如图 5-9 所示，图中大写字母对应上述提示中各命令。下面以“对齐”方式为例进行简要说明。 选择“对齐(A)”选项，要求用户指定文本行基线的起始点与终止点的位置，命令行提示与操作如下。 指定文字基线的第一个端点:指定文本行基线的起点位置 指定文字基线的第二个端点:指定文本行基线的终点位置 输入文字:输入文本文字↙ 输入文字:

Note

图 5-8　文本行的底线、基线、中线和顶线

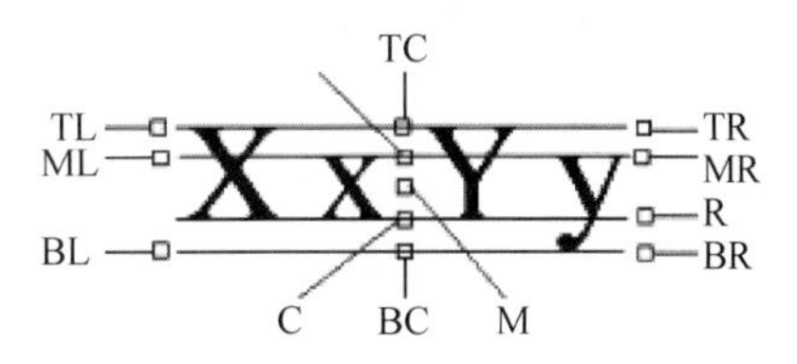

图 5-9　文本的对齐方式

图 5-10　文本行倾斜排列的效果

☎ **注意**：只有当前文本样式中设置的字符高度为 0，在使用 TEXT 命令时，系统才出现要求用户确定字符高度的提示。AutoCAD 允许将文本行倾斜排列，如图 5-10 所示为倾斜角度分别是 0°、45°和－45°时的排列效果。在"指定文字的旋转角度(0)"提示下输入文本行的倾斜角度，或在绘图区拉出一条直线来指定倾斜角度。

执行结果：输入的文本文字均匀地分布在指定的两点之间，如果两点间的连线不水平，则文本行倾斜放置，倾斜角度由两点间的连线与 X 轴夹角确定；字高、字宽根据两点间的距离、字符的多少以及文本样式中设置的宽度系数自动确定。指定了两点之后，每行输入的字符越多，字宽和字高越小。其他选项与"对齐"类似，此处不再赘述。

实际绘图时，有时需要标注一些特殊字符，如直径符号、上划线或下划线、温度符号等，由于这些符号不能直接从键盘上输入，AutoCAD 提供了一些控制码，用来实现这些要求。控制码用两个百分号(%%)加一个字符构成，常用的控制码及功能如表 5-3 所示。

表 5-3　AutoCAD 常用控制码

控　制　码	标注的特殊字符	控　制　码	标注的特殊字符
%%O	上划线	\u+0278	电相位
%%U	下划线	\u+E101	流线
%%D	"度"符号(°)	\u+2261	标识
%%P	正负符号(±)	\u+E102	界碑线
%%C	直径符号(ϕ)	\u+2260	不相等(≠)
%%%	百分号(%)	\u+2126	欧姆(Ω)
\u+2248	约等于(≈)	\u+03A9	欧米伽(Ω)
\u+2220	角度(∠)	\u+214A	低界线
\u+E100	边界线	\u+2082	下标 2
\u+2104	中心线	\u+00B2	上标 2
\u+0394	差值		

其中，%%O 和%%U 分别是上划线和下划线的开关，第一次出现此符号开始画上划线和下划线，第二次出现此符号，上划线和下划线终止。例如，输入"I want to %%U go to Beijing%%U."，则得到如图 5-11 中式(a)所示的文本行；输入"50%%D+%%C75%%P12"，则得到如图 5-11 中式(b)所示的文本行。

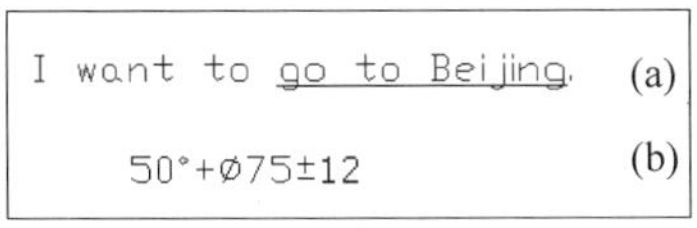

I want to go to Beijing.　(a)

50°+ø75±12　(b)

图 5-11　文本行

利用TEXT命令可以创建一个或若干个单行文本，即此命令可以标注多行文本。在“输入文字”提示下输入一行文本文字后按Enter键，命令行继续提示“输入文字”，用户可输入第二行文本文字，以此类推，直到文本文字全部输入完毕，再在此提示下按两次Enter键，结束文本输入命令。每一次按Enter键就结束一个单行文本的输入，每一个单行文本是一个对象，可以单独修改其文本样式、字高、旋转角度、对齐方式等。

Note

用TEXT命令创建文本时，在命令行输入的文字同时显示在绘图区，而且在创建过程中可以随时改变文本的位置，只要移动光标到新的位置单击，则当前行结束，随后输入的文字在新的文本位置出现，用这种方法可以把多行文本标注到绘图区的不同位置。

5.1.3 多行文本标注

1. 执行方式

命令行：MTEXT（快捷命令：T或MT）。

菜单栏：选择菜单栏中的“绘图”→“文字”→“多行文字”命令。

工具栏：单击“绘图”工具栏中的“多行文字”按钮 A，或单击“文字”工具栏中的“多行文字”按钮 A。

功能区：单击“默认”选项卡“注释”面板中的“多行文字”按钮 A，或单击“注释”选项卡“文字”面板中的“多行文字”按钮 A。

2. 操作步骤

命令行提示与操作如下。

```
命令:MTEXT↙
当前文字样式:"Standard"  当前文字高度:1.9122  注释性: 否
指定第一角点:(指定矩形框的第一个角点)
指定对角点或[高度(H)/对正(J)/行距(L)/旋转(R)/样式(S)/宽度(W)/栏(C)]:
```

3. 选项说明

“多行文本标注”各选项含义如表5-4所示。

表5-4 “多行文本标注”各选项含义

选　　项	含　　义
指定对角点	直接在屏幕上选取一个点作为矩形框的第二个角点，AutoCAD以这两个点为对角点形成一个矩形区域，其宽度作为将来要标注的多行文本的宽度，而且第一个点作为第一行文本顶线的起点。响应后AutoCAD打开如图5-12所示的“文字编辑器”选项卡和“多行文字编辑器”，可利用此编辑器输入多行文本并对其格式进行设置。关于该对话框中各项的含义及编辑器功能，稍后再详细介绍
对正(J)	确定所标注文本的对齐方式。执行此选项后，AutoCAD提示如下。 `输入对正方式[左上(TL)/中上(TC)/右上(TR)/左中(ML)/正中(MC)/右中(MR)/左下(BL)/中下(BC)/右下(BR)]<左上(TL)>:` 这些对齐方式与Text命令中的各对齐方式相同，不再重复。选取一种对齐方式后按Enter键，AutoCAD回到上一级提示

续表

选　　项	含　　义
行距(L)	确定多行文本的行间距，这里所说的行间距是指相邻两文本行的基线之间的垂直距离。执行此选项后，AutoCAD 提示： `输入行距类型[至少(A)/精确(E)]<至少(A)>:` 在此提示下有两种方式确定行间距："至少"方式和"精确"方式。在"至少"方式下，AutoCAD 根据每行文本中最大的字符自动调整行间距；在"精确"方式下，AutoCAD 给多行文本赋予一个固定的行间距。可以直接输入一个确切的间距值，也可以输入"nx"的形式，其中，n 是一个具体数，表示行间距设置为单行文本高度的 n 倍，而单行文本高度是本行文本字符高度的 1.66 倍

旋转(R)	确定文本行的倾斜角度。执行此选项后，AutoCAD 提示如下。
	`指定旋转角度<0>:(输入倾斜角度)`
	`指定对角点或[高度(H)/对正(J)/行距(L)/旋转(R)/样式(S)/宽度(W)/栏(C)]:`

样式(S)	确定当前的文本样式
宽度(W)	指定多行文本的宽度。可在屏幕上选取一点，与前面确定的第一个角点组成的矩形框的宽作为多行文本的宽度。也可以输入一个数值，精确设置多行文本的宽度。 在创建多行文本时，只要给定了文本行的起始点和宽度后，AutoCAD 就会打开如图 5-12 所示的"文字编辑器"选项卡和"多行文字编辑器"，该编辑器包含一个"文字格式"对话框和一个右键快捷菜单。用户可以在编辑器中输入和编辑多行文本，包括设置字高、文本样式以及倾斜角度等
栏(C)	根据栏宽、栏间距宽度和栏高组成矩形框，打开如图 5-12 所示的"文字编辑器"选项卡和"多行文字编辑器"
"文字编辑器"选项卡	用来控制文本文字的显示特性。可以在输入文本文字前设置文本的特性，也可以改变已输入的文本文字特性。要改变已有文本文字显示特性，首先应选择要修改的文本，选择文本的方式有以下 3 种。 • 将光标定位到文本文字开始处，按住鼠标左键，拖到文本末尾。 • 双击某个文字，则该文字被选中。 • 三次单击鼠标，则选中全部内容。 下面介绍选项卡中部分选项的功能： • "高度"下拉列表框：确定文本的字符高度，可在文本编辑框中直接输入新的字符高度，也可从下拉列表中选择已设定过的高度。 • "**B**"和"*I*"按钮：设置加粗或斜体效果，只对 TrueType 字体有效。 • "删除线"按钮 A：用于在文字上添加水平删除线。 • "下划线" U 与"上划线" O 按钮：设置或取消上(下)划线。 • "堆叠"按钮 b/a：即层叠/非层叠文本按钮，用于层叠所选的文本，也就是创建分数形式。当文本中某处出现"/""^"或"#"这 3 种层叠符号之一时可层叠文本，方法是选中需层叠的文字，然后单击此按钮，则符号左边的文字作为分子，右边的文字作为分母。AutoCAD 提供了 3 种分数形式，如果选中"abcd/efgh"后单击此按钮，得到如图 5-13(a)所示的分数形式；如果选中"abcd^efgh"后单

Note

续表

选　　项	含　　义
"文字编辑器"选项卡	击此按钮，则得到如图 5-13(b)所示的形式，此形式多用于标注极限偏差；如果选中"abcd ＃ efgh"后单击此按钮，则创建斜排的分数形式，如图 5-13(c)所示。如果选中已经层叠的文本对象后单击此按钮，则恢复到非层叠形式。 • "倾斜角度"下拉列表框 0/：设置文字的倾斜角度，如图 5-14 所示。 • "符号"按钮 @：用于输入各种符号。单击该按钮，系统打开符号列表，如图 5-15 所示，可以从中选择符号输入文本中。 • "插入字段"按钮：插入一些常用或预设字段。单击该命令，系统打开"字段"对话框，如图 5-16 所示，用户可以从中选择字段插入标注文本中。 • "追踪"按钮：增大或减小选定字符之间的空隙。 • "多行文字对正"按钮 A：显示"多行文字对正"菜单，并且有 9 个对齐选项可用。 • "宽度因子"按钮：扩展或收缩选定字符。 • "上标"x^2按钮：将选定文字转换为上标，即在输入线的上方设置稍小的文字。 • "下标"x_2按钮：将选定文字转换为下标，即在输入线的下方设置稍小的文字。 • "清除格式"下拉列表：删除选定字符的字符格式，或删除选定段落的段落格式，或删除选定段落中的所有格式。 ➘ 关闭：如果选择此选项，将从应用了列表格式的选定文字中删除字母、数字和项目符号。不更改缩进状态。 ➘ 以数字标记：应用将带有句点的数字用于列表中的项的列表格式。 ➘ 以字母标记：应用将带有句点的字母用于列表中的项的列表格式。如果列表含有的项多于字母中含有的字母，可以使用双字母继续序列。 ➘ 以项目符号标记：应用将项目符号用于列表中的项的列表格式。 ➘ 启动：在列表格式中启动新的字母或数字序列。如果选定的项位于列表中间，则选定项下面的未选中的项也将成为新列表的一部分。 ➘ 连续：将选定的段落添加到上面最后一个列表然后继续序列。如果选择了列表项而非段落，选定项下面的未选中的项将继续序列。 ➘ 允许自动项目符号和编号：在输入时应用列表格式。以下字符可以用作字母和数字后的标点，不能用作项目符号：句点(.)、逗号(,)、右括号())、右尖括号(>)、右方括号(])和右花括号(})。 ➘ 允许项目符号和列表：如果选择此选项，列表格式将应用到外观类似列表的多行文字对象中的所有纯文本。 ➘ 拼写检查：确定输入时拼写检查处于打开还是关闭状态。 ➘ 编辑词典：显示"词典"对话框，从中可添加或删除在拼写检查过程中使用的自定义词典。 ➘ 标尺：在编辑器顶部显示标尺。拖动标尺末尾的箭头可更改文字对象的宽度。列模式处于活动状态时，还显示高度和列夹点。 • 段落：为段落和段落的第一行设置缩进。指定制表位和缩进，控制段落对齐方式、段落间距和段落行距，如图 5-17 所示。 • 输入文字：选择此项，系统打开"选择文件"对话框，如图 5-18 所示。选择任意 ASCII 或 RTF 格式的文件。输入的文字保留原始字符格式和样式特性，但可以在多行文字编辑器中编辑和格式化输入的文字。选择要输入的文本文件后，可以替换选定的文字或全部文字，或在文字边界内将插入的文字附加到选定的文字中。输入文字的文件必须小于 32KB

Note

图 5-12　“文字编辑器”选项卡

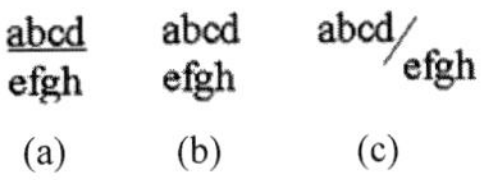

abcd efgh	abcd efgh	abcd/efgh
(a)	(b)	(c)

图 5-13　文本层叠

建筑设计

建筑设计

建筑设计

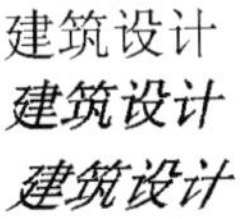

图 5-14　倾斜角度与斜体效果

图 5-15　符号列表

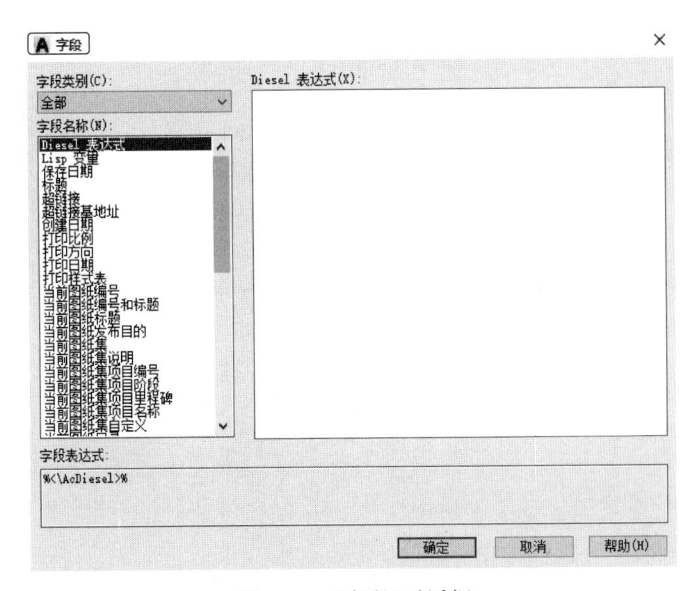

图 5-16　“字段”对话框

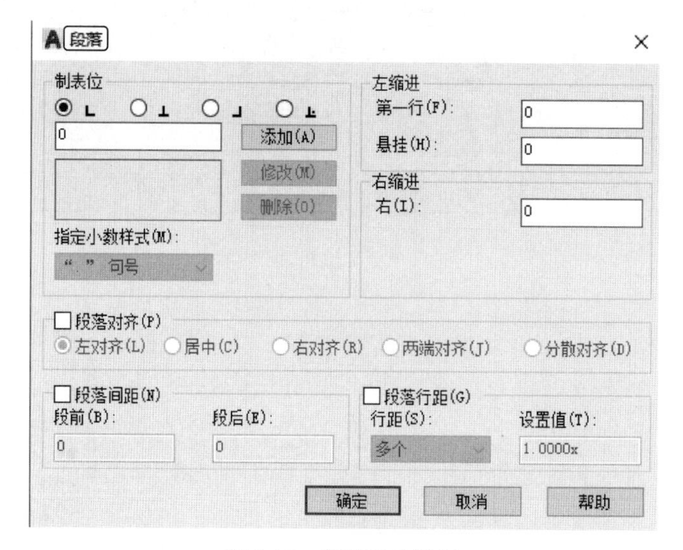

图 5-17 “段落”对话框

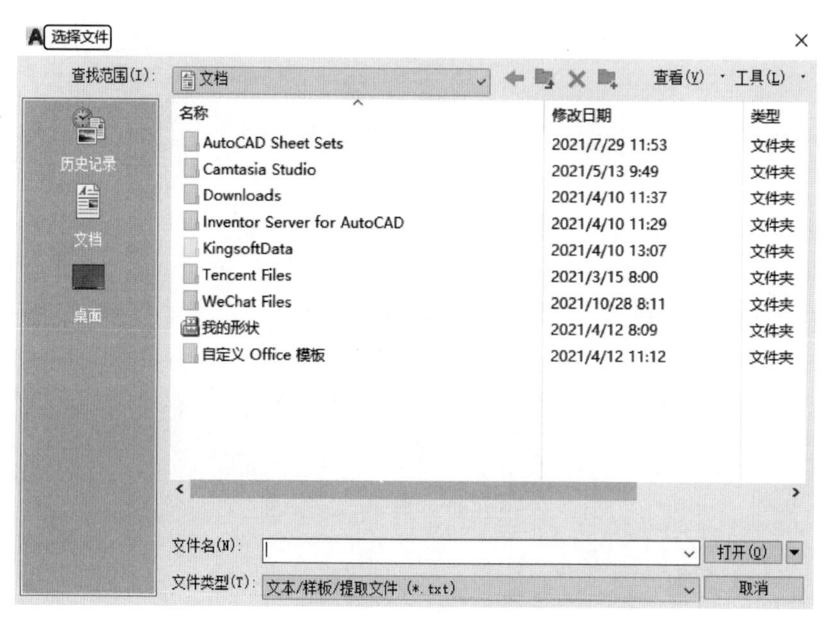

图 5-18 “选择文件”对话框

提示：倾斜角度与斜体效果是两个不同的概念，前者可以设置任意倾斜角度，后者是在任意倾斜角度的基础上设置斜体效果，如图 5-14 所示。其中，第一行倾斜角度为 0，非斜体；第二行倾斜角度为 6°，斜体；第三行倾斜角度为 12°。

5.1.4 文本编辑

1. 执行方式

命令行：DDEDIT（快捷命令：ED）。

菜单栏：选择菜单栏中的“修改”→“对象”→“文字”→“编辑”命令。

工具栏：单击“文字”工具栏中的“编辑”按钮 。

2. 操作步骤

命令行提示与操作如下。

```
命令: DDEDIT↙
当前设置: 编辑模式 = Multiple
选择注释对象或[放弃(U)]/模式(M):
```

要求选择想要修改的文本，同时光标变为拾取框。用拾取框选择对象，如果选择的文本是用 TEXT 命令创建的单行文本，则深显该文本，可对其进行修改；如果选择的文本是用 MTEXT 命令创建的多行文本，选择对象后则打开多行文字编辑器(图 5-12)，可根据前面的介绍对各项设置或对内容进行修改。

5.1.5 上机练习——500Hz 正弦波发生器

绘制如图 5-19 所示的正弦波发生器。

5-1

首先新建两个图层，绘制正弦波发生器的轮廓线和文字说明。在绘制过程中利用了直线、多行文字和多边形等命令，最终完成对正弦波发生器的绘制。

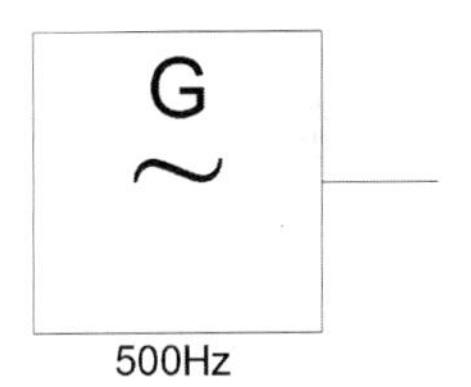

图 5-19 正弦波发生器

(1) 单击“默认”选项卡“图层”面板中的“图层特性”按钮 ，打开“图层特性管理器”对话框，新建两个图层：

① “文字”图层，采用默认属性。

② “轮廓”图层，采用默认属性。

(2) 将“轮廓”图层置为当前图层，单击“默认”选项卡“绘图”面板中的“多边形”按钮 ，绘制边长为 50 的正方形作为发生器的外轮廓，命令行中的提示与操作如下。绘制结果如图 5-20 所示。

```
命令: _POLYGON↙
输入侧面数<4>:
指定正多边形的中心点或[边(E)]: E
指定边的第一个端点:(在适当的位置指定一点)
指定边的第二个端点:(<正交  开>)50
```

(3) 将“文字”图层置为当前图层，单击“默认”选项卡“绘图”面板中的“多行文字”按钮 A，指定输入区域后打开“文字编辑器”选项卡和“多行文字编辑器”，设置文字高度为 10，输入文字 G，设置段落为正中，单击“关闭”按钮，关闭“文字编辑器”选项卡和“多行文字编辑器”。

(4) 单击“默认”选项卡“绘图”面板中的“多行文字”按钮 A，指定输入区域后打开

Note

“文字编辑器”，设置文字高度为20，段落为正中，选择“插入”→“符号”命令，在打开的如图5-15所示符号列表中选择“其他”选项，打开如图5-20所示的“字符映射表”对话框。选择字符，然后单击“选择”按钮后单击“复制”按钮，关闭对话框。在“文字编辑器”选项卡中右击，在弹出的快捷菜单中选择“粘贴”，关闭“文字编辑器”选项卡，结果如图5-21所示。

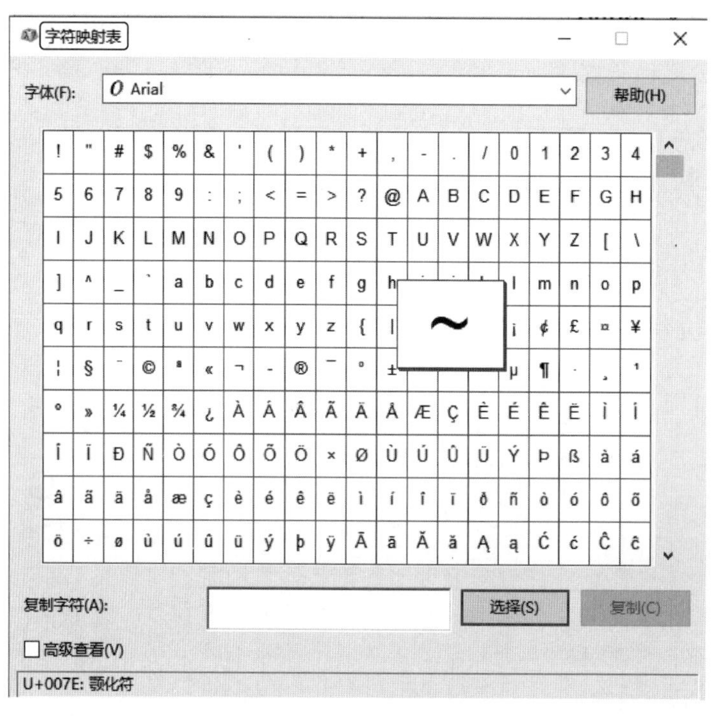

图5-20 “字符映射表”对话框

(5) 将“轮廓”图层置为当前图层，单击“默认”选项卡“绘图”面板中的“直线”按钮，捕捉正方形右侧竖直线的中点为起点绘制长度为20的水平直线，结果如图5-22所示。

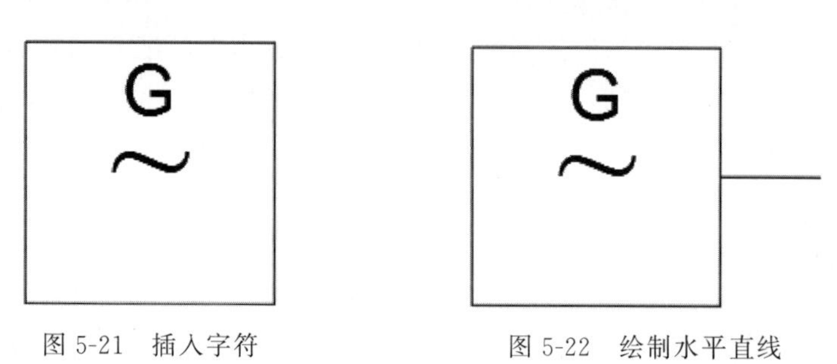

图5-21 插入字符　　图5-22 绘制水平直线

(6) 单击“默认”选项卡“注释”面板中的“文字样式”按钮，打开如图5-3所示的“文字样式”对话框，选择字体名为Arial，高度为5，其他采用默认设置，单击“应用”按钮，完成文字样式的设置。

(7) 单击“注释”选项卡“文字”面板中的“单行文字”按钮A，在图形的下方输入500Hz字样，命令行提示与操作如下。结果如图5-19所示。

```
命令: _TEXT
当前文字样式: "Standard" 文字高度: 5.0000 注释性: 否 对正: 左
指定文字的起点或[对正(J)/样式(S)]:(在图形下方指定起点)
指定文字的旋转角度<0>:(指定角度为 0,输入文字 500Hz)
```

Note

5.2 表 格

在以前的 AutoCAD 版本中,要绘制表格,必须采用绘制图线或结合偏移、复制等编辑命令来完成,这样的操作过程烦琐而复杂,不利于提高绘图效率。有了绘制表格功能,创建表格就变得非常容易,用户可以直接插入设置好样式的表格,而不用绘制由单独图线组成的表格。

5.2.1 定义表格样式

和文字样式一样,所有 AutoCAD 图形中的表格都有与其相对应的表格样式。当插入表格对象时,系统使用当前设置的表格样式。表格样式是用来控制表格基本形状和间距的一组设置。模板文件 ACAD.DWT 和 ACADISO.DWT 中定义了名为“Standard”的默认表格样式。

1. 执行方式

命令行:TABLESTYLE。

菜单栏:选择菜单栏中的“格式”→“表格样式”命令。

工具栏:单击“样式”工具栏中的“表格样式”按钮 。

功能区:单击“默认”选项卡“注释”面板中的“表格样式”按钮 ,如图 5-23 所示,或单击“注释”选项卡“表格”面板上的“表格样式”下拉菜单中的“管理表格样式”按钮,如图 5-24 所示,或单击“注释”选项卡“表格”面板中“对话框启动器”按钮 。

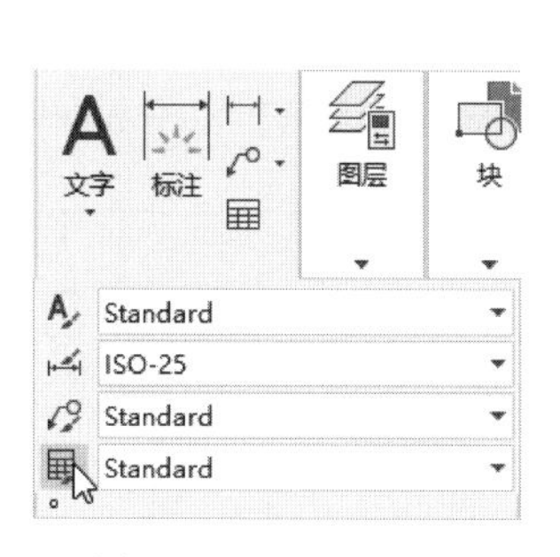

图 5-23 “注释”面板

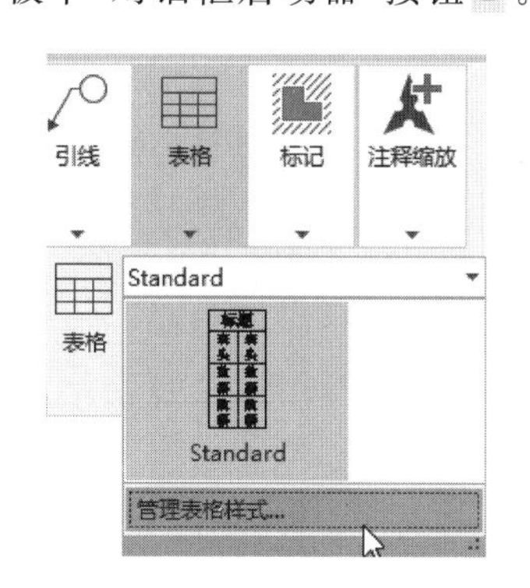

图 5-24 “表格”面板

执行上述命令后,系统打开“表格样式”对话框,如图 5-25 所示。

2. 选项说明

“表格样式”对话框各选项含义如表 5-5 所示。

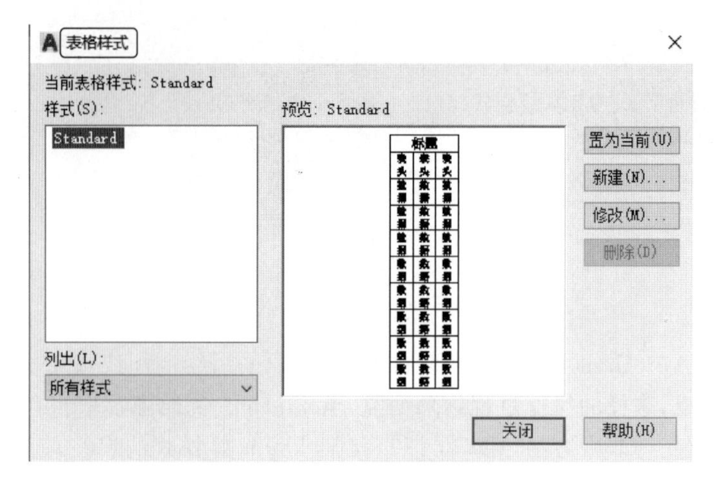

图 5-25　“表格样式”对话框

表 5-5　“表格样式”对话框各选项含义

<table>
<tr><th>选　　项</th><th colspan="2">含　　义</th></tr>
<tr><td rowspan="4">“新建”按钮</td><td colspan="2">单击该按钮，系统打开“表格样式”对话框，如图 5-25 所示。输入新的表格样式名后，单击“继续”按钮，系统打开“创建新的表格样式”对话框，如图 5-26 所示，从中可以定义新的表格样式。
“新建表格样式”对话框的“单元样式”下拉列表框中有 3 个重要的选项：“数据”“表头”“标题”，分别控制表格中数据、列标题和总标题的有关参数，如图 5-27、图 5-28 所示。在“新建表格样式”对话框中有 3 个重要的选项卡，分别介绍如下</td></tr>
<tr><td>“常规”选项卡</td><td>用于控制数据栏格与标题栏格的上下位置关系</td></tr>
<tr><td>“文字”选项卡</td><td>用于设置文字属性，单击此选项卡，在“文字样式”下拉列表框中可以选择已定义的文字样式并应用于数据文字，也可以单击右侧的按钮...重新定义文字样式。其中“文字高度”“文字颜色”“文字角度”各选项设定的相应参数格式可供用户选择</td></tr>
<tr><td>“边框”选项卡</td><td>用于设置表格的边框属性下面的边框线按钮，控制数据边框线的各种形式，如绘制所有数据边框线、只绘制数据边框外部边框线、只绘制数据边框内部边框线、无边框线、只绘制底部边框线等。选项卡中的“线宽”“线型”“颜色”下拉列表框则控制边框线的线宽、线型和颜色；选项卡中的“间距”文本框用于控制单元边界和内容之间的间距</td></tr>
<tr><td>“修改”按钮</td><td colspan="2">用于对当前表格样式进行修改，方式与新建表格样式相同</td></tr>
</table>

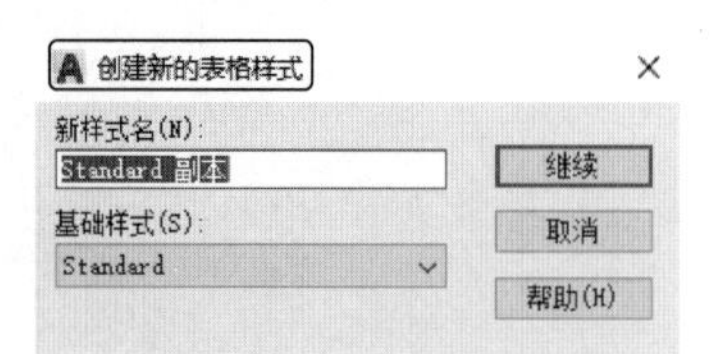

图 5-26　“创建新的表格样式”对话框

如图 5-29 所示，数据文字样式为“Standard”，文字高度为 4.5，文字颜色为“红色”，对齐方式为“右下”；标题文字样式为“Standard”，文字高度为 6，文字颜色为“蓝色”，对齐方式为“正中”，表格方向为“上”，水平单元边距和垂直单元边距都为“1.5”的表格样式。

Note

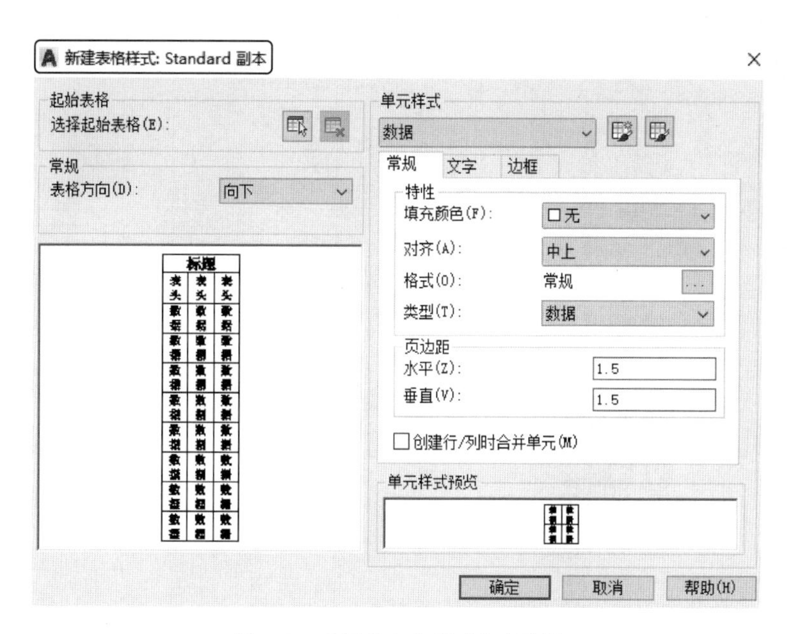

图 5-27　“新建表格样式”对话框

标题		
表头	表头	表头
数据	数据	数据
数据	数据	数据
数据	数据	数据
数据	数据	数据
数据	数据	数据
数据	数据	数据

图 5-28　表格样式

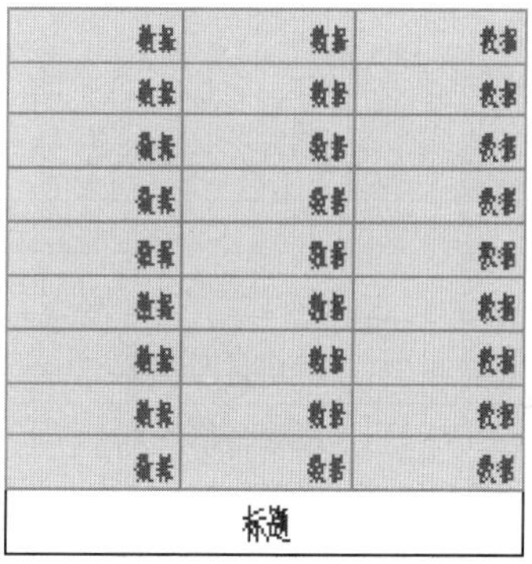

数据	数据	数据
数据	数据	数据
数据	数据	数据
数据	数据	数据
数据	数据	数据
数据	数据	数据
数据	数据	数据
数据	数据	数据
数据	数据	数据
标题		

图 5-29　表格示例

5.2.2　创建表格

在设置好表格样式后，用户可以利用 TABLE 命令创建表格。

1. 执行方式

命令行：TABLE。

菜单栏：选择菜单栏中的“绘图”→“表格”命令。

工具栏：单击“绘图”工具栏中的“表格”按钮 ▦ 。

功能区：单击“默认”选项卡“注释”面板中的“表格”按钮 ▦ ，或单击“注释”选项卡“表格”面板中的“表格”按钮 ▦ 。

执行上述命令后，系统打开“插入表格”对话框，如图 5-30 所示。

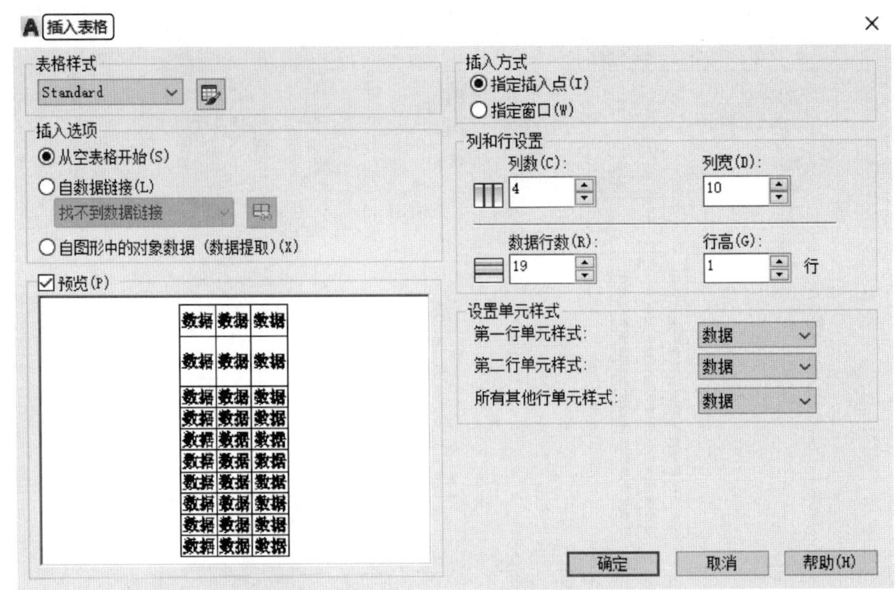

图 5-30 “插入表格”对话框

2. 选项说明

“插入表格”对话框各选项含义如表 5-6 所示。

表 5-6 “插入表格”对话框各选项含义

选　　项		含　　义
“表格样式”选项组		可以在“表格样式”下拉列表框中选择一种表格样式，也可以通过单击后面的按钮 来新建或修改表格样式
“插入选项”选项组	“从空表格开始”单选按钮	创建可以手动填充数据的空表格
	“自数据链接”单选按钮	通过启动数据链接管理器来创建表格
	“自图形中的对象数据”单选按钮	通过启动“数据提取”向导来创建表格
“插入方式”选项组	“指定插入点”单选按钮	指定表格的左上角的位置。可以使用定点设备，也可以在命令行中输入坐标值。如果表格样式将表格的方向设置为由下而上读取，则插入点位于表格的左下角
	“指定窗口”单选按钮	指定表的大小和位置。可以使用定点设备，也可以在命令行中输入坐标值。选定此选项时，行数、列数、列宽和行高取决于窗口的大小以及列和行设置
“列和行设置”选项组		指定列和数据行的数目以及列宽与行高
“设置单元样式”选项组		指定“第一行单元样式”“第二行单元样式”“所有其他行单元样式”分别为标题、表头和数据样式

在“插入表格”对话框中进行相应设置后，单击“确定”按钮，系统在指定的插入点或窗口自动插入一个空表格，并打开“文字编辑器”选项卡，用户可以逐行逐列输入相应的文字或数据，如图 5-31 所示。

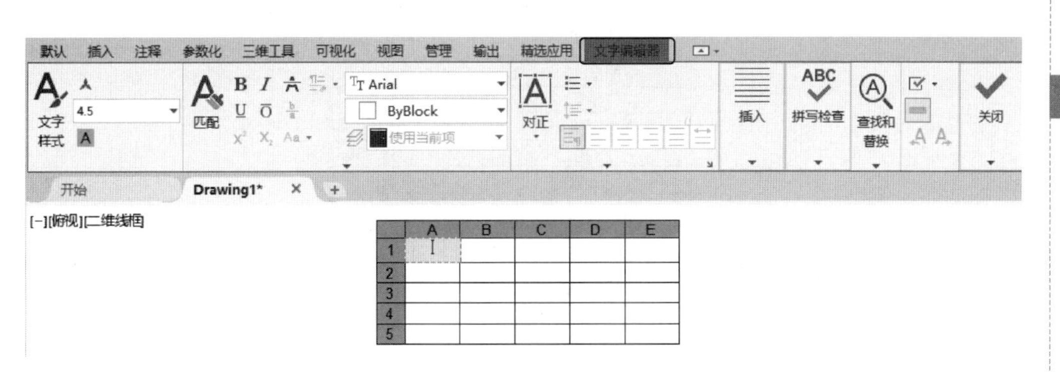

图 5-31　空表格和“文字编辑器”选项卡

☎ **注意**：在“插入方式”选项组中点选“指定窗口”单选按钮后，列与行设置的两个参数中只能指定一个，另外一个由指定窗口的大小自动等分来确定。

在插入后的表格中选择某一个单元格，单击后出现钳夹点，通过移动钳夹点可以改变单元格的大小，如图 5-32 所示。

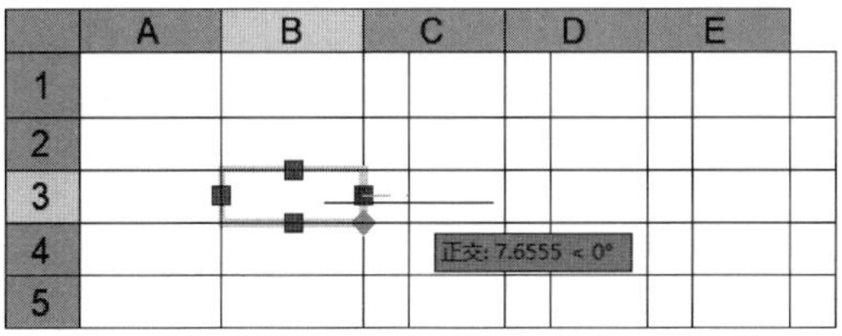

	A	B	C	D	E
1					
2					
3					
4					
5					

正交: 7.6555 < 0°

图 5-32　改变单元格大小

5.2.3　表格文字编辑

1. 执行方式

命令行：TABLEDIT。

快捷菜单：选择表和一个或多个单元后右击，选择快捷菜单中的“编辑文字”命令。

定点设备：在表单元内双击。

执行上述命令后，命令行出现“拾取表格单元”的提示，选择要编辑的表格单元，系统打开如图 5-31 所示的“文字编辑器”选项卡，用户可以对选择的表格单元的文字进行编辑。

2. 操作步骤

下面以新建如图 5-33 所示的“斜齿轮参数表”为例，具体介绍新建表格的步骤。

Note

法面模数		m_n	2
齿数		z	82
法向压力角		α	20°
齿顶高系数		h^*	1
顶隙系数		c^*	0.2500
螺旋角		β	15.6°
旋向		右	
变位系数		x	0
精度等级		8-7-7HK	
全齿高		h	5.6250
中心距及偏差		135±0.021	
配对齿轮		图号	
		齿数	60
公差组	检验项目	代号	公差
I	齿圈径向跳动公差	F_r	0.0630
	公法线长度变动公差	F_W	0.0500
II	基节极限偏差	f_{ph}	±0.016
	齿形公差	f_f	0.0130
III	齿向公差	F_B	0.0160
公法线平均长度及其偏差			
跨测齿数		K	9

图 5-33　斜齿轮参数表

5.2.4　上机练习——斜齿轮参数表

练习目标

5-2

绘制如图 5-33 所示的斜齿轮参数表。

设计思路

首先设置表格样式，然后绘制表格，并对表格进行编辑，最后输入文字。

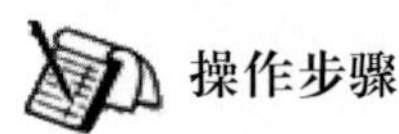

操作步骤

（1）单击“默认”选项卡“注释”面板中的“表格样式”按钮，系统弹出“表格样式”对话框，如图 5-25 所示。单击“修改”按钮，打开“修改表格样式”对话框，如图 5-34 所示。在该对话框中进行如下设置：在“常规”选项卡中，填充颜色设为“无”，对齐方式为“正中”，水平单元边距和垂直单元边距均为 1；在“文字”选项卡中，文字样式为 Standard，文字高度为 4，文字颜色为 ByBlock；表格方向为“向下”。设置好表格样式后，单击“确定”按钮退出。

（2）单击“默认”选项卡“注释”面板中的“表格”按钮，系统弹出“插入表格”对话框，如图 5-30 所示。设置插入方式为“指定插入点”，行和列设置为 19 行 4 列，列宽为 10，行高为 1。“第一行单元样式”“第二行单元样式”“所有其他行单元样式”都设置为“数据”。单击“确定”按钮后，在绘图平面指定插入点插入表格，如图 5-35 所示。

（3）单击第一列某个表格，出现钳夹点，将右边钳夹点向右拉，使列宽拉到合适的长度，如图 5-36 所示，同样将第二列和第三列的列宽拉到合适的长度，效果如图 5-37 所示。

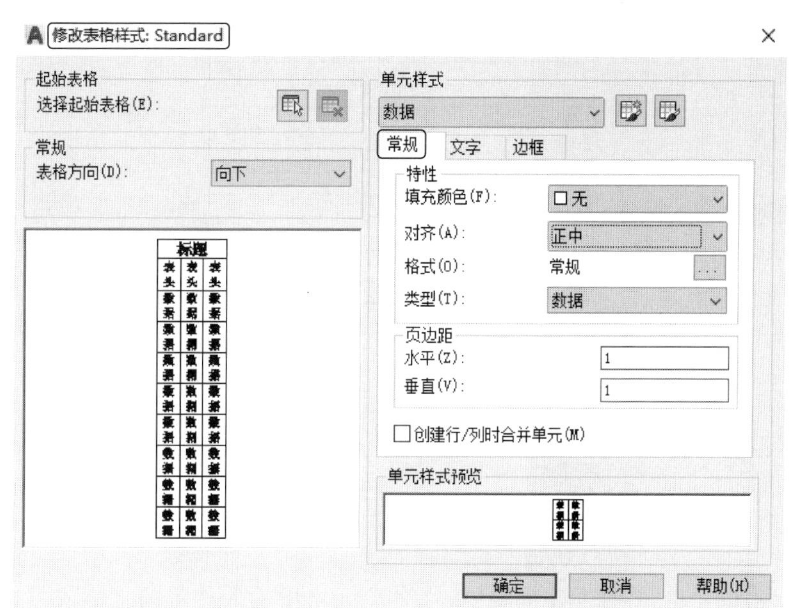

图 5-34　“修改表格样式”对话框

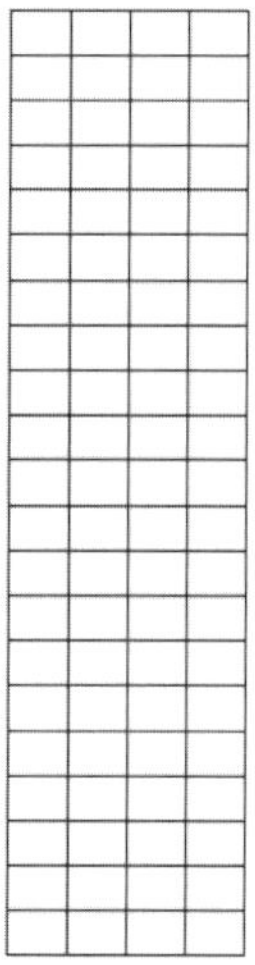

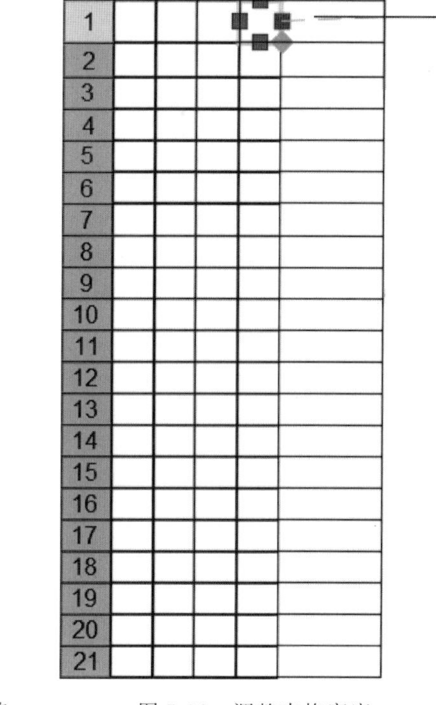

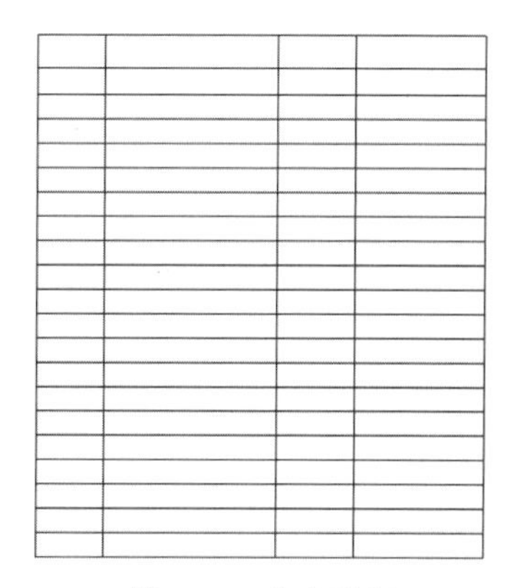

图 5-35　插入表格

图 5-36　调整表格宽度

图 5-37　改变列宽

（4）选取第一行的第一列和第二列，选择“表格单元”选项卡中“合并单元”下拉列表中的“按行合并”选项，合并单元，采用相同的方法，合并其他单元，结果如图 5-38 所示。

Note

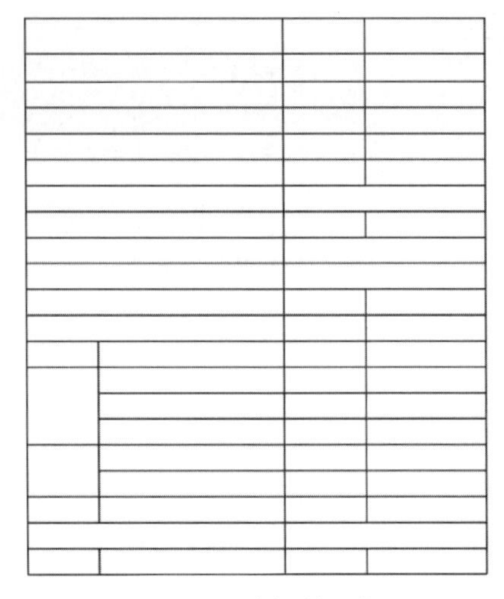

图 5-38　编辑单元格

(5) 双击单元格,打开文字编辑器,在各单元格中输入相应的文字或数据,最终完成参数表的绘制,效果如图 5-33 所示。

注意: 如果有多个文本格式一样,可以采用复制后修改文字内容的方法进行表格文字的填充,这样只需双击就可以直接修改表格文字的内容,而不用重新设置每个文本格式。

5.3　实例精讲——A3 样板图

5-3

练习目标

绘制如图 5-39 所示的 A3 样板图。

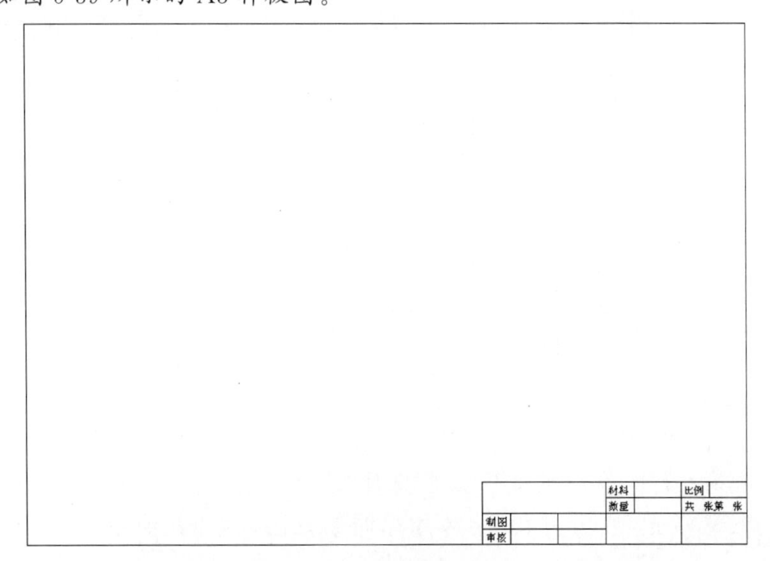

图 5-39　A3 样板图

设计思路

首先利用矩形命令绘制 A3 样板图的外框，然后设置表格的样式，新建表格，并利用多行文字命令为图形添加文字，最终完成对 A3 样板图的绘制。

操作步骤

(1) 单击“默认”选项卡“绘图”面板中的“矩形”按钮 ，绘制一个矩形，指定矩形两个角点的坐标分别为(25,10)和(410,287)。

注意：《房屋建筑制图统一标准》(GB/T 50001—2017)规定 A3 图纸的幅面大小是 420×297，这里留出了带装订边的图框到纸面边界的距离。

(2) 标题栏结构如图 5-40 所示，由于分隔线并不整齐，所以可以先绘制一个 28×4(每个单元格的尺寸是 5×8)的标准表格，然后在此基础上编辑合并单元格形成图 5-40 所示形式。

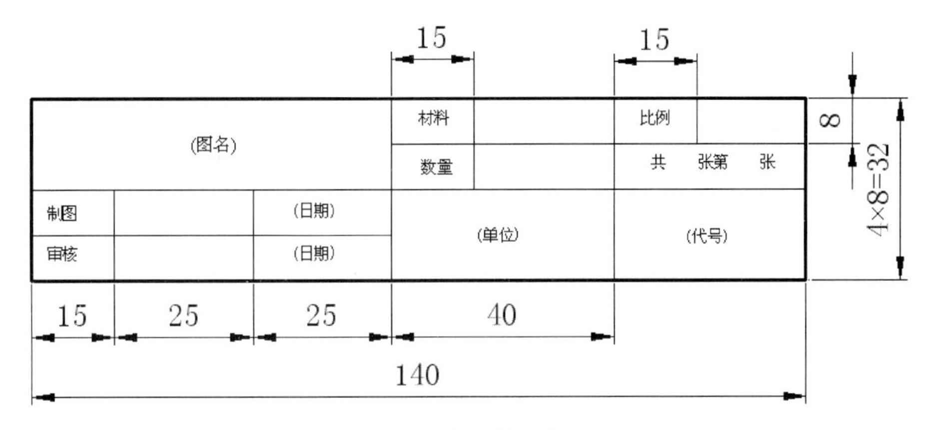

图 5-40 标题栏示意图

(3) 单击“默认”选项卡“注释”面板中的“表格样式”按钮 ，打开“表格样式”对话框，如图 5-25 所示。

(4) 单击“修改”按钮，系统打开“修改表格样式”对话框，在“单元样式”下拉列表框中选择“数据”选项，在下面的“文字”选项卡中将文字高度设置为 3。再打开“常规”选项卡，将“页边距”选项组中的“水平”和“垂直”都设置成 1。

注意：表格的行高＝文字高度＋2×垂直页边距，此处设置为 3＋2×1＝5。

(5) 系统回到“表格样式”对话框，单击“关闭”按钮退出。

(6) 单击“默认”选项卡“注释”面板中的“表格”按钮 ，系统打开“插入表格”对话框，在“列和行设置”选项组中将“列”设置为 28，将“列宽”设置为 0.5，将“数据行数”设置为 2(加上标题行和表头行共 4 行)，将“行高”设置为 1 行(即为 10)；在“设置单元样式”选项组中将“第一行单元样式”“第二行单元样式”“第三行单元样式”都设置为“数据”。

(7) 在图框线右下角附近指定表格位置，系统生成表格，同时打开“文字编辑器”选项卡，如图 5-41 所示，直接按 Enter 键，不输入文字，生成的表格如图 5-42 所示。

Note

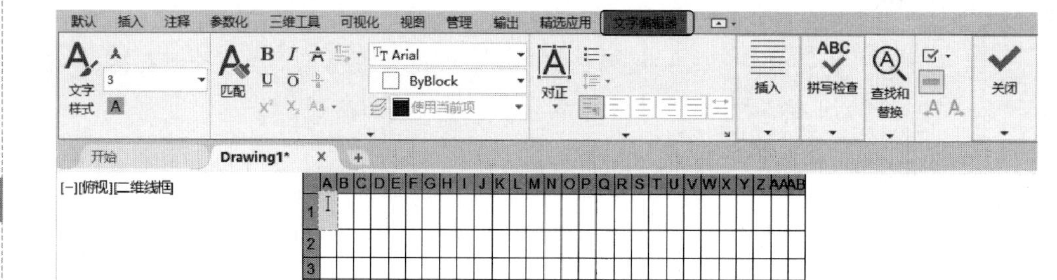

图 5-41　表格和“文字编辑器”选项卡

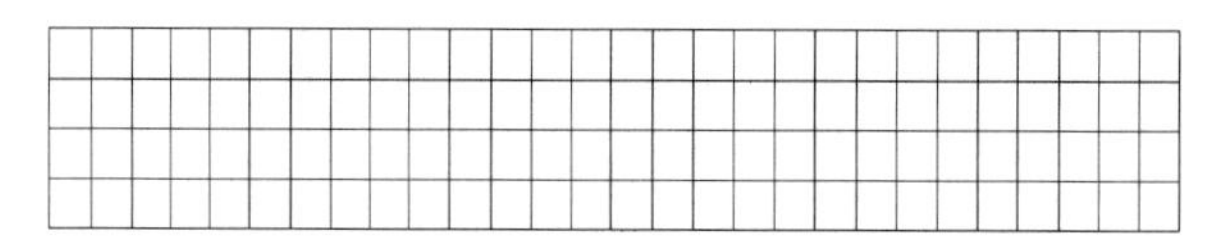

图 5-42　生成表格

(8) 单击表格中任一个单元格，系统显示其编辑夹点，右击，在打开的快捷菜单中选择“特性”命令，如图 5-43 所示，系统打开“特性”对话框，将单元高度参数改为 8，如图 5-44 所示，这样该单元格所在行的高度就统一改为 8。采用同样方法将其他行的高度改为 8。

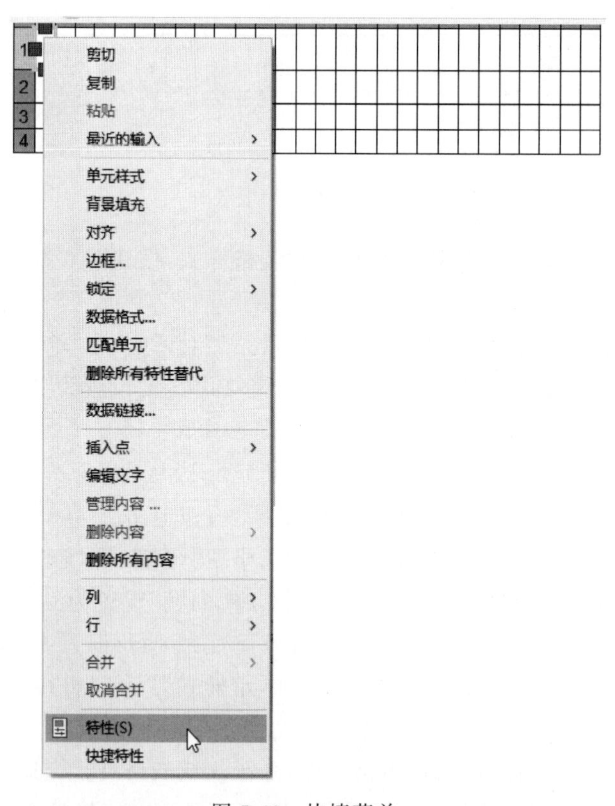

图 5-43　快捷菜单

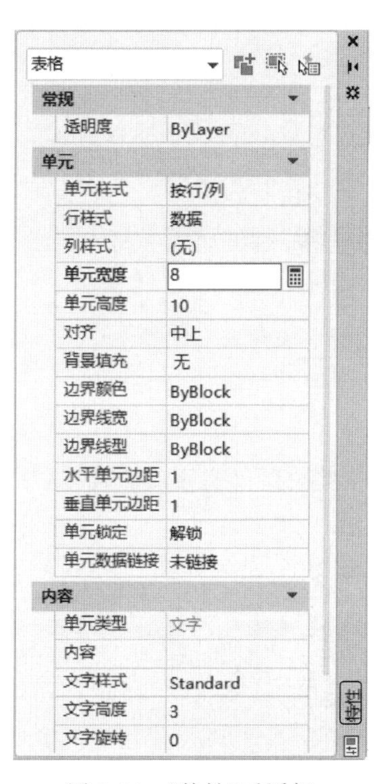

图 5-44　“特性”对话框

(9) 选择 A1 单元格，按住 Shift 键，同时选择右边的 12 个单元格以及下面的 13 个单元格，右击弹出快捷菜单，选择其中的“合并”→“全部”命令，如图 5-45 所示，这些单元格完成合并，如图 5-46 所示。

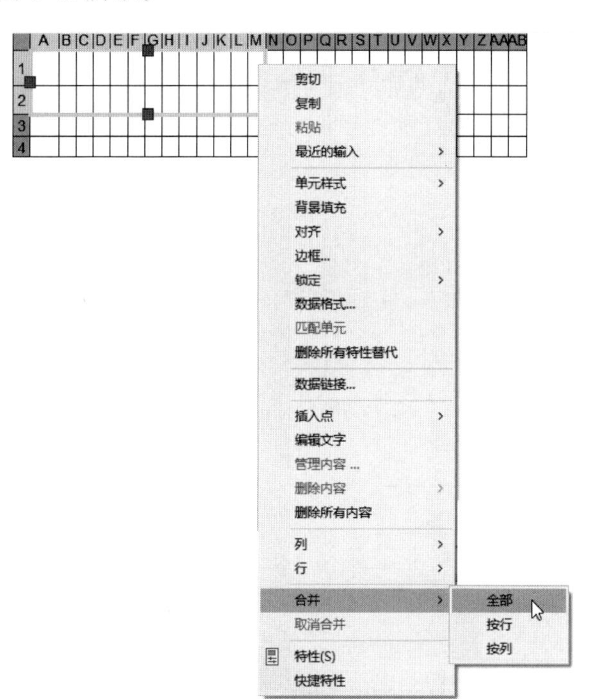

图 5-45　快捷菜单

Note

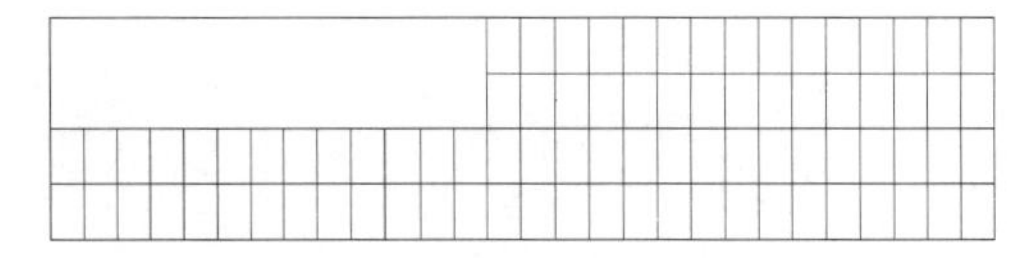

图 5-46 合并单元格

采用同样方法合并其他单元格,结果如图 5-47 所示。

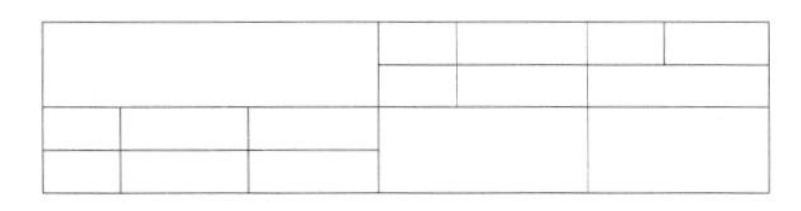

图 5-47 完成表格绘制

(10) 在单元格三击鼠标左键,打开"文字编辑器"选项卡,在单元格中输入文字,将文字大小改为 4,如图 5-48 所示。

同样方法,输入其他单元格文字,结果如图 5-49 所示。

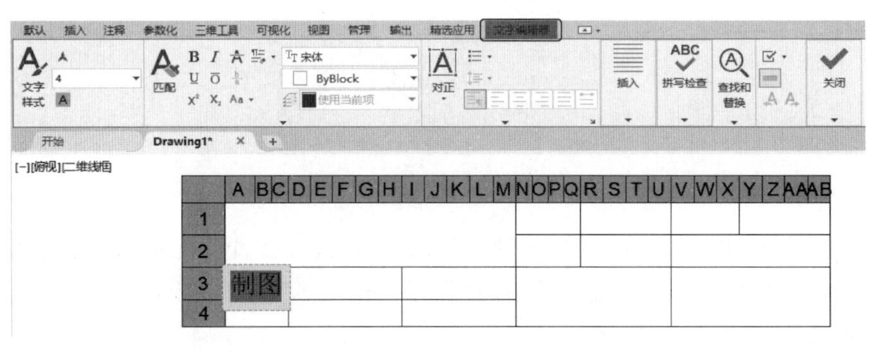

图 5-48 输入文字

(11) 刚生成的标题栏无法准确确定与图框的相对位置,需要进行移动。选择刚绘制的表格,捕捉表格的右下角点,捕捉图框的右下角点,将表格准确放置在图框的右下角,如图 5-50 所示。

			材料		比例	
			数量		共 张第 张	
制图						
审核						

图 5-49 完成标题栏文字输入

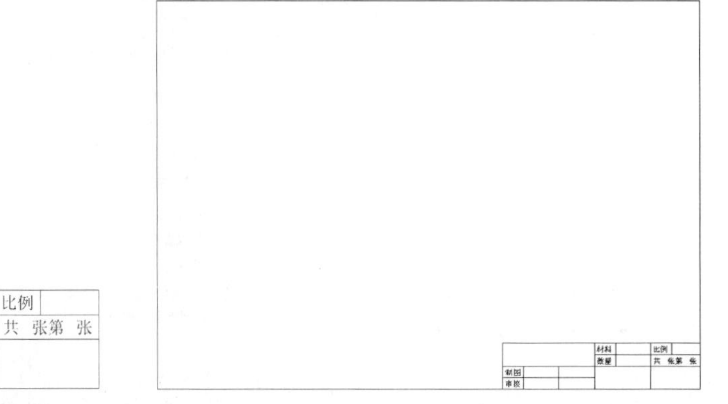

图 5-50 移动表格

(12) 单击"快速访问"工具栏中的"另存为"按钮,将图形保存为 dwt 格式文件即可,如图 5-51 所示。

Note

图 5-51　"图形另存为"对话框

5.4　答疑解惑

1. 在标注文字时,如何标注上、下标?

使用多行文字编辑命令。

上标:输入 2^,然后选中 2^,点 a/b 键即可。

下标:输入^2,然后选中^2,点 a/b 键即可。

上下标:输入 2^2,然后选中 2^2,点 a/b 键即可。

2. 为什么不能显示汉字?或输入的汉字变成了问号?

可能有以下原因。

(1) 对应的字型没有使用汉字字体,如 hztxt.shx 等;

(2) 当前系统中没有汉字字体文件;应将所用到的字体文件复制到 AutoCAD 的字体目录中(一般为...\Fonts\);

(3) 对于某些符号,如希腊字母等,同样必须使用对应的字体,否则会显示成"?"。

3. AutoCAD 表格制作的方法是什么?

尽管 AutoCAD 有强大的图形功能,但表格处理功能相对较弱,而在实际工作中,往往需要在 AutoCAD 中制作各种表格,如工程数量表等,如何高效制作表格,是一个很实用的问题。

在 AutoCAD 环境下,用手工画线方法绘制表格,然后在表格中填写文字,不但效率低下,而且很难精确控制文字的书写位置,文字排版也很成问题。尽管 AutoCAD 支持对象链接与嵌入,可以插入 Word 或 Excel,但是一方面修改起来不是很方便,一点小小的修改就得进入 Word 或 Excel,修改完成后,又得退回到 AutoCAD;另一方面,一

Note

些特殊符号如一级钢筋符号以及二级钢筋符号等，很难在 Word 或 Excel 中输入。那么有没有两全其美的方法呢？经过探索，可以这样较好解决：先在 Excel 中制完表格，复制到剪贴板，然后在 AutoCAD 环境下选择“编辑”菜单中的“选择性粘贴”，确定以后，表格即转化成 AutoCAD 实体，用 Explode 炸开，即可以编辑其中的线条及文字，非常方便。

4. 怎么改变单元格的大小？

在插入后的表格中选择某一个单元格，单击后出现钳夹点，通过移动钳夹点可以改变单元格的大小。

5.5 学习效果自测

1. 绘制如图 5-52 所示的励磁发电机。

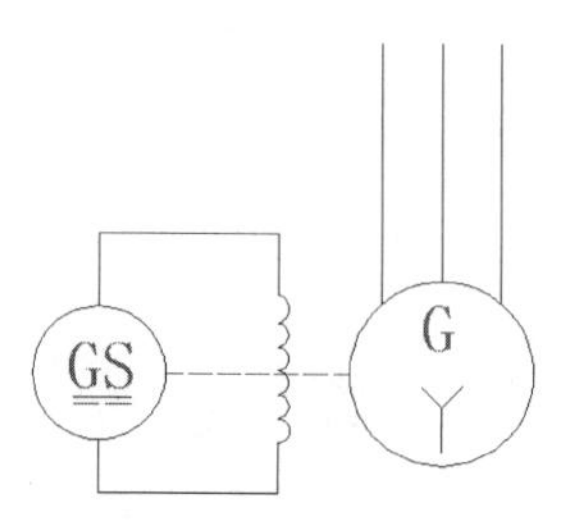

图 5-52 励磁发电机

2. 绘制如图 5-53 所示的柱塞泵装配明细表。

<table>
<tr><td>15</td><td>垫圈10-140HV</td><td></td><td></td><td></td><td></td></tr>
<tr><td>14</td><td>螺母 M10x6</td><td></td><td></td><td></td><td></td></tr>
<tr><td>13</td><td>螺柱 M10x30</td><td></td><td></td><td></td><td></td></tr>
<tr><td>12</td><td>下阀瓣</td><td></td><td>ZCuZn38Mn2Pb2</td><td></td><td></td></tr>
<tr><td>11</td><td>上阀瓣</td><td></td><td>ZCuZn38Mn2Pb2</td><td></td><td></td></tr>
<tr><td>11</td><td>垫圈</td><td>1</td><td>纸钩</td><td></td><td></td></tr>
<tr><td>10</td><td>螺塞</td><td>1</td><td>Q235-A</td><td></td><td></td></tr>
<tr><td>9</td><td>管接头</td><td>1</td><td>HT200</td><td></td><td></td></tr>
<tr><td>8</td><td>垫圈</td><td>1</td><td>纸钩</td><td></td><td></td></tr>
<tr><td>7</td><td>柱塞</td><td>1</td><td>45</td><td></td><td></td></tr>
<tr><td>6</td><td>衬套</td><td>1</td><td>ZCuZn38Mn2Pb2</td><td></td><td></td></tr>
<tr><td>5</td><td>泵体</td><td>1</td><td>HT200</td><td></td><td></td></tr>
<tr><td>4</td><td>填料</td><td></td><td>油麻绳</td><td></td><td></td></tr>
<tr><td>3</td><td>压盖</td><td>1</td><td>HT150</td><td></td><td></td></tr>
<tr><td>2</td><td>销 A5x30</td><td>1</td><td>35</td><td></td><td></td></tr>
<tr><td>1</td><td>连套</td><td>1</td><td>45</td><td></td><td></td></tr>
<tr><td>序号</td><td>名 称</td><td>数量</td><td>材料</td><td>标 准</td><td>备注</td></tr>
</table>

图 5-53 柱塞泵装配明细表

第6章

尺寸标注

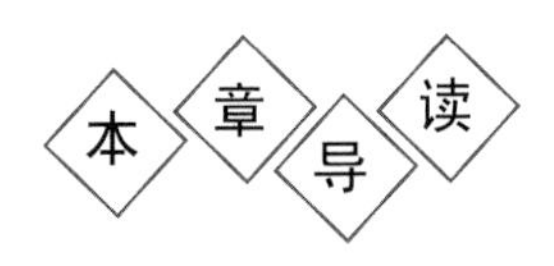

尺寸标注是绘图设计过程中非常重要的一个环节，因为图形的主要作用是表达物体的形状，而物体各部分的真实大小和各部分之间的确切位置只能通过尺寸标注来表达。因此，没有正确的尺寸标注，绘制出的图纸对于加工制造就没有任何意义。AutoCAD 2022 提供了方便、准确的标注尺寸的功能。

本章介绍 AutoCAD 2022 的尺寸标注功能，主要包括尺寸标注和标注样式设置等。

学 习 要 点

- 尺寸样式
- 标注尺寸
- 引线标注
- 形位公差

Note

6.1 尺寸样式

组成尺寸标注的尺寸线、尺寸界线、尺寸文本和尺寸箭头可以采用多种形式，尺寸标注以什么形态出现，取决于当前所采用的尺寸标注样式。标注样式决定尺寸标注的形式，包括尺寸线、尺寸界线、尺寸箭头，以及中心标记的形式、尺寸文本的位置和特性等。在AutoCAD 2022中，用户可以利用“标注样式管理器”对话框方便地设置自己需要的尺寸标注样式。

6.1.1 新建或修改尺寸样式

在进行尺寸标注前，先要创建尺寸标注的样式。如果用户不创建尺寸样式而直接进行标注，系统使用默认名称为Standard的样式。如果用户认为使用的标注样式某些设置不合适，也可以修改标注样式。

1. 执行方式

命令行：DIMSTYLE(快捷命令：D)。

菜单栏：选择菜单栏中的“格式”→“标注样式”命令或“标注”→“标注样式”命令。

工具栏：单击“标注”工具栏中的“标注样式”按钮。

功能区：单击“默认”选项卡“注释”面板中的“标注样式”按钮，如图6-1所示，或单击❶“注释”选项卡“标注”面板上的❷“标注样式”下拉菜单中的❸“管理标注样式”按钮，如图6-2所示，或单击“注释”选项卡“标注”面板中“对话框启动器”按钮。

执行上述命令后，系统打开“标注样式管理器”对话框，如图6-3所示。利用此对话框可方便直观地定制和浏览尺寸标注样式，包括创建新的标注样式、修改已存在的标注样式、设置当前尺寸标注样式、样式重命名以及删除已有标注样式等。

图6-1 “注释”面板

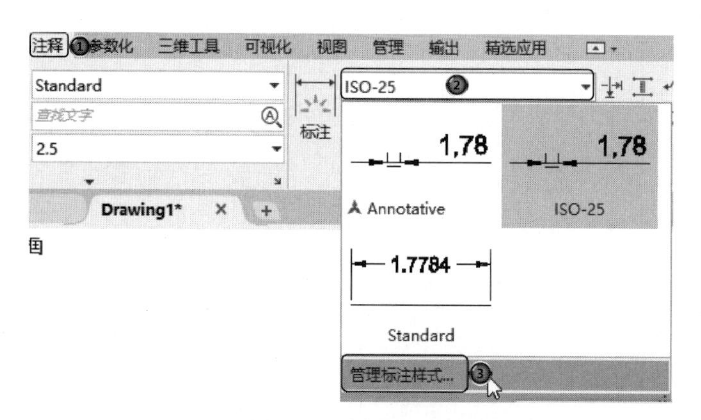

图6-2 “标注”面板

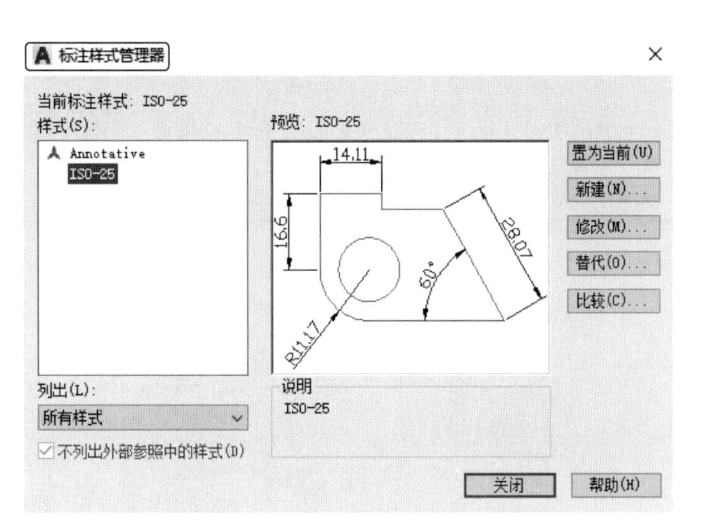

图 6-3　“标注样式管理器”对话框

2. 选项说明

“标注样式管理器”对话框各选项含义如表 6-1 所示。

表 6-1　“标注样式管理器”对话框各选项含义

<table>
<tr><th>选　项</th><th colspan="2">含　义</th></tr>
<tr><td>“置为当前”按钮</td><td colspan="2">单击此按钮，把在“样式”列表框中选择的样式设置为当前标注样式</td></tr>
<tr><td rowspan="5">“新建”按钮</td><td colspan="2">创建新的尺寸标注样式。单击此按钮，系统打开“创建新标注样式”对话框，如图 6-4 所示，利用此对话框可创建一个新的尺寸标注样式，其中各项的功能说明如下</td></tr>
<tr><td>“新样式名”文本框</td><td>为新的尺寸标注样式命名</td></tr>
<tr><td>“基础样式”下拉列表框</td><td>选择创建新样式所基于的标注样式。单击“基础样式”下拉列表框，打开当前已有的样式列表，从中选择一个作为定义新样式的基础，新的样式是在所选样式的基础上修改一些特性得到的</td></tr>
<tr><td>“用于”下拉列表框</td><td>指定新样式应用的尺寸类型。单击此下拉列表框，打开尺寸类型列表，如果新建样式应用于所有尺寸，则选择“所有标注”选项；如果新建样式只应用于特定的尺寸标注(如只在标注直径时使用此样式)，则选择相应的尺寸类型</td></tr>
<tr><td>“继续”按钮</td><td>单击此按钮，系统打开“新建标注样式”对话框，如图 6-5 所示，利用此对话框可对新标注样式的各项特性进行设置。该对话框中各部分的含义和功能将在后面介绍</td></tr>
<tr><td>“修改”按钮</td><td colspan="2">修改一个已存在的尺寸标注样式。单击此按钮，系统打开“修改标注样式”对话框，该对话框中的各选项与“新建标注样式”对话框中完全相同，可以对已有标注样式进行修改</td></tr>
<tr><td>“替代”按钮</td><td colspan="2">设置临时覆盖尺寸标注样式。单击此按钮，系统打开“替代当前样式”对话框，该对话框中各选项与“新建标注样式”对话框中完全相同，用户可改变选项的设置，以覆盖原来的设置，但这种修改只对指定的尺寸标注起作用，而不影响当前其他尺寸变量的设置</td></tr>
</table>

续表

选　　项	含　　义
"比较"按钮	比较两个尺寸标注样式在参数上的区别,或浏览一个尺寸标注样式的参数设置。单击此按钮,系统打开"比较标注样式"对话框,如图 6-6 所示。可以把比较结果复制到剪贴板上,然后再粘贴到其他的 Windows 应用软件上

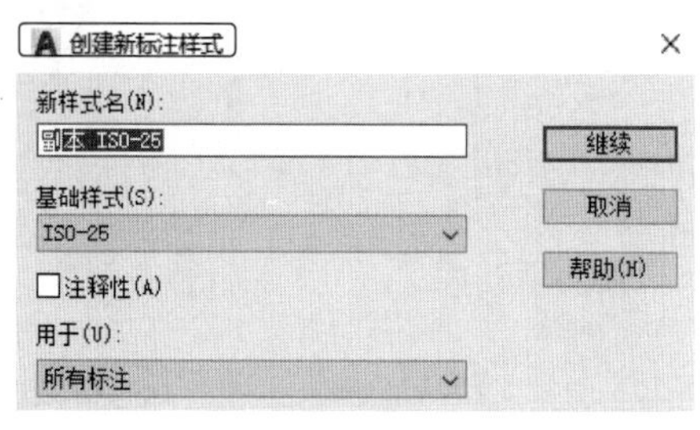

图 6-4　"创建新标注样式"对话框

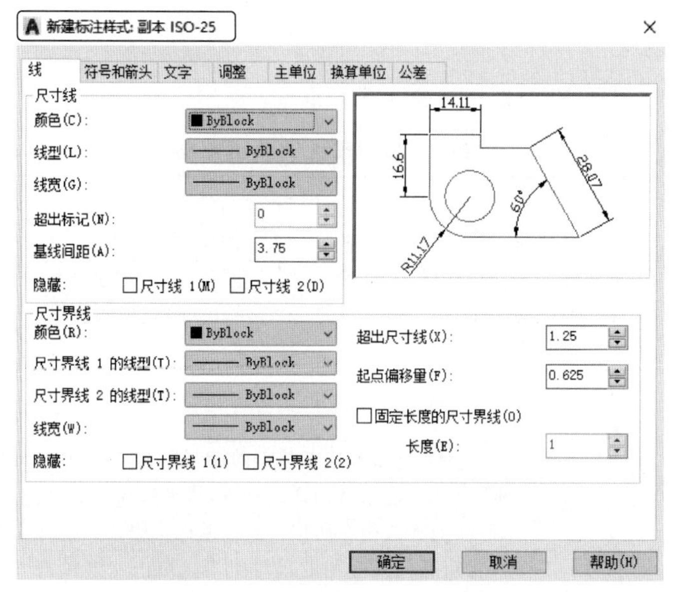

图 6-5　"新建标注样式"对话框

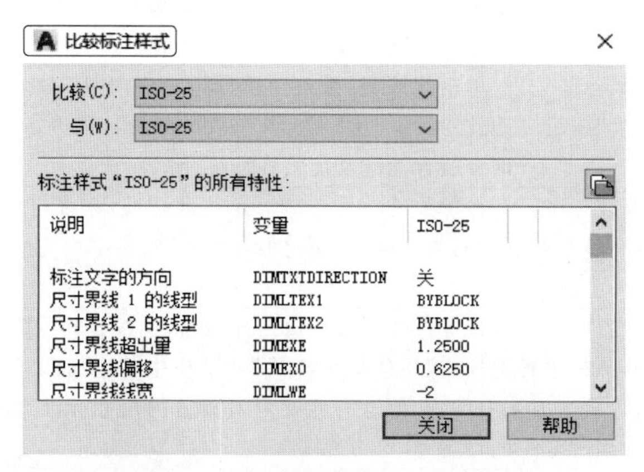

图 6-6　"比较标注样式"对话框

6.1.2 线

在“新建标注样式”对话框中，第一个选项卡就是“线”选项卡，如图 6-5 所示。该选项卡用于设置尺寸线、尺寸界线的形式和特性。现对选项卡中的各选项分别进行说明，如表 6-2 所示。

表 6-2 “线”选项卡各选项含义

选 项	含 义	
“尺寸线”选项组	“颜色”下拉列表框	用于设置尺寸线的颜色。可直接输入颜色名字，也可从下拉列表框中选择，如果选择“选择颜色”选项，系统打开“选择颜色”对话框供用户选择其他颜色
	“线型”下拉列表框	用于设置尺寸线的线型
	“线宽”下拉列表框	用于设置尺寸线的线宽，下拉列表框中列出了各种线宽的名称和宽度
	“超出标记”微调框	当尺寸箭头设置为短斜线、短波浪线等，或尺寸线上无箭头时，可利用此微调框设置尺寸线超出尺寸界线的距离
	“基线间距”微调框	设置以基线方式标注尺寸时，相邻两尺寸线之间的距离
	“隐藏”复选框组	确定是否隐藏尺寸线及相应的箭头。选中“尺寸线 1”复选框，表示隐藏第一段尺寸线；选中“尺寸线 2”复选框，表示隐藏第二段尺寸线
“尺寸界线”选项组	“颜色”下拉列表框	用于设置尺寸界线的颜色
	“尺寸界线 1 的线型”下拉列表框	用于设置第一条尺寸界线的线型(DIMLTEX1 系统变量)
	“尺寸界线 2 的线型”下拉列表框	用于设置第二条尺寸界线的线型(DIMLTEX2 系统变量)
	“线宽”下拉列表框	用于设置尺寸界线的线宽
	“超出尺寸线”微调框	用于确定尺寸界线超出尺寸线的距离
	“起点偏移量”微调框	用于确定尺寸界线的实际起始点相对于指定尺寸界线起始点的偏移量
	“隐藏”复选框组	确定是否隐藏尺寸界线。选中“尺寸界线 1”复选框，表示隐藏第一段尺寸界线；选中“尺寸界线 2”复选框，表示隐藏第二段尺寸界线
	“固定长度的尺寸界线”复选框	选中该复选框，系统以固定长度的尺寸界线标注尺寸，可以在其下面的“长度”文本框中输入长度值
尺寸样式显示框	在“新建标注样式”对话框的右上方，有一个尺寸样式显示框，该显示框以样例的形式显示用户设置的尺寸样式	

Note

6.1.3 符号和箭头

在“新建标注样式”对话框中，第二个选项卡是“符号和箭头”选项卡，如图 6-7 所示。该选项卡用于设置箭头、圆心标记、弧长符号和半径折弯标注等的形式和特性，现对选项卡中的各选项分别进行说明，如表 6-3 所示。

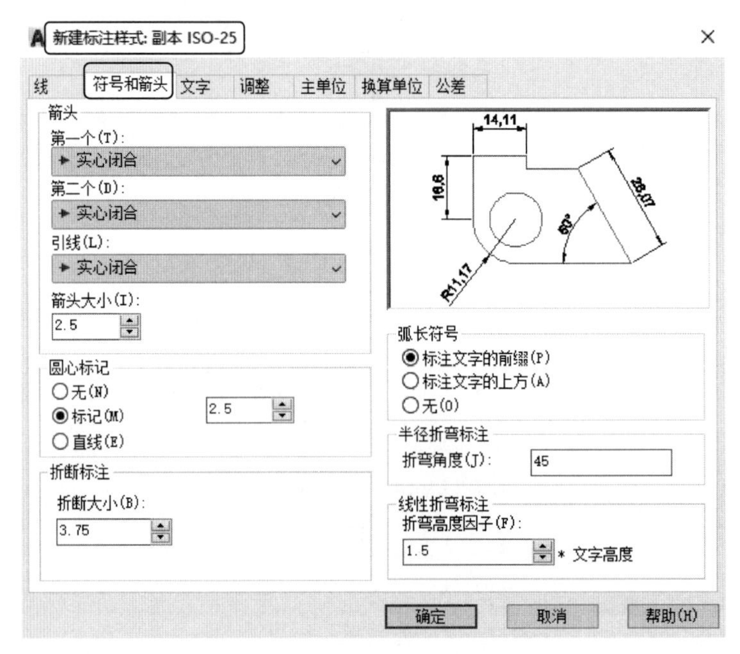

图 6-7 “符号和箭头”选项卡

表 6-3 “符号和箭头”选项卡各选项含义

<table>
<tr><th>选　　项</th><th colspan="2">含　　义</th></tr>
<tr><td rowspan="5">“箭头”
选项组</td><td colspan="2">用于设置尺寸箭头的形式。AutoCAD 提供了多种箭头形状，列在“第一个”和“第二个”下拉列表框中。另外，还允许采用用户自定义的箭头形状。两个尺寸箭头可以采用相同的形式，也可采用不同的形式</td></tr>
<tr><td>“第一个”
下拉列表框</td><td>用于设置第一个尺寸箭头的形式。单击此下拉列表框，打开各种箭头形式，其中列出了各类箭头的形状即名称。一旦选择了第一个箭头的类型，第二个箭头则自动与其匹配，要想第二个箭头取不同的形状，可在“第二个”下拉列表框中设定。
如果在列表框中选择了“用户箭头”选项，则打开如图 6-8 所示的“选择自定义箭头块”对话框，可以事先把自定义的箭头存成一个图块，在此对话框中输入该图块名即可</td></tr>
<tr><td>“第二个”
下拉列表框</td><td>用于设置第二个尺寸箭头的形式，可与第一个箭头形式不同</td></tr>
<tr><td>“引线”
下拉列表框</td><td>确定引线箭头的形式，与“第一个”设置类似</td></tr>
<tr><td>“箭头大小”
微调框</td><td>用于设置尺寸箭头的大小</td></tr>
</table>

续表

<table>
<tr><th>选　　项</th><th colspan="2">含　　义</th></tr>
<tr><td rowspan="5">“圆心标记”选项组</td><td colspan="2">用于设置半径标注、直径标注和中心标注中的中心标记和中心线形式。其中各项含义如下</td></tr>
<tr><td>“无”单选按钮</td><td>点选该单选按钮，既不产生中心标记，也不产生中心线</td></tr>
<tr><td>“标记”单选按钮</td><td>点选该单选按钮，中心标记为一个点记号</td></tr>
<tr><td>“直线”单选按钮</td><td>点选该单选按钮，中心标记采用中心线的形式</td></tr>
<tr><td>“大小”微调框</td><td>用于设置中心标记和中心线的大小和粗细</td></tr>
<tr><td>“折断标注”选项组</td><td colspan="2">用于控制折断标注的间距宽度</td></tr>
<tr><td rowspan="4">“弧长符号”选项组</td><td colspan="2">用于控制弧长标注中圆弧符号的显示，对其中的三个单选按钮含义介绍如下</td></tr>
<tr><td>“标注文字的前缀”单选按钮</td><td>点选该单选按钮，将弧长符号放在标注文字的左侧，如图 6-9(a)所示</td></tr>
<tr><td>“标注文字的上方”单选按钮</td><td>点选该单选按钮，将弧长符号放在标注文字的上方，如图 6-9(b)所示</td></tr>
<tr><td>“无”单选按钮</td><td>点选该单选按钮，不显示弧长符号，如图 6-9(c)所示</td></tr>
<tr><td colspan="2">“半径折弯标注”选项组</td><td>用于控制折弯(Z形)半径标注的显示。折弯半径标注通常在中心点位于页面外部时创建。在“折弯角度”文本框中可以输入连接半径标注的尺寸界线和尺寸线的横向直线角度，如图 6-10 所示</td></tr>
<tr><td colspan="2">“线性折弯标注”选项组</td><td>用于控制折弯线性标注的显示。当标注不能精确表示实际尺寸时，常将折弯线添加到线性标注中。通常，实际尺寸比所需值小</td></tr>
</table>

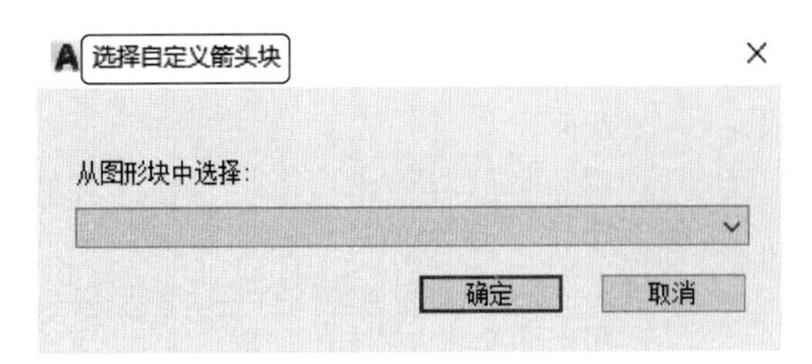

图 6-8　“选择自定义箭头块”对话框

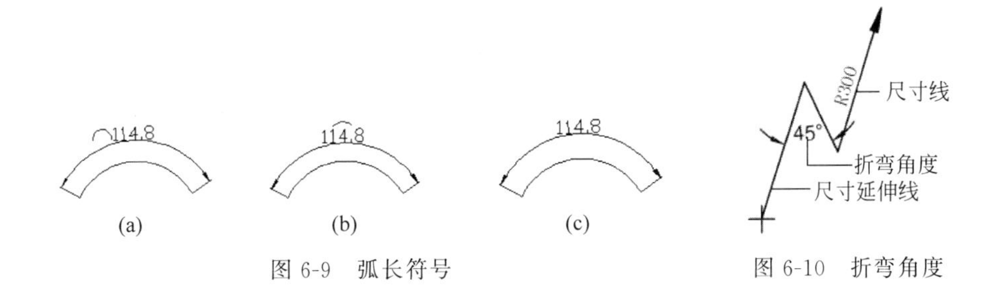

图 6-9　弧长符号　　图 6-10　折弯角度

6.1.4　文字

在“新建标注样式”对话框中，第三个选项卡是“文字”选项卡，如图 6-11 所示。该选项卡用于设置尺寸文本文字的形式、布置、对齐方式等，现对选项卡中的各选项分别

Note

进行说明，如表 6-4 所示。

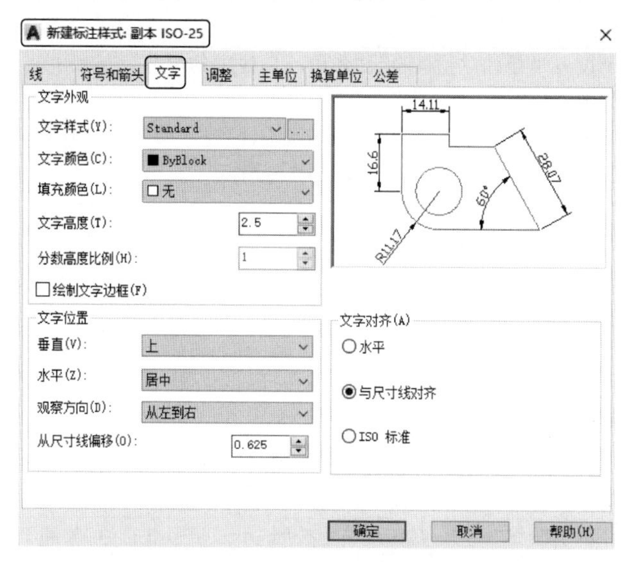

图 6-11 “文字”选项卡

表 6-4 “文字”选项卡各选项含义

选　　项		含　　义
“文字外观”选项组	“文字样式”下拉列表框	用于选择当前尺寸文本采用的文字样式。单击此下拉列表框，可以从中选择一种文字样式，也可单击右侧的按钮 ...，打开“文字样式”对话框以创建新的文字样式或对文字样式进行修改
	“文字颜色”下拉列表框	用于设置尺寸文本的颜色，其操作方法与设置尺寸线颜色的方法相同
	“填充颜色”下拉列表框	用于设置标注中文字背景的颜色。如果选择“选择颜色”选项，系统打开“选择颜色”对话框，可以从 255 种 AutoCAD 索引(ACI)颜色、真彩色和配色系统颜色中选择颜色
	“文字高度”微调框	用于设置尺寸文本的字高。如果选用的文本样式中已设置了具体的字高(不是 0)，则此处的设置无效；如果文本样式中设置的字高为 0，才以此处设置为准
	“分数高度比例”微调框	用于确定尺寸文本的比例系数
	“绘制文字边框”复选框	选中此复选框，AutoCAD 在尺寸文本的周围加上边框
“文字位置”选项组	“垂直”下拉列表框	用于确定尺寸文本相对于尺寸线在垂直方向的对齐方式。单击此下拉列表框，可从中选择的对齐方式有以下五种。 (a) 居中：将尺寸文本放在尺寸线的中间。 (b) 上：将尺寸文本放在尺寸线的上方。 (c) 外部：将尺寸文本放在远离第一条尺寸界线起点的位置，即和所标注的对象分列于尺寸线的两侧。 (d) 下：将尺寸文本放在尺寸线的下方。 (e) JIS：使尺寸文本的放置符合 JIS(日本工业标准)规则。 其中 4 种文本布置方式效果如图 6-12 所示

Note

续表

选　　项		含　　义
“文字位置”选项组	“水平”下拉列表框	用于确定尺寸文本相对于尺寸线和尺寸界线在水平方向的对齐方式。单击此下拉列表框，可从中选择的对齐方式有 5 种：居中、第一条尺寸界线、第二条尺寸界线、第一条尺寸界线上方、第二条尺寸界线上方，如图 6-13 所示
	“观察方向”下拉列表框	用于控制标注文字的观察方向（可用 DIMTXTDIRECTION 系统变量设置）。“观察方向”包括以下两项选项。 （a）从左到右：按从左到右阅读的方式放置文字。 （b）从右到左：按从右到左阅读的方式放置文字
	“从尺寸线偏移”微调框	当尺寸文本放在断开的尺寸线中间时，此微调框用来设置尺寸文本与尺寸线之间的距离
“文字对齐”选项组	用于控制尺寸文本的排列方向	
	“水平”单选按钮	点选该单选按钮，尺寸文本沿水平方向放置。不论标注什么方向的尺寸，尺寸文本总保持水平
	“与尺寸线对齐”单选按钮	点选该单选按钮，尺寸文本沿尺寸线方向放置
	“ISO 标准”单选按钮	点选该单选按钮，当尺寸文本在尺寸界线之间时，沿尺寸线方向放置；在尺寸界线之外时，沿水平方向放置

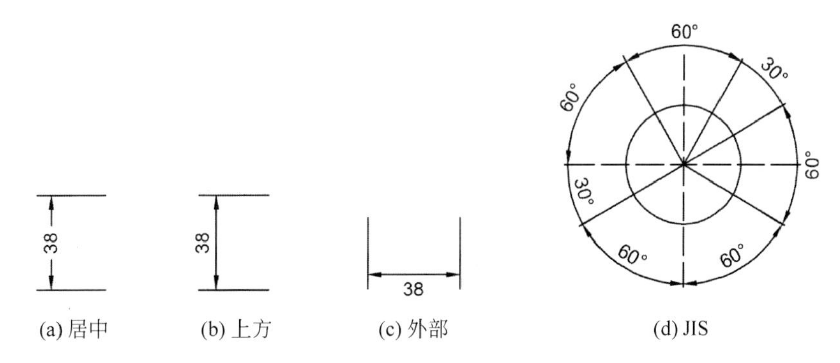

(a) 居中　(b) 上方　(c) 外部　(d) JIS

图 6-12　尺寸文本在垂直方向的放置

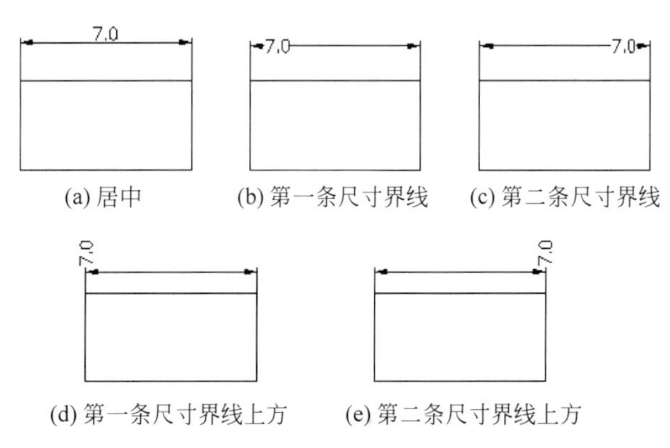

(a) 居中　(b) 第一条尺寸界线　(c) 第二条尺寸界线

(d) 第一条尺寸界线上方　(e) 第二条尺寸界线上方

图 6-13　尺寸文本在水平方向的放置

Note

6.1.5 调整

在“新建标注样式”对话框中，第四个选项卡是“调整”选项卡，如图 6-14 所示。该选项卡根据两条尺寸界线之间的空间，设置将尺寸文本、尺寸箭头放置在两尺寸界线内还是外。如果空间允许，AutoCAD 总是把尺寸文本和箭头放置在尺寸界线的里面；如果空间不够，则根据本选项卡的各项设置放置。现分别说明选项卡中的各选项，如表 6-5 所示。

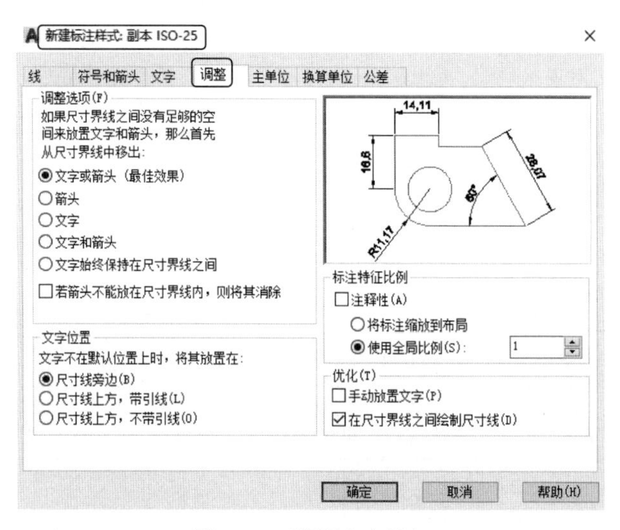

图 6-14 “调整”选项卡

表 6-5 “调整”选项卡各选项含义

选　　项	含　　义	
“调整选项”选项组	“文字或箭头”单选按钮	点选此单选按钮，如果空间允许，把尺寸文本和箭头都放置在两尺寸界线之间；如果两尺寸界线之间只够放置尺寸文本，则把尺寸文本放置在尺寸界线之间，而把箭头放置在尺寸界线之外；如果只够放置箭头，则把箭头放在里面，把尺寸文本放在外面；如果两尺寸界线之间既放不下文本，也放不下箭头，则把二者均放在外面
	“箭头”单选按钮	点选此单选按钮，如果空间允许，把尺寸文本和箭头都放置在两尺寸界线之间；如果空间只够放置箭头，则把箭头放在尺寸界线之间，把文本放在外面；如果尺寸界线之间的空间放不下箭头，则把箭头和文本均放在外面
	“文字”单选按钮	点选此单选按钮，如果空间允许，把尺寸文本和箭头都放置在两尺寸界线之间；否则把文本放在尺寸界线之间，把箭头放在外面；如果尺寸界线之间放不下尺寸文本，则把文本和箭头都放在外面
	“文字和箭头”单选按钮	点选此单选按钮，如果空间允许，把尺寸文本和箭头都放置在两尺寸界线之间；否则把文本和箭头都放在尺寸界线外面
	“文字始终保持在尺寸界线之间”单选按钮	点选此单选按钮，AutoCAD 总是把尺寸文本放在两条尺寸界线之间
	“若箭头不能放在尺寸界线内，则将其消除”复选框	选中此复选框，尺寸界线之间的空间不够时省略尺寸箭头

续表

选　　项	含　　义	
“文字位置”选项组	用于设置尺寸文本的位置，其中三个单选按钮的含义如下	
	“尺寸线旁边”单选按钮	点选此单选按钮，把尺寸文本放在尺寸线的旁边，如图 6-15(a)所示
	“尺寸线上方，带引线”单选按钮	点选此单选按钮，把尺寸文本放在尺寸线的上方，并用引线与尺寸线相连，如图 6-15(b)所示
	“尺寸线上方，不带引线”单选按钮	点选此单选按钮，把尺寸文本放在尺寸线的上方，中间无引线，如图 6-15(c)所示
“标注特征比例”选项组	“将标注缩放到布局”单选按钮	根据当前模型空间视口和图纸空间之间的比例确定比例因子。当在图纸空间而不是模型空间视口中工作时，或当 TILEMODE 被设置为 1 时，将使用默认的比例因子 1.0
	“使用全局比例”单选按钮	确定尺寸的整体比例系数。其后面的“比例值”微调框可以用来选择需要的比例
“优化”选项组	用于设置附加的尺寸文本布置选项，包含以下两个选项	
	“手动放置文字”复选框	选中此复选框，标注尺寸时由用户确定尺寸文本的放置位置，忽略前面的对齐设置
	“在尺寸界线之间绘制尺寸线”复选框	选中此复选框，不论尺寸文本在尺寸界线里面还是外面，AutoCAD 均在两尺寸界线之间绘出一尺寸线；否则当尺寸界线内放不下尺寸文本而将其放在外面时，尺寸界线之间无尺寸线

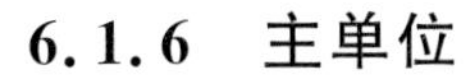

6.1.6　主单位

在“新建标注样式”对话框中，第五个选项卡是“主单位”选项卡，如图 6-16 所示。该选项卡用来设置尺寸标注的主单位和精度，以及为尺寸文本添加固定的前缀或后缀。本选项卡包含两个选项组，分别对长度型标注和角度型标注进行设置。现对选项卡中的各选项分别进行说明，如表 6-6 所示。

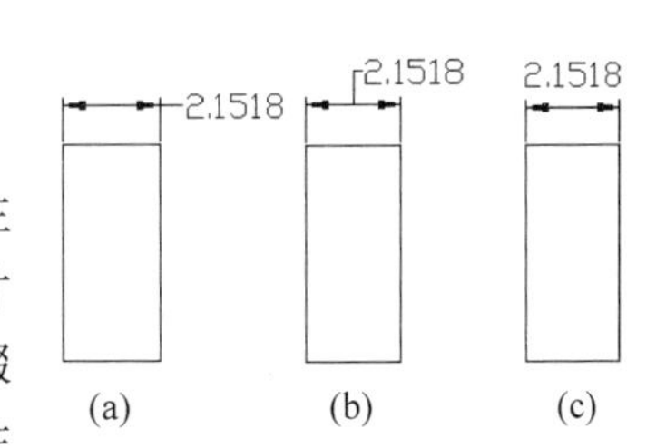

图 6-15　尺寸文本的位置

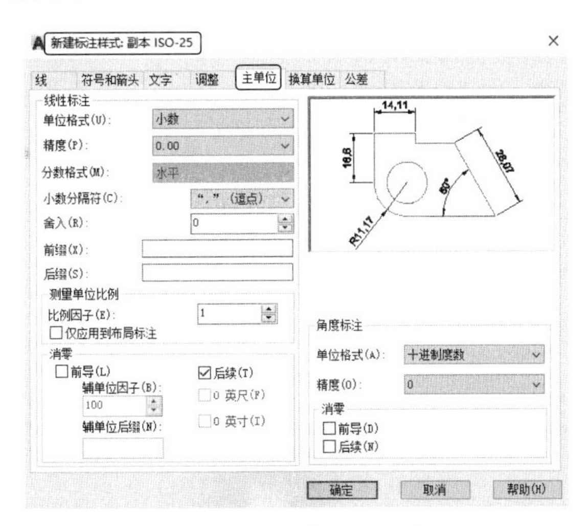

图 6-16　“主单位”选项卡

Note

表 6-6 “主单位”选项卡各选项含义

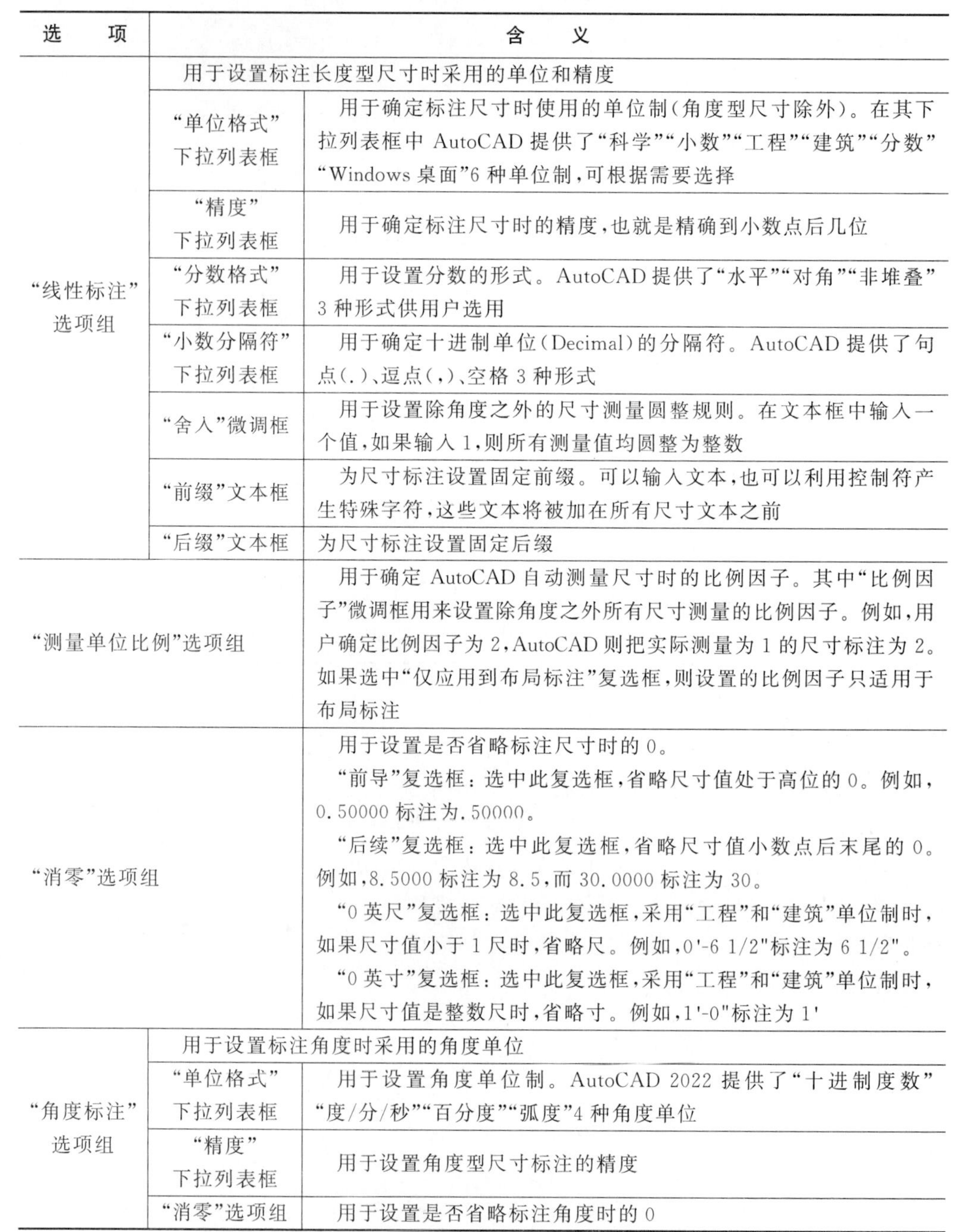

选 项		含 义
“线性标注”选项组		用于设置标注长度型尺寸时采用的单位和精度
	“单位格式”下拉列表框	用于确定标注尺寸时使用的单位制(角度型尺寸除外)。在其下拉列表框中 AutoCAD 提供了“科学”“小数”“工程”“建筑”“分数”“Windows 桌面”6 种单位制,可根据需要选择
	“精度”下拉列表框	用于确定标注尺寸时的精度,也就是精确到小数点后几位
	“分数格式”下拉列表框	用于设置分数的形式。AutoCAD 提供了“水平”“对角”“非堆叠”3 种形式供用户选用
	“小数分隔符”下拉列表框	用于确定十进制单位(Decimal)的分隔符。AutoCAD 提供了句点(.)、逗点(,)、空格 3 种形式
	“舍入”微调框	用于设置除角度之外的尺寸测量圆整规则。在文本框中输入一个值,如果输入 1,则所有测量值均圆整为整数
	“前缀”文本框	为尺寸标注设置固定前缀。可以输入文本,也可以利用控制符产生特殊字符,这些文本将被加在所有尺寸文本之前
	“后缀”文本框	为尺寸标注设置固定后缀
“测量单位比例”选项组		用于确定 AutoCAD 自动测量尺寸时的比例因子。其中“比例因子”微调框用来设置除角度之外所有尺寸测量的比例因子。例如,用户确定比例因子为 2,AutoCAD 则把实际测量为 1 的尺寸标注为 2。如果选中“仅应用到布局标注”复选框,则设置的比例因子只适用于布局标注
“消零”选项组		用于设置是否省略标注尺寸时的 0。 “前导”复选框:选中此复选框,省略尺寸值处于高位的 0。例如,0.50000 标注为.50000。 “后续”复选框:选中此复选框,省略尺寸值小数点后末尾的 0。例如,8.5000 标注为 8.5,而 30.0000 标注为 30。 “0 英尺”复选框:选中此复选框,采用“工程”和“建筑”单位制时,如果尺寸值小于 1 尺时,省略尺。例如,0'-6 1/2"标注为 6 1/2"。 “0 英寸”复选框:选中此复选框,采用“工程”和“建筑”单位制时,如果尺寸值是整数尺时,省略寸。例如,1'-0"标注为 1'
“角度标注”选项组		用于设置标注角度时采用的角度单位
	“单位格式”下拉列表框	用于设置角度单位制。AutoCAD 2022 提供了“十进制度数”“度/分/秒”“百分度”“弧度”4 种角度单位
	“精度”下拉列表框	用于设置角度型尺寸标注的精度
	“消零”选项组	用于设置是否省略标注角度时的 0

6.1.7 换算单位

在“新建标注样式”对话框中,第六个选项卡是“换算单位”选项卡,如图 6-17 所示,该选项卡用于对替换单位的设置,现对选项卡中的各选项分别进行说明,如表 6-7 所示。

Note

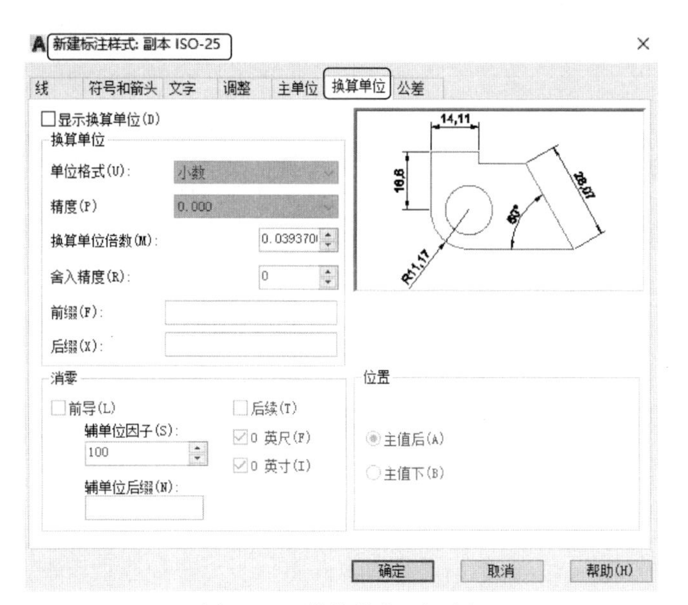

图 6-17 “换算单位”选项卡

表 6-7 “换算单位”选项卡各选项含义

选　项		含　义
“显示换算单位”复选框		选中此复选框，则替换单位的尺寸值也同时显示在尺寸文本上
		用于设置替换单位，其中各选项的含义如下
“换算单位”选项组	“单位格式”下拉列表框	用于选择替换单位采用的单位制
	“精度”下拉列表框	用于设置替换单位的精度
	“换算单位倍数”微调框	用于指定主单位和替换单位的转换因子
	“舍入精度”微调框	用于设定替换单位的圆整规则
	“前缀”文本框	用于设置替换单位文本的固定前缀
	“后缀”文本框	用于设置替换单位文本的固定后缀
“消零”选项组	“前导”复选框	选中此复选框，不输出所有十进制标注中的前导 0。例如，0.5000 标注为.5000
	“辅单位因子”微调框	将辅单位的数量设置为 1 个单位。它用于在距离小于 1 个单位时，以辅单位为单位计算标注距离。例如，如果后缀为 m 而辅单位后缀为以 cm 显示，则输入 100
	“辅单位后缀”文本框	用于设置标注值辅单位中包含的后缀。可以输入文字或使用控制代码显示特殊符号。例如，输入 cm 可将 0.96m 显示为 96cm
	“后续”复选框	选中此复选框，不输出所有十进制标注的后续零。例如，12.5000 标注为 12.5，30.0000 标注为 30
	“0 英尺”复选框	选中此复选框，如果长度小于 1 英尺，则消除“英尺-英寸”标注中的英尺部分。例如，0'-6 1/2"标注为 6 1/2"
	“0 英寸”复选框	选中此复选框，如果长度为整英尺数，则消除“英尺-英寸”标注中的英寸部分。例如，1'-0"标注为 1'

Note

续表

选　　项	含　　义	
“位置”选项组	用于设置替换单位尺寸标注的位置	
	“主值后”单选按钮	点选该单选按钮，把替换单位尺寸标注放在主单位标注的后面
	“主值下”单选按钮	点选该单选按钮，把替换单位尺寸标注放在主单位标注的下面

6.1.8　公差

在“新建标注样式”对话框中，第七个选项卡是“公差”选项卡，如图 6-18 所示。该选项卡用于确定标注公差的方式，现对选项卡中的各选项分别进行说明，如表 6-8 所示。

图 6-18　“公差”选项卡

表 6-8　“公差”选项卡各选项含义

选　　项	含　　义	
“公差格式”选项组	用于设置公差的标注方式	
	“方式”下拉列表框	用于设置公差标注的方式。AutoCAD 提供了 5 种标注公差的方式，分别是“无”“对称”“极限偏差”“极限尺寸”“基本尺寸”，其中“无”表示不标注公差，其余 4 种标注情况如图 6-19 所示
	“精度”下拉列表框	用于确定公差标注的精度
	“上偏差”微调框	用于设置尺寸的上偏差
	“下偏差”微调框	用于设置尺寸的下偏差
	“高度比例”微调框	用于设置公差文本的高度比例，即公差文本的高度与一般尺寸文本的高度之比

续表

选　项	含　义	
“公差格式”选项组	“垂直位置”下拉列表框	用于控制“对称”和“极限偏差”形式公差标注的文本对齐方式，如图 6-20 所示。 (a) 上：公差文本的顶部与一般尺寸文本的顶部对齐； (b) 中：公差文本的中线与一般尺寸文本的中线对齐； (c) 下：公差文本的底线与一般尺寸文本的底线对齐
“公差对齐”选项组	用于在堆叠时，控制上偏差值和下偏差值的对齐	
	“对齐小数分隔符”单选按钮	点选该单选按钮，通过值的小数分割符堆叠值
	“对齐运算符”单选按钮	点选该单选按钮，通过值的运算符堆叠值
“消零”选项组	用于控制是否禁止输出前导 0 和后续 0 以及 0 英尺和 0 英寸部分(可用 DIMTZIN 系统变量设置)。消零设置也会影响由 AutoLISP® rtos 和 angtos 函数执行的实数到字符串的转换	
	“前导”复选框	选中此复选框，不输出所有十进制公差标注中的前导 0。例如，0.5000 标注为.5000
	“后续”复选框	选中此复选框，不输出所有十进制公差标注的后续 0。例如，12.5000 标注为 12.5，30.0000 标注为 30
“换算单位公差”选项组	用于对形位公差标注的替换单位进行设置，各项的设置方法与上面相同	

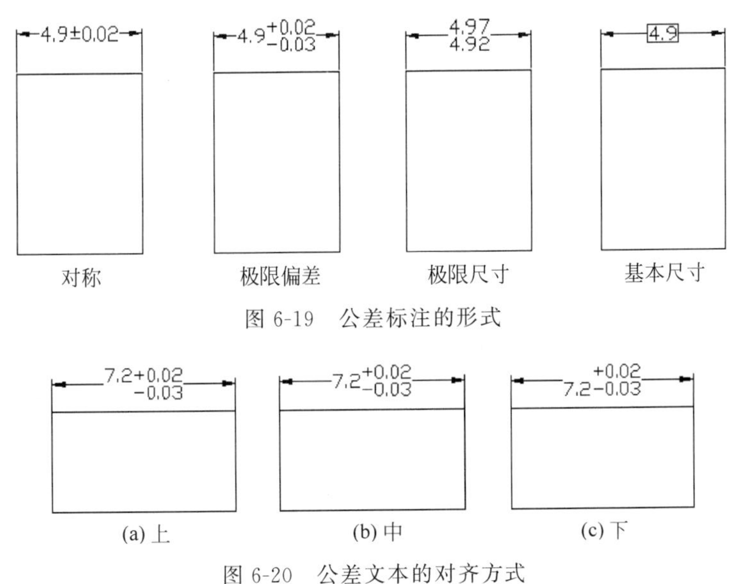

图 6-19　公差标注的形式

图 6-20　公差文本的对齐方式

6.2　标注尺寸

正确地进行尺寸标注是设计绘图工作中非常重要的一个环节，AutoCAD 2022 提供了方便快捷的尺寸标注方法，可通过执行命令实现，也可利用菜单或工具按钮实现。

Note

本节重点介绍如何对各种类型的尺寸进行标注。

6.2.1 线性尺寸标注

1. 执行方式

命令行：DIMLINEAR(缩写名：DIMLIN，快捷命令：DLI)。

菜单栏：选择菜单栏中的“标注”→“线性”命令。

工具栏：单击“标注”工具栏中的“线性”按钮⊢⊣。

功能区：单击“默认”选项卡“注释”面板中的“线性”按钮⊢⊣，如图 6-21 所示，或单击“注释”选项卡“标注”面板中的“线性”按钮⊢⊣，如图 6-22 所示。

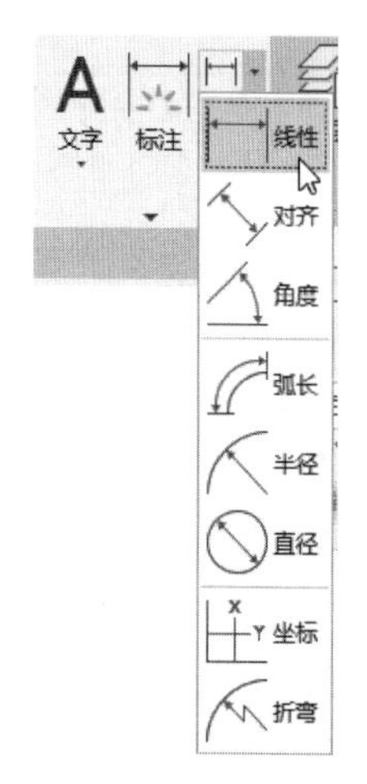

图 6-21 “注释”面板

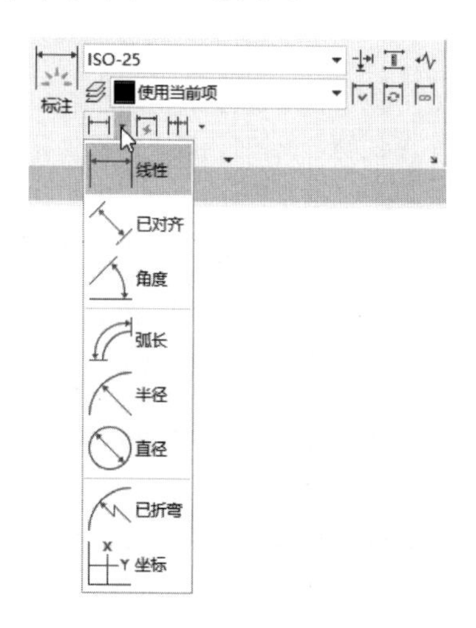

图 6-22 “标注”面板

2. 操作步骤

命令行提示与操作如下。

```
命令:_DIMLINEAR↙
指定第一个尺寸界线原点或<选择对象>:
```

光标变为拾取框，并在命令行提示如下。

```
选择标注对象:(用拾取框选择要标注尺寸的线段)
指定尺寸线位置或[多行文字(M)/文字(T)/角度(A)/水平(H)/垂直(V)/旋转(R)]:
```

3. 选项说明

“线性”命令各选项含义如表 6-9 所示。

表 6-9 “线性”命令各选项含义

选　　项	含　　义
指定尺寸线位置	用于确定尺寸线的位置。用户可移动鼠标选择合适的尺寸线位置，然后按 Enter 键或单击，AutoCAD 则自动测量要标注线段的长度并标注出相应的尺寸

Note

续表

选　　项	含　　义
多行文字(M)	用多行文本编辑器确定尺寸文本
文字(T)	用于在命令行提示下输入或编辑尺寸文本。选择此选项后,命令行提示如下。 输入标注文字<默认值>: 其中的默认值是 AutoCAD 自动测量得到的被标注线段的长度,直接按 Enter 键即可采用此长度值,也可输入其他数值代替默认值。当尺寸文本中包含默认值时,可使用尖括号"< >"表示默认值
角度(A)	用于确定尺寸文本的倾斜角度
水平(H)	水平标注尺寸,不论标注什么方向的线段,尺寸线总保持水平放置
垂直(V)	垂直标注尺寸,不论标注什么方向的线段,尺寸线总保持垂直放置
旋转(R)	输入尺寸线旋转的角度值,旋转标注尺寸

注意:线性标注有水平、垂直或对齐放置。使用对齐标注时,尺寸线将平行于两尺寸界线原点之间的直线(想象或实际)。基线(或平行)和连续(或链)标注是一系列基于线性标注的连续标注,连续标注是首尾相连的多个标注。在创建基线或连续标注之前,必须创建线性、对齐或角度标注。可从当前任务最近创建的标注中以增量方式创建基线标注。

6.2.2　上机练习——标注胶垫尺寸

6-1

练习目标

标注如图 6-23 所示的胶垫尺寸。

设计思路

利用源文件中的"胶垫"图形,建立新的标注样式,并利用"线性"命令,为图形添加尺寸标注。

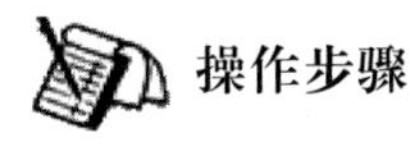

操作步骤

2
ϕ37
ϕ50

图 6-23　胶垫

1. 打开文件

单击"快速访问"工具栏中的"打开"按钮,打开"选择文件"对话框,打开源文件中的"胶垫"图形。

2. 设置标注样式

将"尺寸标注"图层设定为当前图层。单击"默认"选项卡"注释"面板中的"标注样式"按钮,系统弹出如图 6-24 所示的"标注样式管理器"对话框。单击"新建"按钮,在弹出的"创建新标注样式"对话框中设置"新样式名"为"机械制图",如图 6-25 所示。单击"继续"按钮,系统弹出"新建标注样式:机械制图"对话框。

(1) 在如图 6-26 所示的"线"选项卡中,设置"基线间距"为 2,"超出尺寸线"为 1.25,"起点偏移量"为 0.625,其他设置保持默认。

Note

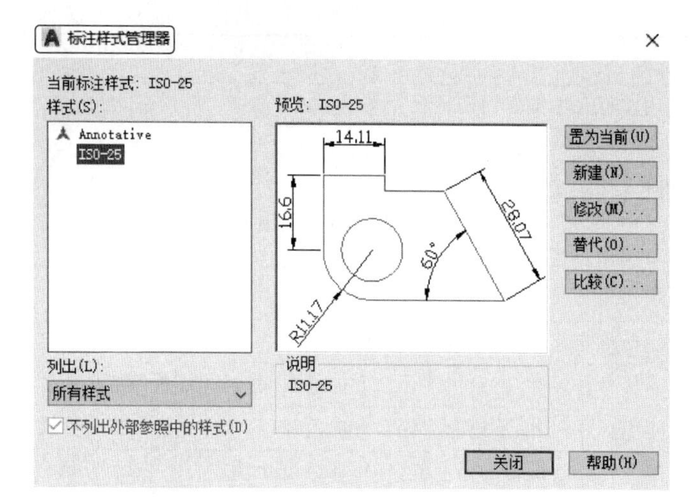

图 6-24 “标注样式管理器”对话框

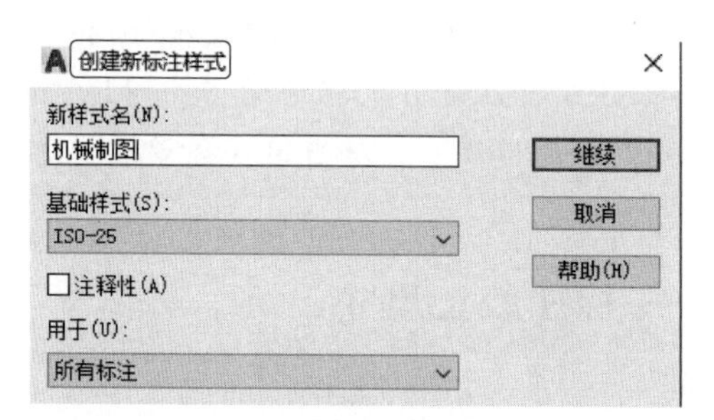

图 6-25 “创建新标注样式”对话框

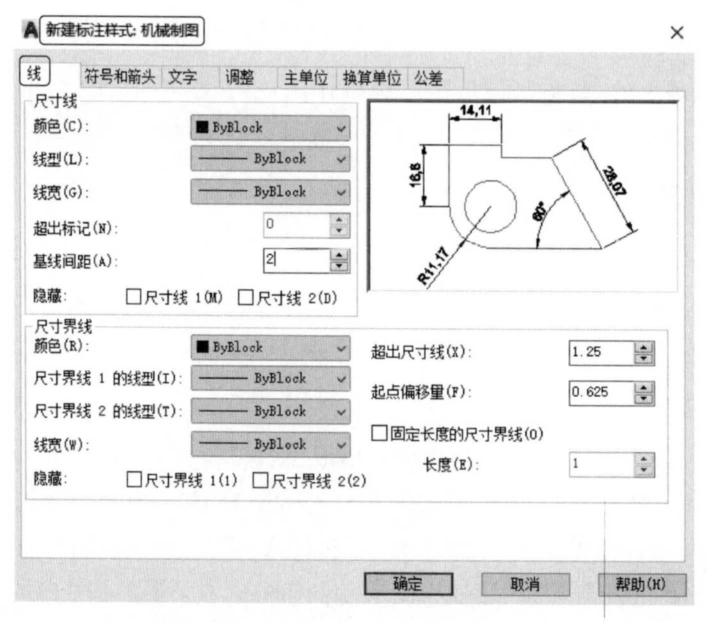

图 6-26 设置“线”选项卡

（2）在如图 6-27 所示的“符号和箭头”选项卡中，设置箭头为“实心闭合”，“箭头大小”为 2.5，其他设置保持默认。

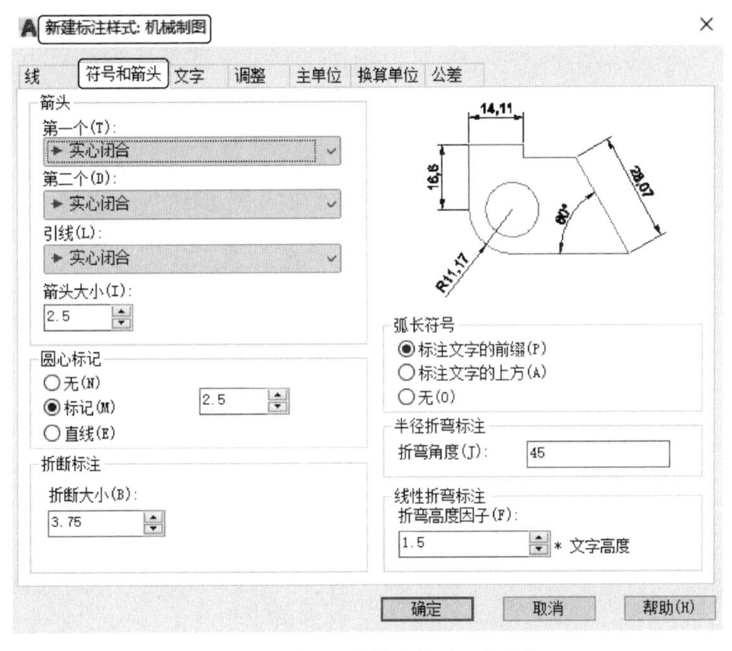

图 6-27　设置“符号和箭头”选项卡

（3）在如图 6-28 所示的“文字”选项卡中，设置“文字高度”为 3，其他设置保持默认。

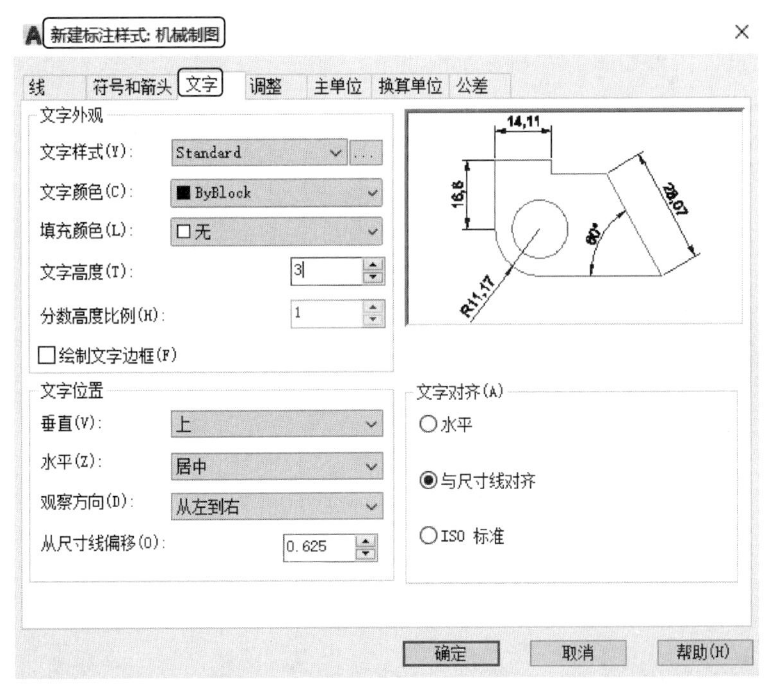

图 6-28　设置“文字”选项卡

Note

（4）在如图 6-29 所示的“主单位”选项卡中，设置“精度”为 0.0，“小数分隔符”为句点，其他设置保持默认。

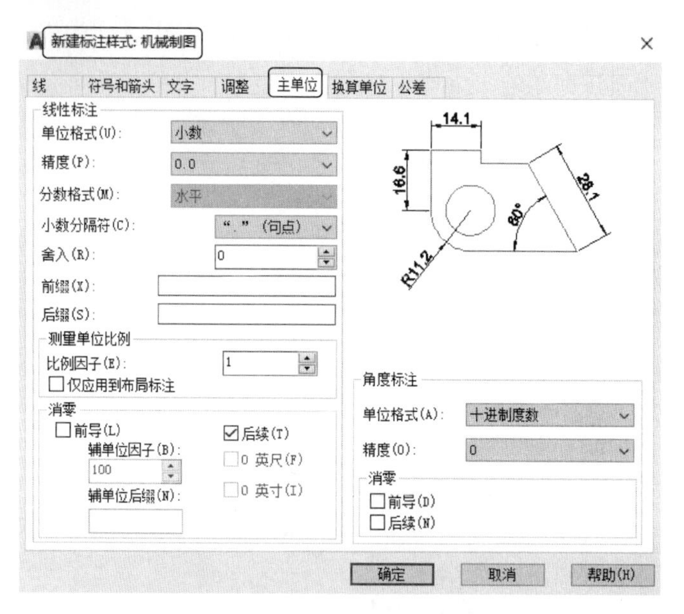

图 6-29　设置“主单位”选项卡

（5）完成后单击“确定”按钮退出。在“标注样式管理器”对话框中将“机械制图”样式设置为当前样式，单击“关闭”按钮退出。

3. 标注尺寸

单击“注释”功能区“标注”组中的“线性”按钮 ⊢⊣，对图形进行尺寸标注，命令行提示与操作如下。结果如图 6-23 所示。

```
命令: _DIMLINEAR↙(标注厚度尺寸"2")
指定第一个尺寸界线原点或<选择对象>:(指定第一个尺寸边界线位置)
指定第二个尺寸界线原点:(指定第二个尺寸边界线位置)
指定尺寸线位置或[多行文字(M)/文字(T)/角度(A)/水平(H)/垂直(V)/旋转(R)]:(选取尺寸放置位置)
标注文字 = 2
命令: _DIMLINEAR↙(标注直径尺寸"ϕ37")
指定第一个尺寸界线原点或<选择对象>:(指定第一个尺寸边界线位置)
指定第二个尺寸界线原点:(指定第二个尺寸边界线位置)
指定尺寸线位置或[多行文字(M)/文字(T)/角度(A)/水平(H)/垂直(V)/旋转(R)]: t
输入标注文字<37>: %%c37↙
指定尺寸线位置或[多行文字(M)/文字(T)/角度(A)/水平(H)/垂直(V)/旋转(R)]:(选取尺寸放置位置)
标注文字 = 37
命令: _DIMLINEAR↙(标注直径尺寸"ϕ50")
指定第一个尺寸界线原点或<选择对象>:(指定第一个尺寸边界线位置)
指定第二个尺寸界线原点:(指定第二个尺寸边界线位置)
```

```
指定尺寸线位置或[多行文字(M)/文字(T)/角度(A)/水平(H)/垂直(V)/旋转(R)]: t↙
输入标注文字<50>: %%c50↙
指定尺寸线位置或[多行文字(M)/文字(T)/角度(A)/水平(H)/垂直(V)/旋转(R)]: (选取尺寸放置位置)
标注文字 = 50
```

Note

6.2.3　对齐标注

1. 执行方式

命令行：DIMALIGNED(快捷命令：DAL)。

菜单栏：选择菜单栏中的"标注"→"对齐"命令。

工具栏：单击"标注"工具栏中的"对齐"按钮 。

功能区：单击"默认"选项卡"注释"面板中的"对齐"按钮 ，或单击"注释"选项卡"标注"面板中的"已对齐"按钮 。

2. 操作步骤

命令行提示与操作如下。

```
命令:DIMALIGNED↙
指定第一个尺寸界线原点或<选择对象>:
指定第二个尺寸界线原点:
指定尺寸线位置或[多行文字(M)/文字(T)/角度(A)]:
```

这种命令标注的尺寸线与所标注轮廓线平行，标注起始点到终点之间的距离尺寸。

6.2.4　直径标注

1. 执行方式

命令行：DIMDIAMETER(快捷命令：DDI)。

菜单栏：选择菜单栏中的"标注"→"直径"命令。

工具栏：单击"标注"工具栏中的"直径"按钮 。

功能区：单击"默认"选项卡"注释"面板中的"直径"按钮 ，或单击"注释"选项卡"标注"面板中的"直径"按钮 。

2. 操作步骤

命令行提示与操作如下。

```
命令: DIMDIAMETER↙
选择圆弧或圆: (选择要标注直径的圆或圆弧)
指定尺寸线位置或[多行文字(M)/文字(T)/角度(A)]: (确定尺寸线的位置或选择某一选项)
```

用户可以选择"多行文字""文字""角度"选项来输入、编辑尺寸文本或确定尺寸文本的倾斜角度，也可以直接确定尺寸线的位置，标注出指定圆或圆弧的直径。

Note

3. 选项说明

“直径”命令各选项含义如表 6-10 所示。

表 6-10 “直径”命令各选项含义

选　　项	含　　义
尺寸线位置	确定尺寸线的角度和标注文字的位置。如果未将标注放置在圆弧上而导致标注指向圆弧外，则 AutoCAD 会自动绘制圆弧延伸线
多行文字(M)	显示在位文字编辑器，可用它来编辑标注文字。要添加前缀或后缀，请在生成的测量值前后输入前缀或后缀。用控制代码和 Unicode 字符串来输入特殊字符或符号，请参见第 8 章介绍的常用控制代码
文字(T)	自定义标注文字，生成的标注测量值显示在尖括号(< >)中
角度(A)	修改标注文字的角度

6.2.5 上机练习——标注胶木球尺寸

练习目标

标注如图 6-30 所示的胶木球尺寸。

6-2

设计思路

利用源文件中的“胶木球”图形，建立新的标注样式，并利用“线性”和“直径”等命令，为图形添加尺寸标注。

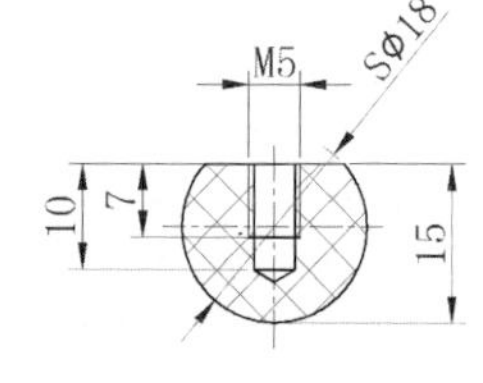

图 6-30 胶木球尺寸

操作步骤

1. 打开文件

单击“快速访问”工具栏中的“打开”按钮，打开“选择文件”对话框，打开源文件中的“胶木球”图形。

2. 设置标注样式

将“尺寸标注”图层设定为当前图层。按与 6.2.2 节中相同的方法设置标注样式。

3. 标注尺寸

(1) 单击“默认”选项卡“注释”面板中的“线性”按钮，标注线性尺寸，结果如图 6-31 所示。

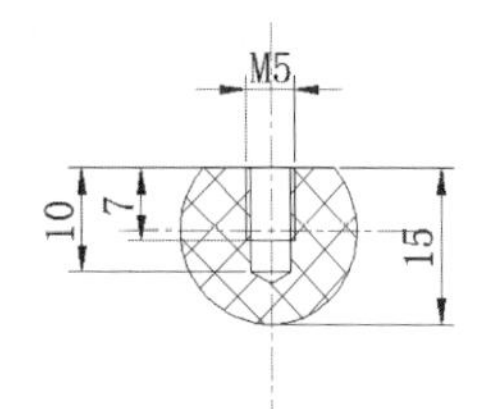

图 6-31 线性尺寸标注

(2) 单击“默认”选项卡“注释”面板中的“直径”按钮，标注直径尺寸，命令行操作如下。结果如图 6-30 所示。

```
命令:DIMDIAMETER↙
选择圆弧或圆:(选择要标注直径的圆弧)
标注文字 = 18
指定尺寸线位置或[多行文字(M)/文字(T)/角度(A)]: t↙
```

```
输入标注文字<18>: s%%c18
指定尺寸线位置或[多行文字(M)/文字(T)/角度(A)]:(适当指定一个位置)
```

6.2.6　角度型尺寸标注

1. 执行方式

命令行：DIMANGULAR(快捷命令：DAN)。

菜单栏：选择菜单栏中的“标注”→“角度”命令。

工具栏：单击“标注”工具栏中的“角度”按钮。

功能区：单击“默认”选项卡“注释”面板中的“角度”按钮，或单击“注释”选项卡“标注”面板中的“角度”按钮。

2. 操作步骤

命令行提示与操作如下。

```
命令:DIMANGULAR↙
选择圆弧、圆、直线或<指定顶点>:
```

3. 选项说明

“角度”命令各选项含义如表 6-11 所示。

表 6-11　“角度”命令各选项含义

<table>
<tr><th>选项</th><th colspan="2">含　　义</th></tr>
<tr><td rowspan="5">选择圆弧</td><td colspan="2">标注圆弧的中心角。当用户选择一段圆弧后，命令行提示如下
指定标注弧线位置或[多行文字(M)/文字(T)/角度(A)/象限点(Q)]:
在此提示下确定尺寸线的位置，AutoCAD 系统按自动测量得到的值标注出相应的角度，在此之前用户可以选择“多行文字”“文字”“角度”选项，通过多行文本编辑器或命令行来输入或定制尺寸文本，以及指定尺寸文本的倾斜角度</td></tr>
<tr><td>指定标注弧线位置</td><td>指定尺寸线的位置并确定绘制延伸线的方向。指定位置之后，DIMANGULAR 命令将结束</td></tr>
<tr><td>多行文字(M)</td><td>显示在位文字编辑器，可用它来编辑标注文字。要添加前缀或后缀，请在生成的测量值前后输入前缀或后缀。用控制代码和 Unicode 字符串来输入特殊字符或符号</td></tr>
<tr><td>文字(T)</td><td>自定义标注文字，生成的标注测量值显示在尖括号(<>)中。命令行提示与操作如下。
输入标注文字<当前>:输入标注文字，或按 Enter 键接受生成的测量值.要包括生成的测量值，请用尖括号(<>)表示生成的测量值</td></tr>
<tr><td>角度(A)</td><td>修改标注文字的角度</td></tr>
</table>

Note

续表

<table>
<tr><th>选项</th><th colspan="2">含　义</th></tr>
<tr><td>选择圆</td><td colspan="2">标注圆上某段圆弧的中心角。当用户选择圆上的一点后，命令行提示如下。

指定角的第二个端点:(选择另一点,该点可在圆上,也可不在圆上)
指定标注弧线位置或[多行文字(M)/文字(T)/角度(A)/象限点(Q)]:

在此提示下确定尺寸线的位置，AutoCAD 系统标注出一个角度值，该角度以圆心为顶点，两条尺寸界线通过所选取的两点，第二点可以不必在圆周上。用户还可以选择“多行文字”“文字”“角度”选项，编辑其尺寸文本或指定尺寸文本的倾斜角度，如图 6-32 所示</td></tr>
<tr><td>选择直线</td><td colspan="2">标注两条直线间的夹角。当用户选择一条直线后，命令行提示如下。

选择第二条直线:(选择另一条直线)
指定标注弧线位置或[多行文字(M)/文字(T)/角度(A) /象限点(Q)]:

在此提示下确定尺寸线的位置，系统自动标出两条直线之间的夹角。该角以两条直线的交点为顶点，以两条直线为尺寸界线，所标注角度取决于尺寸线的位置，如图 6-33 所示。用户还可以选择“多行文字”“文字”“角度”选项，编辑其尺寸文本或指定尺寸文本的倾斜角度</td></tr>
<tr><td>指定顶点</td><td colspan="2">指定顶点，直接按 Enter 键，命令行提示与操作如下。

指定角的顶点:(指定顶点)
指定角的第一个端点:(输入角的第一个端点)
指定角的第二个端点:(输入角的第二个端点,创建无关联的标注)
指定标注弧线位置或[多行文字(M)/文字(T)/角度(A)/象限点(Q)]:(输入一点作为角的顶点)

在此提示下给定尺寸线的位置，AutoCAD 根据指定的三点标注出角度，如图 6-34 所示。另外，用户还可以选择“多行文字”“文字”“角度”选项，编辑其尺寸文本或指定尺寸文本的倾斜角度</td></tr>
<tr><td></td><td>象限点(Q)</td><td>指定标注应锁定到的象限。打开象限行为后，将标注文字放置在角度标注外时，尺寸线会延伸超过延伸线</td></tr>
</table>

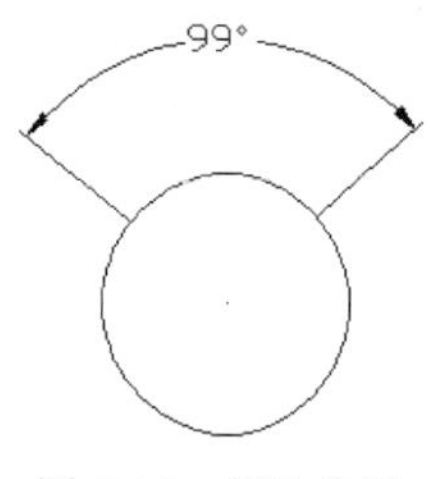

图 6-32　标注角度

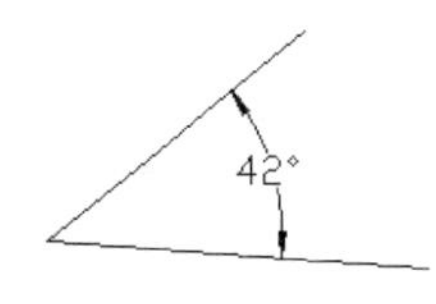

图 6-33　标注两直线的夹角

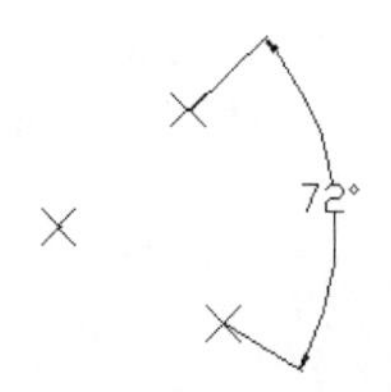

图 6-34　指定三点确定的角度

注意：角度标注可以测量指定的象限点，该象限点是在直线或圆弧的端点、圆心或两个顶点之间对角度进行标注时形成的。创建角度标注时，可以测量 4 个可能的角度。通过指定象限点，使用户可以确保标注正确的角度。指定象限点后，放置角度标注时，用户可以将标注文字放置在标注的尺寸界线之外，尺寸线将自动延长。

6.2.7　上机练习——标注压紧螺母尺寸

练习目标

标注如图 6-35 所示的压紧螺母尺寸。

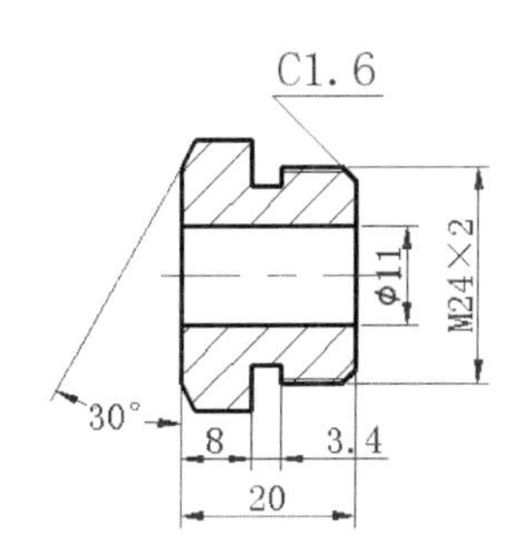

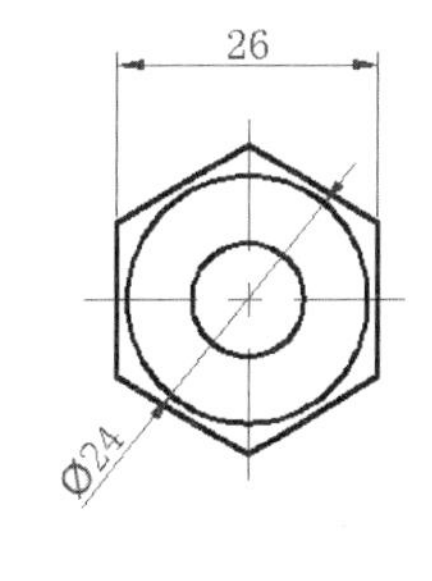

图 6-35　压紧螺母

设计思路

利用源文件中的“压紧螺母”图形，建立新的标注样式，并利用“线性”和“角度”等命令，为图形添加尺寸标注。

操作步骤

(1) 打开文件。单击“快速访问”工具栏中的“打开”按钮，打开“选择文件”对话框，打开源文件中的“压紧螺母”图形。

(2) 设置标注样式。将“尺寸标注”图层设定为当前图层。按与 6.2.2 节中相同的方法设置标注样式。

(3) 标注线性尺寸。单击“默认”选项卡“注释”面板中的“线性”按钮，标注线性尺寸，结果如图 6-36 所示。

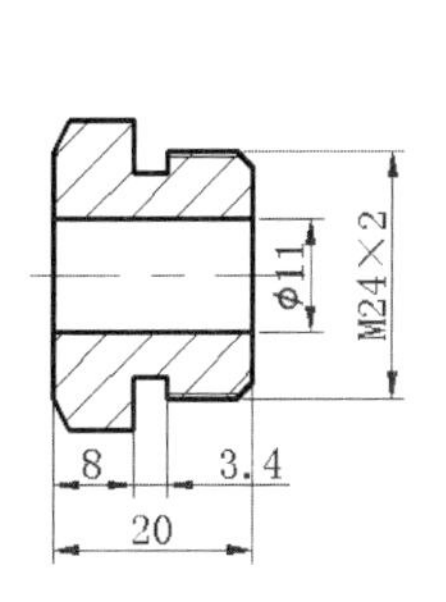

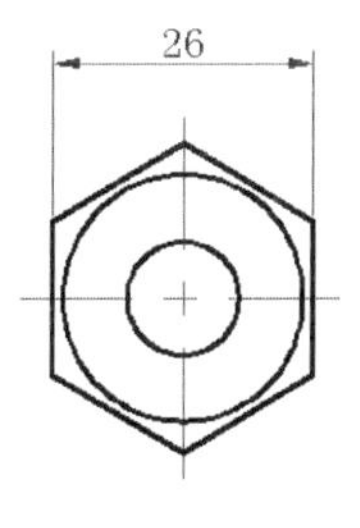

图 6-36　线性尺寸标注

Note

(4) 标注直径尺寸。单击“默认”选项卡“绘图”面板中的“直线”按钮 ╱，标注直径尺寸，结果如图 6-37 所示。

(5) 设置角度标注尺寸样式。单击“默认”选项卡“注释”面板中的“标注样式”按钮 ，在系统弹出的“标注样式管理器”对话框“样式”列表中，选择已经设置的“机械制图”样式，单击“新建”按钮，在弹出的“创建新标注样式”对话框中的“用于”下拉列表中选择“角度标注”，如图 6-38 所示。单击“继续”按钮，弹出“新建标注样式”对话框，在“文字”选项卡“文字对齐”选项组选择“水平”单选按钮，其他选项按默认设置，如图 6-39 所示。单击“确定”按钮，回到“标注样式管理器”对话框，样式列表中新增加了“机械制图”样式下的“角度”标注样式，如图 6-40 所示，单击“关闭”按钮，“角度”标注样式被设置为当前标注样式，并只对角度标注有效。

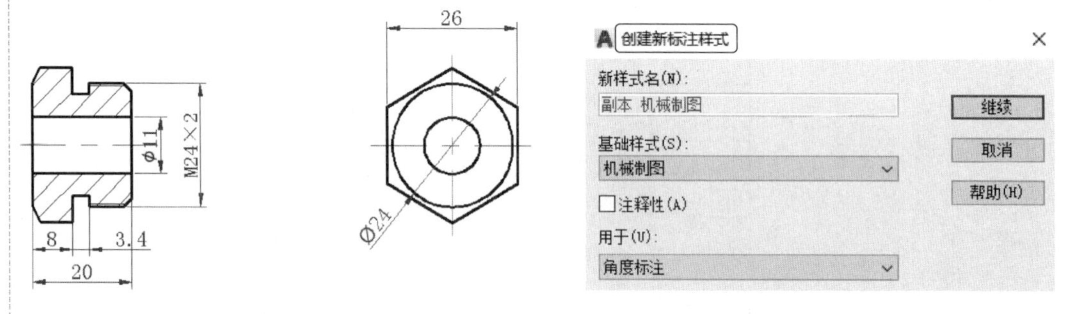

图 6-37　直径尺寸标注

图 6-38　新建标注样式

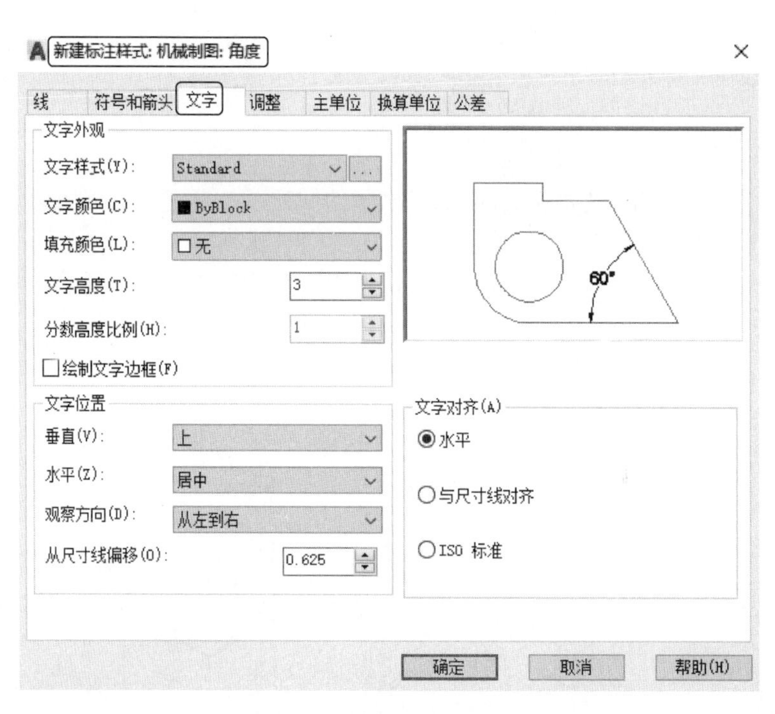

图 6-39　设置标注样式

Note

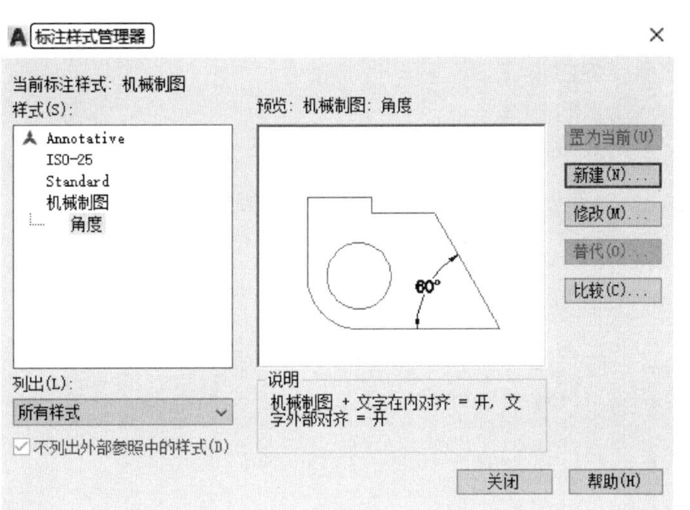

图 6-40 “标注样式管理器”对话框

☎ **注意**：《机械制图 尺寸注法》(GB/T 4458.4—2003)中规定，角度的尺寸数字必须水平放置，所以这里要对角度尺寸的标注样式进行重新设置。

(6) 标注角度尺寸。单击“默认”选项卡“注释”面板中的“角度”按钮 △，对图形进行角度尺寸标注，命令行提示与操作如下。

```
命令：_DIMANGULAR
选择圆弧、圆、直线或<指定顶点>:(选择主视图上倒角的斜线)
选择第二条直线:(选择主视图最左端竖直线)
指定标注弧线位置或[多行文字(M)/文字(T)/角度(A)/象限点(Q)]:(选择合适位置)
标注文字 = 53
```

结果如图 6-41 所示。

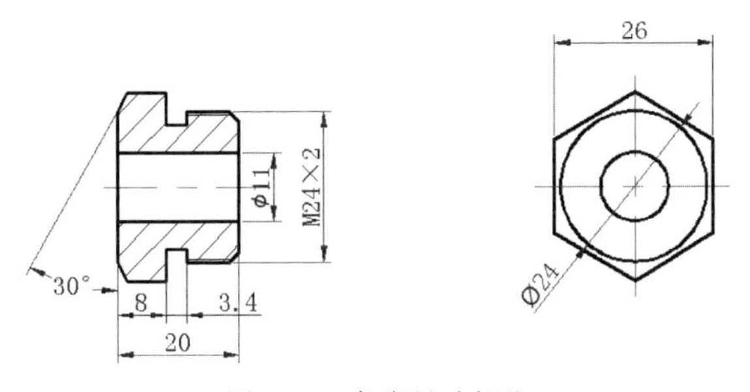

图 6-41 角度尺寸标注

(7) 标注倒角尺寸 C1.6。该尺寸标注方法在以后讲述，最终结果如图 6-35 所示。

6.2.8 基线标注

基线标注用于产生一系列基于同一尺寸界线的尺寸标注，适用于长度尺寸、角度和坐标标注。在使用基线标注方式之前，应该先标注出一个相关的尺寸作为基线标准。

Note

1. 执行方式

命令行：DIMBASELINE(快捷命令：DBA)。

菜单栏：选择菜单栏中的“标注”→“基线”命令。

工具栏：单击“标注”工具栏中的“基线”按钮。

功能区：单击“注释”选项卡“标注”面板中的“基线”按钮。

2. 操作步骤

命令行提示与操作如下。

```
命令：DIMBASELINE↙
指定第二个尺寸界线原点或[选择(S)/放弃(U)] <选择>:
```

3. 选项说明

“基线”命令各选项含义如表6-12所示。

表6-12 “基线”命令各选项含义

选项	含义
指定第二个尺寸界线原点	直接确定另一个尺寸的第二个尺寸界线的起点，AutoCAD以上次标注的尺寸为基准标注，标注出相应尺寸。
选择(S)/放弃(U)	在上述提示下直接按Enter键，命令行提示如下。 选择基准标注:(选择作为基准的尺寸标注)

6.2.9 连续标注

连续标注又叫尺寸链标注，用于产生一系列连续的尺寸标注，后一个尺寸标注均把前一个标注的第二个尺寸界线作为它的第一个尺寸界线，适用于长度型尺寸、角度型和坐标标注。在使用连续标注方式之前，应该先标注出一个相关的尺寸。

1. 执行方式

命令行：DIMCONTINUE(快捷命令：DCO)。

菜单栏：选择菜单栏中的“标注”→“连续”命令。

工具栏：单击“标注”工具栏中的“连续”按钮。

功能区：单击“注释”选项卡“标注”面板中的“连续”按钮。

2. 操作步骤

命令行提示与操作如下。

```
命令:DIMCONTINUE↙
指定第二个尺寸界线原点或[选择(S)/放弃(U)] <选择>:
```

此提示下的各选项与基线标注中完全相同，此处不再赘述。

Note

☎ **注意**：AutoCAD 允许用户利用基线标注方式和连续标注方式进行角度标注，如图 6-42 所示。

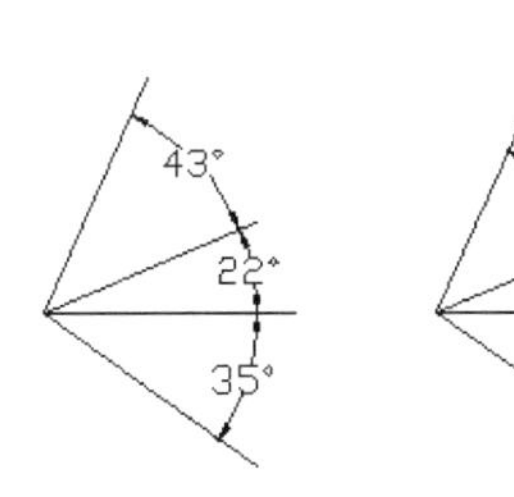

图 6-42　连续型和基线型角度标注

6.2.10　上机练习——标注阀杆尺寸

6-4

练习目标

标注如图 6-43 所示的阀杆尺寸。

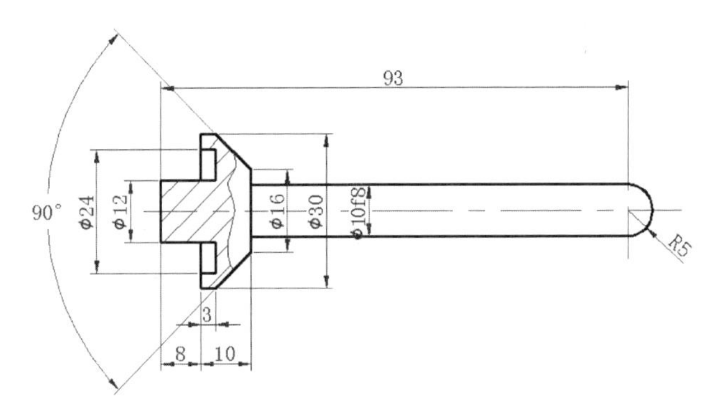

图 6-43　标注阀杆尺寸

设计思路

利用源文件中的“阀杆”图形，建立新的标注样式，并利用“线性”“半径”“角度”等命令，为图形添加尺寸标注。

操作步骤

(1) 打开文件。单击“快速访问”工具栏中的“打开”按钮，打开“选择文件”对话框，打开源文件中的“阀杆”图形。

(2) 设置标注样式。将“尺寸标注”图层设定为当前图层。按与 6.2.2 节中相同的方法设置标注样式。

(3) 标注线性尺寸。单击“默认”选项卡“注释”面板中的“线性”按钮，标注线性尺寸，结果如图 6-44 所示。

(4) 标注半径尺寸。单击“默认”选项卡“注释”面板中的“半径”按钮，标注圆弧尺寸，结果如图 6-45 所示。

Note

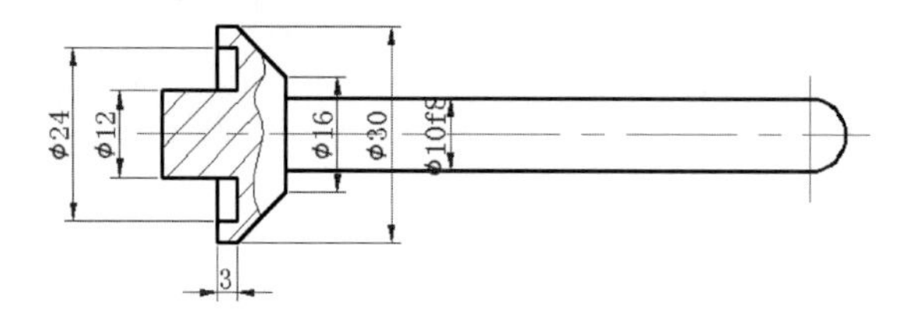

图 6-44　标注线性尺寸

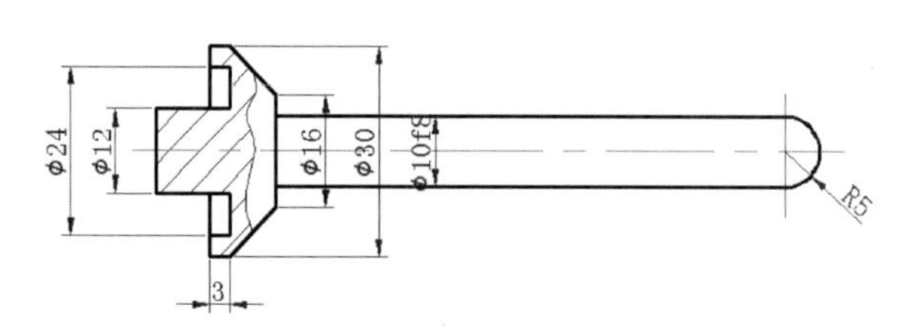

图 6-45　标注半径尺寸

(5) 设置角度标注样式。按与 6.2.7 节中相同的方法设置角度标注样式。

(6) 标注角度尺寸。单击"默认"选项卡"注释"面板中的"角度"按钮，对图形进行角度尺寸标注，结果如图 6-46 所示。

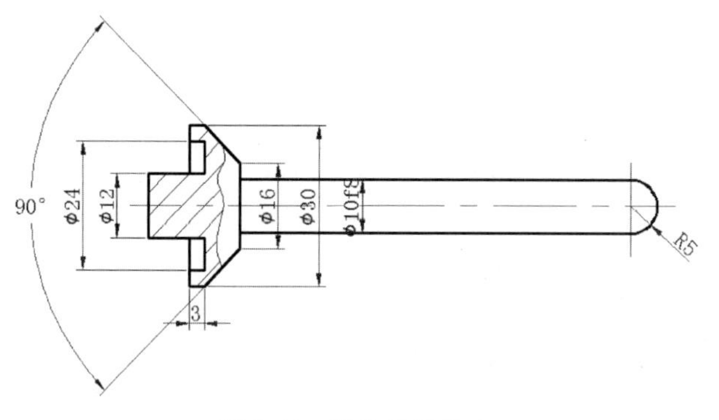

图 6-46　标注角度尺寸

(7) 标注基线尺寸。单击"默认"选项卡"注释"面板中的"线性"按钮，标注线性尺寸 93，再单击"注释"选项卡"标注"面板中的"基线"按钮，标注基线尺寸 8，命令行操作如下。

```
命令: _DIMBASELINE
指定第二个尺寸界线原点或[选择(S)/放弃(U)] <选择>:(选择尺寸界线)
标注文字 = 8
指定第二个尺寸界线原点或[选择(S)/放弃(U)] <选择>:↙
```

选择刚标注的基线标注，利用钳夹功能将尺寸线移动到合适的位置，结果如图 6-47 所示。

(8) 标注连续尺寸。单击"注释"选项卡"标注"面板中的"连续"按钮，标注连续尺寸 10，命令行操作如下。

Note

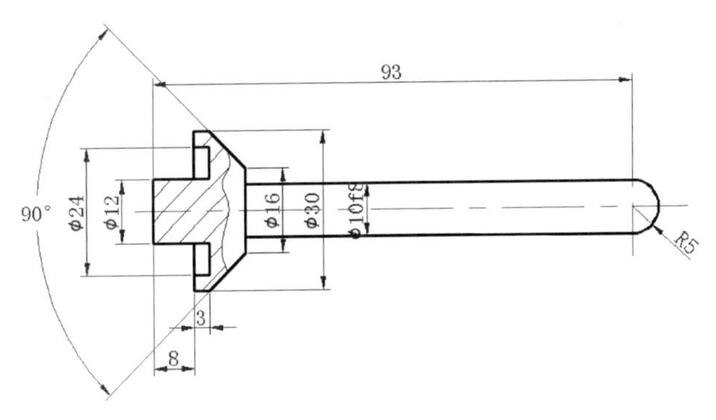

图 6-47　标注基线尺寸

```
命令: _DIMCONTINUE
指定第二个尺寸界线原点或[选择(S)/放弃(U)] <选择>:(选择尺寸界线)
标注文字 = 10
指定第二个尺寸界线原点或[选择(S)/放弃(U)] <选择>:↙
```

最终结果如图 6-43 所示。

6.3　引线标注

AutoCAD 提供了引线标注功能，利用该功能不仅可以标注特定的尺寸，如圆角、倒角等，还可以实现在图中添加多行旁注、说明。在引线标注中指引线可以是折线，也可以是曲线，指引线端部可以有箭头，也可以没有箭头。

6.3.1　一般引线标注

LEADER 命令可以创建灵活多样的引线标注形式，可根据需要把指引线设置为折线或曲线，指引线可带箭头，也可不带箭头，注释文本可以是多行文本，也可以是形位公差，可以从图形其他部位复制，还可以是一个图块。

1. 执行方式

命令行：LEADER。

2. 操作步骤

```
命令:LEADER↙
指定引线起点:(输入指引线的起始点)
指定下一点:(输入指引线的另一点)
指定下一点或[注释(A)/格式(F)/放弃(U)] <注释>:
```

3. 选项说明

“LEADER”命令各选项含义如表 6-13 所示。

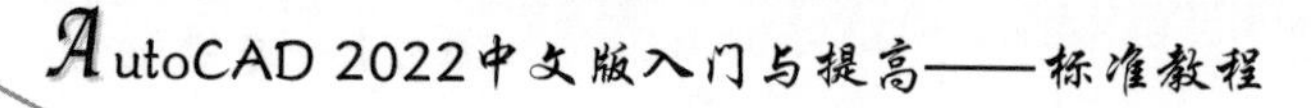

Note

表 6-13 “LEADER”命令各选项含义

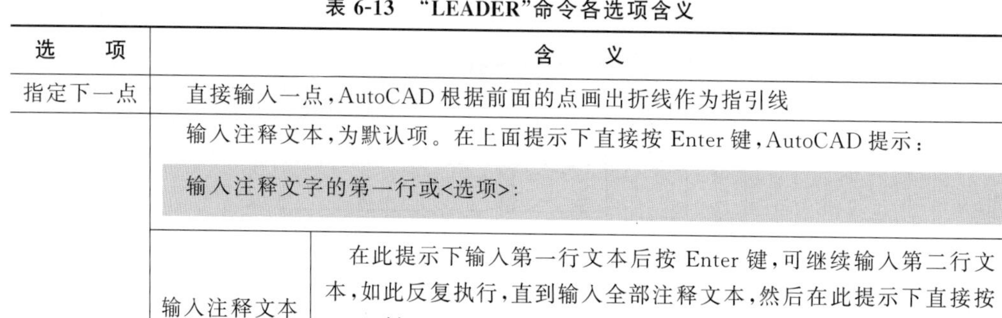

<table>
<tr><th>选　　项</th><th colspan="2">含　　义</th></tr>
<tr><td>指定下一点</td><td colspan="2">直接输入一点，AutoCAD 根据前面的点画出折线作为指引线</td></tr>
<tr><td rowspan="3"><注释></td><td colspan="2">输入注释文本，为默认项。在上面提示下直接按 Enter 键，AutoCAD 提示：
输入注释文字的第一行或<选项>:</td></tr>
<tr><td>输入注释文本</td><td>在此提示下输入第一行文本后按 Enter 键，可继续输入第二行文本，如此反复执行，直到输入全部注释文本，然后在此提示下直接按 Enter 键，AutoCAD 会在指引线终端标注出所输入的多行文本，并结束 LEADER 命令</td></tr>
<tr><td colspan="2">如果在上面的提示下直接按 Enter 键，AutoCAD 提示：
输入注释选项[公差(T)/副本(C)/块(B)/无(N)/多行文字(M)] <多行文字>:
在此提示下选择一个注释选项或直接按 Enter 键选“多行文字”选项。其中各选项的含义如下</td></tr>
<tr><td rowspan="5"></td><td>公差(T)</td><td>标注形位公差</td></tr>
<tr><td>副本(C)</td><td>把已由 LEADER 命令创建的注释复制到当前指引线末端。执行该选项，系统提示：
选择要复制的对象:
在此提示下选取一个已创建的注释文本，则 AutoCAD 把它复制到当前指引线的末端</td></tr>
<tr><td>块(B)</td><td>插入块，把已经定义好的图块插入到指引线的末端。执行该选项，系统提示：
输入块名或[?]:
在此提示下输入一个已定义好的图块名，AutoCAD 把该图块插入到指引线的末端。或输入“?”列出当前已有图块，用户可从中选择</td></tr>
<tr><td>无(N)</td><td>不进行注释，没有注释文本</td></tr>
<tr><td><多行文字></td><td>用多行文本编辑器标注注释文本并定制文本格式，为默认选项</td></tr>
<tr><td rowspan="6">格式(F)</td><td colspan="2">确定指引线的形式。选择该项，AutoCAD 提示：
输入引线格式选项[样条曲线(S)/直线(ST)/箭头(A)/无(N)] <退出>:
选择指引线形式，或直接按 Enter 键回到上一级提示</td></tr>
<tr><td>样条曲线(S)</td><td>设置指引线为样条曲线</td></tr>
<tr><td>直线(ST)</td><td>设置指引线为折线</td></tr>
<tr><td>箭头(A)</td><td>在指引线的起始位置画箭头</td></tr>
<tr><td>无(N)</td><td>在指引线的起始位置不画箭头</td></tr>
<tr><td><退出></td><td>此项为默认选项，选取该项退出“格式”选项，返回“指定下一点或[注释(A)/格式(F)/放弃(U)] <注释>:”提示，并且指引线形式按默认方式设置</td></tr>
</table>

6.3.2 快速引线标注

利用 QLEADER 命令可快速生成指引线及注释，而且可以通过命令行优化对话框进行用户自定义，由此可以消除不必要的命令行提示，取得最高的工作效率。

1. 执行方式

命令行：QLEADER。

2. 操作步骤

```
命令：QLEADER↙
指定第一个引线点或[设置(S)] <设置>:
```

3. 选项说明

“QLEADER”命令各选项含义如表 6-14 所示。

表 6-14 “QLEADER”命令各选项含义

<table>
<tr><th>选项</th><th colspan="2">含　义</th></tr>
<tr><td rowspan="3">指定第一个引线点</td><td colspan="2">在上面的提示下确定一点作为指引线的第一点，AutoCAD 提示：
指定下一点：(输入指引线的第二点)
指定下一点：(输入指引线的第三点)
AutoCAD 提示用户输入的点的数目由“引线设置”对话框(图 6-46)确定。输入完指引线的点后，AutoCAD 提示：
指定文字宽度<0.0000>：(输入多行文本的宽度)
输入注释文字的第一行<多行文字(M)>:</td></tr>
<tr><td>输入注释文字的第一行</td><td>在命令行输入第一行文本。系统继续提示：
输入注释文字的下一行：(输入另一行文本)
输入注释文字的下一行：(输入另一行文本或按 Enter 键)</td></tr>
<tr><td><多行文字(M)></td><td>打开多行文字编辑器，输入编辑多行文字。直接按 Enter 键，结束 QLEADER 命令并把多行文本标注在指引线的末端附近</td></tr>
<tr><td rowspan="4"><设置></td><td colspan="2">直接按 Enter 键或输入 S，打开“引线设置”对话框，允许对引线标注进行设置。该对话框包含“注释”“引线和箭头”“附着”3 个选项卡，下面分别进行介绍</td></tr>
<tr><td>“注释”选项卡</td><td>用于设置引线标注中注释文本的类型、多行文本的格式并确定注释文本是否多次使用，如图 6-48 所示</td></tr>
<tr><td>“引线和箭头”选项卡</td><td>用来设置引线标注中指引线和箭头的形式。其中“点数”选项组设置执行 QLEADER 命令时 AutoCAD 提示用户输入的点的数目。例如，设置点数为 3，执行 QLEADER 命令时当用户在提示下指定 3 个点后，AutoCAD 自动提示用户输入注释文本。注意设置的点数要比用户希望的指引线的段数多 1。可利用微调框进行设置，如果选择“无限制”复选框，AutoCAD 会一直提示用户输入点直到连续按 Enter 键两次为止。“角度约束”选项组设置第一段和第二段指引线的角度约束，如图 6-49 所示</td></tr>
<tr><td>“附着”选项卡</td><td>设置注释文本和指引线的相对位置。如果最后一段指引线指向右边，系统自动把注释文本放在右侧；反之放在左侧。利用本选项卡左侧和右侧的单选按钮分别设置位于左侧和右侧的注释文本与最后一段指引线的相对位置，二者可相同也可不相同，如图 6-50 所示</td></tr>
</table>

Note

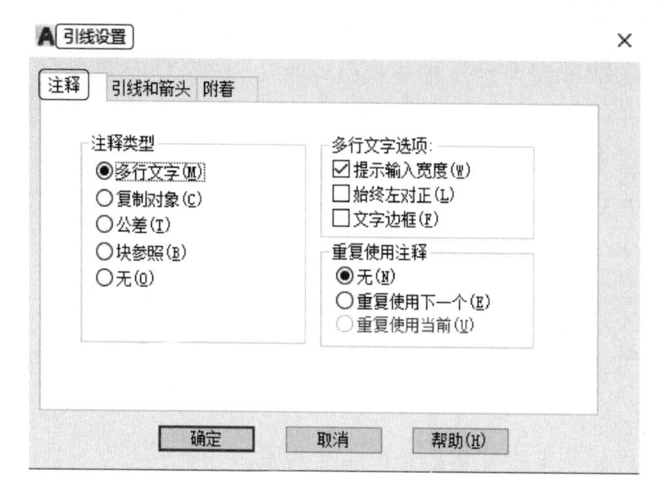

图 6-48 “引线设置”对话框的“注释”选项卡

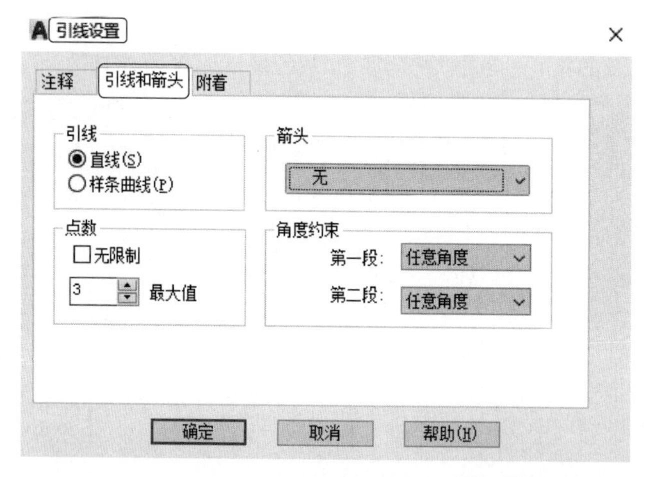

图 6-49 “引线设置”对话框的“引线和箭头”选项卡

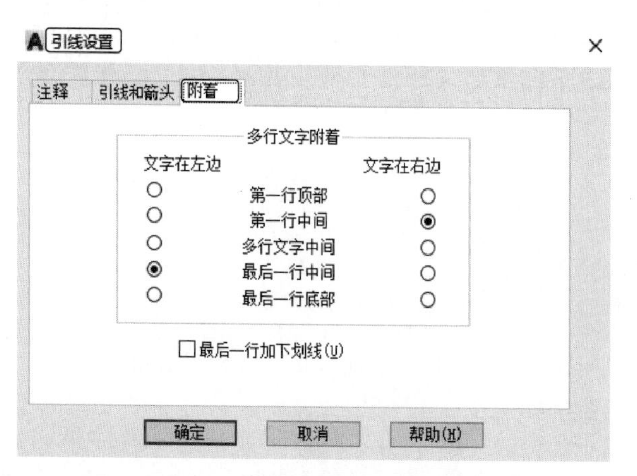

图 6-50 “引线设置”对话框的“附着”选项卡

Note

6.3.3　上机练习——标注销轴尺寸

练习目标

标注如图 6-51 所示的销轴尺寸。

设计思路

利用源文件中的“销轴”图形，建立新的标注样式，并利用“线性”“分解”等命令，为图形添加尺寸标注。

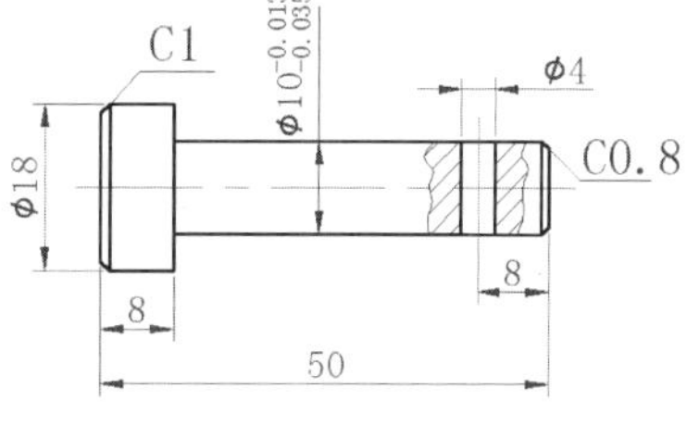

图 6-51　销轴

6-5

操作步骤

（1）打开文件。单击“快速访问”工具栏中的“打开”按钮，打开“选择文件”对话框，打开源文件中的“销轴”图形。

（2）设置标注样式。将“尺寸标注”图层设定为当前图层。按与 6.2.2 节中相同的方法设置标注样式。

（3）标注线性尺寸。单击“默认”选项卡“注释”面板中的“线性”按钮，标注线性尺寸，结果如图 6-52 所示。

（4）设置公差尺寸标注样式。按 6.2.2 节相同方法设置公差尺寸标注样式。

（5）标注公差尺寸。单击“默认”选项卡“注释”面板中的“线性”按钮，标注公差尺寸，结果如图 6-53 所示。

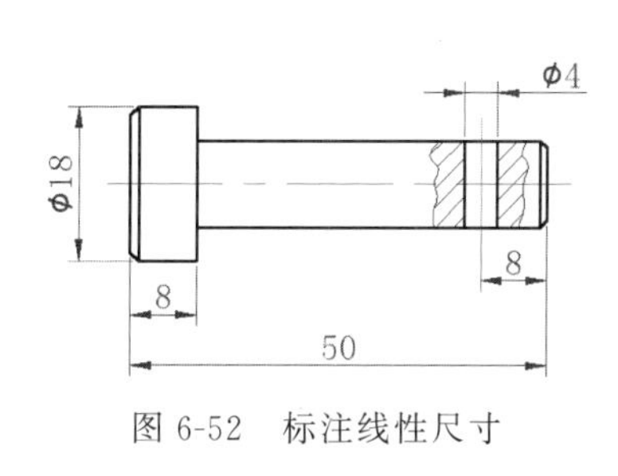

图 6-52　标注线性尺寸

图 6-53　标注公差尺寸

（6）用“引线”命令标注销轴左端倒角，命令行提示与操作如下。

```
命令: QLEADER↙
指定第一个引线点或[设置(S)] <设置>:输入 s↙(系统打开"引线设置"对话框,分别按图 6-54、图 6-55 所示设置,最后单击"确定"按钮退出)
指定第一个引线点或[设置(S)] <设置>:(指定销轴左上倒角点)
指定下一点:(适当指定下一点)
指定下一点: (适当指定下一点)
指定文字宽度< 0 >:3↙
输入注释文字的第一行<多行文字(M)>: C1↙
输入注释文字的下一行:
```

Note

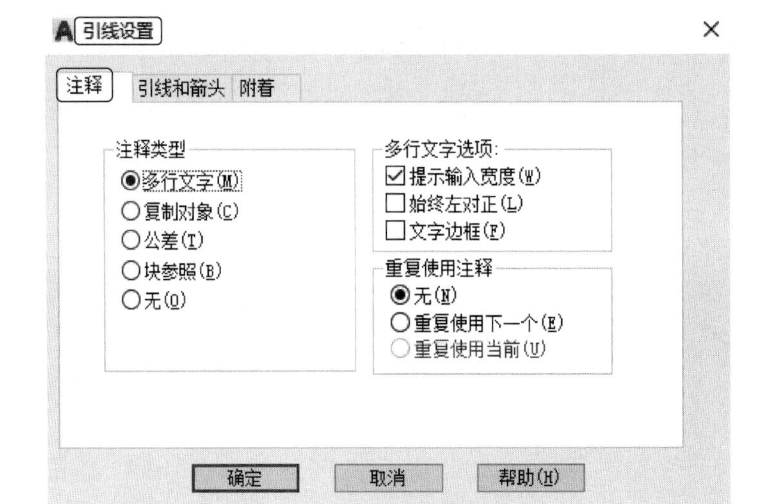

图 6-54 设置注释

图 6-55 设置引线或箭头

结果如图 6-56 所示，单击“默认”选项卡“修改”面板中的“分解”按钮 ，将引线标注分解，单击“默认”选项卡“修改”面板中的“移动”按钮 ，将倒角数值 C1 移动到合适位置，结果如图 6-57 所示。

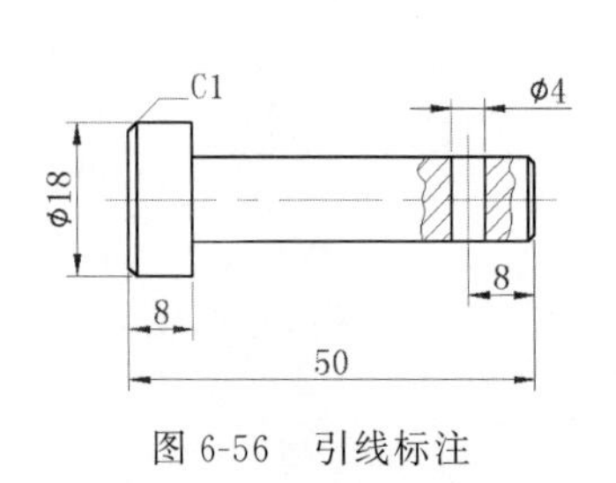

图 6-56 引线标注

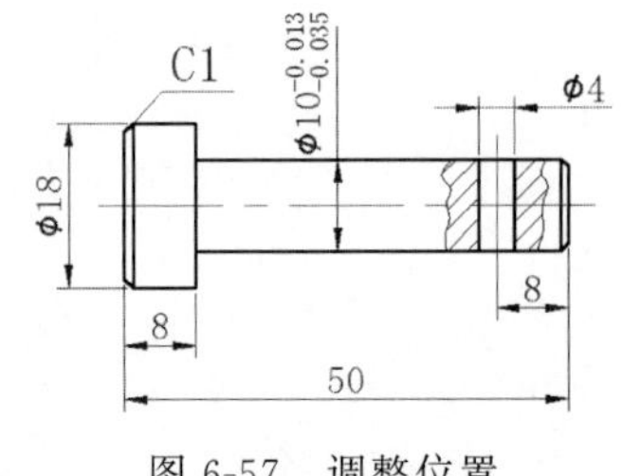

图 6-57 调整位置

（7）单击菜单栏中“标注”下的“多重引线”命令，标注销轴右端倒角，命令行提示与操作如下。

```
命令：_MLEADER↙
指定引线箭头的位置或[引线基线优先(L)/内容优先(C)/选项(O)] <选项>：(指定销轴右上倒角点)
指定引线基线的位置：(适当指定下一点)
```

系统打开多行文字编辑器，输入倒角文字C0.8，完成多重引线标注。单击“默认”选项卡“修改”面板中的“分解”按钮，将引线标注分解，单击“默认”选项卡“修改”面板中的“移动”按钮，将倒角数值C0.8移动到合适位置，最终结果如图6-51所示。

注意：对于45°倒角，可以标注C＊，C1表示1×1的45°倒角。如果倒角不是45°，就必须按常规尺寸标注的方法进行标注。

6.3.4　多重引线标注

多重引线可创建为箭头优先、引线基线优先或内容优先。

1. 执行方式

命令行：MLEADER。

菜单栏：选择菜单栏中的“标注”→“多重引线”命令。

工具栏：单击“多重引线”工具栏中的“多重引线”按钮。

功能区：单击“默认”选项卡“注释”面板中的“引线”按钮，或单击“注释”选项卡“引线”面板中的“多重引线”按钮。

2. 操作步骤

```
命令：MLEADER↙
指定引线基线的位置或[引线箭头优先(H)/内容优先(C)/选项(O)] <选项>：
```

3. 选项说明

“MLEADER”命令各选项含义如表6-15所示。

表6-15　“MLEADER”命令各选项含义

选　　项	含　　义
引线基线位置	指定多重引线对象箭头的位置
引线箭头优先(H)	指定多重引线对象的基线的位置。如果先前绘制的多重引线对象是基线优先，则后续的多重引线也将先创建基线(除非另外指定)
内容优先(C)	指定与多重引线对象相关联的文字或块的位置。如果先前绘制的多重引线对象是内容优先，则后续的多重引线对象也将先创建内容(除非另外指定)

Note

续表

<table>
<tr><th>选　项</th><th colspan="2">含　义</th></tr>
<tr><td rowspan="7">选项(O)</td><td colspan="2">指定用于放置多重引线对象的选项。命令行提示如下。
输入选项[引线类型(L)/引线基线(A)/内容类型(C)/最大节点数(M)/第一个角度(F)/第二个角度(S)/退出选项(X)]:</td></tr>
<tr><td>引线类型(L)</td><td>指定要使用的引线类型。
类型(T)：指定直线、样条曲线或无引线。
选择引线类型[直线(S)/样条曲线(P)/无(N)]:
如果此时选择“无”,则不会有与多重引线对象相关联的基线</td></tr>
<tr><td>内容类型(C)</td><td>指定要使用的内容类型。
选择内容类型[块(B)/多行文字(M)/无(N)] <多行文字>:
块：指定图形中的块,与新的多重引线相关联。
输入块名称:
无：指定“无”内容类型</td></tr>
<tr><td>最大节点数(M)</td><td>指定新引线的最大点数</td></tr>
<tr><td>第一个角度(F)</td><td>约束新引线中的第一个点的角度</td></tr>
<tr><td>第二个角度(S)</td><td>约束新引线中的第二个点的角度。
输入第二个角度约束或<无>:</td></tr>
<tr><td>退出选项(X)</td><td>返回到第一个 MLEADER 命令提示</td></tr>
</table>

6.4 形位公差

6.4.1 形位公差标注

为方便机械设计工作,AutoCAD 提供了标注形位公差的功能。形位公差的标注形式如图 6-58 所示,包括指引线、特征符号、公差值和附加符号、基准代号及附加符号。

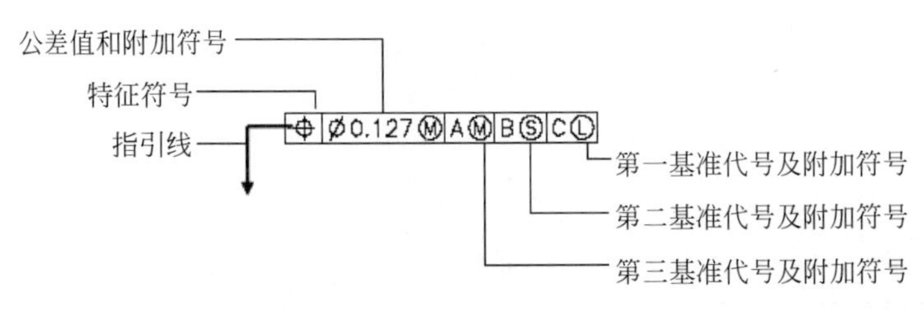

图 6-58　形位公差标注

Note

1. 执行方式

命令行：TOLERANCE(快捷命令：TOL)。

菜单栏：选择菜单栏中的“标注”→“公差”命令。

工具栏：单击“标注”工具栏中的“公差”按钮。

功能区：单击“注释”选项卡“标注”面板中的“公差”按钮。

执行上述命令后，系统打开如图6-59所示的“形位公差”对话框，可通过此对话框对形位公差标注进行设置。

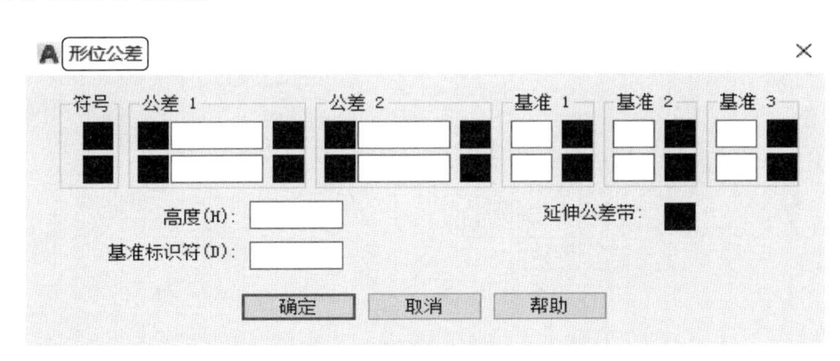

图6-59　“形位公差”对话框

2. 选项说明

“形位公差”对话框各选项含义如表6-16所示。

表6-16　“形位公差”对话框各选项含义

选　　项	含　　义
符号	用于设定或改变公差代号。单击下面的黑块，系统打开如图6-60所示的“特征符号”列表框，可从中选择需要的公差代号
公差1/2	用于产生第一/二个公差的公差值及“附加符号”。白色文本框左侧的黑块控制是否在公差值之前加一个直径符号，单击它，则出现一个直径符号，再单击则又消失。白色文本框用于确定公差值，在其中输入一个具体数值。右侧黑块用于插入“包容条件”符号，单击它，系统打开如图6-61所示的“附加符号”列表框，用户可从中选择所需符号
基准1/2/3	用于确定第一、二、三个基准代号及材料状态符号。在白色文本框中输入一个基准代号。单击其右侧的黑块，系统打开“包容条件”列表框，可从中选择适当的“包容条件”符号
“高度”文本框	用于确定标注复合形位公差的高度
延伸公差带	单击此黑块，在复合公差带后面加一个复合公差符号，如图6-62(a)所示，其他形位公差标注如图6-62所示的例图
“基准标识符”文本框	用于产生一个标识符号，用一个字母表示

注意：在“形位公差”对话框中有两行可以同时对形位公差进行设置，可实现复合形位公差的标注。如果两行中输入的公差代号相同，则得到如图6-62(e)所示的形式。

Note

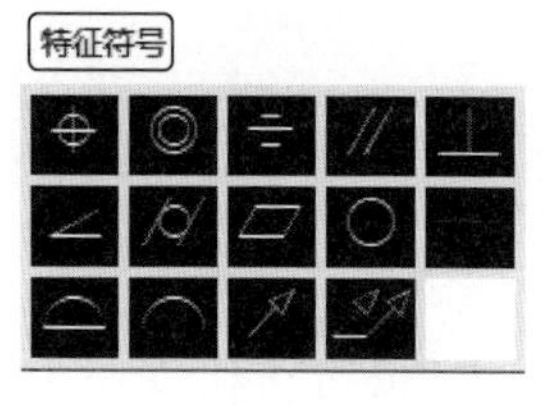

图 6-60 “特征符号”列表框

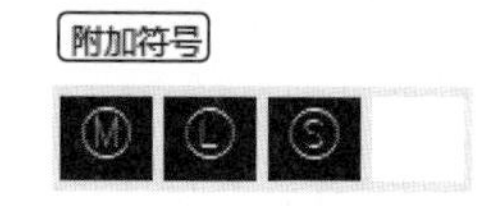

图 6-61 “附加符号”列表框

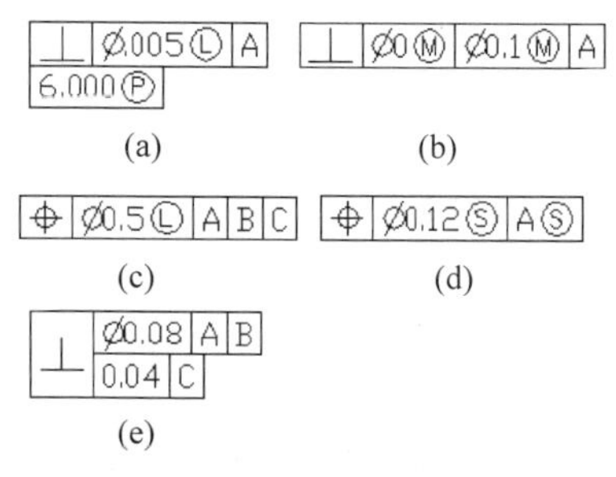

图 6-62 形位公差标注举例

6.4.2 上机练习——标注底座尺寸

6-6

练习目标

标注如图 6-63 所示的底座尺寸。

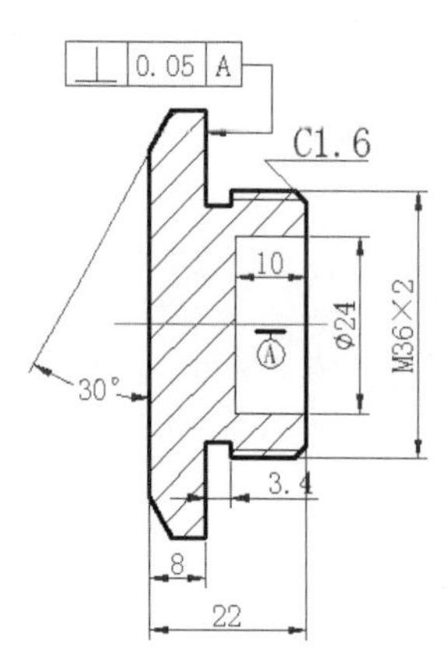

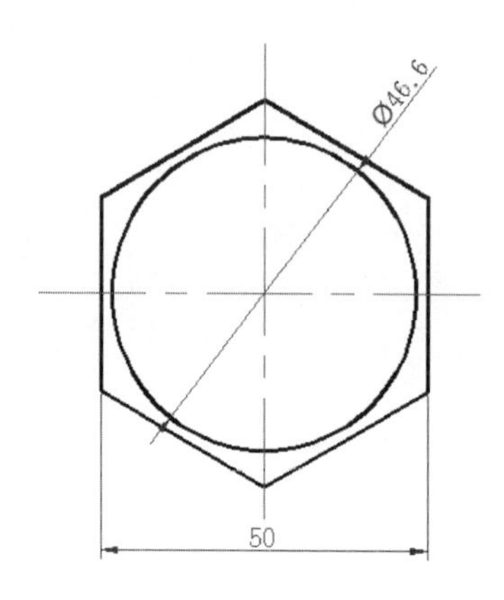

图 6-63 标注底座尺寸

设计思路

首先标注一般尺寸，然后再标注倒角尺寸，最后标注形位公差，结果如图 6-63 所示。

操作步骤

(1) 打开文件。单击“快速访问”工具栏中的“打开”按钮，打开“选择文件”对话框，打开源文件中的“底座”图形。

(2) 设置标注样式。将“尺寸标注”图层设定为当前图层。按与 6.2.2 节中相同的方法设置标注样式。

(3) 标注线性尺寸。单击“默认”选项卡“注释”面板中的“线性”按钮，标注线性尺寸，结果如图 6-64 所示。

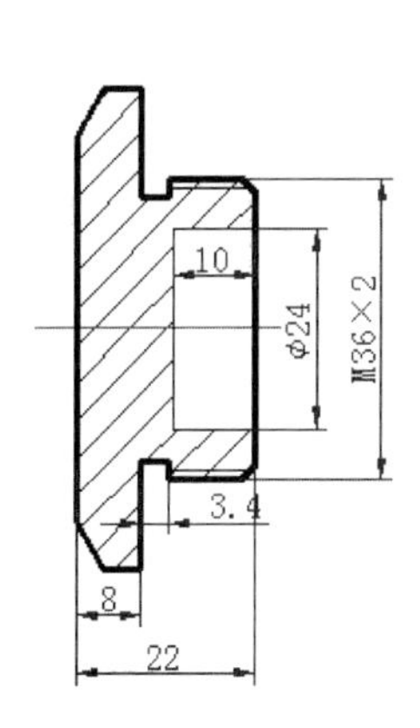

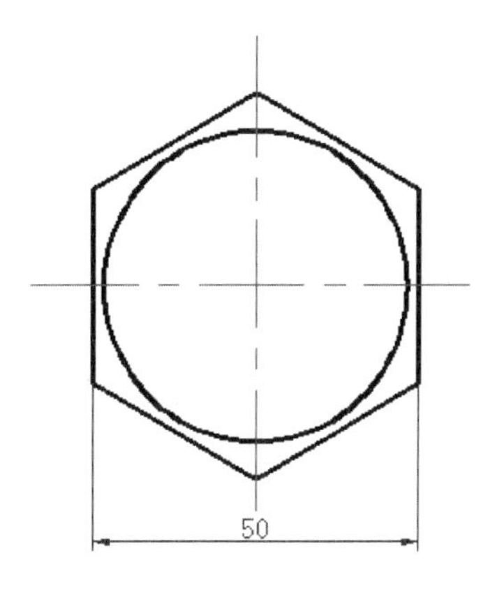

图 6-64　标注线性尺寸

(4) 标注直径尺寸。单击“默认”选项卡“注释”面板中的“直径”按钮，标注直径尺寸，结果如图 6-65 所示。

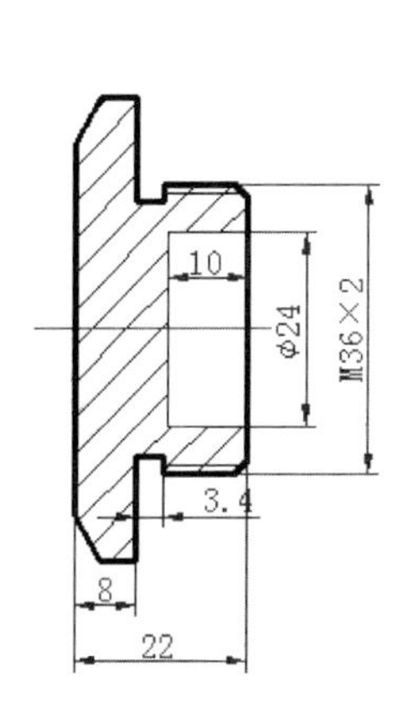

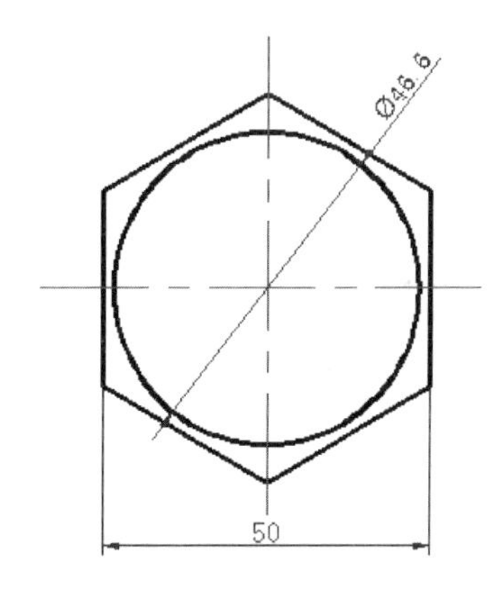

图 6-65　标注直径尺寸

(5) 设置角度标注尺寸样式。按 6.2.7 节相同方法设置角度标注样式。

(6) 标注角度尺寸。单击“默认”选项卡“注释”面板中的“角度”按钮，对图形进行角度尺寸标注，结果如图 6-66 所示。

(7) 标注引线尺寸。按与 6.3.3 节中相同的方法标注，结果如图 6-67 所示。

(8) 标注形位公差。单击“注释”选项卡“标注”面板中的“公差”按钮，打开“形位公差”对话框，单击“符号”黑框，打开“特征符号”对话框，选择 ⊥ 符号，在“公差 1”文本框中输入 0.05，在“基准 1”文本框中输入字母 A，如图 6-68 所示，单击“确定”按钮。在图形的合适位置放置形位公差，如图 6-69 所示。

Note

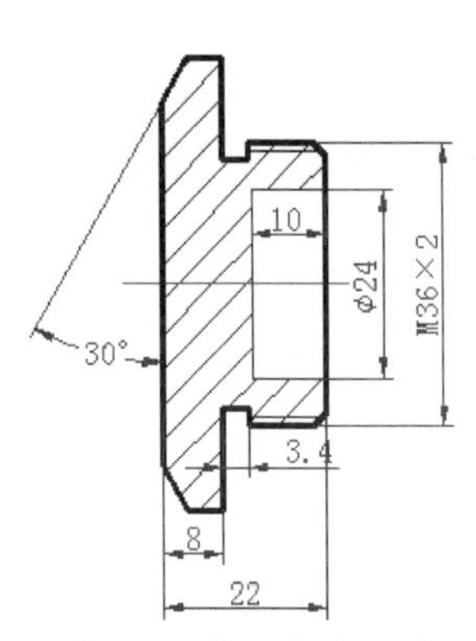

图 6-66　标注角度尺寸

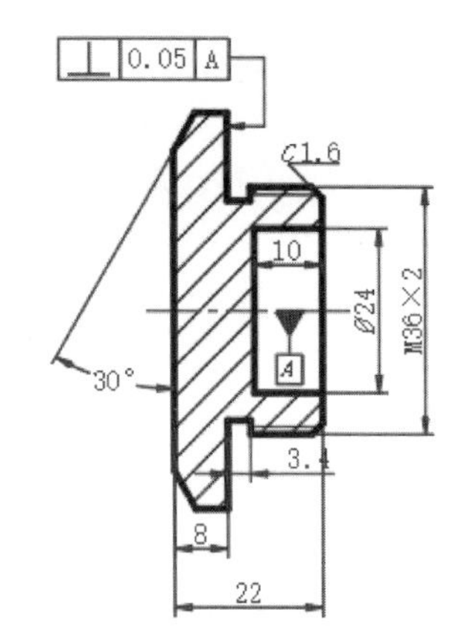

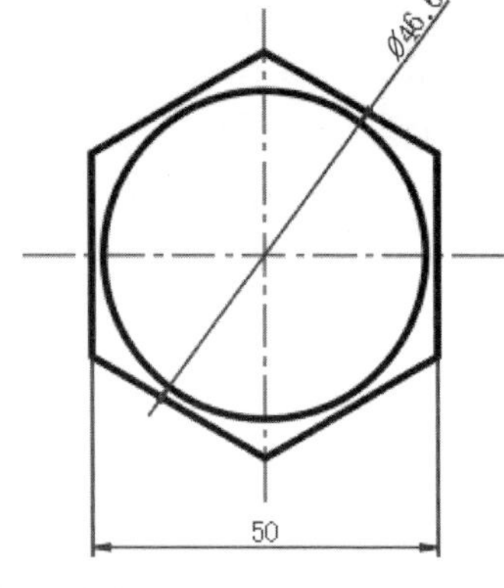

图 6-67　标注引线尺寸

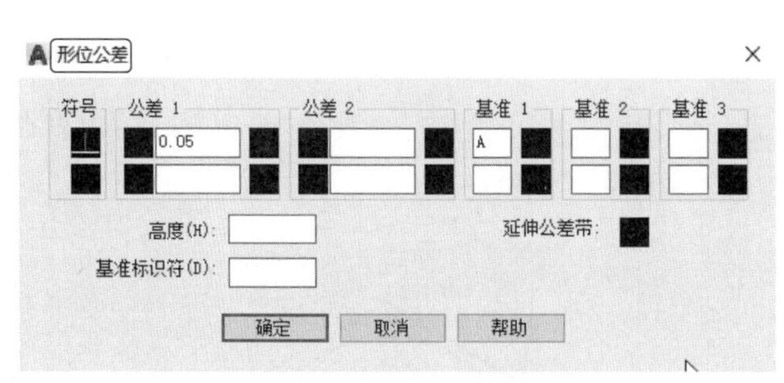

图 6-68　“形位公差”对话框

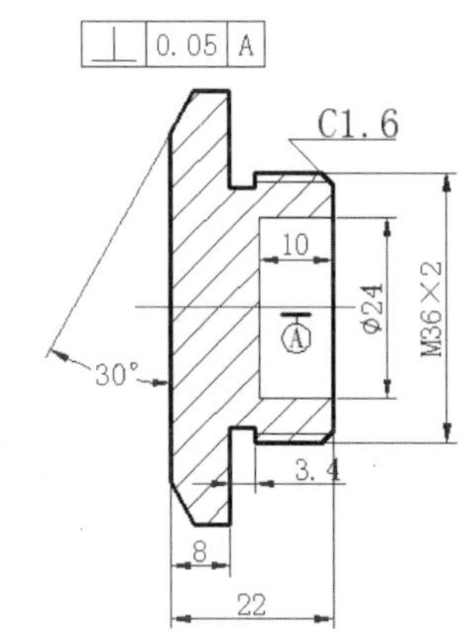

图 6-69　放置形位公差

(9) 绘制引线。利用 LEADER 命令绘制引线,命令行操作如下。

```
命令: LEADER↙
指定引线起点:(适当指定一点)
指定下一点:(适当指定一点)
指定下一点或[注释(A)/格式(F)/放弃(U)] <注释>:(适当指定一点)
指定下一点或[注释(A)/格式(F)/放弃(U)] <注释>:(适当指定一点)
指定下一点或[注释(A)/格式(F)/放弃(U)] <注释>:↙
```

结果如图 6-70 所示。

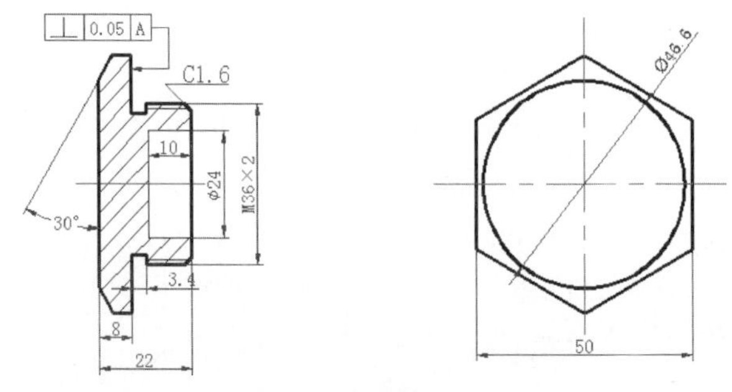

图 6-70　绘制引线

（10）绘制基准符号。利用“直线”“圆”“多行文字”等命令绘制基准符号。最终结果如图 6-63 所示。

☎ **注意**：基准符号上面的短横线是粗实线，其他图线是细实线，这里注意设置线宽或转换图层。

6.5 实例精讲——标注阀盖

6-7

练习目标

本例标注的阀盖零件图如图 6-71 所示。

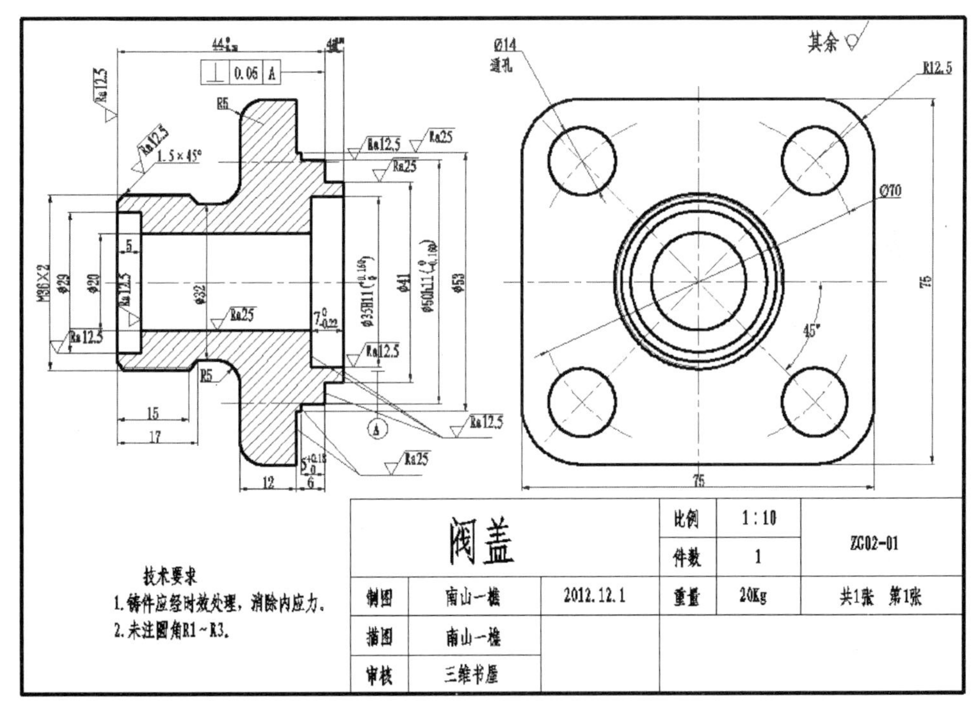

图 6-71　球阀阀盖

设计思路

利用源文件中的“阀盖”图形，建立新的标注样式、图层和文字样式，并利用“线性”“基线”等命令，为图形添加尺寸标注。

操作步骤

1. 打开文件

单击“快速访问”工具栏中的“打开”按钮，打开第 4 章绘制的阀盖文件。

2. 设置尺寸标注样式

（1）新建图层。单击“默认”选项卡“图层”面板中的“图层特性”按钮，打开“图

Note

层特性管理器”对话框。新建“bz”层，线宽为 0.09mm，其他属性默认，用于标注尺寸，并将其设置为当前图层。

（2）新建文字样式。单击“默认”选项卡“注释”面板中的“文字样式”按钮，打开“文字样式”对话框，方法同前，新建文字样式“sz”。

（3）设置标注样式。单击“默认”选项卡“注释”面板中的“标注样式”按钮，在打开的“标注样式管理器”对话框中单击“新建”按钮，创建新的标注样式“机械图样”，用于标注图样中的尺寸。

（4）单击“继续”按钮，打开“新建标注样式：机械图样”对话框，对其中的选项卡进行设置，如图 6-72 和图 6-73 所示。设置完成后，单击“确定”按钮。

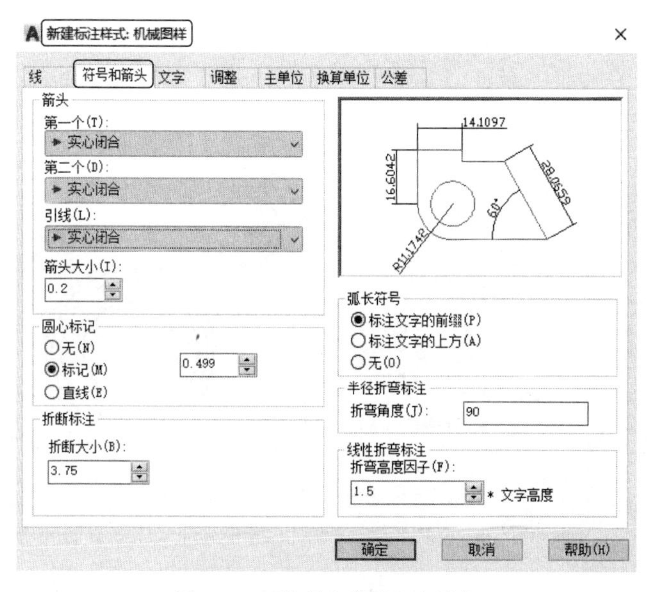

图 6-72 “符号和箭头”选项卡

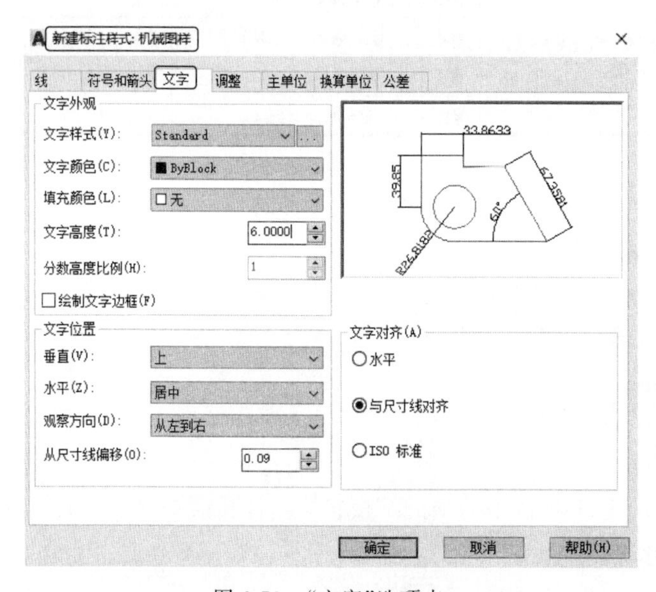

图 6-73 “文字”选项卡

（5）在“标注样式管理器”对话框中选择“机械图样”，单击“新建”按钮，分别设置直径、半径及角度标注样式。其中，直径和半径标注样式的“调整”选项卡设置如图 6-74 所示。

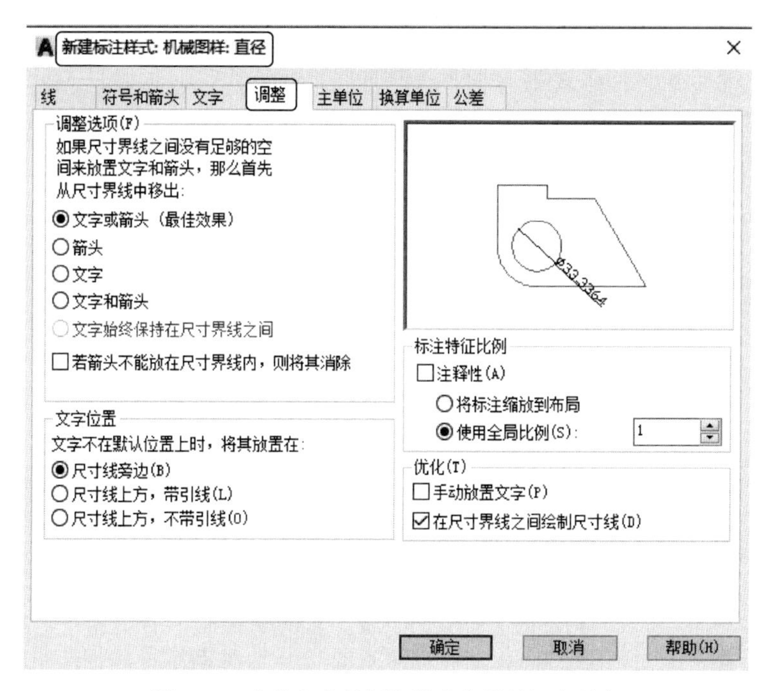

图 6-74　直径和半径标注样式的“调整”选项卡

（6）角度标注样式的“文字”选项卡，如图 6-75 所示。

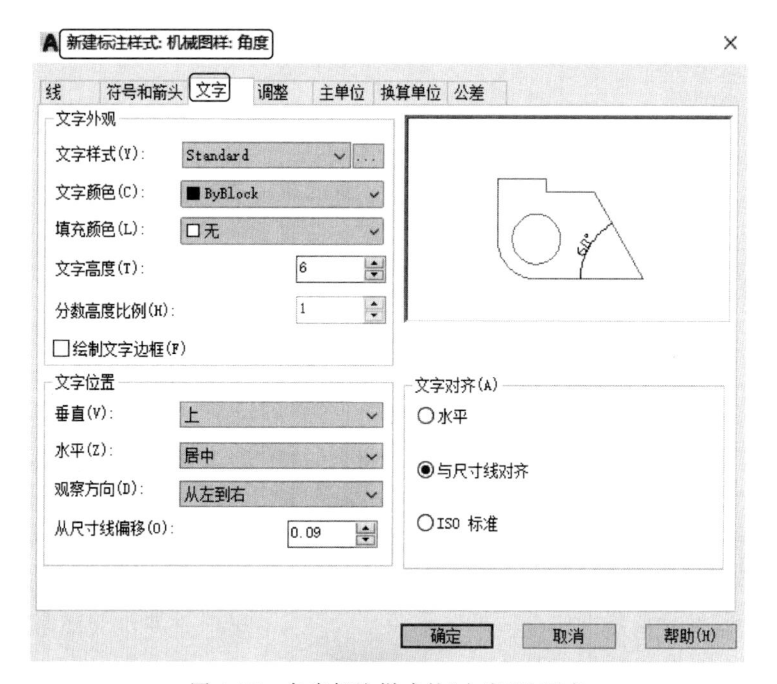

图 6-75　角度标注样式的“文字”选项卡

Note

(7) 在“标注样式管理器”对话框中,选择“机械图样”标注样式,单击“置为当前”按钮,将其设置为当前标注样式。

3. 标注阀盖主视图中的线性尺寸

(1) 标注主视图竖直线性尺寸。单击“默认”选项卡“注释”面板中的“线性”按钮⊢,方法同前,从左至右,依次标注阀盖主视图中的竖直线性尺寸“M36×2”“ϕ29”“ϕ20”“ϕ32”“ϕ35”“ϕ41”“ϕ50”“ϕ53”。在标注尺寸“ϕ35”时,需要输入标注文字“%%c35h11({\h0.7x;\s+0.160^0;})”;在标注尺寸“ϕ50”时,需要输入标注文字“%%c50h11({\h0.7x;\ s0^−0.160;})”。结果如图6-76所示。

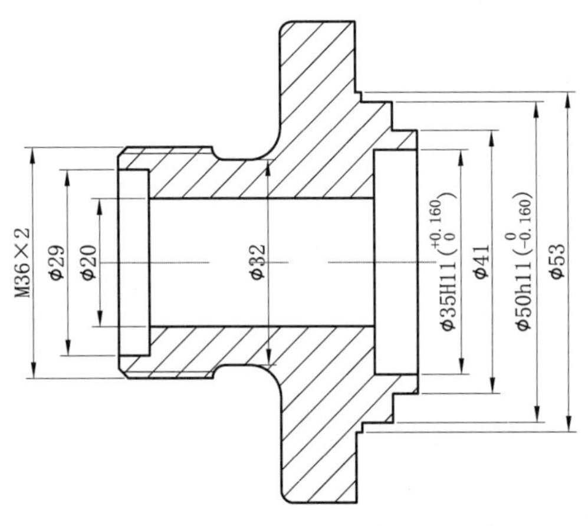

图6-76 标注主视图竖直线性尺寸

(2) 标注主视图水平线性尺寸。单击“默认”选项卡“注释”面板中的“线性”按钮⊢,标注阀盖主视图上部的线性尺寸“44”;单击“注释”选项卡“标注”面板中的“连续”按钮,标注连续尺寸“4”。

(3) 单击“默认”选项卡“注释”面板中的“线性”按钮⊢,标注阀盖主视图中部的线性尺寸“7”;标注阀盖主视图下部左边的线性尺寸“5”。

(4) 单击“注释”选项卡“标注”面板中的“基线”按钮,标注基线尺寸“15”和“17”。

(5) 单击“默认”选项卡“注释”面板中的“线性”按钮⊢,标注阀盖主视图下部右边的线性尺寸“5”和“6”,结果如图6-77所示。

(6) 标注尺寸偏差。单击“默认”选项卡“注释”面板中的“标注样式”按钮,在打开的“标注样式管理器”对话框的样式列表框中选择“机械图样”,单击“替代”按钮。

(7) 系统打开“替代当前样式”对话框,单击“主单位”选项卡,将“线性标注”选项组中的“精度”值设置为“0.000”;单击“公差”选项卡,在“公差格式”选项组中,在“方式”下拉列表中选择“极限偏差”选项,设置“上偏差”为0,“下偏差”为0.39,“高度比例”为0.7,设置完成后,单击“确定”按钮。

(8) 单击“注释”选项卡“标注”面板中的“更新”按钮,选择主视图上部的线性尺寸“44”,即可为该尺寸添加尺寸偏差。

(9) 采用同样的方法,分别为主视图中的线性尺寸“4”“7”“5”标注尺寸偏差。

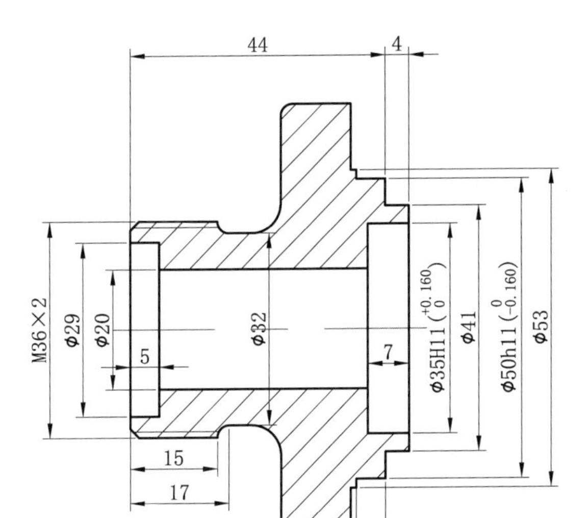

图 6-77　标注主视图水平线性尺寸

4. 标注阀盖主视图中的倒角及圆角半径

(1) 利用“QLEADER”命令，标注主视图中的倒角尺寸“1.5×45°”。命令行的提示与操作如下。

命令: QLEADER↙
指定第一个引线点或[设置(s)] <设置>: ↙
执行上述命令后，系统打开"引线设置"对话框，如图 6-78、图 6-79 设置各个选项卡，设置完成后，单击"确定"按钮. 命令行继续提示如下.
指定第一个引线点或[设置(s)] <设置>: (捕捉阀盖主视图左端倒角线上端点)
指定下一点: (向右上拖动鼠标，在适当位置处单击)
指定下一点: (向右上拖动鼠标，在适当位置处单击)

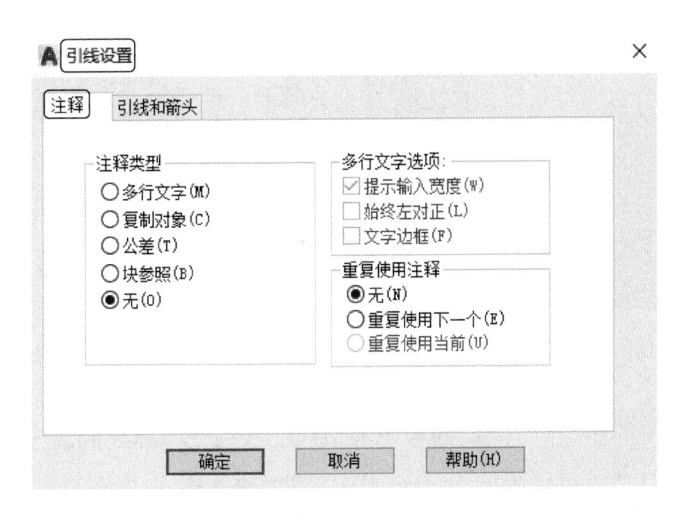

图 6-78　“注释”选项卡

Note

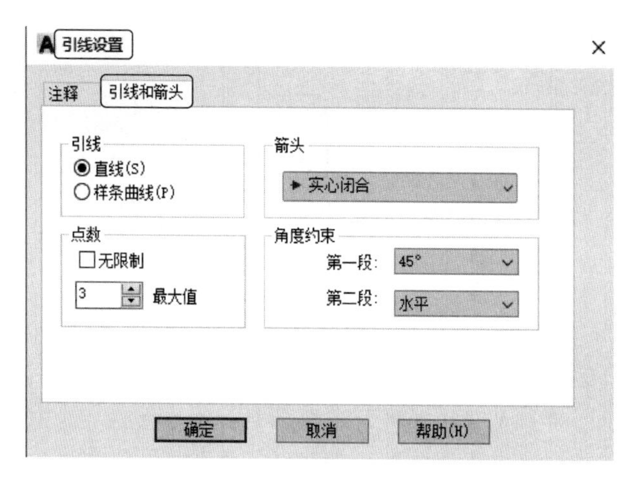

图 6-79 “引线和箭头”选项卡

单击“默认”选项卡“注释”面板中的“多行文字”按钮 A，在刚绘制的横线上输入“1.5×45%%D”，其中“×”必须是输入法显示为英文状态下的“×”号。

(2) 单击“默认”选项卡“注释”面板中的“半径”按钮，标注主视图中的半径尺寸“R5”。

结果如图 6-80 所示。

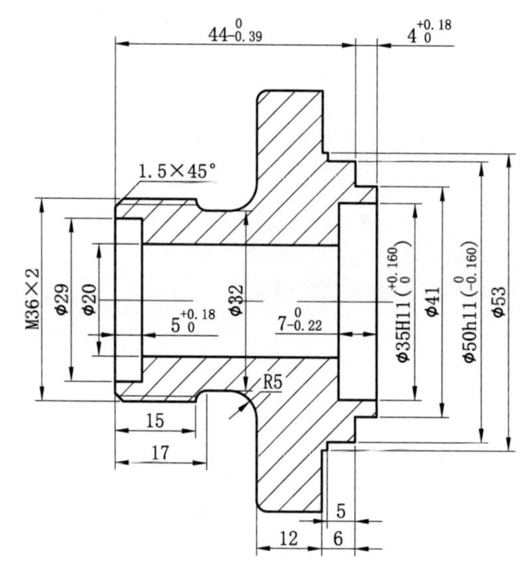

图 6-80 标注尺寸偏差

5. 标注阀盖左视图中的尺寸

(1) 单击“默认”选项卡“注释”面板中的“线性”按钮，标注阀盖左视图中的线性尺寸“75”。

(2) 单击“默认”选项卡“注释”面板中的“直径”按钮，标注阀盖左视图中的直径尺寸“ϕ70”及“4-ϕ14”。在标注尺寸“4-ϕ14”时，需要输入标注文字“4-%%C”。

(3) 单击“默认”选项卡“注释”面板中的“半径”按钮，标注左视图中的半径尺寸

"R12.5"。

(4) 单击"默认"选项卡"注释"面板中的"角度"按钮 ,标注左视图中的角度尺寸"45°"。

方法同前,单击"默认"选项卡"注释"面板中的"文字样式"按钮 ,新建文字样式"hz",用于添加汉字,该标注样式的"字体名"为"仿宋_gb2312","宽度因子"为"0.7"。

(5) 在命令行输入"text",设置当前文字样式为"hz",在尺寸"4-ϕ14"的引线下部输入文字"通孔",结果如图 6-81 所示。

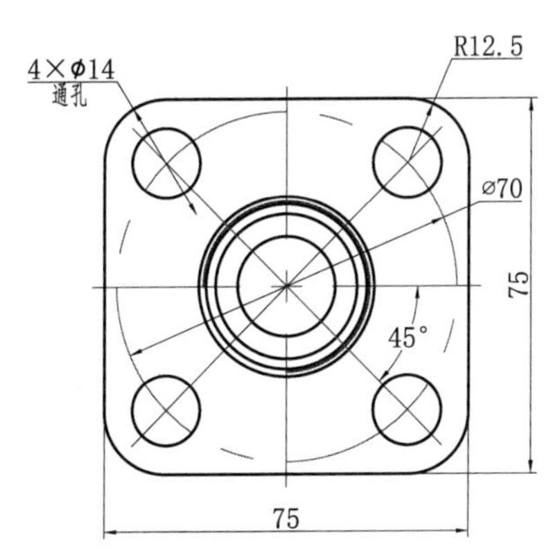

图 6-81 标注左视图中的尺寸

6.6 答疑解惑

1. 尺寸标注后,图形中有时出现一些小的白点,却无法删除,为什么?

AutoCAD 在标注尺寸时,自动生成一 Defpoints 层,保存有关标注点的位置等信息,该层一般是冻结的。由于某种原因,这些点有时会显示出来。要删掉,可先将 Defpoints 层解冻后再删除。但要注意,如果删除了与尺寸标注有关联的点,将同时删除对应的尺寸标注。

2. 如何修改尺寸标注的比例?

方法一:Dimscale 决定了尺寸标注的比例,其值为整数,默认为 1,在图形有了一定比例缩放时应最好将其改为缩放比例。

方法二:单击"格式"→"标注样式(选择要修改的标注样式)"→"修改"→"主单位"→"比例因子",修改即可。

3. 在 AutoCAD 中采用什么比例绘图好?

最好使用 1∶1 比例画,输出比例可以随便调整。画图比例和输出比例是两个概念,输出时使用"输出 1 单位=绘图 500 单位"就是按 1/500 比例输出,若"输出 10 单位=绘图 1 单位"就是放大 10 倍输出。用 1∶1 比例画图好处很多。第一,容易发现错误,由于按实际尺寸画图,很容易发现尺寸设置不合理的地方。第二,标注尺寸非常方便,尺寸数字是多少,软件自己测量,万一画错了,一看尺寸数字就发现了(当然,软件也

能够设置尺寸标注比例，但总得多费工夫）。第三，在各个图之间复制局部图形或者使用块时，由于都是1∶1比例，调整块尺寸方便。第四，由零件图拼成装配图或由装配图拆画零件图时非常方便。第五，用不着进行烦琐的比例缩小和放大计算，提高工作效率，防止出现换算过程中可能出现的差错。

Note

6.7 学习效果自测

1. 为图6-82所示的轴承座设置标注样式。
2. 为图6-82所示的轴承座标注尺寸。

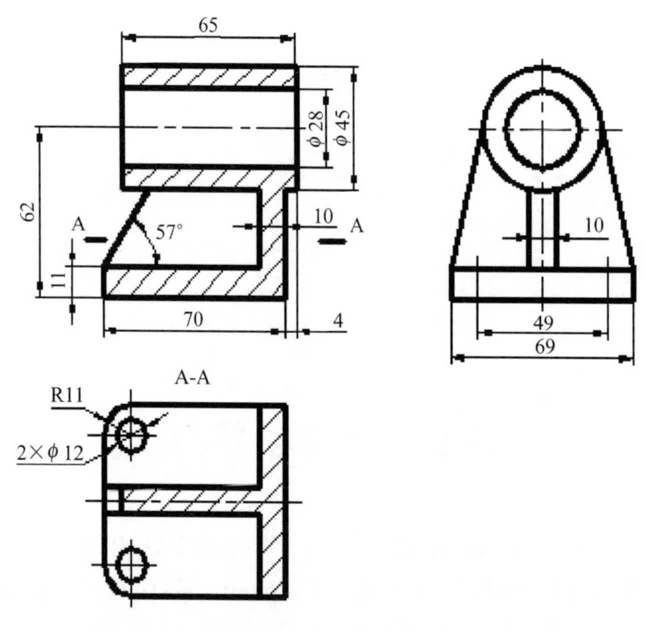

图6-82 轴承座

第7章

辅助绘图工具

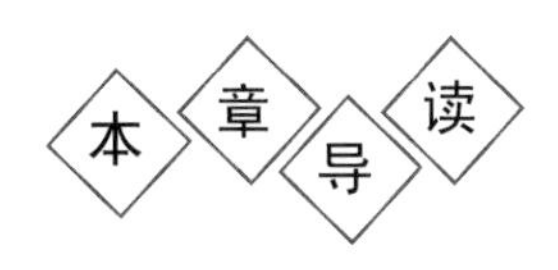

在设计绘图过程中，经常会遇到一些重复出现的图形，例如机械设计中的螺钉、螺母，建筑设计中的桌椅、门窗等，如果每次都重新绘制这些图形，不仅造成大量的重复工作，而且存储这些图形及其信息也要占据很大的磁盘空间。图块提出了模块化作图的问题，这样不仅避免了大量的重复工作，提高了绘图速度，而且可以大大节省磁盘空间。AutoCAD 2022 设计中心也提供了观察和重用设计内容的强大工具，用它可以浏览系统内部的资源，还可以从网上下载有关内容。本章主要介绍图块及其属性等知识。

学习要点

- ◆ 图块操作
- ◆ 图块属性

7.1 图块操作

Note

图块也称块,它是由一组图形对象组成的集合,一组对象一旦被定义为图块,它们将成为一个整体,选中图块中任意一个图形对象,即可选中构成图块的所有对象。AutoCAD把一个图块作为一个对象进行编辑等操作,用户可根据绘图需要把图块插入到图中指定的位置,在插入时,还可以指定不同的缩放比例和旋转角度。如果需要对组成图块的单个图形对象进行修改,还可以利用“分解”命令把图块炸开,分解成若干个对象。图块还可以重新定义,一旦被重新定义,整个图中基于该块的对象都将随之改变。

7.1.1 定义图块

1. 执行方式

命令行:BLOCK(快捷命令:B)。

菜单栏:选择菜单栏中的“绘图”→“块”→“创建”命令。

工具栏:单击“绘图”工具栏中的“创建块”按钮。

功能区:单击“默认”选项卡“块”面板中的“创建”按钮,或单击“插入”选项卡“块定义”面板中的“创建块”按钮。

执行上述命令后,系统打开如图7-1所示的“块定义”对话框,利用该对话框可定义图块并为之命名。

图7-1 “块定义”对话框

2. 选项说明

“块定义”对话框各选项含义如表7-1所示。

Note

表 7-1　“块定义”对话框各选项含义

<table>
<tr><th>选　　项</th><th colspan="2">含　　义</th></tr>
<tr><td>“基点”选项组</td><td colspan="2">确定图块的基点，默认值是(0,0,0)，也可以在下面的 X、Y、Z 文本框中输入块的基点坐标值。单击“拾取点”按钮，系统临时切换到绘图区，在绘图区选择一点后，返回“块定义”对话框中，把选择的点作为图块的放置基点</td></tr>
<tr><td>“设置”选项组</td><td colspan="2">指定从 AutoCAD 设计中心拖动图块时用于测量图块的单位，以及缩放、分解和超链接等设置</td></tr>
<tr><td>“在块编辑器中打开”复选框</td><td colspan="2">选中此复选框，可以在块编辑器中定义动态块，后面将详细介绍</td></tr>
<tr><td>“对象”选项组</td><td colspan="2">用于选择制作图块的对象，以及设置图块对象的相关属性。如图 7-2 所示，把图(a)中的正五边形定义为图块，图(b)为点选“删除”单选按钮的结果，图(c)为点选“保留”单选按钮的结果</td></tr>
<tr><td rowspan="4">“方式”选项组</td><td colspan="2">指定块的行为</td></tr>
<tr><td>“注释性”复选框</td><td>指定在图纸空间中块参照的方向与布局方向匹配</td></tr>
<tr><td>“按统一比例缩放”复选框</td><td>指定是否阻止块参照不按统一比例缩放</td></tr>
<tr><td>“允许分解”复选框</td><td>指定块参照是否可以被分解</td></tr>
</table>

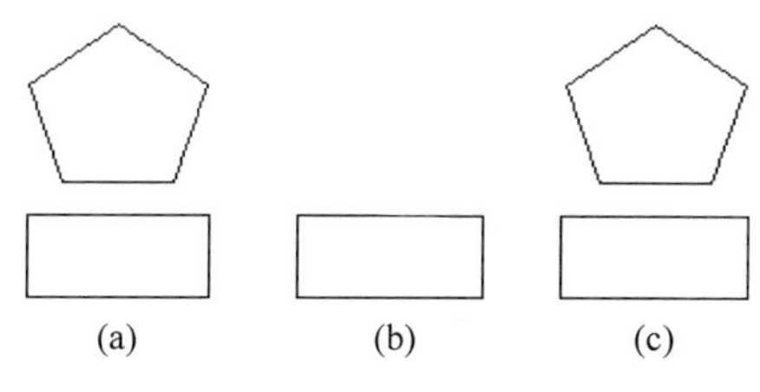

图 7-2　设置图块对象

7.1.2　图块的存盘

利用 BLOCK 命令定义的图块保存在其所属的图形当中，该图块只能在该图形中插入，而不能插入到其他的图形中。但是有些图块在许多图形中要经常用到，这时可以用 WBLOCK 命令把图块以图形文件的形式(后缀为 dwg)写入磁盘。图形文件可以在任意图形中用 INSERT 命令插入。

1. 执行方式

命令行：WBLOCK(快捷命令：W)。

功能区：单击“插入”选项卡的“块定义”面板中的“写块”按钮。

执行上述命令后，系统打开“写块”对话框，如图 7-3 所示，利用此对话框可把图形对象保存为图形文件或把图块转换成图形文件。

2. 选项说明

“写块”对话框各选项含义如表 7-2 所示。

Note

图 7-3 “写块”对话框

表 7-2 “写块”对话框各选项含义

<table>
<tr><th>选项</th><th colspan="2">含　义</th></tr>
<tr><td rowspan="4">“源”选项组</td><td colspan="2">确定要保存为图形文件的图块或图形对象</td></tr>
<tr><td>“块”单选按钮</td><td>单击右侧的下拉列表框，在其展开的列表中选择一个图块，将其保存为图形文件</td></tr>
<tr><td>“整个图形”单选按钮</td><td>把当前的整个图形保存为图形文件</td></tr>
<tr><td>“对象”单选按钮</td><td>把不属于图块的图形对象保存为图形文件</td></tr>
<tr><td>“基点”选项组</td><td colspan="2">确定图块的基点，默认值是(0,0,0)，也可以在下面的 X、Y、Z 文本框中输入块的基点坐标值。单击“拾取点”按钮，系统临时切换到绘图区，在绘图区选择一点后，返回“写块”对话框中，把选择的点作为图块的放置基点</td></tr>
<tr><td rowspan="5">“对象”选项组</td><td colspan="2">设置用于创建块的对象上的块创建的效果</td></tr>
<tr><td>“保留”单选按钮</td><td>将选定对象另存为文件后，在当前图形中仍保留它们</td></tr>
<tr><td>“转换为块”单选按钮</td><td>将选定对象另存为文件后，在当前图形中将它们转换为块</td></tr>
<tr><td>“从图形中删除”单选按钮</td><td>将选定对象另存为文件后，从当前图形中删除它们</td></tr>
<tr><td>“快速选择”按钮</td><td>单击此按钮，打开“快速选择”对话框，从中可以过滤选择集</td></tr>
<tr><td>“目标”选项组</td><td colspan="2">用于指定图形文件的名称、保存路径和插入单位</td></tr>
</table>

7.1.3 上机练习——轴号图块

7-1

练习目标

本实例将如图 7-4 所示的图形创建为图块。

设计思路

本实例绘制的轴号图块如图 7-4 所示。本例应用二维绘图及文字命令绘制轴号，

Note

利用写块命令，将其定义为图块。

操作步骤

1. 绘制轴号

(1) 单击“默认”选项卡“绘图”面板中的“圆”按钮，绘制一个直径为900的圆。

(2) 单击“默认”选项卡“注释”面板中的“多行文字”按钮 A，在圆内输入轴号字样，字高为250，结果如图7-4所示。

2. 保存图块

单击“插入”选项卡“块定义”面板中的“写块”按钮或输入WBLOCK命令，打开“写块”对话框，如图7-5所示。单击“拾取点”按钮，拾取轴号的圆心为基点，单击“选择对象”按钮，拾取下面图形为对象，输入图块名称“轴号”并指定路径，确认保存。

图7-4　绘制轴号

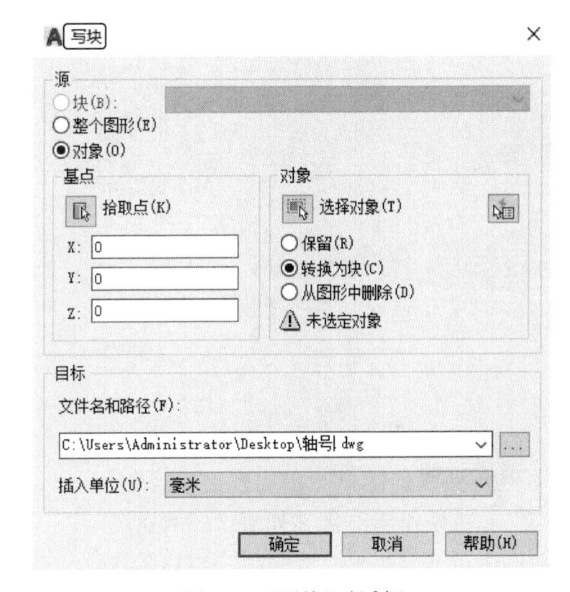

图7-5　“写块”对话框

7.1.4　图块的插入

在AutoCAD绘图过程中，可根据需要随时把已经定义好的图块或图形文件插入到当前图形的任意位置，在插入的同时还可以改变图块的大小、旋转一定角度或把图块炸开等。插入图块的方法有多种，本节将逐一进行介绍。

1. 执行方式

命令行：INSERT(快捷命令：I)。

菜单栏：选择菜单栏中的“插入”→“块”选项板命令。

工具栏：单击“插入”工具栏中的“插入块”按钮或“绘图”工具栏中的“插入块”按钮。

Note

功能区：单击“默认”选项卡的“块”面板中的“插入”下拉菜单或单击“插入”选项卡的“块”面板中的“插入”下拉菜单。

执行上述命令后，系统打开“块”选项板，如图 7-6 所示，可以指定要插入的图块及插入位置。

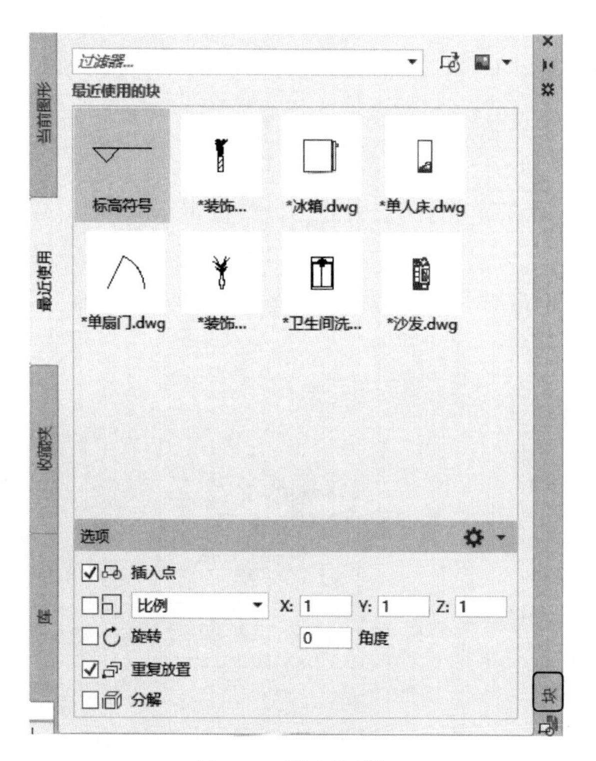

图 7-6 “块”选项板

2. 选项说明

“块”选项板各选项含义如表 7-3 所示。

表 7-3 “块”选项板各选项含义

选项	含　义
“路径”显示框	显示图块的保存路径
“插入点”选项	指定插入点，插入图块时该点与图块的基点重合。选中“插入点”复选框，可以在绘图区指定该点，不选中“插入点”复选框，在下面的文本框中输入坐标值指定插入点
“比例”选项组	确定插入图块时的缩放比例。图块被插入到当前图形中时，可以以任意比例放大或缩小。如图 7-7 所示，图(a)是被插入的图块；图(b)为按比例系数 1.5 插入该图块的结果；图(c)为按比例系数 0.5 插入的结果，X 轴方向和 Y 轴方向的比例系数也可以取不同；如图(d)所示，插入的图块 X 轴方向的比例系数为 1，Y 轴方向的比例系数为 1.5。另外，比例系数还可以是一个负数，当为负数时表示插入图块的镜像，其效果如图 7-8 所示

续表

选项	含　义
“旋转”选项	指定插入图块时的旋转角度。图块被插入到当前图形中时，可以绕其基点旋转一定的角度，角度可以是正数(表示沿逆时针方向旋转)，也可以是负数(表示沿顺时针方向旋转)。如图 7-9(b)所示，图 7-9(a)为图块旋转 30°后插入的效果，图 7-9(c)为图块旋转－30°后插入的效果。 如果选中“在屏幕上指定”复选框，系统切换到绘图区，在绘图区选择一点，AutoCAD 自动测量插入点与该点连线和 X 轴正方向之间的夹角，并把它作为块的旋转角。也可以在“角度”文本框中直接输入插入图块时的旋转角度
“重复放置”复选框	选中此复选框，则可以重复插入图块
“分解”复选框	选中此复选框，则在插入块的同时把其炸开，插入到图形中的组成块对象不再是一个整体，可对每个对象单独进行编辑操作

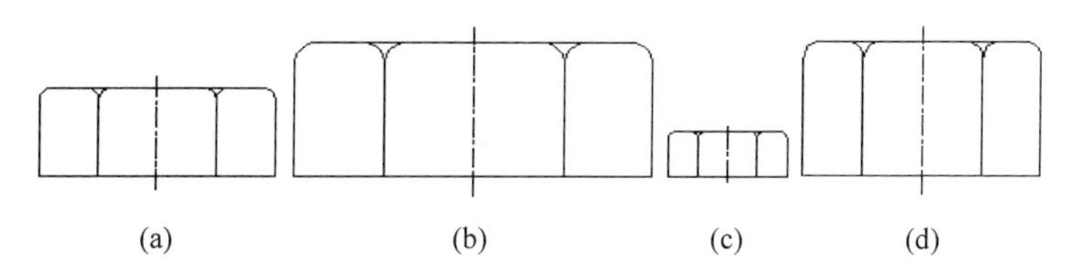

(a)　(b)　(c)　(d)

图 7-7　取不同比例系数插入图块的效果

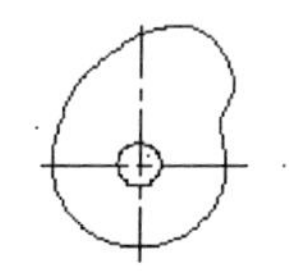

X比例=1，Y比例=1

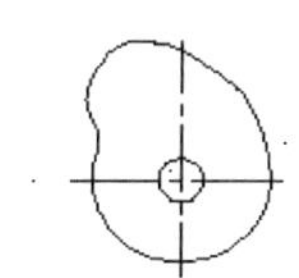

X比例=－1，Y比例=1

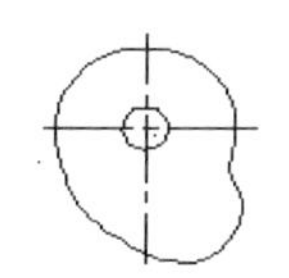

X比例=1，Y比例=－1

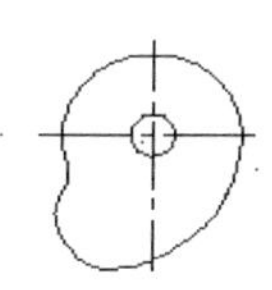

X比例=－1，Y比例=－1

图 7-8　取比例系数为负值插入图块的效果

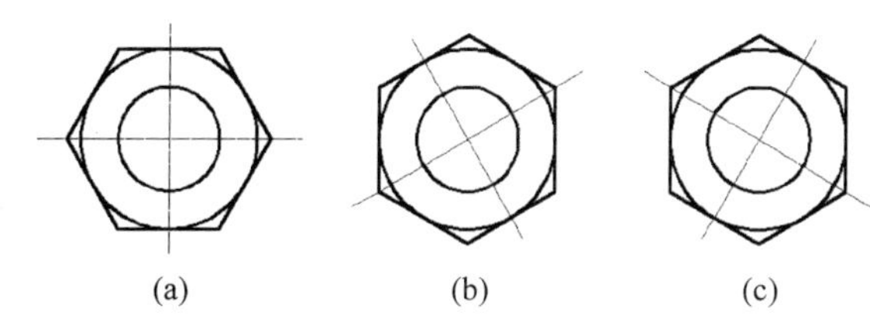

(a)　(b)　(c)

图 7-9　以不同旋转角度插入图块的效果

7.1.5　上机练习——完成阀盖零件图标注

练习目标

本实例绘制的球阀阀盖，如图 7-10 所示。

设计思路

本例应用二维绘图及文字命令绘制粗糙度符号，利用写块命令，将其定义为图块，然后利用引线命令标注形位公差，最后利用多行文字命令标注文字。

Note

7-2

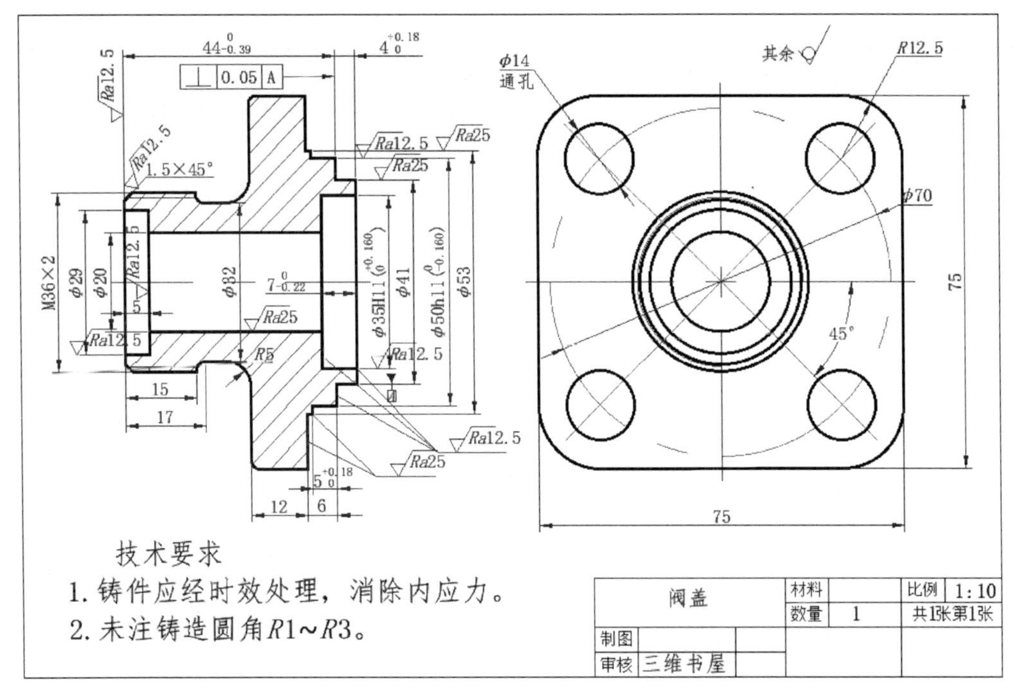

图 7-10　球阀阀盖

操作步骤

1. 标注阀盖主视图中的表面粗糙度

在这里，需要将相同数值的粗糙度符号制作成数值旋转 180°的两个图块，以数值为 12.5μm 的粗糙度符号为例，可以绘制如图 7-11 所示的图块。最后根据粗糙度符号在图形中旋转的角度选择其中一个插入。

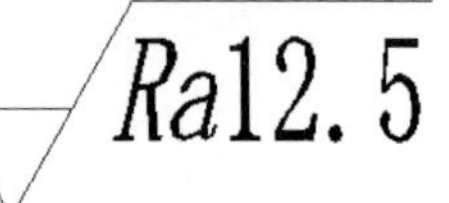

图 7-11　粗糙度符号

(1) 在命令行输入“WBLOCK”，打开“写块”对话框，如图 7-12 所示。单击“拾取点”按钮，拾取粗糙度符号最下端点为基点，单击“选择对象”按钮，选择所绘制的粗糙度符号，在“文件名”文本框输入图块名为“粗糙度”，单击“确定”按钮。

(2) 将“细实线”设置为当前图层。将制作的图块插入到图形中的适当位置。单击“默认”选项卡的“块”面板中的“插入”下拉菜单中“最近使用的块”选项，打开“块”选项板，如图 7-13 所示，单击“显示文件导航对话框”按钮，选择打开需要的粗糙度图块，在“插入选项”勾选“插入点”和“重复放置”复选框，在“最近使用的块”选项选择“粗糙度”图块，将粗糙度符号插入到图中合适位置，单击“关闭”按钮，关闭“块”选项板，系统临时切换到绘图区，命令行提示与操作如下。

系统临时切换到绘图区，命令行提示与操作如下。

```
命令：_INSERT↙
指定插入点或[基点(B)/比例(S)/X/Y/Z/旋转(R)]：(在图形上指定一个点)
```

图 7-12　“写块”对话框

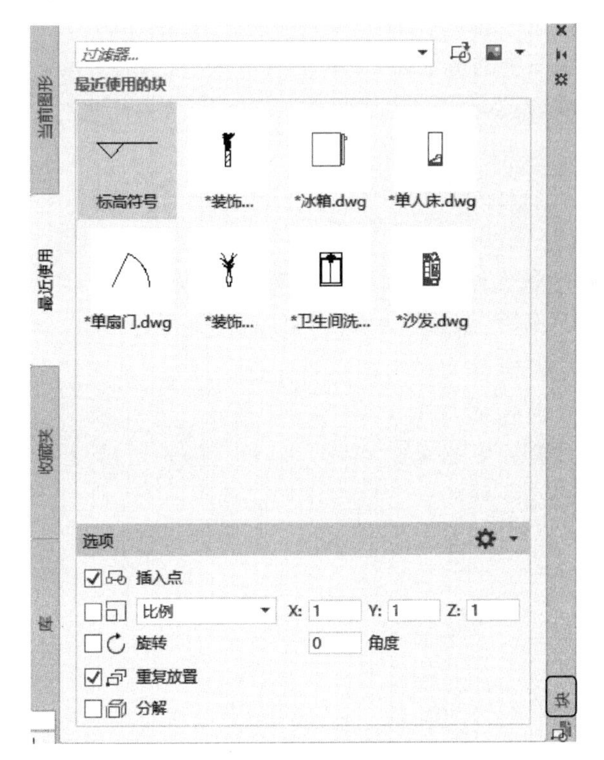

图 7-13　“块”选项板

(3) 采用同样的方法，单击“默认”选项卡的“块”面板中的“插入”下拉菜单中“最近使用的块”选项，插入其他粗糙度图块，设置均同前。

结果如图 7-14 所示。

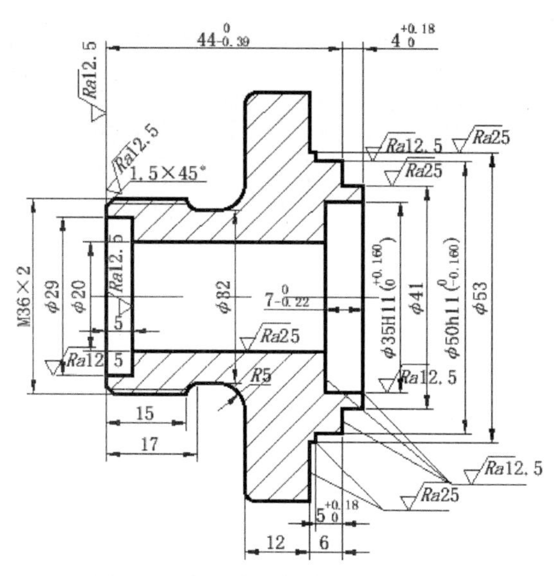

图 7-14　标注主视图中的表面粗糙度

提示：粗糙度图块的绘制和标注位置一定要按照最新的《机械制图国家标准》来执行。

2. 标注阀盖主视图中的形位公差

（1）利用快速引线命令，标注形位公差，命令行的提示与操作如下。

```
命令：QLEADER↙
指定第一个引线点或[设置(s)]<设置>：↙
```

执行上述命令后，系统打开“引线设置”对话框，如图 7-15、图 7-16 设置各个选项卡，设置完成后，单击“确定”按钮。命令行继续提示如下。

```
指定第一个引线点或[设置(s)]<设置>：(捕捉阀盖主视图尺寸"44"右端尺寸延伸线上的最近点)
指定下一点：(向左拖动鼠标，在适当位置处单击，打开"形位公差"对话框，如图 7-17 所示，对其进行相关设置，然后单击"确定"按钮)
```

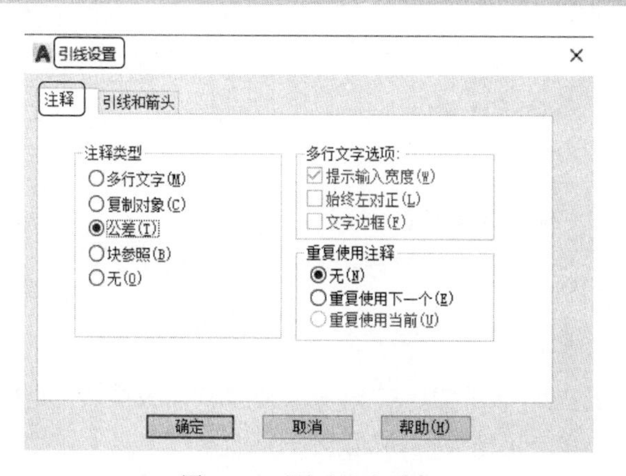

图 7-15　“注释”选项卡

图 7-16　“引线和箭头”选项卡

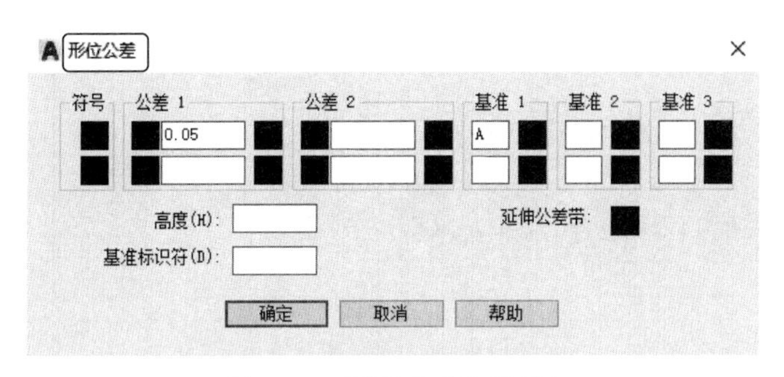

图 7-17　“形位公差”对话框

（2）方法同前，单击“默认”选项卡的“块”面板中的“插入”下拉菜单中“最近使用的块”选项，在尺寸“ϕ35”下端尺寸延伸线下的适当位置，插入“基准符号”图块，设置均同前，结果如图 7-18 所示。最终的标注结果如图 7-10 所示。

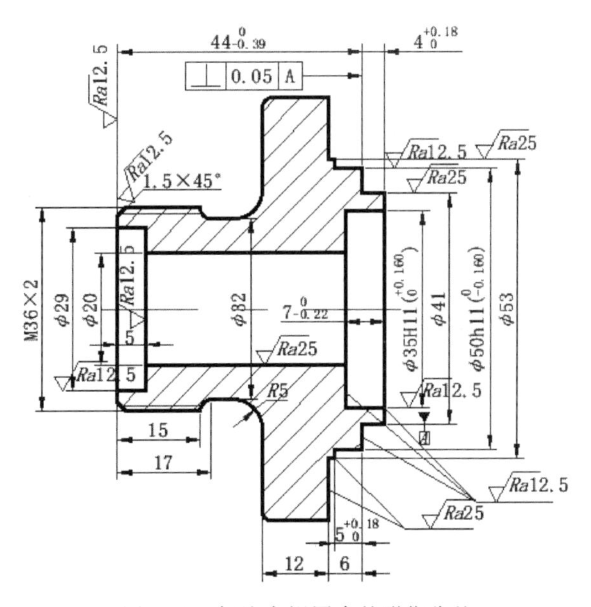

图 7-18　标注主视图中的形位公差

Note

3. 标注文字

将“文字”设置为当前图层，单击“默认”选项卡“注释”面板中的“多行文字”按钮 A，指定插入位置后，系统打开“文字编辑器”选项卡和“多行文字”编辑器，如图 7-19 所示。输入文字，如技术要求等。

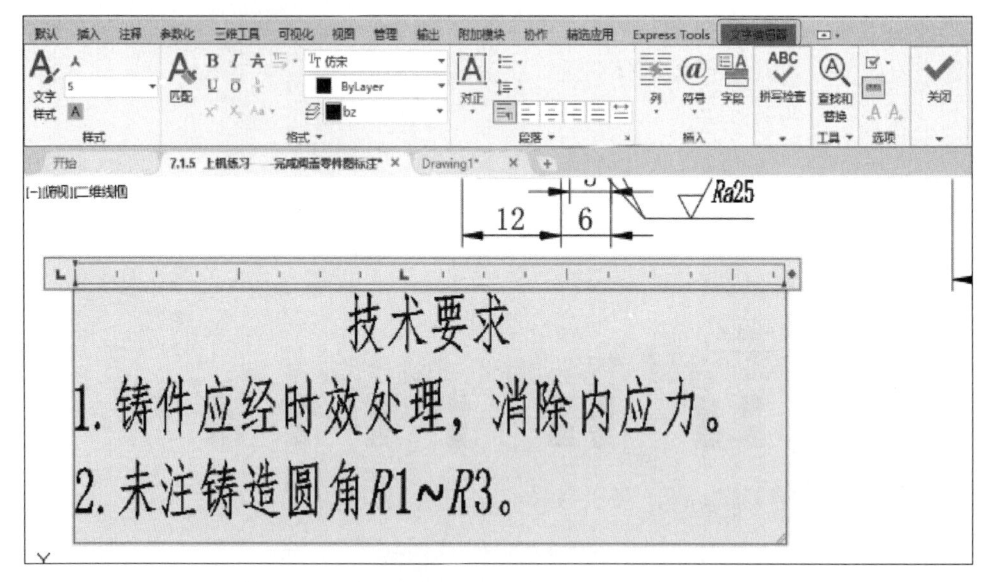

图 7-19 “文字编辑器”选项卡和“多行文字”编辑器

同样方法，标注标题栏，最终结果如图 7-10 所示。

4. 插入标题栏

单击“默认”选项卡的“块”面板中的“插入”下拉菜单中“最近使用的块”选项，将源文件中的 A3 标题栏插入到图中合适位置，然后单击“默认”选项卡“注释”面板中的“多行文字”按钮 A，填写相应的内容。至此，阀盖零件图绘制完毕，最终效果如图 7-10 所示。

7.2 图块属性

图块除了包含图形对象外，还可以具有非图形信息，例如将一把椅子的图形定义为图块后，还可把椅子的号码、材料、质量、价格以及说明等文本信息一并加入图块当中。图块的这些非图形信息，叫作图块的属性，它是图块的一个组成部分，与图形对象一起构成一个整体，在插入图块时 AutoCAD 把图形对象连同属性一起插入图形中。

7.2.1 定义图块属性

1. 执行方式

命令行：ATTDEF(快捷命令：ATT)。

菜单栏：选择菜单栏中的“绘图”→“块”→“定义属性”命令。

功能区：单击“插入”选项卡“块定义”面板中的“定义属性”按钮，或单击“默认”

选项卡“块”面板中的“定义属性”按钮 。

执行上述命令后，打开“属性定义”对话框，如图 7-20 所示。

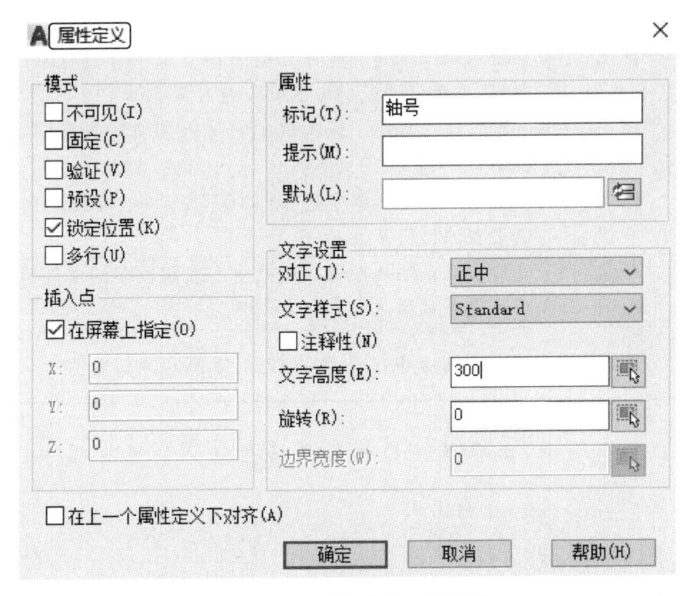

图 7-20 “属性定义”对话框

2. 选项说明

“属性定义”对话框各选项含义如表 7-4 所示。

表 7-4 “属性定义”对话框各选项含义

<table>
<tr><th>选 项</th><th colspan="2">含 义</th></tr>
<tr><td rowspan="7">“模式”选项组</td><td colspan="2">用于确定属性的模式</td></tr>
<tr><td>“不可见”复选框</td><td>选中此复选框，属性为不可见显示方式，即插入图块并输入属性值后，属性值在图中并不显示出来</td></tr>
<tr><td>“固定”复选框</td><td>选中此复选框，属性值为常量，即属性值在属性定义时给定，在插入图块时系统不再提示输入属性值</td></tr>
<tr><td>“验证”复选框</td><td>选中此复选框，当插入图块时，系统重新显示属性值提示用户验证该值是否正确</td></tr>
<tr><td>“预设”复选框</td><td>选中此复选框，当插入图块时，系统自动把事先设置好的默认值赋予属性，而不再提示输入属性值</td></tr>
<tr><td>“锁定位置”复选框</td><td>锁定块参照中属性的位置。解锁后，属性可以相对于使用夹点编辑块的其他部分移动，并且可以调整多行文字属性的大小</td></tr>
<tr><td>“多行”复选框</td><td>选中此复选框，可以指定属性值包含多行文字，可以指定属性的边界宽度</td></tr>
<tr><td>“插入点”选项组</td><td colspan="2">用于确定属性文本的位置。可以在插入时由用户在图形中确定属性文本的位置，也可在 X、Y、Z 文本框中直接输入属性文本的位置坐标</td></tr>
<tr><td>“在上一个属性定义下对齐”复选框</td><td colspan="2">选中此复选框表示把属性标签直接放在前一个属性的下面，而且该属性继承前一个属性的文本样式、字高和倾斜角度等特性</td></tr>
</table>

Note

续表

选　项	含　义	
“属性”选项组	用于设置属性值。在每个文本框中，AutoCAD允许输入不超过256个字符	
	“标记”文本框	输入属性标签。属性标签可由除空格和感叹号以外的所有字符组成，系统自动把小写字母改为大写字母
	“提示”文本框	输入属性提示。属性提示是插入图块时系统要求输入属性值的提示，如果不在此文本框中输入文字，则以属性标签作为提示。如果在“模式”选项组中选中“固定”复选框，即设置属性为常量，则不需设置属性提示
	“默认”文本框	设置默认的属性值。可把使用次数较多的属性值作为默认值，也可不设默认值
“文字设置”选项组	用于设置属性文本的对齐方式、文本样式、字高和倾斜角度	

☎ **注意**：在动态块中，由于属性的位置包括在动作的选择集中，因此必须将其锁定。

7.2.2 修改属性的定义

在定义图块之前，可以对属性的定义加以修改，不仅可以修改属性标签，还可以修改属性提示和属性默认值。文字编辑命令的调用方法有如下两种：

命令行：DDEDIT（快捷菜单：ED）。

菜单栏：选择菜单栏中的“修改”→“对象”→“文字”→“编辑”命令。

执行上述命令后，根据系统提示选择要修改的属性定义，AutoCAD打开“编辑属性定义”对话框，如图7-21所示，该对话框表示要修改的属性的标记为“轴号”，提示为“输入轴号”，无默认值，可在各文本框中对各项进行修改。

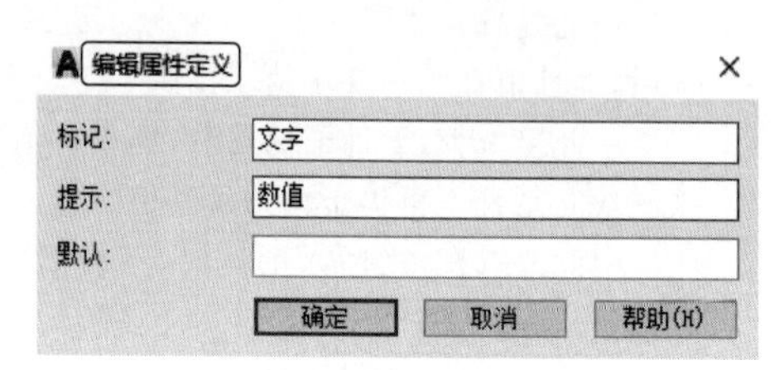

图7-21　“编辑属性定义”对话框

7.2.3 图块属性编辑

当属性被定义到图块当中，甚至图块被插入图形中后，用户还可以对属性进行编辑。利用ATTEDIT命令可以通过对话框对指定图块的属性值进行修改，而且可以对属性的位置、文本等其他设置进行编辑。

1. 执行方式

命令行：ATTEDIT（快捷命令：ATE）。

菜单栏：选择菜单栏中的“修改”→“对象”→“属性”→“单个”命令。

工具栏：单击“修改Ⅱ”工具栏中的“编辑属性”按钮 。

功能区：单击“默认”选项卡“块”面板中的“编辑属性”按钮 。

2. 操作步骤

执行该命令后，根据系统提示选择块参照，同时光标变为拾取框，选择要修改属性的图块，则 AutoCAD 打开如图 7-22 所示的“编辑属性”对话框，该对话框中显示出所选图块中包含的前 8 个属性的值，用户可对这些属性值进行修改。如果该图块中还有其他的属性，可单击“上一个”和“下一个”按钮对它们进行观察和修改。

图 7-22　“编辑属性”对话框

当用户通过菜单或工具栏执行上述命令时，系统打开“增强属性编辑器”对话框，如图 7-23 所示。该对话框不仅可以编辑属性值，还可以编辑属性的文字选项和图层、线型、颜色等特性值。

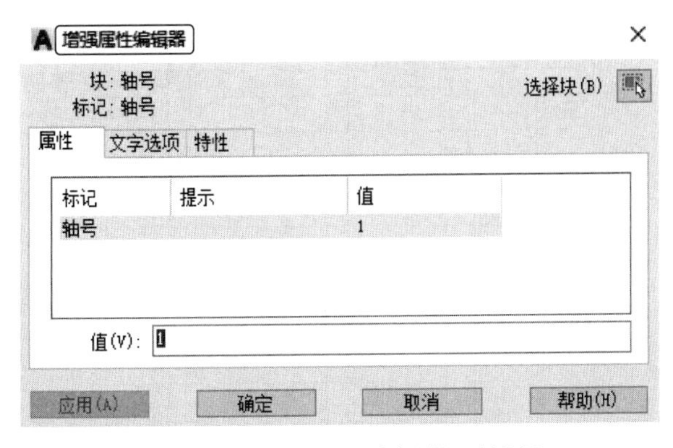

图 7-23　“增强属性编辑器”对话框

另外，还可以通过“块属性管理器”对话框来编辑属性，方法是单击“默认”选项卡“块”面板中的“块属性管理器”按钮。执行此命令后，系统打开“块属性管理器”对话框，如图 7-24 所示。单击“编辑”按钮，系统打开“编辑属性”对话框，如图 7-25 所示。可以通过该对话框编辑属性。

Note

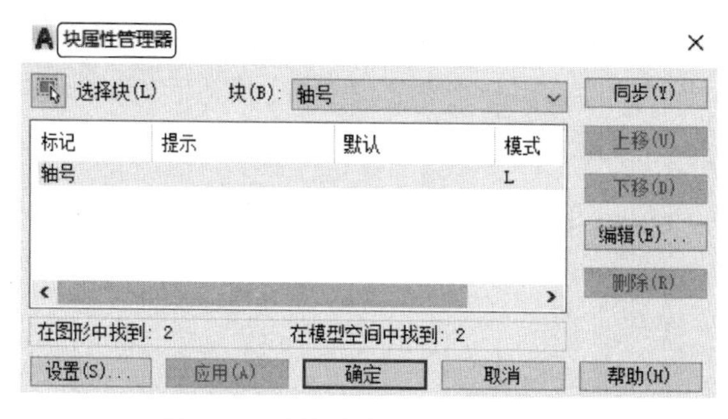

图 7-24 “块属性管理器”对话框

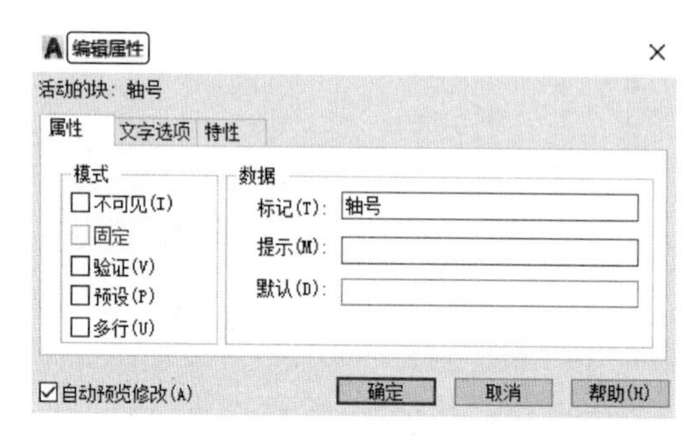

图 7-25 “编辑属性”对话框

7.2.4 上机练习——添加轴号

7-3

练习目标

本实例给轴线添加轴号，如图 7-26 所示。

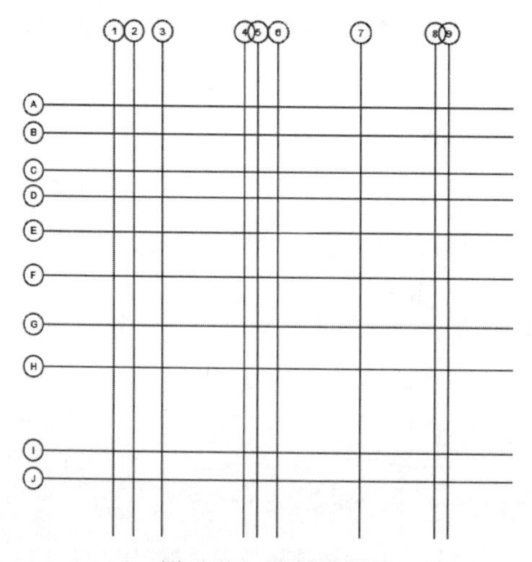

图 7-26 添加轴号

设计思路

首先绘制轴线，然后绘制轴号并定义属性，利用写块命令，将其定义为图块，利用插入命令插入轴号图块。

操作步骤

（1）单击“默认”选项卡“绘图”面板中的“构造线”按钮，绘制一条水平构造线和一条竖直构造线，组成“十”字构造线，如图 7-27 所示。

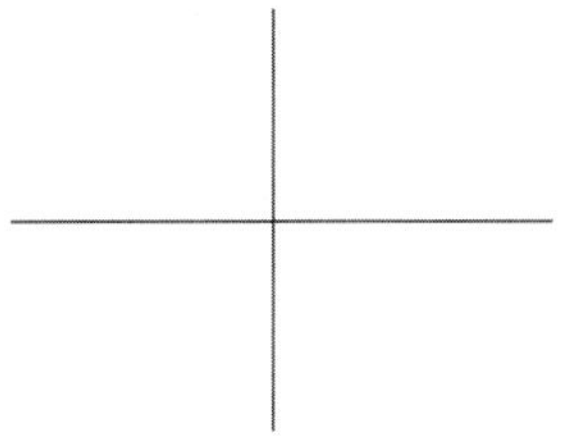

（2）单击“默认”选项卡“修改”面板中的“偏移”按钮，将水平构造线连续分别向上偏移，偏移后相邻直线间的距离分别为 1200、3600、1800、2100、1900、1500、1100、1600 和 1200，得到水平方向的辅助线；将竖直构造线连续分别向右偏移，偏移后相邻直线间的距离分别为 900、1300、3600、600、900、3600、3300 和 600，得到竖直方向的辅助线。

图 7-27　绘制“十”字构造线

（3）单击“默认”选项卡“绘图”面板中的“矩形”按钮和“修改”面板中的“修剪”按钮，修剪轴线，如图 7-28 所示。

（4）单击“默认”选项卡“绘图”面板中的“圆”按钮，在适当位置绘制一个半径为 900 的圆，如图 7-29 所示。

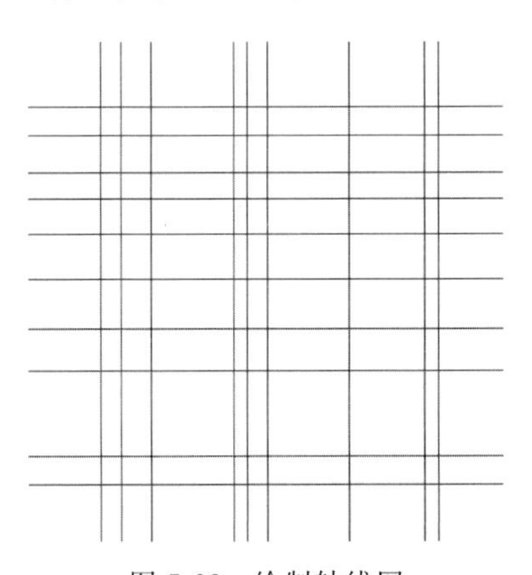

图 7-28　绘制轴线网

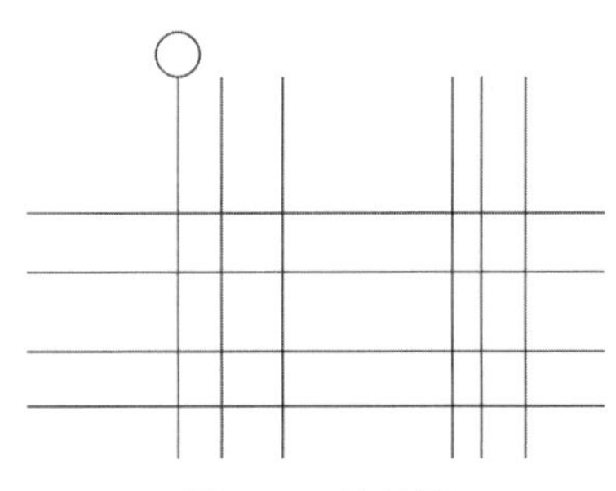

图 7-29　绘制圆

（5）单击“默认”选项卡“块”面板中的“定义属性”按钮，打开“属性定义”对话框，如图 7-30 所示，单击“确定”按钮，在圆心位置，输入一个块的属性值。设置完成后的效果如图 7-31 所示。

（6）单击“默认”选项卡“块”面板中的“创建块”按钮，打开“块定义”对话框，如图 7-32 所示。在“名称”文本框中写入“轴号”，指定圆心为基点；选择整个圆和刚才的“轴号”标记为对象，单击“确定”按钮，打开如图 7-33 所示的“编辑属性”对话框，输入轴号为“1”，单击“确定”按钮，轴号效果图如图 7-34 所示。

（7）单击“默认”选项卡的“块”面板中的“插入”下拉菜单中“最近使用的块”选项，

Note

图 7-30 “属性定义”对话框

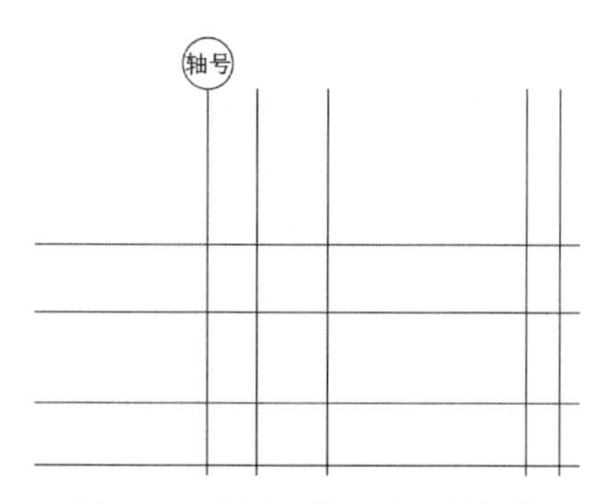

图 7-31 在圆心位置写入属性值

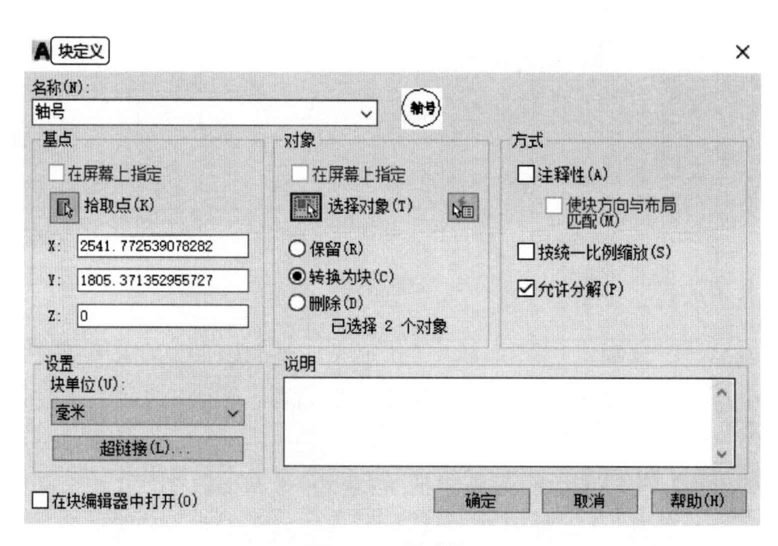

图 7-32 创建块

打开如图 7-35 所示的“块”选项板，将轴号图块插入到轴线上，打开“编辑属性”对话框修改图块属性，结果如图 7-26 所示。

Note

图 7-33　“编辑属性”对话框

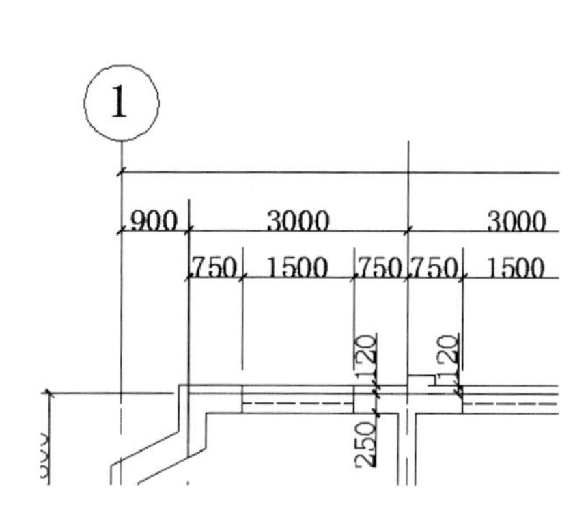

图 7-34　输入轴号

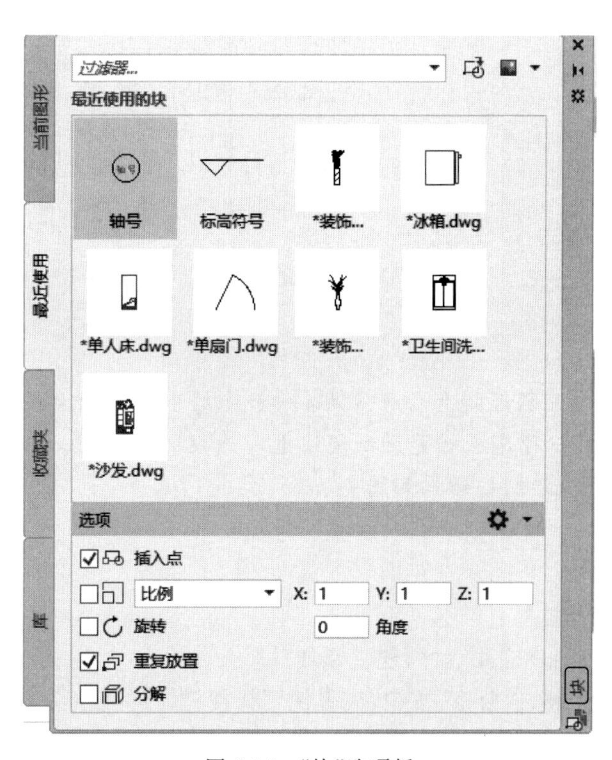

图 7-35　“块”选项板

7.3 实例精讲——变电原理图

Note

7-4

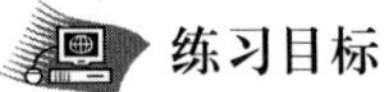

练习目标

绘制如图 7-36 所示的变电原理图。

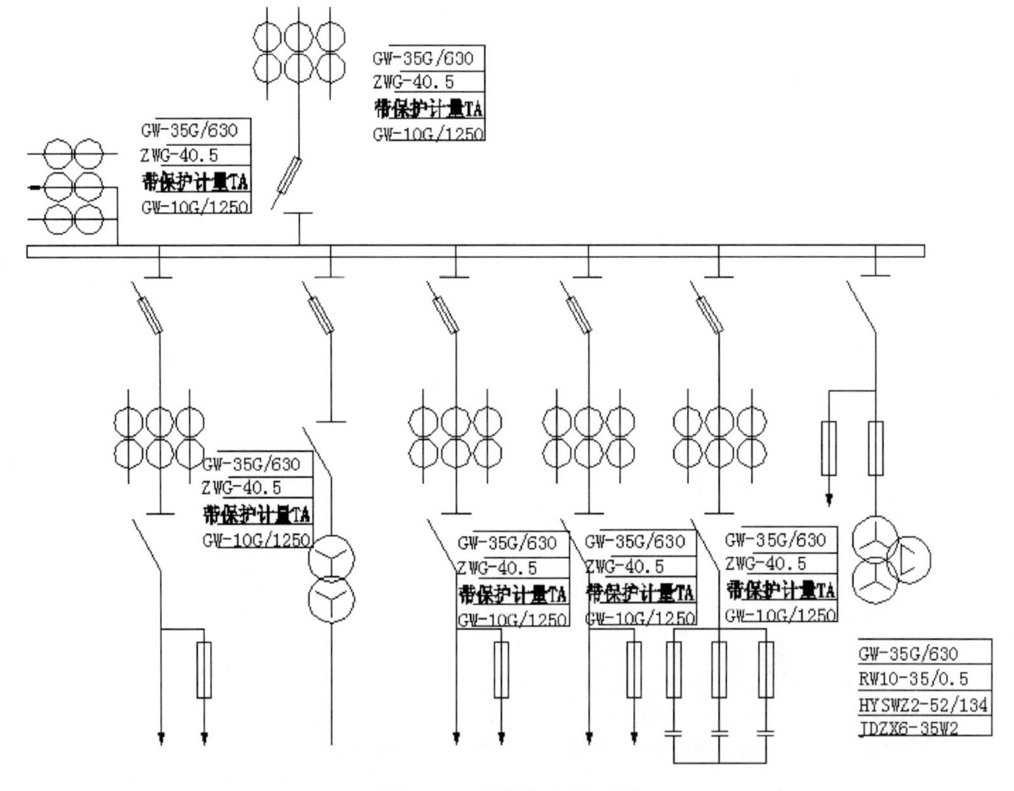

图 7-36　绘制变电原理图

设计思路

绘制变电所的电气原理图有两种方法：一种是绘制简单的系统图，表明变电所的工作的大致原理；另一种是绘制更详细阐述电气原理的接线图。本例先绘制各元件，再绘制电器的主接线，绘制的结果如图 7-36 所示。

操作步骤

1. 配置绘图环境

(1) 打开 AutoCAD 应用程序，建立新文件。

(2) 单击状态栏中的“栅格”按钮，或者使用快捷键 F7，在绘图窗口中显示栅格，命令行中会提示“命令：<栅格开>”。若想关闭栅格，可以再次单击状态栏中的“栅格”按钮，或者使用快捷键 F7。

Note

2. 绘制图形符号

1) 绘制开关

(1) 单击“默认”选项卡“绘图”面板中的“直线”按钮 ╱,在正交方式下以坐标点(400,400)为起点绘制一条长度为 50 的竖线。然后设置增量角度为 30,绘制一条斜直线,最后绘制长度为 20 的水平直线,如图 7-37 所示。

(2) 单击“默认”选项卡“修改”面板中的“移动”按钮 ✥ ,将上步绘制的直线向右移动 5。单击“默认”选项卡“修改”面板中的“修剪”按钮 ✂,对图 7-37 进行修剪,结果如图 7-38 所示。

(3) 单击“默认”选项卡“绘图”面板中的“直线”按钮 ╱,选取竖直线的下端点,绘制长度为 10 的水平直线,然后绘制长度为 40 的竖直线。最后以直线的端点为起点绘制角度为 30,长度为 5 的斜直线,如图 7-39 所示。

图 7-37 画折线　　图 7-38 剪切线段　　图 7-39 绘制直线

(4) 单击“默认”选项卡“修改”面板中的“镜像”按钮 ⚠ 和“复制”按钮 ⁂ ,得到如图 7-40 所示的图形。

(5) 单击“默认”选项卡“绘图”面板中的“直线”按钮 ╱,绘制矩形,结果如图 7-41 所示,将图形文件命名保存。

图 7-40 镜像复制后效果图　　图 7-41 绘制矩形

(6) 在命令行输入“WBLOCK”,打开“写块”对话框,如图 7-42 所示。单击“拾取点”按钮 ,在图 7-41 所示图形中拾取任意一点为基点,单击“选择对象”按钮 ,选择图 7-41 所示图形,在“文件名”文本框输入图块名为“开关”并选择需要保存的路径(新建一个文件夹“电气元件”),单击“确定”按钮退出。

2) 绘制跌落式熔断器符号

(1) 复制图 7-38 所示的图形到适当位置。

(2) 单击“默认”选项卡“修改”面板中的“偏移”按钮 ⋐ ,将斜直线向两侧偏移适当距离。结果如图 7-43 所示。

Note

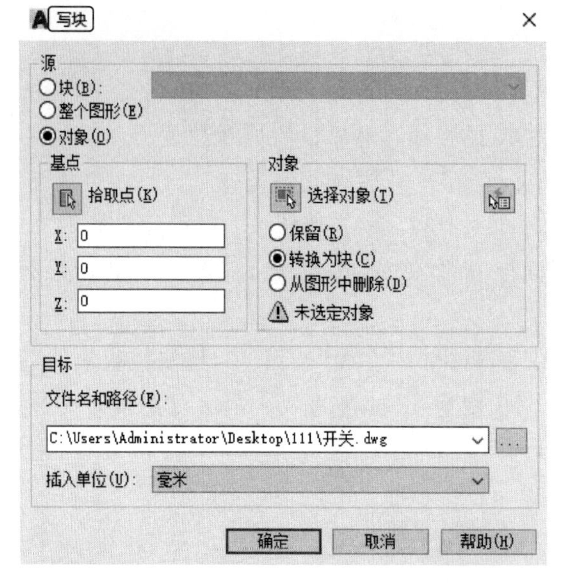

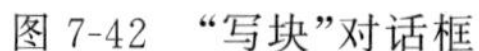
图 7-42 “写块”对话框

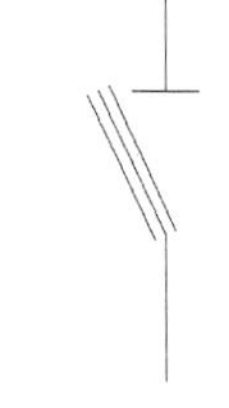
图 7-43 偏移斜线

(3) 单击“默认”选项卡“绘图”面板中的“直线”按钮 ，连接偏移后直线的端点；同样，指定偏移斜线上一点为起点，捕捉另一偏移斜线上的垂足为终点，绘制斜线的垂线，结果如图 7-44 所示。

(4) 单击“默认”选项卡“修改”面板中的“修剪”按钮 ，对图 7-44 进行修剪，结果如图 7-45 所示。此即为熔断器符号，将图形文件命名保存。

(5) 在命令行输入“WBLOCK”，打开“写块”对话框。单击“拾取点”按钮 ，在图 7-45 所示图形中拾取任意一点为基点，单击“选择对象”按钮 ，选择图 7-45 所示图形，在“文件名”文本框输入图块名为“跌落式熔断器”并选择需要保存的路径，单击“确定”按钮退出。

3) 绘制断路器符号

(1) 复制图 7-38 中的图形到适当位置。

(2) 单击“默认”选项卡“修改”面板中的“旋转”按钮 ，将图 7-38 中水平线以其与竖线交点为基点旋转 45°，如图 7-46 所示。

(3) 单击“默认”选项卡“修改”面板中的“镜像”按钮 ，将旋转后的线以竖线为轴进行镜像处理，结果如图 7-47 所示。此即为断路器，将图形文件命名保存。

图 7-44 绘制垂线　图 7-45 跌落式熔断器　图 7-46 旋转线段　图 7-47 镜像复制线段

Note

（4）在命令行输入“WBLOCK”，打开“写块”对话框。单击“拾取点”按钮，在图 7-47 所示图形中拾取任意一点为基点，单击“选择对象”按钮，选择图 7-47 所示图形，在“文件名”文本框输入图块名为“断路器”并选择需要保存的路径，单击“确定”按钮退出。

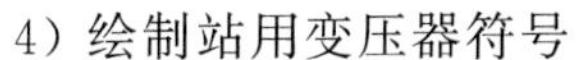

4）绘制站用变压器符号

（1）单击“默认”选项卡“绘图”面板中的“圆”按钮，以坐标点(200,200)为圆心绘制半径为 10 的圆，并将圆向上复制，距离为 18。

（2）单击“默认”选项卡“绘图”面板中的“直线”按钮，以复制后的圆心为起点向下绘制长度为 8 的竖直线，单击“默认”选项卡“修改”面板中的“环形阵列”按钮，将竖直线绕圆心进行环形阵列，阵列个数为 3，结果如图 7-48 所示。

（3）单击“默认”选项卡“修改”面板中的“复制”按钮，在正交方式下将图 7-48 中“Y”形向下方复制，如图 7-49 所示，将图形文件命名保存。

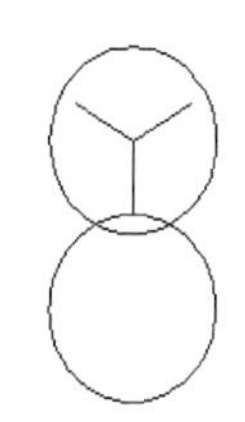

图 7-48　绘制 Y 图形

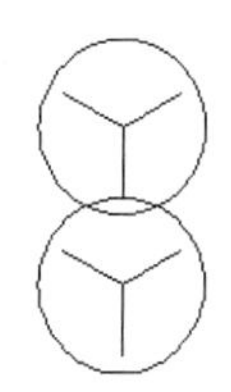

图 7-49　移动后的效果图

（4）在命令行输入“WBLOCK”，打开“写块”对话框。单击“拾取点”按钮，在图 7-49 所示图形中拾取任意一点为基点，单击“选择对象”按钮，选择图 7-49 所示图形，在“文件名”文本框输入图块名为“站用变压器”并选择需要保存的路径，单击“确定”按钮退出。

5）绘制电压互感器符号

（1）单击“默认”选项卡“绘图”面板中的“圆”按钮，绘制直径为 20 的圆。

（2）单击“默认”选项卡“绘图”面板中的“多边形”按钮，在所绘的圆中选择一点绘制一三角形。

（3）单击“默认”选项卡“绘图”面板中的“直线”按钮，在“正交”方式下绘制一直线，如图 7-50 所示。

（4）单击“默认”选项卡“修改”面板中的“修剪”按钮，修改图形，然后调用“删除”命令，删除直线，如图 7-51 所示。

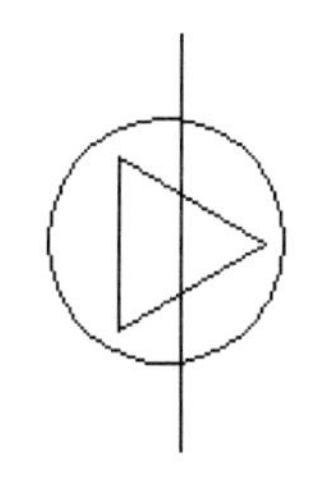

图 7-50　画直线

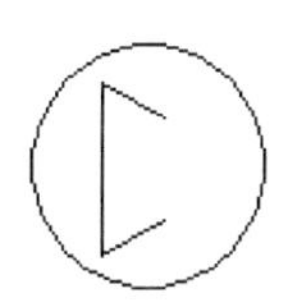

图 7-51　剪切后的效果图

Note

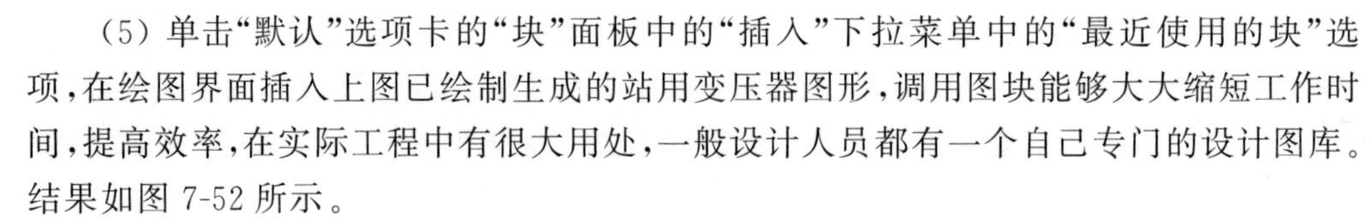

（5）单击“默认”选项卡的“块”面板中的“插入”下拉菜单中的“最近使用的块”选项，在绘图界面插入上图已绘制生成的站用变压器图形，调用图块能够大大缩短工作时间，提高效率，在实际工程中有很大用处，一般设计人员都有一个自己专门的设计图库。结果如图7-52所示。

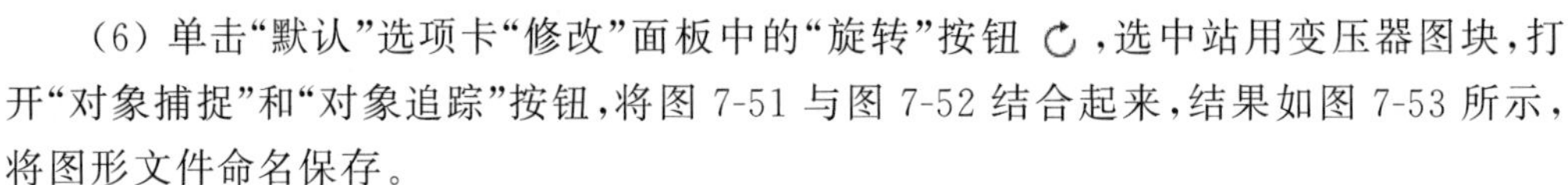

（6）单击“默认”选项卡“修改”面板中的“旋转”按钮，选中站用变压器图块，打开“对象捕捉”和“对象追踪”按钮，将图7-51与图7-52结合起来，结果如图7-53所示，将图形文件命名保存。

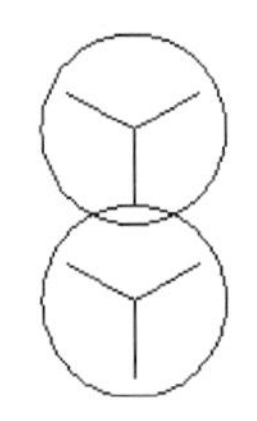

图7-52　插入站用变压器

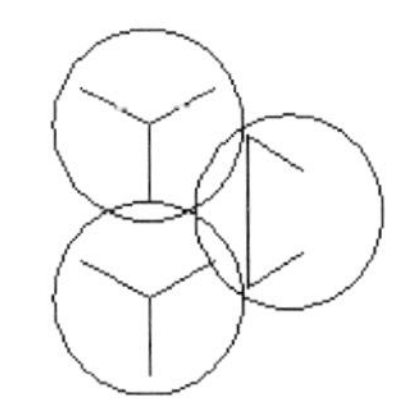

图7-53　结合后的效果图

（7）在命令行输入“WBLOCK”，打开“写块”对话框。单击“拾取点”按钮，在图7-53所示图形中拾取任意一点为基点，单击“选择对象”按钮，选择图7-53所示图形，在“文件名”文本框输入图块名为“电压互感器”并选择需要保存的路径，单击“确定”按钮退出。

6）无极性电容器符号

（1）单击“默认”选项卡“绘图”面板中的“直线”按钮，绘制一条水平直线，如图7-54所示。

（2）单击“默认”选项卡“修改”面板中的“偏移”按钮，将水平线向上偏移合适的距离，如图7-55所示。

（3）单击“默认”选项卡“绘图”面板中的“直线”按钮，在水平线的两端绘制竖直线，最后进行保存，完成无极性电容器的绘制，结果如图7-56所示。

（4）在命令行输入“WBLOCK”，打开“写块”对话框。单击“拾取点”按钮，在图7-56所示图形中拾取任意一点为基点，单击“选择对象”按钮，选择图7-56所示图形，在“文件名”文本框输入图块名为“无极性电容器”并选择需要保存的路径，单击“确定”按钮退出。

图7-54　绘制水平线

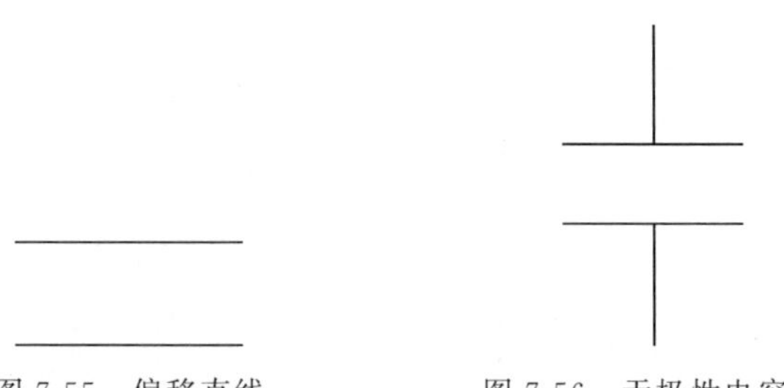

图7-55　偏移直线

图7-56　无极性电容器

3. 绘制电气主接线图

（1）打开AutoCAD应用程序，打开“A4 title”样板，建立新文件。设置保存路径，

Note

取名为“电气主接线图.dwg”,并保存。

(2) 先画出 10kV 母线,单击“默认”选项卡“绘图”面板中的“直线”按钮 ╱,绘制一条长 1000 的直线,然后调用“偏移” ⋐ 命令,在正交方式下将刚才画的直线向下平移 15,再次调用“直线” ╱ 命令,将直线两头连接,并将线宽设为 0.7,如图 7-57 所示。

(3) 单击“默认”选项卡“绘图”面板中的“圆”按钮 ⊙,绘制一半径为 10 的圆,利用“直线”命令、“复制”命令和“镜像”命令,完成图 7-58 的绘制。

(4) 在命令行输入“WBLOCK”,打开“写块”对话框。同上面步骤一样,将图 7-58 所示图形定义为“主变”块。

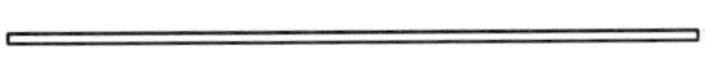

图 7-57 绘制母线

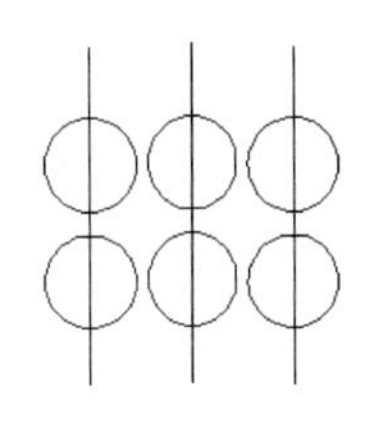

图 7-58 镜像效果

4. 插入图块

(1) 单击“默认”选项卡的“块”面板中的“插入”下拉菜单中“最近使用的块”选项,打开“块”选项板,如图 7-59 所示,单击“显示文件导航对话框”按钮 ,选择需要打开的“开关”图块,在“插入选项”选项勾选“插入点”和“重复放置”复选框,将“开关”符号插入到图中合适位置。

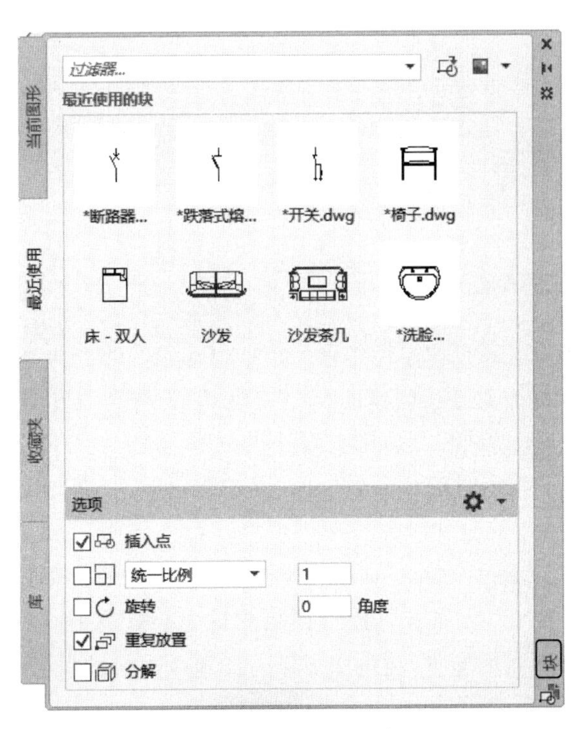

图 7-59 “块”选项板

(2) 继续插入各个图块，并适当移动，结果如图 7-60 所示。

(3) 单击“默认”选项卡“修改”面板中的“复制”按钮 ，将图 7-60 所示图形复制后得如图 7-61 所示图形。

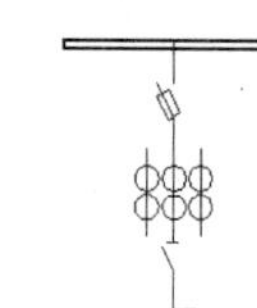
图 7-60　插入图形

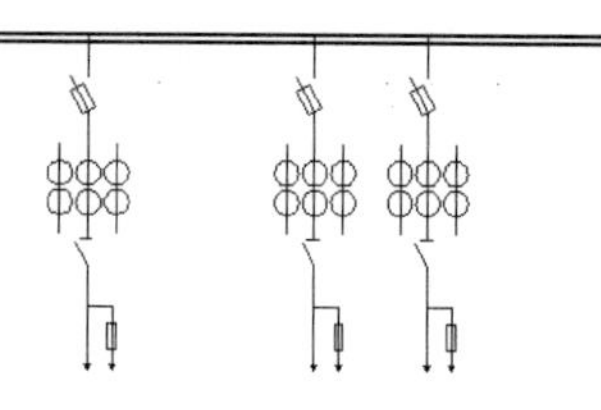
图 7-61　复制效果

(4) 用类似的方法画出 10kV 母线上方的器件。单击“默认”选项卡“修改”面板中的“镜像”按钮 ，将最左边的部分向上镜像，结果如图 7-62 所示。

(5) 单击“默认”选项卡“绘图”面板中的“直线”按钮 ，在镜像到直线上方的图形的适当地方画一直线。

(6) 单击“默认”选项卡“修改”面板中的“修剪”按钮 ，将直线上方多余的部分去掉，再调用“删除” 命令，将刚才画的直线去掉。

(7) 单击“默认”选项卡“修改”面板中的“移动”按钮 ，将直线上面的部分向右平移 90 个单位，结果如图 7-63 所示。

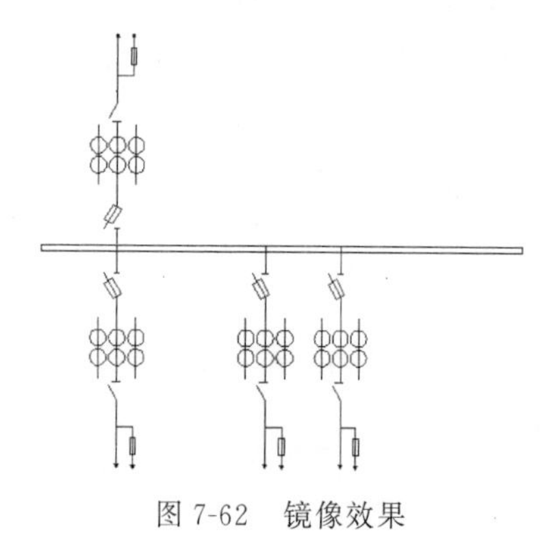
图 7-62　镜像效果

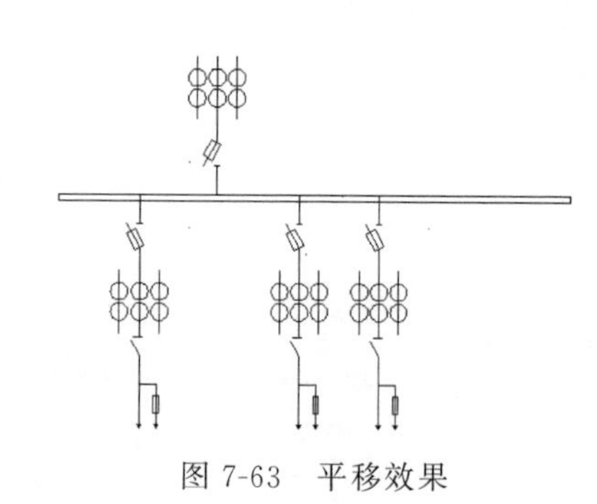
图 7-63　平移效果

(8) 单击“默认”选项卡“块”面板中的“插入”下拉菜单中的“最近使用的块”选项，在当前绘图空间插入在前面已经创建的“主变”块，设置旋转角度为 90°，用鼠标左键点取图块放置点，绘制一矩形并将其放到直线适当位置上。

(9) 单击“默认”选项卡“修改”面板中的“复制”按钮 ，将直线下方图形复制一个到最右边处。

(10) 单击“默认”选项卡“修改”面板中的“删除”按钮 ，将刚才复制所得到的图形的箭头去掉，单击“默认”选项卡“绘图”面板中的“直线”按钮 和“修改”面板中的“移动”按钮 ，选择适当的地方，在电阻器下方绘制一电容器符号，然后再单击“修改”面板中的“修剪”按钮 ，将电容器两极板间的线段修剪掉，结果如图 7-64 所示。

(11) 单击“默认”选项卡“修改”面板中的“复制”按钮 ，在正交方式下，将电阻符

号和电容器符号放置到中间直线上。

(12) 单击“默认”选项卡“修改”面板中的“镜像”按钮 ⚠,将中线右边部分复制到中线左边,并绘制直线进行连接。结果如图 7-65 所示。

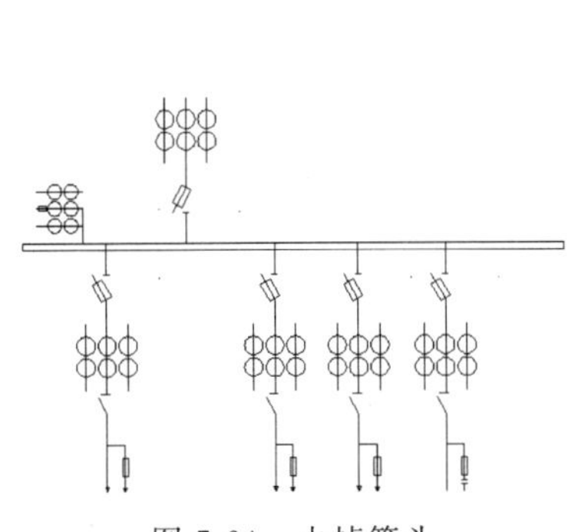

图 7-64 去掉箭头

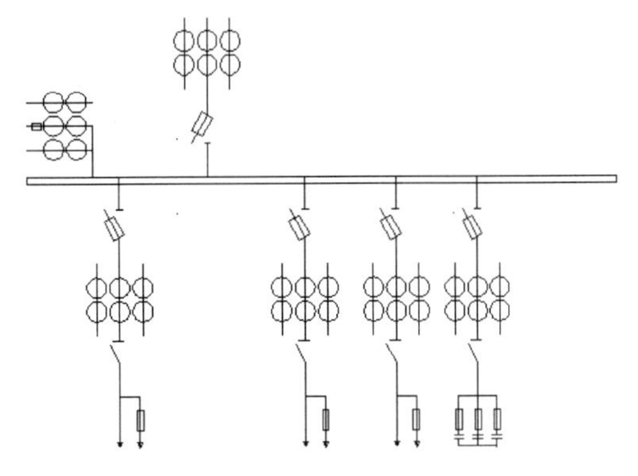

图 7-65 绘制电阻符号和电容器符号并镜像

(13) 单击“默认”选项卡“块”面板中的“插入”下拉菜单中的“最近使用的块”选项,在当前绘图空间插入在前面已经创建的“跌落式熔断器”图块。

(14) 继续在当前绘图空间插入在前面已经创建的“站用变压器”“开关”“电压互感器”图块,结果如图 7-66 所示。

(15) 单击“默认”选项卡“绘图”面板中的“直线”按钮 ⁄,开启正交模式,在电压互感器所在直线上画一折线,单击“默认”选项卡“绘图”面板中的“矩形”按钮 ▭,绘制一矩形并将其放到直线上,单击“默认”选项卡“绘图”面板中的“多段线”按钮 ⊃,在直线端点绘制一箭头(此时启用极轴追踪,并将追踪角度设为 15),结果如图 7-67 所示。

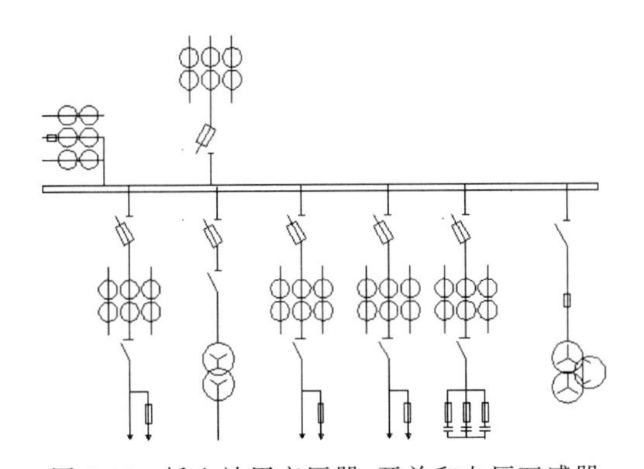

图 7-66 插入站用变压器、开关和电压互感器

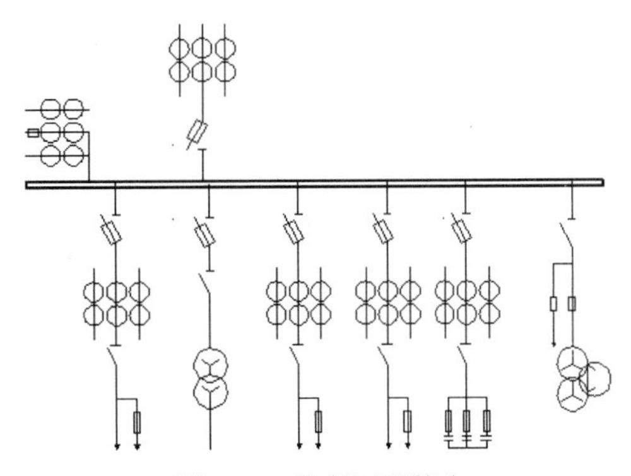

图 7-67 绘制矩形箭头

5. 输入注释文字

(1) 单击“默认”选项卡“注释”面板中的“多行文字”按钮 A,在需要注释的地方画出一个区域,弹出如图 7-68 所示的对话框。插入文字。在弹出的“文字编辑器”选项卡和“多行文字”编辑器中,输入需要的信息即可。

(2) 绘制文字框线,单击“默认”选项卡“绘图”面板中的“直线”按钮 ⁄ 和修改面板

Note

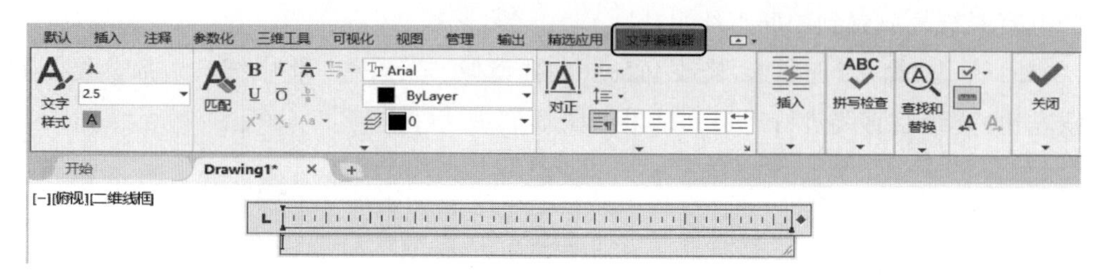

图 7-68　插入文字

中的“复制”按钮 ⧉ 。完成后的线路图如图 7-69 所示。

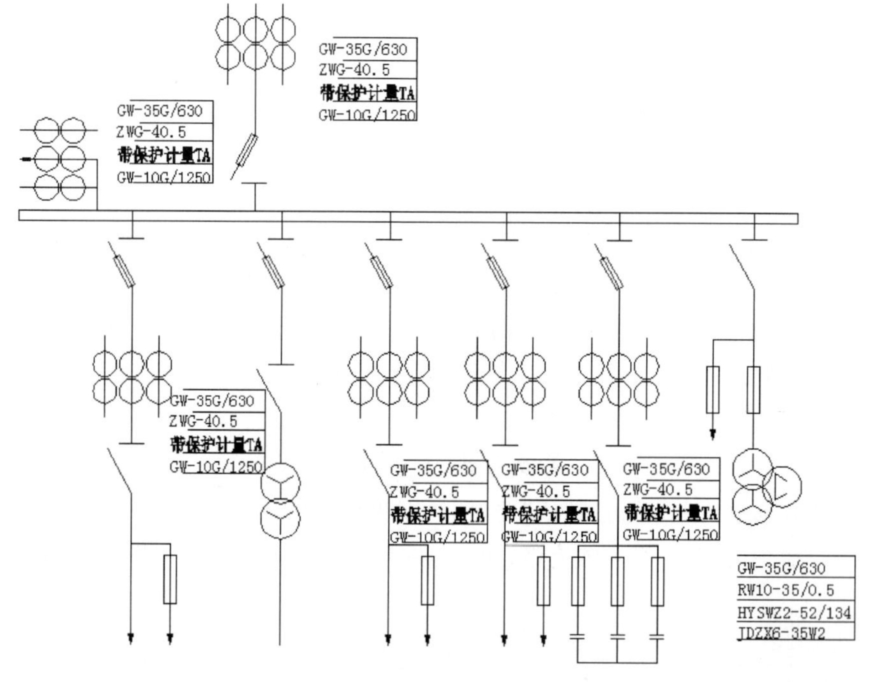

图 7-69　添加文字

6. 单击快速工具栏中的“保存”按钮 💾 保存图形

7.4　答疑解惑

1. 块的作用是什么？

用户可以将绘制的图例创建为块，即将图例以块为单位进行保存，并归类于每一个文件夹内，以后再次需要利用此图例制图时，只需“插入”该图块即可，同时还可以对块进行属性赋值。图块的使用可以大大提高制图效率。

2. 图块应用时应注意什么？

（1）图块组成对象图层的继承性；

（2）图块组成对象颜色、线型和线宽的继承性；

(3) Bylayer、Byblock 的意义,即随层与随块的意义;

(4) 0 层的使用。

3. 内部图块与外部图块有什么区别?

内部图块是在一个文件内定义的图块,可以在该文件内部自由作用,内部图块一旦被定义,它就和文件同时被存储和打开。外部图块将"块"以主文件的形式写入磁盘,其他图形文件也可以使用它,要注意这是外部图块和内部图块的一个重要区别。

7.5 学习效果自测

1. 绘制图 7-70 所示 MC1413 芯片符号。

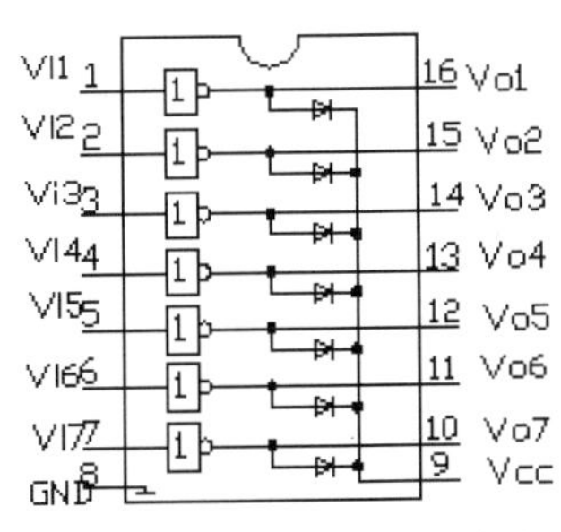

图 7-70　MC1413 芯片符号

2. 完成图 7-71 所示的花键轴粗糙度标注。

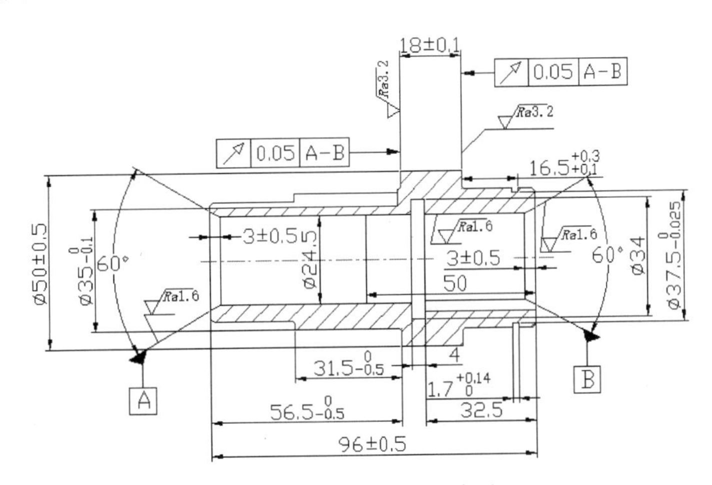

图 7-71　花键轴粗糙度标注

第8章

三维基本知识

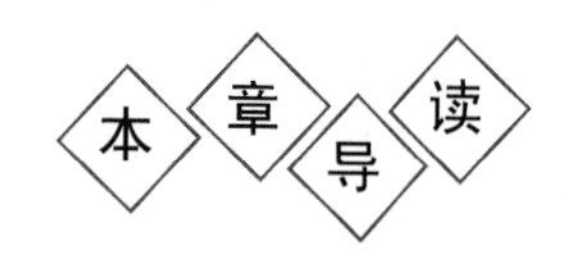

随着 AutoCAD 技术的普及，越来越多的工程技术人员在使用 AutoCAD 进行工程设计。虽然在工程设计中通常都使用二维图形来描述三维实体，但是由于三维图形的逼真效果，可以通过三维立体图直接得到透视图或平面效果图。因此，计算机三维设计越来越受到工程技术人员的青睐。

本章主要介绍三维坐标系统、创建三维坐标系、动态观察三维图形、显示形式和渲染实体等知识。

学 习 要 点

- 三维坐标系统
- 观察模式
- 显示形式
- 渲染实体

8.1 三维坐标系统

AutoCAD 2022 使用的是笛卡儿坐标系。其使用的直角坐标系有两种类型，一种是世界坐标系（WCS），另一种是用户坐标系（UCS）。绘制二维图形时，常用的坐标系即 WCS，由系统默认提供。世界坐标系又称为通用坐标系或绝对坐标系，对于二维绘图来说，世界坐标系足以满足要求。为了方便创建三维模型，AutoCAD 2022 允许用户根据自己的需要设定坐标系，即 UCS。合理创建 UCS，可以方便地创建三维模型。

8.1.1 坐标系设置

1. 执行方式

命令行：UCSMAN（快捷命令：UC）。

菜单栏：选择菜单栏中的"工具"→"命名 UCS"命令。

工具栏：单击"UCS Ⅱ"工具栏中的"命名 UCS"按钮。

功能区：单击"可视化"选项卡的"坐标"面板中的"UCS，命名 UCS"按钮。

执行上述命令后，系统打开如图 8-1 所示的"UCS"对话框。

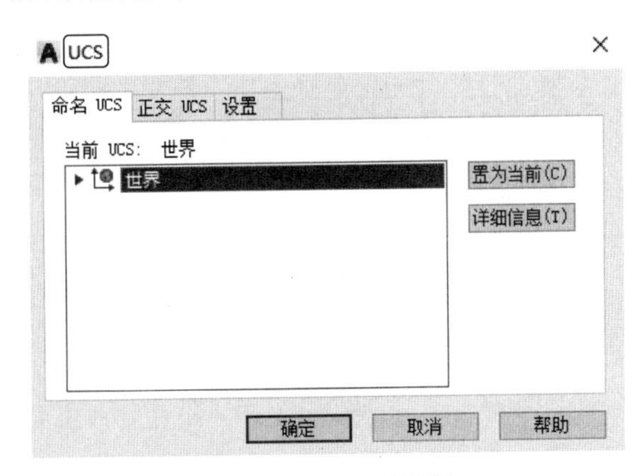

图 8-1 "UCS"对话框

2. 选项说明

"UCS"对话框各选项含义如表 8-1 所示。

表 8-1 "UCS"对话框各选项含义

选　　项	含　　义
"命名 UCS"选项卡	该选项卡用于显示已有的 UCS、设置当前坐标系，如图 8-1 所示。 在"命名 UCS"选项卡中，用户可以将世界坐标系、上一次使用的 UCS 或某一命名的 UCS 设置为当前坐标。其具体方法是：从列表框中选择某一坐标系，单击"置为当前"按钮。还可以利用选项卡中的"详细信息"按钮，了解指定坐标系相对于某一坐标系的详细信息。其具体步骤是单击"详细信息"按钮，系统打开如图 8-2 所示的"UCS 详细信息"对话框，该对话框详细说明了用户所选坐标系的原点及 X 轴、Y 轴和 Z 轴的方向

Note

续表

选　　项	含　　义
“正交 UCS”选项卡	该选项卡用于将 UCS 设置成某一正交模式，如图 8-3 所示。其中，“深度”列用来定义用户坐标系 XY 平面上的正投影与通过用户坐标系原点平行平面之间的距离
“设置”选项卡	该选项卡用于设置 UCS 图标的显示形式、应用范围等，如图 8-4 所示

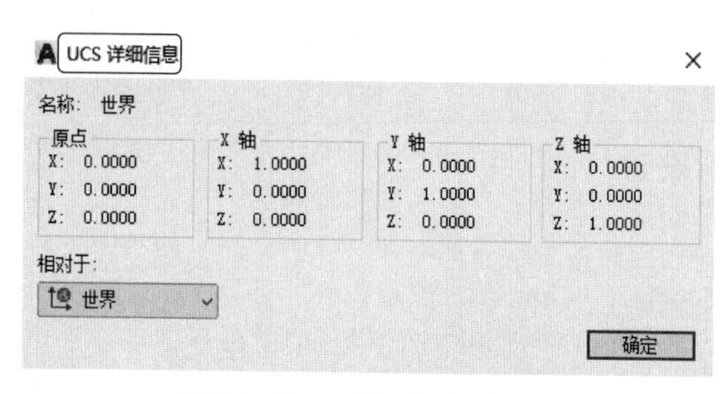

图 8-2　“UCS 详细信息”对话框

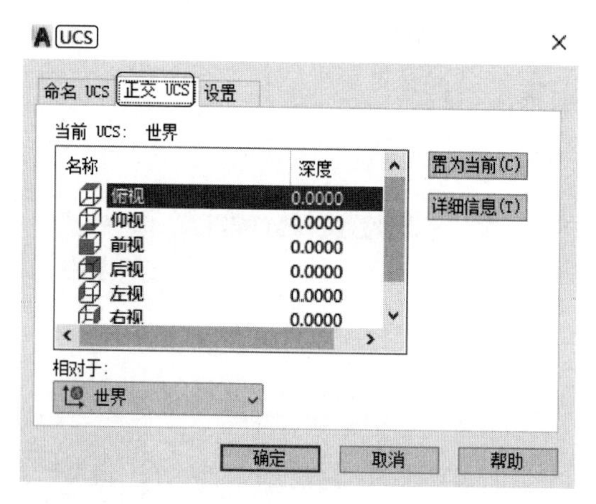

图 8-3　“正交 UCS”选项卡

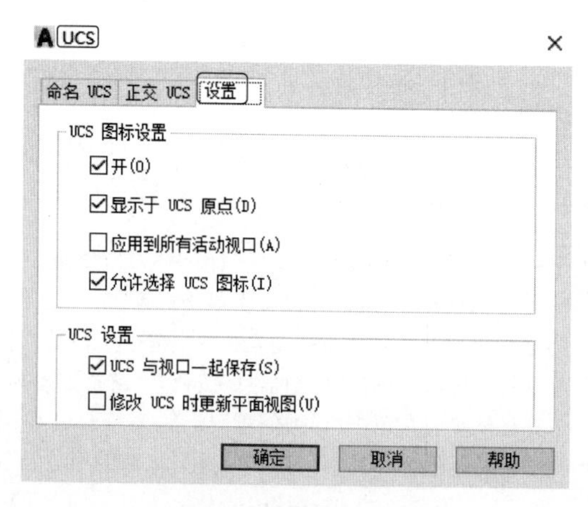

图 8-4　“设置”选项卡

Note

8.1.2　创建坐标系

1. 执行方式

命令行：UCS。

菜单栏：选择菜单栏中的"工具"→"新建 UCS"命令。

工具栏：单击"UCS"工具栏中的"UCS"按钮 。

功能区：单击❶"可视化"选项卡❷"坐标"面板中的❸"UCS"按钮 ，如图 8-5 所示。

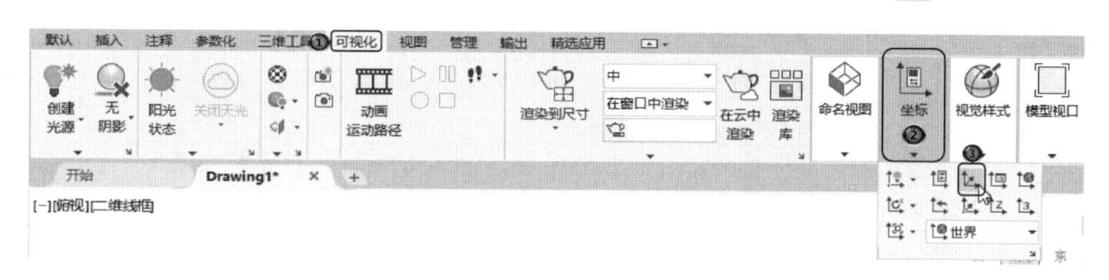

图 8-5　"坐标"面板

2. 操作步骤

命令行提示与操作如下。

```
命令:UCS↙
当前 UCS 名称: *世界*
指定 UCS 的原点或[面(F)/命名(NA)/对象(OB)/上一个(P)/视图(V)/世界(W)/X/Y/Z/Z 轴(ZA)]
<世界>:
```

3. 选项说明

"UCS"命令各选项含义如表 8-2 所示。

表 8-2　"UCS"命令各选项含义

选项	含　义
指定 UCS 的原点	使用一点、两点或三点定义一个新的 UCS。如果指定单个点 1，当前 UCS 的原点将会移动而不会更改 X 轴、Y 轴和 Z 轴的方向。选择该选项，命令行提示与操作如下： 指定 X 轴上的点或<接受>：(继续指定 X 轴通过的点 2 或直接按 Enter 键，接受原坐标系 X 轴为新坐标系的 X 轴) 指定 XY 平面上的点或<接受>：(继续指定 XY 平面通过的点 3 以确定 Y 轴或直接按 Enter 键，接受原坐标系 XY 平面为新坐标系的 XY 平面，根据右手法则，相应的 Z 轴也同时确定) 示意图如图 8-6 所示
面(F)	将 UCS 与三维实体的选定面对齐。要选择一个面，请在此面的边界内或面的边上单击，被选中的面将亮显，UCS 的 X 轴将与找到的第一个面上最近的边对齐。选择该选项，命令行提示与操作如下。 选择实体对象的面：(选择面) 输入选项[下一个(N)/X 轴反向(X)/Y 轴反向(Y)] <接受>：↙(结果如图 8-7 所示) 如果选择"下一个"选项，系统将 UCS 定位于邻接的面或选定边的后向面

Note

续表

选项	含　义
对象(OB)	根据选定的三维对象定义新的坐标系,如图 8-8 所示。新建 UCS 的拉伸方向(Z 轴正方向)与选定对象的拉伸方向相同。选择该选项,命令行提示与操作如下。 选择对齐 UCS 的对象:(选择对象) 对于大多数对象,新 UCS 的原点位于离选定对象最近的顶点处,并且 X 轴与一条边对齐或相切。对于平面对象,UCS 的 XY 平面与该对象所在的平面对齐。对于复杂对象,将重新定位原点,但是轴的当前方向保持不变
视图(V)	以垂直于观察方向(平行于屏幕)的平面为 XY 平面,创建新的坐标系。UCS 原点保持不变
世界(W)	将当前用户坐标系设置为世界坐标系。WCS 是所有用户坐标系的基准,不能被重新定义
X、Y、Z	绕指定轴旋转当前 UCS
Z 轴(ZA)	利用指定的 Z 轴正半轴定义 UCS

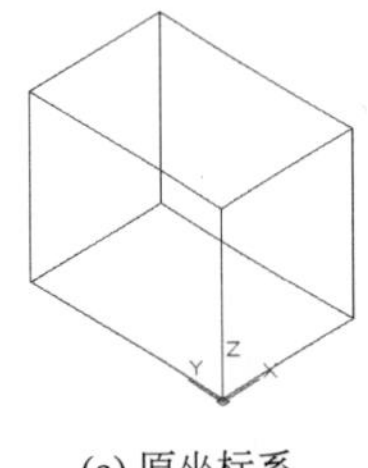

(a) 原坐标系

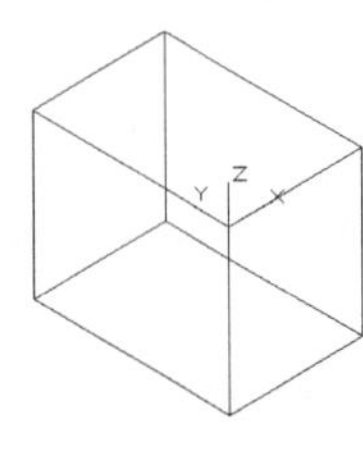

(b) 指定一点

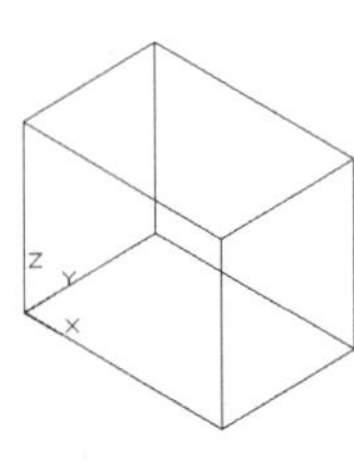

(c) 指定两点

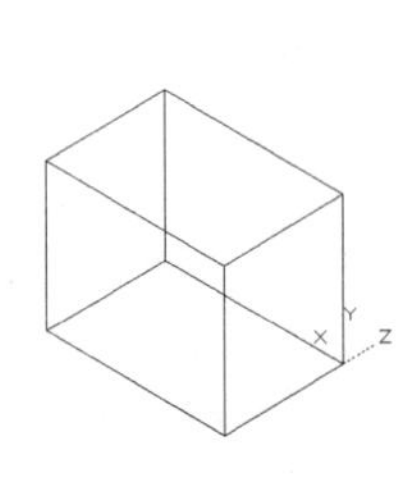

(d) 指定三点

图 8-6　指定原点

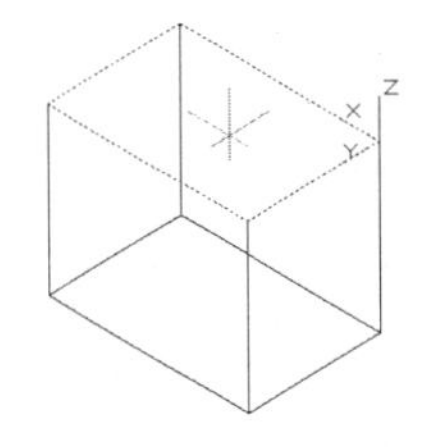

图 8-7　选择面确定坐标系

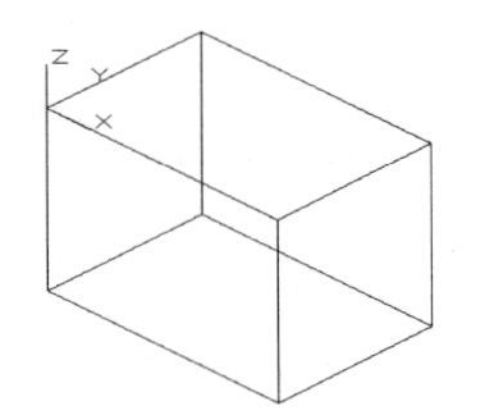

图 8-8　选择对象确定坐标系

注意:该选项不能用于下列对象:三维多段线、三维网格和构造线。

8.1.3　动态坐标系

打开动态坐标系的具体操作方法是单击状态栏中的"允许/禁止动态 UCS"按钮。可以使用动态 UCS 在三维实体的平整面上创建对象,而无须手动更改 UCS 方向。在执行命令的过程中,当将光标移动到面上方时,动态 UCS 会临时将 UCS 的 XY 平面与三维实体的平整面对齐,如图 8-9 所示。

动态 UCS 激活后,指定的点和绘图工具(如极轴追踪和栅格)都将与动态 UCS 建立的临时 UCS 相关联。

Note

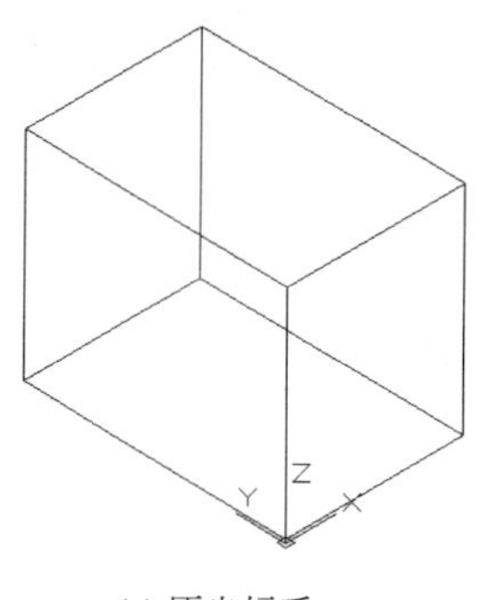

(a) 原坐标系

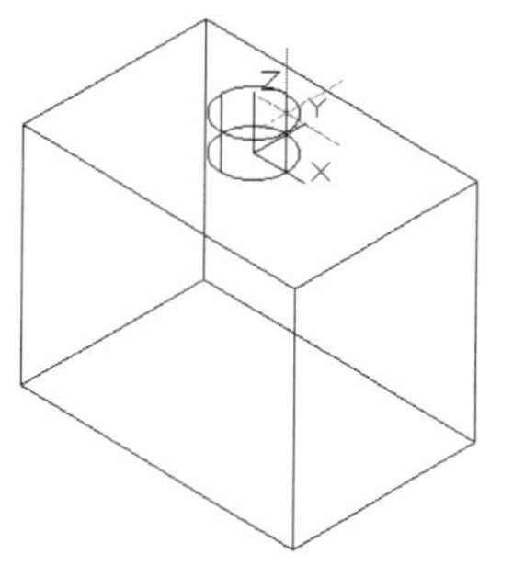

(b) 绘制圆柱体时的动态坐标系

图 8-9　动态 UCS

8.2　观察模式

8.2.1　动态观察

AutoCAD 2022 提供了具有交互控制功能的三维动态观测器,利用三维动态观测器用户可以实时地控制和改变当前视口中创建的三维视图,以得到期望的效果。动态观察分为三类,分别是受约束的动态观察、自由动态观察和连续动态观察,具体介绍如下。

1. 受约束的动态观察

执行方式如下。

命令行:3DORBIT(快捷命令:3DO)。

菜单栏:选择菜单栏中的"视图"→"动态观察"→"受约束的动态观察"命令。

快捷菜单:启用交互式三维视图后,在视口中右击,打开快捷菜单,如图 8-10 所示,选择"受约束的动态观察"命令。

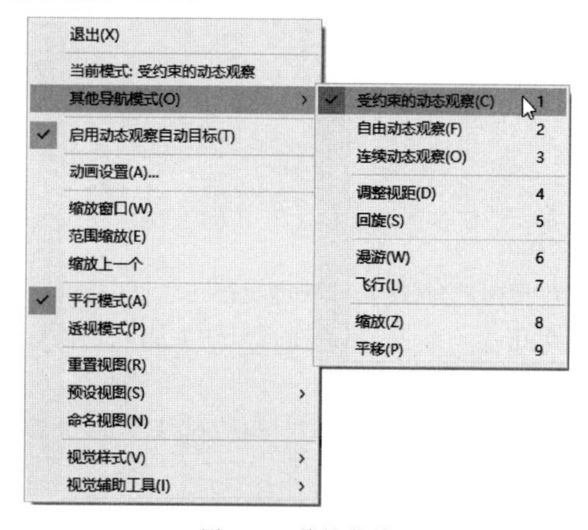

图 8-10　快捷菜单

Note

工具栏：单击“动态观察”工具栏中的“受约束的动态观察”按钮，或单击“三维导航”工具栏中的“受约束的动态观察”按钮，如图 8-11 所示。

图 8-11 “动态观察”和“三维导航”工具栏

功能区：单击“视图”选项卡“导航”面板上的“动态观察”下拉菜单中的“动态观察”按钮，如图 8-12 所示。

图 8-12 “动态观察”下拉菜单

执行上述命令后，视图的目标将保持静止，而视点将围绕目标移动。但是，从用户的视点看起来就像三维模型正在随着光标的移动而旋转，用户可以以此方式指定模型的任意视图。

系统显示三维动态观察光标图标。如果水平拖动鼠标，相机将平行于世界坐标系(WCS)的 XY 平面移动。如果垂直拖动鼠标，相机将沿 Z 轴移动，如图 8-13 所示。

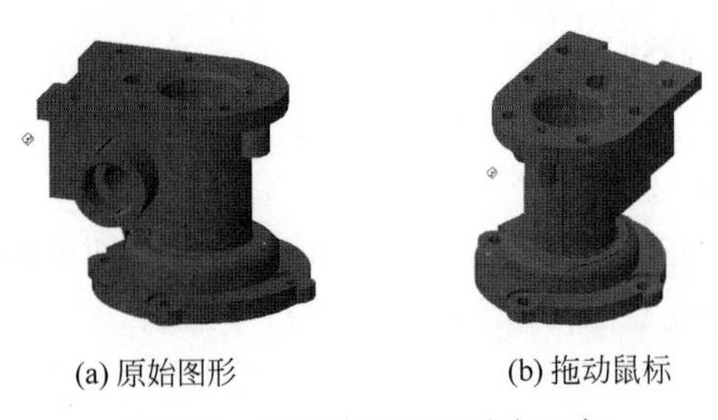

(a) 原始图形　　(b) 拖动鼠标

图 8-13 受约束的三维动态观察

注意：3DORBIT 命令处于活动状态时，无法编辑对象。

2. 自由动态观察

执行方式如下。

命令行：3DFORBIT。

菜单栏：选择菜单栏中的“视图”→“动态观察”→“自由动态观察”命令。

快捷菜单：启用交互式三维视图后，在视口中右击，打开快捷菜单，如图 8-10 所示，选择“自由动态观察”命令。

工具栏：单击“动态观察”工具栏中的“自由动态观察”按钮，或单击“三维导航”工具栏中的“自由动态观察”按钮。

功能区：单击“视图”选项卡“导航”面板上的“动态观察”下拉菜单中的“自由动态

观察"按钮 。

执行上述命令后，在当前视口出现一个大圆，在大圆上有 4 个小圆，如图 8-14 所示。此时通过拖动鼠标就可以对视图进行旋转观察。

在三维动态观测器中，查看目标的点被固定，用户可以利用鼠标控制相机位置绕观察对象得到动态的观测效果。当光标在大圆的不同位置进行拖动时，光标的表现形式是不同的，视图的旋转方向也不同。视图的旋转由光标的表现形式和其位置决定，光标在不同位置有、、、几种表现形式，可分别对对象进行不同形式的旋转。

3. 连续动态观察

执行方式如下。

命令行：3DCORBIT。

菜单栏：选择菜单栏中的"视图"→"动态观察"→"连续动态观察"命令。

快捷菜单：启用交互式三维视图后，在视口中右击，打开快捷菜单，如图 8-10 所示，选择"连续动态观察"命令。

工具栏：单击"动态观察"工具栏中的"连续动态观察"按钮 ，或单击"三维导航"工具栏中的"连续动态观察"按钮 。

功能区：单击"视图"选项卡"导航"面板上的"动态观察"下拉菜单中的"连续动态观察"按钮 。

执行上述命令后，绘图区出现动态观察图标，按住鼠标左键拖动，图形按鼠标拖动的方向旋转，旋转速度为鼠标拖动的速度，如图 8-15 所示。

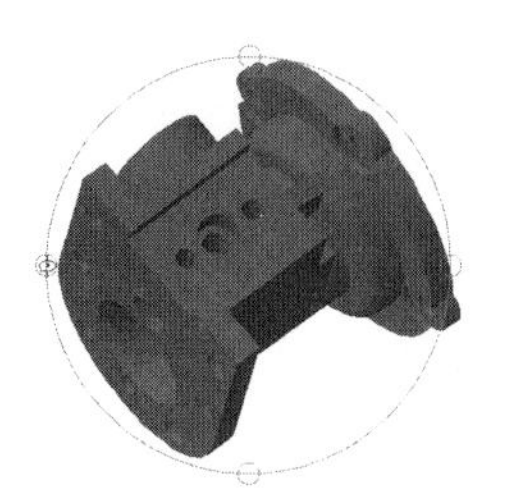

图 8-14　自由动态观察

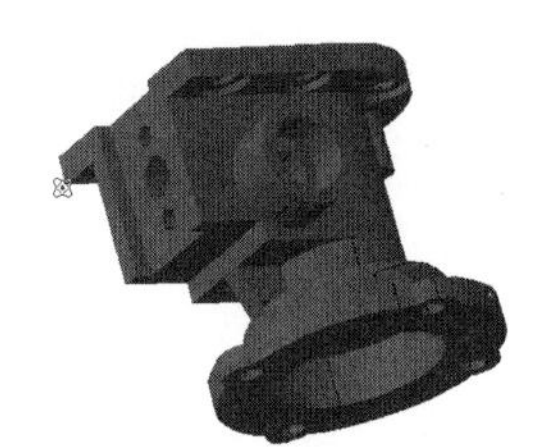

图 8-15　连续动态观察

注意： 如果设置了相对于当前 UCS 的平面视图，就可以在当前视图用绘制二维图形的方法在三维对象的相应面上绘制图形。

8.2.2　视图控制器

使用视图控制器功能，可以方便地转换方向视图。

1. 执行方式

命令行：NAVVCUBE。

2. 操作步骤

命令行提示与操作如下。

```
命令:NAVVCUBE↙
输入选项[开(ON)/关(OFF)/设置(S)]<ON>:
```

Note

上述命令控制视图控制器的打开与关闭，当打开该功能时，绘图区的右上角自动显示视图控制器，如图 8-16 所示。

单击控制器的显示面或指示箭头，界面图形就自动转换到相应的方向视图。如图 8-17 所示为单击控制器“上”面后，系统转换到上视图的情形。单击控制器上的按钮🏠，系统回到西南等轴测视图。

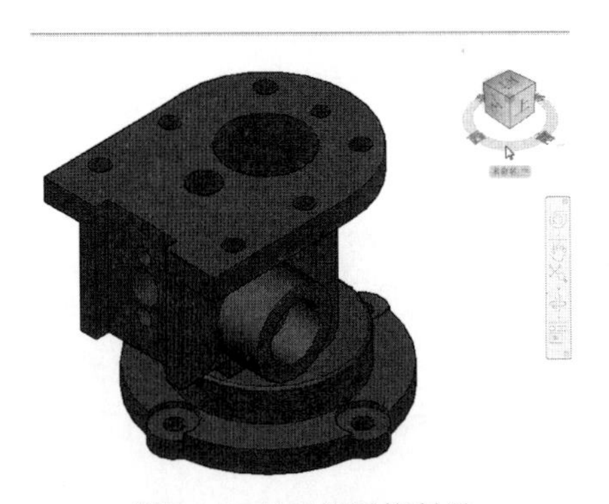

图 8-16　显示视图控制器

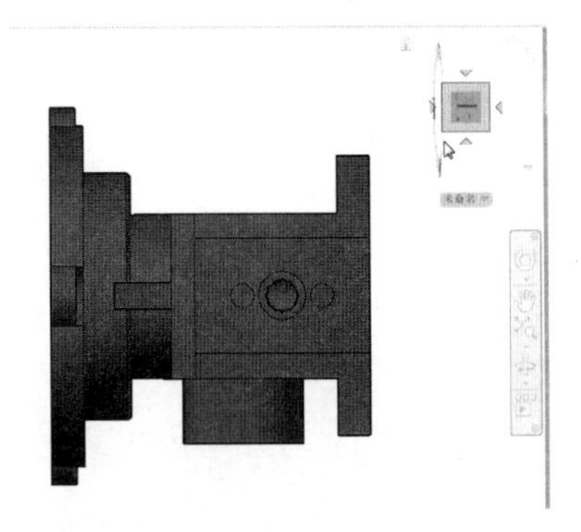

图 8-17　单击控制器“上”面后的视图

8.3　显示形式

在 AutoCAD 中，三维实体有多种显示形式，包括二维线框、三维线框、三维消隐、真实、概念、消隐显示等。

8.3.1　消隐

1. 执行方式

命令行：HIDE(快捷命令：HI)。

菜单栏：选择菜单栏中的“视图”→“消隐”命令。

工具栏：单击“渲染”工具栏中的“隐藏”按钮。

功能区：单击“可视化”选项卡“视觉样式”面板中的“隐藏”按钮。

2. 操作步骤

命令行提示与操作如下。

```
命令:HIDE↙
```

执行上述命令后，系统将被其他对象挡住的图线隐藏起来，以增强三维视觉效果，效果如图 8-18 所示。

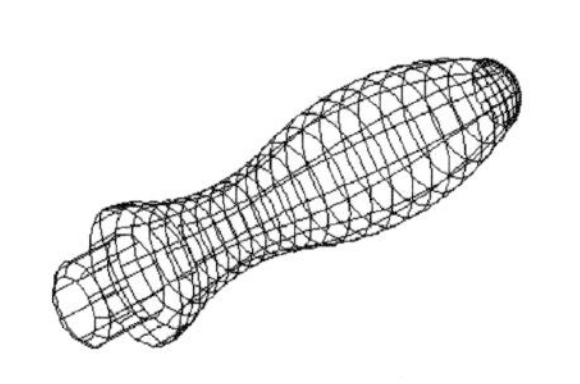

(a) 消隐前

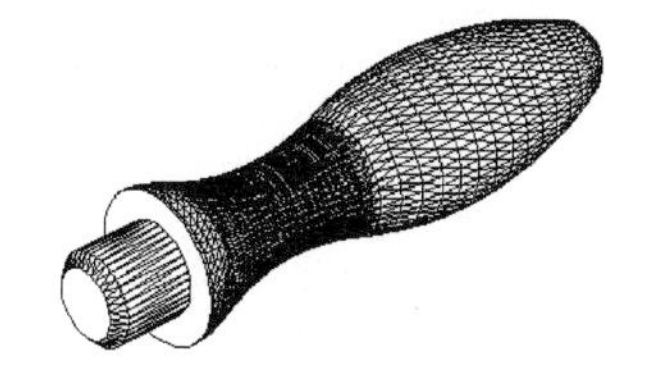

(b) 消隐后

图 8-18 消隐效果

8.3.2 视觉样式

1. 执行方式

命令行：VSCURRENT。

菜单栏：选择菜单栏中的“视图”→“视觉样式”→“二维线框”命令。

工具栏：单击“视觉样式”工具栏中的“二维线框”按钮。

功能区：单击“可视化”选项卡“视觉样式”面板中的“二维线框”按钮等。

2. 操作步骤

命令行提示与操作如下：

```
命令: VSCURRENT↙
输入选项[二维线框(2)/线框(W)/消隐(H)/真实(R)/概念(C)/着色(S)/带边缘着色(E)/灰度(G)/勾画(SK)/X射线(X)/其他(O)] <二维线框>:
```

3. 选项说明

“二维线框”命令各选项含义如表 8-3 所示。

表 8-3 “二维线框”命令各选项含义

选　项	含　义
二维线框(2)	用直线和曲线表示对象的边界。光栅和 OLE 对象、线型和线宽都是可见的。即使将 COMPASS 系统变量的值设置为 1，它也不会出现在二维线框视图中。如图 8-19 所示为 UCS 坐标和手柄二维线框图
线框(W)	显示对象时利用直线和曲线表示边界。显示一个已着色的三维 UCS 图标。光栅和 OLE 对象、线型及线宽不可见。可将 COMPASS 系统变量设置为 1 来查看坐标球，将显示应用到对象的材质颜色。如图 8-20 所示为 UCS 坐标和手柄的三维线框图
消隐(H)	显示用三维线框表示的对象并隐藏表示后向面的直线。如图 8-21 所示为 UCS 坐标和手柄的消隐图
真实(R)	着色多边形平面间的对象，并使对象的边平滑化。如果已为对象附着材质，将显示已附着到对象材质。如图 8-22 所示为 UCS 坐标和手柄的真实图
概念(C)	着色多边形平面间的对象，并使对象的边平滑化。着色使用冷色和暖色之间的过渡，效果缺乏真实感，但是可以更方便地查看模型的细节。如图 8-23 所示为 UCS 坐标和手柄的概念图
着色(S)	产生平滑的着色模型

Note

续表

选　　项	含　　义
带边缘着色(E)	产生平滑、带有可见边的着色模型
灰度(G)	使用单色面颜色模式可以产生灰色效果
勾画(SK)	使用外伸和抖动产生手绘效果
X射线(X)	更改面的不透明度使整个场景变成部分透明
其他(O)	选择该选项,命令行提示如下。 输入视觉样式名称[?]: 可以输入当前图形中的视觉样式名称或输入"?",以显示名称列表并重复该提示

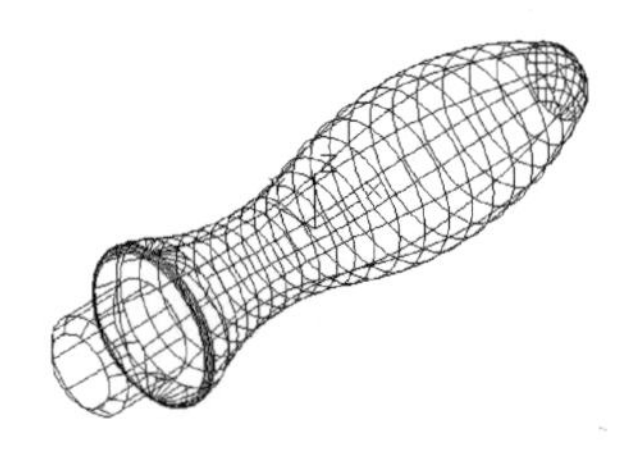

图 8-19　UCS 坐标和手柄的二维线框图

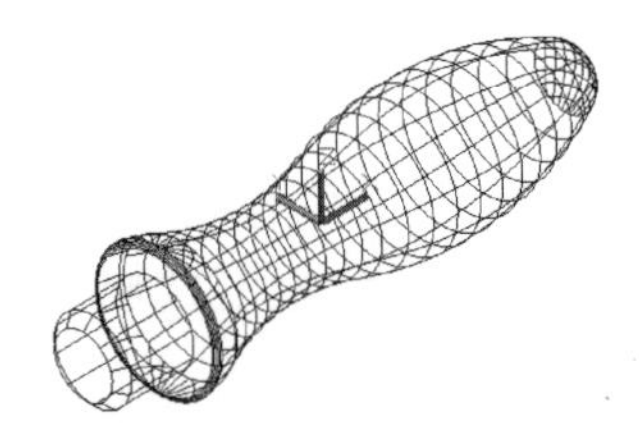

图 8-20　UCS 坐标和手柄的三维线框图

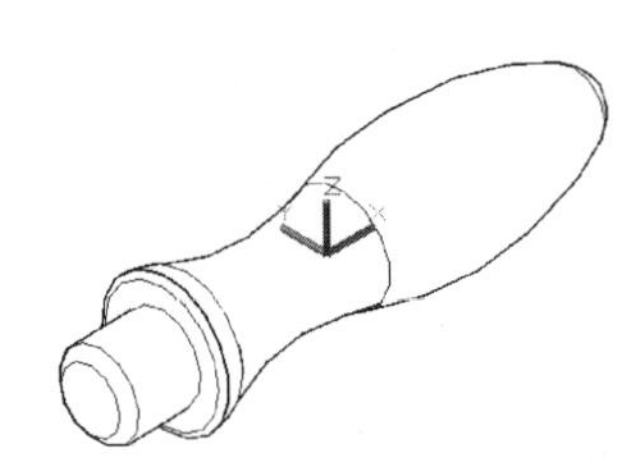

图 8-21　UCS 坐标和手柄的消隐图

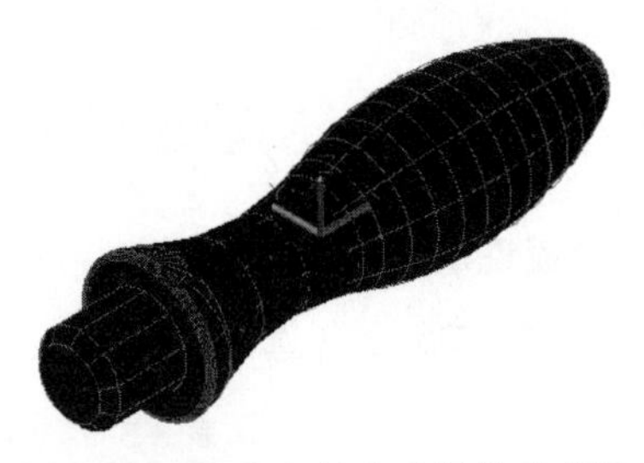

图 8-22　UCS 坐标和手柄的真实图

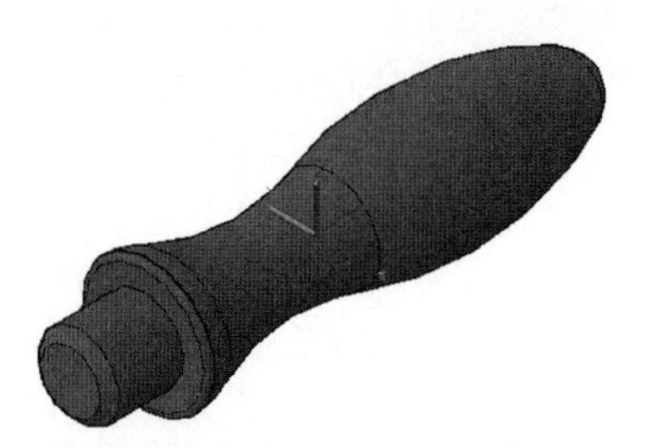

图 8-23　UCS 坐标和手柄的概念图

8.3.3　视觉样式管理器

执行方式如下。

命令行：VISUALSTYLES。

菜单栏：选择菜单栏中的"视图"→"视觉样式"→"视觉样式管理器"命令或"工具"→"选项板"→"视觉样式"命令。

Note

工具栏：单击“视觉样式”工具栏中的“管理视觉样式”按钮。

执行上述命令后，系统打开“视觉样式管理器”选项板，可以对视觉样式的各参数进行设置，如图 8-24 所示。图 8-25 为按图 8-24 所示进行设置的概念图显示结果，读者可以与图 8-23 进行比较，感觉它们之间的差别。

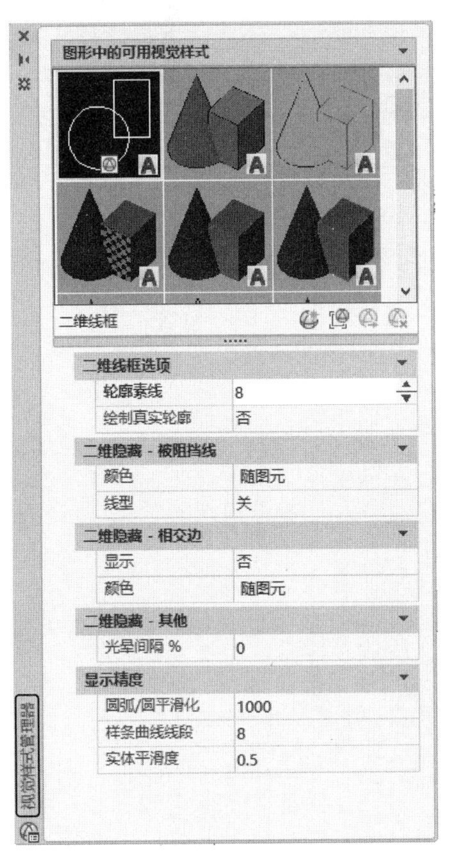

图 8-24 “视觉样式管理器”选项板

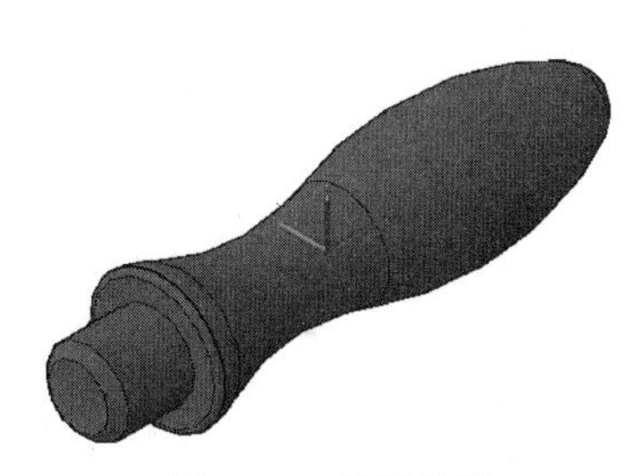

图 8-25 显示结果

8.4 渲染实体

渲染是对三维图形对象加上颜色和材质因素，或灯光、背景、场景等因素的操作，能够更真实地表达图形的外观和纹理。渲染是输出图形前的关键步骤，尤其是在效果图的设计中。

8.4.1 贴图

贴图的功能是在实体附着带纹理的材质后，调整实体或面上纹理贴图的方向。当材质被映射后，调整材质以适应对象的形状，将合适的材质贴图类型应用到对象中，可以使之更加适合于对象。

Note

1. 执行方式

命令行：MATERIALMAP。

菜单栏：选择菜单栏中的❶“视图”→❷“渲染”→❸“贴图”命令，如图 8-26 所示。

工具栏：单击“渲染”工具栏中的“贴图”按钮(图 8-27)或“贴图”工具栏中的按钮(图 8-28)。

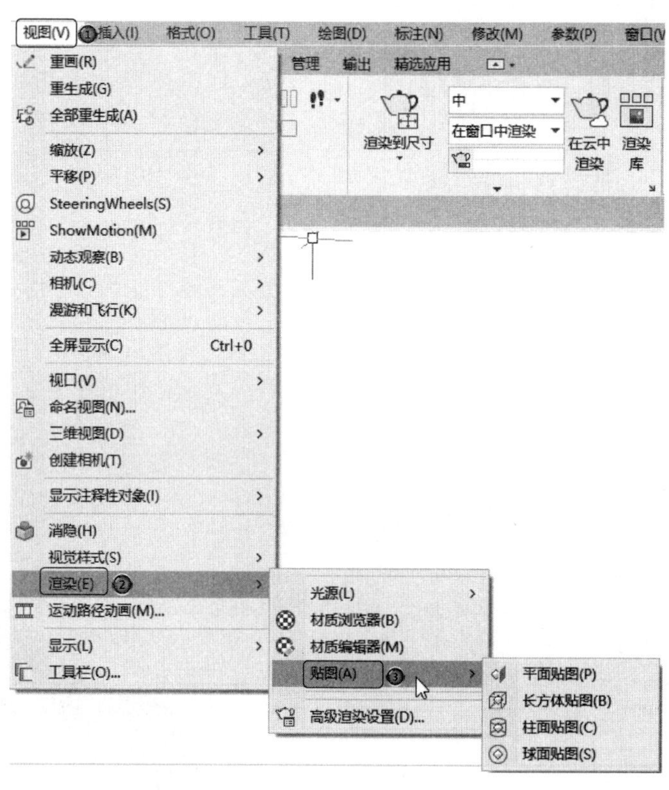

图 8-26 “贴图”子菜单

图 8-27 “渲染”工具栏　　　　图 8-28 “贴图”工具栏

2. 操作步骤

命令行提示与操作如下。

```
命令:MATERIALMAP↙
选择选项[长方体(B)/平面(P)/球面(S)/柱面(C)/复制贴图至(Y)/重置贴图(R)]<长方体>:
```

3. 选项说明

“贴图”命令各选项含义如表 8-4 所示。

表 8-4　"贴图"命令各选项含义

选　　项	含　　义
长方体(B)	将图像映射到类似长方体的实体上。该图像将在对象的每个面上重复使用
平面(P)	将图像映射到对象上,就像将其从幻灯片投影器投影到二维曲面上一样,图像不会失真,但是会被缩放以适应对象。该贴图最常用于面
球面(S)	在水平和垂直两个方向上同时使图像弯曲。纹理贴图的顶边在球体的"北极"压缩为一个点;同样,底边在"南极"压缩为一个点
柱面(C)	将图像映射到圆柱形对象上,水平边将一起弯曲,但顶边和底边不会弯曲。图像的高度将沿圆柱体的轴进行缩放
复制贴图至(Y)	将贴图从原始对象或面应用到选定对象
重置贴图(R)	将 UV 坐标重置为贴图的默认坐标

如图 8-29 所示是球面贴图实例。

贴图前

贴图后

图 8-29　球面贴图

8.4.2　材质

1. 附着材质

AutoCAD 2022 将常用的材质都集成到工具选项板中。具体附着材质的步骤如下。

(1) 选择菜单栏中的"视图"→"渲染"→"材质浏览器"命令,打开"材质浏览器"选项板,如图 8-30 所示。

(2) 选择需要的材质类型,直接拖动到对象上,如图 8-31 所示,这样材质就附着在该对象上。当将视觉样式转换成"真实"时,显示出附着材质后的图形,如图 8-32 所示。

2. 设置材质

执行方式如下。

命令行:RMAT。

命令行:mateditoropen。

菜单栏:选择菜单栏中的"视图"→"渲染"→材质编辑器命令。

工具栏:单击"渲染"工具栏中的"材质编辑器"按钮。

功能区:单击"视图"选项卡"选项板"面板中的"材质编辑器"按钮。

执行上述命令后,系统打开图 8-33 所示的"材质编辑器"选项板。通过该选项板,可以对材质的有关参数进行设置。

Note

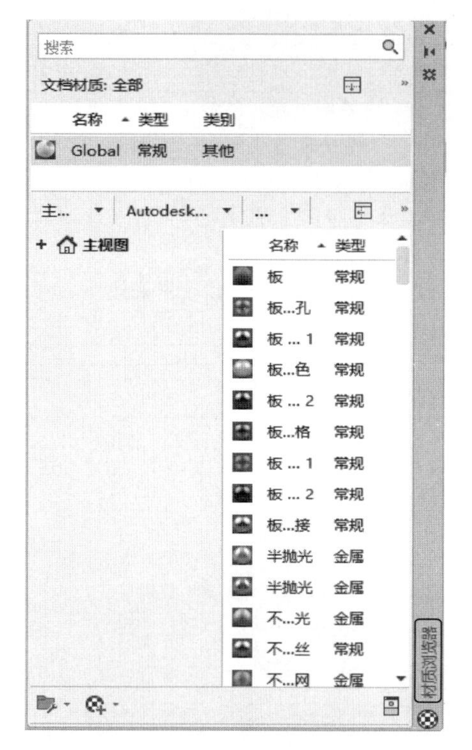

图 8-30 “材质浏览器”选项板

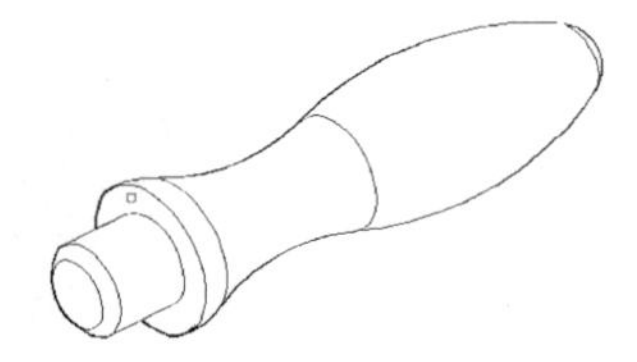

图 8-31 指定对象

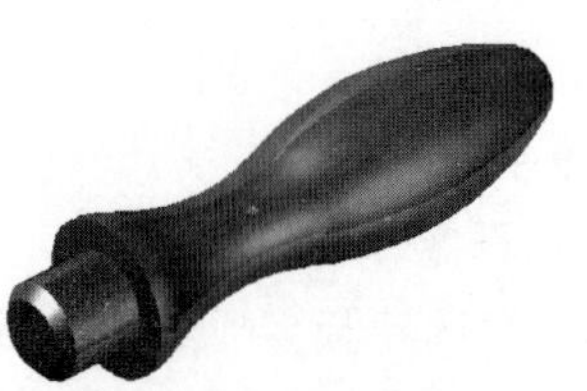

图 8-32 附着材质后

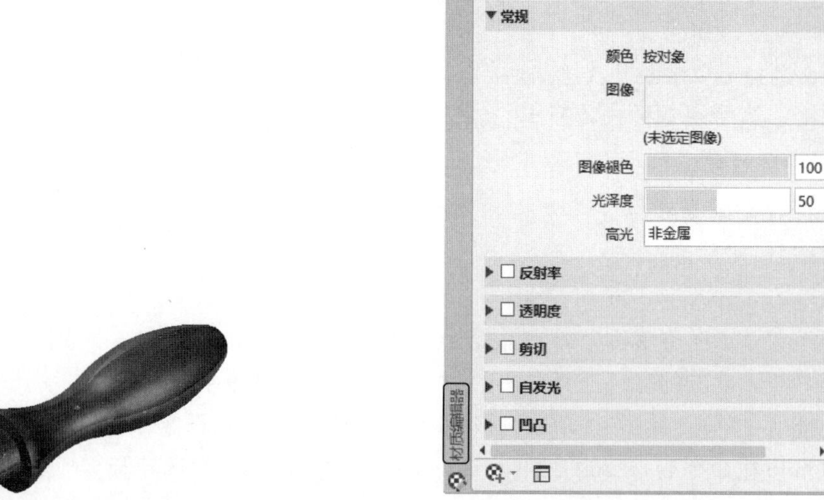

图 8-33 “材质编辑器”选项板

Note

8.4.3　渲染

1. 高级渲染设置

执行方式如下。

命令行：RPREF(快捷命令：RPR)。

菜单栏：选择菜单栏中的“视图”→“渲染”→“高级渲染设置”命令。

工具栏：单击“渲染”工具栏中的“高级渲染设置”按钮。

功能区：单击“视图”选项卡“选项板”面板中的“高级渲染设置”按钮。

执行上述命令后，系统打开如图 8-34 所示的“高级渲染设置”选项板。通过该选项板，可以对渲染的有关参数进行设置。

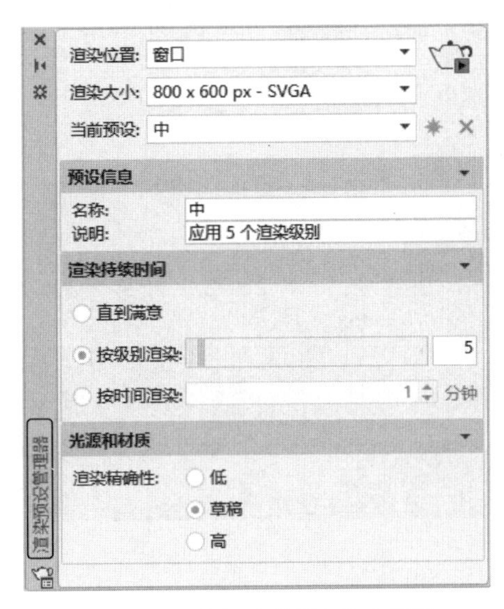

图 8-34　“高级渲染设置”选项板

2. 渲染

执行方式如下。

命令行：RENDER(快捷命令：RR)。

菜单栏：选择菜单栏中的“视图”→“渲染”→“高级渲染设置”→“渲染”命令。

工具栏：单击“渲染”工具栏中的“高级渲染设置”按钮，打开“高级渲染设置”选项板，单击渲染按钮。

执行上述命令后，系统打开如图 8-35 所示的“渲染”对话框，显示渲染结果和相关参数。

注意：在 AutoCAD 2022 中，渲染代替了传统的建筑、机械和工程图形使用水彩、有色蜡笔和油墨等生成最终演示的渲染效果图。渲染图形的过程一般分为以下四步。

(1) 准备渲染模型：包括遵从正确的绘图技术，删除消隐面，创建光滑的着色网格和设置视图的分辨率。

Note

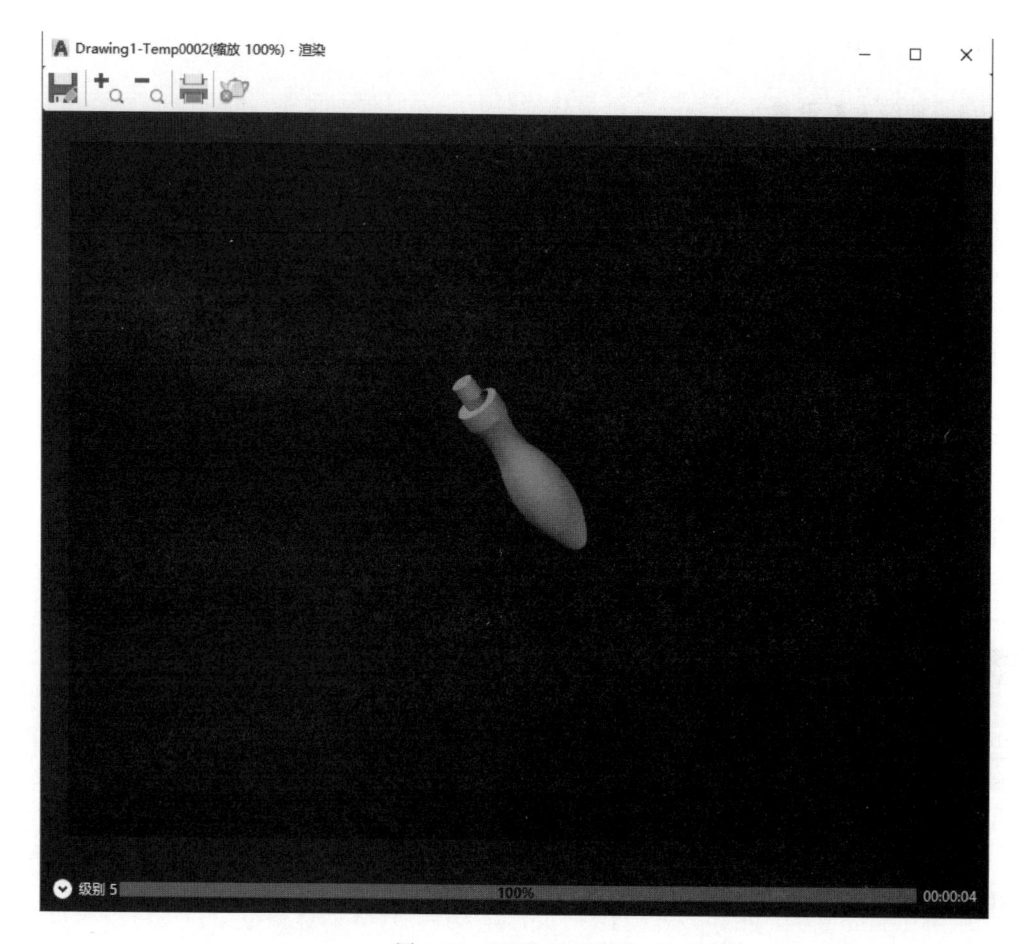

图 8-35 “渲染”对话框

（2）创建和放置光源以及创建阴影。

（3）定义材质，并建立材质与可见表面间的联系。

（4）进行渲染，包括检验渲染对象的准备、照明和颜色的中间步骤。

8.5 答疑解惑

1.“隐藏”命令的应用。

在创建复杂的模型时，一个文件中往往存在多个实体造型，以至于无法观察被遮挡的实体，此时可以将当前不需要操作的实体造型隐藏起来，即可对需要操作的实体进行编辑操作。完成后，再利用显示所有实体命令来把隐藏的实体显示出来。

2. 三维坐标系显示设置技巧是什么？

在三维视图中用动态观察器旋转模型，以不同角度观察模型，单击“西南等轴测”按钮，返回原坐标系；单击“前视”“后视”“左视”“右视”等按钮，观察模型后，再单击“西南等轴测”按钮，坐标系发生变化。

8.6　学习效果自测

1. 利用三维动态观察器观察图 8-36 所示的图形。
2. 给图 8-36 所示的图形添加材质,并进行渲染。

图 8-36　泵盖

第9章

实体造型

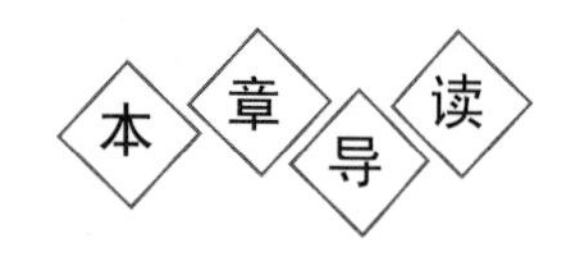

实体建模是 AutoCAD 三维建模中比较重要的一部分。实体模型是能够完整描述对象的3D模型,比三维线框、三维曲面更能表达实物。利用三维实体模型,可以分析实体的质量特性,如体积、惯量、重心等。

本章主要介绍基本三维实体的创建、二维图形生成三维实体、三维操作、三维实体的编辑等知识。

学 习 要 点

- 创建基本三维实体
- 特征操作
- 三维操作
- 特殊视图
- 编辑实体

Note

9.1 创建基本三维实体

9.1.1 创建长方体

1. 执行方式

命令行：BOX。

菜单栏：选择菜单栏中的“绘图”→“建模”→“长方体”命令。

工具栏：单击“建模”工具栏中的“长方体”按钮。

功能区：单击“三维工具”选项卡“建模”面板中的“长方体”按钮。

2. 操作步骤

命令行提示与操作如下。

```
命令:BOX↙
指定第一个角点或[中心(C)]<0,0,0>:(指定第一点或按 Enter 键表示原点是长方体的角点,
或输入"c"表示中心点)
指定其他角点或[立方体(C)/长度(L)]:
指定高度或[两点(2P)]:
```

3. 选项说明

“长方体”命令各选项含义如表 9-1 所示。

表 9-1 “长方体”命令各选项含义

选项	含　义
指定第一个角点	用于确定长方体的一个顶点位置。选择该选项后，命令行继续提示与操作如下。 指定其他角点或[立方体(C)/长度(L)]:(指定第二点或输入选项)
其他角点	用于指定长方体的其他角点。输入另一角点的数值，即可确定该长方体。如果输入的是正值，则沿着当前 UCS 的 X 轴、Y 轴和 Z 轴的正向绘制长度。如果输入的是负值，则沿着 X 轴、Y 轴和 Z 轴的负向绘制长度。如图 9-1 所示为利用角点命令创建的长方体
立方体(C)	用于创建一个长、宽、高相等的长方体。如图 9-2 所示为利用立方体命令创建的立方体
长度(L)	按要求输入长、宽、高的值。如图 9-3 所示为利用长、宽和高命令创建的长方体
中心点	利用指定的中心点创建长方体。如图 9-4 所示为利用中心点命令创建的长方体

注意：如果在创建长方体时选择“立方体”或“长度”选项，则还可以在单击以指定长度时指定长方体在 XY 平面中的旋转角度；如果选择“中心点”选项，则可以利用指定中心点来创建长方体。

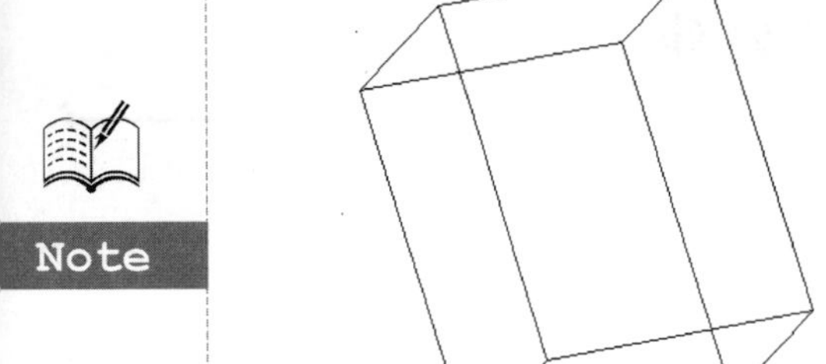

图 9-1　利用角点命令创建的长方体

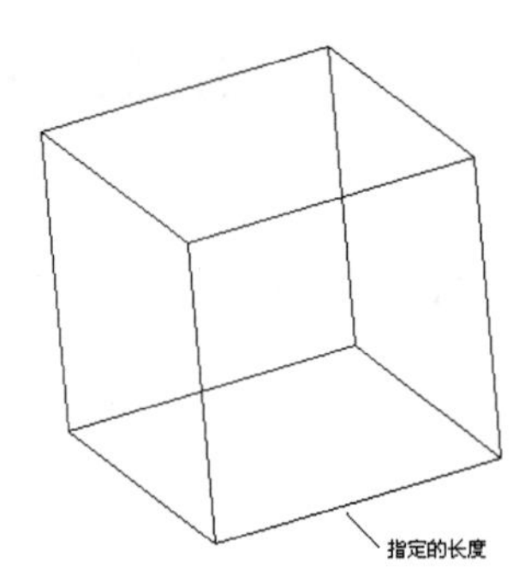

图 9-2　利用立方体命令创建的立方体

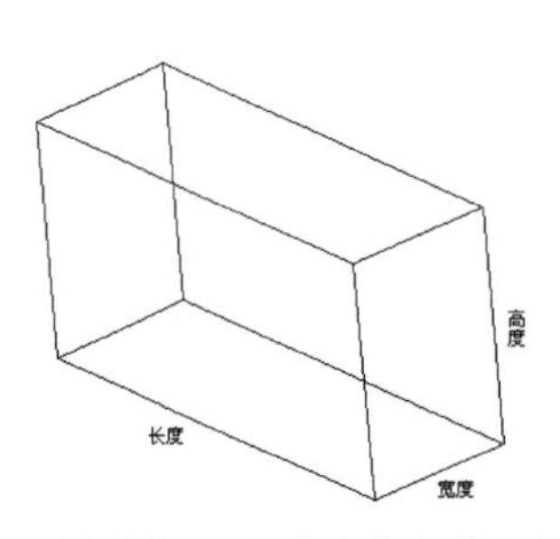

图 9-3　利用长、宽和高命令创建的长方体

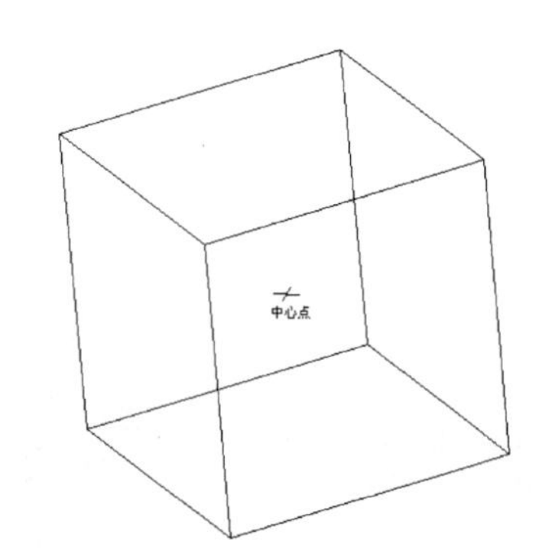

图 9-4　利用中心点命令创建的长方体

9.1.2　圆柱体

1. 执行方式

命令行：CYLINDER(快捷命令：CYL)。

菜单栏：选择菜单栏中的“绘图”→“建模”→“圆柱体”命令。

工具栏：单击“建模”工具栏中的“圆柱体”按钮。

功能区：单击“三维工具”选项卡“建模”面板中的“圆柱体”按钮。

2. 操作步骤

命令行提示与操作如下。

```
命令:CYLINDER↙
指定底面的中心点或[三点(3P)/两点(2P)/切点、切点、半径(T)/椭圆(E)]:
```

3. 选项说明

“圆柱体”命令各选项含义如表 9-2 所示。

其他的基本实体，如楔体、圆锥体、球体、圆环体等的创建方法与长方体和圆柱体类似，此处不再赘述。

表 9-2 “圆柱体”命令各选项含义

选　　项	含　　义
中心点	先输入底面圆心的坐标,然后指定底面的半径和高度,此选项为系统的默认选项。AutoCAD 按指定的高度创建圆柱体,且圆柱体的中心线与当前坐标系的 Z 轴平行,如图 9-5 所示。也可以指定另一个端面的圆心来指定高度,AutoCAD 根据圆柱体两个端面的中心位置来创建圆柱体,该圆柱体的中心线就是两个端面的连线,如图 9-6 所示
三点(3P)	通过指定 3 个点来定义圆柱体的底面周长和底面
两点(2P)	通过指定两个点来定义圆柱体的底面直径
切点、切点、半径(T)	定义具有指定半径,且与两个对象相切的圆柱体底面
椭圆(E)	创建椭圆柱体。椭圆端面的绘制方法与平面椭圆一样,创建的椭圆柱体如图 9-7 所示

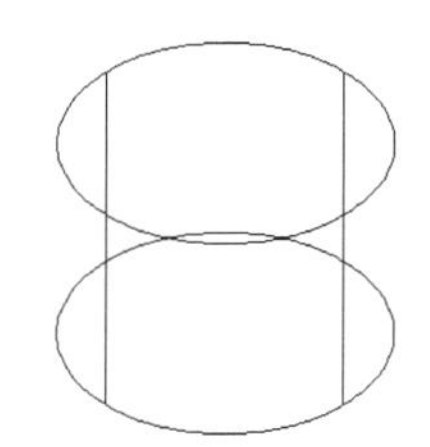

图 9-5　按指定高度创建圆柱体

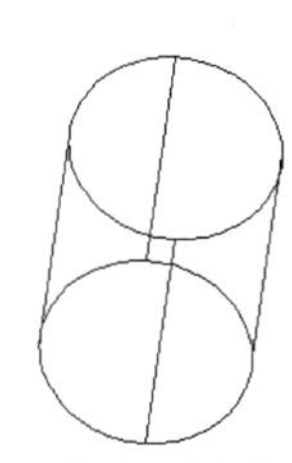

图 9-6　指定圆柱体另一个端面的中心位置

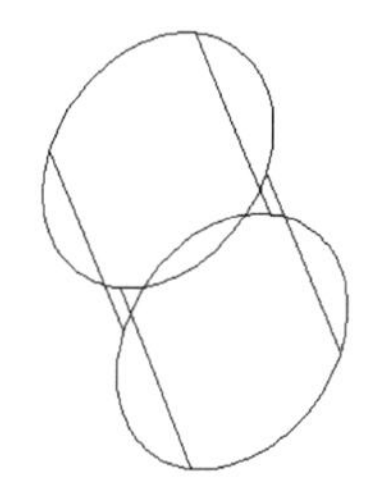

图 9-7　椭圆柱体

注意:实体模型具有边和面,还有在其表面内由计算机确定的质量。实体模型是最容易使用的三维模型,它的信息最完整,不会产生歧义。与线框模型和曲面模型相比,实体模型的信息最完整、创建方式最直接,所以,在 AutoCAD 三维绘图中,实体模型应用最为广泛。

9.1.3 上机练习——视孔盖

练习目标

绘制如图 9-8 所示的视孔盖。

设计思路

利用“长方体”命令绘制视孔盖主体,利用“圆柱体”命令绘制 4 个圆柱体,并用“差集”命令生成安装孔。

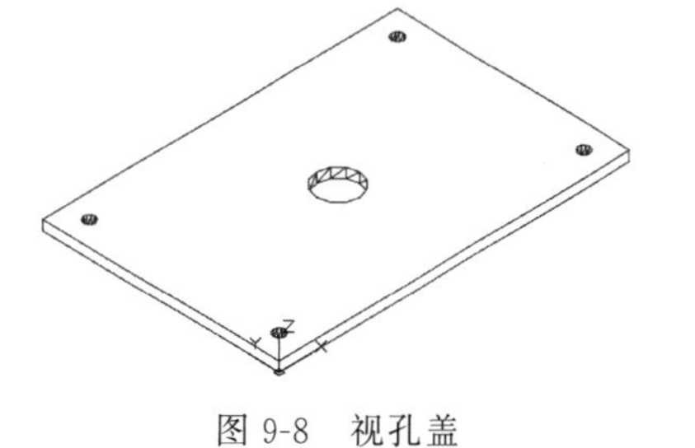

图 9-8　视孔盖

操作步骤

(1) 在命令行中输入 ISOLINES 命令,将线框密度更改为 10。

(2) 将视图切换到西南等轴测。单击“三维工具”选项卡“建模”面板中的“长方体”按钮,采用两个角点模式绘制长方体,第一个角点为(0,0,0),第二个角点为(150,100,4),

Note

命令行提示与操作如下。

```
命令：_BOX↙
指定第一个角点或[中心(C)]：0,0,0
指定其他角点或[立方体(C)/长度(L)]：150,100,4
```

消隐后的结果如图 9-9 所示。

(3) 单击“三维工具”选项卡“建模”面板中的“圆柱体”按钮，以(10,10,－2)为圆心绘制半径为 2.5、高为 8 的圆柱体，命令行提示与操作如下。

```
命令：_CYLINDER↙
指定底面的中心点或[三点(3P)/两点(2P)/切点、切点、半径(T)/椭圆(E)]：10,10,－2
指定底面半径或[直径(D)]<5.0000>：2.5
指定高度或[两点(2P)/轴端点(A)]<6.0000>:8
```

重复“圆柱体”命令，分别以(10,90,－2)、(140,10,－2)、(140,90,－2)为底面圆心，绘制半径为 2.5，圆柱高为 8 的圆柱体，结果如图 9-10 所示。

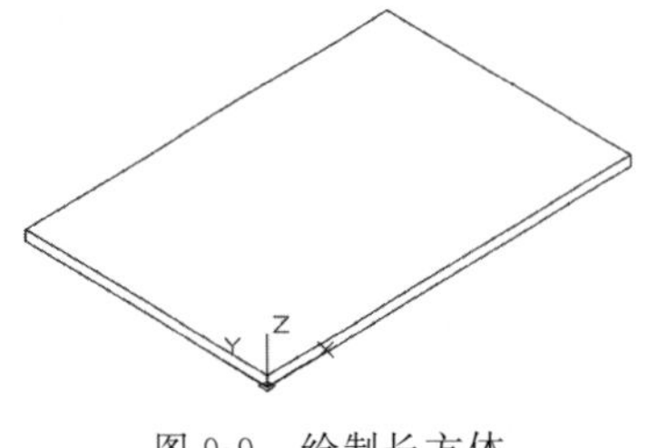

图 9-9　绘制长方体

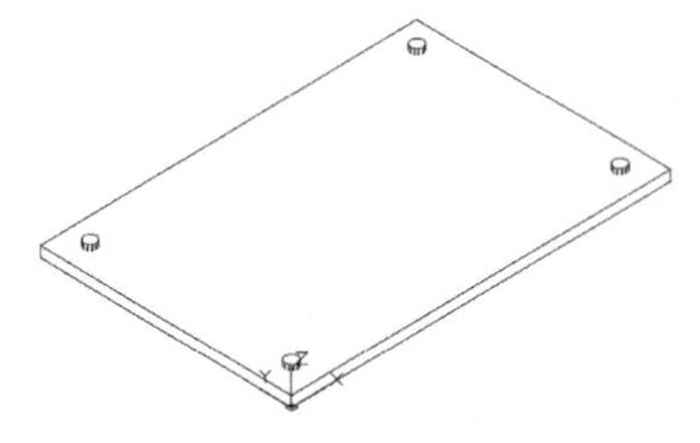

图 9-10　绘制圆柱体

(4) 单击“三维工具”选项卡“实体编辑”面板中的“差集”按钮，将视孔盖基体和绘制的 4 个圆柱体进行差集处理。命令行提示与操作如下。

```
命令：_SUBTRACT↙
选择要从中减去的实体、曲面和面域...
选择对象：(选取长方体)
选择对象：
选择要减去的实体、曲面和面域...
选择对象：(选取四个圆柱体)
```

消隐后的结果如图 9-11 所示。

(5) 单击“三维工具”选项卡“建模”面板中的“圆柱体”按钮，以(75,50,－2)为圆心绘制半径为 9、高为 8 的圆柱体，结果如图 9-12 所示。

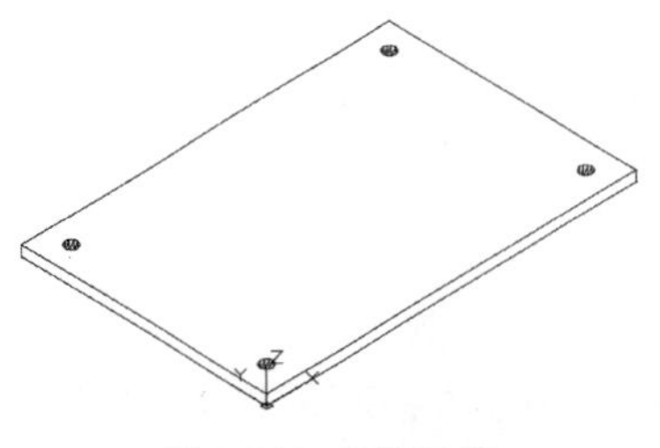

图 9-11　差集运算

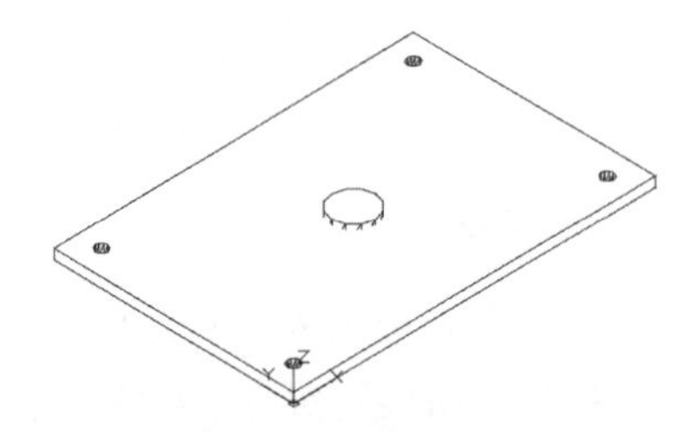

图 9-12　绘制圆柱体

(6) 单击“三维工具”选项卡“实体编辑”面板中的“差集”按钮，将视孔盖基体和绘制的大圆柱体进行差集处理。消隐后的结果如图 9-8 所示。

9.2　特征操作

9.2.1　拉伸

1. 执行方式

命令行：EXTRUDE(快捷命令：EXT)。

菜单栏：选择菜单栏中的“绘图”→“建模”→“拉伸”命令。

工具栏：单击“建模”工具栏中的“拉伸”按钮。

功能区：单击“三维工具”选项卡“建模”面板中的“拉伸”按钮。

2. 操作步骤

命令行提示与操作如下。

```
命令:EXTRUDE↙
当前线框密度: ISOLINES = 4,闭合轮廓创建模式 = 实体
选择要拉伸的对象或[模式(MO)]:(选择绘制好的二维对象)
选择要拉伸的对象或[模式(MO)]:(可继续选择对象或按 Enter 键结束选择)
指定拉伸的高度或[方向(D)/路径(P)/倾斜角(T)/表达式(E)]:
```

3. 选项说明

“拉伸”命令各选项含义如表 9-3 所示。

表 9-3　“拉伸”命令各选项含义

选　项	含　义
选择要拉伸的对象	指定要拉伸的对象
模式(MO)	控制拉伸对象是实体还是曲面
拉伸的高度	按指定的高度拉伸出三维实体对象。输入高度值后，根据实际需要，指定拉伸的倾斜角度。如果指定的角度为 0，AutoCAD 则把二维对象按指定的高度拉伸成柱体；如果输入角度值，拉伸后实体截面沿拉伸方向按此角度变化，成为一个棱台或圆台体。如图 9-13 所示为不同角度拉伸圆的结果
方向(D)	用两个指定点指定拉伸的长度和方向
路径(P)	以现有的图形对象作拉伸创建三维实体对象。如图 9-14 所示为沿圆弧曲线路径拉伸圆的结果
倾斜角(T)	指定拉伸的倾斜角
表达式(E)	输入公式或方程式以指定拉伸高度

注意：可以使用创建圆柱体的“轴端点”命令确定圆柱体的高度和方向。轴端点是圆柱体顶面的中心点，轴端点可以位于三维空间的任意位置。

Note

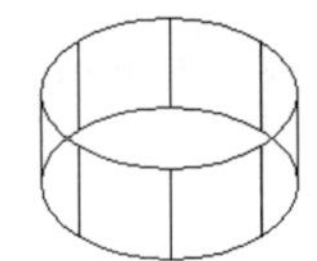
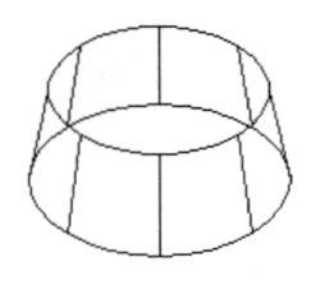
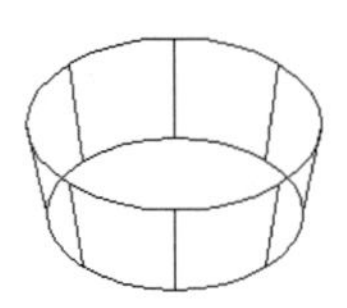

(a) 拉伸前　(b) 拉伸锥角为0　(c) 拉伸锥角为10°　(d) 拉伸锥角为-10°

图 9-13　拉伸圆

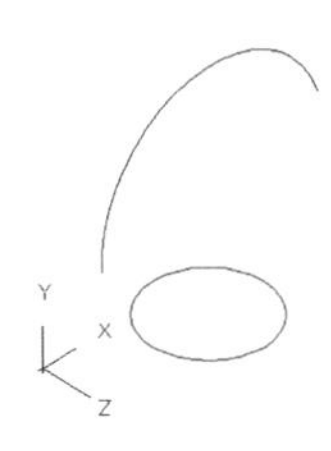
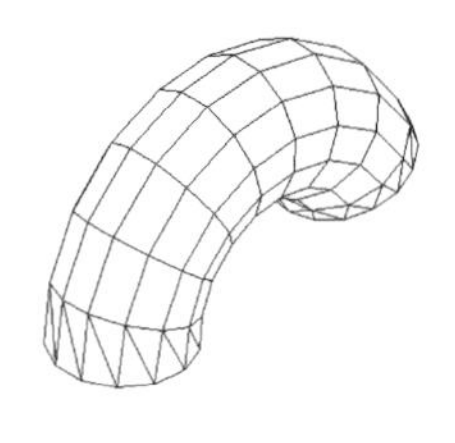

(a) 拉伸　(b) 拉伸后

图 9-14　沿圆弧曲线路径拉伸圆

9.2.2　上机练习——胶垫

9-2

练习目标

本实例主要利用拉伸命令绘制如图 9-15 所示的胶垫。

设计思路

绘制两个同心圆,并将所绘制的圆进行拉伸和差集运算,最终完成胶垫的绘制。

操作步骤

(1) 单击"默认"选项卡"绘图"面板中的"圆"按钮,在坐标原点分别绘制半径为 25 和 18.5 的两个圆,如图 9-16 所示。

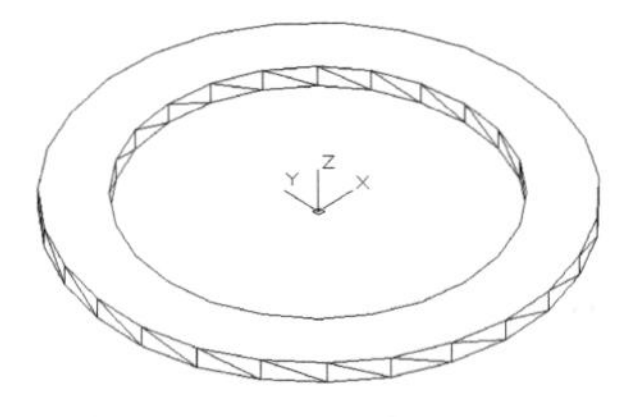

图 9-15　胶垫

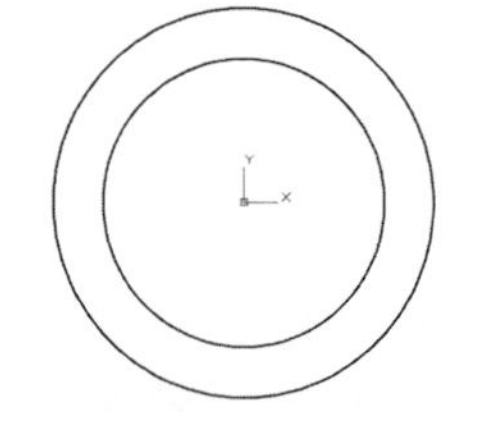

图 9-16　绘制轮廓线

(2) 将视图切换到西南轴测,单击"三维工具"选项卡"建模"面板中的"拉伸"按钮,将两个圆拉伸为 2。命令行提示与操作如下。

```
命令: _EXTRUDE↙
当前线框密度:  ISOLINES = 10,闭合轮廓创建模式 = 实体
选择要拉伸的对象或[模式(MO)]:(选取两个圆)
```

```
选择要拉伸的对象或[模式(MO)]:
指定拉伸的高度或[方向(D)/路径(P)/倾斜角(T)/表达式(E)]: 2
```

结果如图 9-17 所示。

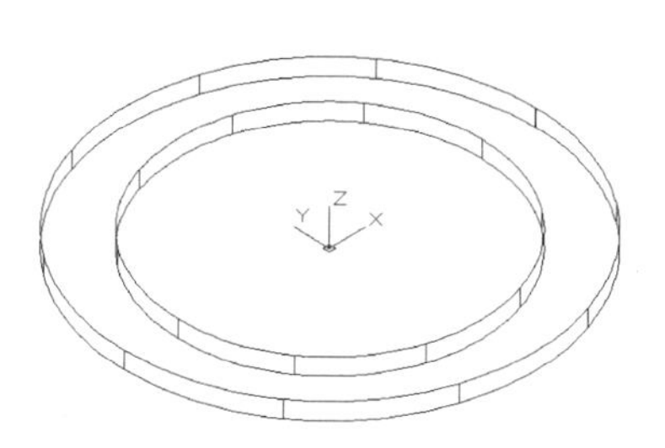

图 9-17 拉伸实体

(3) 单击"三维工具"选项卡"实体编辑"面板中的"差集"按钮，将拉伸后的大圆柱体减去小圆柱体，命令行提示与操作如下。

```
命令: _SUBTRACT↙
选择要从中减去的实体、曲面和面域...
选择对象: (选取拉伸后的大圆柱体)
选择对象:
选择要减去的实体、曲面和面域...
选择对象: (选取拉伸后的小圆柱体)
选择对象:
```

结果如图 9-15 所示。

9.2.3 旋转

1. 执行方式

命令行：REVOLVE(快捷命令：REV)。

菜单栏：选择菜单栏中的"绘图"→"建模"→"旋转"命令。

工具栏：单击"建模"工具栏中的"旋转"按钮。

功能区：单击"三维工具"选项卡"建模"面板中的"旋转"按钮。

2. 操作步骤

命令行提示与操作如下。

```
命令:REVOLVE↙
当前线框密度: ISOLINES = 4,闭合轮廓创建模式 = 实体
选择要旋转的对象或[模式(MO)]: (选择绘制好的二维对象)
选择要旋转的对象或[模式(MO)]: (继续选择对象或按 Enter 键结束选择)
指定轴起点或根据以下选项之一定义轴[对象(O)/X/Y/Z]<对象>:
```

3. 选项说明

"旋转"命令各选项含义如表 9-4 所示。

Note

表 9-4 “旋转”命令各选项含义

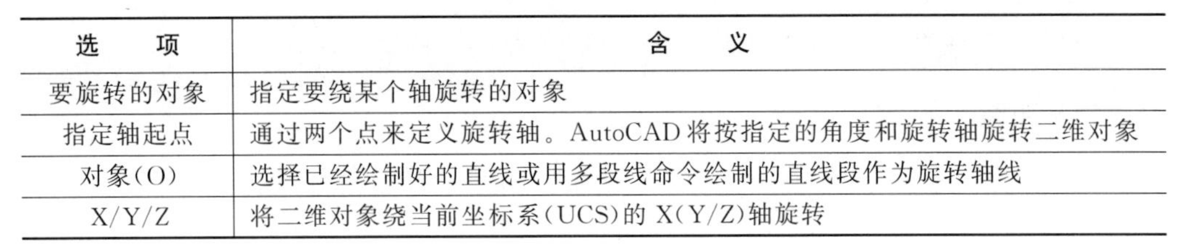

选　　项	含　　义
要旋转的对象	指定要绕某个轴旋转的对象
指定轴起点	通过两个点来定义旋转轴。AutoCAD 将按指定的角度和旋转轴旋转二维对象
对象(O)	选择已经绘制好的直线或用多段线命令绘制的直线段作为旋转轴线
X/Y/Z	将二维对象绕当前坐标系(UCS)的 X(Y/Z)轴旋转

图 9-18 所示为矩形平面绕 X 轴旋转的结果。

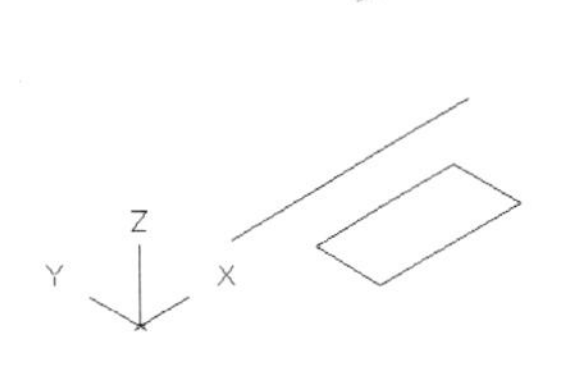

(a) 旋转界面

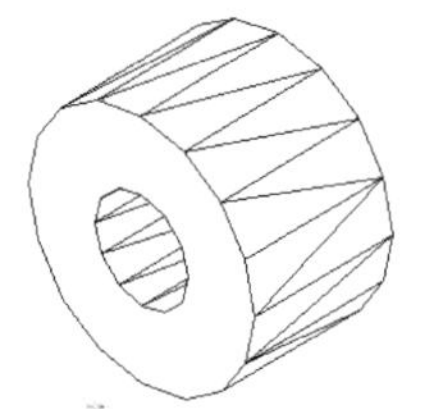

(b) 旋转后的实体

图 9-18　旋转体

9.2.4　上机练习——阀杆

9-3

练习目标

本实例主要利用旋转命令绘制如图 9-19 所示的阀杆。

设计思路

利用源文件中的阀杆图形，并结合相应的二维命令和三维命令绘制阀杆。

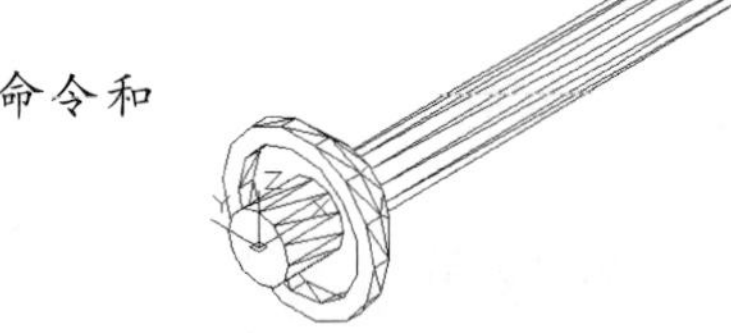

图 9-19　阀杆

操作步骤

1. 整理平面图形

(1) 单击“快速访问”工具栏中的“打开”按钮，打开源文件中的阀杆文件。

(2) 删除填充图案、样条曲线和竖直中心线，单击“默认”选项卡“修改”面板中的“修剪”按钮，以水平中心线为边界，修剪下方的线段，然后删除其他多余线段，并将水平中心线转换为粗实线，结果如图 9-20 所示。

(3) 单击“默认”选项卡“绘图”面板中的“面域”按钮，将修剪后的图形创建成面域。

(4) 单击“默认”选项卡“修改”面板中的“移动”按钮，将创建的面域以左下端点为基点移动到坐标原点，如图 9-21 所示。

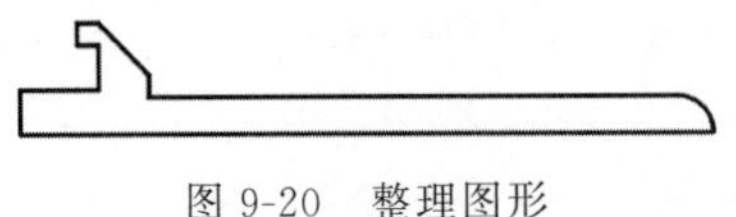

图 9-20　整理图形

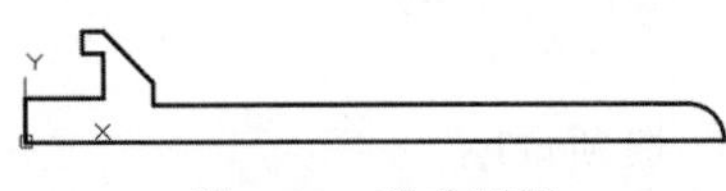

图 9-21　移动图形

2. 旋转实体

单击“三维工具”选项卡“建模”面板中的“旋转”按钮，将创建的面域沿X轴进行旋转操作，命令行提示与操作如下。

```
命令：_REVOLVE↙
当前线框密度： ISOLINES = 4,闭合轮廓创建模式 = 实体
选择要旋转的对象或[模式(MO)]:选择面域
选择要旋转的对象或[模式(MO)]:
指定轴起点或根据以下选项之一定义轴[对象(O)/X/Y/Z] <对象>: x
指定旋转角度或[起点角度(ST)/反转(R)/表达式(EX)] <360>:
```

结果如图9-19所示。

9.2.5 扫掠

1. 执行方式

命令行：SWEEP。

菜单栏：选择菜单栏中的“绘图”→“建模”→“扫掠”命令。

工具栏：单击“建模”工具栏中的“扫掠”按钮。

功能区：单击“三维工具”选项卡“建模”面板中的“扫掠”按钮。

2. 操作步骤

命令行提示与操作如下。

```
命令:SWEEP↙
当前线框密度： ISOLINES = 4,闭合轮廓创建模式 = 实体
选择要扫掠的对象或[模式(MO)]:(选择对象,如图 9-22(a)中的圆)
选择要扫掠的对象：↙
选择扫掠路径或[对齐(A)/基点(B)/比例(S)/扭曲(T)]:(选择对象,如图 9-22(a)中的螺旋线)
```

扫掠结果如图9-22(b)所示。

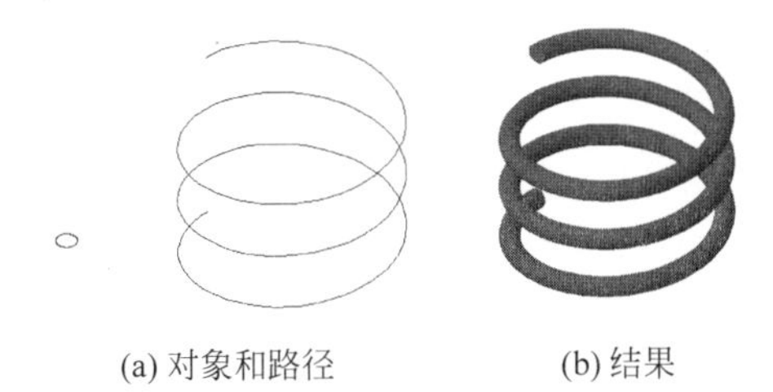

(a) 对象和路径　　(b) 结果

图9-22　扫掠

3. 选项说明

“扫掠”命令各选项含义如表9-5所示。

如图9-23所示为扭曲扫掠示意图。

Note

表 9-5 “扫掠”命令各选项含义

选项	含 义
对齐(A)	指定是否对齐轮廓以使其作为扫掠路径切向的法向,默认情况下,轮廓是对齐的。选择该选项,命令行提示与操作如下。 扫掠前对齐垂直于路径的扫掠对象[是(Y)/否(N)] <是>:(输入"n",指定轮廓无须对齐;按 Enter 键,指定轮廓将对齐)
基点(B)	指定要扫掠对象的基点。如果指定的点不在选定对象所在的平面上,则该点将被投影到该平面上。选择该选项,命令行提示与操作如下。 指定基点:(指定选择集的基点)
比例(S)	指定比例因子以进行扫掠操作。从扫掠路径的开始到结束,比例因子将统一应用到扫掠的对象上。选择该选项,命令行提示与操作如下。 输入比例因子或[参照(R)] <1.0000>:(指定比例因子,输入"r",调用参照选项;按 Enter 键,选择默认值) 其中,“参照(R)”选项表示通过拾取点或输入值来根据参照的长度缩放选定的对象
扭曲(T)	设置被扫掠对象的扭曲角度。扭曲角度指定沿扫掠路径全部长度的旋转量。选择该选项,命令行提示与操作如下。 输入扭曲角度或允许非平面扫掠路径倾斜[倾斜(B)/表达式(EX)] <n>:(指定小于 360°的角度值,输入"b",打开倾斜;按 Enter 键,选择默认角度值) 其中,“倾斜(B)”选项指定被扫掠的曲线是否沿三维扫掠路径(三维多线段、三维样条曲线或螺旋线)自然倾斜(旋转)

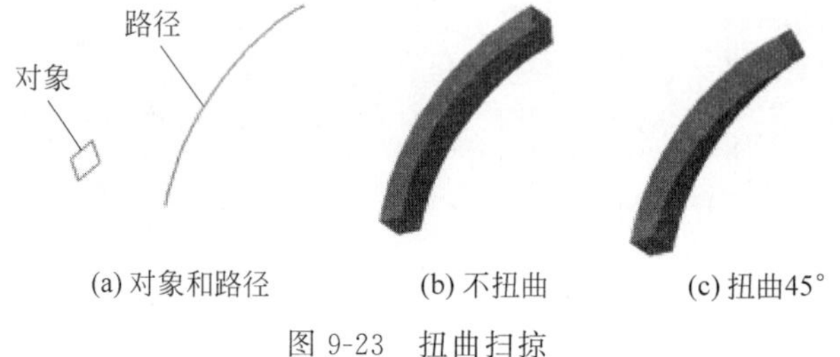

(a) 对象和路径　　(b) 不扭曲　　(c) 扭曲45°

图 9-23 扭曲扫掠

注意: 使用扫掠命令,可以通过沿开放或闭合的二维或三维路径扫掠开放或闭合的平面曲线(轮廓)来创建新实体或曲面。扫掠命令用于沿指定路径以指定轮廓的形状(扫掠对象)创建实体或曲面。可以扫掠多个对象,但是这些对象必须在同一平面内。如果沿一条路径扫掠闭合的曲线,则生成实体。

9.2.6 上机练习——底座

练习目标

本实例主要利用扫掠命令绘制如图 9-24 所示的底座。

设计思路

首先绘制底座下部的六边形，然后绘制上部的圆柱体，最后绘制上部圆柱体上的螺纹，结果如图 9-24 所示。

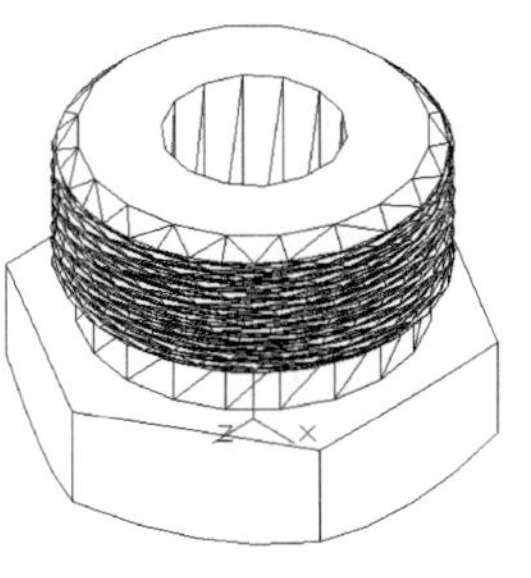

图 9-24 底座

操作步骤

1. 拉伸六边形

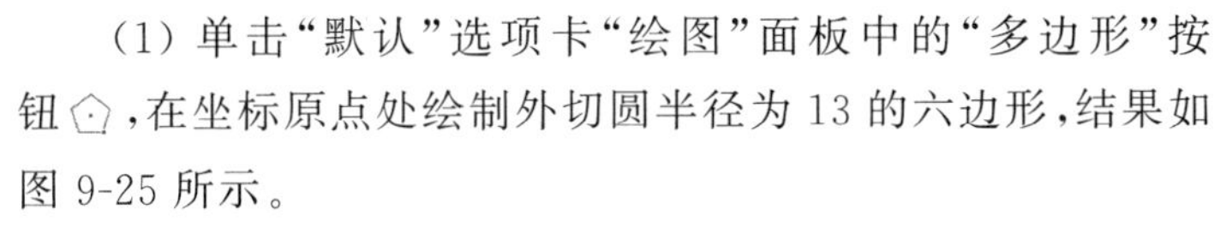

(1) 单击“默认”选项卡“绘图”面板中的“多边形”按钮，在坐标原点处绘制外切圆半径为 13 的六边形，结果如图 9-25 所示。

9-4

(2) 单击“三维工具”选项卡“建模”面板中的“拉伸”按钮，将上步绘制的六边形进行拉伸，拉伸距离为 8，结果如图 9-26 所示。

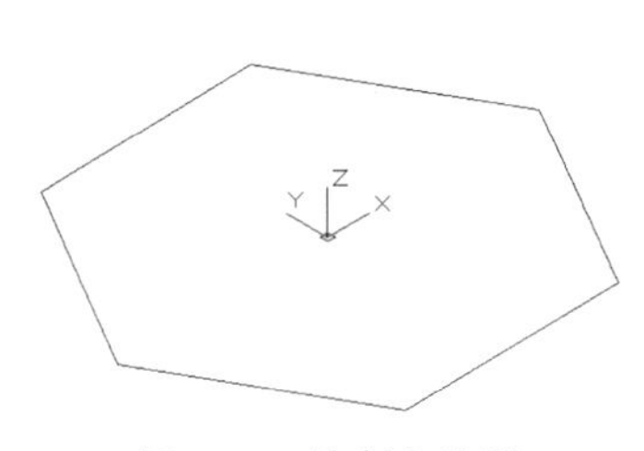

图 9-25 绘制六边形

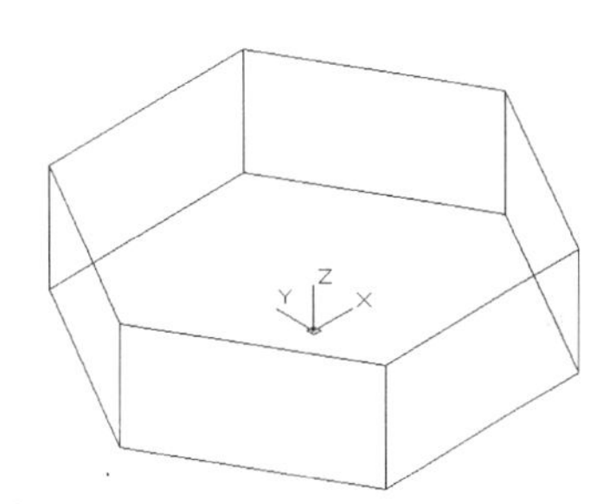

图 9-26 拉伸六边形

2. 创建圆柱体

单击“三维工具”选项卡“建模”面板中的“圆柱体”按钮，分别绘制半径为 10.5、12.0 和 5.5 的圆柱体。命令行提示与操作如下。

```
命令: _CYLINDER↙
指定底面的中心点或[三点(3P)/两点(2P)/切点、切点、半径(T)/椭圆(E)]: 0,0,8
指定底面半径或[直径(D)]<9.0000>: 10.5
指定高度或[两点(2P)/轴端点(A)]<8.0000>: 3.4
命令: _CYLINDER↙
指定底面的中心点或[三点(3P)/两点(2P)/切点、切点、半径(T)/椭圆(E)]: 0,0,11.4
指定底面半径或[直径(D)]<10.5000>: 12
指定高度或[两点(2P)/轴端点(A)]<3.4000>: 8.6
命令: _CYLINDER↙
指定底面的中心点或[三点(3P)/两点(2P)/切点、切点、半径(T)/椭圆(E)]: 0,0,0
指定底面半径或[直径(D)]<12.0000>: 5.5
指定高度或[两点(2P)/轴端点(A)]<8.6000>: 20
```

结果如图 9-27 所示。

3. 布尔运算应用

(1) 单击“三维工具”选项卡“实体编辑”面板中的“并集”按钮，将六棱柱和两个大圆柱体进行并集处理。

Note

(2) 单击“三维工具”选项卡“实体编辑”面板中的“差集”按钮，将并集处理后的图形和小圆柱体进行差集处理。结果如图 9-28 所示。

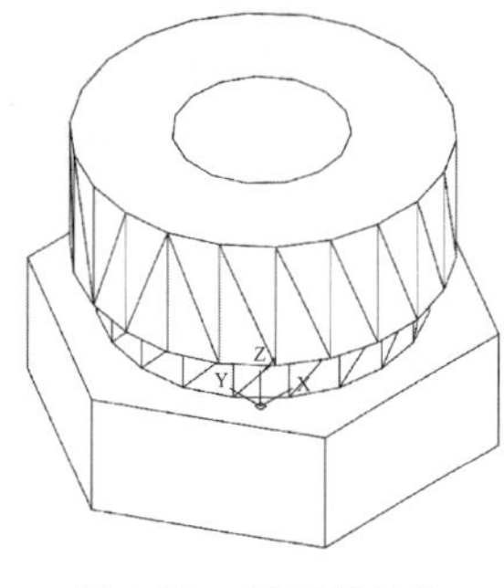

图 9-27　创建圆柱体

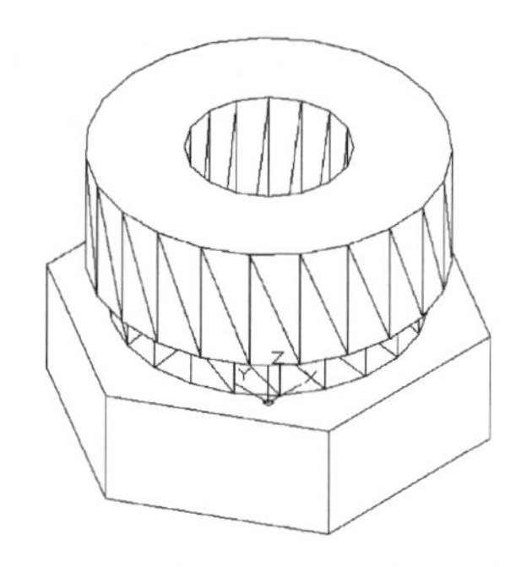

图 9-28　并集及差集处理结果

4. 创建旋转体

(1) 在命令行中输入 UCS 命令，将坐标系绕 X 轴旋转 90°。命令行提示与操作如下。

```
命令: UCS↙
当前 UCS 名称: * 世界 *
指定 UCS 的原点或[面(F)/命名(NA)/对象(OB)/上一个(P)/视图(V)/世界(W)/X/Y/Z/Z 轴(ZA)]
<世界>: X
指定绕 X 轴的旋转角度<90>:
```

(2) 选择菜单栏中的“视图”→“三维视图”→“平面视图”→“当前 UCS”命令，将视图切换到当前坐标系。

(3) 单击“默认”选项卡“绘图”面板中的“直线”按钮，绘制如图 9-29 所示的图形。

(4) 单击“默认”选项卡“绘图”面板中的“面域”按钮，将上步绘制的图形创建为面域。

(5) 单击“三维工具”选项卡“建模”面板中的“旋转”按钮，将上步创建的面域绕 Y 轴进行旋转，结果如图 9-30 所示。

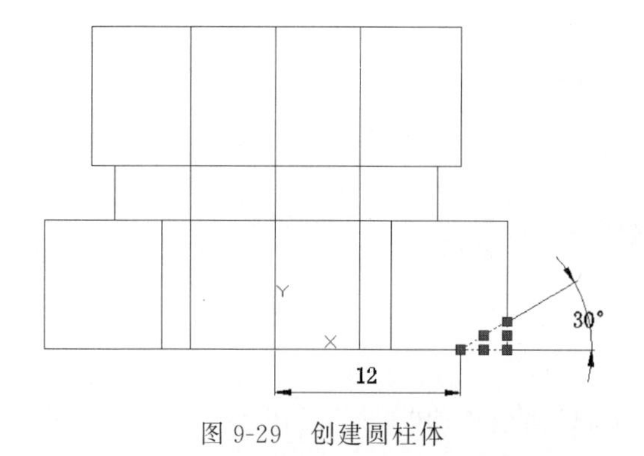

图 9-29　创建圆柱体

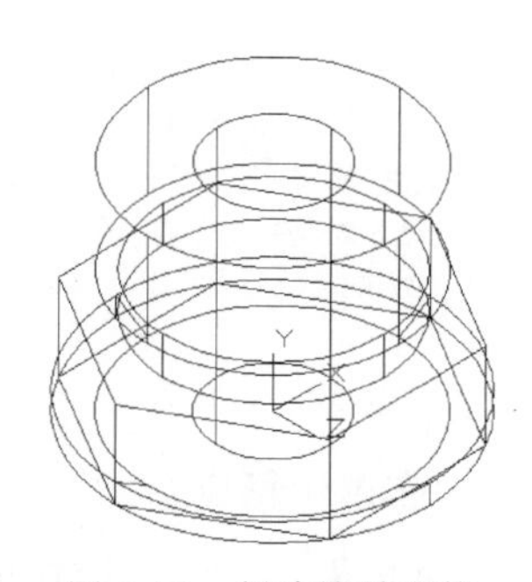

图 9-30　创建旋转实体

Note

5. 布尔运算应用

单击“三维工具”选项卡“实体编辑”面板中的“差集”按钮，将并集处理后的图形和旋转体进行差集处理，结果如图 9-31 所示。

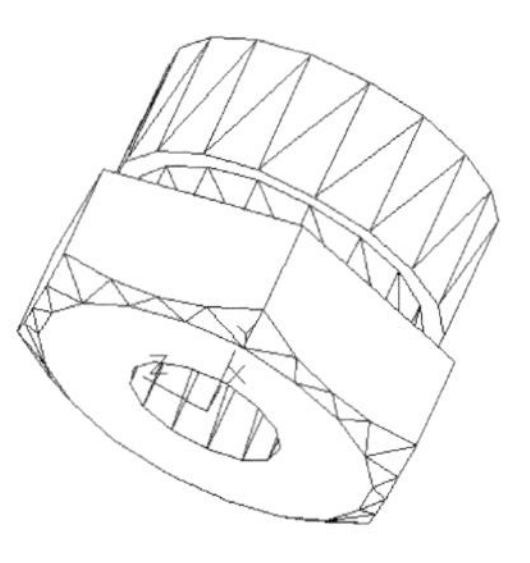

图 9-31　差集处理

6. 创建螺纹

（1）在命令行输入 UCS 命令，将坐标系恢复到世界坐标系。

（2）单击“默认”选项卡“绘图”面板中的“螺旋”按钮，创建螺旋线，命令行提示与操作如下。

```
命令：_HELIX↙
圈数 = 3.0000     扭曲 = CCW
指定底面的中心点：0,0,22
指定底面半径或[直径(D)]<1.0000>：12
指定顶面半径或[直径(D)]<12.0000>：
指定螺旋高度或[轴端点(A)/圈数(T)/圈高(H)/扭曲(W)]<1.0000>：h
指定圈间距<4.3333>：0.58
指定螺旋高度或[轴端点(A)/圈数(T)/圈高(H)/扭曲(W)]<13.0000>：-11
```

结果如图 9-32 所示。

（3）在命令行输入 UCS 命令，将坐标系恢复到世界坐标系。

（4）将视图切换到前视图。单击“默认”选项卡“绘图”面板中的“直线”按钮，捕捉螺旋线的上端点绘制牙型截面轮廓，尺寸参照图 9-33；单击“默认”选项卡“绘图”面板中的“面域”按钮，将其创建成面域。

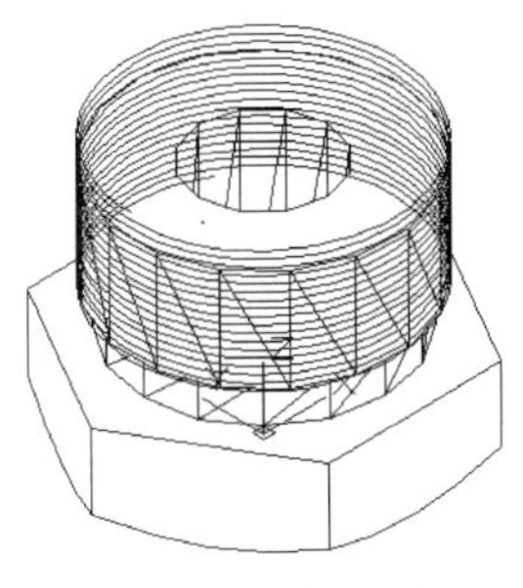

图 9-32　创建螺旋线

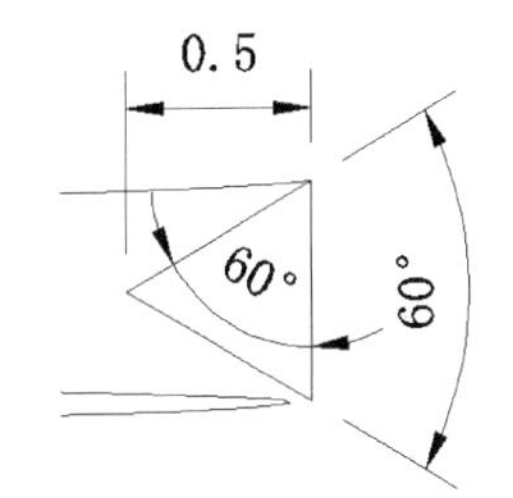

图 9-33　创建截面轮廓

（5）将视图切换到西南等轴测视图。单击“三维工具”选项卡“建模”面板中的“扫掠”按钮，命令行中的提示与操作如下。

```
命令：_SWEEP↙
当前线框密度： ISOLINES = 4,闭合轮廓创建模式 = 实体
选择要扫掠的对象或[模式(MO)]：(选择三角牙型轮廓)
选择要扫掠的对象或[模式(MO)]：↙
选择扫掠路径或[对齐(A)/基点(B)/比例(S)/扭曲(T)]：(选择螺纹线)
```

Note

结果如图 9-34 所示。

(6) 单击“三维工具”选项卡“实体编辑”面板中的“差集”按钮，从主体中减去上步绘制的扫掠体，结果如图 9-35 所示。

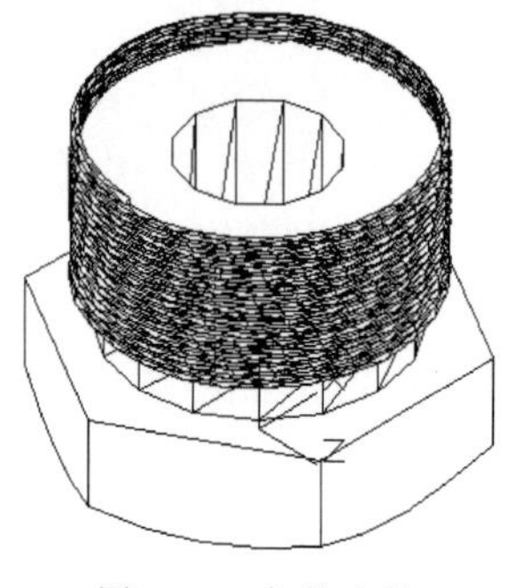

图 9-34 扫掠实体

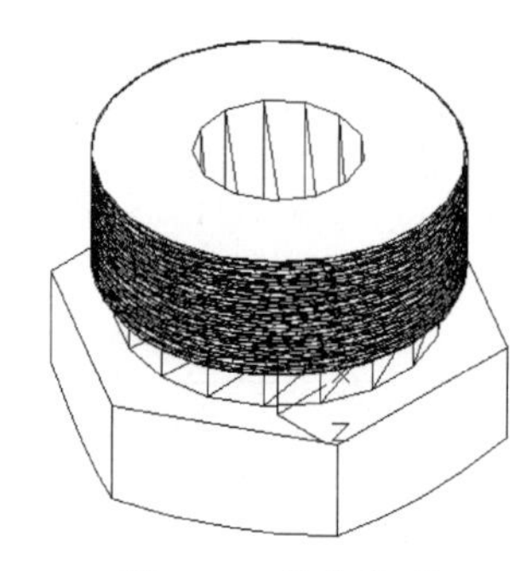

图 9-35 差集处理

(7) 在命令行输入 UCS 命令，将坐标系恢复到世界坐标系。

(8) 将视图切换到左视图。单击“默认”选项卡“绘图”面板中的“直线”按钮，绘制如图 9-36 所示的图形。

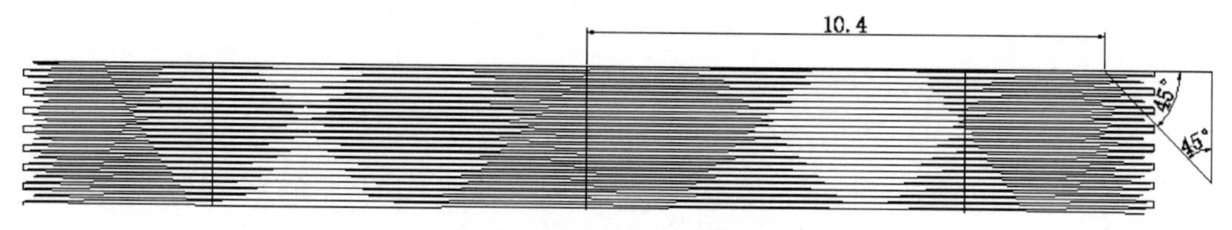

图 9-36 绘制截面轮廓

(9) 单击“默认”选项卡“绘图”面板中的“面域”按钮，将上步绘制的图形创建为面域。

(10) 单击“三维工具”选项卡“建模”面板中的“旋转”按钮，将上步创建的面域绕 Y 轴进行旋转，结果如图 9-37 所示。

(11) 单击“三维工具”选项卡“实体编辑”面板中的“差集”按钮，将旋转体与主体进行差集处理。结果如图 9-38 所示。

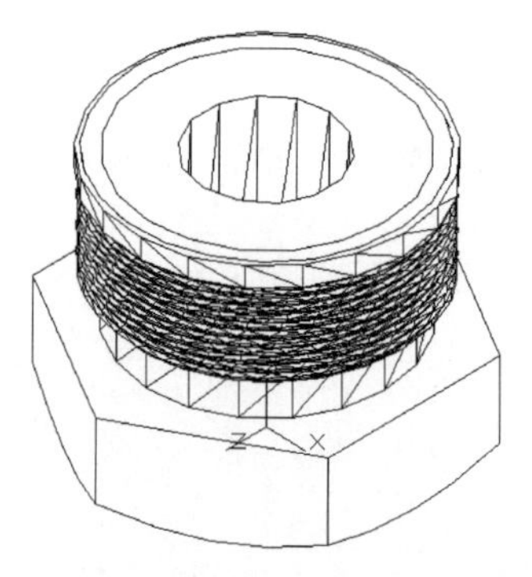

图 9-37 创建旋转实体

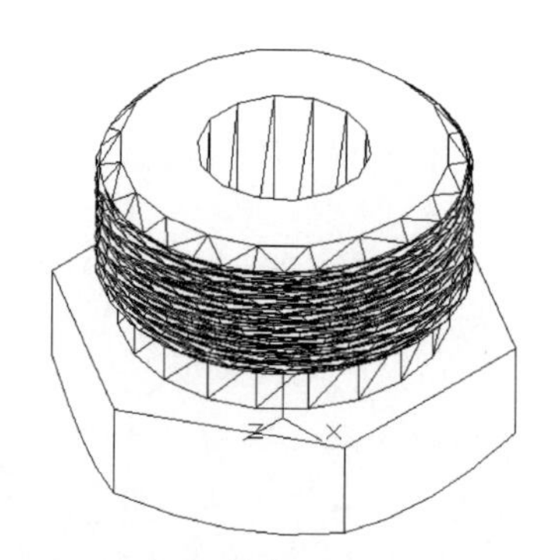

图 9-38 差集处理

9.2.7　放样

1. 执行方式

命令行：LOFT。

菜单栏：选择菜单栏中的"绘图"→"建模"→"放样"命令。

工具栏：单击"建模"工具栏中的"放样"按钮。

功能区：单击"三维工具"选项卡"建模"面板中的"放样"按钮。

2. 操作步骤

命令行提示与操作如下。

```
命令:LOFT↙
当前线框密度:  ISOLINES = 4,闭合轮廓创建模式 = 实体
按放样次序选择横截面或[点(PO)/合并多条边(J)/模式(MO)]: 依次选择如图 9-39 所示的
3 个截面
按放样次序选择横截面或[点(PO)/合并多条边(J)/模式(MO)]: ↙
输入选项 [导向(G)/路径(P)/仅横截面(C)/设置(S)] <仅横截面>:
```

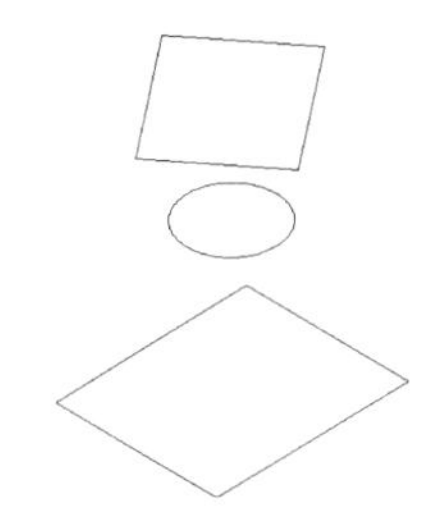

图 9-39　选择截面

3. 选项说明

"放样"命令各选项含义如表 9-6 所示。

表 9-6　"放样"命令各选项含义

选项	含　义
设置(S)	选择该选项，系统打开"放样设置"对话框，如图 9-40 所示。其中有 4 个单选按钮选项，如图 9-41(a)所示为选择"直纹"单选按钮的放样结果示意图，图 9-41(b)所示为选择"平滑拟合"单选按钮的放样结果示意图，图 9-41(c)所示为选择"法线指向"单选按钮并选择"所有横截面"选项的放样结果示意图，图 9-41(d)所示为选择"拔模斜度"单选按钮并设置"起点角度"为 45°、"起点幅值"为 10、"端点角度"为 60°、"端点幅值"为 10 的放样结果示意图
导向(G)	指定控制放样实体或曲面形状的导向曲线。导向曲线是直线或曲线，可通过将其他线框信息添加至对象来进一步定义实体或曲面的形状，如图 9-42 所示。选择该选项，命令行提示与操作如下。 选择导向曲线：(选择放样实体或曲面的导向曲线，然后按 Enter 键)

Note

续表

选项	含　义
路径(P)	指定放样实体或曲面的单一路径，如图 9-43 所示。选择该选项，命令行提示与操作如下。 选择路径轮廓：(指定放样实体或曲面的单一路径)

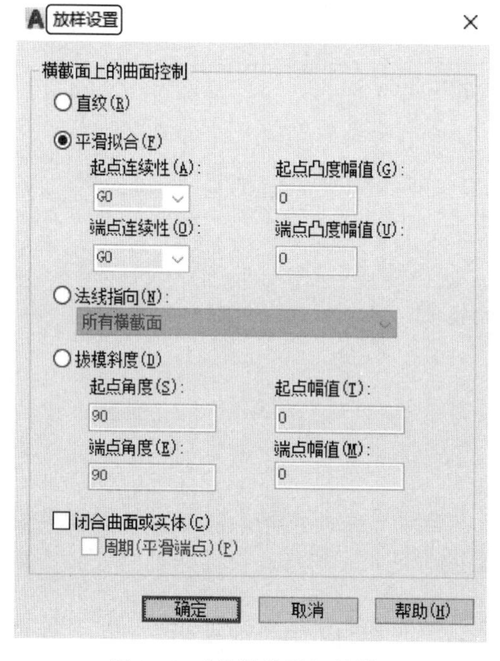

图 9-40　"放样设置"对话框

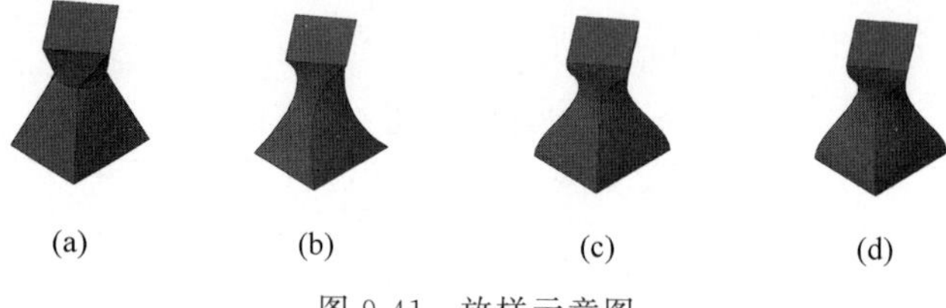

图 9-41　放样示意图

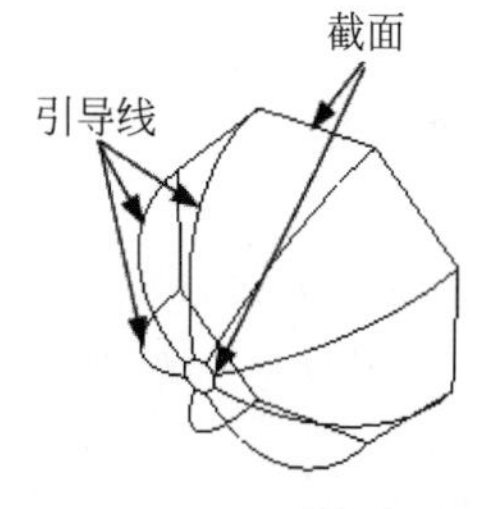

图 9-42　导向放样

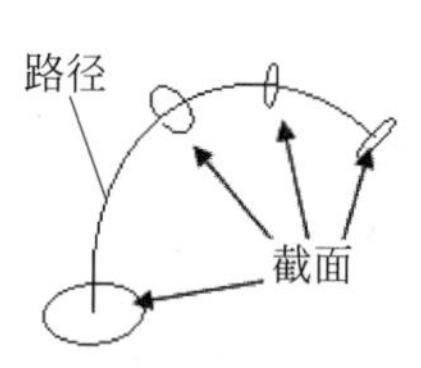

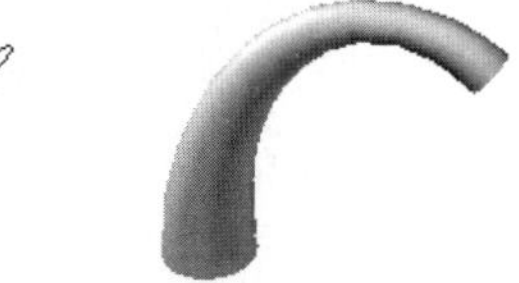

图 9-43　路径放样

注意：每条导向曲线必须满足以下条件才能正常工作。

与每个横截面相交；

从第一个横截面开始，到最后一个横截面结束；

可以为放样曲面或实体选择任意数量的导向曲线。

注意：路径曲线必须与横截面的所有平面相交。

9.2.8 拖曳

1. 执行方式

命令行：PRESSPULL。

工具栏：单击“建模”工具栏中的“按住并拖动”按钮。

功能区：单击“三维工具”功能区“实体编辑”面板中的“按住并拖动”按钮。

2. 操作步骤

命令行提示与操作如下。

```
命令: PRESSPULL↙
选择对象或边界区域:
指定拉伸高度或 [多个(M)]:
指定拉伸高度或 [多个(M)]:
已创建 1 个拉伸
```

单击有限区域以进行按住或拖动操作。

选择有限区域后，按住鼠标左键并拖动，相应的区域就会进行拉伸变形。如图 9-44 所示为选择圆台上表面，按住并拖动的结果。

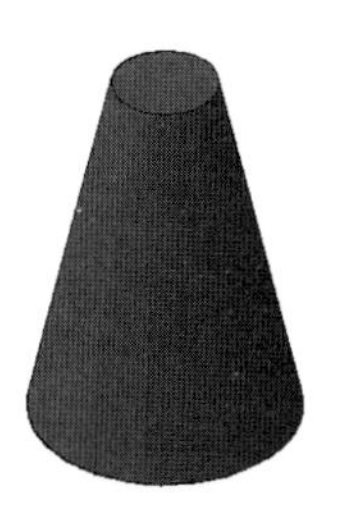

(a) 圆台

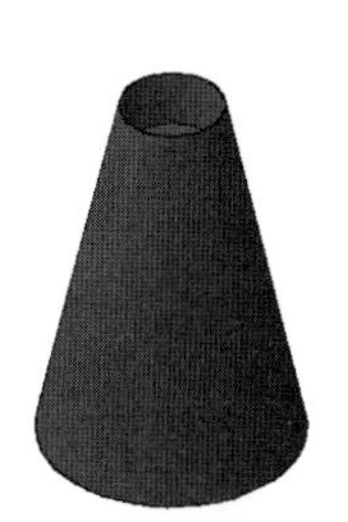

(b) 向下拖动

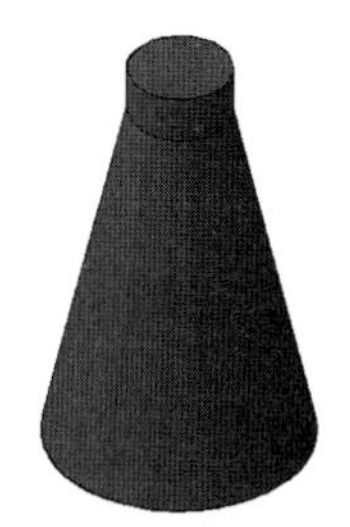

(c) 向上拖动

图 9-44 按住并拖动

9.2.9 倒角边

1. 执行方式

命令行：CHAMFEREDGE。

菜单栏：选择菜单栏中的“修改”→“实体编辑”→“倒角边”命令。

工具栏：单击“实体编辑”工具栏中的“倒角边”按钮。

功能区：单击“三维工具”选项卡“实体编辑”面板中的“倒角边”按钮。

Note

2. 操作步骤

命令行提示与操作如下。

```
命令:CHAMFEREDGE↙
距离 1 = 0.0000,距离 2 = 0.0000
选择一条边或[环(L)/距离(D)]:
```

3. 选项说明

"倒角边"命令各选项含义如表 9-7 所示。

表 9-7 "倒角边"命令各选项含义

选 项	含 义
选择一条边	选择建模的一条边,此选项为系统的默认选项。选择某一条边以后,此边就变成虚线
环(L)	如果选择"环(L)"选项,对一个面上的所有边建立倒角,命令行继续出现如下提示。 选择环边或[边(E)距离(D)]:(选择环边) 输入选项[接受(A)下一个(N)]<接受>:↙ 选择环边或[边(E)距离(D)]:↙ 按 Enter 键接受倒角或[距离(D)]:↙
距离(D)	如果选择"距离(D)"选项,则是输入倒角距离

如图 9-45 所示为对长方体倒角的结果。

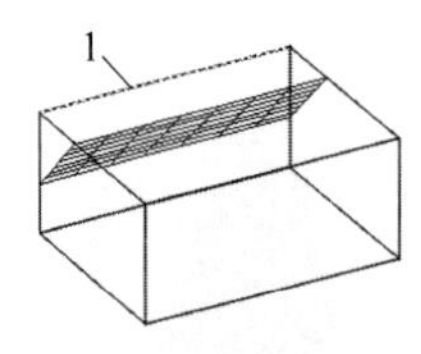

(a) 选择倒角边"1"

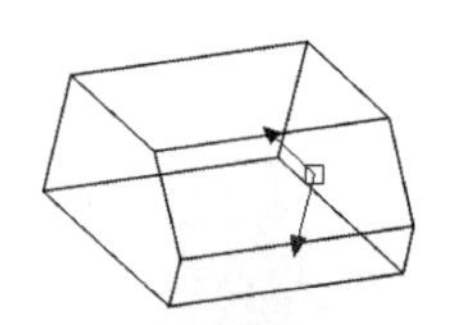

(b) 选择边倒角结果

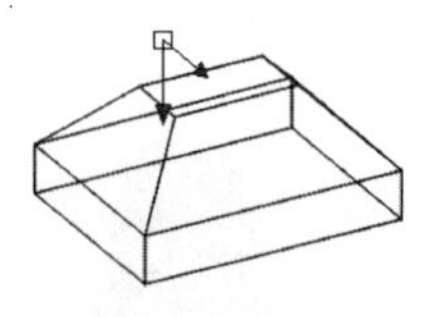

(c) 选择环倒角结果

图 9-45 对实体棱边倒角

9.2.10 上机练习——销轴

9-5

练习目标

绘制如图 9-46 所示的销轴。

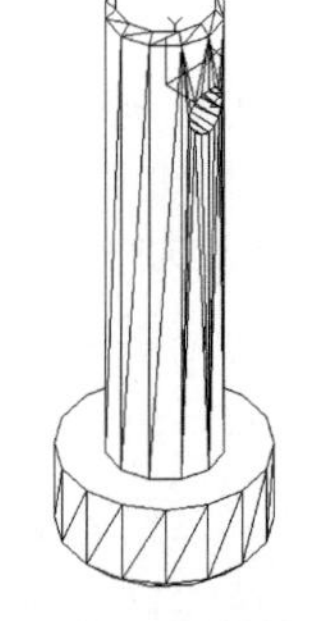

图 9-46 销轴

设计思路

本实例主要利用拉伸、倒角等命令绘制销轴。

操作步骤

1. 创建圆柱体

(1) 单击"默认"选项卡"绘图"面板中的"圆"按钮 ⊙ ,在坐标原

点分别绘制半径为 9 和 5 的两个圆，如图 9-47 所示。

(2) 将视图切换到西南轴测，单击“三维工具”选项卡“建模”面板中的“拉伸”按钮，将两个圆拉伸处理。命令行提示与操作如下。

```
命令: _EXTRUDE↙
当前线框密度:  ISOLINES = 10,闭合轮廓创建模式 = 实体
选择要拉伸的对象或[模式(MO)]:(选取大圆)
选择要拉伸的对象或[模式(MO)]:
指定拉伸的高度或[方向(D)/路径(P)/倾斜角(T)/表达式(E)]: 8
命令: _EXTRUDE↙
当前线框密度:  ISOLINES = 10,闭合轮廓创建模式 = 实体
选择要拉伸的对象或[模式(MO)]:(选取小圆)
选择要拉伸的对象或[模式(MO)]:
指定拉伸的高度或[方向(D)/路径(P)/倾斜角(T)/表达式(E)]: 50
```

结果如图 9-48 所示。

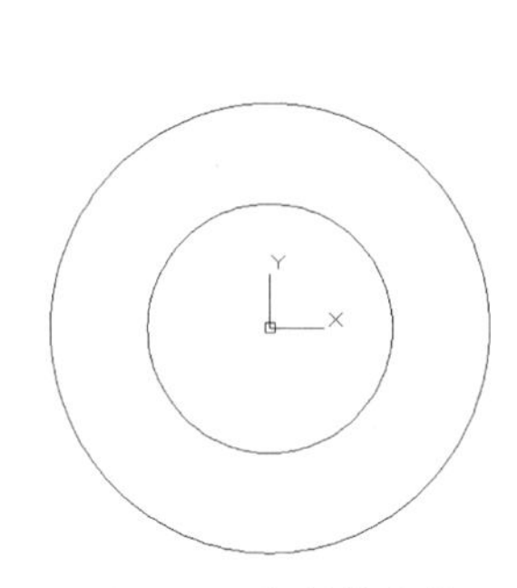

图 9-47 绘制轮廓线

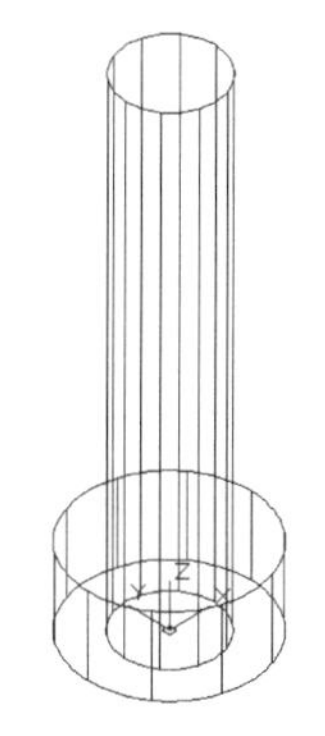

图 9-48 拉伸实体

2. 布尔运算应用

单击“三维工具”选项卡“实体编辑”面板中的“并集”按钮，将拉伸后的圆柱体进行并集处理，结果如图 9-49 所示。

3. 创建销孔

(1) 在命令行中输入 UCS 命令，新建坐标系，命令行提示与操作如下。

```
命令: UCS↙
当前 UCS 名称: *世界*
指定 UCS 的原点或[面(F)/命名(NA)/对象(OB)/上一个(P)/视图(V)/世界(W)/X/Y/Z/Z 轴(ZA)]
<世界>: 0,0,42
指定 X 轴上的点或<接受>:
命令: UCS↙
当前 UCS 名称: *没有名称*
指定 UCS 的原点或[面(F)/命名(NA)/对象(OB)/上一个(P)/视图(V)/世界(W)/X/Y/Z/Z 轴(ZA)]
<世界>: x
指定绕 X 轴的旋转角度<90>: 90
```

结果如图 9-50 所示。

Note

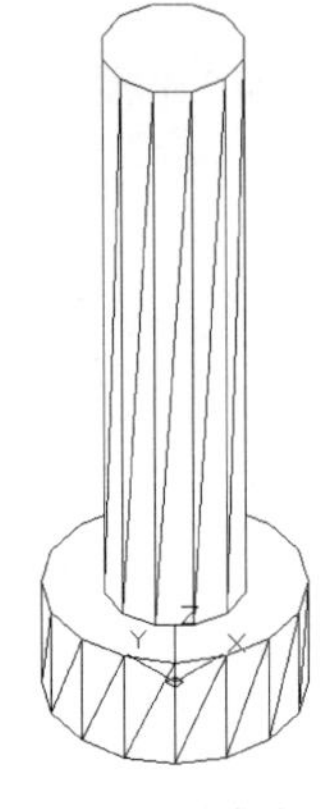

图 9-49 并集结果

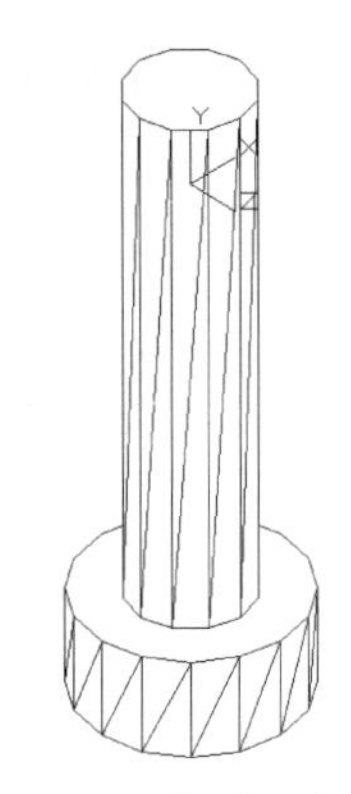

图 9-50 新建坐标系

(2) 单击“三维工具”选项卡“建模”面板中的“圆柱体”按钮，以坐标点(0,0,−6)为底面圆心，绘制半径为 2，高度为 12 的圆柱体，如图 9-51 所示。

(3) 单击“三维工具”选项卡“实体编辑”面板中的“差集”按钮，将销轴主体与上步创建的圆柱体进行差集处理，消隐后结果如图 9-52 所示。

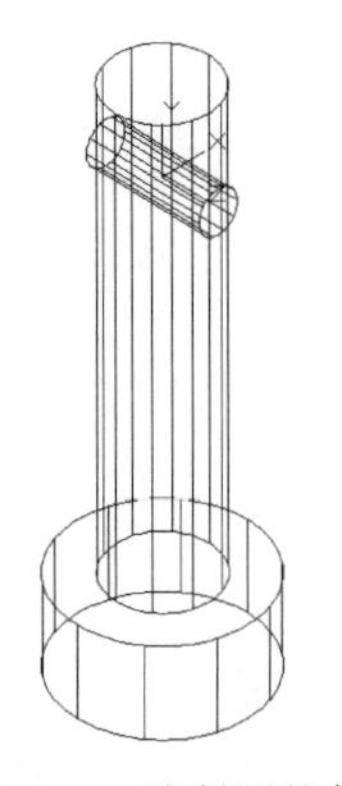
图 9-51 绘制圆柱体

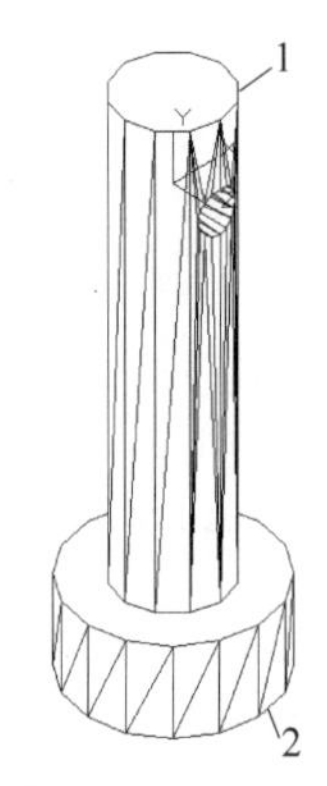

图 9-52 差集处理

(4) 单击“三维工具”选项卡“实体编辑”面板中的“倒角边”按钮，对图 9-52 中的 1,2 两条边线进行倒角处理，命令行提示与操作如下。

```
命令: _CHAMFEREDGE 距离 1 = 1.0000,距离 2 = 1.0000↙
选择一条边或[环(L)/距离(D)]:(选择图 9-52 中的边线 1)
选择同一个面上的其他边或[环(L)/距离(D)]: D
指定距离 1 或[表达式(E)]<1.0000>:
指定距离 2 或[表达式(E)]<1.0000>:
选择同一个面上的其他边或[环(L)/距离(D)]:
按 Enter 键接受倒角或[距离(D)]:
命令:CHAMFEREDGE↙
距离 1 = 1.0000,距离 2 = 1.0000
选择一条边或[环(L)/距离(D)]:(选择图 9-52 中的边线 2)
选择同一个面上的其他边或[环(L)/距离(D)]: D
```

```
指定距离 1 或[表达式(E)] <1.0000>: 0.8
指定距离 2 或[表达式(E)] <1.0000>: 0.8
选择同一个面上的其他边或[环(L)/距离(D)]:
按 Enter 键接受倒角或[距离(D)]:
```

倒角后结果如图 9-53 所示。

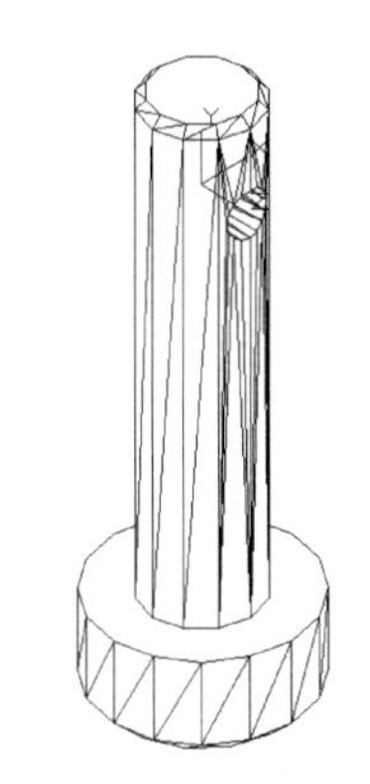

图 9-53　倒角处理

9.2.11　圆角边

1. 执行方式

命令行：FILLETEDGE。

菜单栏：选择菜单栏中的“修改”→“实体编辑”→“圆角边”命令。

工具栏：单击“实体编辑”工具栏中的“圆角边”按钮。

功能区：单击“三维工具”选项卡“实体编辑”面板中的“圆角边”按钮。

2. 操作步骤

命令行提示与操作如下。

```
命令:FILLETEDGE↙
半径 = 1.0000
选择边或[链(C)/环(L)/半径(R)]: (选择实体上的一条边)↙
选择边或 [链(C)/环(L)/半径(R)]:↙
已选定 1 个边用于圆角。
按 Enter 键接受圆角或[半径(R)]: ↙
```

3. 选项说明

“圆角边”命令各选项含义如表 9-8 所示。

表 9-8　“圆角边”命令各选项含义

选项	含　义
圆角	选择“链(C)”选项，表示与此边相邻的边都被选中，并进行倒圆角的操作。如图 9-54 所示为对长方体倒圆角的结果

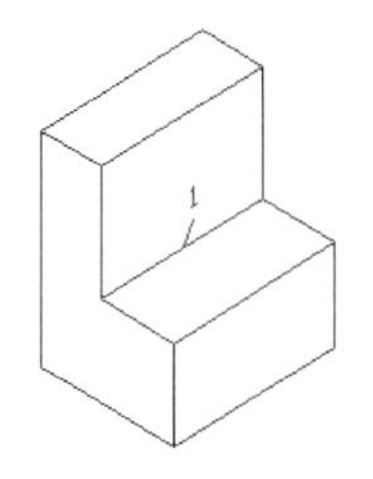

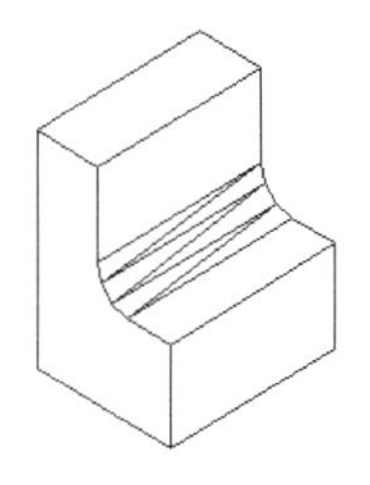

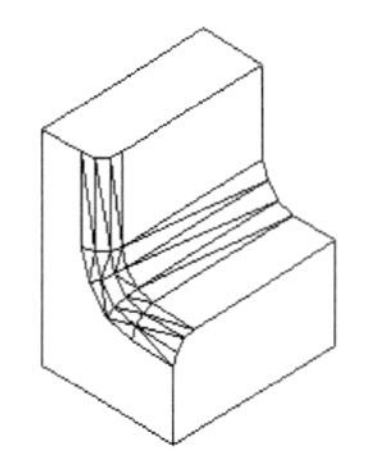

(a) 选择倒圆角边“1”　(b) 边倒圆角结果　(c) 链倒圆角结果

图 9-54　对实体棱边倒圆角

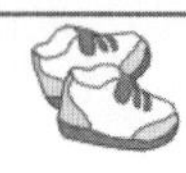

9-6

9.2.12 上机练习——手把

练习目标

绘制如图 9-55 所示的手把。

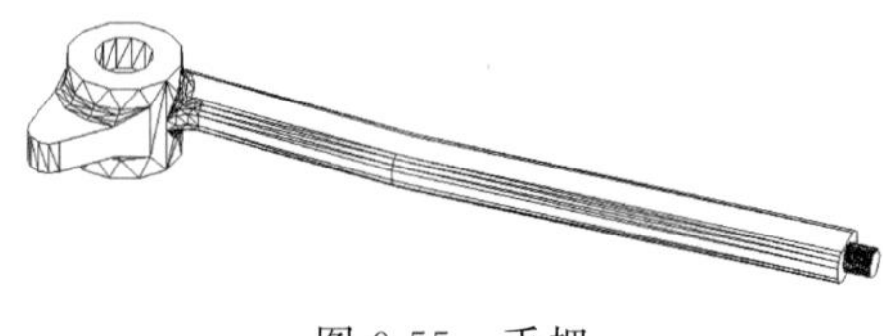

图 9-55 手把

设计思路

本实例主要利用拉伸、圆角边等命令绘制手把。

操作步骤

1. 创建圆柱体

(1) 将视图切换到西南等轴测图,单击"三维工具"选项卡"建模"面板中的"圆柱体"按钮,在坐标原点处创建半径分别为 5 和 10、高度为 18 的两个圆柱体。

(2) 单击"三维工具"选项卡"实体编辑"面板中的"差集"按钮,将大圆柱体减去小圆柱体,结果如图 9-56 所示。

2. 创建拉伸实体

(1) 在命令行中输入 UCS 命令,将坐标系移动到坐标点(0,0,6)处。

(2) 切换视图方向。选择菜单栏中的"视图"→"三维视图"→"平面视图"→"当前 UCS"命令,将视图切换到当前坐标系的 XY 平面。

(3) 单击"默认"选项卡"绘图"面板中的"直线"按钮,绘制两条通过圆心的十字线。

(4) 单击"默认"选项卡"修改"面板中的"偏移"按钮,将水平线向下偏移 18,如图 9-57 所示。

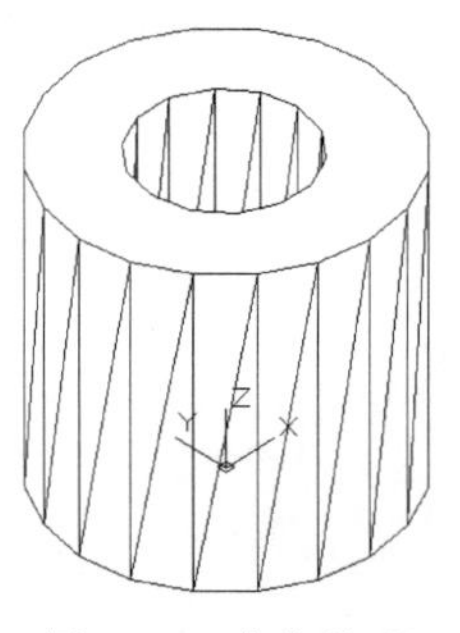

图 9-56 差集处理

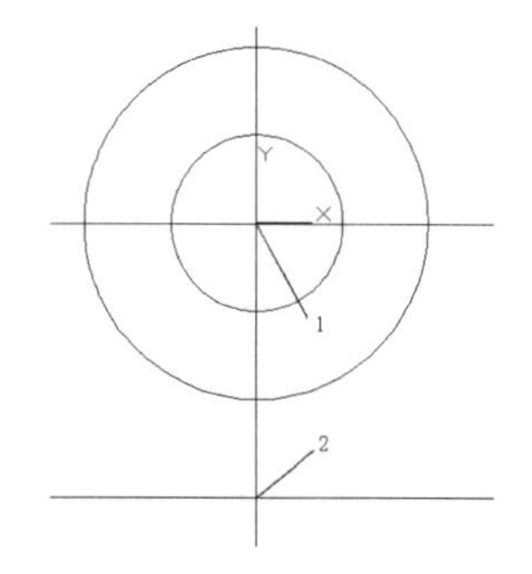

图 9-57 绘制辅助线

(5) 单击"默认"选项卡"绘图"面板中的"圆"按钮,在点 1 处绘制半径为 10 的圆,在点 2 处绘制半径为 4 的圆。

(6) 单击“默认”选项卡“绘图”面板中的“直线”按钮 ╱，绘制两个圆的切线，如图 9-58 所示。

(7) 单击“默认”选项卡“修改”面板中的“修剪”按钮 ✂，修剪多余线段。单击“默认”选项卡“修改”面板中的“删除”按钮 ，删除第(3)步和第(4)步绘制的直线。

(8) 单击“默认”选项卡“绘图”面板中的“面域”按钮 ，将修剪后的图形创建成面域，如图 9-59 所示。

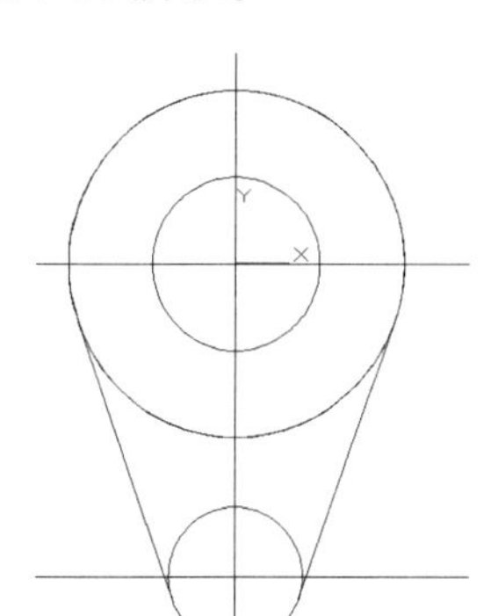

图 9-58　绘制截面轮廓

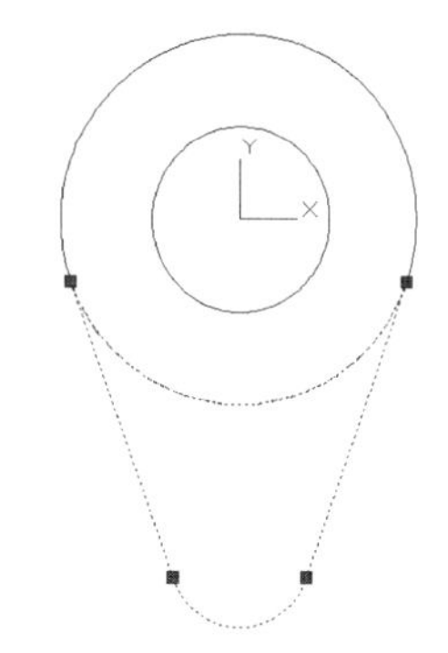

图 9-59　创建截面面域

(9) 将视图切换到西南等轴测视图。单击“三维工具”选项卡“建模”面板中的“拉伸”按钮 ，将上步创建的面域进行拉伸处理，拉伸距离为 6，结果如图 9-60 所示。

3. 创建拉伸实体

(1) 切换视图方向。选择菜单栏中的“视图”→“三维视图”→“平面视图”→“当前 UCS”命令，将视图切换到当前坐标系的 XY 平面。

(2) 单击“默认”选项卡“绘图”面板中的“直线”按钮 ╱，以坐标原点为起点，绘制坐标为(@50＜20)，(@80＜25)的直线。

(3) 单击“默认”选项卡“修改”面板中的“偏移”按钮 ⊆，将上步绘制的两条直线向上偏移，偏移距离为 10。

(4) 单击“默认”选项卡“绘图”面板中的“直线”按钮 ╱，连接两条直线的端点。

(5) 单击“默认”选项卡“绘图”面板中的“圆”按钮 ⊙，在坐标原点绘制半径为 10 的圆，结果如图 9-61 所示。

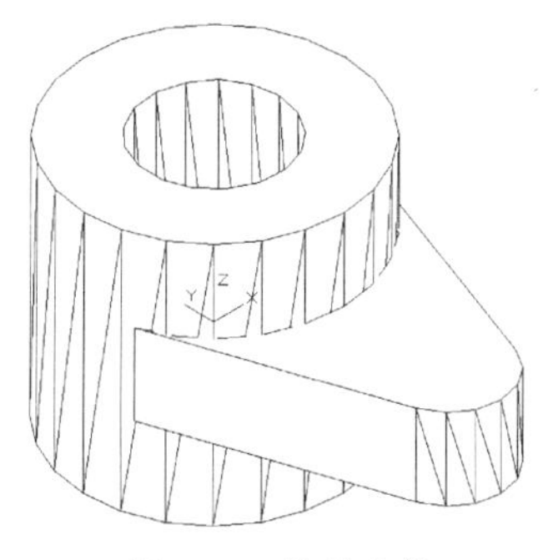

图 9-60　拉伸实体

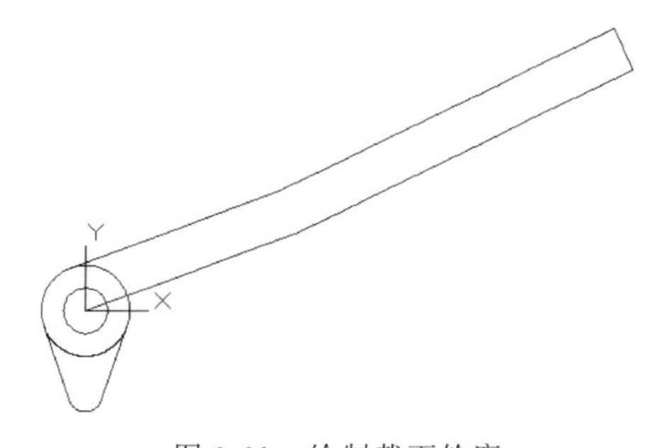

图 9-61　绘制截面轮廓

Note

(6) 单击“默认”选项卡“修改”面板中的“修剪”按钮，修剪多余线段。

(7) 单击“默认”选项卡“绘图”面板中的“面域”按钮，将修剪后的图形创建成面域，如图 9-62 所示。

(8) 将视图切换到西南等轴测视图。单击“三维工具”选项卡“建模”工具栏中的“拉伸”按钮，将第(7)步创建的面域进行拉伸处理，拉伸距离为 6，结果如图 9-63 所示。

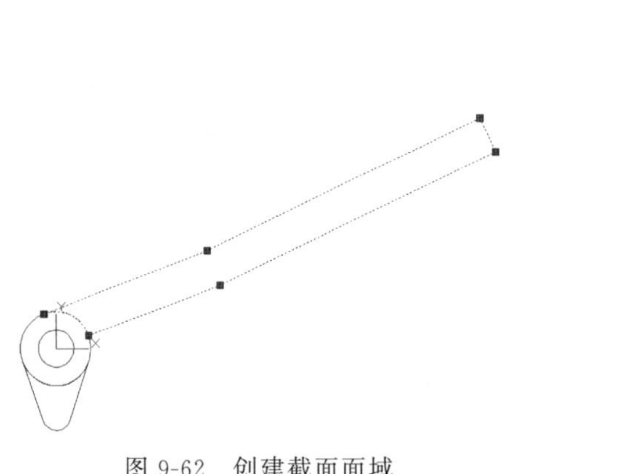

图 9-62　创建截面面域

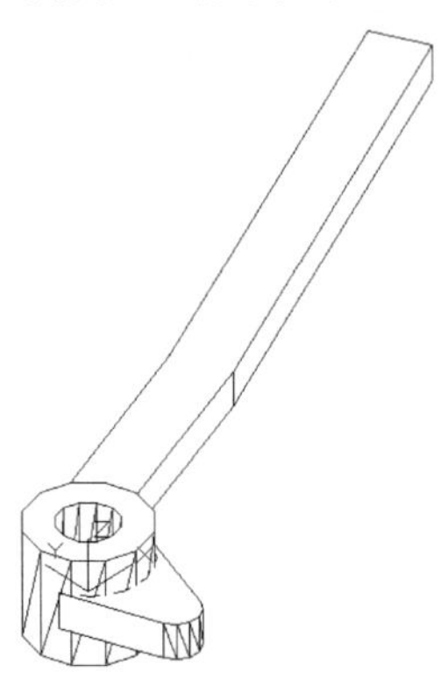

图 9-63　拉伸实体

4. 创建圆柱体

(1) 将视图切换到东南等轴测视图。在命令行中输入 UCS 命令，将坐标系移动到把手端点，如图 9-64 所示。

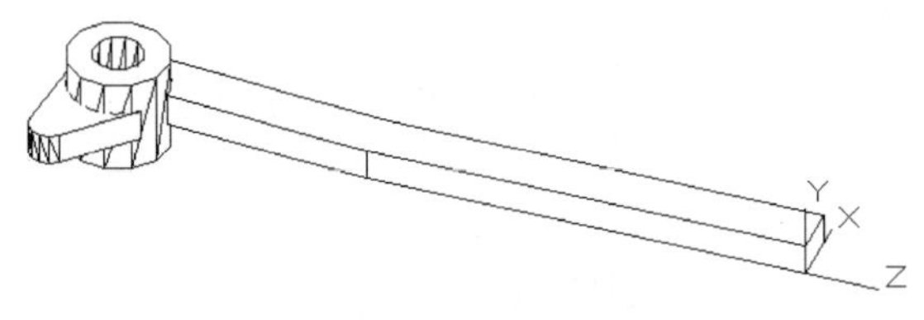

图 9-64　建立新坐标系

(2) 单击“三维工具”选项卡“建模”面板中的“圆柱体”按钮，以坐标点(5,3,0)为原点，绘制半径为 2.5、高度为 5 的圆柱体，如图 9-65 所示。

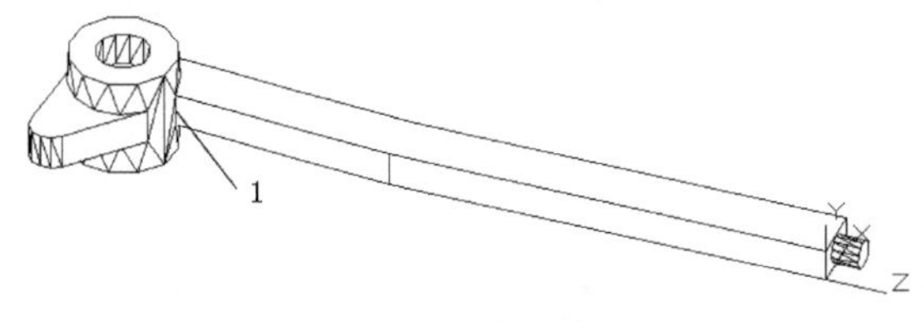

图 9-65　创建圆柱体

(3) 单击“三维工具”选项卡“实体编辑”面板中的“并集”按钮，将视图中所有实体合并为一体。

5. 创建圆角

(1) 单击“三维工具”选项卡“实体编辑”面板中的“圆角边”按钮，选取如图 9-65 所示的交线 1，半径为 5，命令行提示与操作如下。

```
命令: _FILLETEDGE↙
半径 = 1.0000
选择边或[链(C)/环(L)/半径(R)]:(选取如图 9-65 所示的交线 1)
选择边或[链(C)/环(L)/半径(R)]: R
输入圆角半径或[表达式(E)] <1.0000>: 5
选择边或[链(C)/环(L)/半径(R)]:
已选定 1 个边用于圆角。
按 Enter 键接受圆角或[半径(R)]:
```

结果如图 9-66 所示。

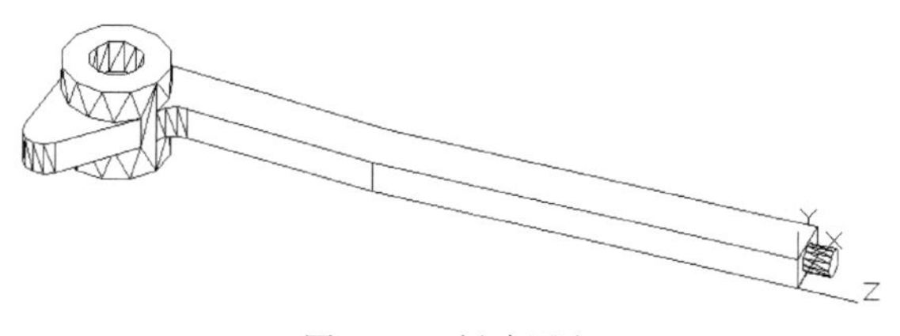

图 9-66 创建圆角

(2) 单击“三维工具”选项卡“实体编辑”面板中的“圆角边”按钮，将其余棱角进行倒圆角，半径为 2，如图 9-67 所示。

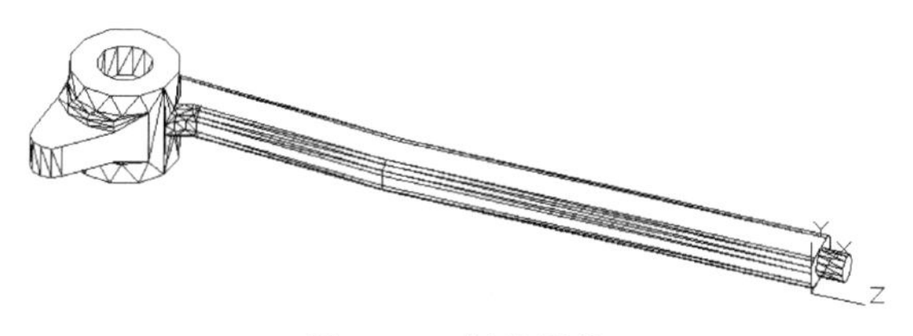

图 9-67 创建圆角

6. 创建螺纹

(1) 在命令行中输入 UCS 命令，将坐标系移动到把手端点，如图 9-68 所示。

(2) 将视图切换到西南等轴测视图。单击“默认”选项卡“绘图”面板中的“螺旋”按钮，创建螺旋线。命令行提示与操作如下。

```
命令: _HELIX↙
圈数 = 3.0000      扭曲 = CCW
指定底面的中心点: 0,0,2
指定底面半径或[直径(D)] <1.0000>: 2.5
指定顶面半径或[直径(D)] <2.5.0000>:
指定螺旋高度或[轴端点(A)/圈数(T)/圈高(H)/扭曲(W)] <1.0000>: h
指定圈间距<0.2500>: 0.58
指定螺旋高度或[轴端点(A)/圈数(T)/圈高(H)/扭曲(W)] <1.0000>: -7
```

将视图切换到东南等轴测视图，结果如图 9-69 所示。

(3) 绘制牙型截面轮廓。将视图切换到俯视图。单击“默认”选项卡“绘图”面板中的“直线”按钮，捕捉螺旋线的上端点绘制牙型截面轮廓，尺寸参照图 9-70；单击“默认”选项卡“绘图”面板中的“面域”按钮，将其创建成面域。

Note

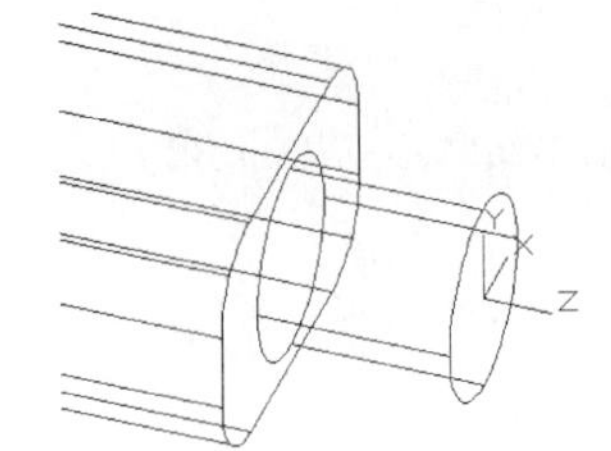

图 9-68　建立新坐标系

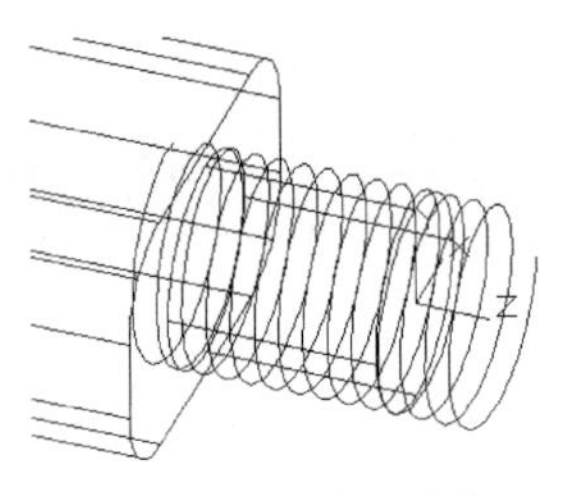

图 9-69　创建螺旋线

(4) 扫掠形成实体。将视图切换到西南等轴测视图。单击“三维工具”选项卡“建模”面板中的“扫掠”按钮 ，命令行中的提示与操作如下。

```
命令: _SWEEP↙
当前线框密度:  ISOLINES = 4,闭合轮廓创建模式 = 实体
选择要扫掠的对象或[模式(MO)]:(选择三角牙型轮廓)
选择要扫掠的对象或[模式(MO)]:↙
选择扫掠路径或[对齐(A)/基点(B)/比例(S)/扭曲(T)]:(选择螺纹线)
```

结果如图 9-71 所示。

(5) 布尔运算处理。单击“三维工具”选项卡“实体编辑”面板中的“差集”按钮 ，从主体中减去第(4)步绘制的扫掠体，结果如图 9-72 所示。

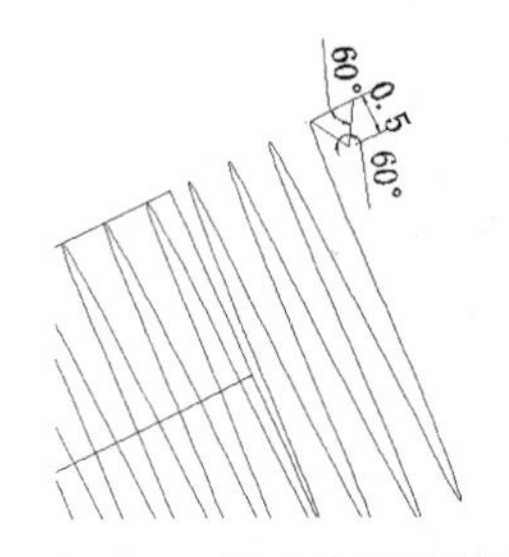

图 9-70　创建截面轮廓

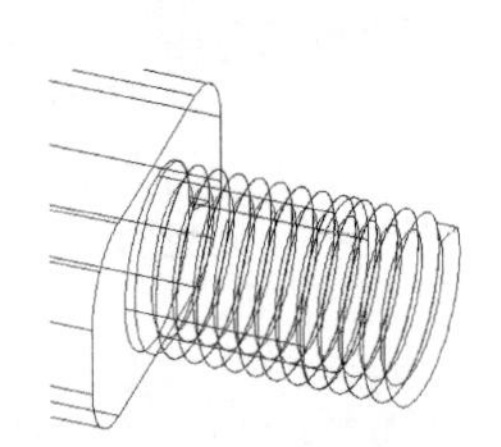

图 9-71　扫掠实体

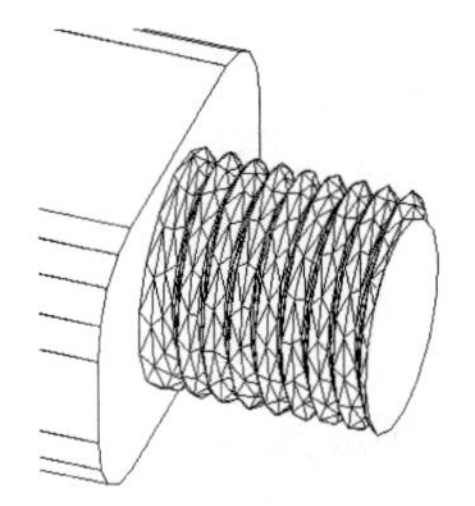

图 9-72　差集处理

9.3　三维操作

9.3.1　三维镜像

1. 执行方式

命令行：MIRROR3D。

菜单栏：选择菜单栏中的“修改”→“三维操作”→“三维镜像”命令。

2. 操作步骤

命令行提示与操作如下。

```
命令:MIRROR3D↙
选择对象:(选择要镜像的对象)
选择对象:(选择下一个对象或按 Enter 键)
指定镜像平面(三点)的第一个点或[对象(O)/最近的(L)/Z 轴(Z)/视图(V)/XY 平面(XY)/YZ 平面(YZ)/ZX 平面(ZX)/三点(3)] <三点>:
在镜像平面上指定第一点
```

3. 选项说明

“三维镜像”命令各选项含义如表 9-9 所示。

表 9-9 “三维镜像”命令各选项含义

选　项	含　义
三点(3)	输入镜像平面上点的坐标。该选项通过 3 个点确定镜像平面,是系统的默认选项
最近的(L)	相对于最后定义的镜像平面对选定的对象进行镜像处理
Z 轴(Z)	利用指定的平面作为镜像平面。选择该选项后,命令行提示与操作如下。 在镜像平面上指定点:(输入镜像平面上一点的坐标) 在镜像平面的 Z 轴(法向)上指定点:(输入与镜像平面垂直的任意一条直线上任意一点的坐标) 是否删除源对象?[是(Y)/否(N)]:(根据需要确定是否删除源对象)
视图(V)	指定一个平行于当前视图的平面作为镜像平面
XY(YZ、ZX)平面	指定一个平行于当前坐标系的 XY(YZ、ZX)平面作为镜像平面

9.3.2 三维阵列

1. 执行方式

命令行:3DARRAY。

菜单栏:选择菜单栏中的“修改”→“三维操作”→“三维阵列”命令。

工具栏:单击“建模”工具栏中的“三维阵列”按钮。

2. 操作步骤

命令行提示与操作如下。

```
命令:3DARRAY↙
正在初始化... 已加载 3DARRAY
选择对象:(选择要阵列的对象)
选择对象:(选择下一个对象或按 Enter 键)
输入阵列类型[矩形(R)/环形(P)]<矩形>:
```

3. 选项说明

“三维阵列”命令各选项含义如表 9-10 所示。

Note

表 9-10 “三维阵列”命令各选项含义

选项	含 义
矩形(R)	对图形进行矩形阵列复制，是系统的默认选项。选择该选项后，命令行提示与操作如下。 输入行数(---)<1>：(输入行数) 输入列数(|||)<1>：(输入列数) 输入层数(…)<1>：(输入层数) 指定行间距(---)：(输入行间距) 指定列间距(|||)：(输入列间距) 指定层间距(…)：(输入层间距)
环形(P)	对图形进行环形阵列复制。选择该选项后，命令行提示与操作如下： 输入阵列中的项目数目：(输入阵列的数目) 指定要填充的角度(+=逆时针，-=顺时针)<360>：(输入环形阵列的圆心角) 旋转阵列对象?[是(Y)/否(N)]<Y>：(确定阵列上的每一个图形是否根据旋转轴线的位置进行旋转) 指定阵列的中心点：(输入旋转轴线上一点的坐标) 指定旋转轴上的第二点：输入旋转轴线上另一点的坐标

如图 9-73 所示为 3 层 3 行 3 列、各间距分别为 300 的圆柱的矩形阵列，如图 9-74 所示为圆柱的环形阵列。

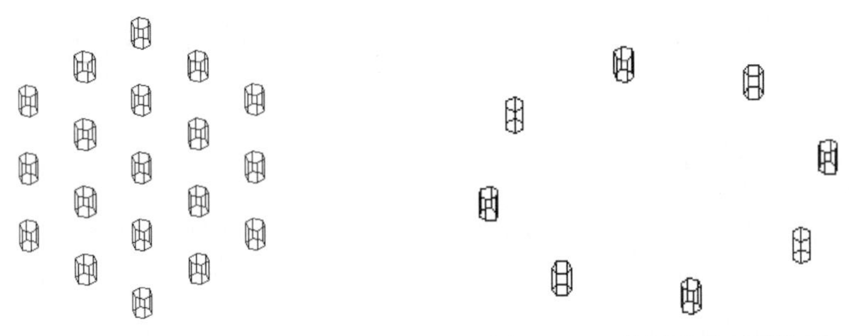

图 9-73 三维图形的矩形阵列

图 9-74 三维图形的环形阵列

9.3.3 三维移动

1. 执行方式

命令行：3DMOVE。

菜单栏：选择菜单栏中的“修改”→“三维操作”→“三维移动”命令。

工具栏：单击“建模”工具栏中的“三维移动”按钮。

功能区：单击“三维工具”选项卡“选择”面板中的“移动小控件”按钮。

2. 操作步骤

命令行提示与操作如下。

```
命令:3DMOVE↙
选择对象:↙
指定基点或[位移(D)] <位移>:(指定基点)
指定第二个点或<使用第一个点作为位移>:(指定第二点)
```

其操作方法与二维移动命令类似,如图 9-75 所示为将滚珠从轴承中移出的情形。

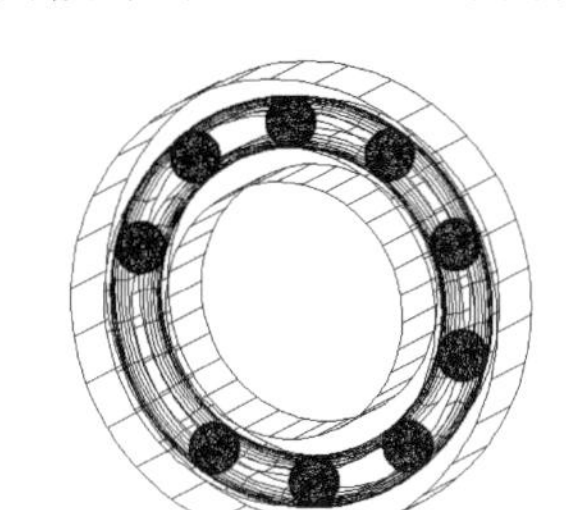

图 9-75 三维移动

9.3.4 三维旋转

1. 执行方式

命令行:3DROTATE。

菜单栏:选择菜单栏中的“修改”→“三维操作”→“三维旋转”命令。

工具栏:单击“建模”工具栏中的“三维旋转”按钮。

功能区:单击“三维工具”选项卡“选择”面板中的“旋转小控件”按钮。

2. 操作步骤

命令行提示与操作如下。

```
命令: 3DROTATE↙
UCS 当前的正角方向: ANGDIR = 逆时针 ANGBASE = 0
选择对象: (选择一个滚珠)
选择对象: ↙
指定基点: (指定圆心位置)
拾取旋转轴: (选择如图 9-76 所示的轴)
```

旋转结果如图 9-77 所示。

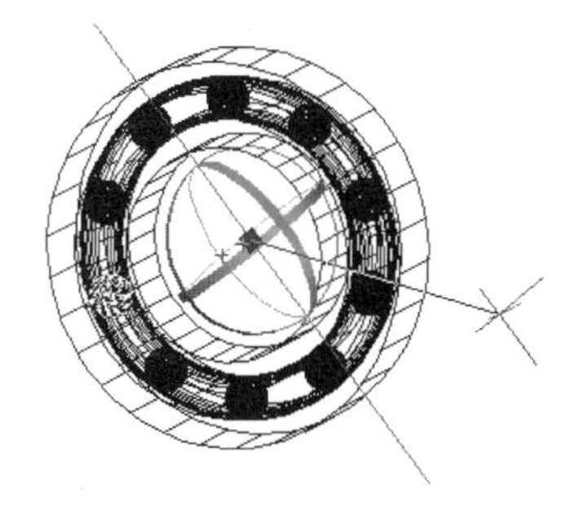

图 9-76 指定参数

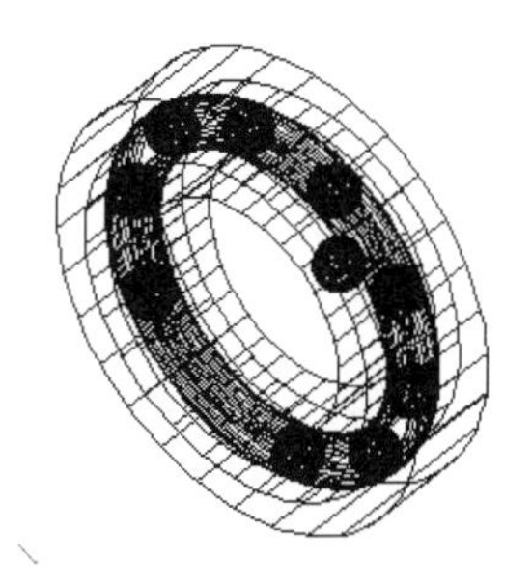

图 9-77 旋转结果

Note

9-7

9.3.5 上机练习——压板

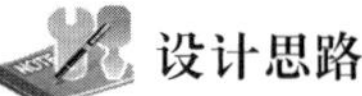

练习目标

本实例绘制如图 9-78 所示的压板。

图 9-78 压板

设计思路

设置线框密度，利用“长方体”“圆柱体”“差集”等命令绘制压板。

操作步骤

（1）在命令行中输入 ISOLINES 命令，设置线框密度为 10。

（2）将当前视图方向设置为前视图。单击“三维工具”选项卡“建模”面板中的“长方体”按钮，命令行提示与操作如下。

```
命令：BOX↙
指定第一个角点或[中心(C)]:0,0,0↙
指定其他角点或[立方体(C)/长度(L)]: L↙
指定长度:200↙(打开正交,拖动鼠标沿 X 轴方向移动)
指定宽度:30↙(拖动鼠标沿 Y 轴方向移动)
指定高度或[两点(2P)]:10↙
```

继续以该长方体的左上端点为角点，创建长 200、宽 60、高 10 的长方体，依次类推，创建长 200、宽 30(宽 20)、高 10 的另两个长方体。结果如图 9-79 所示。

（3）将当前视图方向设置为左视图。选择菜单栏中的“修改”→“三维操作”→“三维旋转”命令，命令行提示与操作如下。

```
命令：3DROTATE↙
UCS 当前正向角度：  ANGDIR = 逆时针 ANGBASE = 0
选择对象:(选取上部的 3 个长方体,如图 9-80 所示)
选择对象:↙
指定基点:(捕捉第 2 个长方体的右下端点,如图 9-81 所示点 1)
指定旋转角度,或[复制(C)/参照(R)]<0>: 30↙
```

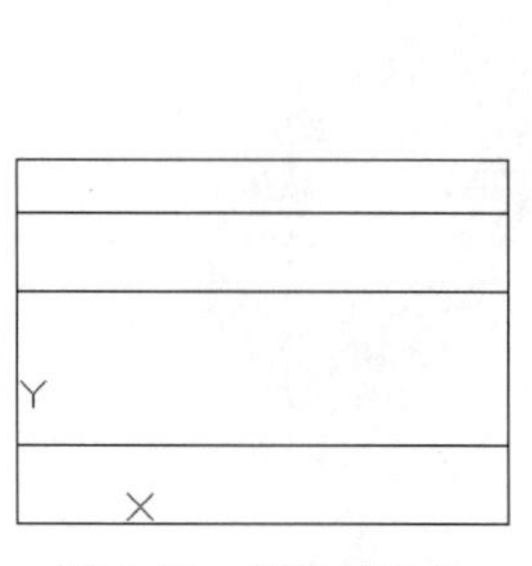

图 9-79 创建长方体

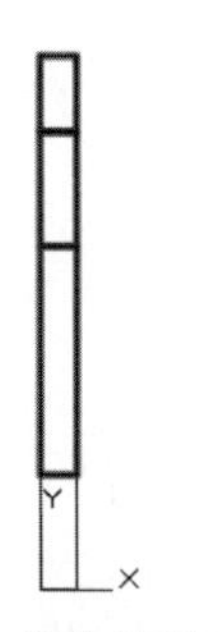

图 9-80 选取旋转的实体

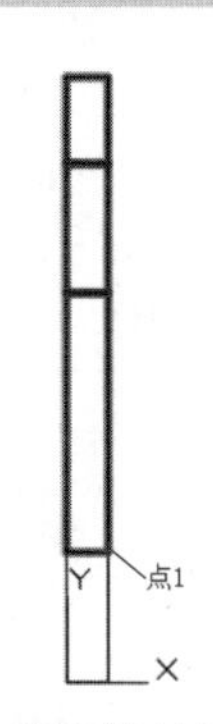

图 9-81 选取旋转轴上的 1 点

结果如图 9-82 所示。

重复“三维旋转”命令，继续旋转上部两个长方体，分别旋转角度 60°及 90°，结果如图 9-83 所示。

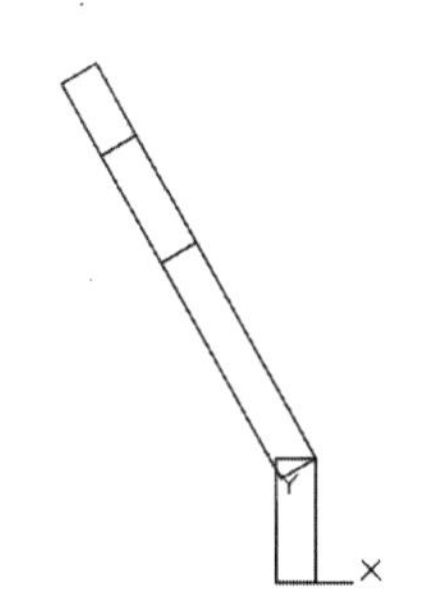

图 9-82 旋转上部实体

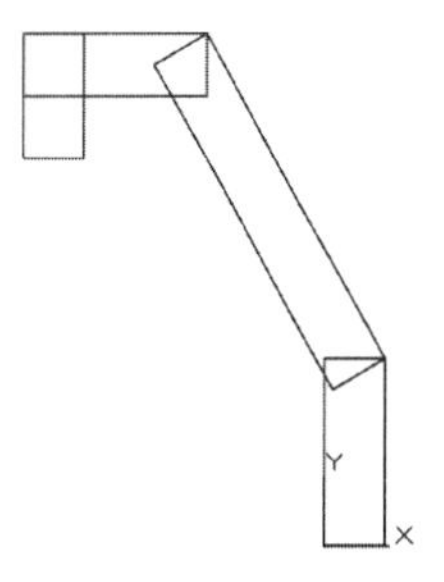

图 9-83 旋转后的实体

(4) 将当前视图方向设置为前视图。单击“三维工具”选项卡“建模”面板中的“圆柱体”按钮，以(20,15)为底面中心点绘制半径为 8、高度为 10 的圆柱体，命令行提示与操作如下。

```
命令: CYLINDER↙
指定底面的中心点或[三点(3P)/两点(2P)/切点、切点、半径(T)/椭圆(E)]<0,0,0>: 20,15↙
指定底面半径或[直径(D)]: 8↙
指定高度或[两点(2P)/轴端点(A)]: 10↙
```

(5) 选择菜单栏中的“修改”→“三维操作”→“三维阵列”命令，将上步创建的圆柱体进行阵列，命令行提示与操作如下。

```
命令: _3DARRAY↙
正在初始化...   已加载 3DARRAY.
选择对象: (选择圆柱体)
选择对象: ↙
输入阵列类型[矩形(R)/环形(P)] <矩形>:↙
输入行数(---) <1>: 1↙
输入列数(|||) <1>: 5↙
输入层数(...) <1>:↙
指定列间距(|||): 40↙
```

结果如图 9-84 所示。

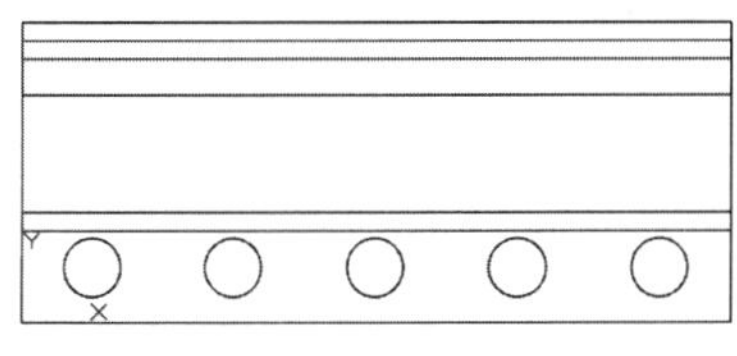

图 9-84 阵列圆柱

(6) 单击“三维工具”选项卡“实体编辑”面板中的“差集”按钮，在第一个长方体中减去创建的 5 个圆柱体。

(7) 将当前视图方向设置为俯视图。利用二维绘图命令绘制如图 9-85 所示的二

Note

维图形。

（8）单击“默认”选项卡“绘图”面板中的“面域”按钮，将绘制的二维图形创建为面域。

（9）将当前视图方向设置为西南等轴测视图，如图 9-86 所示，然后选择菜单栏中的“修改”→“三维操作”→“三维移动”命令，将其移动到第三个长方体的表面，命令行提示与操作如下。

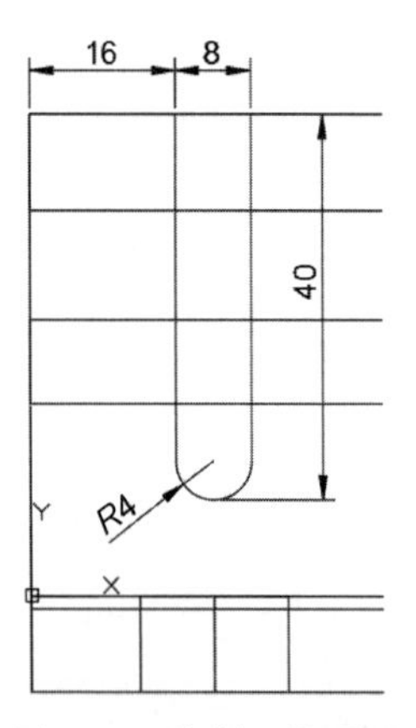

图 9-85　绘制二维图形

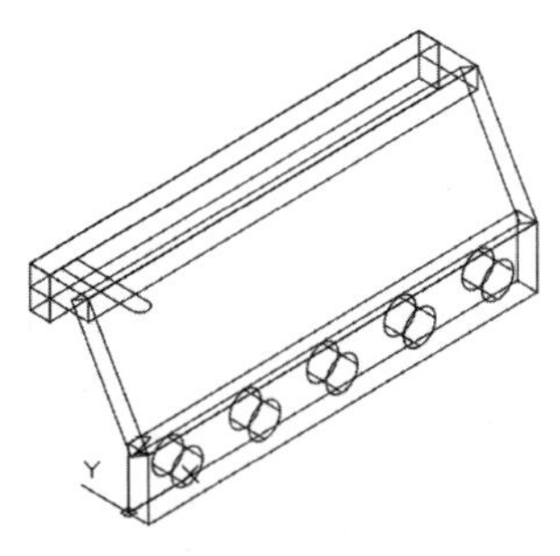

图 9-86　移动面域前

```
命令：_3DMOVE↙
选择对象:(选取上步创建的面域)
选择对象:
指定基点或[位移(D)] <位移>:(捕捉面域上任意一点)
指定第二个点或<使用第一个点作为位移>: @0,0,10
正在重生成模型。
```

结果如图 9-87 所示。

（10）单击“三维工具”选项卡“建模”面板中的“拉伸”按钮，将面域进行拉伸，拉伸距离为－20，结果如图 9-88 所示。

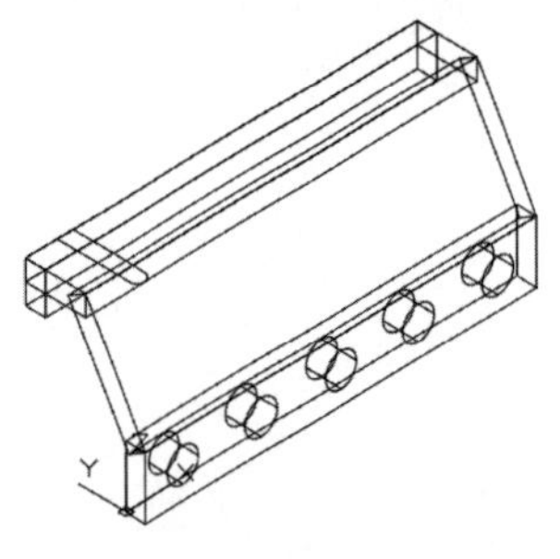

图 9-87　移动面域后

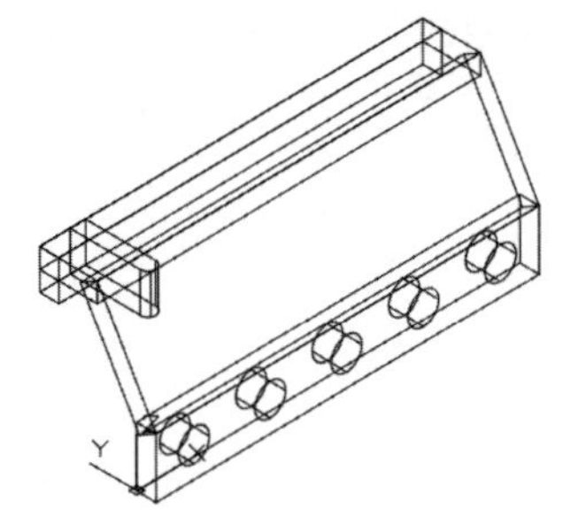

图 9-88　拉伸实体

（11）选择菜单栏中的“修改”→“三维操作”→“三维阵列”命令，将拉伸形成的实体进行 1 行、5 列的矩形阵列，列间距为 40，结果如图 9-89 所示。

（12）单击“三维工具”选项卡“实体编辑”面板中的“并集”按钮，将创建的长方

体进行并集运算，如图 9-90 所示。

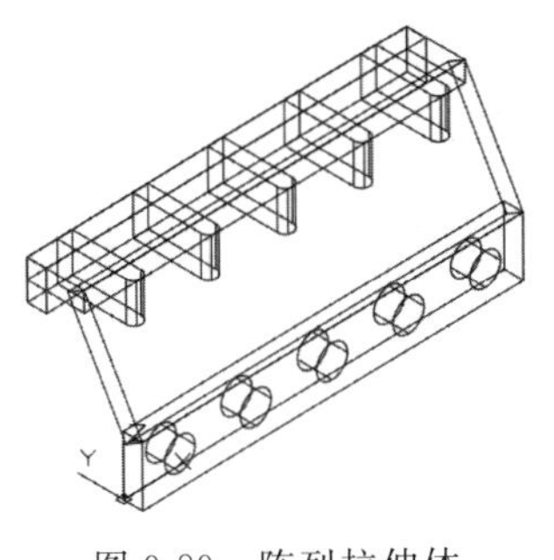

图 9-89　阵列拉伸体

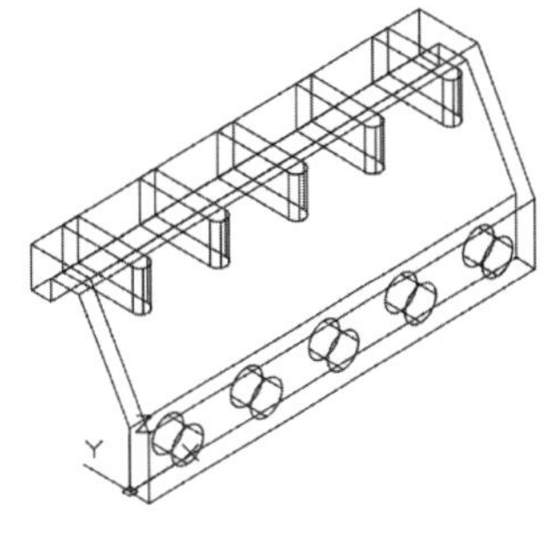

图 9-90　长方体合并

（13）单击“三维工具”选项卡“实体编辑”面板中“差集”按钮，将并集后实体与拉伸实体进行差集运算。

（14）单击“可视化”选项卡“材质”面板中的“材质浏览器”按钮，打开“材质浏览器”对话框，选择“主视图”→“Autodesk 库”→“金属”选项，选择“半抛光”材质，拖动到压板上。

（15）单击“可视化”选项卡“渲染”面板中的“渲染到尺寸”按钮，对压板进行渲染，结果如图 9-78 所示。

9.4　特殊视图

9.4.1　剖切

1. 执行方式

命令行：SLICE（快捷命令：SL）。

菜单栏：选择菜单栏中的“修改”→“三维操作”→“剖切”命令。

功能区：单击“三维工具”选项卡“实体编辑”面板中的“剖切”按钮。

2. 操作步骤

命令行提示与操作如下。

```
命令:SLICE↙
选择要剖切的对象:(选择要剖切的实体)
选择要剖切的对象:(继续选择或按 Enter 键结束选择)
指定切面的起点或[平面对象(O)/曲面(S)/Z 轴(Z)/视图(V)/XY(XY)/YZ(YZ)/ZX(ZX)/三点(3)]
<三点>:
指定平面上的第二个点:
在所需的侧面上指定点或 [保留两个侧面(B)] <保留两个侧面>:
```

3. 选项说明

“剖切”命令各选项含义如表 9-11 所示。

Note

表 9-11 “剖切”命令各选项含义

选　　项	含　　义
平面对象(O)	将所选对象的所在平面作为剖切面
曲面(S)	将剪切平面与曲面对齐
Z 轴(Z)	通过平面指定一点与平面的 Z 轴(法线)来定义剖切平面
视图(V)	以平行于当前视图的平面作为剖切面
XY （XY）/YZ (YZ)/ZX(ZX)	将剖切平面与当前用户坐标系(UCS)的 XY 平面/YZ 平面/ZX 平面对齐
三点(3)	根据空间的 3 个点确定的平面作为剖切面。确定剖切面后，系统会提示保留一侧或两侧

如图 9-91 所示为剖切三维实体图。

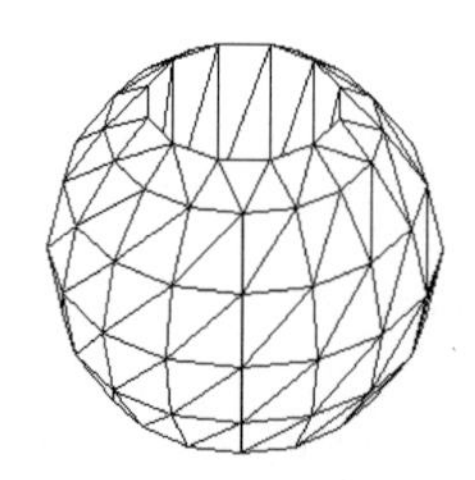

(a) 剖切前的三维实体

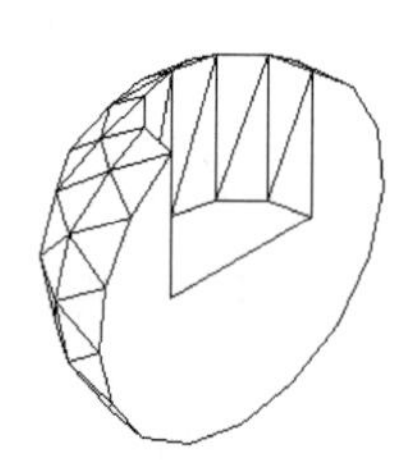

(b) 剖切后的实体

图 9-91　剖切三维实体

9.4.2　上机练习——胶木球

9-8

练习目标

创建如图 9-92 所示的胶木球。

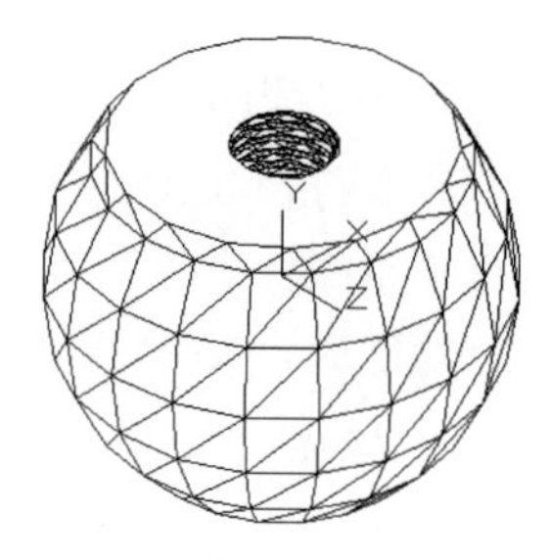

图 9-92　胶木球

设计思路

首先绘制了球体，然后创建了孔，最后绘制了孔中的螺纹，最终完成对胶木球的绘制。

操作步骤

1. 创建球体图形

(1) 单击“三维工具”选项卡“建模”面板中的“球体”按钮，在坐标原点绘制半径为 9 的球体，命令行的提示与操作如下。

```
命令: _SPHERE↙
指定中心点或[三点(3P)/两点(2P)/切点、切点、半径(T)]: 0,0,0
指定半径或[直径(D)]: 9
```

结果如图 9-93 所示。

Note

(2) 单击“三维工具”选项卡“实体编辑”面板中的“剖切”按钮，对球体进行剖切，命令行提示与操作如下。

```
命令: _SLICE
选择要剖切的对象:(选取上步创建的球体)
选择要剖切的对象:
指定切面的起点或[平面对象(O)/曲面(S)/Z 轴(Z)/视图(V)/XY(XY)/YZ(YZ)/ZX(ZX)/三点(3)]
<三点>: xy
指定 XY 平面上的点<0,0,0>: 0,0,6
在所需的侧面上指定点或[保留两个侧面(B)] <保留两个侧面>:(选取球体下方)
```

结果如图 9-94 所示。

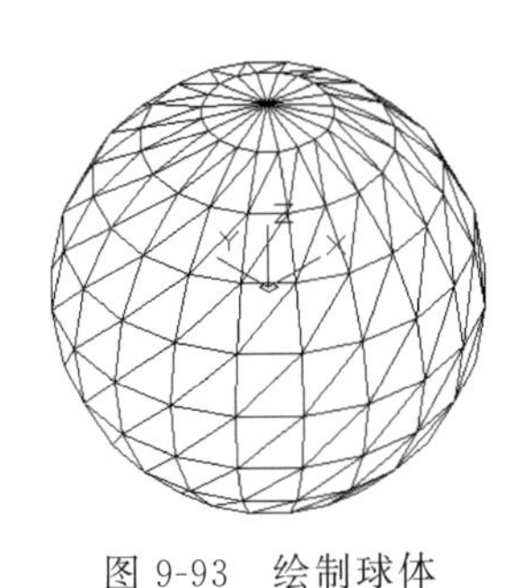

图 9-93 绘制球体

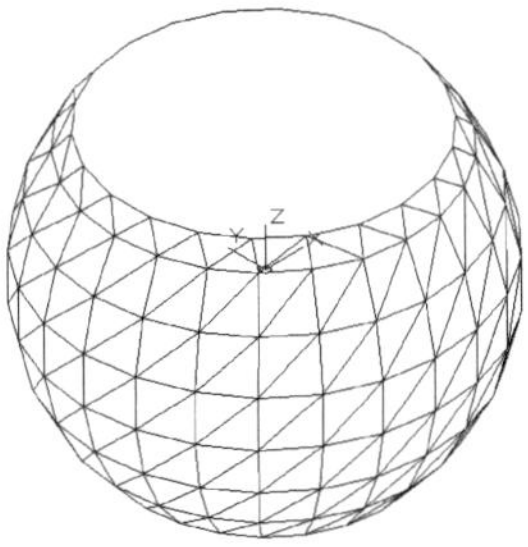

图 9-94 剖切平面

2. 创建孔

(1) 将视图切换到左视图。单击“默认”选项卡“绘图”面板中的“直线”按钮，绘制如图 9-95 所示的图形。

(2) 单击“默认”选项卡“绘图”面板中的“面域”按钮，将第(1)步绘制的图形创建为面域。

(3) 单击“三维工具”选项卡“建模”面板中的“旋转”按钮，将第(2)步创建的面域绕 Y 轴进行旋转，结果如图 9-96 所示。

(4) 单击“三维工具”选项卡“实体编辑”面板中的“差集”按钮，将剖切处理后的图形和旋转体进行差集处理，结果如图 9-97 所示。

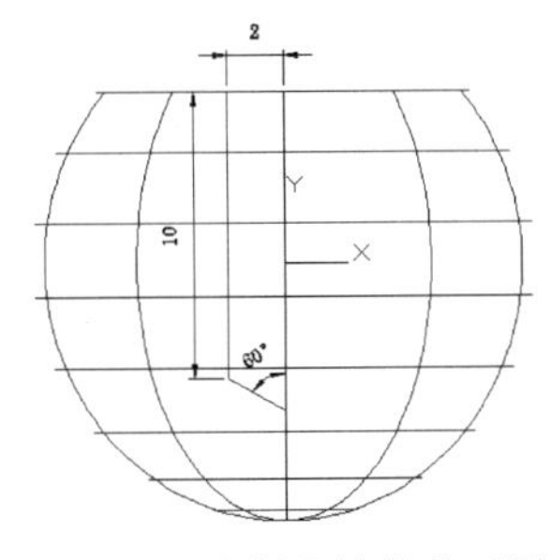

图 9-95 绘制的旋转截面图

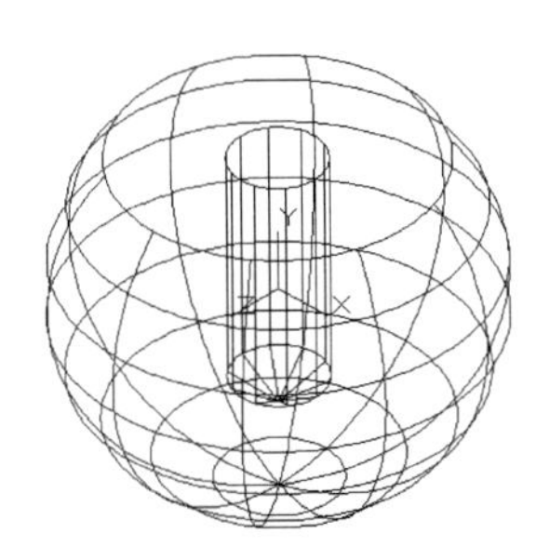

图 9-96 旋转实体

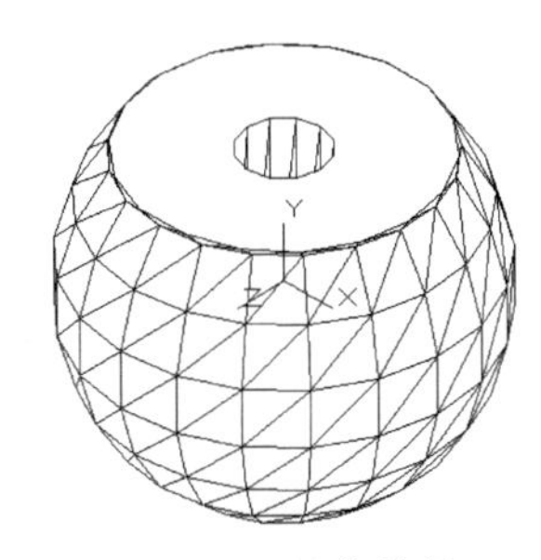

图 9-97 差集结果

提示：胶木球的主体也可以利用前面创建的平面图整理后通过旋转命令来创建。

Note

3. 创建螺纹

(1) 单击“默认”选项卡“绘图”面板中的“螺旋”按钮，创建螺旋线。命令行提示与操作如下。

```
命令: _HELIX↙
圈数 = 3.0000      扭曲 = CCW
指定底面的中心点: 0,0,8
指定底面半径或[直径(D)] <1.0000>: 2
指定顶面半径或[直径(D)] <2.0000>:
指定螺旋高度或[轴端点(A)/圈数(T)/圈高(H)/扭曲(W)] <1.0000>: h
指定圈间距<3.6667>: 0.58
指定螺旋高度或[轴端点(A)/圈数(T)/圈高(H)/扭曲(W)] <11.0000>: -9
```

结果如图 9-98 所示。

(2) 将视图切换到前视图。单击“默认”选项卡“绘图”面板中的“直线”按钮，捕捉螺旋线的上端点绘制牙型截面轮廓，单击“默认”选项卡“绘图”面板中的“面域”按钮，将其创建成面域，结果如图 9-99 所示。

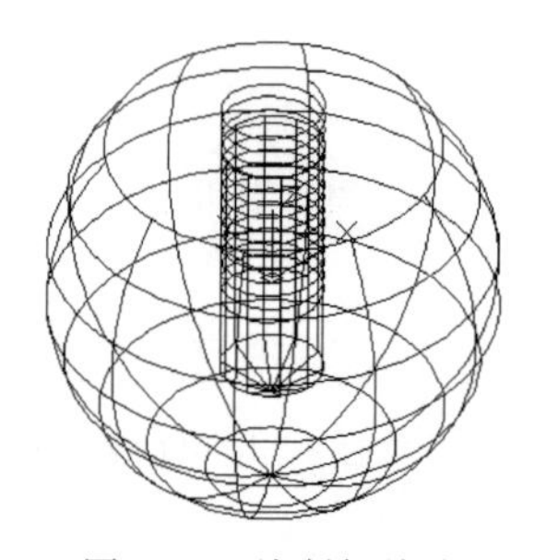

图 9-98　绘制螺旋线

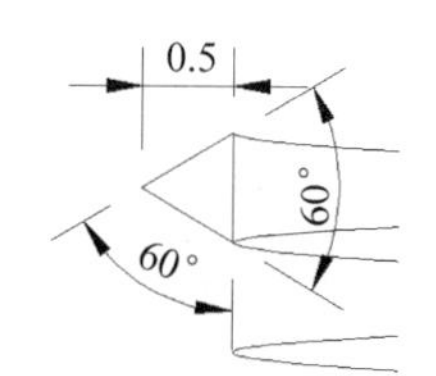

图 9-99　绘制截面轮廓

(3) 将视图切换到西南等轴测视图。单击“三维工具”选项卡“建模”面板中的“扫掠”按钮，命令行中的提示与操作如下。

```
命令: _SWEEP↙
当前线框密度:  ISOLINES = 4,闭合轮廓创建模式 = 实体
选择要扫掠的对象或[模式(MO)]: (选择三角牙型轮廓)
选择要扫掠的对象或[模式(MO)]: ↙
选择扫掠路径或[对齐(A)/基点(B)/比例(S)/扭曲(T)]:(选择螺纹线)
```

结果如图 9-100 所示。

(4) 单击“三维工具”选项卡“实体编辑”面板中的“差集”按钮，从主体中减去第(3)步绘制的扫掠体，结果如图 9-101 所示。

注意：绘制三维实体造型时，如果使用了视图的切换功能，例如使用“俯视图”“东南等轴测视图”等，即使没有执行 UCS 命令，视图的切换也可能导致空间三维坐标系的暂时旋转。长方体的长宽高分别对应 X、Y、Z 方向上的长度，所以坐标系的不同会导致长方体的形状大不相同。因此若采用角点和长宽高模式绘制长方体，一定要注意观察当前所提示的坐标系。

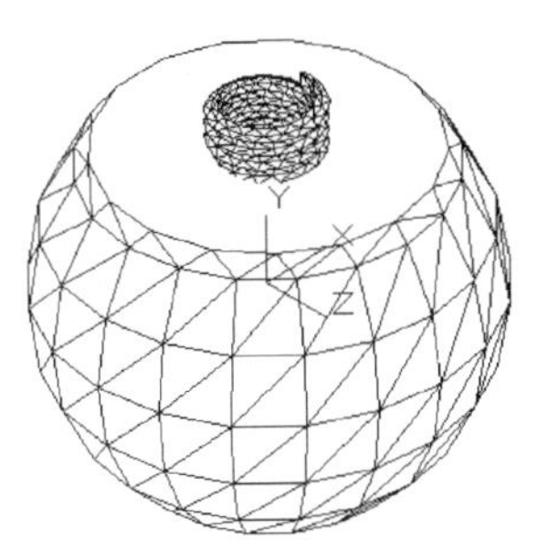

图 9-100 扫掠结果

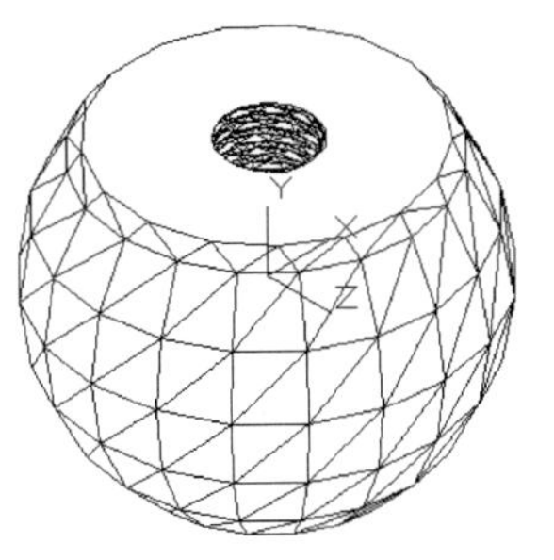

图 9-101 差集结果

9.5 编辑实体

9.5.1 拉伸面

1. 执行方式

命令行：SOLIDEDIT。

菜单栏：选择菜单栏中的“修改”→“实体编辑”→“拉伸面”命令。

工具栏：单击“实体编辑”工具栏中的“拉伸面”按钮。

功能区：单击“三维工具”选项卡“实体编辑”面板中的“拉伸面”按钮。

2. 操作步骤

命令行提示与操作如下。

```
命令:_SOLIDEDIT↙
实体编辑自动检查: SOLIDCHECK = 1
输入实体编辑选项[面(F)/边(E)/体(B)/放弃(U)/退出(X)] <退出>: _FACE
输入面编辑选项[拉伸(E)/移动(M)/旋转(R)/偏移(O)/倾斜(T)/删除(D)/复制(C)/颜色(L)/材
质(A)/放弃(U)/退出(X)] <退出>: _EXTRUDE
选择面或[放弃(U)/删除(R)]:(选择要进行拉伸的面)
选择面或[放弃(U)/删除(R)/全部(ALL)]:
指定拉伸高度或[路径(P)]:
指定拉伸的倾斜角度 <0>:
```

3. 选项说明

“拉伸面”命令各选项含义如表 9-12 所示。

表 9-12 “拉伸面”命令各选项含义

选　　项	含　　义
指定拉伸高度	按指定的高度值来拉伸面。指定拉伸的高度后，完成拉伸操作
路径(P)	沿指定的路径曲线拉伸面

Note

如图 9-102 所示为拉伸长方体顶面和侧面的结果。

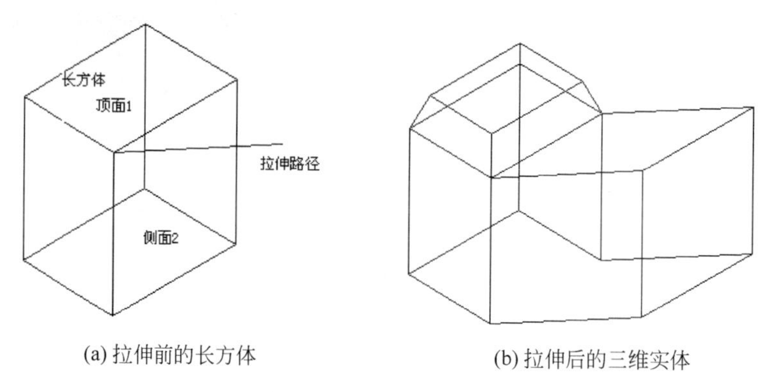

(a) 拉伸前的长方体　　(b) 拉伸后的三维实体

图 9-102　拉伸长方体

9.5.2　偏移面

1. 执行方式

命令行：SOLIDEDIT。

菜单栏：选择菜单栏中的"修改"→"实体编辑"→"偏移面"命令。

工具栏：单击"实体编辑"工具栏中的"偏移面"按钮。

功能区：单击"三维工具"选项卡"实体编辑"面板中的"偏移面"按钮。

2. 操作步骤

命令行提示与操作如下。

```
命令：_SOLIDEDIT↙
实体编辑自动检查：SOLIDCHECK = 1
输入实体编辑选项[面(F)/边(E)/体(B)/放弃(U)/退出(X)] <退出>: _FACE
输入面编辑选项[拉伸(E)/移动(M)/旋转(R)/偏移(O)/倾斜(T)/删除(D)/复制(C)/颜色(L)/材质(A)/放弃(U)/退出(X)] <退出>: _OFFSET
选择面或[放弃(U)/删除(R)]:(选择要进行偏移的面)
指定偏移距离：(输入要偏移的距离值)
```

图 9-103 所示为通过偏移命令改变哑铃手柄大小的结果。

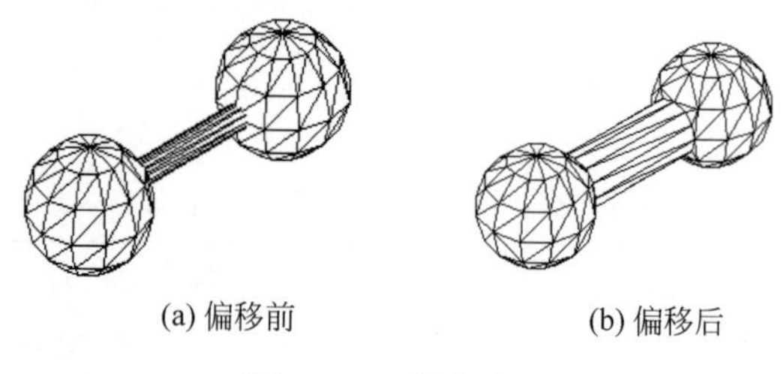

(a) 偏移前　　(b) 偏移后

图 9-103　偏移对象

9.5.3　抽壳

1. 执行方式

命令行：SOLIDEDIT。

菜单栏：选择菜单栏中的“修改”→“实体编辑”→“抽壳”命令。

工具栏：单击“实体编辑”工具栏中的“抽壳”按钮。

功能区：单击“三维工具”选项卡“实体编辑”面板中的“抽壳”按钮。

2. 操作步骤

命令行提示与操作如下。

```
命令：_SOLIDEDIT↙
实体编辑自动检查：　SOLIDCHECK = 1
输入实体编辑选项[面(F)/边(E)/体(B)/放弃(U)/退出(X)] <退出>: _body
输入体编辑选项[压印(I)/分割实体(P)/抽壳(S)/清除(L)/检查(C)/放弃(U)/退出(X)] <退出>: _shell
选择三维实体：(选择三维实体)
删除面或[放弃(U)/添加(A)/全部(ALL)]:(选择开口面)
删除面或 [放弃(U)/添加(A)/全部(ALL)]: ↙
输入抽壳偏移距离:(指定壳体的厚度值)
已开始实体校验.
已完成实体校验.
输入体编辑选项[压印(I)/分割实体(P)/抽壳(S)/清除(L)/检查(C)/放弃(U)/退出(X)] <退出>:↙
实体编辑自动检查：SOLIDCHECK = 1
输入实体编辑选项 [面(F)/边(E)/体(B)/放弃(U)/退出(X)] <退出>:↙
```

图 9-104 所示为利用抽壳命令创建的花盆。

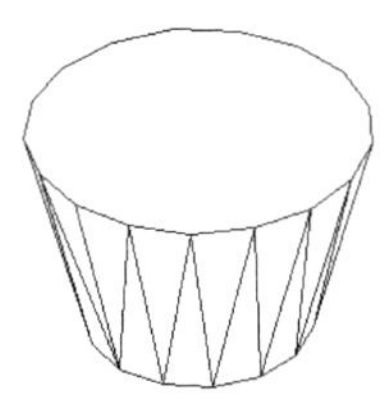

(a) 创建初步轮廓

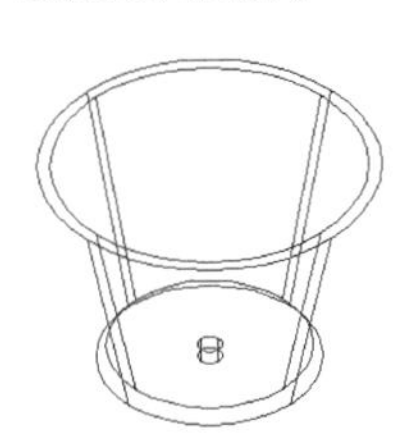

(b) 完成创建

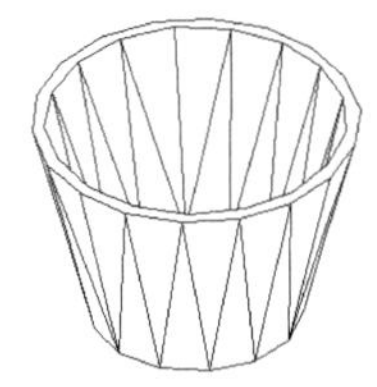

(c) 消隐结果

图 9-104　花盆

注意：抽壳是用指定的厚度创建一个空的薄层。可以为所有面指定一个固定的薄层厚度，通过选择面可以将这些面排除在壳外。一个三维实体只能有一个壳，通过将现有面偏移出其原位置来创建新的面。

“编辑实体”命令的其他选项功能与上面几项类似，此处不再赘述。

9.5.4　上机练习——锅盖

练习目标

绘制图 9-105 所示的锅盖。

设计思路

本实例主要利用编辑实体命令中的抽壳和倾斜面命令绘制锅盖。

操作步骤

Note

(1) 在命令行中输入 ISOLINES 命令,设置线框密度为 10。

(2) 将视图切换至西南等轴测。单击“三维工具”选项卡“建模”面板中的“圆柱体”按钮,以坐标原点为底面圆心绘制直径为 121、高度为 5.5 的圆柱体;重复“圆柱体”命令,以(0,0,5.5)为底面圆心绘制半径为 49、高度为 15 的圆柱体,消隐后如图 9-106 所示。

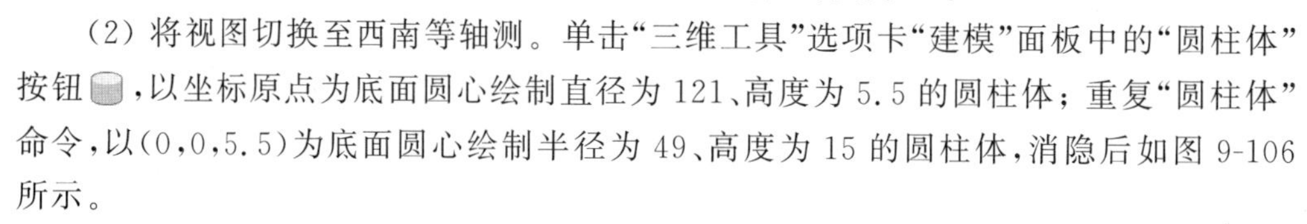

9-9

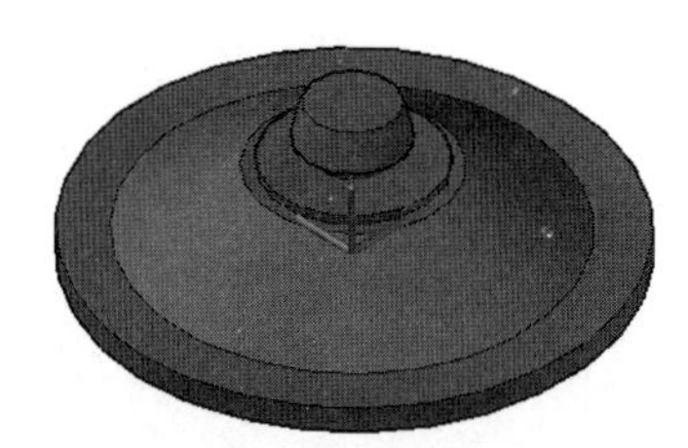

图 9-105　锅盖

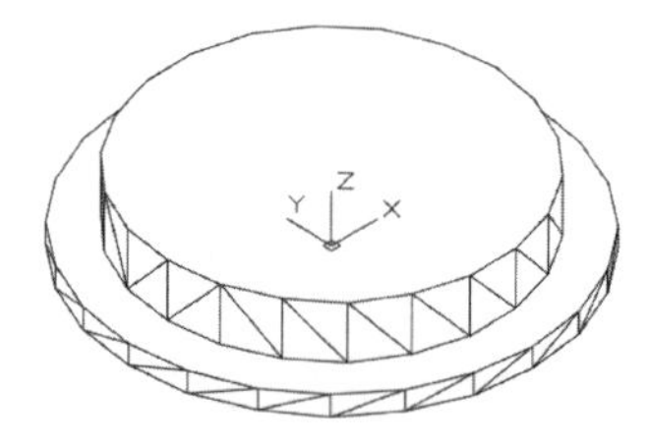

图 9-106　绘制圆柱体

(3) 单击“三维工具”选项卡“实体编辑”面板中的“倾斜面”按钮,选取半径为 49 的圆柱体的外圆柱面创建角度为 60°的倾斜面,命令行提示与操作如下。

```
命令: _SOLIDEDIT↙
实体编辑自动检查: SOLIDCHECK = 1
输入实体编辑选项[面(F)/边(E)/体(B)/放弃(U)/退出(X)] <退出>: _face
输入面编辑选项[拉伸(E)/移动(M)/旋转(R)/偏移(O)/倾斜(T)/删除(D)/复制(C)/颜色(L)/材质(A)/放弃(U)/退出(X)] <退出>: _taper
选择面或[放弃(U)/删除(R)]:(选取半径为 49 的圆柱面)
选择面或[放弃(U)/删除(R)/全部(ALL)]:
指定基点:(选取第二个圆柱体下底面圆心)
指定沿倾斜轴的另一个点:(选取第二个圆柱体上表面圆心)
指定倾斜角度: 60
已开始实体校验。
已完成实体校验。
输入面编辑选项[拉伸(E)/移动(M)/旋转(R)/偏移(O)/倾斜(T)/删除(D)/复制(C)/颜色(L)/材质(A)/放弃(U)/退出(X)] <退出>:
```

消隐后结果如图 9-107 所示。

(4) 单击“三维工具”选项卡“实体编辑”面板中的“并集”按钮,将两个圆柱体进行并集运算。

(5) 单击“视图”选项卡“导航”面板中的“自由动态观察”按钮,调整视图的角度,使实体的最大面朝上,以方便选取。

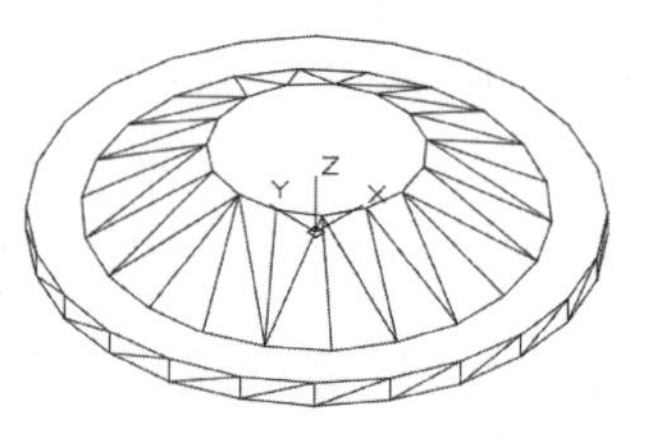

图 9-107　创建倾斜面

(6) 单击“三维工具”选项卡“实体编辑”面板中的“抽壳”按钮,选取实体的最大面为删除面,对实体进行抽壳处理,抽壳厚度为 1,命令

行提示与操作如下。

```
命令：_SOLIDEDIT↙
实体编辑自动检查： SOLIDCHECK = 1
输入实体编辑选项[面(F)/边(E)/体(B)/放弃(U)/退出(X)] <退出>: _body
输入体编辑选项[压印(I)/分割实体(P)/抽壳(S)/清除(L)/检查(C)/放弃(U)/退出(X)] <退出>: _shell
选择三维实体:(选取实体)
删除面或[放弃(U)/添加(A)/全部(ALL)]:(选取实体的最大面)
删除面或[放弃(U)/添加(A)/全部(ALL)]:
输入抽壳偏移距离: 1
已开始实体校验.
已完成实体校验.
输入体编辑选项[压印(I)/分割实体(P)/抽壳(S)/清除(L)/检查(C)/放弃(U)/退出(X)] <退出>:
```

抽壳并消隐后结果如图 9-108 所示。

(7) 将视图切换至西南等轴测。单击“三维工具”选项卡“建模”面板中的“圆柱体”按钮，以(0,0,20.5)为底面圆心绘制半径为 20、高度为 2 的圆柱体；重复“圆柱体”命令，以(0,0,22.5)为底面圆心绘制半径为 7.5、高度为 5 的圆柱体；重复“圆柱体”命令，以(0,0,27.5)为底面圆心绘制半径为 12.5、高度为 8 的圆柱体，消隐后如图 9-109 所示。

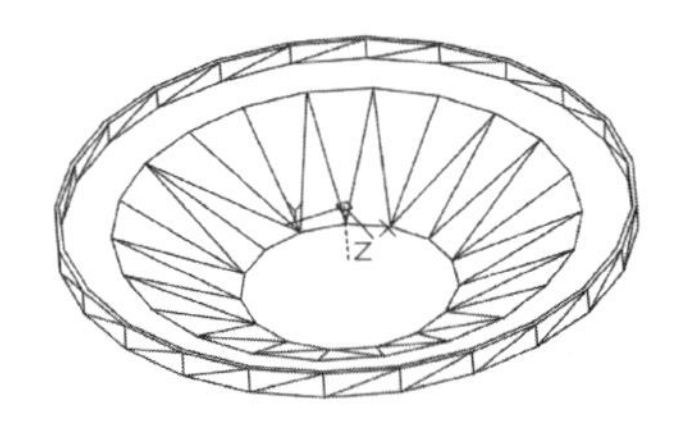

图 9-108 抽壳处理

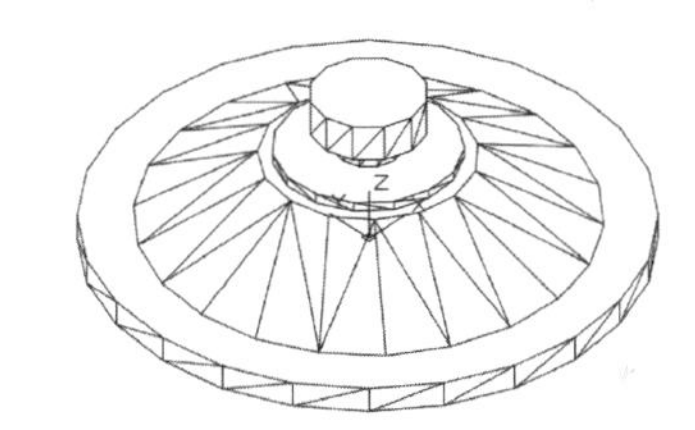

图 9-109 绘制圆柱体

(8) 单击“三维工具”选项卡“实体编辑”面板中的“倾斜面”按钮，选取半径为 12.5 的圆柱体的外圆柱面创建角度为 15°的倾斜面，命令行提示与操作如下。

```
命令：_SOLIDEDIT↙
实体编辑自动检查： SOLIDCHECK = 1
输入实体编辑选项[面(F)/边(E)/体(B)/放弃(U)/退出(X)] <退出>: _face
输入面编辑选项[拉伸(E)/移动(M)/旋转(R)/偏移(O)/倾斜(T)/删除(D)/复制(C)/颜色(L)/材质(A)/放弃(U)/退出(X)] <退出>: _taper
选择面或[放弃(U)/删除(R)]:选取半径为 12.5 的圆柱面
选择面或[放弃(U)/删除(R)/全部(ALL)]:
指定基点:(选取此圆柱体下底面圆心)
指定沿倾斜轴的另一个点:(选取此圆柱体上表面圆心)
指定倾斜角度: 15
已开始实体校验。
已完成实体校验。
输入面编辑选项[拉伸(E)/移动(M)/旋转(R)/偏移(O)/倾斜(T)/删除(D)/复制(C)/颜色(L)/材质(A)/放弃(U)/退出(X)] <退出>:
```

Note

消隐后结果如图 9-110 所示。

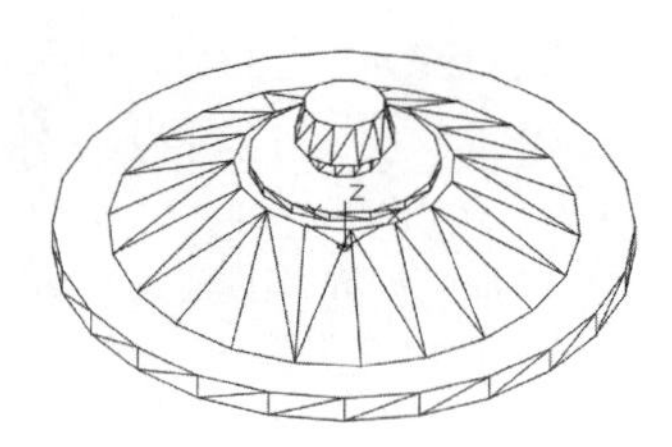

图 9-110　创建倾斜面

（9）单击“三维工具”选项卡“实体编辑”面板中的“并集”按钮 ，将图中所有实体进行并集运算。着色效果如图 9-105 所示。

9.6　答疑解惑

1. 在利用面域拉伸或旋转成实体时，看似封闭的线框为什么不能建立面域？

答：看似封闭的边界放大以后是不封闭的或者有线超出，或者边界上有其他线段穿过。如果再碰到面域建立问题，可以局部放大线段交汇处，查看是否有问题。

2. 在沿路径拉伸时要注意什么？

答：在沿路径拉伸时，要注意以下几点：一是要使拉伸对象与路径不能共面；二是路径必须是一条空间多段线；三是要注意拉伸对象断面的大小与路径弯度的比例适当。

9.7　学习效果自测

1. 绘制图 9-111 所示的螺塞。

2. 绘制图 9-112 所示的 U 盘。

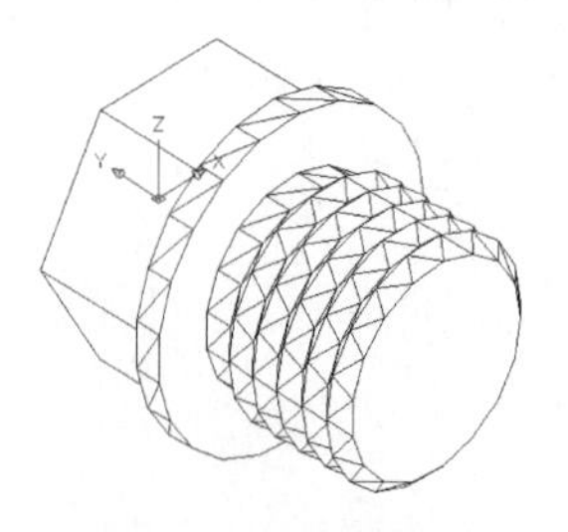

图 9-111　螺塞

图 9-112　U 盘

机械设计工程实例

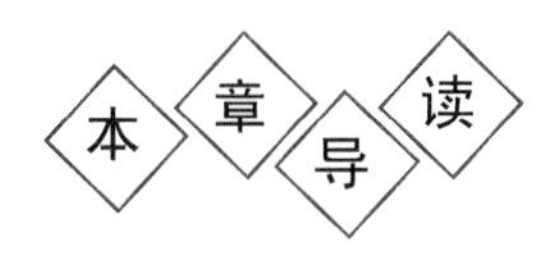

本章是AutoCAD 2022二维绘图命令在机械工程中的综合应用，以两个完整的零件图和装配图的绘制过程为例系统地讲述了具体的机械工程图的绘制方法和流程。

通过本章的学习，读者可以掌握机械工程设计实践的相关方法和思路。

学习要点

- 机械制图概述
- 阀体零件图
- 球阀装配图

10.1 机械制图概述

Note

10.1.1 零件图的绘制方法

零件图是设计者用以表达对零件设计意图的一种技术文件。

1. 零件图的内容

零件图是表达零件结构形状、大小和技术要求的工程图样，工人根据它加工制造零件。一幅完整的零件图应包括以下内容。

（1）一组视图：表达零件的形状与结构。

（2）一组尺寸：标出零件上结构的大小、结构间的位置关系。

（3）技术要求：标出零件加工、检验时的技术指标。

（4）标题栏：注明零件的名称、材料、设计者、审核者、制造厂家等信息的表格。

2. 零件图的绘制过程

零件图的绘制过程包括草绘和绘制工作图，AutoCAD一般采用绘制工作图。绘制零件图包括以下几步。

（1）设置作图环境。作图环境的设置一般包括以下两个方面。

- 选择比例：根据零件的大小和复杂程度选择比例，尽量采用1∶1。
- 选择图纸幅面：根据图形、标注尺寸、技术要求所需图纸幅面，选择标准幅面。

（2）确定作图顺序，选择尺寸转换为坐标值的方式。

（3）标注尺寸，标注技术要求，填写标题栏。标注尺寸前，要关闭剖面层，以免剖面线在标注尺寸时影响端点捕捉。

（4）校核与审核。

知识拓展

机械设计零件图的作用与内容如下。

零件图：用来表达零件的形状、结构、尺寸、材料以及技术要求等的图样。

零件图的作用：生产准备、加工制造、质量检验和测量的依据。

零件图包括以下内容。

- 一组图形——能够完整、正确、清晰地表达出零件各部分的结构、形状（如视图、剖视图、断面图等）。
- 一组尺寸——确定零件各部分结构、形状大小及相对位置的全部尺寸（定形、定位尺寸）。
- 技术要求——用规定的符号、文字标注或说明表示零件在制造、检验、装配、调试等过程中应达到的要求。

10.1.2 装配图的绘制方法

装配图表达了部件的设计构思、工作原理和装配关系，也表达了各零件间的相互位

置、尺寸关系及结构形状，是绘制零件工作图、部件组装、调试及维护等的技术依据。设计装配工作图时，要综合考虑工作要求、材料、强度、刚度、磨损、加工、装拆、调整、润滑和维护以及经济等诸多因素，并要使用足够的视图表达清楚。

1. 装配图的内容

（1）一组图形：用一般表达方法和特殊表达方法，正确、完整、清晰和简洁地表达装配体的工作原理，零件之间的装配关系、连接关系和零件的主要结构形状。

（2）必要的尺寸：在装配图上，必须标注出表示装配体的性能和规格以及装配、检验、安装时所需的尺寸。

（3）技术要求：用文字或符号说明装配体的性能、装配、检验、调试、使用等方面的要求。

（4）标题栏、零件序号和明细表：按一定的格式，将零件、部件进行编号，并填写标题栏和明细表，以便读图。

2. 装配图的绘制过程

绘制装配图时，应注意检验、校正零件的形状、尺寸，纠正零件草图中的不妥或错误之处。

（1）绘图前，应当进行必要的设置，如绘图单位、图幅大小、图层线型、线宽、颜色、字体格式、尺寸格式等。设置方法见前述章节，为了绘图方便，比例尽量选用1∶1。

（2）绘图步骤。

① 根据零件草图、装配示意图绘制各零件图，各零件的比例应当一致，零件尺寸必须准确，可以暂不标尺寸，将每个零件用“WBLOCK”命令定义为DWG文件。定义时，必须选好插入点，插入点应当是零件间相互有装配关系的特殊点。

② 调入装配干线上的主要零件，如轴，然后沿装配干线展开，逐个插入相关零件。插入后，若需要剪断不可见的线段，应当炸开插入块。插入块时，应当注意确定它的轴向和径向定位。

③ 根据零件之间的装配关系，检查各零件的尺寸是否有干涉现象。

④ 根据需要对图形进行缩放，布局排版，然后根据具体情况设置尺寸样式，标注好尺寸及公差，最后填写标题栏，完成装配图。

10.2　阀体零件图

10-1

绘制图10-1所示的阀体零件图。

零件图是设计者用以表达对零件设计意图的一种技术文件。完整的零件图包括一组视图、尺寸、技术要求、标题栏等内容。如图10-1所示，本节以球阀阀体这个典型的机械零件的设计和绘制过程为例讲述零件图的绘制方法和过程。

Note

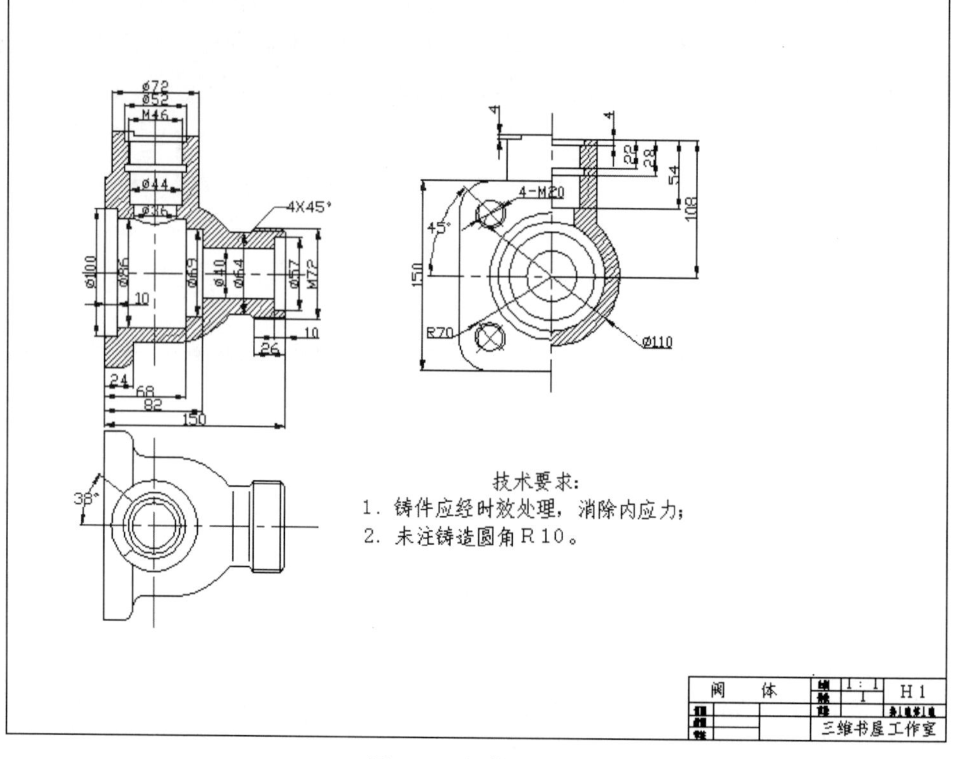

图 10-1　阀体零件图

10.2.1　配置绘图环境

(1) 建立新文件。启动 AutoCAD 2022 应用程序，以“A3.dwt”样板文件为模板，建立新文件；将新文件命名为“阀体.dwg”，并保存。

(2) 新建图层。单击“默认”选项卡“图层”面板中的“图层特性”按钮，设置图层如图 10-2 所示。

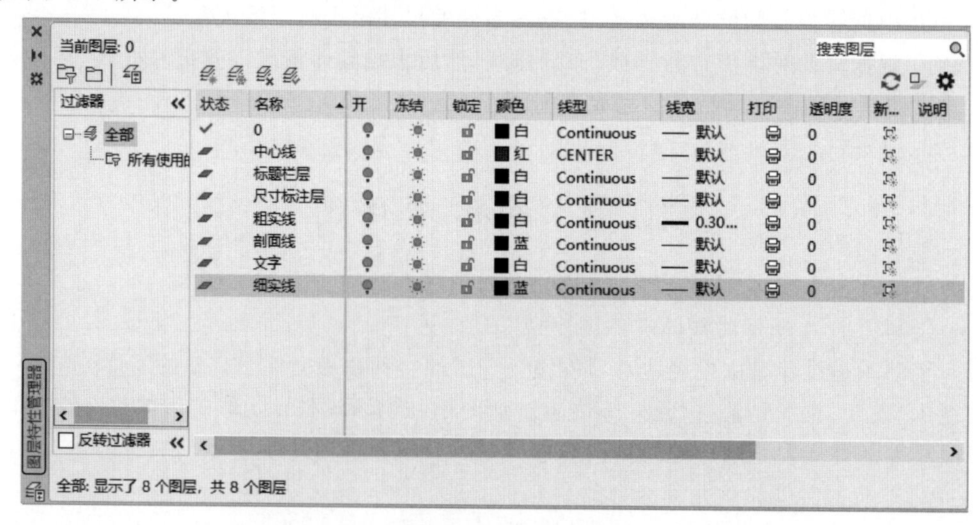

图 10-2　设置图层

10.2.2 绘制阀体

1. 绘制中心线

(1) 将"中心线"层设定为当前图层。

(2) 单击"默认"选项卡"绘图"面板中的"直线"按钮 ╱,在绘图平面适当位置绘制两条互相垂直的直线,长度分别大约为700和500。然后进行偏移操作,将水平中心线向下偏移200。采用同样方法,将竖直中心线向右平移400。

(3) 单击"默认"选项卡"绘图"面板中的"直线"按钮 ╱,指定偏移后中心线右下交点为起点,下一点坐标为(@300<135)。

(4) 将绘制的斜线向右下方移动到适当位置,使其仍然经过右下方的中心线交点,结果如图10-3所示。

2. 修改中心线

(1) 单击"默认"选项卡"修改"面板中的"偏移"按钮 ⋐,将上面中心线向下偏移75,将左边中心线向左偏移42。选择偏移形成的两条中心线,如图10-4所示。

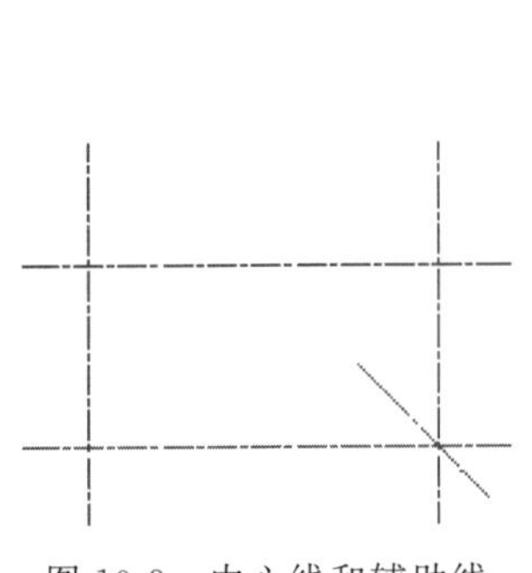

图10-3 中心线和辅助线

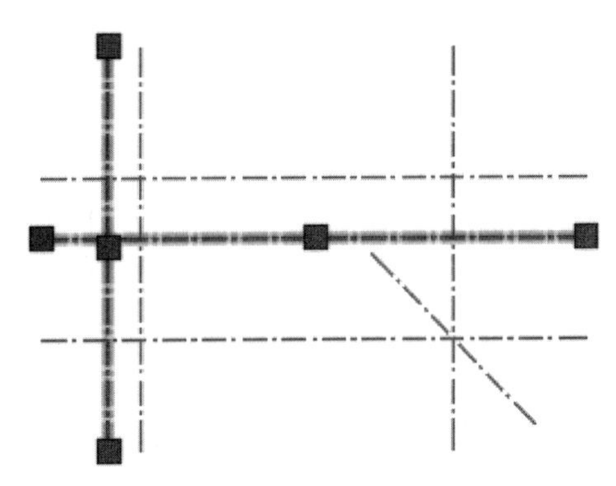

图10-4 绘制的直线

(2) 在图层工具栏的图层下拉列表中选择"粗实线"层,则这两条中心线转换成粗实线,同时其所在图层也转换成"粗实线"层,如图10-5所示。

(3) 单击"默认"选项卡"修改"面板中的"修剪"按钮 ✂,将转换的两条粗实线修剪成图10-6所示的图形。

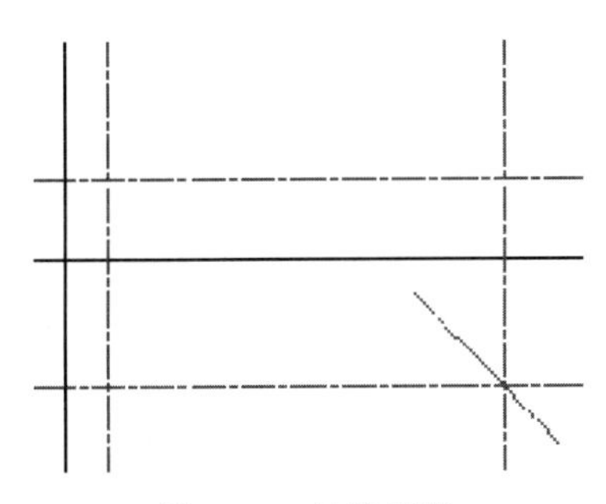

图10-5 转换图线

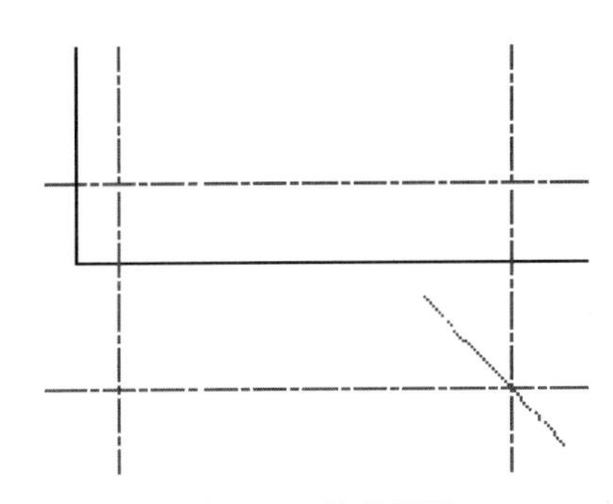

图10-6 修剪图线

Note

3. 偏移与修剪图线

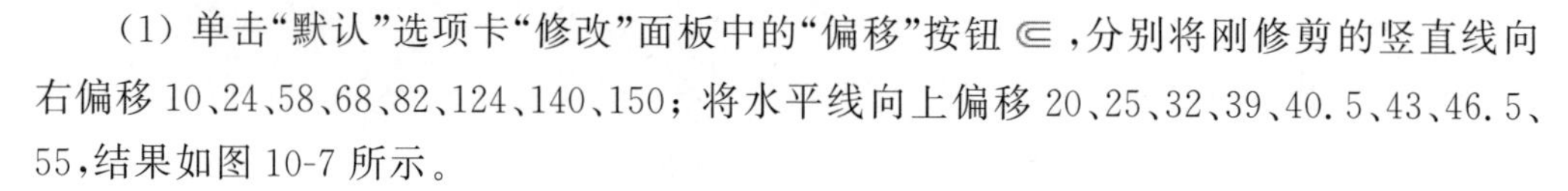

(1) 单击“默认”选项卡“修改”面板中的“偏移”按钮 ⊆ ,分别将刚修剪的竖直线向右偏移10、24、58、68、82、124、140、150;将水平线向上偏移20、25、32、39、40.5、43、46.5、55,结果如图10-7所示。

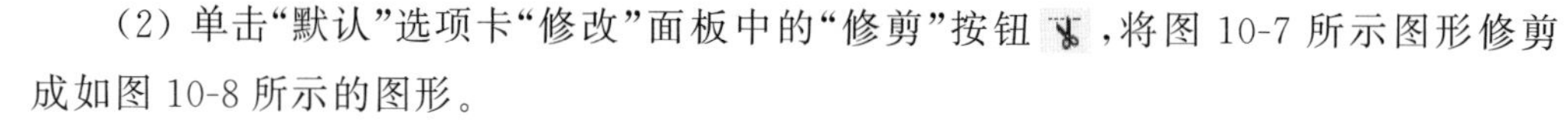

(2) 单击“默认”选项卡“修改”面板中的“修剪”按钮 ,将图10-7所示图形修剪成如图10-8所示的图形。

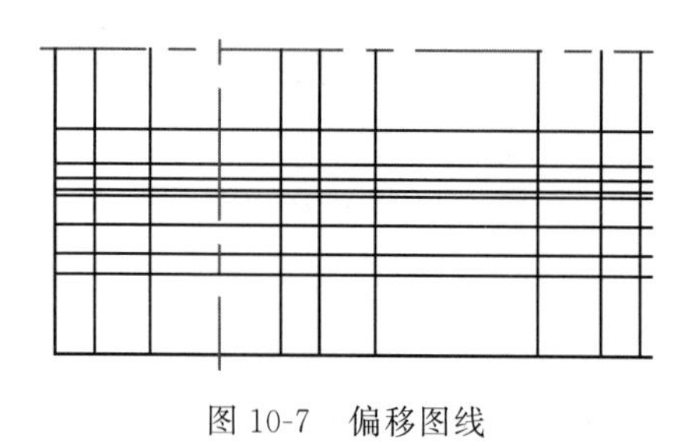

图10-7 偏移图线

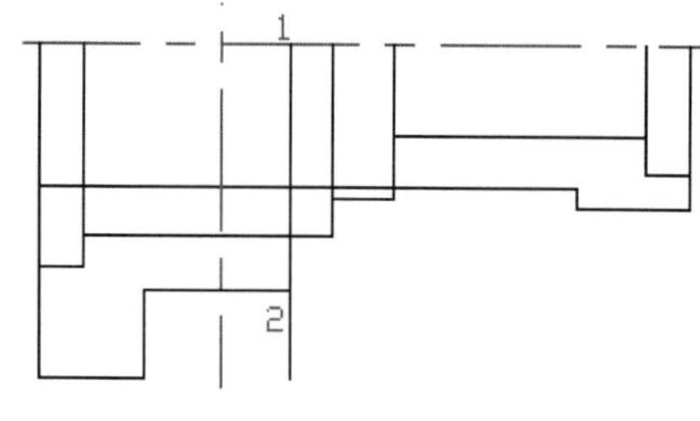

图10-8 修剪图线

4. 绘制圆弧

(1) 单击“默认”选项卡“绘图”面板中的“圆弧”按钮 ,以图10-8中1点为圆心,以2点为起点绘制圆弧,圆弧终点为适当位置,如图10-9所示。

(2) 单击“默认”选项卡“修改”面板中的“删除”按钮 ,删除1、2位置直线。

(3) 单击“默认”选项卡“修改”面板中的“修剪”按钮 ,修剪圆弧以及与它相交的直线,结果如图10-10所示。

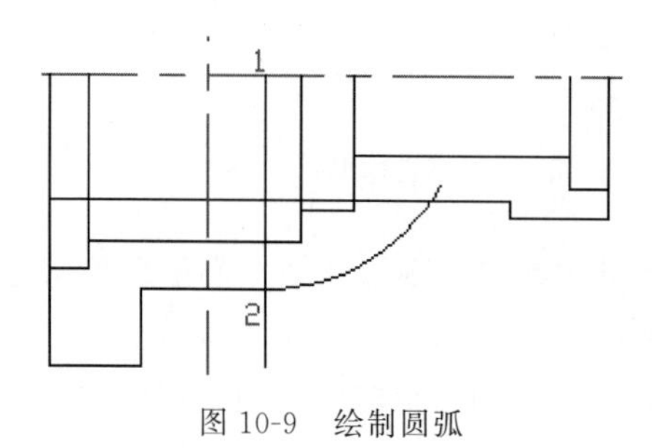

图10-9 绘制圆弧

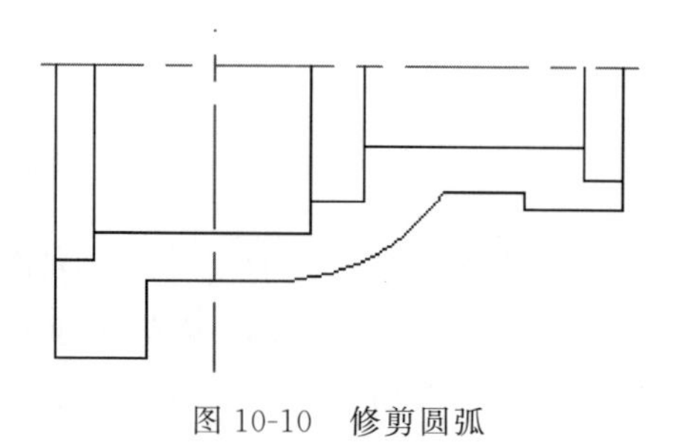

图10-10 修剪圆弧

提示与点拨:这种方式称为互相修剪,即互相作为修剪边界和修剪对象,操作起来比较简洁。

5. 倒角

(1) 单击“默认”选项卡“修改”面板中的“倒角”按钮 ,进行倒角处理,对右下边的直角进行倒角,倒角距离为4,采用的修剪模式为“不修剪”。采用相同方法对其左边的直角倒斜角,距离为4。对下部的直角进行圆角处理,圆角半径为10。

(2) 单击“默认”选项卡“修改”面板中的“圆角”按钮 ,对修剪的圆弧直线相交处倒圆角,半径为3,结果如图10-11所示。

6. 绘制螺纹牙底

(1) 单击“默认”选项卡“修改”面板中的“偏移”按钮 ⊂,将右下边水平线向上偏移 2。

(2) 单击“默认”选项卡“修改”面板中的“延伸”按钮 →|,进行延伸处理,最后将延伸后的线转换到“细实线”图层,如图 10-12 所示。

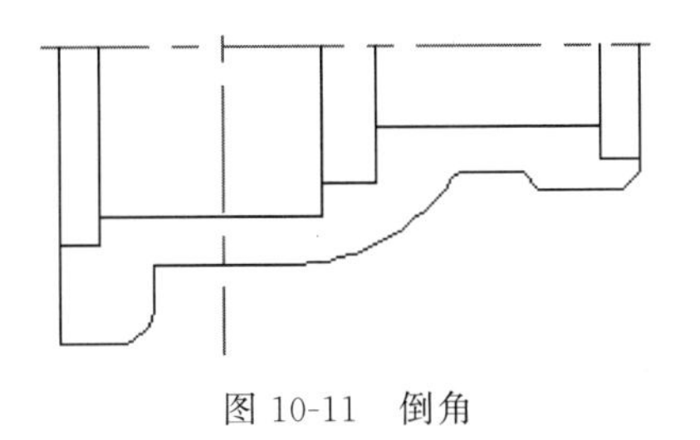

图 10-11 倒角

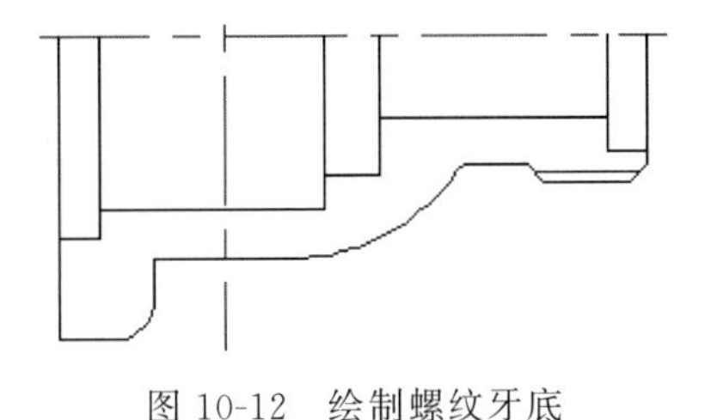

图 10-12 绘制螺纹牙底

7. 镜像处理

单击“默认”选项卡“修改”面板中的“镜像”按钮 ⚠,选择如图 10-13 所示亮显对象为对象,以水平中心线为轴镜像,结果如图 10-14 所示。

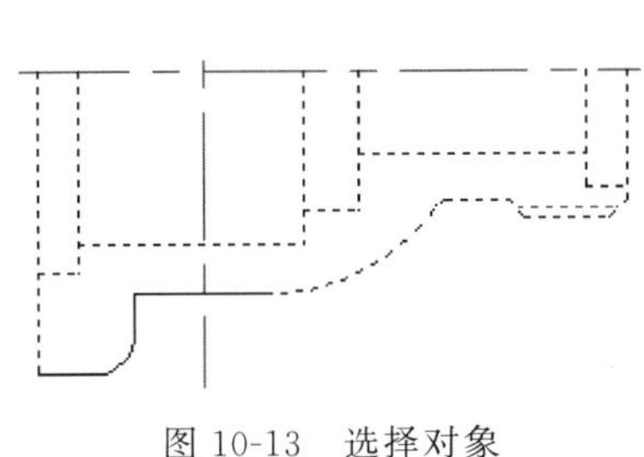

图 10-13 选择对象

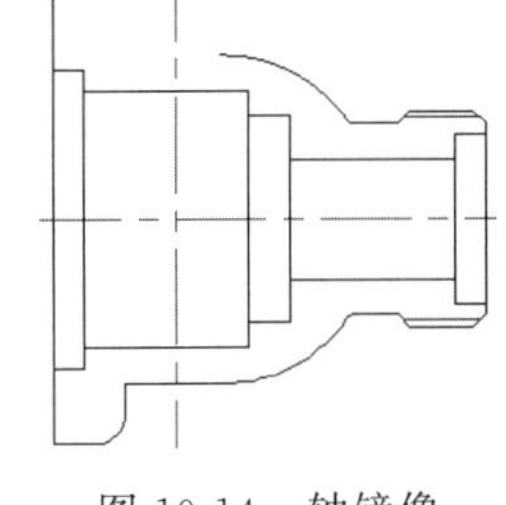

图 10-14 轴镜像

8. 偏移修剪图线

(1) 单击“默认”选项卡“修改”面板中的“偏移”按钮 ⊂,将竖直中心线向左和右分别偏移 18、22、26、36;将水平中心线向上分别偏移 54、80、86、104、108、112,结果如图 10-15 所示。

(2) 单击“默认”选项卡“修改”面板中的“修剪”按钮 ✂,对偏移的图线进行修剪,结果如图 10-16 所示。

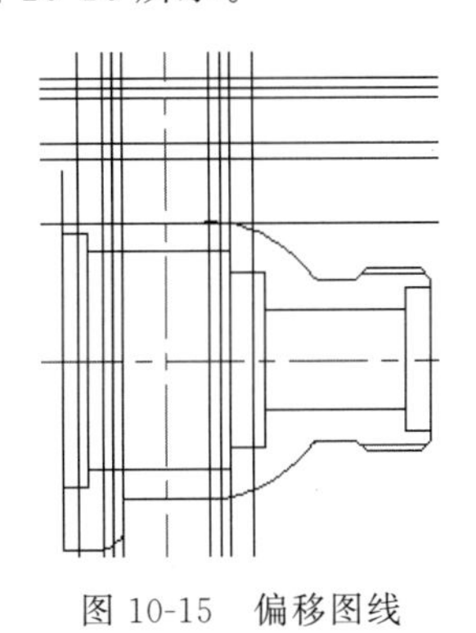

图 10-15 偏移图线

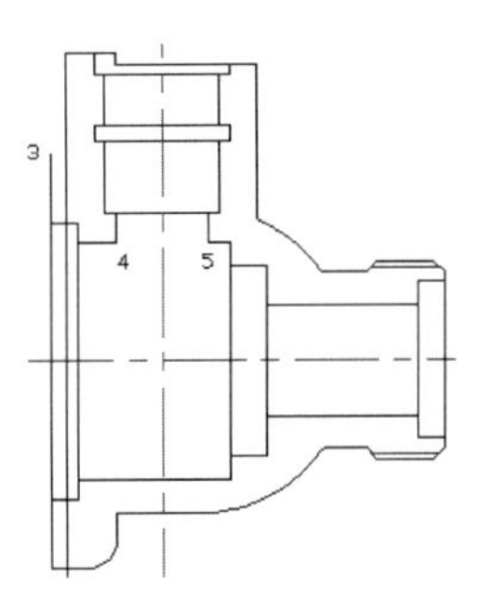

图 10-16 修剪处理

9. 绘制圆弧

（1）单击“默认”选项卡“绘图”面板中的“圆弧”按钮，选择3点为圆弧起点，适当一点为第二点，3点右边竖直线上适当一点为终点，绘制圆弧。

（2）单击“默认”选项卡“修改”面板中的“修剪”按钮，以圆弧为界，将3点右边直线下部剪掉。

（3）单击“默认”选项卡“绘图”面板中的“圆弧”按钮，以起点和终点分别为4点和5点，第二点为竖直中心线上适当位置一点，绘制结果如图10-17所示。

提示与点拨：要严格地确定第二条圆弧的第二点，必须在绘制左视图后，通过左视图上的点依据主视图与左视图“高平齐”的原则定位。这里为了绘制简单，大体确定了此点。

10. 绘制螺纹牙底

将图10-17中6、7两条线各向外偏移1，然后将其转换到“细实线”层，结果如图10-18所示。

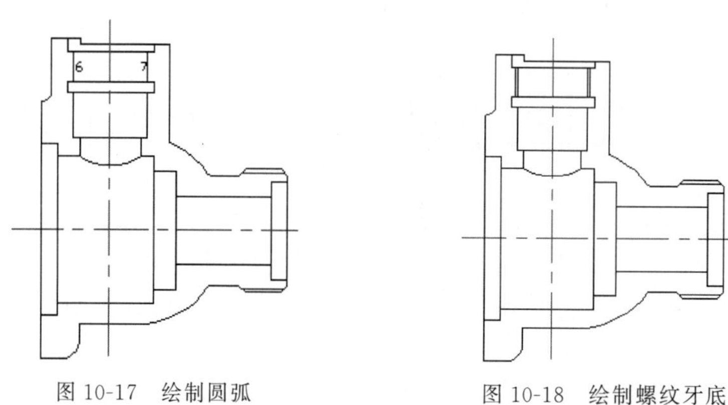

图10-17　绘制圆弧　　　　图10-18　绘制螺纹牙底

11. 图案填充

将图层转换到“剖面线”层。单击“默认”选项卡“绘图”面板中的“图案填充”按钮，打开“图案填充创建”选项卡，进行如图10-19所示的设置，选择填充区域进行填充，如图10-20所示。

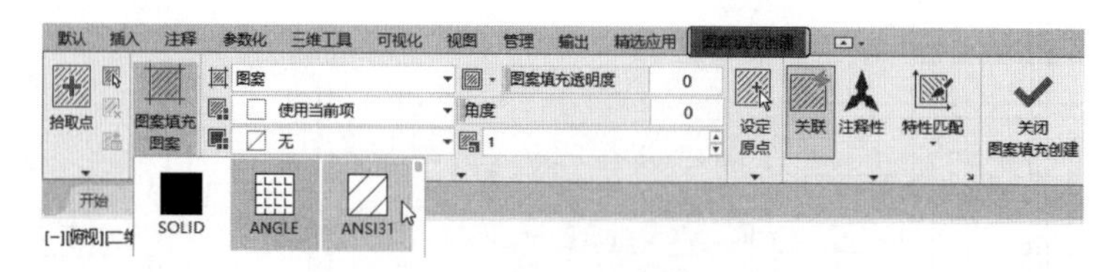

图10-19　“图案填充创建”选项卡

12. 绘制俯视图

单击“默认”选项卡“修改”面板中的“复制”按钮，将图10-21主视图中的高亮部分进行复制。

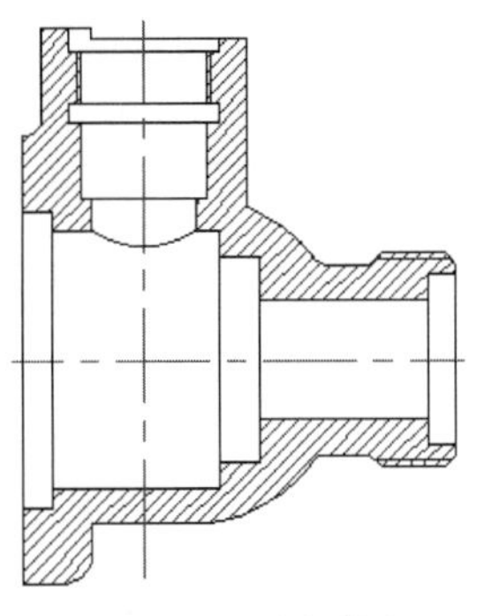

图 10-20　图案填充

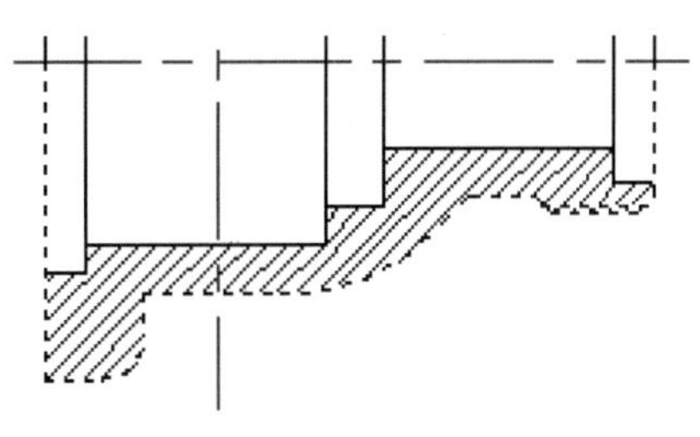

图 10-21　选择对象

命令:_COPY↙
选择对象:
当前设置:　复制模式 = 多个
指定基点或[位移(D)/模式(O)] <位移>:(指定主视图水平线上一点)
指定第二个点或[阵列(A)]或<使用第一个点作为位移>:(打开"正交"开关,指定下面的水平中心线上一点)
指定第二个点或[阵列(A)/退出(E)/放弃(U)] <退出>:↙

结果如图 10-22 所示。

13. 绘制辅助线

捕捉主视图上相关点,向下绘制竖直辅助线,如图 10-23 所示。

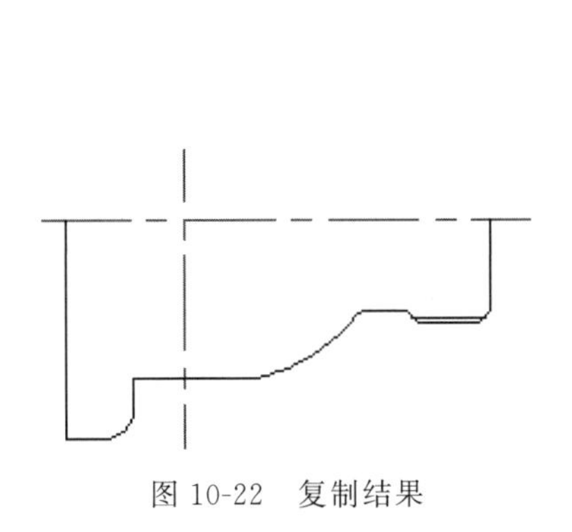

图 10-22　复制结果

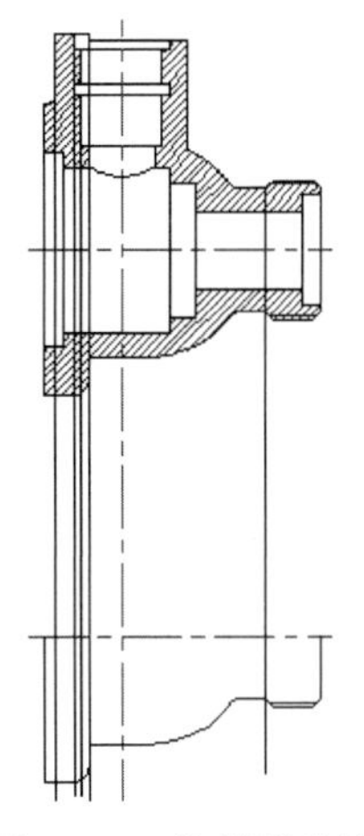

图 10-23　绘制辅助线

14. 绘制轮廓线

按辅助线与水平中心线交点指定的位置点,以左下边中心线交点为圆心,以这些交点为圆弧上一点绘制 4 个同心圆。以左边第 4 条辅助线与从外往里第 2 个圆的交点为起点绘制直线。打开状态栏上“DYN”开关,适当位置指定终点,绘制与水平线成 232°角的直线,如图 10-24 所示。

Note

15. 整理图线

（1）单击“默认”选项卡“修改”面板中的“修剪”按钮，以最外面圆为界修剪刚绘制的斜线，以水平中心线为界修剪最右边辅助线，删除其余辅助线，结果如图10-25所示。

（2）单击“默认”选项卡“修改”面板中的“圆角”按钮，对俯视图同心圆正下方的直角以10为半径倒圆角；单击“默认”选项卡“修改”面板中的“打断”按钮，将刚修剪的最右边辅助线打断，结果如图10-26所示。

（3）单击“默认”选项卡“修改”面板中的“延伸”按钮，以刚倒圆角的圆弧为界，将圆角形成的断开直线延伸。将刚打断的辅助线向左边适当位置平行复制，结果如图10-27所示。

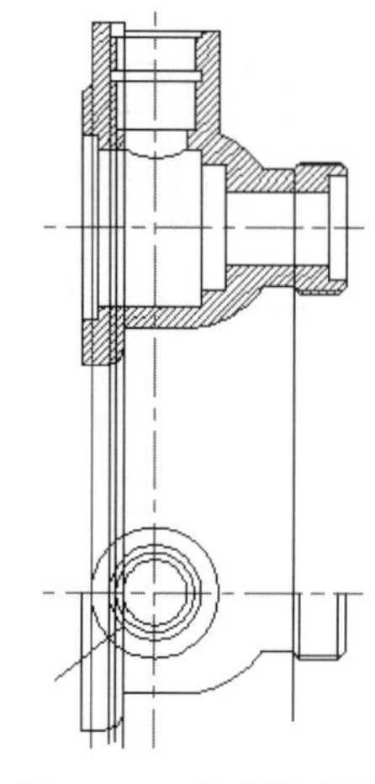

图10-24　绘制轮廓线

以水平中心线为轴，将水平中心线以下所有对象镜像，最终的俯视图如图10-28所示。

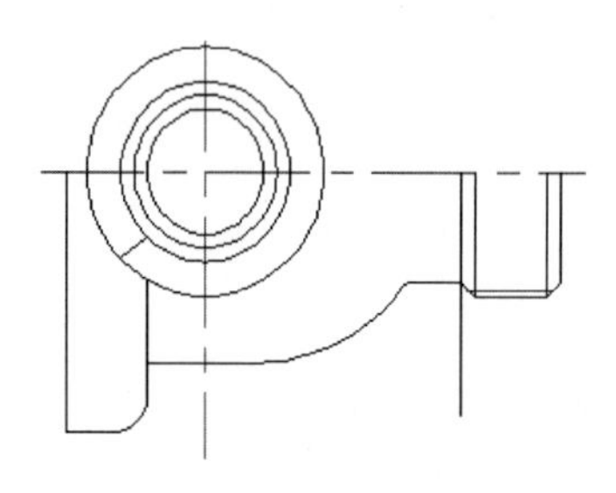

图10-25　修剪与删除

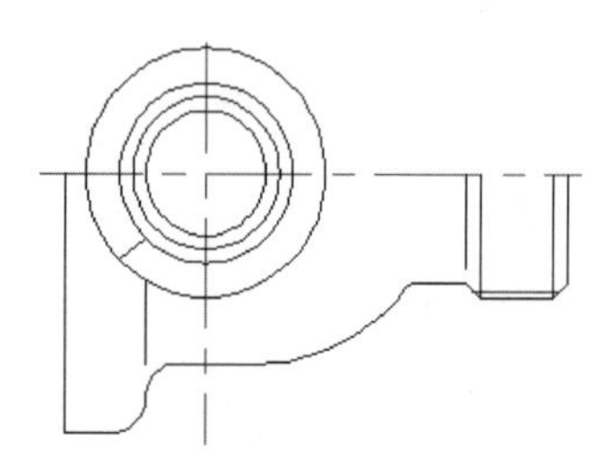

图10-26　圆角与打断

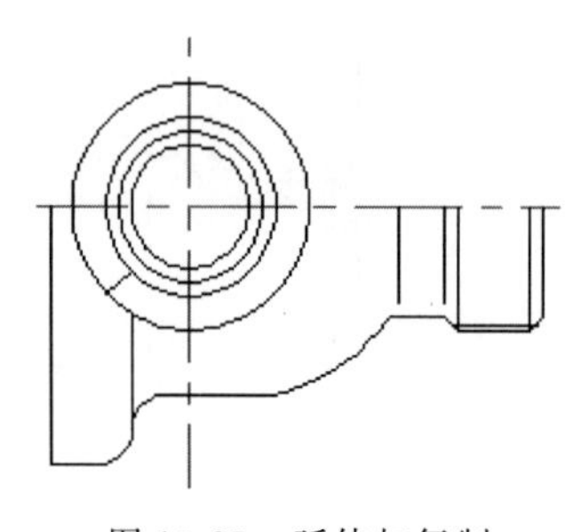

图10-27　延伸与复制

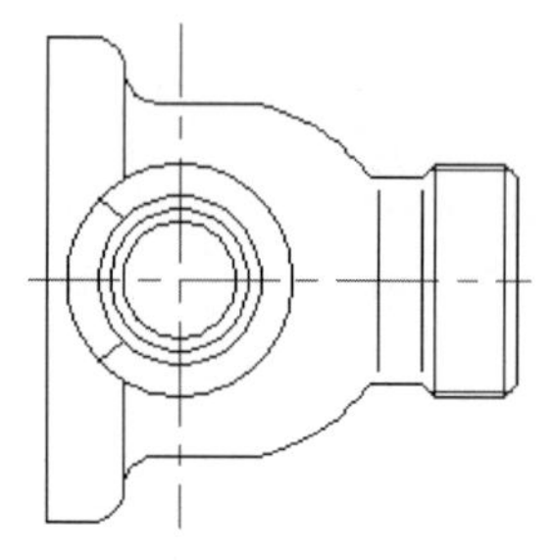

图10-28　镜像

16. 绘制左视图

单击“默认”选项卡“绘图”面板中的“直线”按钮，捕捉主视图与左视图上相关点，绘制如图10-29所示的水平与竖直辅助线。

17. 绘制初步轮廓线

单击“默认”选项卡“绘图”面板中的“圆”按钮，以水平辅助线与左视图中心线的交点为圆弧上的一点，以中心线交点为圆心绘制5个同心圆，并初步修剪辅助线，如图10-30所示。进一步修剪辅助线，如图10-31所示。

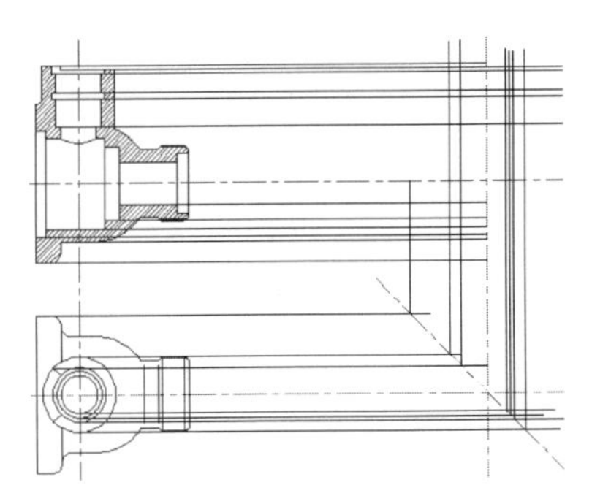

图 10-29　绘制辅助线

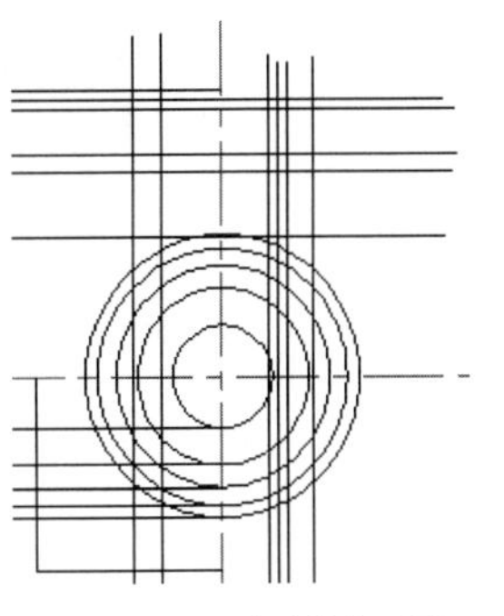

图 10-30　绘制同心圆

18. 绘制孔板

(1) 单击“默认”选项卡“修改”面板中的“圆角”按钮，对图 10-31 左下角直角倒圆角，半径为 25。

(2) 转换到“中心线”层，单击“默认”选项卡“绘图”面板中的“圆”按钮，以垂直中心线交点为圆心绘制半径为 70 的圆。

(3) 单击“默认”选项卡“绘图”面板中的“直线”按钮，以垂直中心线交点为起点，向左下方绘制 45°斜线。

(4) 单击“默认”选项卡“绘图”面板中的“圆”按钮，转换到“粗实线”层，以中心线圆与斜中心线的交点为圆心，绘制半径为 10 的圆，再转换到“细实线”层，以中心线圆与斜中心线交点为圆心，绘制半径为 12 的圆，如图 10-32 所示。

(5) 单击“默认”选项卡“修改”面板中的“打断”按钮，修剪同心圆的外圆，然后以水平中心线为轴，对本步前面绘制的对象镜像处理，结果如图 10-33 所示。

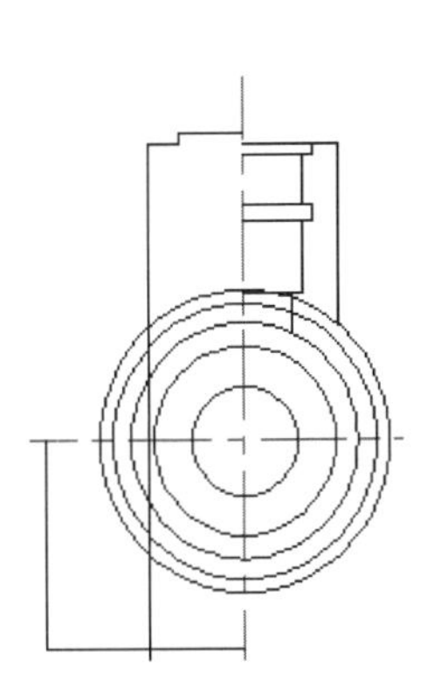

图 10-31　修剪图线

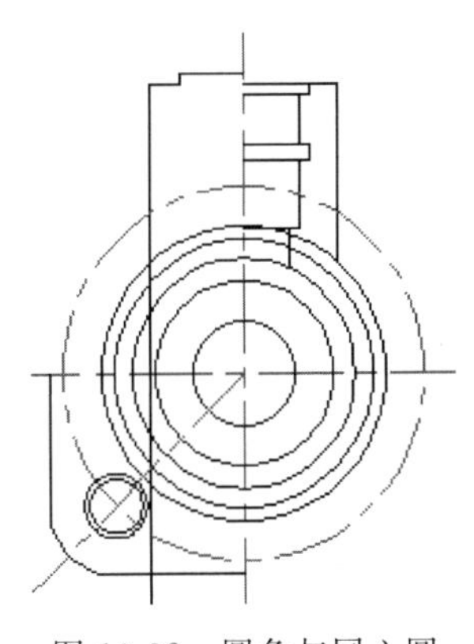

图 10-32　圆角与同心圆

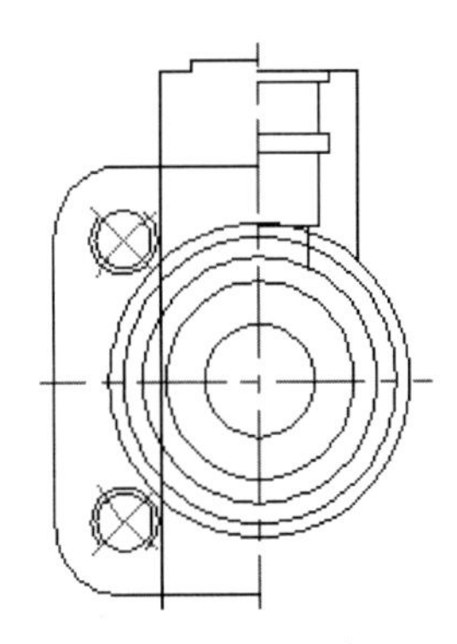

图 10-33　镜像

19. 修剪图线

单击“默认”选项卡“修改”面板中的“修剪”按钮，选择相应边界，修剪左边辅助线与 5 个同心圆中最外边的两个同心圆，结果如图 10-34 所示。

20. 图案填充

参照主视图绘制方法，对左视图进行填充，结果如图 10-35 所示。

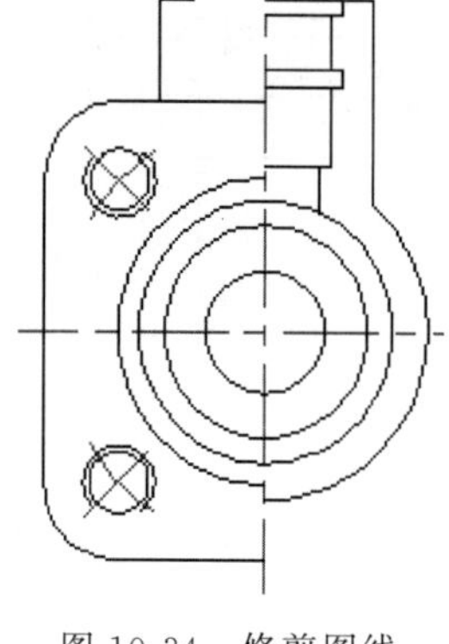

图 10-34　修剪图线

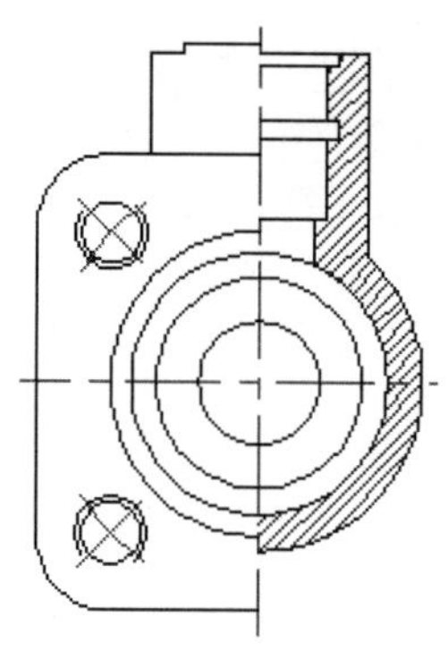

图 10-35　图案填充

21. 删除剩下的辅助线

单击"默认"选项卡"修改"面板中的"打断"按钮，修剪过长的中心线，再将左视图整体水平向左适当移动，最终绘制的阀体三视图如图 10-36 所示。

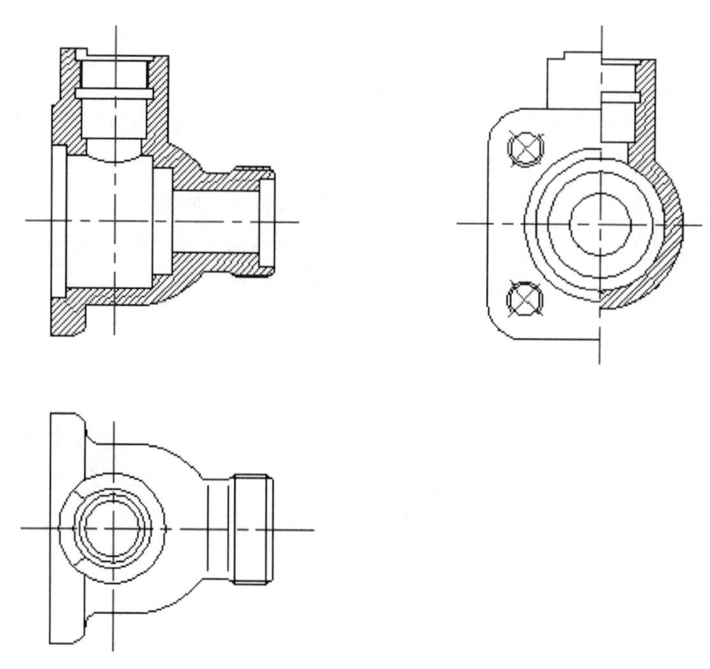

图 10-36　阀体三视图

10.2.3　标注球阀阀体

(1) 设置尺寸样式。单击"默认"选项卡"注释"面板中的"标注样式"按钮，弹出"标注样式管理器"对话框，如图 10-37 所示。单击"修改"按钮，AutoCAD 打开"修改标注样式"对话框，分别选择"线"以及"文字"选项卡，进行如图 10-38 和图 10-39 所示的设置。

(2) 标注主视图尺寸。将"尺寸标注图层"设定为当前图层。单击"默认"选项卡

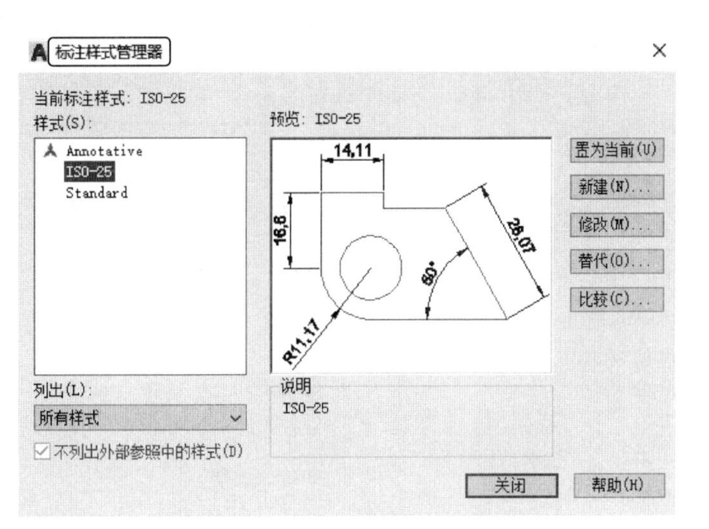

图 10-37 “标注样式管理器”对话框

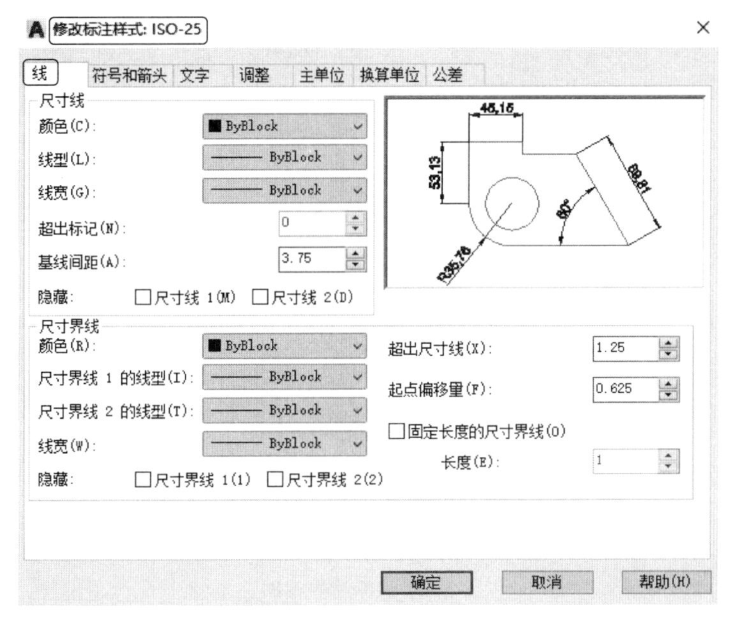

图 10-38 “线”选项卡

“注释”面板中的“线性”按钮⊢⊣，标注相应的尺寸，下面是一些标注的样式。标注后的图形如图 10-40 所示。命令行操作与提示如下。

```
命令: DIMLINEAR↙
指定第一个尺寸界线原点或<选择对象>:(选择要标注的线性尺寸的第一个点)
指定第二条尺寸界线原点:(选择要标注的线性尺寸的第二个点)
指定尺寸线位置或[多行文字(M)/文字(T)/角度(A)/水平(H)/垂直(V)/旋转(R)]: T↙
输入标注文字<72>: %%C72↙
指定尺寸线位置或[多行文字(M)/文字(T)/角度(A)/水平(H)/垂直(V)/旋转(R)]:(用鼠标选择要标注尺寸的位置)
```

Note

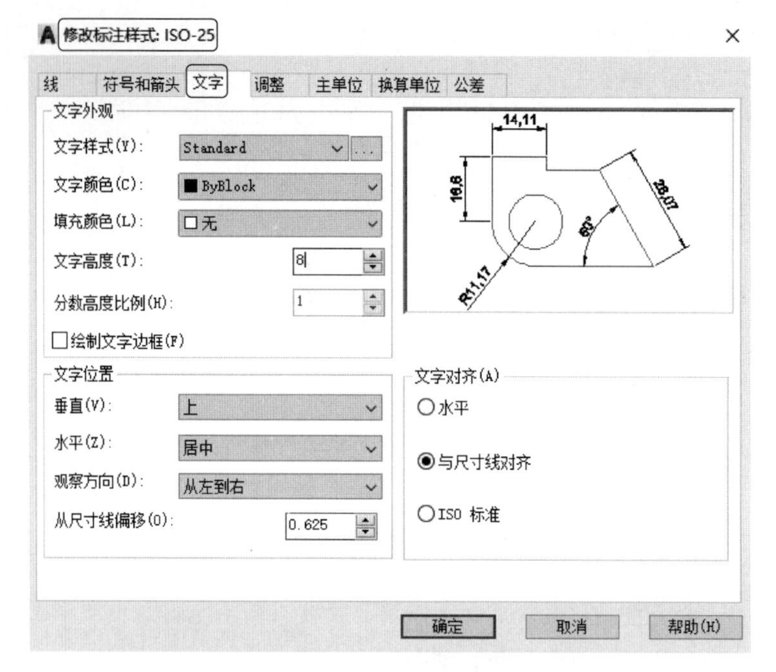

图 10-39 “文字”选项卡

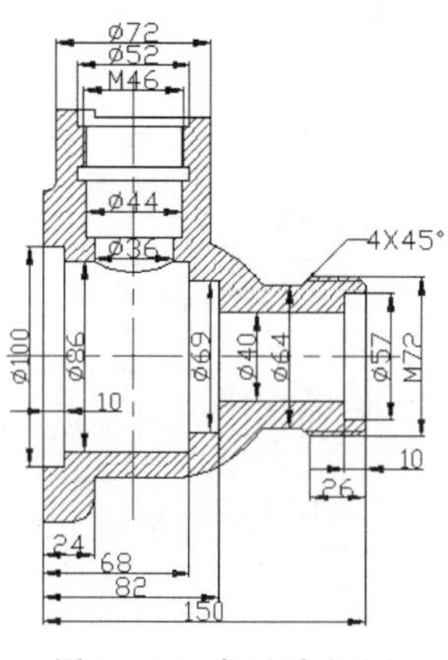

图 10-40 标注主视图

(3) 采用相同方法,标注线性尺寸 ϕ52、M46、ϕ44、ϕ36、ϕ100、ϕ86、ϕ69、ϕ40、ϕ64、ϕ57、M72、10、24、68、82、150、26、10。

```
命令: QLEADER↙
指定第一个引线点或[设置(S)] <设置>:(指定引线点)
指定下一点: (指定下一引线点)
指定下一点: (指定下一引线点)
指定文字宽度<0>:8↙
输入注释文字的第一行<多行文字(M)>: 4×45%%D↙
输入注释文字的下一行: ↙
```

(4) 标注左视图。按上面方法标注线性尺寸 150、4、4、22、28、54、108。

单击“默认”选项卡“注释”面板中的“标注样式”按钮，打开“标注样式管理器”对话框，单击“新建”按钮，系统打开“创建新标注样式”对话框，在“用于”下拉列表中选择“直径标注”，如图 10-41 所示。单击“继续”按钮，系统打开“新建标注样式”对话框，在“文字”选项卡“文字对齐”选项组中选择“ISO 标准”单选按钮，如图 10-42 所示，单击“确定”按钮退出。

```
命令: _DIMDIAMETER↙
选择圆弧或圆:(选择左视图最外圆)
标注文字 = 72
指定尺寸线位置或[多行文字(M)/文字(T)/角度(A)]:(指定适当位置)
```

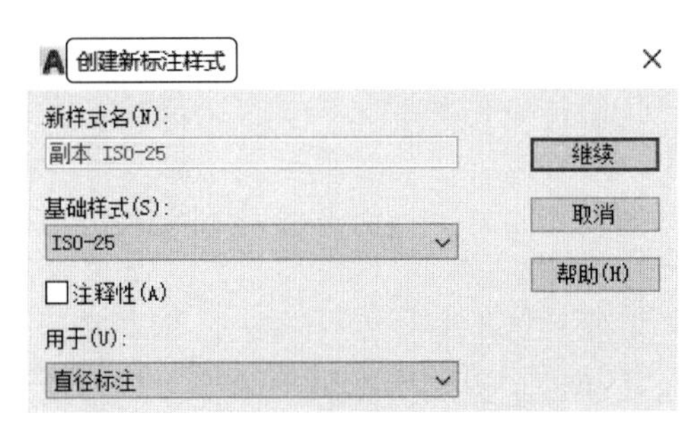

图 10-41　“创建新标注样式”对话框

图 10-42　“新建标注样式”对话框

采用相同的方法标注 4×M20。

采用相同的方法，设置用于标注半径的标注样式，设置与上面用于直径标注的样式一样。标注半径尺寸 R70。

Note

采用相同的方法，设置用于标注角度的标注样式，其设置与上面用于直径标注的样式类似，标注角度尺寸 45°，结果如图 10-43 所示。

（5）标注俯视图。按上面角度标注，在俯视图上标注角度 52°，结果如图 10-44 所示。

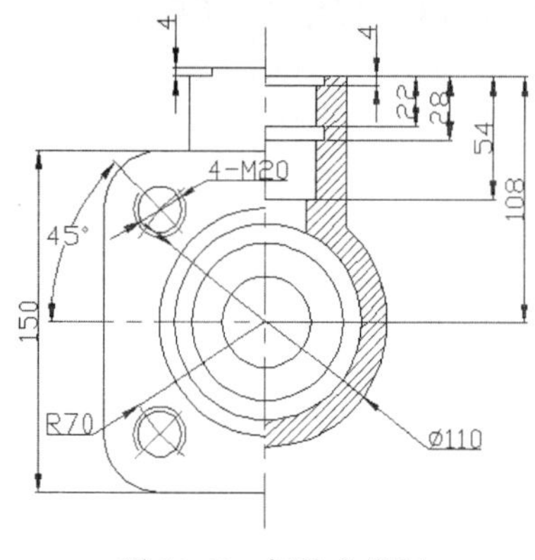

图 10-43　标注左视图

52°

图 10-44　标注俯视图

（6）插入“技术要求”文本。

切换图层：将“文字”设定为当前图层。

填写技术要求：单击“默认”选项卡“注释”面板中的“多行文字”按钮 A，输入多行文字，结果如图 10-45 所示。

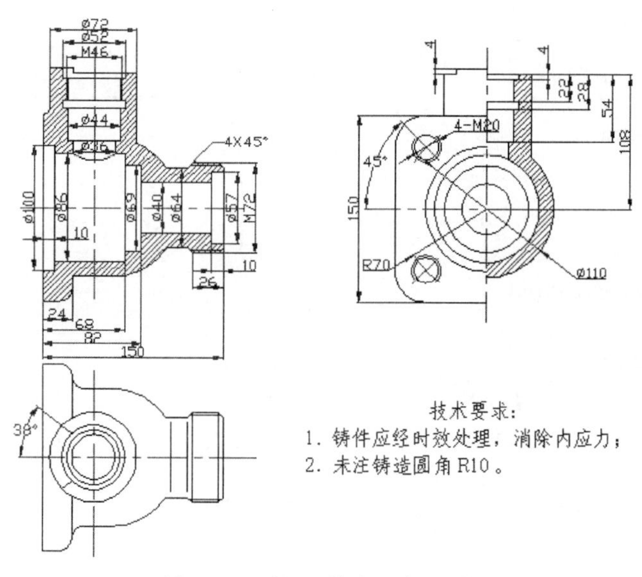

图 10-45　插入“技术要求”文本

（7）填写标题栏。

切换图层：将“0 图层”设定为当前图层，并打开此图层。

单击“默认”选项卡“注释”面板中的“多行文字”按钮 A，填写标题栏，结果如图 10-1 所示。

（8）保存文件。单击“快速访问”工具栏中的“保存”按钮，保存所绘制的图形。

10.3　球阀装配图

10-2

绘制图 10-46 所示的球阀装配图。

装配图表达了部件的设计构思、工作原理和装配关系,也表达了各零件间的相互位置、尺寸关系及结构形状,是绘制零件工作图、部件组装、调试及维护等的技术依据。设计装配工作图时,要综合考虑工作要求、材料、强度、刚度、磨损、加工、装拆、调整、润滑和维护以及经济等诸多因素,并要使用足够的视图表达清楚。本节将通过球阀装配图的绘制帮助读者熟悉装配的具体绘制方法。

如图 10-46 所示,球阀装配图由阀体、阀盖、密封圈、阀芯、压紧套、阀杆和扳手等零件图组成。装配图是零部件加工和装配过程中重要的技术文件。在设计过程中,要用到剖视以及放大等表达方式,还要标注装配尺寸,绘制和填写明细表等。因此,通过球阀装配图的绘制,可以提高综合设计能力。

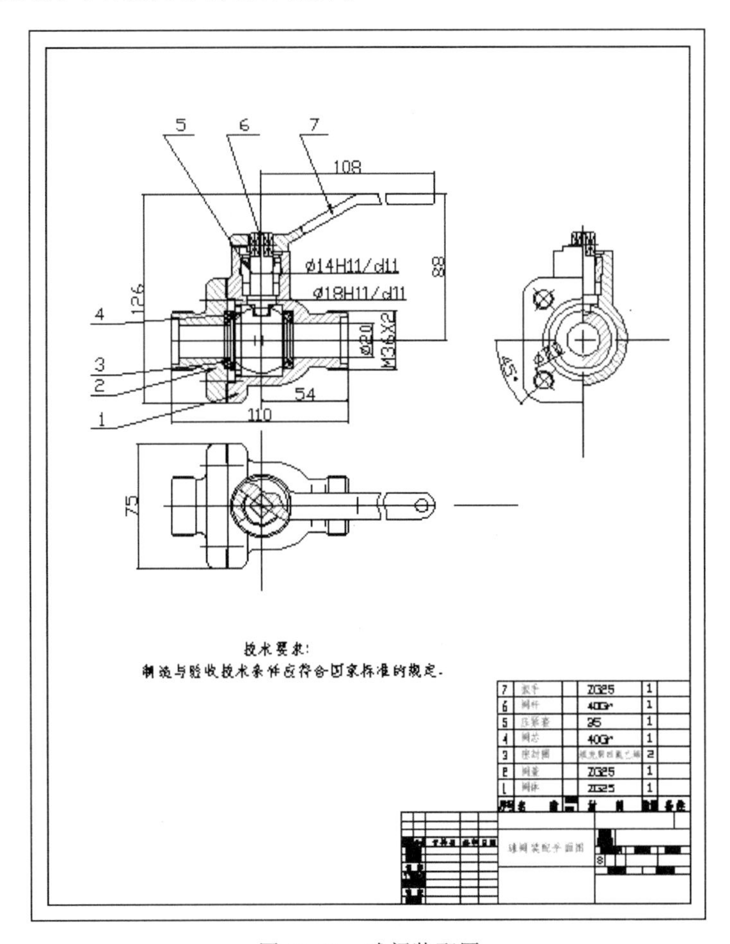

图 10-46　球阀装配图

将零件图的视图进行修改,制作成块,然后将这些块插入装配图中,本节不再介绍制作块的步骤,读者可以参考前面例子中相应的介绍。

Note

10.3.1 配置绘图环境

（1）新建文件。选择“快速访问”工具栏中的“新建”按钮 ，打开“选择样板”对话框，选择已设计的样板文件作为模板，模板如图 10-47 所示，将新文件命名为“球阀装配图.dwg”并保存。

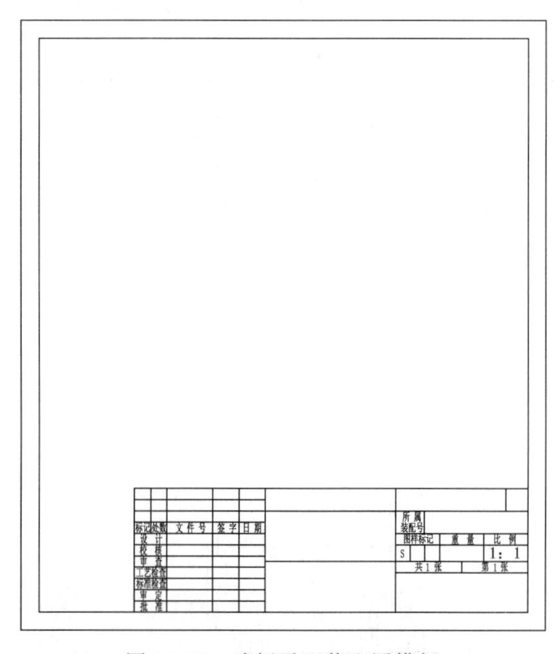

图 10-47　球阀平面装配图模板

（2）显示线宽。单击状态栏中的“显示/隐藏线宽”按钮 ，在绘制图形时显示线宽。

（3）关闭栅格。单击状态栏中“栅格”按钮 ，或按 F7 键关闭栅格。选择菜单栏中的“视图”→“缩放”→“全部”命令，调整绘图区的显示比例。

（4）新建图层。单击“默认”选项卡“图层”面板中的“图层特性”按钮 ，出现“图层特性管理器”对话框，新建并设置每一个图层，如图 10-48 所示。

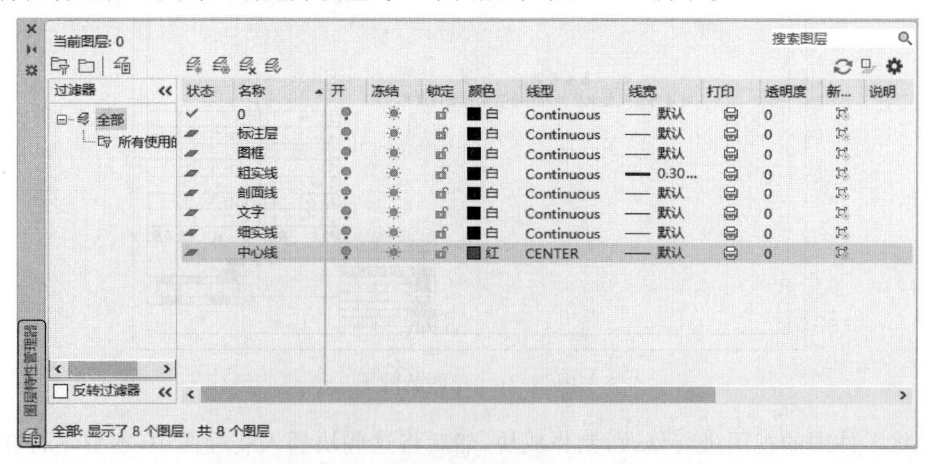

图 10-48　“图层特性管理器”对话框

10.3.2 组装装配图

球阀装配平面图主要由阀体、阀盖、密封圈、阀芯、压紧套、阀杆和扳手等零件图组成。在绘制零件图时，用户可以为了装配的需要，将零件的主视图以及其他视图分别定义成图块，但是在定义的图块中不包括零件的尺寸标注和定位中心线，块的基点应选择在与其零件有装配关系或定位关系的关键点上。

(1) 插入阀体平面图。单击“视图”选项卡“选项板”面板中的“设计中心”按钮▦，打开“设计中心”选项板，如图10-49所示。在AutoCAD设计中心中有“文件夹”“打开的图形”“历史记录”3个选项卡，用户可以根据需要选择设置相应的选项卡。

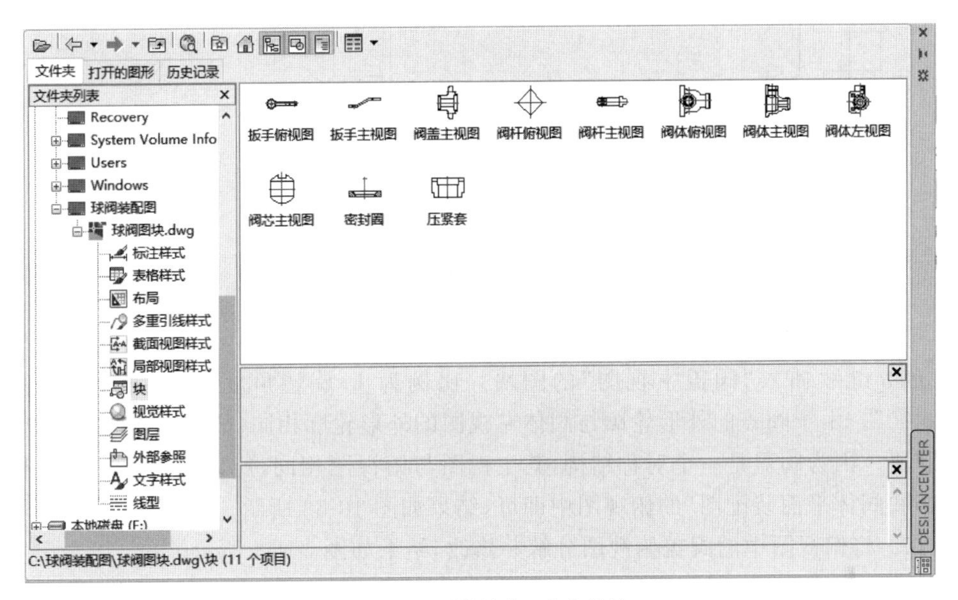

图10-49 “设计中心”选项板

(2) 单击“文件夹”选项卡，则计算机中所有的文件都会显示在其中，找到要插入的“球阀图块”文件并双击，然后双击该文件中的“块”选项，则图形中所有的块都会显示在右边的图框中，如图10-49所示，在其中选择“阀体主视图”块，右击，选择“插入块”，系统打开“插入”对话框，如图10-50所示。

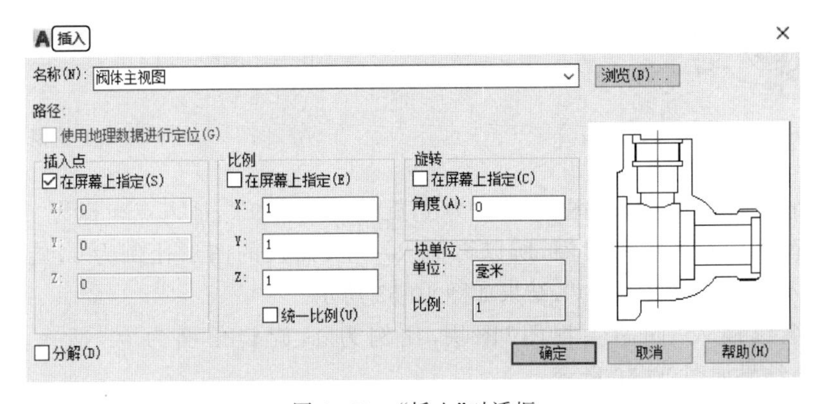

图10-50 “插入”对话框

(3) 按照图示进行设置,插入的图形比例为1,旋转角度为0°,然后单击"确定"按钮,则此时命令行会提示"指定插入点或[基点(B)/比例(S)/X/Y/Z/旋转(R)]"。

(4) 在命令行输入"150,400",将"阀体主视图"块插入到"阀体平面装配图"中,且插入后轴右端中心线处的坐标为"150,400",结果如图10-51所示。

(5) 继续插入"阀体俯视图"块。插入的图形比例为1,旋转角度为0,插入点坐标为"150,250";继续插入"阀体左视图"块,插入的图形比例为1,旋转角度为0,插入点坐标为"300,400",结果如图10-52所示。

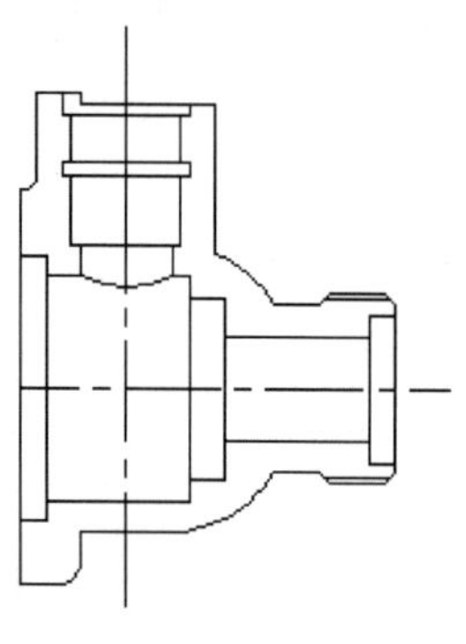
图10-51　阀体主视图

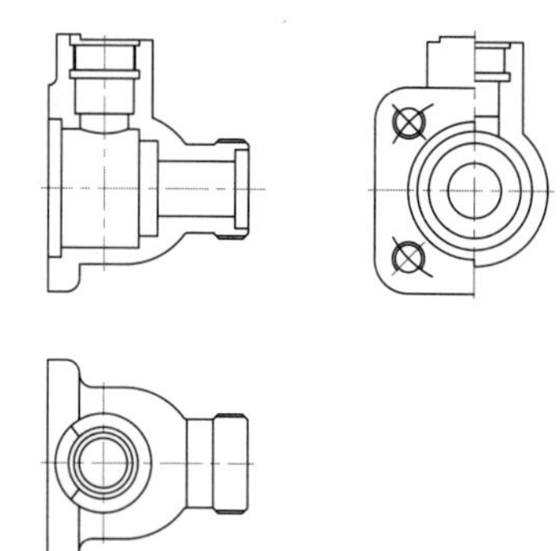
图10-52　阀体三视图

(6) 继续插入"阀盖主视图"的图块。比例为1,旋转角度为0,插入点坐标为"36,400"。由于阀盖的外形轮廓与阀体左视图的外形轮廓相同,故不需要插入"阀盖左视图"块。因为阀盖是一个对称结构,其主视图与俯视图相同,所以把"阀盖主视图"块插入到"阀体平面装配图"的俯视图中即可,结果如图10-53所示。

(7) 将俯视图中的阀盖俯视图分解并修改,结果如图10-54所示。

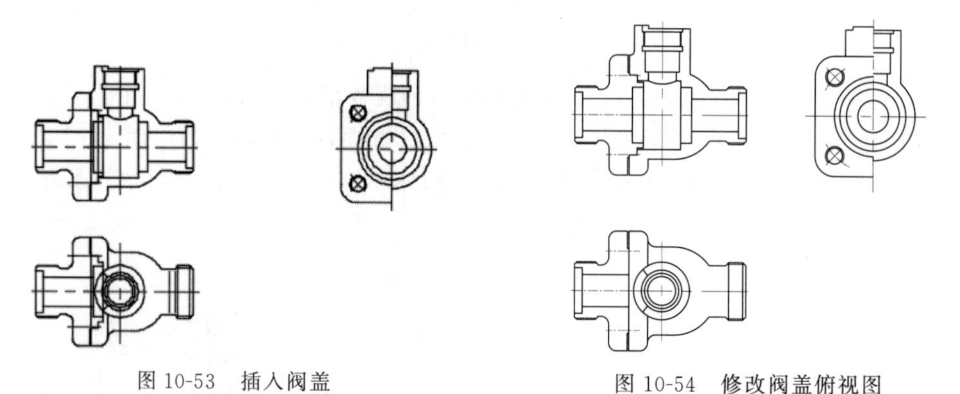
图10-53　插入阀盖

图10-54　修改阀盖俯视图

(8) 继续插入"密封圈"图块,比例为1,旋转角度为90°,插入点坐标为"116,400"。由于该装配图中有两个密封圈,所以再插入一个,插入的图形比例为1,旋转角度为−90°,插入点坐标为"77,400",结果如图10-55所示。

(9) 继续插入"阀芯主视图"图块,比例为1,旋转角度为0°,插入点坐标为"96,400",结果如图10-56所示。

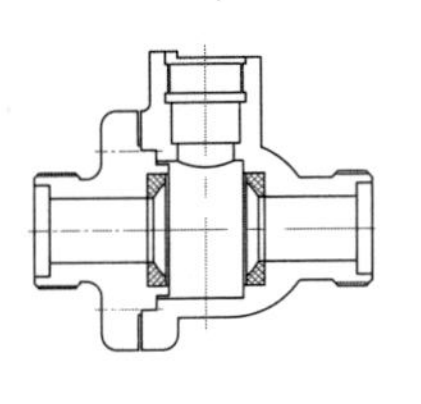
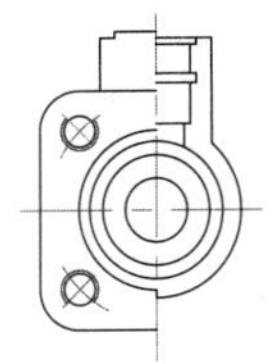
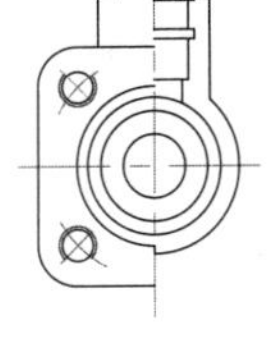
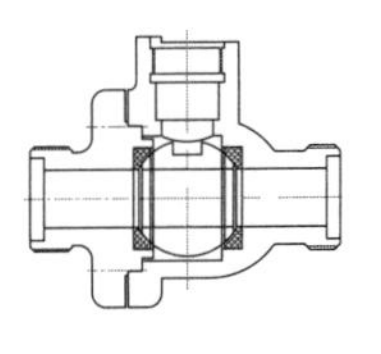
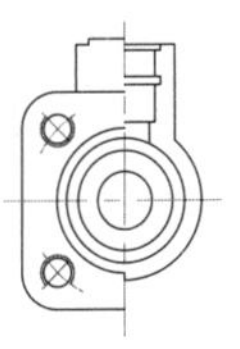

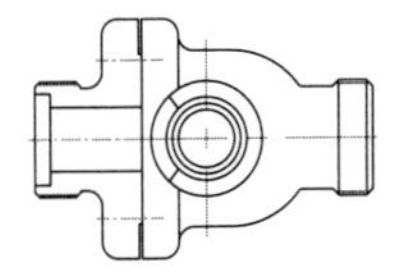
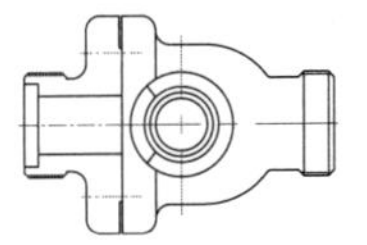

图 10-55 插入密封圈主视图

图 10-56 插入阀芯主视图

(10) 继续插入"阀杆主视图"图块,比例为 1,旋转角度为−90°,插入点坐标为"96,427";插入阀杆俯视图图块的图形比例为 1,旋转角度为 0,插入点坐标为"96,250";插入阀杆左视图图块的图形比例为 1,旋转角度为−90°,插入点坐标为"300,427",结果如图 10-57 所示。

(11) 继续插入"压紧套主视图"图块,比例为 1,旋转角度为 0,插入点坐标为"96,435";由于压紧套左视图与主视图相同,故可在阀体左视图中继续插入压紧套主视图图块,插入的图形比例为 1,旋转角度为 0,插入点坐标为"300,435",结果如图 10-58 所示。

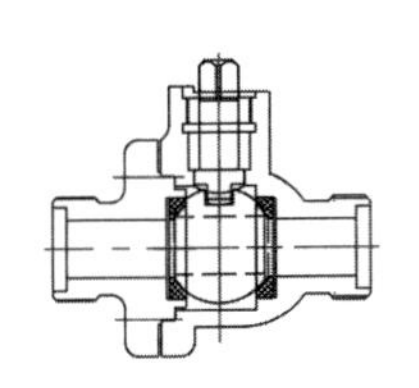
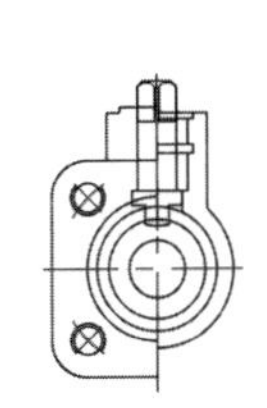
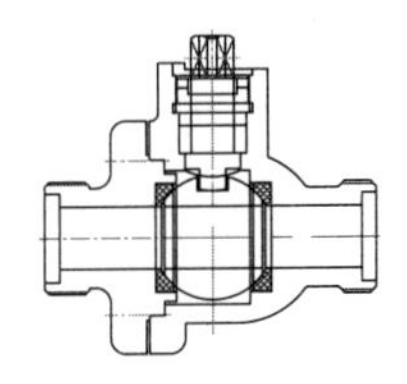
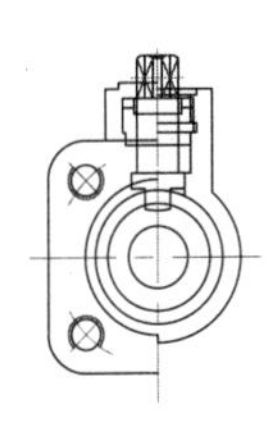

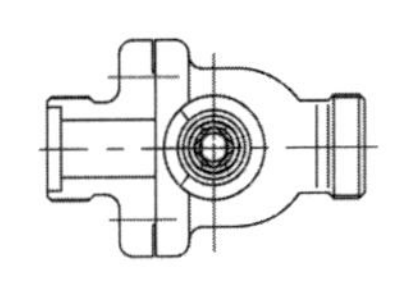
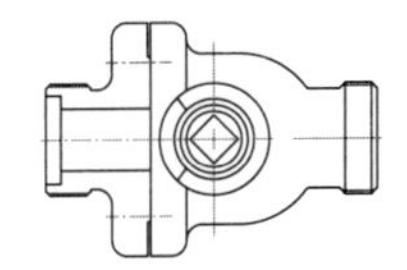

图 10-57 插入阀杆

图 10-58 插入压紧套

(12) 把主视图和左视图中的压紧套图块分解并修改,结果如图 10-59 所示。

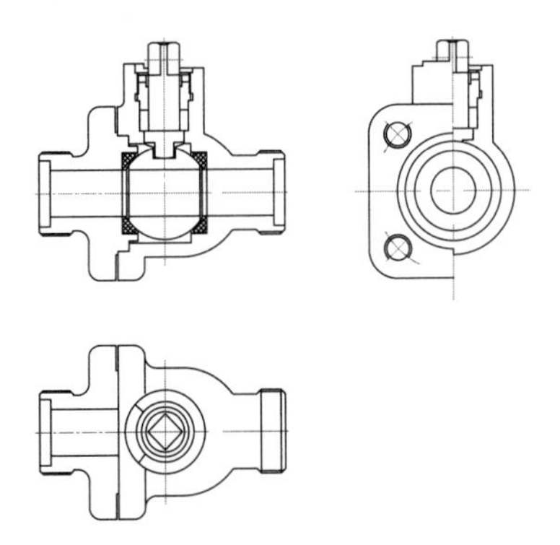

图 10-59 修改视图后的图形(1)

Note

（13）继续插入“扳手主视图”图块，比例为1，旋转角度为0，插入点坐标为“96,454”；插入扳手俯视图图块的图形比例为1，旋转角度为0，插入点坐标为“96,250”，结果如图10-60所示。

（14）把主视图和俯视图中的扳手图块分解并修改，结果如图10-61所示。

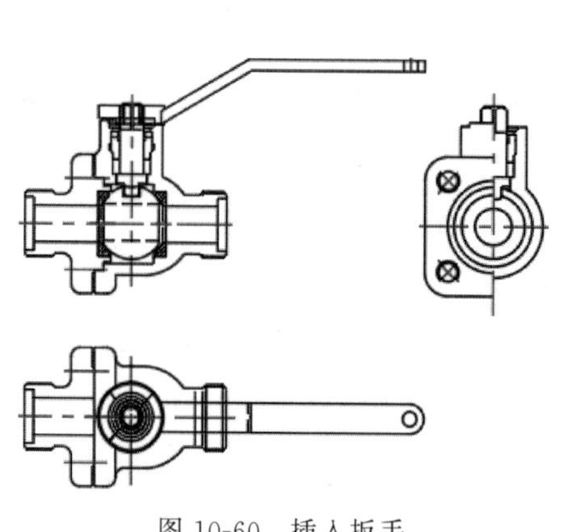

图10-60　插入扳手

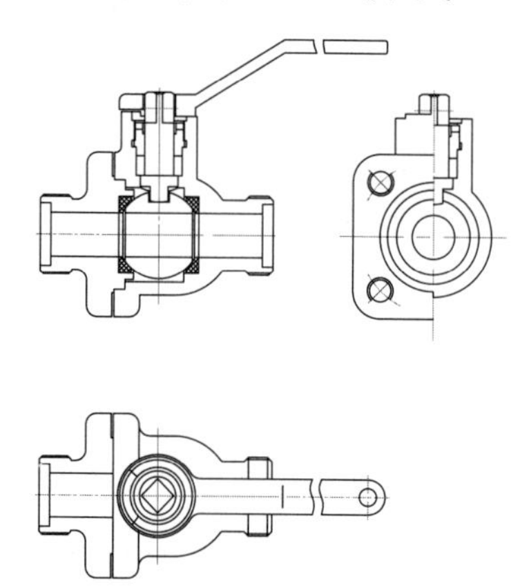

图10-61　修改视图后的图形(2)

10.3.3　填充剖面线

（1）修改视图。综合运用各种命令，将图10-61所示的图形进行修改并绘制填充剖面线的边界线，结果如图10-62所示。

（2）绘制剖面线。利用“图案填充”命令，选择需要的剖面线样式，进行剖面线的填充。

（3）如果对填充后的效果不满意，可以双击图形中的剖面线，打开“图案填充编辑”对话框进行二次编辑。

（4）重复“图案填充”命令，将视图中需要填充的区域进行填充。

（5）最后将有些图线被挡住的图块的相关图线进行修剪，结果如图10-63所示。

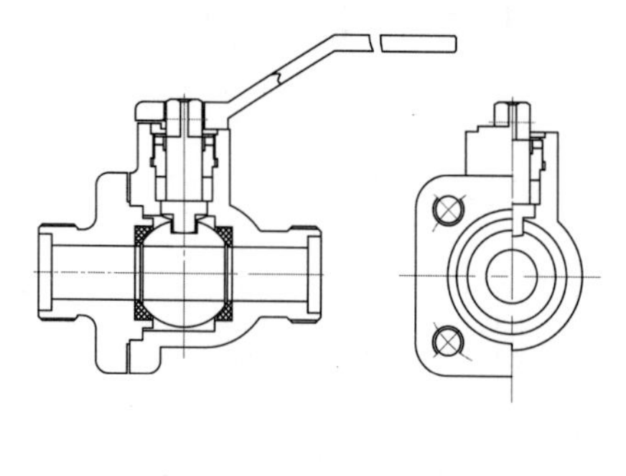

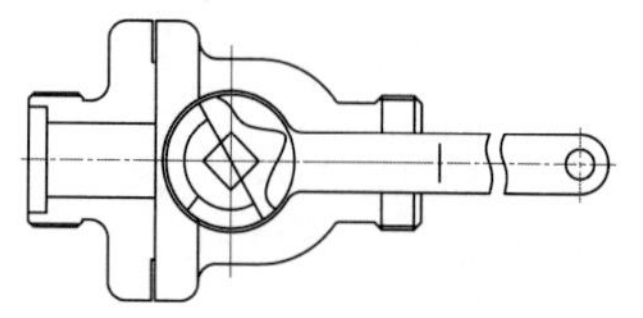

图10-62　修改并绘制填充边界线

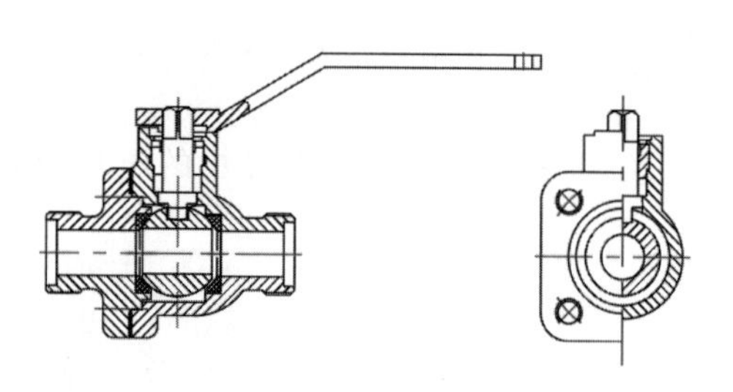

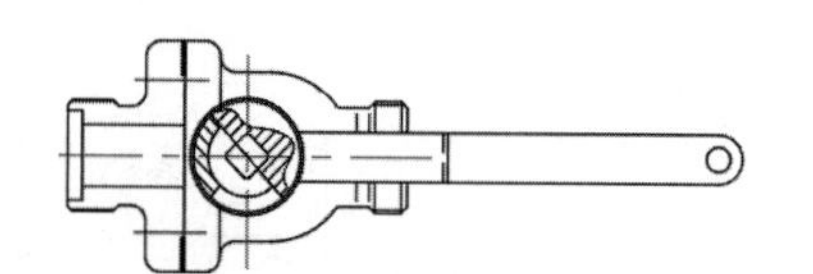

图10-63　填充后的图形

Note

10.3.4 标注球阀装配平面图

(1) 标注尺寸。在装配图中,不需要将每个零件的尺寸全部标注出来,需要标注的尺寸有规格尺寸、装配尺寸、外形尺寸、安装尺寸以及其他重要尺寸。在本例中,只需标注一些装配尺寸,而且都为线性标注,比较简单,所以此处不再赘述,如图 10-64 所示为标注尺寸后的装配图。

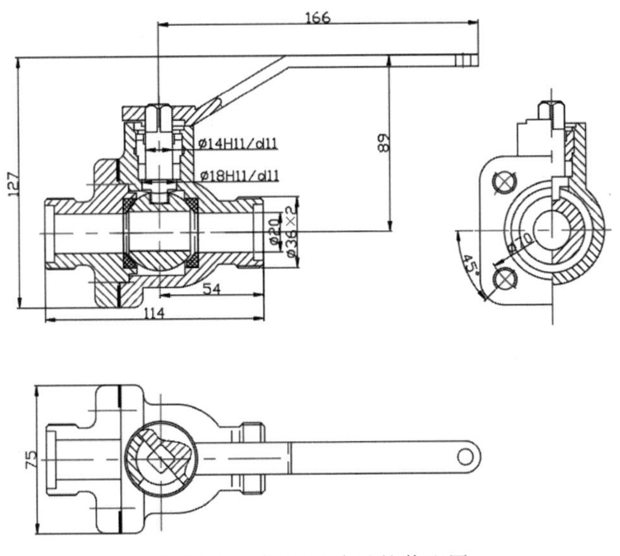

图 10-64 标注尺寸后的装配图

(2) 标注零件序号。标注零件序号采用引线标注方式(QLEADER 命令),在标注引线时,为了保证引线中的文字在同一水平线上,可以在合适的位置绘制一条辅助线。

(3) 利用“多行文字”命令 A ,在左视图上方标注“去扳手”3 个字,表示左视图上省略了扳手零件部分轮廓线。

(4) 标注完成后,将绘图区所有的图形移动到图框中合适的位置,如图 10-65 所示为标注零件序号后的装配图。

10.3.5 绘制和填写明细表

操作步骤如下:

(1) 绘制表格线。单击“默认”选项卡“绘图”面板中的“矩形”按钮,绘制矩形{(40,10),(220,17)};单击“默认”选项卡“修改”面板中的“分解”按钮,分解刚绘制的矩形;单击“默认”选项卡“修改”面板中的“偏移”按钮,按图 10-66 所示将左边的竖直直线进行偏移。

(2) 设置文字标注格式。单击“默认”选项卡“注释”面板中的“文字样式”按钮,新建“明细表”文字样式,文字高度设置为 3,将其设置为当前使用的文字样式。

(3) 填写明细表标题栏。单击“默认”选项卡“注释”面板中的“多行文字”按钮 A ,依次填写明细表标题栏中各个项,结果如图 10-67 所示。

Note

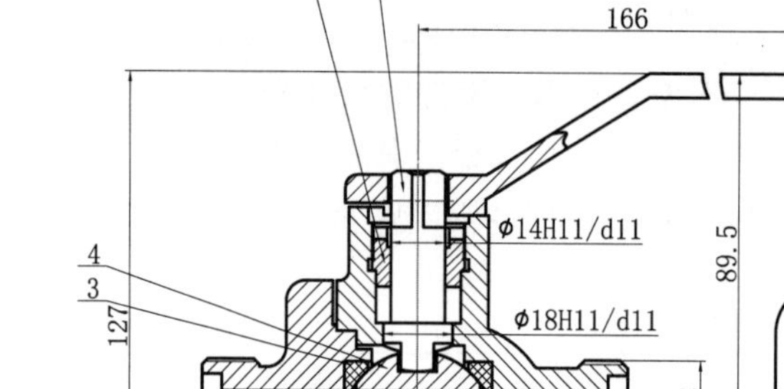

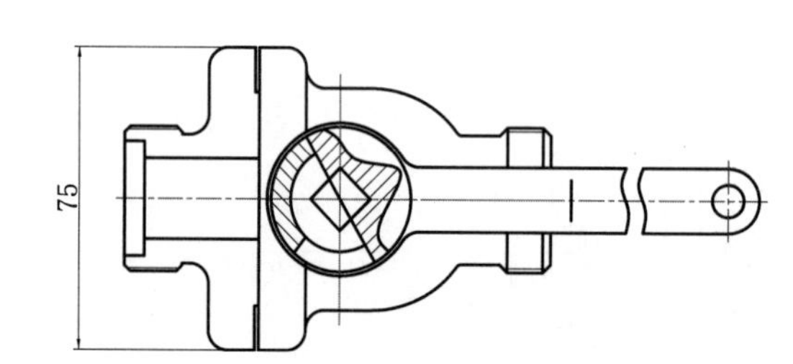

图 10-65　标注零件序号后的装配图

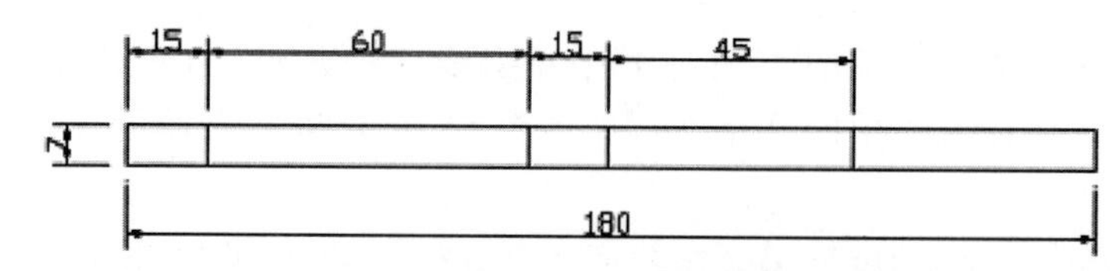

图 10-66　明细表格线

序号	名　称	数量	材　料	备　注

图 10-67　填写明细表标题栏

10.3.6　填写技术要求

单击“注释”选项卡“文字”面板中的“多行文字”按钮 **A**，填写技术要求。

此时会弹出“文字编辑器”选项卡，在其中设置需要的样式、字体和高度，然后再键入技术要求的内容，如图 10-68 所示。

10.3.7　填写标题栏

（1）将“文字”层置为当前层。

（2）填写标题栏。单击“注释”选项卡“文字”面板中的“多行文字”按钮 **A**，填写标题栏中相应的项目，结果如图 10-69 所示。

Note

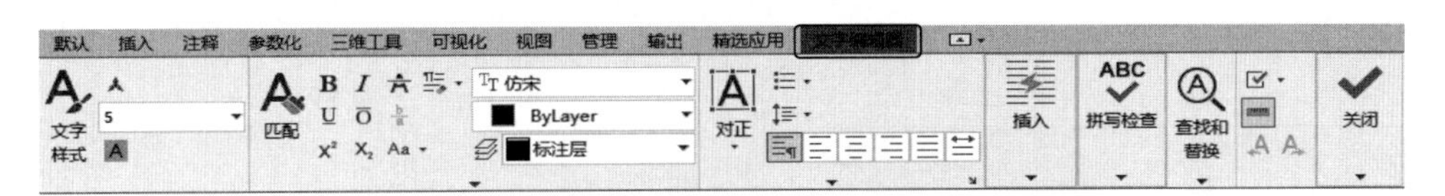

图 10-68 “文字编辑器”选项卡

						所属装配号	
标记	处数	文件号	签字	日期	球阀装配平面图	图样标记	
设计						S	
校核							
审查						共1张	
工艺检查							
标准检查							
审定							
批准							

图 10-69 填写好的标题栏

第11章

建筑设计工程实例

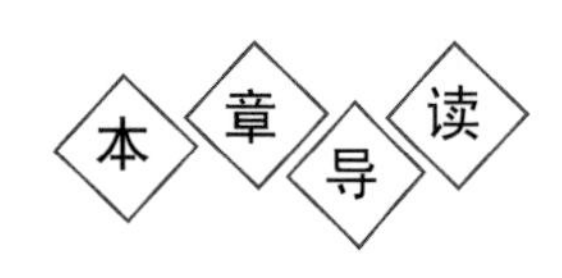

本章是 AutoCAD 2022 二维绘图命令在建筑工程中的综合应用，以一个完整的别墅建筑施工图的绘制过程为例系统地讲述了具体的建筑工程图的绘制方法和流程。

通过本章的学习，读者可以掌握具体建筑工程设计实践的相关方法和思路。

学习要点

- 建筑绘图概述
- 绘制别墅总平面图
- 绘制底层建筑平面图
- 绘制二层建筑平面图
- 绘制南立面图
- 绘制北立面图
- 绘制别墅楼梯踏步详图

11.1　建筑绘图概述

Note

11.1.1　建筑绘图的特点

将一个将要建造的建筑物的内外形状和大小，以及各个部分的结构、构造、装修、设备等内容，按照现行国家标准的规定，用正投影法详细准确地绘制出图样，绘制的图样称为房屋建筑图。由于该图样主要用于指导建筑施工，所以一般叫作建筑施工图。

建筑施工图是按照正投影法绘制出来的。正投影法就是在两个或两个以上相互垂直的、分别平行于建筑物主要侧面的投影面上，绘出建筑物的正投影，并把所得正投影按照一定规则绘制在同一个平面上。这种由两个或两个以上的正投影组合而成，用来确定空间建筑物形体的一组投影图，叫作正投影图。

建筑物根据使用功能和使用对象的不同分为很多种类。一般来说，建筑物的第一层称为底层，也称为一层或首层。从底层往上数，称为二层、三层、……、顶层。一层下面有基础，基础和底层之间有防潮层。对于大的建筑物而言，可能在基础和底层之间还有地下一层、地下二层等。建筑物一层一般有台阶、大门、一层地面等。各层均有楼面、走道、门窗、楼梯、楼梯平台、梁柱等。顶层还有屋面板、女儿墙、天沟等。其他构件有雨水管、雨篷、阳台、散水等。其中，屋面、楼板、梁柱、墙体、基础主要起直接或间接支撑来自建筑物本身和外部荷载的作用；门、走廊、楼梯、台阶起着沟通建筑物内外和上下交通的作用；窗户和阳台起着通风和采光的作用；天沟、雨水管、散水、明沟起着排水的作用。其中一些构件的示意图如图 11-1 所示。

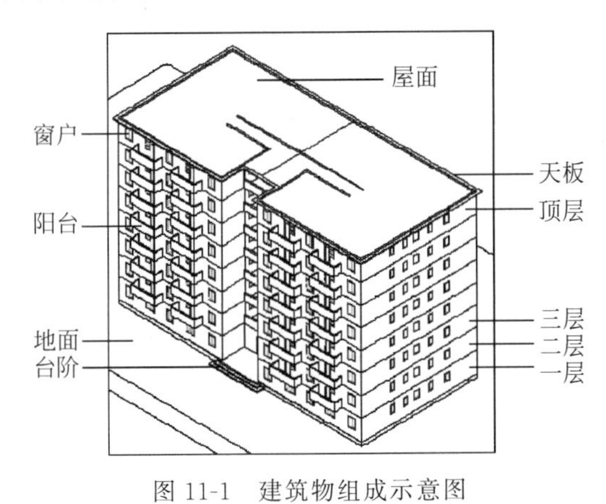

图 11-1　建筑物组成示意图

11.1.2　建筑绘图分类

建筑图根据图纸的专业内容或作用不同分为以下几类。

(1) 图纸目录：首先列出新绘制的图纸，再列出所用的标准图纸或重复利用的图纸。一个新的工程都要绘制一定的新图纸，在目录中，这部分图纸位于前面，可能还用到大量的标准图纸或重复使用的图纸，放在目录的后面。

（2）设计总说明：包括施工图的设计依据、工程的设计规模和建筑面积、相对标高与绝对标高的对应关系、建筑物内外的使用材料说明、新技术新材料或特殊用法的说明、门窗表等。

Note

（3）建筑施工图：由总平面图、平面图、立面图、剖面图和构造详图构成。建筑施工图简称为“建施”。

（4）结构施工图：由结构平面布置图和构件结构详图构成。结构施工图简称为“结施”。

（5）设备施工图：由给水排水、采暖通风、电气等设备的布置平面图和详图构成。设备施工图简称为“设施”。

11.2 绘制别墅总平面图

11-1

制作思路

绘制如图 11-2 所示的别墅总平面图。

在进行具体的施工图设计时，通常情况下总是先绘制总平面图，这样可以对整个建筑施工的总体情况进行全面的了解和把握，在绘制具体的局部施工图时做到有章可循。本节绘制如图 11-2 所示的总平面图。

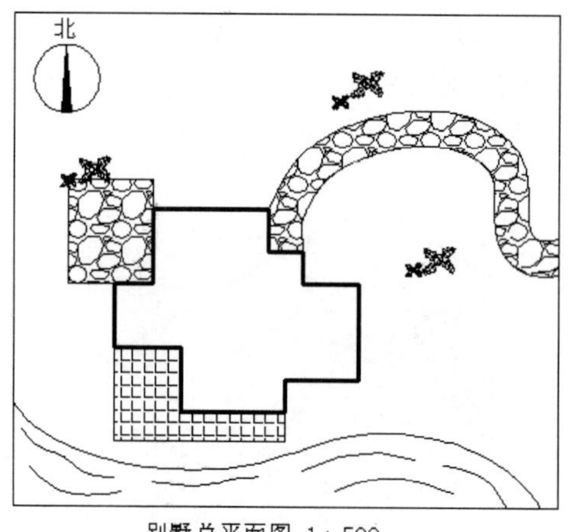

图 11-2 别墅总平面图

11.2.1 绘制辅助线网

绘图之前，必须绘制相关的辅助线网，具体步骤如下。

（1）打开 AutoCAD 程序，则系统自动建立新文件。单击“默认”选项卡“图层”面板中的“图层特性”按钮，系统打开“图层特性管理器”对话框。在对话框中单击“新建”按钮，新建图层“辅助线”，一切设置采用默认设置，双击新建的图层，使得当前图层是“辅助线”。单击“确定”按钮退出“图层特性管理器”对话框。

(2) 单击“默认”选项卡“绘图”面板中的“多段线”按钮 ，在“正交”模式下绘制一根竖直构造线和水平构造线，组成“十”字辅助线网。

(3) 单击“默认”选项卡“修改”面板中的“偏移”按钮 ，让竖直构造线往右边连续偏移 1200、1100、1600、500、4500、1000、1000、2000 和 1200。重复“偏移”命令，让水平构造线连续往上偏移 600、1200、1800、3600、1800、1800 和 600，得到主要轴线网，如图 11-3 所示。

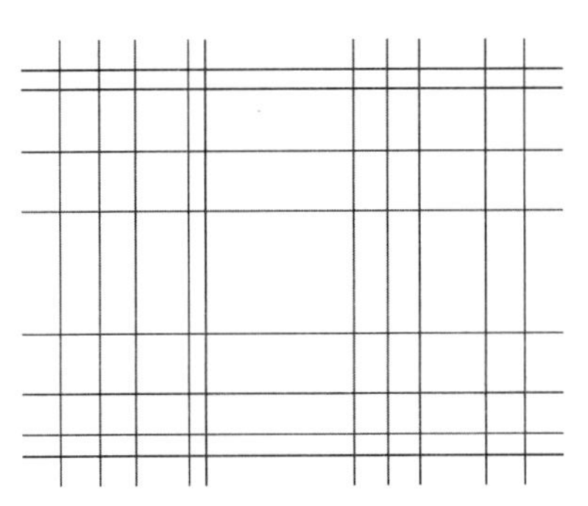

图 11-3　绘制主要轴线网

11.2.2　绘制新建建筑物

(1) 单击“默认”选项卡“图层”面板中的“图层特性”按钮 ，系统打开“图层特性管理器”对话框。新建图层“别墅”，设置线宽为 0.30mm，其他一切设置采用默认设置，将“别墅”图层设置为当前图层。

(2) 单击“默认”选项卡“绘图”面板中的“直线”按钮 ，根据轴线网绘制出别墅的外边轮廓，结果如图 11-4 所示。

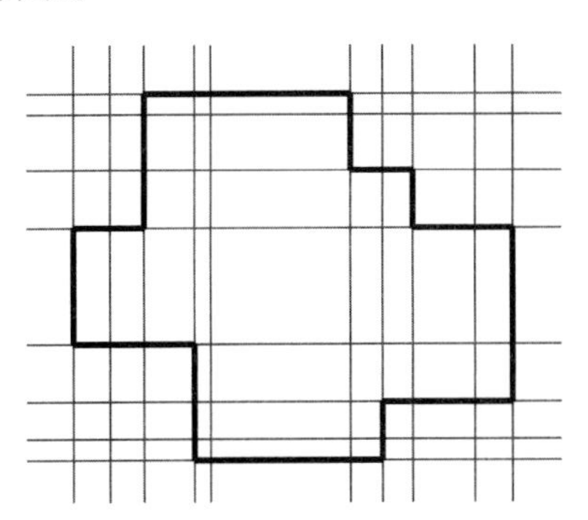

图 11-4　别墅轮廓绘制结果

11.2.3　绘制辅助设施

辅助设施包括道路、广场、树木、流水等，具体绘制步骤如下。

(1) 单击“默认”选项卡“图层”面板中的“图层特性”按钮 ，系统打开“图层特性管理器”对话框。新建图层“其他”，采用默认设置，将“其他”图层设置为当前图层。

(2) 单击“默认”选项卡“绘图”面板中的“矩形”按钮 ，绘制一个矩形来标明这次的总的作图范围，如图 11-5 所示。至于矩形的大小，要能绘制出周围的重要建筑物

和重要地形地貌为佳。

(3) 单击“默认”选项卡“绘图”面板中的“样条曲线拟合”按钮，使用样条曲线绘制道路，绘制结果如图 11-6 所示。

Note

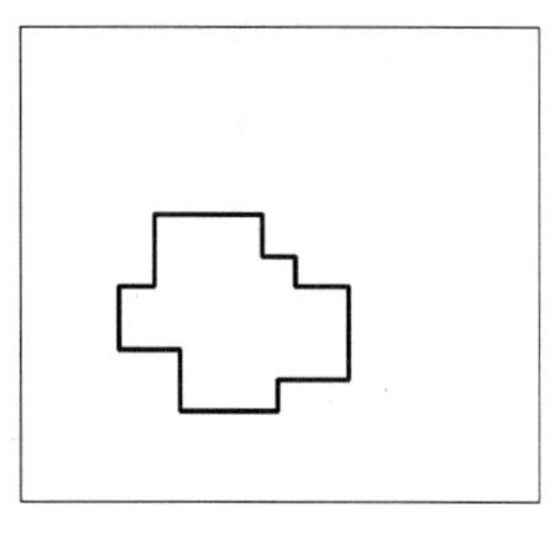

图 11-5 绘制矩形范围

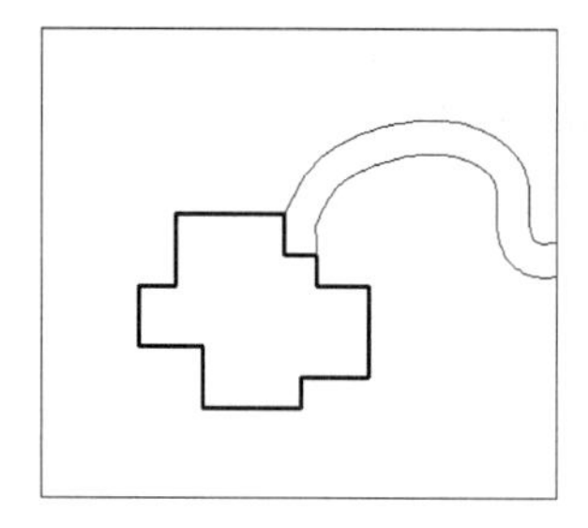

图 11-6 绘制样条曲线道路

(4) 单击“默认”选项卡“绘图”面板中的“矩形”按钮，绘制两个矩形来标明小广场范围，如图 11-7 所示。

(5) 单击“视图”选项卡“选项板”面板中的“工具选项板”按钮，系统打开工具选项板，选择“Home”中的“植物”图例，把“植物”图例放在一个空白处。

(6) 单击“默认”选项卡“修改”面板中的“复制”按钮，把“植物”图例复制到各个位置。完成小植物的绘制和布置，结果如图 11-8 所示。

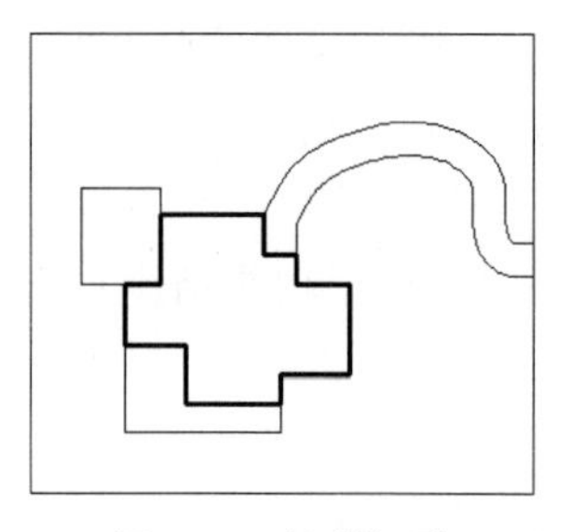

图 11-7 绘制矩形

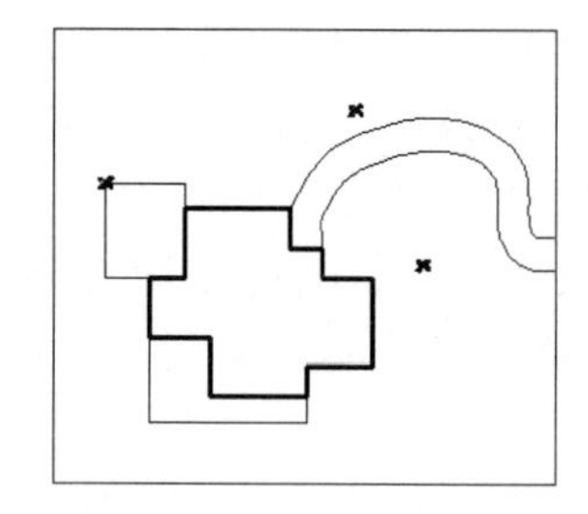

图 11-8 安置小型植物

(7) 单击“默认”选项卡“修改”面板中的“缩放”按钮，把“植物”图例的大小放大 2 倍。单击“默认”选项卡“修改”面板中的“复制”按钮，把大图例复制到各个位置。完成大植物的绘制和布置后，结果如图 11-9 所示。

(8) 单击“默认”选项卡“绘图”面板中的“样条曲线拟合”按钮，使用样条曲线绘制小河，绘制结果如图 11-10 所示。

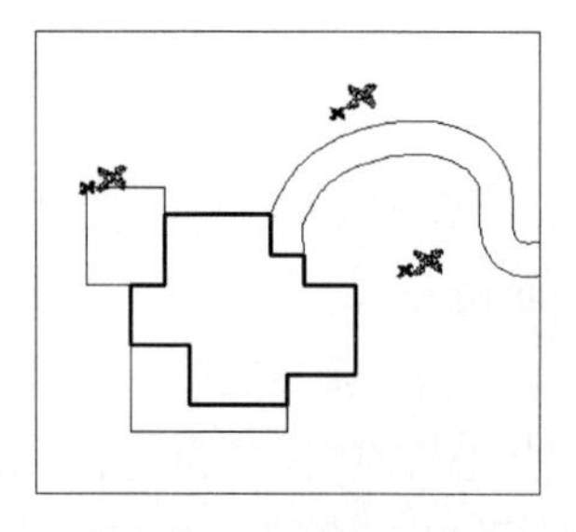

图 11-9 绘制绿化结果

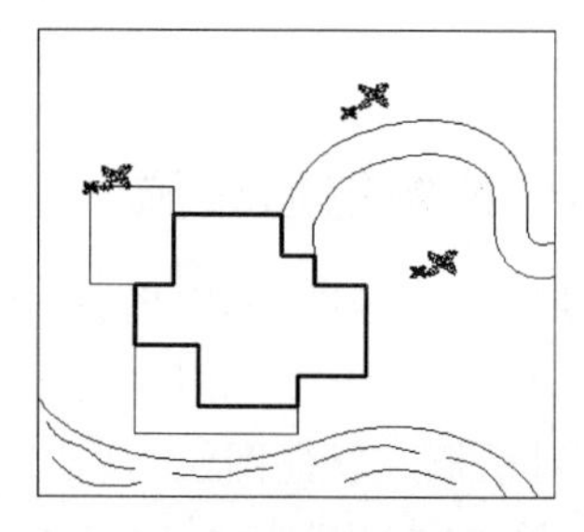

图 11-10 绘制小河

11.2.4 图案填充和文字说明

(1) 单击“默认”选项卡“图层”面板中的“图层特性”按钮，系统打开“图层特性管理器”对话框。新建图层“标注”，采用默认设置，将“标注”图层设置为当前图层。单击“默认”选项卡“绘图”面板中的“圆”按钮，绘制一个圆。单击“默认”选项卡“绘图”面板中的“直线”按钮，绘制圆的竖直直径和另外一条弦，绘制结果如图 11-11 所示。

(2) 单击“默认”选项卡“修改”面板中的“镜像”按钮，把圆的弦镜像，组成圆内的指针。单击“默认”选项卡“绘图”面板中的“图案填充”按钮，把指针填充为黑色，这样得到指北针的图例，如图 11-12 所示。

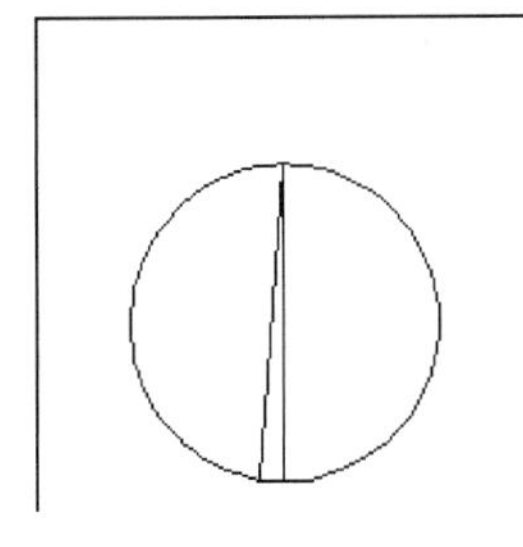

图 11-11 绘制圆和直线

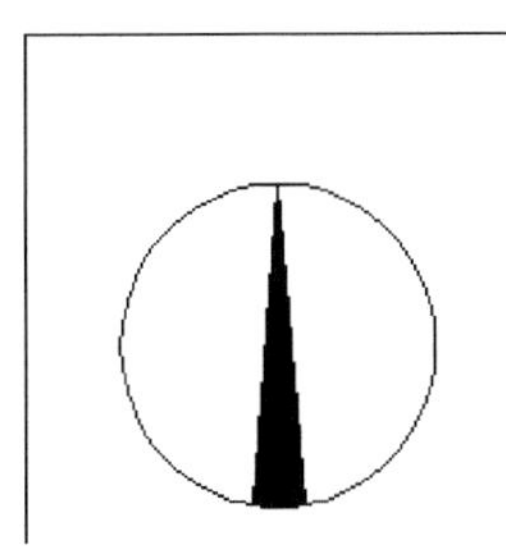

图 11-12 绘制指北针图例

(3) 单击“默认”选项卡“绘图”面板中的“图案填充”按钮，把道路和广场填充为鹅卵石图案。重复“图案填充”命令，把别墅前广场填充为方格。图案填充操作的结果如图 11-13 所示。

(4) 单击“默认”选项卡“注释”面板中的“多行文字”按钮 A，在指北针图例上方标上“北”指明北方，最后在图形的正下方标明“别墅总平面图 1∶500”。单击“默认”选项卡“绘图”面板中的“直线”按钮，在文字下方绘制一根线宽为 0.30mm 的直线，这样就全部绘制好了。得到总平面图的最终效果如图 11-2 所示。

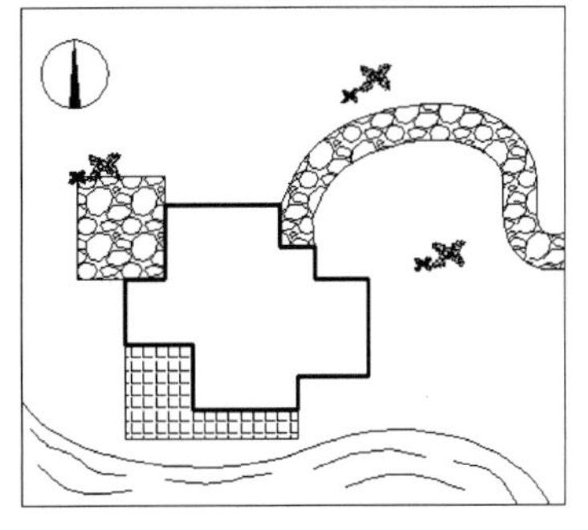

图 11-13 图案填充操作结果

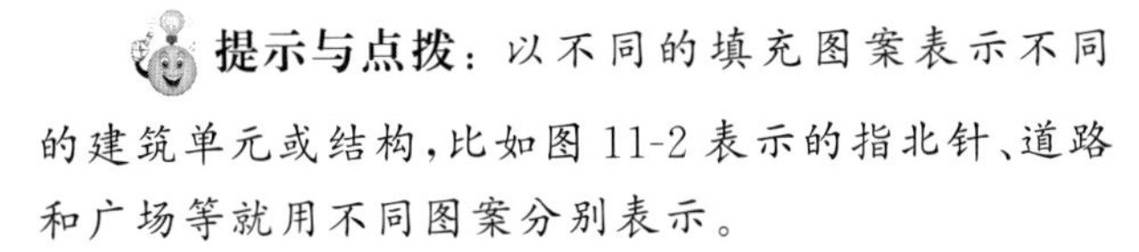

提示与点拨：以不同的填充图案表示不同的建筑单元或结构，比如图 11-2 表示的指北针、道路和广场等就用不同图案分别表示。

11.3 绘制底层建筑平面图

11-2

制作思路

绘制如图 11-14 所示的底层建筑平面图。

平面图与立面图和剖面相比而言，能够最大限度地表达建筑物的结构形状，所以总

Note

是在绘制总平面图后紧接着绘制底层建筑平面图。本节绘制如图 11-14 所示的底层建筑平面图。

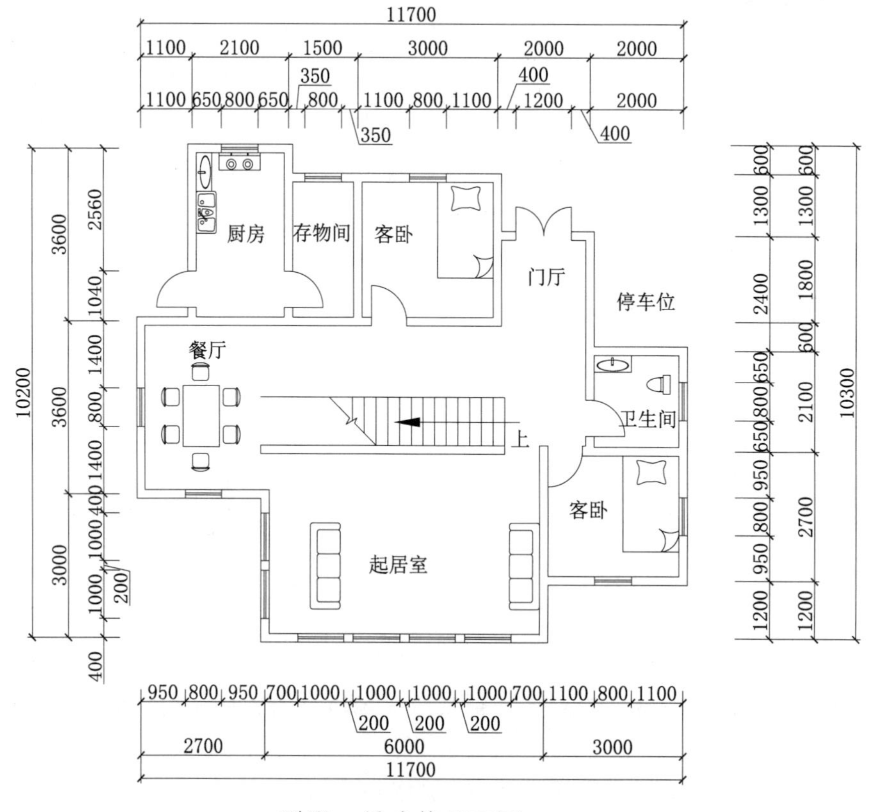

图 11-14　底层建筑平面图

11.3.1　绘制建筑辅助线网

(1) 单击“默认”选项卡“图层”面板中的“图层特性”按钮，系统打开“图层特性管理器”对话框。新建图层“辅助线”，采用默认设置，将“辅助线”图层设置为当前图层。

(2) 按下 F8 键打开“正交”模式。单击“默认”选项卡“绘图”面板中的“构造线”按钮，绘制一条水平构造线和一条竖直构造线，组成“十”字构造线，如图 11-15 所示。

(3) 单击“默认”选项卡“修改”面板中的“偏移”按钮，让水平构造线连续分别往上偏移 1200、1800、900、2100、600、1800、1200 和 600，得到水平方向的辅助线。让竖直构造线连续分别往右偏移 1100、1600、500、1500、3000、1000、1000、2000，得到竖直方向的辅助线。它们和水平辅助线一起构成正交的辅助线网。得到底层的辅助线网格如图 11-16 所示。

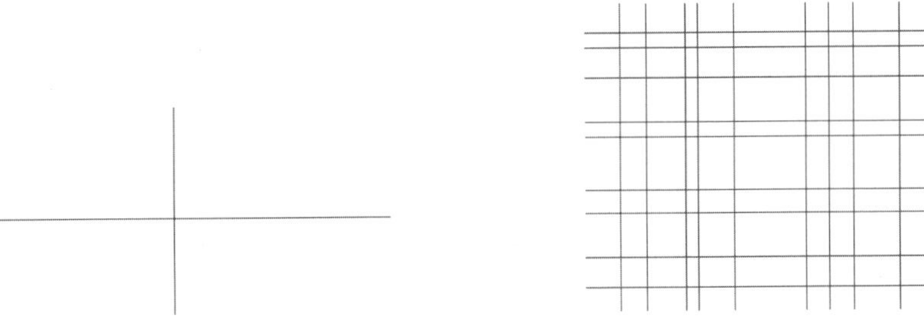

图 11-15 绘制"十"字构造线　　　　图 11-16 底层建筑辅助线网格

11.3.2 绘制墙体

（1）单击"默认"选项卡"图层"面板中的"图层特性"按钮，系统打开"图层特性管理器"对话框。新建图层"墙体"，采用默认设置，将"墙体"图层设置为当前图层。

（2）选择菜单栏中的"格式"→"多线样式"命令，打开"多线样式"对话框，如图 11-17 所示。单击"新建"按钮，在打开的"创建新的多线样式"对话框中输入样式名"180"，单击"继续"按钮，系统打开"新建多线样式"对话框，在"图元"选项组，把其中的偏移量设为 90 和－90，如图 11-18 所示。

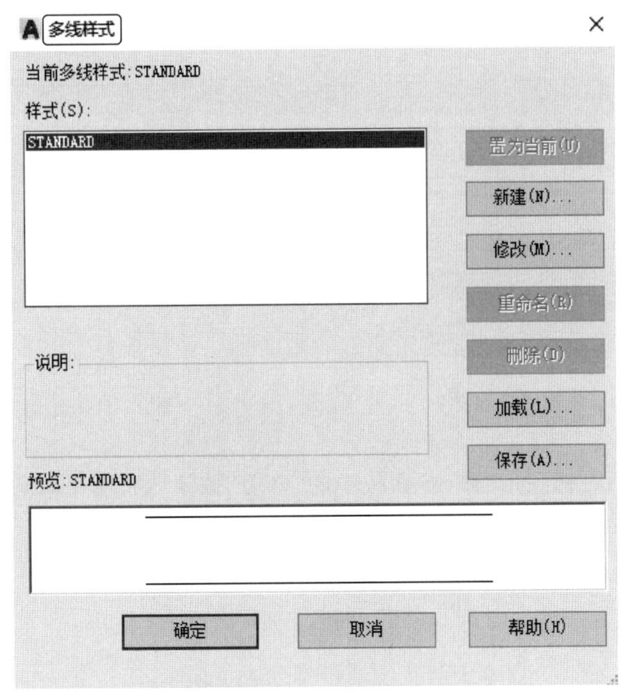

图 11-17 "多线样式"对话框

（3）单击"确定"按钮，返回"多线样式"对话框，如果当前的多线名称不是"180"，则单击"置为当前"按钮即可。然后单击"确定"按钮完成"180"墙体多线的设置。

（4）选择菜单栏中的"绘图"→"多线"命令，根据命令提示把对齐方式设为"无"，把多线比例设为 1，注意多线的样式为"180"。这样完成多线样式的调节。

Note

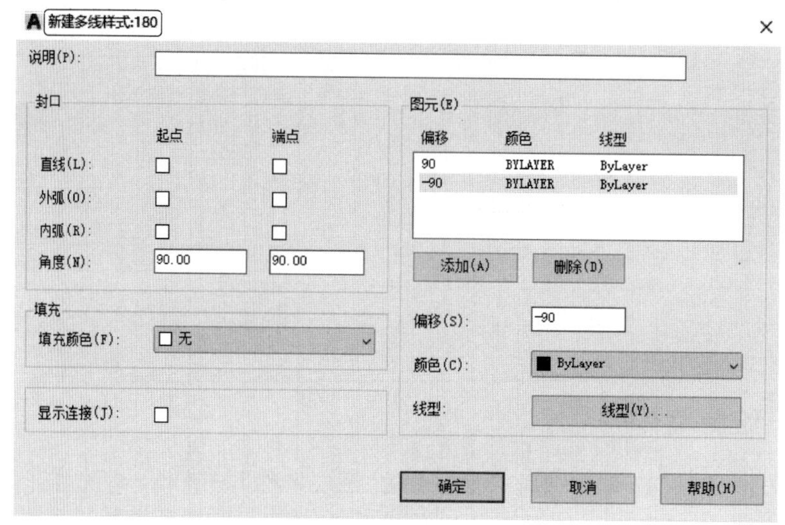

图 11-18 “新建多线样式”对话框

(5) 选择菜单栏中的“绘图”→“多线”命令，根据辅助线网格绘制如图 11-19 所示的外墙多线图。

(6) 选择菜单栏中的“绘图”→“多线”命令，根据辅助线网格绘制如图 11-20 所示的内墙多线图。

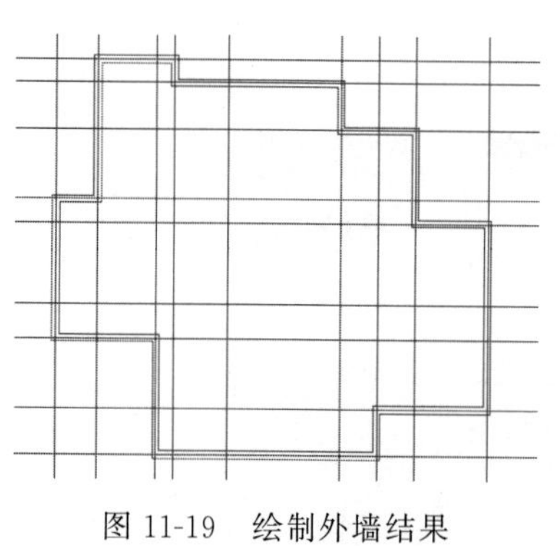

图 11-19 绘制外墙结果

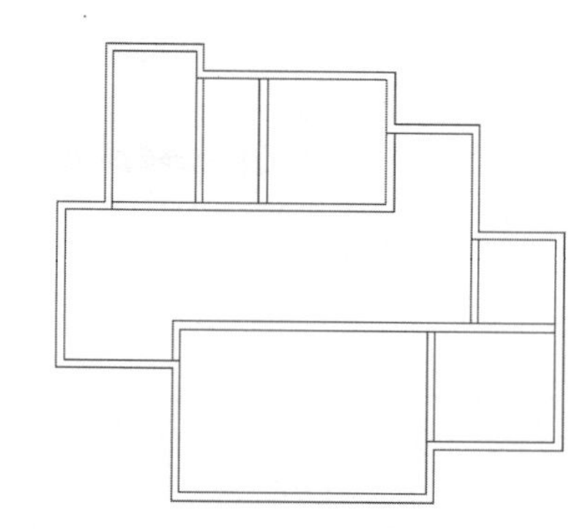

图 11-20 绘制内墙结果

(7) 单击“默认”选项卡“修改”面板中的“修剪”按钮，使得修剪后的全部墙体都是光滑连贯的，如图 11-21 所示。

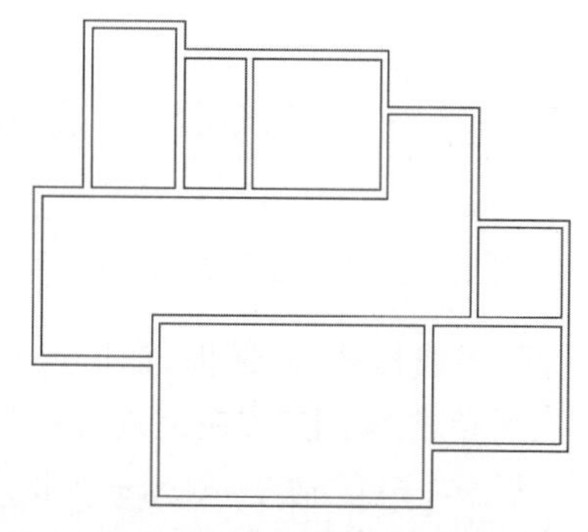

图 11-21 墙体修剪结果

11.3.3 绘制门窗

(1) 单击“默认”选项卡“图层”面板中的“图层特性”按钮 ，系统打开“图层特性管理器”对话框。新建图层“门窗”，采用默认设置，将“门窗”图层设置为当前图层。

(2) 选择菜单栏中的“格式”→“多线样式”命令，打开“多线样式”对话框，如图 11-22 所示。单击“新建”按钮，在打开的“创建新的多线样式”对话框中输入新样式名“窗”，如图 11-23 所示。单击“继续”按钮，系统打开“新建多线样式”对话框，在“图元”选项组，单击“添加”按钮，并设置偏移量为 90、20、－20 和－90，“封口”选项组按如图 11-24 所示设置。

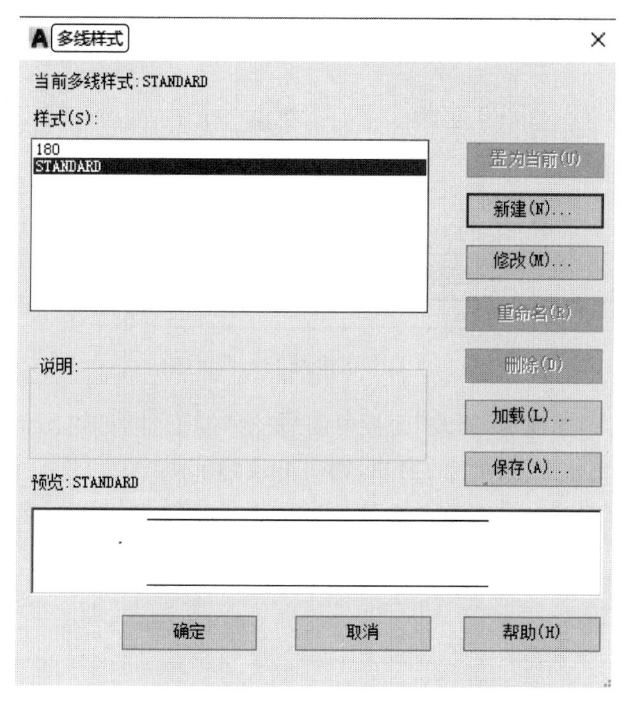

图 11-22 “多线样式”对话框

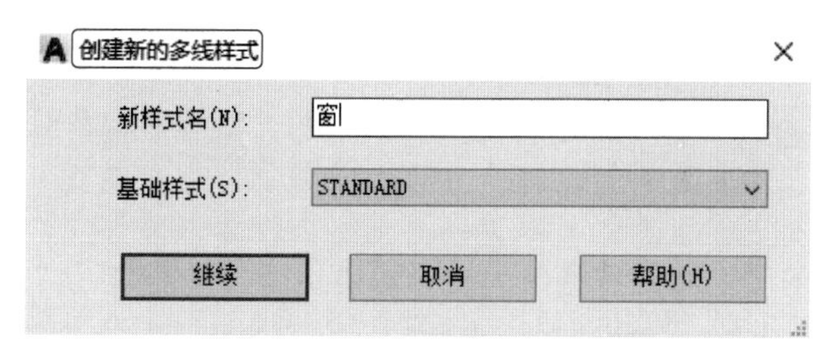

图 11-23 “创建新的多线样式”对话框

(3) 单击“确定”按钮，返回“多线样式”对话框，单击“置为当前”，将新建的“窗”设置为当前的多线样式。

(4) 选择菜单栏中的“绘图”→“多线”命令，在空白处绘制一段长为 800 的多线，作为窗的图例，如图 11-25 所示。

Note

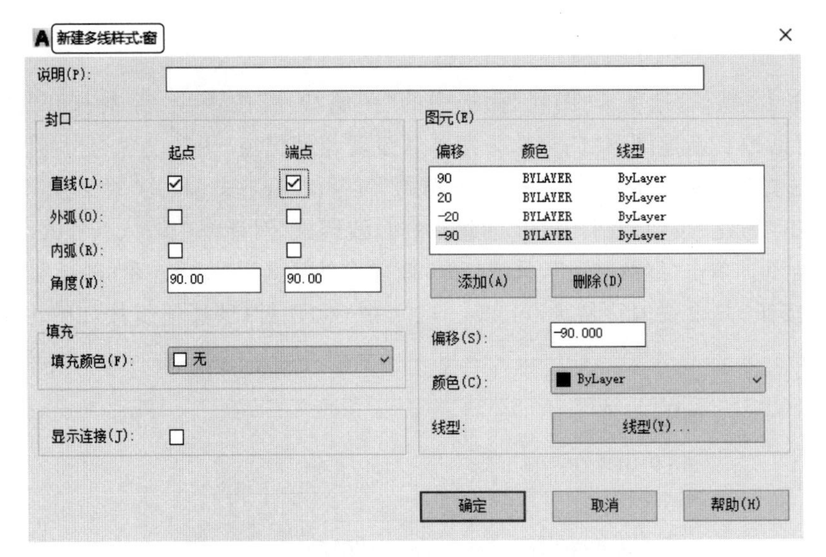

图 11-24 “新建多线样式”对话框

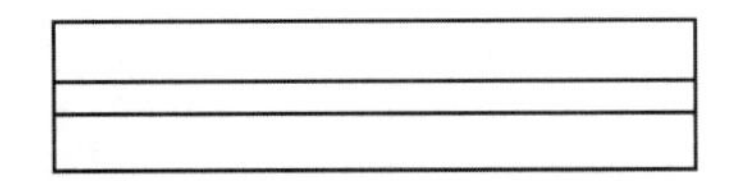

图 11-25 多线绘制的窗

(5) 单击“默认”选项卡“修改”面板中的“复制”按钮 ，把窗图例复制到各个开间的墙体正中间，得到水平方向上的窗户，如图 11-26 所示。

(6) 采用同样的方法绘制竖直方向上的窗户，绘制结果如图 11-27 所示。

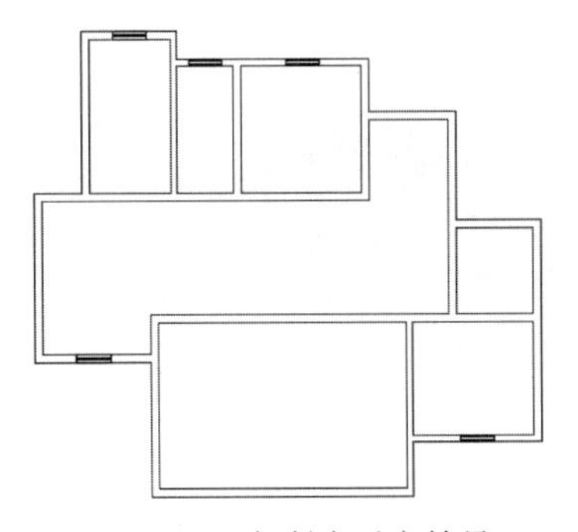

图 11-26 复制水平窗结果

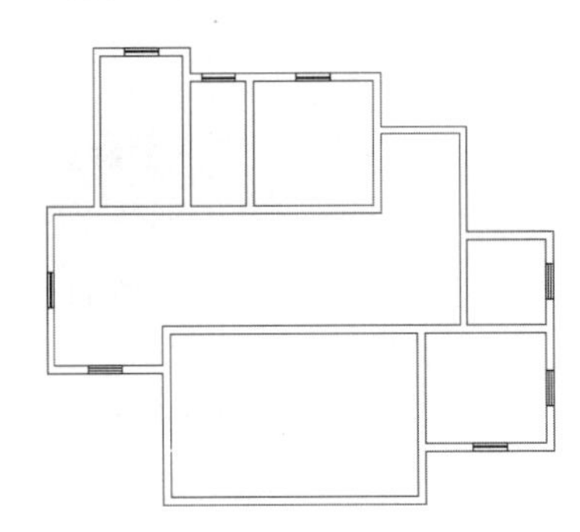

图 11-27 绘制竖直方向上的窗户

(7) 在最下面的墙上有一排特殊的窗户需要绘制。单击“默认”选项卡“绘图”面板中的“矩形”按钮 ，在空白处绘制一个“200×180”的矩形代表窗户之间的墙体截面。单击“默认”选项卡“绘图”面板中的“直线”按钮 ，过墙的中点绘制竖直直线，单击“默认”选项卡“修改”面板中的“移动”按钮 ，将矩形移动到如图 11-28 所示的位置。

(8) 单击“默认”选项卡“修改”面板中的“复制”按钮 ，复制一小矩形到墙体中间，选择菜单栏中的“绘图”→“多线”命令，在矩形的两端各绘制一段长为 1000 的多线，作为特殊窗的图例，如图 11-29 所示。

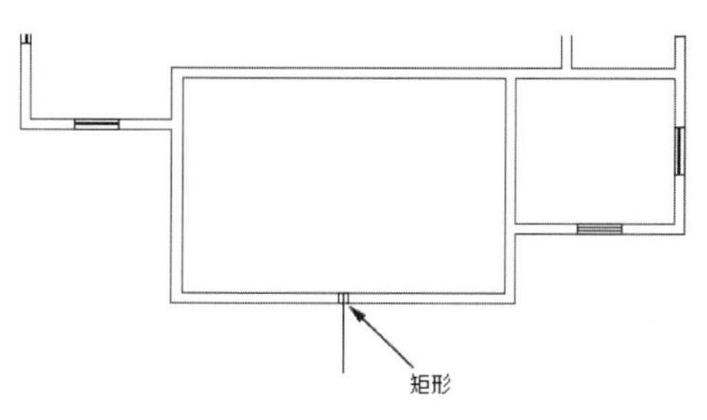

图 11-28　绘制矩形和等分直线

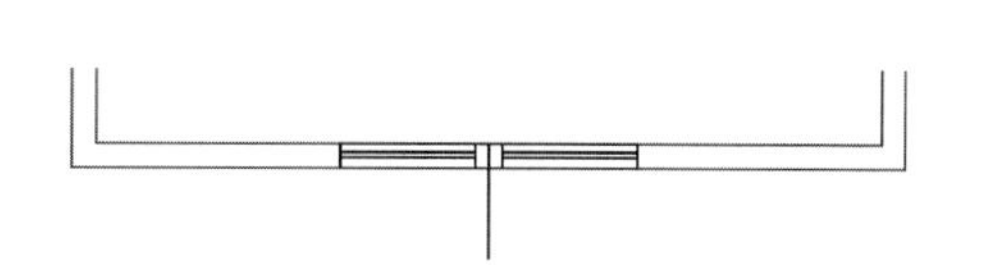

图 11-29　把矩形和窗户紧紧排列

(9) 重复这一操作，使得墙体上出现 4 个特殊窗户，如图 11-30 所示。

(10) 采用同样的方法绘制侧面的特殊窗户，结果如图 11-31 所示。

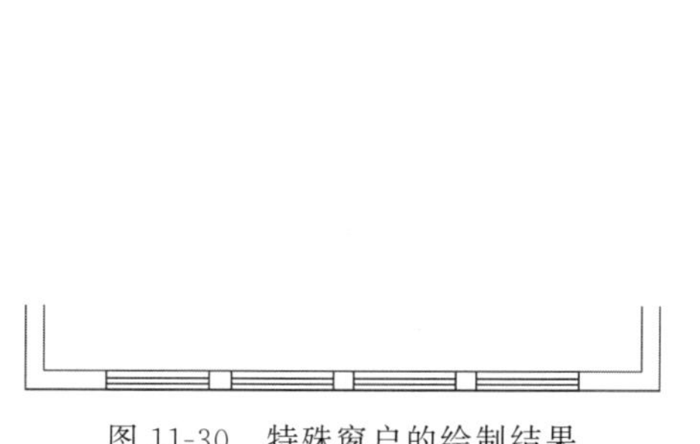

图 11-30　特殊窗户的绘制结果

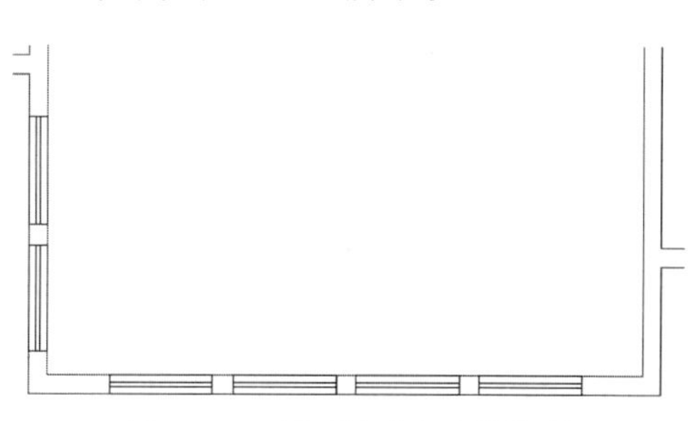

图 11-31　侧面特殊窗户的绘制

(11) 单击“默认”选项卡“绘图”面板中的“直线”按钮 ，过大门的墙的中点绘制竖直直线，单击“默认”选项卡“修改”面板中的“偏移”按钮 ，把绘制的直线往两边各偏移 600，单击“默认”选项卡“修改”面板中的“修剪”按钮 ，在墙体上修剪出门洞，如图 11-32 所示。

(12) 使用同样的方法去掉多余的墙体或在墙上开出门洞，结果如图 11-33 所示。这里的门洞宽度均为 750。

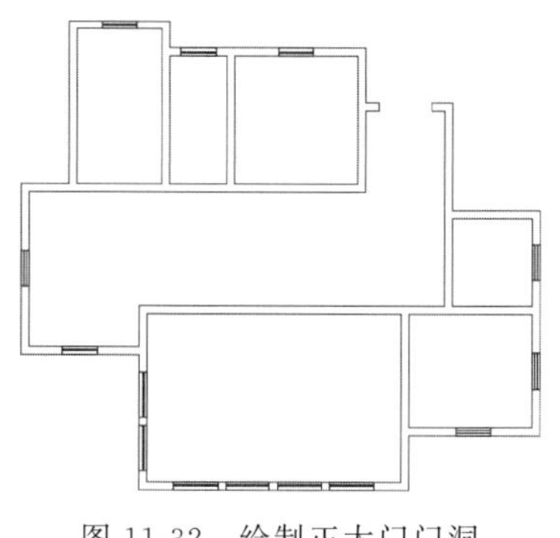

图 11-32　绘制正大门门洞

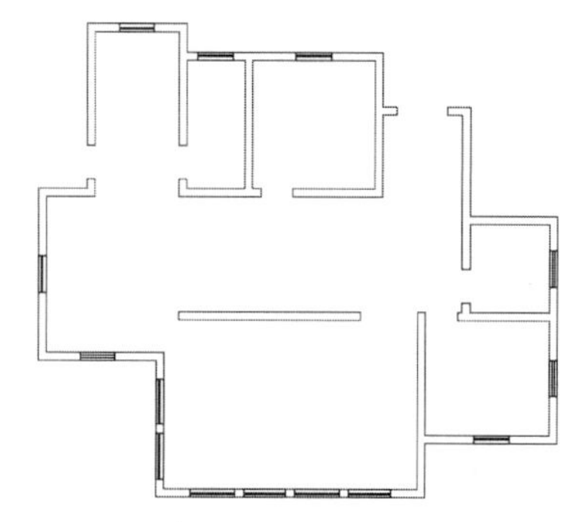

图 11-33　绘制全部的门洞

(13) 单击“默认”选项卡“绘图”面板中的“圆弧”按钮 ，在门洞上绘制一个对应半径的圆弧表示门的开启方向，单击“默认”选项卡“绘图”面板中的“直线”按钮 ，绘制一段直线表示门，最终绘制结果如图 11-34 所示。

Note

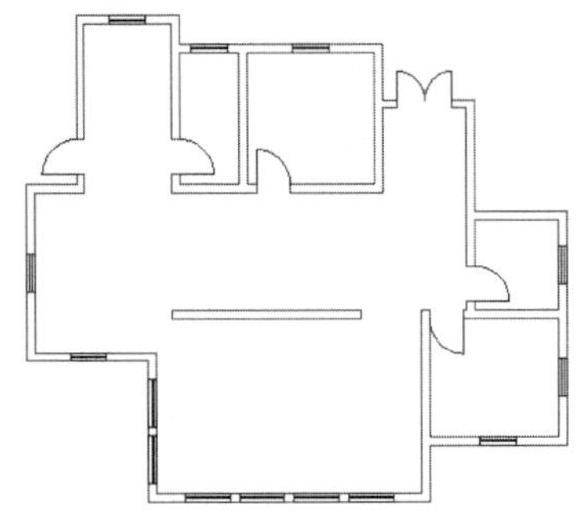

图 11-34 全部的门窗绘制结果

11.3.4 绘制建筑设备

在建筑平面图中往往使用到大量的建筑设备，重新绘制非常麻烦，从外部文件或图形库中调用即可。具体步骤如下：

(1) 单击“默认”选项卡“图层”面板中的“图层特性”按钮，系统打开“图层特性管理器”对话框。新建图层“建筑设备”，采用默认设置，将“建筑设备”图层设置为当前图层。选择菜单栏中的“编辑”→“带基点复制”命令，根据系统提示选择基点，再选择餐桌图形作为带基点复制对象即可。

(2) 返回底层平面图，选择菜单栏中的“编辑”→“粘贴”命令，把餐桌图形粘贴到餐厅中大致对应位置即可，操作结果如图 11-35 所示。

(3) 采用同样的方法得到一个单人床，如图 11-36 所示。

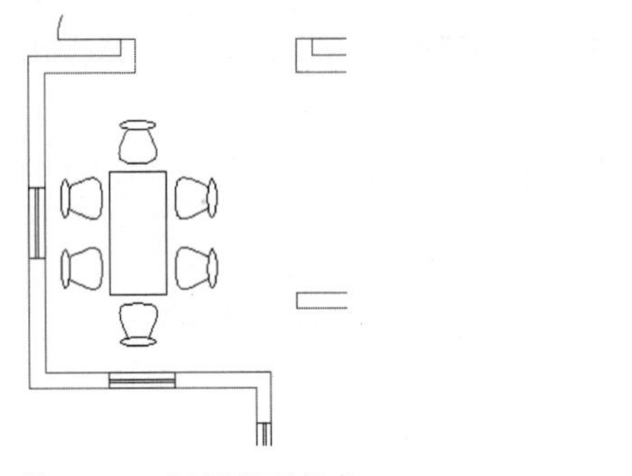

图 11-35 复制得到餐桌

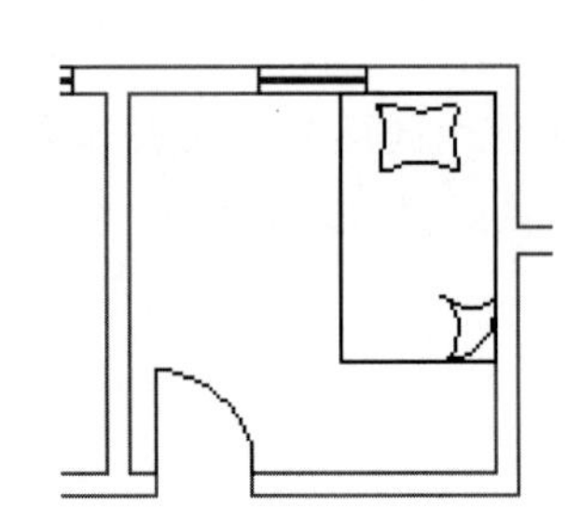

图 11-36 复制得到单人床

(4) 采用同样的方法得到一组沙发，如图 11-37 所示。

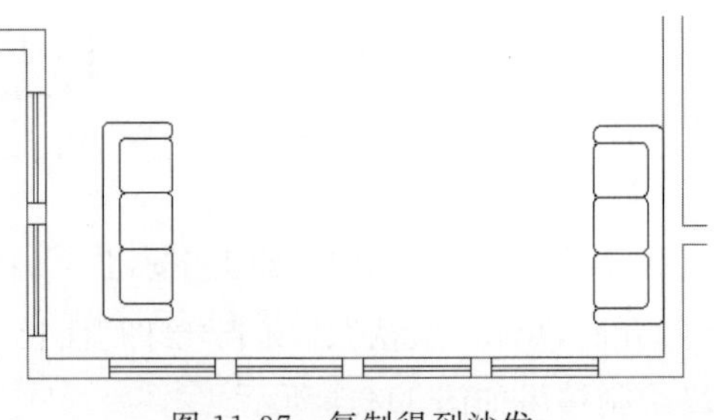

图 11-37 复制得到沙发

(5) 采用同样的方法得到一套卫浴设备，如图 11-38 所示。

(6) 采用同样的方法得到一套厨房设备，如图 11-39 所示。

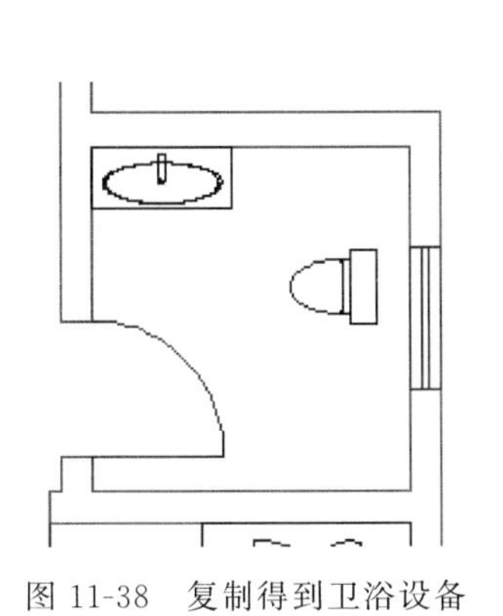

图 11-38　复制得到卫浴设备

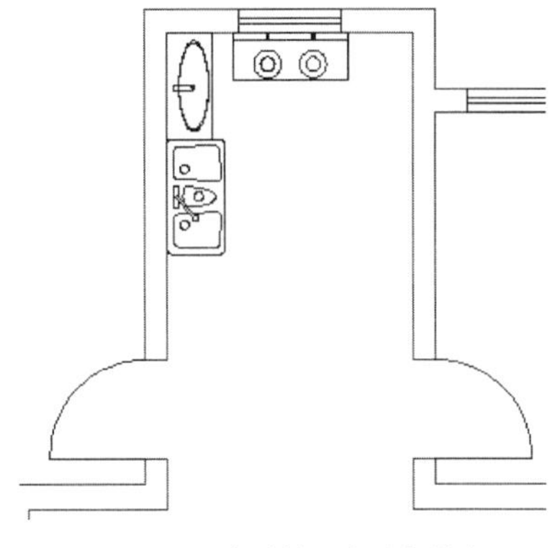

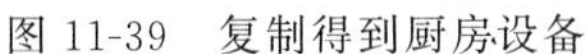

图 11-39　复制得到厨房设备

(7) 单击“默认”选项卡“修改”面板中的“偏移”按钮 ⊆，让墙线往上偏移 1000。单击“默认”选项卡“绘图”面板中的“直线”按钮 ╱，在墙线的端部绘制直线作为台阶。单击“默认”选项卡“修改”面板中的“复制”按钮 ⚭，每隔 252 复制一段台阶，最后的绘制结果如图 11-40 所示。

(8) 单击“默认”选项卡“绘图”面板中的“直线”按钮 ╱，在台阶的左端绘制隔断符号，单击“默认”选项卡“修改”面板中的“修剪”按钮 ✂，修剪掉在隔断符号左边的台阶线。单击“默认”选项卡“绘图”面板中的“直线”按钮 ╱，过台阶的中间绘制箭头符号。台阶最终的绘制结果如图 11-41 所示。

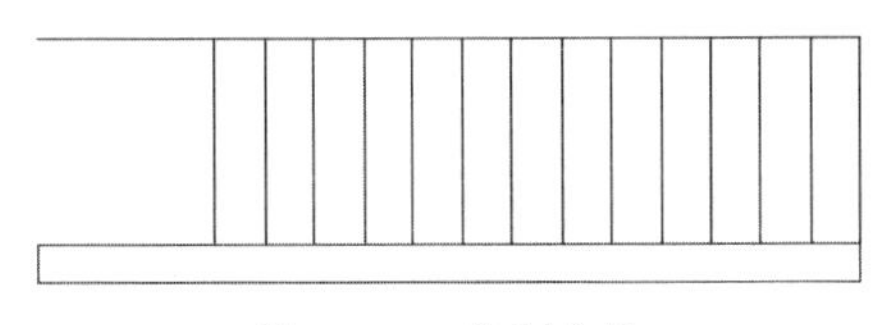

图 11-40　绘制台阶

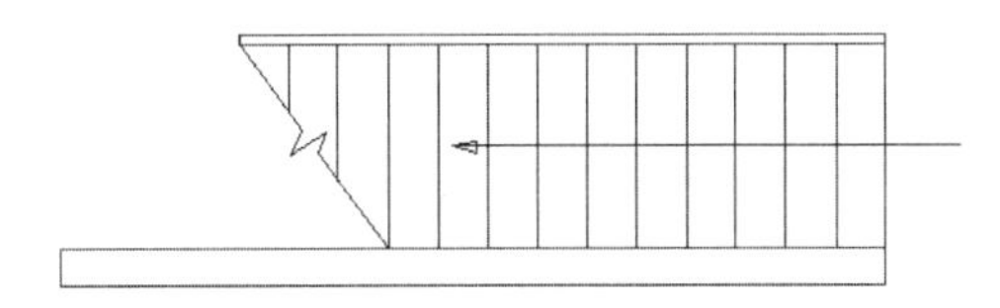

图 11-41　台阶绘制最终结果

提示与点拨：平时注意积累和搜集一些常用建筑单元，也可以借助一些现成的建筑图库，将需要的建筑单元复制粘贴到当前图形中，这样就可以方便快速地绘制图形。

11.3.5　尺寸标注和文字说明

(1) 单击“默认”选项卡“图层”面板中的“图层特性”按钮 ，系统打开“图层特性管理器”对话框。新建图层“标注”，采用默认设置，将“标注”图层设置为当前图层。单击“默认”选项卡“注释”面板中的“多行文字”按钮 A，进行文字说明，主要包括房间功能用途等，具体的结果如图 11-42 所示。

(2) 单击“默认”选项卡“注释”面板中的“标注样式”按钮 ，则系统打开“标注样式管理器”对话框。单击“标注样式管理器”对话框右边的“修改”按钮，则打开“修改标注样式：ISO-25”对话框，按照图 11-43 来修改“线”“符号和箭头”选项卡的各种参数。

Note

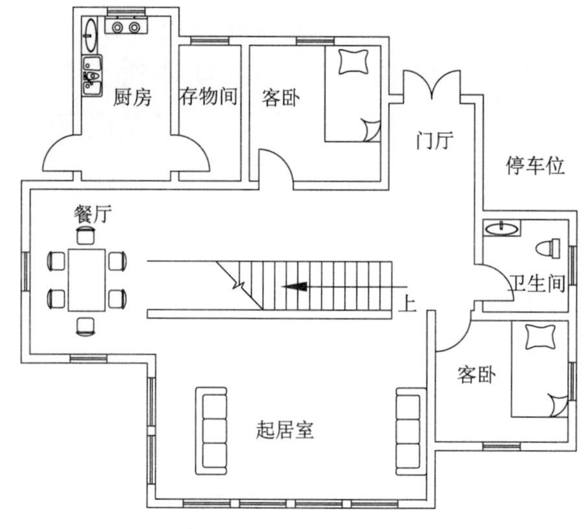

图 11-42　文字说明结果

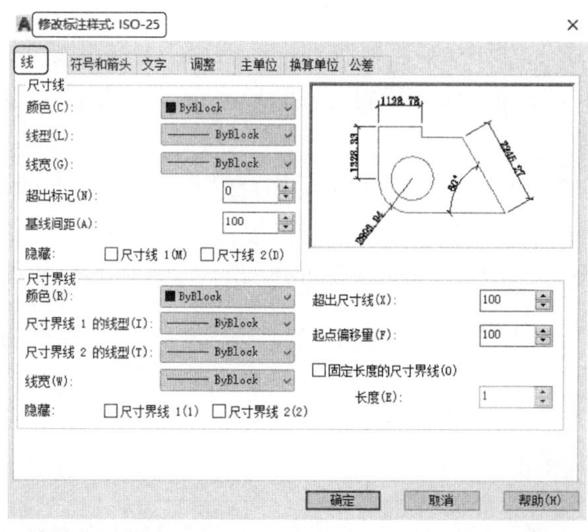

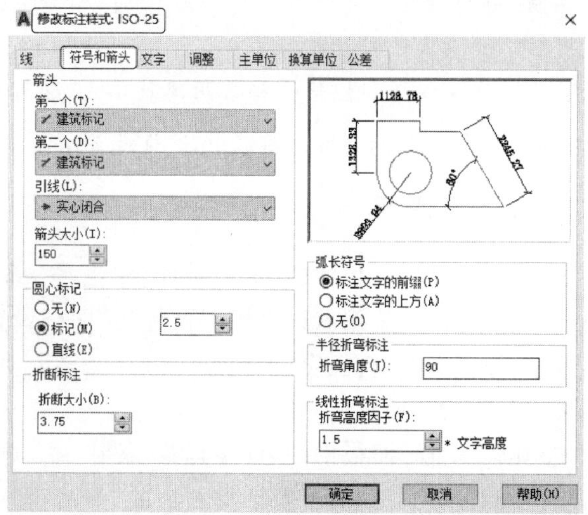

图 11-43　修改"线""符号和箭头"选项卡参数

Note

(3) 选取“文字”选项卡，参照图 11-44 来修改其中的参数，完成标注样式的修改。单击“确定”按钮返回“标注样式管理器”对话框，然后单击“关闭”按钮返回绘图主界面。

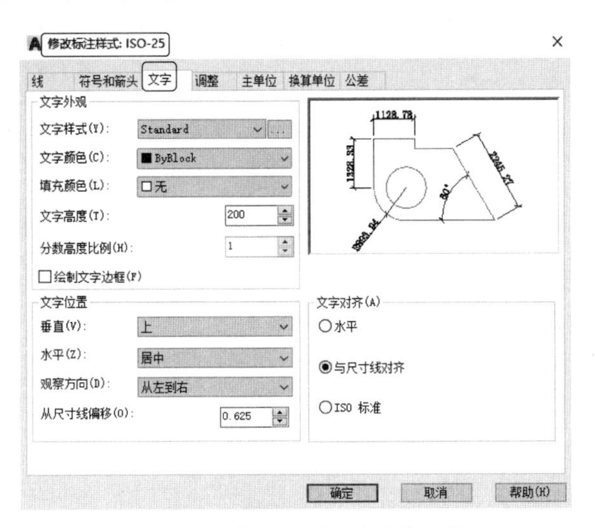

图 11-44　修改“文字”选项卡参数

(4) 单击“默认”选项卡“注释”面板中的“线性”按钮 ⊢⊣，进行第一道尺寸标注，结果如图 11-45 所示。

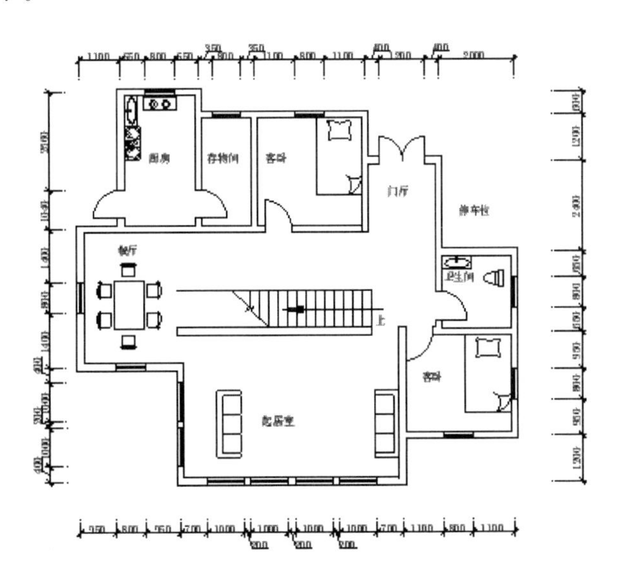

图 11-45　第一道尺寸标注

(5) 单击“注释”选项卡“标注”面板中的“线性”按钮 ⊢⊣ 和“连续”按钮 ⊢⊢⊣，进行第二道和第三道尺寸标注，结果如图 11-46 所示。

(6) 进行尺寸标注，单击“默认”选项卡“注释”面板中的“多行文字”按钮 A，在图形的正下方选择文字区域，在其中输入“别墅一层建筑平面图 1∶100”，字高为 300。单击“默认”选项卡“绘图”面板中的“直线”按钮 ╱，在文字下方绘制一根线宽为 0.30mm 的直线，这样就全部绘制好了。绘制的最终结果如图 11-14 所示。

Note

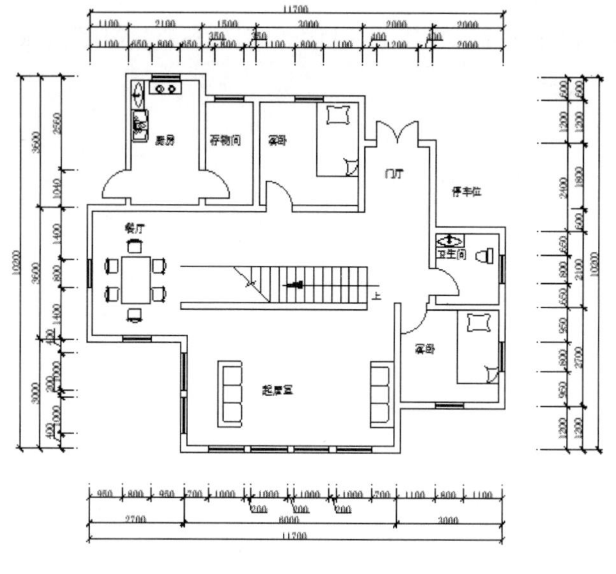

图 11-46　第二道和第三道尺寸标注

11.4　绘制二层建筑平面图

制作思路

第二层的建筑平面图与第一层类似，可以按照相同思路绘制，如图 11-47 所示。篇幅所限，此处不再赘述。

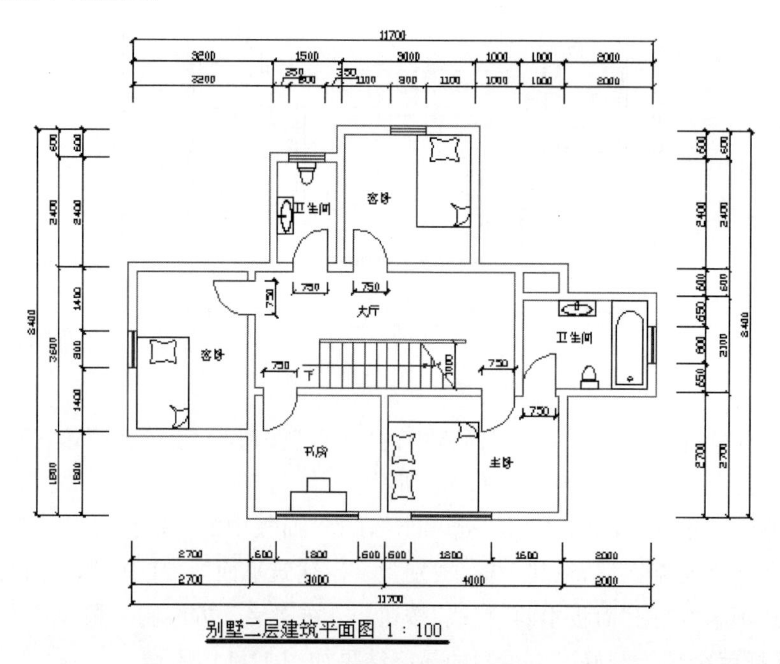

图 11-47　别墅二层建筑平面图

Note

11-3

11.5 绘制南立面图

制作思路

绘制图 11-48 所示的别墅南立面图。

立面图可以表达建筑图在高度方向上的特征，包括建筑图的具体结构高度，具体高度上的结构特征等。本例通过立面图来表达别墅门窗布局及其具体高度，南立面图如图 11-48 所示。

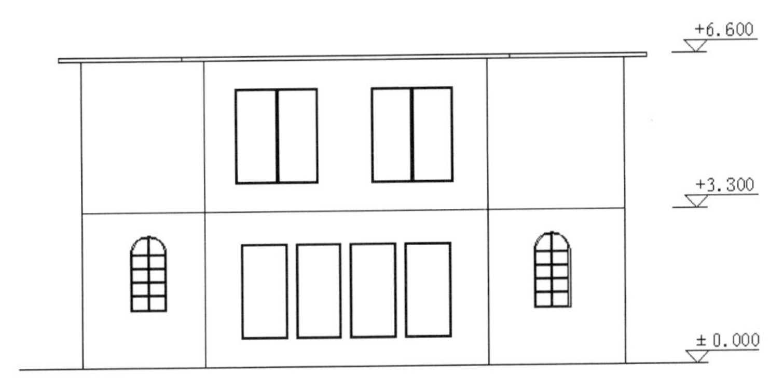

图 11-48 别墅南立面图

11.5.1 绘制底层立面图

(1) 打开 AutoCAD 程序，系统自动新建图形文件。

(2) 单击“默认”选项卡“图层”面板中的“图层特性”按钮，系统打开“图层特性管理器”对话框。新建图层“辅助线”，采用默认设置，将“辅助线”图层设置为当前图层。

(3) 按下 F8 键打开“正交”模式。单击“默认”选项卡“绘图”面板中的“直线”按钮，绘制一条水平构造线和一条竖直构造线，组成“十”字构造线，如图 11-49 所示。

(4) 单击“默认”选项卡“修改”面板中的“偏移”按钮，让水平构造线连续分别往上偏移 3300、3300，得到水平方向的辅助线。让竖直构造线连续分别往右偏移 2700、6000、3000，得到竖直方向的辅助线。它们和水平辅助线一起构成正交的辅助线网。得到的主要辅助线网格如图 11-50 所示。

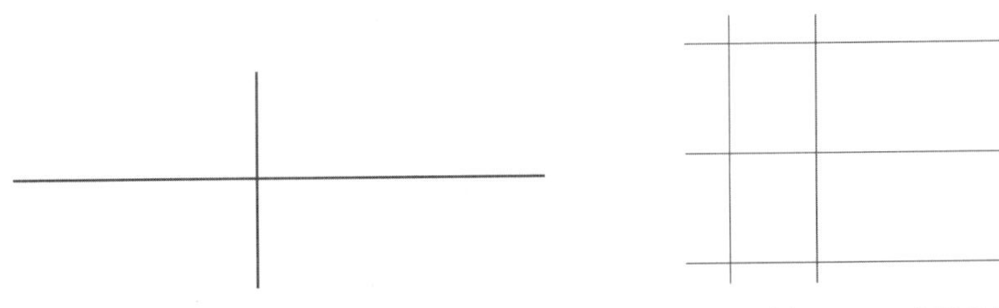

图 11-49 绘制“十”字构造线

图 11-50 主要轴线网

Note

（5）单击“默认”选项卡“图层”面板中的“图层特性”按钮，系统打开“图层特性管理器”对话框。新建图层“墙线”，采用默认设置，将“墙线”图层设置为当前图层。单击“默认”选项卡“绘图”面板中的“直线”按钮，根据轴线网绘制出第一层的大致轮廓，结果如图 11-51 所示。

（6）绘制窗户，绘制最左边的窗户。单击“默认”选项卡“修改”面板中的“偏移”按钮，使得地面的直线往上偏移 1200。单击“默认”选项卡“修改”面板中的“修剪”按钮，修剪掉中间的部分，结果如图 11-52 所示。

图 11-51　第一层的大致轮廓

图 11-52　修剪结果

（7）单击“默认”选项卡“修改”面板中的“偏移”按钮，使得 1200 高的直线往上偏移 1200。单击“默认”选项卡“绘图”面板中的“构造线”按钮，绘制直线连接偏移直线的中点，结果如图 11-53 所示。

（8）单击“默认”选项卡“修改”面板中的“偏移”按钮，让连接线往两边偏移 400。单击“默认”选项卡“绘图”面板中的“圆弧”按钮，在上边绘制半径为 400 的半圆，结果如图 11-54 所示。

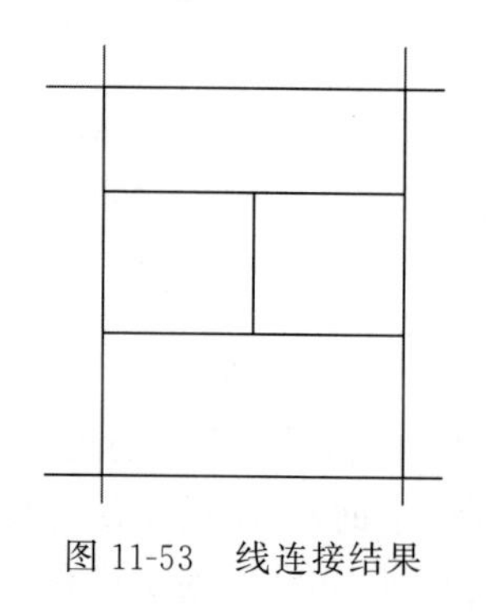

图 11-53　线连接结果

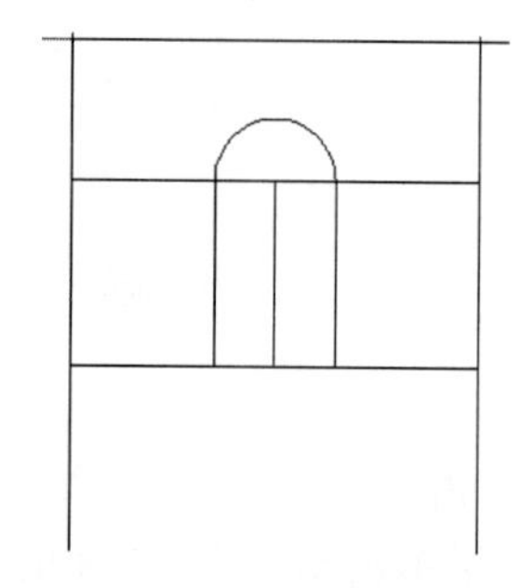

图 11-54　绘制半圆结果

（9）单击“默认”选项卡“修改”面板中的“修剪”按钮，修剪掉不需要的部分，就形成了一个窗户的框架，绘制结果如图 11-55 所示。

（10）单击“默认”选项卡“绘图”面板中的“边界”按钮，系统打开“边界创建”对话框，如图 11-56 所示。单击“拾取点”前边的按钮，返回绘图区，在窗的框架内任点一点，然后按下 Enter 键确认选择，则把窗的框架制成一个多段线边界。

（11）单击“默认”选项卡“修改”面板中的“偏移”按钮，把所得的多段线边界往里偏移 30，结果如图 11-57 所示。

（12）单击“默认”选项卡“绘图”面板中的“直线”按钮，绘制窗户的对称轴和矩形的上边界。单击“默认”

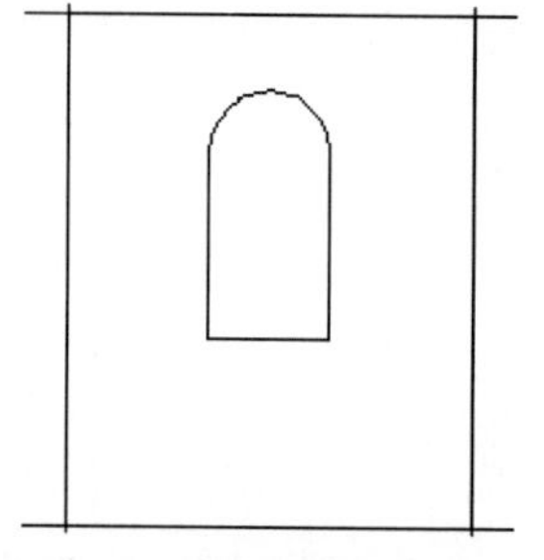

图 11-55　窗的框架绘制结果

选项卡“修改”面板中的“偏移”按钮，让所得直线分别往直线两边偏移 15，得到如图 11-58 所示小窗的初步框架。

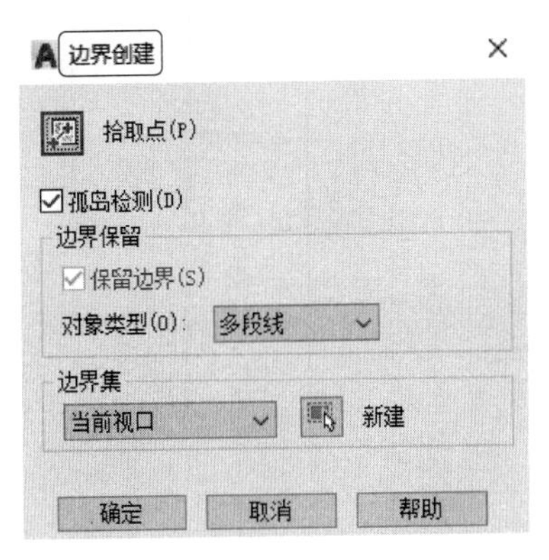

图 11-56 “边界创建”对话框

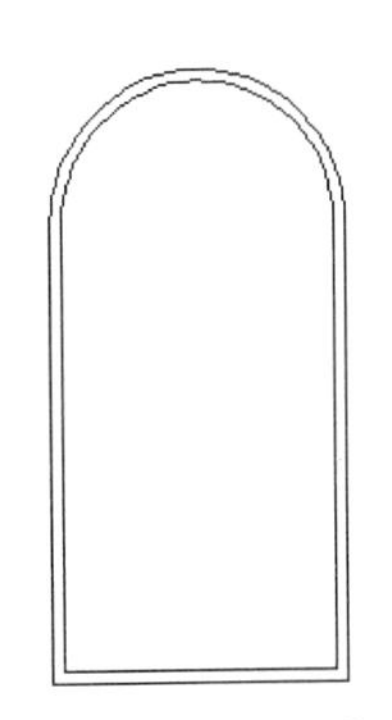

图 11-57 多段线边界偏移结果

(13) 选择菜单栏中的“格式”→“点样式”命令，则系统打开“点样式”对话框，选择如图 11-59 所示的点样式，单击“确定”按钮退出“点样式”对话框。

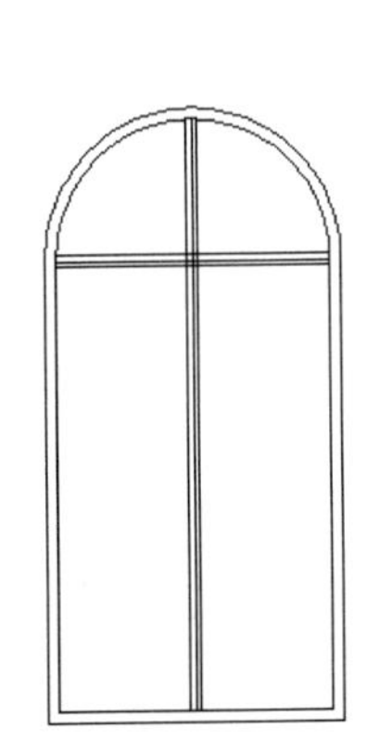

图 11-58 小窗的初步框架图

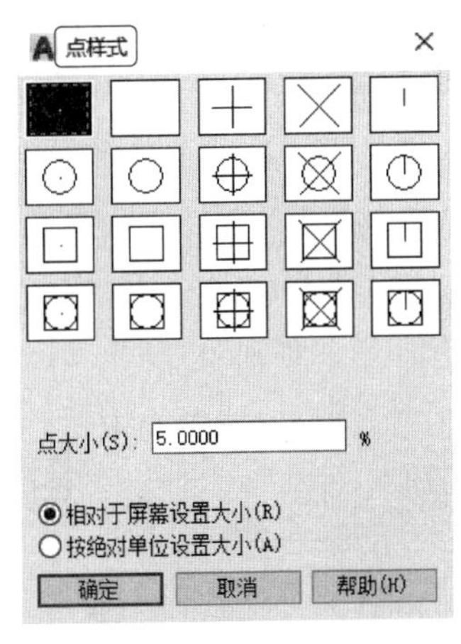

图 11-59 “点样式”对话框

(14) 单击“默认”选项卡“修改”面板中的“分解”按钮，把里边的矩形分解。单击“默认”选项卡“绘图”面板中的“定数等分”按钮，根据命令把左边的直线分为四部分。定数等分的结果如图 11-60 所示。

(15) 单击“默认”选项卡“修改”面板中的“复制”按钮，复制水平直线到各个等分点，这样就能得到一个窗户，结果如图 11-61 所示。

(16) 单击“默认”选项卡“修改”面板中的“复制”按钮，复制一个窗户到右边开间的正中间，如图 11-62 所示。

(17) 单击“默认”选项卡“修改”面板中的“偏移”按钮，让中间开间的左边的竖直轴线往右连续偏移 700、1000、200、1000、200、1000、200、1000。重复“偏移”命令，让中间开间的底边的水平轴线往上连续偏移 600、2000，得到新的辅助线，绘制结果如图 11-63 所示。

Note

图 11-60　定数等分结果

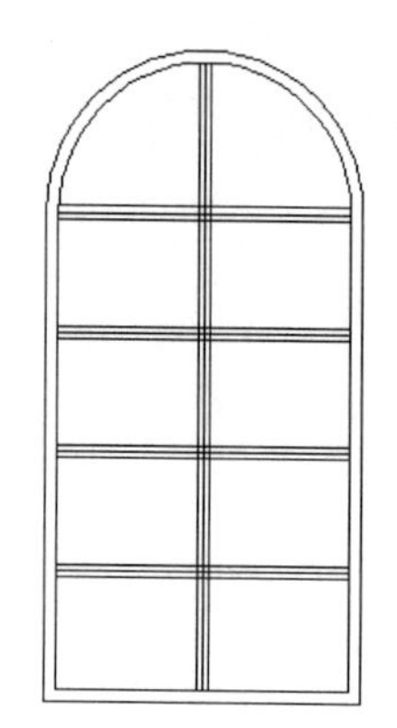
图 11-61　窗户绘制结果

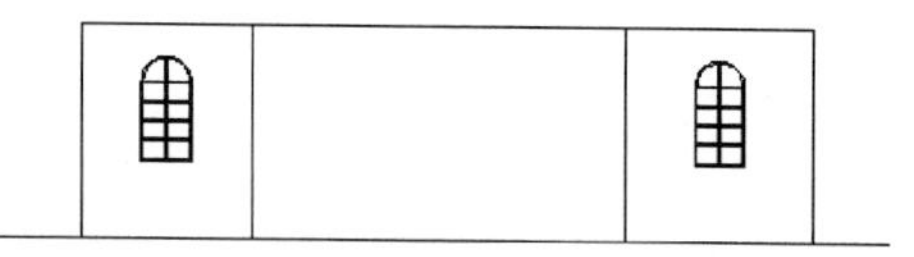
图 11-62　复制得到右边的窗户

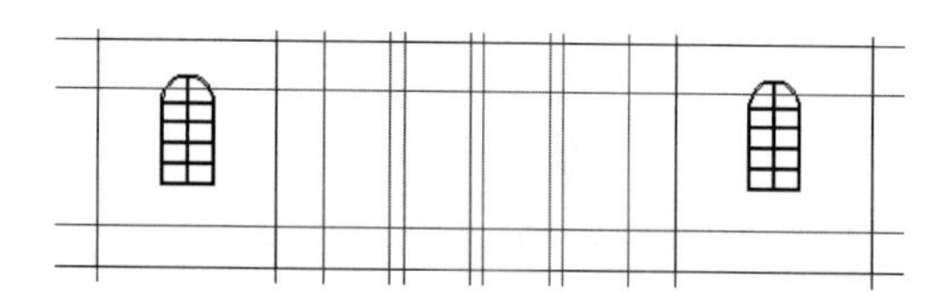
图 11-63　绘制新的辅助线

(18) 单击“默认”选项卡“绘图”面板中的“矩形”按钮 ▭，根据辅助线绘制 4 个 1000×2000 的矩形，绘制结果如图 11-64 所示。

(19) 单击“默认”选项卡“修改”面板中的“偏移”按钮 ⊆，让 4 个矩形都往里偏移 30，得到底层的全部窗户，结果如图 11-65 所示。

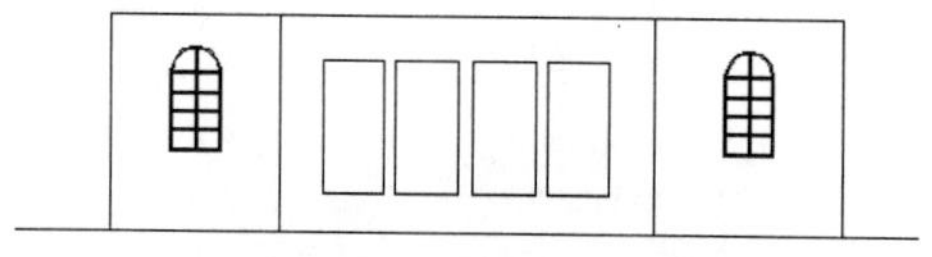
图 11-64　绘制矩形结果

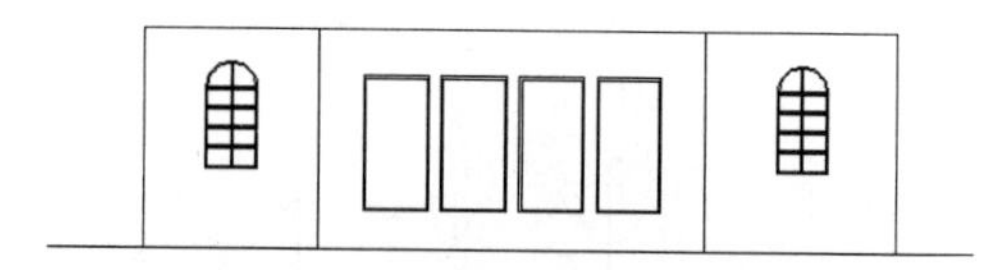
图 11-65　底层立面图绘制结果

11.5.2　绘制二层立面图

(1) 二层的两边的开间都没有窗户，只有中间的开间有窗户。单击“默认”选项卡“修改”面板中的“偏移”按钮 ⊆，让中间开间的左边的竖直轴线往右连续偏移 600、1800、600、600。重复“偏移”命令，让中间开间的底边的水平轴线往上连续偏移 600、2000，得到新的辅助线，绘制结果如图 11-66 所示。

(2) 单击“默认”选项卡“绘图”面板中的“矩形”按钮 ▭，根据辅助线绘制一个 1800×2000 的矩形，单击“默认”选项卡“修改”面板中的“偏移”按钮 ⊆，让矩形往里偏移 30。单击“默认”选项卡“绘图”面板中的“直线”按钮 ╱，连接偏移矩形的上下两边的中点，重复“偏移”命令，让中点连接线往两边各偏移 15，得到中间的大窗户，结果如图 11-67 所示。

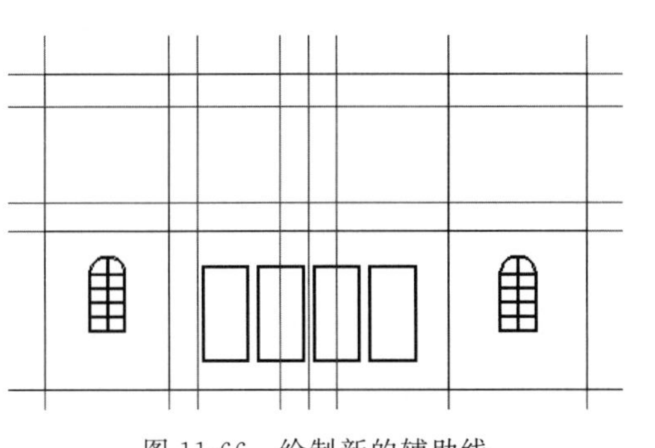

图 11-66 绘制新的辅助线

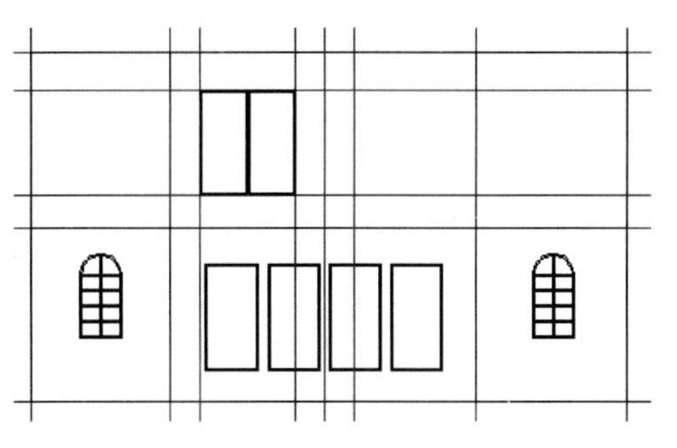

图 11-67 绘制大窗户结果

(3) 单击“默认”选项卡“修改”面板中的“复制”按钮 ，复制一个大窗户到开间的右边对应位置，如图 11-68 所示。

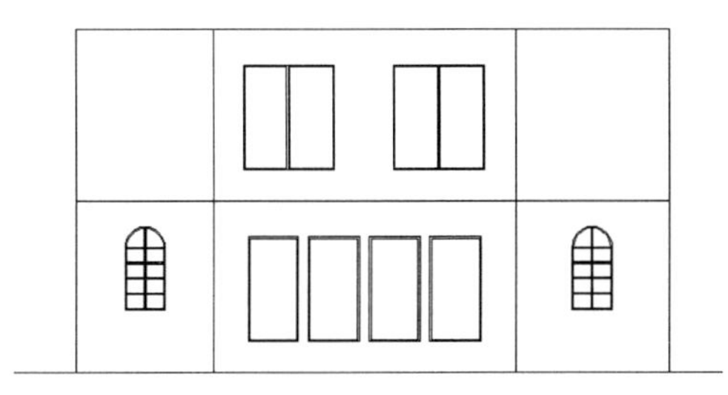

图 11-68 复制得到右边的窗户

11.5.3 整体修改

在绘制完初步轮廓后，要进行整体修改，步骤如下：

(1) 绘制顶层的屋面板。单击“默认”选项卡“修改”面板中的“偏移”按钮 ⊂，让二层的最外边的两条竖直线往外偏移 600，结果如图 11-69 所示。

(2) 单击“默认”选项卡“修改”面板中的“修剪”按钮 ，让屋面线延伸到两条偏移线。单击“默认”选项卡“修改”面板中的“偏移”按钮 ⊂，让屋面线往下偏移 100，得到顶层的屋面板，绘制结果如图 11-70 所示。

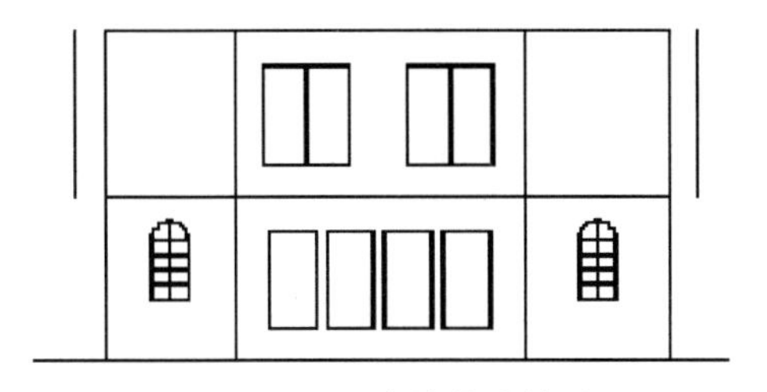

图 11-69 竖直线偏移结果

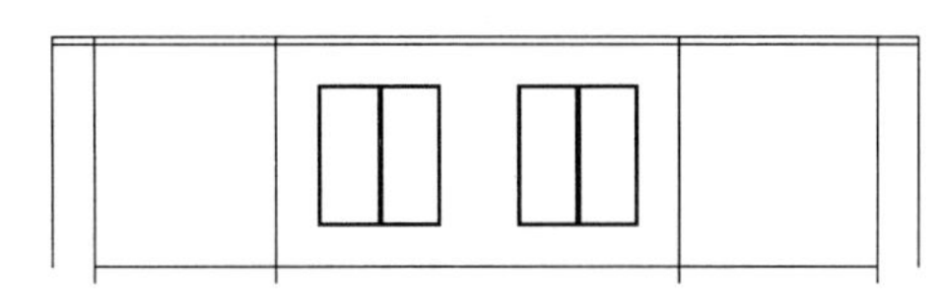

图 11-70 屋面板绘制结果

(3) 单击“默认”选项卡“修改”面板中的“修剪”按钮 ，修剪掉多余的线条，结果如图 11-71 所示。

(4) 采用同样的方法使得中间开间的屋面板往外偏移 600，结果如图 11-72 所示。

Note

Note

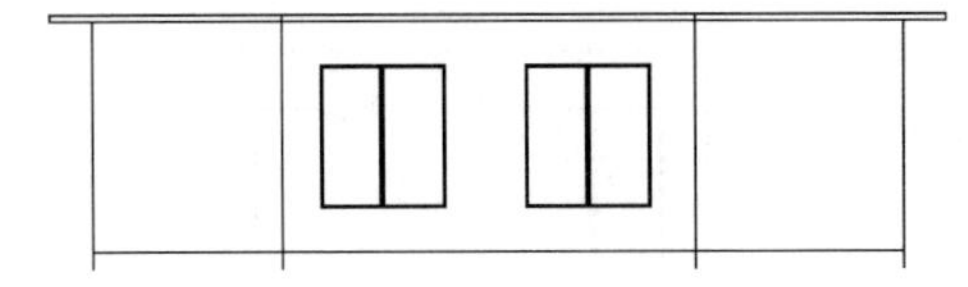

图 11-71　修剪操作结果

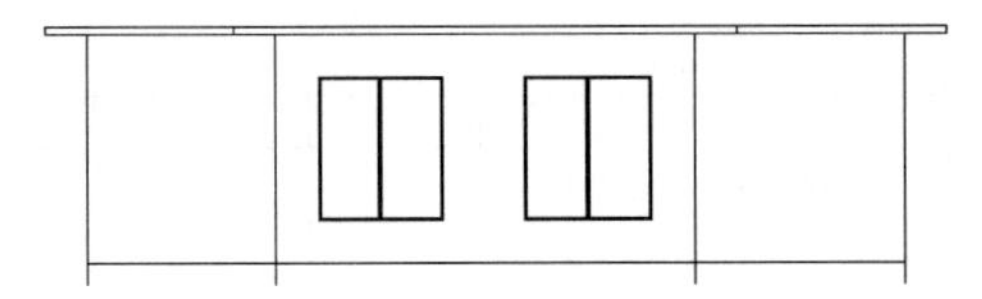

图 11-72　绘制中间的屋面板

(5) 由于前面绘制的墙线都是以轴线作为边界的，所以需要把墙线往外偏移 90。单击"默认"选项卡"修改"面板中的"偏移"按钮 ⊆，把全部竖直墙线往外偏移 90，结果如图 11-73 所示。

(6) 单击"默认"选项卡"修改"面板中的"删除"按钮，把原来的竖直的墙边线删除。单击"默认"选项卡"修改"面板中的"修剪"按钮，让中间的楼板线延伸到两头的墙边线。这样，别墅的南立面图就绘制好了，绘制结果如图 11-74 所示。

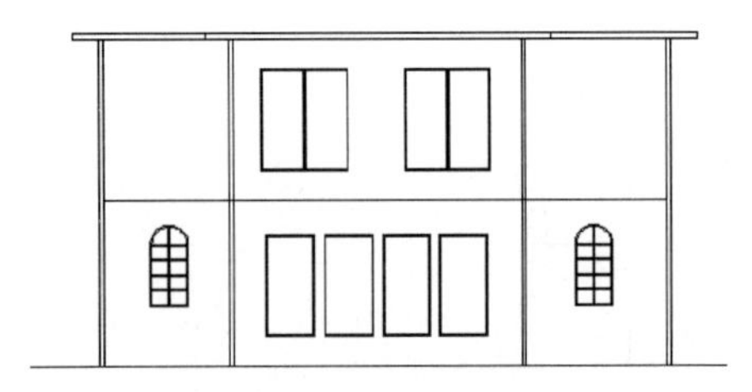

图 11-73　往外偏移墙边线

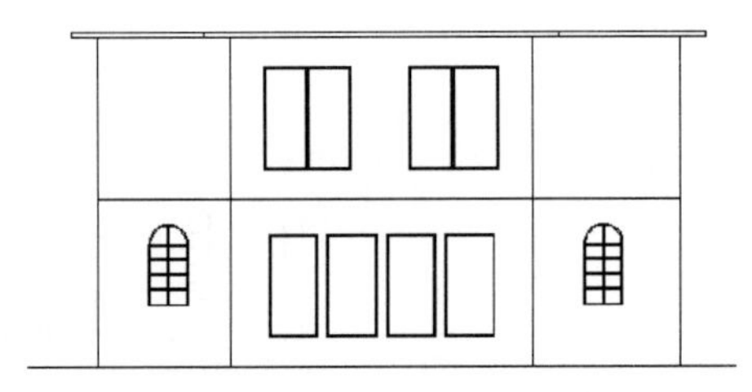

图 11-74　南立面图绘制结果

11.5.4　立面图标注和说明

(1) 单击"默认"选项卡"绘图"面板中的"直线"按钮 ╱，绘制一个标高符号，如图 11-75 所示。

(2) 单击"默认"选项卡"修改"面板中的"复制"按钮，把标高符号复制到各个位置，如图 11-76 所示。

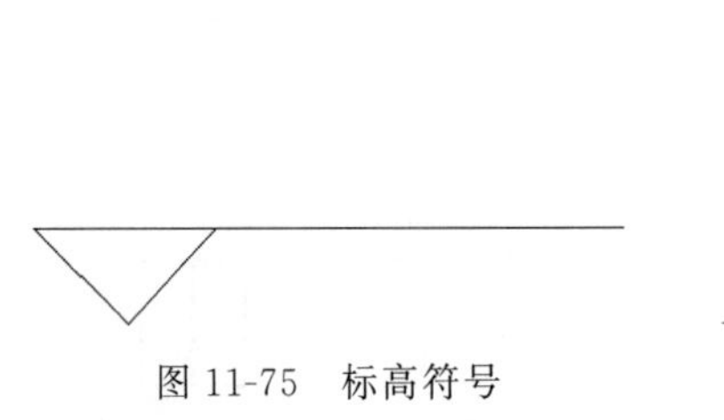

图 11-75　标高符号

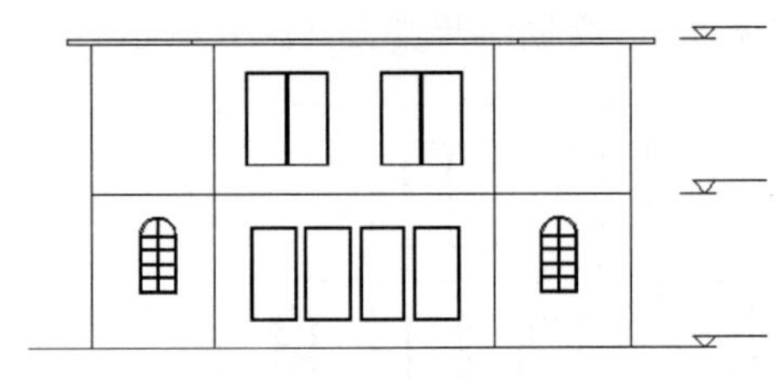

图 11-76　复制标高符号结果

(3) 单击"默认"选项卡"注释"面板中的"多行文字"按钮 A，在标高符号上标出具体的标高数值。重复"多行文字"命令，在图形的正下方选择文字区域，则系统打开"文字格式"对话框，在其中输入"别墅南立面图 1：100"，字高为 300。单击"默认"选项卡"绘图"面板中的"直线"按钮 ╱，在文字下方绘制一根线宽为 0.3mm 的直线，这样就全部绘制好了。绘制最终结果如图 11-48 所示。

Note

11.6　绘制北立面图

制作思路

与南立面图一样,北立面图表达别墅北面高度方向上的结构特征。具体绘制方法与思路类似,北立面图如图 11-77 所示。篇幅所限,此处不再赘述。

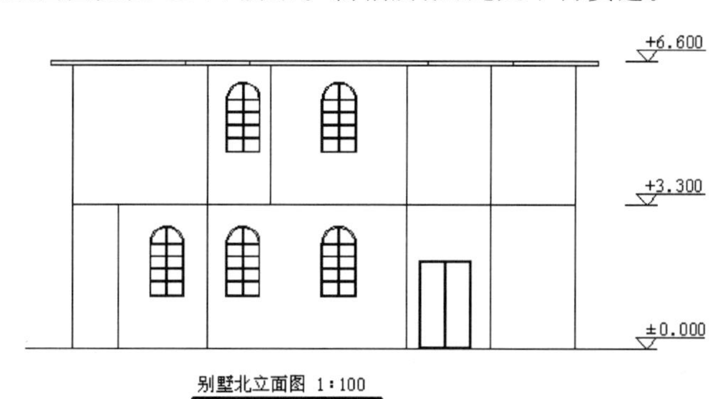

图 11-77　别墅北立面图

11.7　绘制别墅楼梯踏步详图

制作思路

楼梯踏步详图如图 11-78 所示。

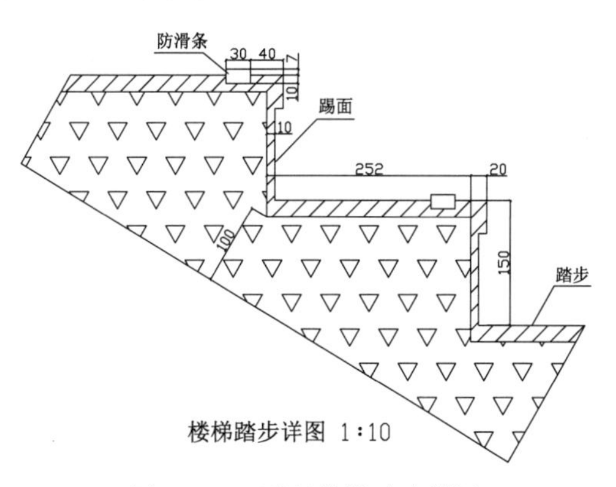

图 11-78　别墅楼梯踏步详图

楼梯作为楼层之间的连接结构,是层式建筑物必备的结构之一。

(1) 单击“默认”选项卡“图层”面板中的“图层特性”按钮,系统打开“图层特性管理器”对话框。在对话框中单击“新建”按钮,新建图层“辅助线”,采用默认设置,然后将“辅助线”图层设置为当前图层。如果没有打开正交模式,按下 F8 键打开正交模式,

Note

单击“默认”选项卡“绘图”面板中的“构造线”按钮，在绘图区任意绘制一条竖直构造线和一条水平构造线，组成“十”字构造线网。

(2) 单击“默认”选项卡“修改”面板中的“偏移”按钮，使得水平构造线依次向下偏移均为150；竖直构造线依次向右偏移均为252，得到辅助线图。

(3) 单击“默认”选项卡“图层”面板中的“图层特性”按钮，系统打开“图层特性管理器”对话框。新建图层“剖切线”，一切设置采用默认设置，然后将“剖切线”图层设置为当前图层。

(4) 单击“默认”选项卡“绘图”面板中的“直线”按钮，绘制出楼梯踏步线。单击“默认”选项卡“绘图”面板中的“构造线”按钮，绘制一根通过两个踏步头的构造线，结果如图11-79所示。

(5) 单击“默认”选项卡“修改”面板中的“偏移”按钮，把构造线往下偏移100，结果如图11-80所示。

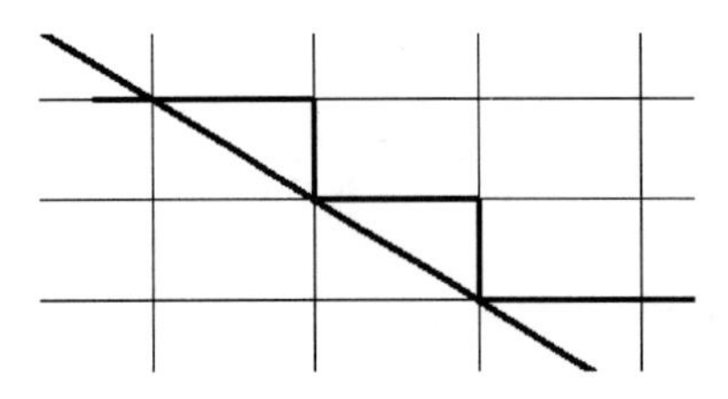

图11-79　绘制辅助线和楼梯踏步

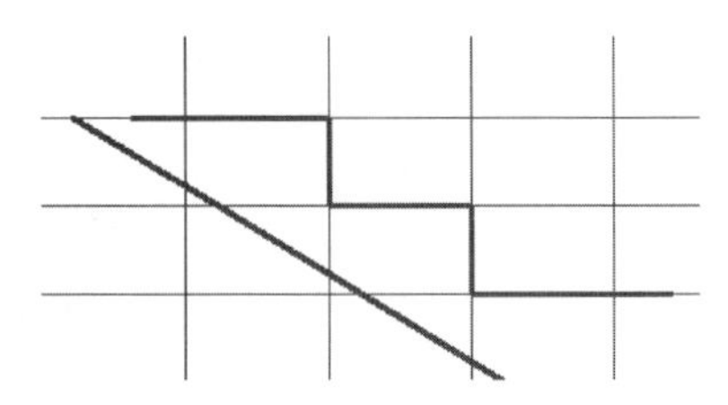

图11-80　构造线偏移结果

(6) 单击“默认”选项卡“绘图”面板中的“多段线”按钮，利用多段线描出楼梯踏步。单击“默认”选项卡“修改”面板中的“偏移”按钮，然后连续往外偏移10两次，结果如图11-81所示。

(7) 单击“默认”选项卡“绘图”面板中的“直线”按钮，利用捕捉绘制出如图11-82所示的踏步细部，主要是绘制门层和防滑条。

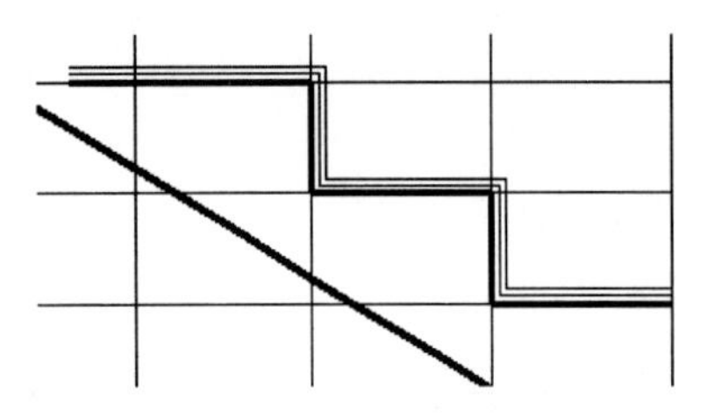

图11-81　楼梯踏步偏移结果

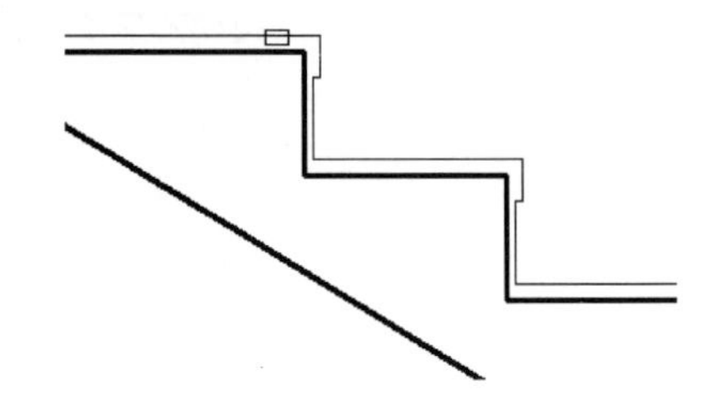

图11-82　楼梯踏步细化图

(8) 单击“默认”选项卡“修改”面板中的“复制”按钮，把防滑条复制到下一个踏步。单击“默认”选项卡“绘图”面板中的“直线”按钮，绘制两条直线垂直于台阶底部线。单击“默认”选项卡“修改”面板中的“修剪”按钮，把多余的线条删除即可。进一步细化楼梯踏步的结果如图11-83所示。

(9) 单击“默认”选项卡“绘图”面板中的“图案填充”按钮，分别对各个部分进行不同的图案填充，结果如图11-84所示。

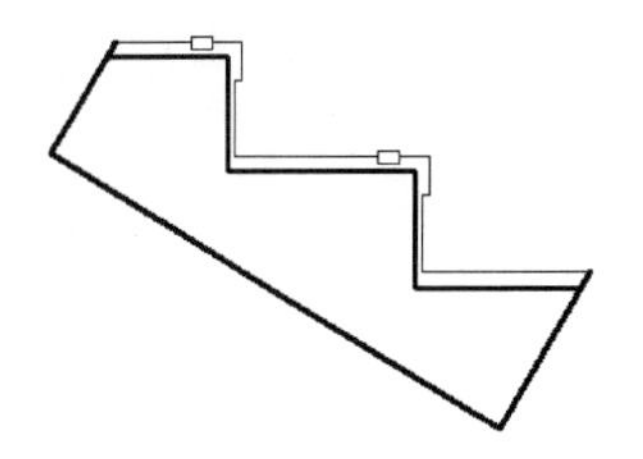

图 11-83 楼梯踏步进一步细化图

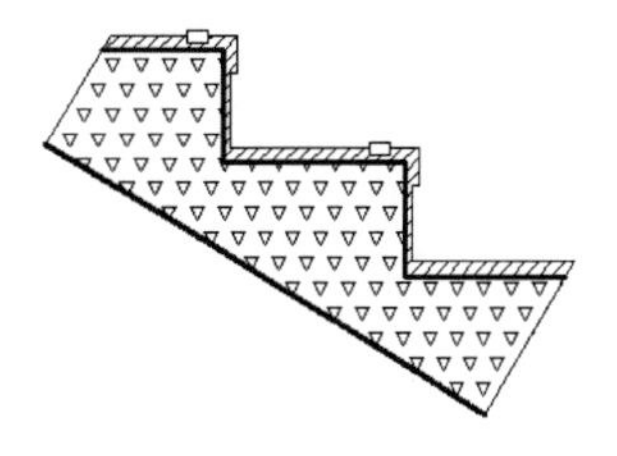

图 11-84 图案填充效果

(10) 完成尺寸标注和文字说明即可,最终结果如图 11-78 所示。

提示与点拨:这种利用局部视图或局部剖视图来表达某个结构的详细特征的方法往往可以起到事半功倍的效果,既可避免绘制大量重复表达的图线,又可将没表达清楚的结构简洁明了地表达出来。

二维码索引

Note